T0202530

Norbert Bartelme

Geoinformatik

Modelle · Strukturen · Funktionen

4. Auflage

Norbert Bartelme

Geoinformatik

Modelle · Strukturen · Funktionen

4., vollständig überarbeitete Auflage

Mit 146 Abbildungen

 Springer

Professor Dr. Norbert Bartelme
Technische Universität Graz
Institut für Geoinformation
Steyrergasse 30
A-8010 Graz
Österreich
E-mail: *norbert.bartelme@tugraz.at*

Bibliographische Information der Deutschen Bibliothek
Die Deutsche Bibliothek verzeichnet diese Publikation in der Deutschen Nationalbibliografie;
detaillierte bibliografische Daten sind im Internet über <http://dnb.ddb.de> abrufbar.

ISBN 978-3-540-20254-7	4. Auflage Springer Berlin Heidelberg New York
ISBN 978-3-540-65988-4	3. Auflage Springer Berlin Heidelberg New York 2000
ISBN 978-3-540-58580-0	2. Auflage Springer Berlin Heidelberg New York 1995
ISBN 978-3-540-50410-8	1. Auflage Springer Berlin Heidelberg New York 1989

Dieses Werk ist urheberrechtlich geschützt. Die dadurch begründeten Rechte, insbesondere die der
Übersetzung, des Nachdrucks, des Vortrags, der Entnahme von Abbildungen und Tabellen, der Funk-
sendung, der Mikroverfilmung oder der Vervielfältigung auf anderen Wegen und der Speicherung in
Datenverarbeitungsanlagen, bleiben, auch bei nur auszugsweiser Verwertung, vorbehalten. Eine Vervielfältigung dieses Werkes oder von Teilen dieses Werkes ist auch im Einzelfall nur in den Grenzen
der gesetzlichen Bestimmungen des Urheberrechtsgesetzes der Bundesrepublik Deutschland vom
9. September 1965 in der jeweils geltenden Fassung zulässig. Sie ist grundsätzlich vergütungspflichtig.
Zuwiderhandlungen unterliegen den Strafbestimmungen des Urheberrechtsgesetzes.

Springer ist ein Unternehmen von Springer Science+Business Media
springer.de
© Springer-Verlag Berlin Heidelberg 2005

Die Wiedergabe von Gebrauchsnamen, Handelsnamen, Warenbezeichnungen, Software- und
Hardwarebezeichnungen usw. in diesem Werk berechtigt auch ohne besondere Kennzeichnung nicht
zu der Annahme, dass solche Namen im Sinne der Warenzeichen- und Markenschutz-Gesetzgebung
als frei zu betrachten wären und daher von jedermann benutzt werden dürften.

Umschlaggestaltung: Erich Kirchner
Herstellung: Luisa Tonarelli
Satz: Druckreife Vorlage des Autors
Druck: Krips bv, Meppel
Bindearbeiten: Litges + Dopf, Heppenheim

Gedruckt auf säurefreiem Papier   30/3141/LT – 5 4 3 2 1 0

Vorwort

Im Jahre 1989 erschien mein erstes Buch GIS-TECHNOLOGIE. Die Verarbeitung von Geoinformation in digitaler Form war damals Neuland. War dieser Bereich anfangs lediglich ein viel versprechendes Terrain der Forschung und Entwicklung für Interessierte aus verschiedenen Disziplinen, so hatte sich bis zur Mitte der 90er Jahre bereits ein eigenständiges Fachgebiet etabliert, das systematisch Datenmodelle und Software-Werkzeuge durchleuchtete. Mein zweites Buch erschien 1995 und trug mit dem Titel GEOINFORMATIK dieser Neudefinition des Schwerpunktes Rechnung. Immer neue Anwendungen kamen zu den traditionellen Applikationen hinzu und der Kreis der Nutzer wurde größer und bunter. Das Internet hielt seinen Einzug und damit war nicht nur der Umstieg auf ein anderes Medium verbunden, sondern auch ein tiefgreifender Wandel in den Paradigmen der Informationstechnologie. Fixe Strukturen mußten in einzelne Komponenten aufgebrochen werden, die beinahe schon beliebig kombinierbar sind. So sprechen wir heute nur noch selten von einem Geoinformationssystem in Reinkultur, sondern viel häufiger von Anwendungen, die 'unter anderem' auch Geoinformation verarbeiten und somit in ein breites Spektrum von miteinander kompatiblen Komponenten eingebettet sind. Diese Form der Interoperabilität verlangt auch nach Antworten in der Schematisierung von Geoinformation. Die Auflage im Jahre 2000 setzte hier den Schwerpunkt.

Weitere fünf Jahre sind vergangen. Über Location-Based Services kann man online auf mobilen Geräten Geoinformation beziehen und erwarten, daß sie für die aktuelle Lokation der Abfrage und für den aktuellen Zeitpunkt paßt. Dieses Roaming-Konzept überträgt sich auch auf andere web-basierende Anwendungen. Eindrucksvolle 'Testbed'-Applikationen dokumentieren dies durch die Zusammenschau von Geoinformation, die von verschiedensten Servern in Echtzeit bereitgestellt wird. High Performance und hervorragende Visualisierungstechniken überblenden aber gelegentlich das, was an konzeptioneller Arbeit darunter liegt: Anstrengungen die notwendig sind damit die technische Kompatibilität erst auf das inhaltliche Niveau angehoben werden kann. Das Buch wurde bewußt als Kontrapunkt zur bunten Welt der Bilder gesetzt, indem es das Grundsätzliche betont: den Sinn für eine gute Strukturierung der Geoinformation, für Qualitätskriterien und semantisch präzise Metainformation. Dies hat sich auch in der nun vorliegenden Neuauflage nicht geändert.

Graz, März 2005   Norbert Bartelme

Inhalt

Kapitel 1

EINFÜHRUNG

1.1 Überblick

Die Geoinformatik setzt sich systematisch mit dem Wesen und der Funktion der Geoinformation, mit ihrer Bereitstellung in Form von Geodaten und mit den darauf aufbauenden Anwendungen auseinander. Die dabei gewonnenen Erkenntnisse münden in die Technologie der Geoinformationssysteme (GIS). Mit Geoinformation (GI) bezeichnet man alle Arten von Information, die einen mehr oder minder direkten Bezug zu Raum und Zeit haben. Gemäß dieser Definition reicht das Anwendungsgebiet der Geoinformatik und der GIS-Technologie weit in andere Bereiche der Informationstechnologie (IT) hinein und beinflußt alle Anwendungen, in welchen der Ort, die Lage und räumlich-zeitliche Zusammenhänge eine Rolle spielen. Geoinformation ist raumbezogene Information. Im englischen Sprachraum setzen sich Begriffe wie *Geospatial Information* und *Geospatial Technologies* durch. Geoinformation beschreibt unseren Lebensraum, unser Umfeld im Kleinen wie im Großen, ob es sich um lokale Details handelt wie etwa Gebäude, Grundstücke, Leitungen und Hausanschlüsse, oder um eine globale Zusammenschau von Verkehrswegen, Umweltaspekten und Wirtschaftsräumen.

Ein verantwortungsbewußter Umgang mit den Ressourcen unseres Lebensraumes kann durch diese zeitgemäße Form der Speicherung, Bereitstellung und Analyse raumbezogener Information unterstützt werden. Der Bogen spannt sich von der Erfassung und Verwaltung über die Abfrage und einfache Internet-Auskunft bis hin zur Analyse komplexer Modelle. Durch das Aufzeigen von Zusammenhängen, durch die Zusammenschau vieler Faktoren aus demselben raum-zeitlichen Ausschnitt und durch die Vergleichsmöglichkeit werden Schlußfolgerungen nachvollziehbar und Entscheidungen besser begründbar – ein wichtiger Schritt in Richtung einer Objektivierung. Geoinformationssysteme können aber auch als Instrumente zur Planung eingesetzt werden; die Variierbarkeit von Parametern erlaubt Simulationsstudien und die Gegenüberstellung von Alternativen.

Die wissenschaftliche Durchdringung einzelner Aspekte der Geoinformation gibt uns darüber hinaus auch die Gelegenheit, uns selbst besser kennenzulernen; die Art und Weise, wie wir den Raum begreifen, wie wir räumliche Gegebenheiten miteinander in Beziehung bringen und wie dies unsere Entscheidungen beeinflußt. In diesem Sinn können wir die Geoinformatik getrost auch als eine theoretische Wissenschaft bezeichnen, weil wir sie gänzlich losgelöst von technischen Fragen der Hardware, der Datenbanken oder der Austauschformate betreiben können. Ein Buch wie das vorliegende würde in diesem Fall auch langlebiger sein. Allerdings wird die Zahl der Leser, die aus purem Interesse an grundsätzlichen Wissensinhalten zu einem Buch greifen, eher gering sein.

Viel größer ist der Anteil jener Leser, die aufgrund konkreter Umstände – meist wird es die Einführung der GIS-Technologie in ihrem beruflichen Umfeld sein – ihren Wissensstand aktualisieren möchten. Diesen Personenkreis spricht das Buch an. Anstatt sich jedoch allzu sehr in technischen Details zu verlieren, sucht es die Erkenntnis zu vermitteln, daß die Antwort auf eine bestimmte Detailfrage sehr oft durch eine bessere Durchleuchtung des Hintergrundes erleichtert wird. Damit wird die die konzeptionelle und umfassende Sicht als klärendes Moment bei der Bewältigung realer Aufgaben zu einem der Fundamente für das in diesem Buch errichtete Gedankengebäude. Nicht nur ein GIS im engeren Sinn, sondern das gesamte Gedankengebäude rund um die Geoinformationstechnologie kann als *System* allgemeiner Bauart – als logisches Gesamtkonzept – angesehen werden. Anders als eine lose und zufällige Ansammlung von Dingen bezeichnet ein System ein strukturiertes Zusammenwirken verschiedener Komponenten.

Wir können ein solches *System* aus verschiedenen Blickwinkeln betrachten und übernehmen dafür die Einteilung, die im Referenzmodell *Open Distributed Processing* RM-ODP laut ISO/IEC 10746 gewählt wird. Dort werden folgende Sichten *(Viewpoints)* einander gegenübergestellt:

- Enterprise Viewpoint: Unternehmensaspekte, Ziele, Politik, Strategien

- Information Viewpoint: Semantik und Modellierungsaspekte

- Computational Viewpoint: Dekomposition in Funktionen, Schnittstellen

- Engineering Viewpoint: Unterstützende Mechanismen

- Technology Viewpoint: Einbettung in Technologien

Das Buch legt den Schwerpunkt auf die ersten drei Aspekte, wobei der Informationsaspekt an oberster Stelle steht. Es gliedert sich in drei Teile:

Kapitel 1 und 2:	Übersicht
Kapitel 3 bis 8:	Konzeptionelle Sicht – Modelle
Kapitel 9 und 10:	Logisch-organisatorische Sicht – Schemata

Dies entspricht der Art und Weise, wie man in der Geoinformatik von der Wirklichkeit, also der realen Welt oder vielmehr einem Ausschnitt davon, über ein mehr oder weniger abstrahierendes konzeptionelles Modell zu einem logisch-organisatorischen Schema gelangt, bevor es ans Speichern geht (siehe dazu auch Iso 19109 *Rules for Application Schema* [269]):

Ausschnitt aus der realen Welt	
(Universe of Discourse)	Beispiel: Straße
Konzeptionelles Modell	Straßenachse (Kurvenfolge)
Datenschema	Liste von Koordinatenpaaren
Physische Speicherung	Bits & Bytes

In Kapitel 1 geben wir eine Einführung in die Begriffswelt, das Umfeld und die Zielsetzungen der Geoinformatik; wir weisen dieser Disziplin ihren Platz als Bindeglied mehrerer georelevanter Wissenschaftszweige zu; schließlich werden Geoinformationssysteme und ihre Varianten vorgestellt. Kapitel 2 behandelt den Übergang von einem Ausschnitt der realen Welt und der damit verbundenen Information zu abstrakten Datenwelten. Dieser Übergang vollzieht sich in mehreren Stufen. Das Modell auf der konzeptionellen Stufe wird durch Schemata auf der logisch-organisatorischen Stufe konkretisiert. Einzelne typische Vertreter von Modellen werden einander gegenübergestellt.

Im zweiten Abschnitt gehen wir näher auf einzelne Modelltypen ein. Das Kapitel 3 ist jenen GI-Anwendungen gewidmet, die sich auf eine Vektorgeometrie (diskrete PUNKTE, LINIEN und FLÄCHENPOLYGONE) stützen. Ergänzt wird es durch eine Diskussion von Fragen der Topologie sowie durch eine Vorstellung von Operationen, die für Vektordaten typisch sind. Dem wird in Kapitel 4 die Rastergeometrie gegenübergestellt, die auf einer gleichmäßigen – meist gitterartigen – Zerstückelung des betrachteten Gebietes basiert. Auch hier folgt eine Charakterisierung der wichtigsten auf Rasterdaten anzuwendenden Operationen. Es gelingt hier auch, eine weitreichende Systematisierung dieser Operationen zu finden, nämlich eine Algebra für Rasterdaten. Dieser systematische Zugang bringt auch außerhalb der engeren Umgebung von Rasterdaten mehr Klarheit, wenn es um eine Bestandsaufnahme von sinnvollen Methoden geht. Die Kapitel 3 und 4 richten unser Augenmerk auf zwei gänzlich unterschiedliche Zugänge zur Modellierung. Während Kapitel 3 eher auf Objekten oder Features basiert, zeigt Kapitel 4 einen feldbasierenden Zugang zur Modellierung auf.

Kapitel 5 führt die Idee des feldbasierenden Zugangs zur Modellierung weiter, indem Geländemodelle als typische Vertreter feldbasierender Ansätze untersucht werden. Das Kapitel stellt Kurven und Oberflächen auf digitalen Geländemodellen in das Rampenlicht. Obzwar sich diese Datentypen in die Vektor- bzw. Rasterwelt der zuvor angesprochenen Kapitel einordnen könnten, gestehen wir ihnen aufgrund der nicht immer trivialen Interpolationsalgorithmen eine gewisse Eigenständigkeit zu. Ersetzt man die Höhe durch ein anderes Thema, das sich annähernd kontinuierlich mit dem Ort ändert (wie etwa Niederschlag,

Temperatur, oder – mit gewissen Einschränkungen – Bevölkerungsdichte und Pro-Kopf-Einkommen, so können viele Werkzeuge, die man für die Modellierung des Geländes entwickelt hat, in diese thematischen Modelle übernommen werden – ein Hinweis auf die Stärken feldbasierender Ansätze. In Kapitel 6 schließlich kommt die Semantik (auch als Thematik bezeichnet) zum Zug, nachdem in den voran gegangenen Kapiteln geometrisch-topologische Eigenschaften im Vordergrund standen. Es werden die unterschiedlichen Wege beleuchtet, die man für das Einbringen der Thematik in – zunächst rein geometrische – Geodaten beschreiten kann. Der objektorientierte Zugang wird als Alternative zum layerorientierten Zugang vorgestellt.

Beschreiben die Kapitel 3-6 die Grundbausteine eines Datenmodells für GI-Anwendungen, so runden die Kapitel 7 und 8 dies ab, indem verschiedene ergänzende und erweiternde Konzepte vorgestellt werden. Dazu gehören Bezugssysteme ebenso wie die Dimension der Zeit. Wir nehmen geometrische Genauigkeiten unter die Lupe und stoßen dabei auf Schwierigkeiten nicht nur technischer, sondern auch konzeptioneller Natur. So gelangen wir zu Alternativansätzen nach fraktalen und Fuzzy-Methoden. Qualitätskriterien und Metadaten helfen uns bei der Dokumentation und Evaluation von Geodatenbeständen. Schließlich machen wir noch einen Exkurs zu wissensgestützten Ansätzen. Kapitel 8 ist dem Raumkonzept gewidmet, das in der Geoinformatik eine wesentliche Rolle spielt. Es erhöht die Leistungsfähigkeit, Sicherheit und Robustheit von Geodatenbanken.

Im dritten Abschnitt gehen wir einen Schritt weiter auf die Implementierung zu. Von den zuvor behandelten Modellen auf konzeptioneller Stufe gehen wir zu spezifischen Schemata auf logisch-organisatorischer Stufe über. In Kapitel 9 untersuchen wir Datenbanken generell hinsichtlich ihrer Eignung für den Einsatz in Geoinformationssystemen. Die Vor- und Nachteile relationaler Datenbanken vor dem Hintergrund geometrisch-topologischer Geodaten werden abgewogen. Abfragesprachen und Datenbeschreibungssprachen werden vorgestellt. In Kapitel 10 schließlich wird der immer mehr an Bedeutung gewinnende Bereich der Interoperabilität behandelt. Man bezeichnet damit die Fähigkeit von Systemen oder Komponenten, miteinander über definierte Schnittstellen zu kommunizieren, Daten auszutauschen und gegenseitig Aktionen anzustoßen, ohne daß die einzelnen Komponenten über die interne Struktur der anderen Komponenten Bescheid wissen müssen. Nationale und internationale Geodateninfrastrukturen, wie sie derzeit im Aufbau begriffen sind, bedürfen einerseits einer zielgerichteten Bündelung von Ressoucen, Stategien und Einzelmaßnahmen. Dies kann unter dem Schlagwort Geodatenpolitik zusammengefaßt werden. Normung und Standardisierung sind wichtige Voraussetzungen für das Erreichen dieser Ziele. Internationale und nationale Normungsinitiativen betreffen im engeren Sinn Datenschnittstellen. Darüber hinaus jedoch geht es hier um die Frage, wie weit es heute möglich ist, die Struktur und Semantik von Daten in formal konsistenter Weise zu definieren. Neue Netzwerkkonfigurationen, die auch Internet-tauglich sind, sowie Konzepte für Data Warehouses, Informationsbroker und Personal Agents werden angesprochen. Die Einbindung der Geo-information in den größeren Rahmen einer Interoperabilität zwischen einzelnen Komponenten für ein Informationsszenario vervollständigt dieses Kapitel.

Bewußt wurde auf eine breite Darstellung möglicher GI-Anwendungen verzich-tet. Zu groß ist das Spektrum dieser Applikationen, um sie in einem Buch wie diesem abdecken zu können. Auch farbige und beeindruckende Visualisierungen wird die Leserin, der Leser in diesem Buch nicht finden. Dies bleibt Firmen-prospekten, Präsentationen auf Fachmessen und eindrucksvollen Auftritten im Internet vorbehalten. Hier geht es eher um die konzeptionellen Hintergründe der Geoinformation. Ausgerüstet mit dem hier erworbenen Wissen können dann die Leser die Vor- und Nachteile eines Konzeptes oder Produktes – auch wenn diese oft unter einer Hochglanzpräsentation verdeckt bleiben – besser abwägen.

1.2   Geoinformations-Technologie

1.2.1   Ziele der GI-Technologie

Stadtpläne im Internet, Landkarten auf einer CD und dreidimensionale Wet-terkarten im Fernsehen bieten Geoinformation in zeitgemäßer – und daher auch digitaler – Form an. Der Wunsch, Karten und Pläne digital verfügbar zu ma-chen oder sie in dieser Form nutzen zu können, steht sehr oft am Beginn einer intensiven Auseinandersetzung mit Geoinformation. Karten und Pläne vermit-teln ein Bild unserer Umwelt. In diesem Bild stellen topographische Merkmale, Gebäude und Verkehrswege ein Bezugssystem dar, das uns die Orientierung erleichtert. Es sind dies vereinfachte Abbilder von Objekten der realen Welt, die das, was unser Auge sieht, in abstrakter Form wiedergeben. Auf diesem Be-stand aufbauend werden eine Reihe von anderen Themen behandelt, wie etwa die Aufteilung in Verwaltungseinheiten, ein Netz von Verkehrswegen oder Ver-sorgungsleitungen, oder die Verteilung von Ressourcen vielfältiger Art, mag es sich um Infrastruktur, Wirtschaft, Waldbestände, Mobilfunkerschließung oder dergleichen handeln oder auch nur um Freizeittipps, die man über Internet – vielleicht auch mobil am Handy – abfragt. Wir können diese Themen mit-einander in Beziehung setzen; der Raumbezug als gemeinsamer Nenner aller Themen ermöglicht es uns, vielfältige Verflechtungen und Wechselwirkungen zu erkennen und diese Erkenntnisse zur Grundlage unserer Entscheidungen zu machen.

Zwischen den beiden Begriffen *Karte* und *Plan* gibt es keine allgemein an-erkannte Trennlinie; meist wird jedoch die Karte als maßstäblich verkleinerte, generalisierte und erläuterte Grundrißdarstellung von Erscheinungen und Sach-verhalten der Erdoberfläche gesehen [98], sei es von der Topographie (*topogra-phische Karte*) oder von einer bestimmten Themenstellung her (*thematische Karte*). Aktuelle Definitionen inkludieren noch weitere Möglichkeiten; sie spre-chen von einer 'ganzheitlichen Darstellung und intellektuellen Abstraktion der geographischen Realität, die für einen bestimmten Zweck weiter vermittelt werden soll, wozu die relevanten Daten in ein Endprodukt umgewandelt werden, das visuell, digital oder betastbar sein kann.'

Die Verdeutlichung räumlicher Zuordnungen und inhaltlicher Aussagen genießt bei der Karte die Priorität gegenüber der Koordinatengenauigkeit. Mit dem Begriff des Planes hingegen verbindet man ein höheres Maß an geometrischer Genauigkeit, große Maßstäbe und eine kartographisch einfache Kartierung; dies trifft auf Katasteranwendungen, Leitungspläne und dergleichen zu. Daneben gibt es aber auch den Aspekt der *Planung* eines zukünftigen, anzustrebenden Zustandes, wie die Beispiele des Bebauungsplans und des Regionalentwicklungsplans zeigen [87]. Im englischen Sprachgebrauch trifft man für all diese Kategorien die Begriffe *map* und *mapping* an. Da sehr viele Probleme und Lösungsansätze – speziell bei grundsätzlichen Fragen, und diese sollen ja in diesem Buch aufgezeigt werden – auf beide Bereiche zutreffen, können wir im folgenden wieder auf eine derartige Differenzierung verzichten.

Karten und Pläne in ihrer digitalen Form treten uns heute in vielerlei Produkten der Informationstechnologie entgegen, und dies nicht nur in traditionell von Geoinformation bestimmten Anwendungen. Das Internet mit seinen vielfältigen Möglichkeiten hat längst den Siegeszug auch im privaten Bereich angetreten. Eine steigende Zahl von Internet-Seiten beinhaltet graphische Darstellungen räumlicher Zusammenhänge; in vielen Fällen kann man sogar durch das Anklicken von Positionen auf der Karte zur entsprechenden Zielinformation surfen. Der Begriff der Geoinformation oder eine spezielle Bezeichnung für das zugrunde liegende Informationssystem kommt hier gar nicht mehr explizit vor, so selbstverständlich hantiert man mit diesen 'digitalen Karten'. In traditionellen Domänen der Geoinformation hingegen verwendet man Begriffe wie (siehe [287])

- o Geoinformationssystem (GIS)
- o Landinformationssystem (LIS)
- o Raumbezogenes Informationssystem (RIS)
- o Netzinformationssystem (NIS)
- o Umweltinformationssystem (UIS)
- o Betriebsmittelinformationssystem (BIS)
- o ...

Eine vollständige Liste aller dieser Systeme, deren Kurzbezeichnungen mit Is enden, ist gar nicht angebbar. Einige der vorgestellten Wortschöpfungen rücken den Raumbezug, die Geokomponente stärker in den Vordergrund als andere. Ein *Fachinformationssystem* hingegen mit Ausprägungen wie etwa Facility Management, Betriebsmittelplanung, Kundeninformation benötigt 'unter anderem auch' Geodaten [70]. Ein zentraler Punkt in all diesen Systemen ist eine mittels Computergraphik generierte Darstellung eines Teiles der Erdoberfläche, die an analoge Pläne und Karten angelehnt ist. Ließ diese Darstellung in früheren

Jahren noch einiges zu wünschen übrig, so garantieren heute leistungsstarke
Prozessoren und hochauflösende Bildschirme und Drucker eine in vielen Fällen
befriedigende Präzision.

Der Zugang zur Geoinformatik wird also häufig – nicht zuletzt aufgrund der
starken Wirkung graphischer Darstellungen am Computer – durch den Wunsch
gesteuert, digitale Varianten von Karten und Plänen zu erzeugen. Man erkennt
jedoch bald, daß es nicht nur auf das Ersetzen herkömmlicher manueller Zei-
chenmethoden durch computergesteuerte Zeichengeräte ankommt; die Inhalte,
die zum Entstehen einer Karte Anlaß geben, werden langfristig als Daten eines Informationssystems abgelegt und können so bei Bedarf am Bildschirm
ausgewählt und abgefragt werden, mit anderen Daten zu immer neuen Kombinationen, Auswertungen und Vergleichen herangezogen werden. Zum Aspekt
der *Darstellung* kommen somit die – langfristig viel bedeutsameren – Aspekte
der *Evidenthaltung* und *Konsistenz* der Informationen eines solchen Systems
hinzu. Die Funktionen dieses Systems müssen beiden Aspekten Rechnung tragen: Nach innen hin müssen sie die Konsistenz wahren, und nach außen hin
müssen sie sich nach jener Vorgehensweise richten, die wir bei der manuellen
Erstellung und Auswertung einer Karte beachten. Wir wählen aus der Vielzahl der Darstellungs- und Interpretationsmöglichkeiten jene aus, die der jeweils zugrundeliegenden *Thematik* am besten entsprechen. Ein Stadtplan, eine
Wanderkarte, die Wetterkarte im Fernsehen, die graphische Wiedergabe von
Gewässergütezonen rufen in uns unterschiedliche Assoziationen hervor; beinahe
unbewußt verwenden wir die jeweilige Thematik als Kriterium für die Art der
Informationen, das Maß der Genauigkeit und für das Spektrum von möglichen
Auswertungen.

Wir übersehen in diesem Zusammenhang oft, wie groß der Anteil der dabei notwendigen *Abstraktionsprozesse* ist, die von der Realität eines thematischen Sachverhaltes bis hin zu seiner systematischen graphischen Ausdrucksform führen. Dieser Anteil ist bei den eben erwähnten Beispielen unterschiedlich
hoch. Er wird noch weit höher, wenn wir uns etwa hochspezialisierte Pläne von
Leitungsnetzen vor Augen halten. Die systematische Analyse der Informations-
inhalte, der Problemstellungen und der Lösungsmethoden stellt somit eine wesentliche Voraussetzung für den Aufbau eines Geoinformationssystems dar; wir
müssen auch den Abstraktionsprozeß nachvollziehen, der zu den Formen der
Karteninterpretation geführt hat, die uns heute geläufig sind. Die dabei gewonnenen Erfahrungen kommen uns doppelt zugute, nämlich sowohl beim Generieren von digitalen Karten als auch beim Digitalisieren von analogen Karten –
stellen diese doch wichtige Datenquellen für ein Geoinformationssystem dar.
Am Beispiel einer Autobahnsignatur in einer Straßenkarte wird sofort deutlich, daß man von der Information AUTOBAHN zur graphischen Darstellung
LINIE, 3MM BREIT, ROT übergehen und diesen Weg auch in der umgekehrten
Richtung beschreiten kann.

Das Eröffnen neuer technologischer Möglichkeiten ist meist einfacher und auch
schneller als das Erfassen und Abwägen von Sinnhaftigkeit und Nutzen dieser

neuen Möglichkeiten. Immer wieder ist es angebracht und lehrreich, sich die
Hintergründe vor Augen zu halten – in unserem Fall etwa den Weg nachzuvollziehen, auf dem der Mensch gelernt hat, sein Lebensumfeld graphisch und
kartographisch darzustellen, und was er nach wie vor damit an teilweise implizit und latent vorhandenen Vorstellungen verbindet. Denn nur dann kann
auch die neue Technologie befriedigende Antworten auf seine Bedürfnisse und
Erwartungen geben.

1.2.2 Historisches, Kognition und Abstraktion

Vorgänge, die automatisiert werden sollen, um damit die Möglichkeiten der Informationstechnologie ausschöpfen zu können, müssen zunächst einmal genau
analysiert werden. Die Karteninterpretation macht hier keine Ausnahme. Gerade jene Fertigkeiten, die uns aufgrund langjähriger Übung als wenig erwähnenswert scheinen, müssen in diesem Zusammenhang aus dem Unterbewußtsein ans
Tageslicht gebracht werden, denn ihre Nichtbeachtung ist eine der häufigsten
Ursachen für Ungereimtheiten computergesteuerter Programme. Aus diesem
Grund wollen wir nun einen kurzen Exkurs in die Entwicklungsgeschichte der
menschlichen Ausdrucksfähigkeit machen.

Die Entwicklung des Menschen wurde und wird entscheidend von seiner Fähigkeit geprägt, seine Wahrnehmungen, Empfindungen und Schlußfolgerungen zu
abstrahieren und weiterzuvermitteln. Er ist imstande, seine Erfahrungen zu formalisieren; er kann zwischen verschiedenen Bereichen Beziehungen herstellen
und Querverbindungen bewußt ausnutzen; das wesentliche daran ist, daß er dieses abstrakte Wissen auch weitergeben kann. Einzelerfahrungen können somit
kollektiv nutzbar werden. Dieser Abstraktionsprozeß weist Sprungstellen auf.
An diesen Sprungstellen hat sich das Selbstverständnis der Menschheit entscheidend verändert [190]. Die Entwicklung der Sprache war die erste größere Stufe:
Der Mensch konnte ein Objekt benennen, und der Name dieses Objektes wurde
auch von den anderen Angehörigen seiner Gruppe verstanden. Später dehnte
sich der Wortschatz auch auf abstrakte Begriffe aus. In einer nächsten Stufe
lernte der Mensch, seine Sicht der ihn umgebenden Umwelt graphisch wiederzugeben; eine weitere Formalisierung der zeichnerischen Darstellung mündete
in das Entstehen der Schrift, die sich weit von ihrer ursprünglichen bildhaften
Bedeutung entfernt hat.

Auf einer anderen Abstraktionsebene entstanden Karten und Pläne, die zunächst eine systematische Abbildung der Umgebung zum Ziel hatten und natürliche Phänomene (etwa Flüsse) ebenso beschrieben wie von Menschenhand
geschaffene Objekte (Bauwerke und Straßen). In der Geschichte der Kartographie, wie sie in Internet-Quellen nachzulesen ist, so etwa in der Internet-
Enzyklopädie Wikipedia [290] gilt als bisher älteste bekannte kartographische
Darstellung eine Wandmalerei im türkischen Catal Hüyük, welche die Siedlung
um 6200 v. Chr. mit ihren Häusern und dem Doppelgipfel des Vulkans Hasan

Dag zeigt. Etwa 3800 v. Chr. wurde eine Karte von Nord-Mesopotamien in die so genannte Tontafel von Nuzi, südwestlich von Kirkuk im Irak, geritzt. Auf der 7 cm x 7 cm großen Tontafel sind Berge, Flüsse und Städte eingezeichnet. Um 1500 v. Chr. entstand im heutigen Italien die in einen Felsen geritzte Karte von Bedolina. Sie zeigt auf 4,16 m x 2,30 m den Plan eines Ortes sowie Tiere und Menschen. Ebenfalls um 1500 v. Chr. entstand in Babylonien ein Stadtplan von Nippur auf einer 21 cm x 18 cm großen Tontafel, die das Stadttor, Gebäude und den Euphrat zeigt und in sumerischer Keilschrift beschriftet ist. Aus dem 6. Jahrhundert v. Chr. stammt eine in eine Tontafel geritzte Weltkarte, die das babylonische Weltbild als Kreis zeigt. Aus den ersten Jahrhunderten unserer Zeitrechnung stammen die Handzeichnungen von Karten in den ältesten Manuskripten der Kosmographie des Ptolemäus, einer Erdbeschreibung, die eigentlich ein Verzeichnis astronomischer Positionen nach Breite und Länge ist. Erwähnenswert ist auch die Tabula Peutingeriana, eine Straßenkarte des römischen Reiches mit Angabe der Militärstationen und Entfernungsangaben in Meilen. Interessant ist die Tabula Peutingeriana auch deswegen, weil sie – ähnlich wie heutige Visualisierungen eines Verkehrsnetzes und seiner Haltestellen so wie wir sie täglich in U-Bahn-Stationen, Waggons und Bussen sehen – weniger die (geometrische) Lagetreue als die (topologische) Verbindungsqualität in den Vordergrund stellt.

Ebenso wie der Mensch Zehntausende von Jahren zuvor abstrakte Bezeichnungen in seinen Sprachschatz eingebracht hatte, so ließ er nun abstrakte Themen in die Karte einfließen: Es wurden Hoheitsbereiche eingetragen, wichtige Gebäude markiert und oft in quasi-räumlichen Ansichten gezeichnet; geschichtliche Ereignisse und die Orte ihres Geschehens wurden bildlich festgehalten; Darstellungen von Schiffahrtswegen und Häfen wurden durch Schiffe und allerlei Meeresgetier belebt [99].

Ein *Thema* wurde somit bei Bedarf der geometrischen Darstellung überlagert, um bestimmte Sachverhalte besonders hervorheben zu können. Erst die *Thematik* (bzw. ihre Umsetzung in eine graphische Ausdrucksform) erlaubt es uns, die Karteninformation zu interpretieren, einzelne Karteninhalte miteinander zu vergleichen und die daraus gezogenen Schlußfolgerungen als Entscheidungshilfen zu benutzen. Allmählich wurden die darzustellenden Sachverhalte immer komplizierter und umfangreicher; die Thematik mußte daher in immer größerem Maße abstrahiert und durch Farben und Signaturen umgesetzt werden, ähnlich wie dies Jahrtausende zuvor bei der Abstraktion der Schriftzeichen geschah. Dieselbe Thematik wurde – je nach den Anforderungen – durch verschiedene Signaturen dargestellt. Aber auch die Geometrie wurde zum Träger mehrerer thematischer Bedeutungen.

Der Abstraktionsprozeß ist heute sehr weit fortgeschritten. Nach wie vor ist die Thematik so dominant, daß wir ohne genügende Hintergrundinformation über das jeweilige Thema nicht imstande sind, die Karte zu interpretieren; dies äußert sich besonders kraß bei der graphischen Darstellung innerstädtischer Versorgungsleitungen, bei nautischen Karten oder auch Übersichtskarten eines

Flugüberwachungsdienstes. Trotzdem ist dieser Aspekt nicht auf das heutige hochtechnisierte Umfeld – und auch nicht auf graphische Darstellungen – beschränkt, wie ein interessanter Artikel von P. Damerow, R. Englund und H. Nissen [48] beweist: Auf archaischen Tontafeltexten, die zwischen 3200 und 3000 v.Chr. in der mesopotamischen Stadt Uruk entstanden, wurden zur Angabe der Größe von Feldern und zu den darauf geernteten Getreidemengen Symbole verwendet, die keinesfalls einheitlich, sondern – je nach der zugrundeliegenden Thematik – unterschiedlich zu interpretieren waren. Das waren die Anfänge der thematischen Kartographie – oder auch der Visualisierung von Geoinformation und der damit zusammenhängenden multimedialen Ausgabenformen, wie sie uns heutzutage als Texte, Bilder, Video und Audio auf CD und im Internet geläufig sind.

Die *Geoinformatik* als Wissenschaft vom Wesen und der Funktion der *Geoinformation* (GI), ihrer Verarbeitung in Form von *Geodaten* sowie der Anwendung von *Geoinformationssystemen* (GIS) ist eine junge Disziplin. Die ersten Anfänge liegen etwa 30 Jahre zurück, wie J.T. Coppock und D.W. Rhind [46] ausführen. In der Entwicklung sind bis jetzt mehrere teilweise überlappende Phasen erkennbar:

▷ Die Zeit von 1955 bis 1975 war die *Zeit der Pioniere*, die individuelle und voneinander isolierte Wege verfolgten. Es gab kaum digitale Daten, und die entsprechende Hardwareunterstützung war nicht gegeben.

▷ Die Zeit von 1970 bis 1985 war die *Zeit der Behörden*. Auf nationaler Ebene begann man, etwa beim US Bureau of Census, beim US Geological Survey und beim British Ordnance Survey damit, die Verwaltung von Geodaten auf Computer umzustellen. Daten und Hardwareunterstützung gab es also in beschränktem Ausmaß, aber kaum die Funktionalität eines Geoinformationssystems im heutigen Sinn.

▷ Die Zeit von 1982 bis 1990 war die *Zeit der Firmen*. Hardware- und Softwarehersteller entdeckten den Markt. Die GIS-*Technologie* war geboren. Systeme wie Intergraph, Arc/Info (Esri), Sicad (Siemens), Infocam (Kern), System 9 (Wild) wurden konzipiert und/oder auf die Bedürfnisse eines GIS zugeschnitten. Workstations, die der Datenfülle und den Graphikanforderungen gewachsen waren, wurden entwickelt.

▷ Ab etwa 1988 kann man von einer *Zeit der Nutzer* sprechen. Nutzerspezifische Lösungen, Interfaces, Datenstrukturierungen, spezielle Applikationen wurden immer wichtiger. In Netzwerken wurden Daten, Systeme und Funktionen in breiterem Rahmen nutzbar.

▷ Seit 1995 hat sich das Internet ausgehend von den Universitäten explosionsartig ausgebreitet und ist heute in praktisch allen Einrichtungen des öffentlichen Lebens und auch in Privathaushalten stark vertreten. Damit ergab sich ein gewaltiger Druck auf die Hersteller, auf internet-fähige Produkte umzusteigen. So verlor man aber auch die direkte Einflußnahme auf die Kunden. Die *Zeit des offenen Marktes der Geoinformation*, auf dem diese nach Angebot und

Nachfrage gehandelt wird und wo für Möglichkeiten zur Bestellung, Lieferung und Verrechnung von Geodaten gesorgt ist, ist bereits angebrochen. Lieferungen laufen auch nicht mehr nach dem alten Muster des Datenaustausches über Datenträger ab, sondern vielmehr online über das Netz. Geodaten sind somit zu *Produkten* aus einer Palette vieler anderer ähnlich gearteter Produkte geworden, die einer in immer stärkerem Maße informationsorientierten Gesellschaft zugute kommen.

1.2.3   Vorteile der GI-Technologie

Die Vorteile der GIS-Technologie – also der digitalen Speicherung und Verarbeitung der Geoinformation (GI) – sind vielfältig. Ein wichtiger Aspekt ist die Verknüpfbarkeit geometrischer, graphischer und attributiver Daten mit anderen Informationsinhalten. So können etwa alle Daten, die für ein bestimmtes Gebäude gespeichert sind (Name des Eigentümers, Baujahr, Zustand, Versicherungsnummer, Anzahl der Mieter), bei Bedarf in die geometrische Darstellung eingeblendet werden. In einem Immobilieninformationssystem würde ein Bild oder Video zugeordnet werden. In einem anderen System wird das Gebäude für statistische Zwecke ausgewertet und man ordnet Meldedaten zu; in einem dritten System wird die Wirtschaftlichkeit des Anschlusses an ein Versorgungsnetz in all ihren Varianten analysiert. Damit wird eine *integrierte Informationsvermittlung* möglich. Genau dasselbe erreicht man beispielsweise auch wenn man die Geometrie und Thematik von Straßendaten mit Tourismus-Datenbanken verbindet und Navigations- sowie Telekommunikationsdienste zuschaltet. So erhält man eine integrierte Unterstützung durch vielfältigste Informationen.

Der Komfort in der Fortführung digitaler Daten ist ein weiterer Pluspunkt. Geodatenbestände sind eher statischer Natur: Eigentümerverhältnisse ändern sich nur selten, die Topographie ändert sich praktisch nie. Eine Straßenbegradigung etwa beeinträchtigt nur einen geringen Prozentsatz von Grundstücken. Wir können daher sehr schnell verschiedene Varianten einer neuen Trassenführung ausarbeiten und damit unsere Entscheidungen besser untermauern. (Die Ersterfassung ist und bleibt allerdings zeitintensiv.)

Dieselben Daten können einer Vielzahl von Analysen zugeführt werden. So kann etwa die Bodenbeschaffenheit in eine Statistik von Grundstückspreisen einfließen. Daneben kann sie als Kriterium für die Wahl von Anbaugebieten dienen, die eine bestimmte Weinsorte begünstigen. Sie spielt auch für das Ausmaß einer Gefährdung durch Erosion eine Rolle. Langfristige Trends, wie etwa eine fortschreitende Versandung, werden so erkannt. Themen können beliebig miteinander kombiniert werden. Dabei ergeben sich Verschneidungen, die als Grundlage für Entscheidungen dienen. So haben beispielsweise alle Stadtverwaltungen das Problem, daß Aufgrabungen und Arbeiten an unterirdischen Leitungssträngen besser koordiniert werden sollten. Der räumliche Vergleich der Themen GAS, WASSER, STROM, TELEFON, KABEL-TV, KANAL unter Berücksichtigung der jeweiligen Leitungsattribute schafft die technischen Voraussetzungen für eine zeitliche Harmonisierung von Revisionsarbeiten.

Bei Standortanalysen im Geomarketing wird die Wirtschaftlichkeit geplanter Standorte für Geschäfte, Schulen, Haltestellen und andere Infrastruktureinrichtungen untersucht, wobei man gegebene Verteilungen zugrundelegt – etwa Verbauungen oder Käuferpotentiale. In diesem Zusammenhang ist die Forderung nach einem *offenen System* wichtig: Es ist zum Zeitpunkt der Konzipierung einer Geodatenbank bzw. eines Geoinformationssystems noch nicht abzusehen, welche Kombinationen von Themen notwendig sein werden; trotzdem soll das System flexibel genug sein, auf solche zukünftigen Anforderungen zu reagieren. Gerade der Geomarketingsektor stellt ein Paradebeispiel für immer neue wirtschaftlich interessante Anwendungen dar, die auf denselben statistischen Kenngrößen räumlicher Verteilungen beruhen.

Aber es ist nicht nur die Verknüpfung von unterschiedlichen und bisher getrennt betrachteten Themen und Daten, die wir nun ausnützen können. Neue Anwendungen ergeben sich auch durch die Kombination der Geoinformationstechnologie mit Telekommunikations-, Positionierungs- und Navigationstechnologien, wie sich dies in *Location-Based Services* (Lbs) manifestiert. Solche Dienste liefern auf mobilen internetfähigen Geräten Informationen, die auf Ort und Zeit der Anfrage zugeschnitten sind, allenfalls noch ergänzt durch eine Hilfestellung für das Auffinden von Orten, die im Rahmen dieser Anfrage für die Anwender interessant sind.

Der Variantenreichtum der *Darstellungsmöglichkeiten* ist praktisch unbegrenzt. Farben, Strichstärken, Zeichensätze und Maßstäbe können beliebig variiert und dem Zweck der Darstellung untergeordnet werden. Erst durch derlei Variationen in der Darstellung und Analyse beginnt sich der Einsatz eines Informationssystems mit all den damit einher gehenden Kosten und Umstellungserfordernissen zu amortisieren. Herkömmliche Methoden sind hingegen vorzuziehen, wenn es sich nur um einige wenige Pläne und Karten handelt, wenn diese nur selten gebraucht werden oder wenn zu ihrer Erstellung Methoden benötigt werden, die kaum verallgemeinerungsfähig sind.

1.3   Begriffe und Gliederungen

1.3.1   Definitionen

Die Geoinformatik ebnet den systematischen Zugang zum Wesen und zur Funktion der Geoinformation (Gi). Der Begriff *Information* wird aus dem lateinischen *informare* (= wörtlich: 'eine Gestalt geben, formen') abgeleitet; im übertragenen Sinn bedeutet es 'bilden, unterrichten'. Brockhaus definiert Information mit 'Auskunft, Nachricht, Aufklärung, Belehrung'.

In unserem Sinn kann man von Information dann sprechen, wenn auf eine spezifische Frage eine Antwort gegeben wird, die das Verständnisniveau des Fragenden erhöht und ihn befähigt, einem bestimmten Ziel näherzukommen.

Hier sei angemerkt, daß es in anderen wissenschaftlichen Disziplinen, z.B. in der Nachrichtentechnik, Definitionen gibt, die von der unsrigen abweichen. Information in unserem Sinne hat demnach (siehe [93], [87])

- strukturelle und syntaktische Aspekte,

- semantische (inhaltliche) Aspekte und

- pragmatische (anwendungsrelevante) Aspekte.

Am Beispiel eines Briefes wird die Bedeutung dieser Aspekte klar. Wenn wir einen Brief erhalten, der in einer uns fremden Sprache abgefaßt ist, so erfassen wir zwar die strukturellen und syntaktischen Aspekte, also die Einleitung, die Abschnitte, Sätze und Wörter, nicht aber den Sinn des Geschriebenen. Aber auch ein in Deutsch geschriebener Brief, dessen Inhalt (Semantik) wir zwar verstehen, der uns aber nicht interessiert – z.B. eine Werbebroschüre –, wandert in den Papierkorb und ist daher nicht als Information, bestenfalls als Berieselung zu qualifizieren.

Wo ist nun der Begriff *Daten* anzusiedeln, und in welcher Relation stehen Daten zur Information? Hier bedient man sich oft einer saloppen Diktion; die beiden Begriffe werden vermischt. In einer strengeren Sichtweise jedoch ergeben sich folgende typische Einschränkungen für Daten:

- Daten sind weniger strukturiert als Information,

- semantische Aspekte werden codiert, wobei diese Codes nach Konventionen vergeben und interpretiert werden,

- anwendungsrelevante Aspekte fehlen, oder sie sind nur implizit im Kontext vorhanden.

Wieder streuen wir ein Beispiel ein, in dem sich zwei Personen über ein Stück Land unterhalten (siehe dazu Abb. 1.1). Person A hat vor ihrem geistigen Auge eine Parzelle mit all ihren Charakteristika: Sie hat eine Struktur (Fläche), semantische Aspekte – es handelt sich um den Baugrund für ein Einfamilienhaus oder um ein Industrieareal –, aber auch pragmatische Aspekte – die Parzelle gehört Person A, und Person B zeigt Interesse daran. Soll also die Information weitergegeben werden, so transformiert Person A Teile davon in Daten, indem sie dafür geeignete Worte wählt; sie nimmt an, daß diese von Person B verstanden werden. Bei dieser Formalisierung und notwendigen Vereinfachung werden semantische Aspekte durch spezielle Adjektive 'groß', 'zentral

gelegen', 'einer Geldanlage wert' ausgedrückt; Person A geht davon aus, daß
sie für Person B annähernd dieselbe Bedeutung haben. Anwendungsrelevante
Aspekte drücken sich überhaupt nur durch den Kontext aus; so etwa Verkaufs-,
Verpachtungs- und Vermietungsmodalitäten, Maklerbedingungen, Bebauungsrichtlinien seitens der Gemeinde usw. Person B muß nun aus den Daten, also
aus den gesprochenen Worten, die Information *rekonstruieren*. Es ist wohl klar,
daß bei diesem Austausch von Information, der immer nur (eine Stufe tiefer)
über Daten erfolgen kann, nie eine hundertprozentige Übermittlung möglich
ist, sondern daß ein gewisser Informationsverlust unvermeidlich ist.

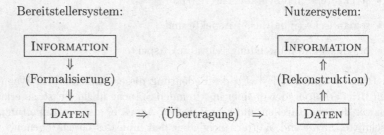

Abbildung 1.1: Information und Daten im Kontext eines Transfers

Die Informationsübertragung im automatisierten Umfeld läuft ganz nach demselben Muster ab. Praktisch alle Vorgänge beim Umgang mit Informationssystemen sind formal als Kommunikationsprozesse zwischen Elementen anzusehen: Ein solches Element ist der Mensch (Nutzer, User); andere Elemente sind
Hard- und Softwarekomponenten (Bildschirm, Plotter, Digitalisiertisch, Scanner, Netzverbindungen, Browser, Server etc.) sowie Anwendungsmodule. Sei es
nun eine graphische Darstellung am Schirm mit nachfolgender Interpretation
des Nutzers, sei es die Digitalisierung, sei es der Transfer zwischen Systemen –
immer springt man zwischen Information und Daten hin und her, wissend,
daß bei jedem Sprung etwas verlorengehen kann. Unser Ziel muß es sein, diese
Verluste zu *minimieren*, indem wir möglichst einfache und eindeutige Wege
bereitstellen, auf denen die oben erwähnte Eindeutigkeit der Codierung bzw.
die Anwendungsrelevanz garantiert werden kann.

Neben den Begriffen *Daten* und *Information* tritt uns in letzter Zeit auch häufig
der Begriff *Wissen* (engl. *knowledge*) entgegen.

> Wissen ist die Fähigkeit, eine Vielzahl von Einzelinformationen zu
> nutzen und im Hinblick auf die Lösung eines komplexen Problems
> miteinander zu kombinieren. Vergleichen und Lernen gehören dazu.

Wissen ist somit noch um eine Stufe höher als Information anzusiedeln
(Abb. 1.2). Während in einem 'normalen' Informationssystem der Anwender –

Abbildung 1.2: Daten, Information und Wissen

als Teil des Systems – sein Wissen ausnutzt, um Informationen zweckentsprechend zu verwenden, werden in einem *wissensgestützten Informationssystem* (engl. *knowledge-based system*, KBS) Teilbereiche menschlichen Wissens formalisiert und damit computertauglich. Näheres dazu wird im Kapitel 7 erörtert.

Der Begriff der *Geoinformation* (GI) ergibt sich durch Spezialisierung auf Information, die orts-, lage-, raum- und zeitbezogenen Charakter hat. Auf die gleiche Art und Weise ergibt sich der Begriff *Geodaten*. Die Vorsilbe *Geo-* ist charakteristisch für den deutschen Sprachraum. Im Englischen sagt man *Geographical Information*, *Geographical Information Systems*, *Geographical Data*. Man spricht auch von *Spatial Information* oder von *Geo-Spatial Information* und desgleichen von den zugeordneten Systemen.

Die *Geoinformatik* setzt sich mit dem Wesen und der Funktion der Geoinformation, mit ihrer Bereitstellung in Form von Geodaten und mit den darauf aufbauenden Anwendungen auseinander. Gelegentlich wird als Synonym dafür auch hierzulande bereits der Begriff *Geomatik* (engl. *Geomatics*) verwendet (siehe Abschnitt 1.6). Für den Begriff eines *Geoinformationssystems* (GIS) gibt es eine Fülle von Definitionen. Wir beginnen mit der folgenden Variante:

> Ein *Geoinformationssystem* dient der Erfassung, Speicherung, Analyse und Darstellung aller Daten, die einen Teil der Erdoberfläche und die darauf befindlichen technischen und administrativen Einrichtungen sowie geowissenschaftliche, ökonomische und ökologische Gegebenheiten beschreiben [10].

Alternative Definitionen setzen jeweils den Schwerpunkt etwas anders:

> ... ein Informationssystem, dessen Datenbank aus Beobachtungen räumlich verteilter Objekte, Aktivitäten oder Ereignisse besteht, die durch Punkte, Linien oder Flächen definierbar sind [55].

...eine umfassende Sammlung von Werkzeugen für die Erfassung, Speicherung, Bereitstellung im Bedarfsfall, Transformation und Darstellung raumbezogener Daten der realen Welt im Rahmen spezieller Anwendungen [34].

...ein Informationssystem, das alle raumbezogenen Daten der Atmosphäre, der Erdoberfläche und der Lithosphäre enthält und eine systematische Erfassung, Aktualisierung, Verarbeitung und Umsetzung dieser Daten auf der Grundlage eines einheitlichen räumlichen Bezugssystems gestattet [78].

...ein System zur Unterstützung der Entscheidungsfindung, das raumbezogene Daten in einer Problemlösungsumgebung integriert [47].

Weitere Definitionen findet man etwa in den beiden Bänden 'Geographical Information Systems' [137], [132]. Der Terminus GIS ist also unterschiedlich belegt. Je nach der bevorzugten Definition versteht man darunter

- eine Sammlung georelevanter Daten

- eine Fundgrube für Lösungen raumbezogener Fragen

- eine Sammlung *(Toolbox)* von Werkzeugen (Algorithmen, Funktionen)

- eine Gesamtheit von Hardware- und Softwarekomponenten

- eine Technologie

- ein Nachvollziehen am Computer für das Sich-Zurechtfinden im Raum

Dem heute allgemein gebrauchten Begriff *Geoinformationssystem* (GIS) (englisch *Geographical Information System*) steht – zumindest im deutschen Sprachraum – auch der Begriff *Landinformationssystem* (LIS) zur Seite, und zwar besonders in jenen Fällen, wo man großmaßstäbliche Anwendungen mit einem hohen geometrischen Genauigkeitsanspruch vor Augen hat; so etwa im katasternahen Bereich. Wir wollen uns im folgenden jedoch an die gebräuchlichere Bezeichnung GIS halten, weil sich diese auch international immer mehr einbürgert.

Definitionen haben es an sich, daß sie im konkreten Fall zu weit oder zu eng, zu ungenau oder zu einschränkend sein können. Es wird auch immer schwieriger, ein GIS in Reinkultur zu finden. Zu heterogen ist in letzter Zeit die Informationslandschaft geworden, und so finden wir sowohl aktuelle Systeme, die eine Einschränkung des eben dargelegten GIS-Begriffes darstellen, wie auch Systeme, die darüber hinaus gehen. Beispiele für Untermengen bzw. Spezialausrichtungen eines GIS für besondere Anwendungserfordernisse, die eine in sich abgeschlossene Einheit bilden, sind die folgenden:

- Amtliches Liegenschaftskataster-
  Informationssystem (ALKIS; in Deutschland)
- Amtliches Topographisch-Kartographisches
  Informationssystem (ATKIS; in Deutschland)
- Digitale Katastralmappe (DKM; in Österreich)
- Mehrzweckkarte (MZK; z.B. MZK der Stadt Wien)
- Leitungskataster (Utility Mapping)
- Facility Management (FM)

Wenn es andererseits darum geht, Erweiterungen des hier dargelegten GIS-Begriffes zu nennen, so kann jedes System herangezogen werden, das über die Geoinformation im engeren Sinn hinaus Fachinformation verwaltet und bearbeitet, den Geodaten Fremddatenbanken, Bildbestände, Ton und Video zuordnet. Ein Beispiel für ein System das ein integriertes Ressourcenmanagement anbietet, ist GE Smallworld GIS. Es hat sich zu einem *raumbezogenen Ressourcenplanungssystem* (engl. *Spatial Resource Planning System*, SRP) hin entwickelt, das allen in einem Unternehmen zur Verfügung stehenden Ressourcen einen Raumbezug zuordnet und so strategische Prozesse optimieren hilft. Ein Energieversorgungsunternehmen (EVU) etwa sieht seine Leitungen als Ressourcen an, die einen Raumbezug, aber auch sehr viele andere wirtschaftliche, technische und administrative Aspekte haben und daher integriert verwaltet werden.

GIS in Reinkultur trifft man immer seltener an. Nicht zuletzt deswegen werden wir im weiteren Verlauf öfter die Bezeichnung GI-*Anwendung* gebrauchen: Es ist dies eine Anwendung die auf Geoinformation aufbaut und in einen Kreis anderer Anwendungen eingebettet ist. Ein typisches Beispiel einer GI-Anwendung ist die Nutzung von GI über Internet.

1.3.2 Systemkomponenten und Konfigurationen

Im klassischen Sinn besteht ein Informationssystem – und damit auch ein GIS – aus Daten, die zu einer *Datenbank* zusammengefaßt sind, und aus einer Reihe von Werkzeugen zur anwendungsgerechten Verarbeitung dieser Daten (siehe dazu auch [45], [233]). Diese Definition geht konform mit dem im vorigen Abschnitt herausgearbeiteten Unterschied zwischen Daten und Information. Die eben angesprochenen Werkzeuge bereichern die Daten also um semantische und pragmatische (anwendungsrelevante) Aspekte. Es ergibt sich ein schalenweiser Aufbau (Abb. 1.3).

Zuinnerst liegen die Daten. Diese Sammlung von Daten wird erst durch ein *Datenbankverwaltungssystem* (engl. *data base management system*, DBMS) zu einer Datenbank; das DBMS ordnet den auf Dauer angelegten Datenbestand, schützt ihn und macht ihn verschiedenen Nutzern zugänglich. Um diese Datenbank gruppieren sich eine Reihe von *Werkzeugen* (engl. *software tools*) wie

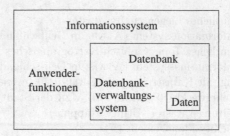

Abbildung 1.3: Informationssystem: Daten und Anwenderfunktionen

Abfrage- und Auskunftsmodule, Darstellungen, Transformationen, Algorithmen zur Verschneidung, zur Interpolation, zur Analyse usw. Der Anwender hat die Möglichkeit, sowohl einzelne Daten wie auch einzelne Werkzeuge, die ihm das Informationssystem bietet, in seine Anwendung einzubauen.

Diese klassische Definition wird in letzter Zeit einerseits durch die Netzwerktechnologie (Internet, Intranet, Extranet) modifiziert und andererseits auch dadurch, daß es keine strikte Trennung mehr zwischen Daten und den zugeordneten Methoden (der Funktionalität) gibt. Vielmehr ist es ein Kennzeichen moderner objektorientierter Ansätze, daß man zu jeder Objektklasse nicht nur die geeigneten Datentypen, sondern auch die Methoden definiert, die darauf angewendet werden können. So ist etwa ein Grundstück eine Polygonfläche und es erlaubt unter anderem Methoden der Abfrage, der geometrischen Teilung und der Vereinigung mit einer Nachbarfläche. Der schalenartige Aufbau in Abb. 1.3 wird also zumindest auf konzeptioneller Ebene durchlässig, indem für jede Objektklasse auch die geeigneten Anwenderfunktionen definiert werden. Außerdem werden diese Anwenderfunktionen gelegentlich auch zum Client 'ausgelagert', um eine unnötige Belastung der Netzverbindungen zu vermeiden. So ergibt sich eine *mehrstufige Struktur* (engl. *multi-tiered structure*).

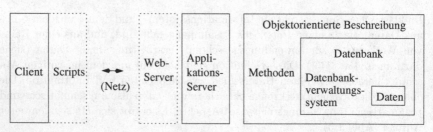

Abbildung 1.4: Web-basierendes Informationssystem

Die Datenbank wird mittels einer Objektbeschreibungssprache um die den Objektklassen zugeordneten Methoden erweitert. Ein Applikations-Server bündelt dies. Durch die Verzahnung mit einem Web-Server wird er netzwerkfähig. Auf der Client-Seite steht vielleicht nur mehr ein Standard-Browser zur Verfügung (Netscape, Microsoft Internet Explorer), der gegebenenfalls durch Scripts (Java, VBScript) unterstützt wird. Auf diese Weise werden die in Abb. 1.3 angeführten Anwenderfunktionen je nach Bedarf einmal auf der Serverseite und einmal auf der Client-Seite ausgeführt (Abb. 1.4).

Das klassische GIS wird außerdem durch eine ganze Reihe von Anwendungsmodulen erweitert, die zum Teil weit aus dem Bereich der Geoinformation hinausführen. GE Smallworld GIS und auch andere Systeme verwenden für diese Zusätze (Strom, Gas, Wasser, Fernwärme, Abwasser, Kataster, ATKIS, etc.) den Begriff der *Fachschale*. In diesem Sinn gruppieren sich um das eigentliche GIS aus Abb. 1.3 weitere Schalen – und es stellt sich die Frage, ob wir mit GIS den gesamten Zusammenhang oder nur den raumbezogenen Kern bezeichnen. In Abb. 1.5 ist das GIS als zentrale Drehscheibe (engl. 'Hub') zu verstehen, auf der die einzelnen Fachschalen aufgesetzt sind. Ein Beispiel dafür ist wieder das vorhin erwähnte GE Smallworld GIS. Ein *Autorisierungssystem* dient als Schnittstelle für die Einrichtung und Verwaltung von Berechtigungen für einzelne Benutzergruppen dieser Fachschalen.

Abbildung 1.5: Informationssystem mit Fachschalen

Brechen wir diese Vormachtsstellung des GIS, indem wir jeder einzelnen Fachanwendung ihr eigenes *Fachinformationssystem* (FIS) zuordnen, so gelangen wir zu einer Anordnung, in der das GIS nur mehr eines von vielen Fachinformationssystemen darstellt, die zur Abwicklung von *Geschäftsprozessen* herangezogen werden (Abb. 1.6). Als Beispiel kann ein Energieversorgungsunternehmen dienen, das zur Abwicklung seiner Geschäftsprozesse natürlich ein GIS, aber auch andere Informationssysteme benötigt, um die technische Leitungsdokumentation, das Betriebsmanagement, die Kundenkontakte, das Marketing, die Finanzen, das Personalmanagement und vieles mehr abdecken zu können.

Ein zweites Beispiel, das auch in den Freizeit- und Konsumbereich hineinspielt, ist ein System das Reisende während ihrer Fahrt mit Werkzeugen der

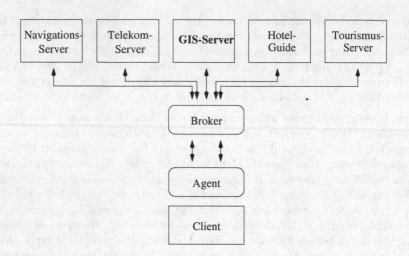

Abbildung 1.6: Erweiterung: Clients und Server, Agenten und Broker

Routenplanung, der Navigation, der Telekommunikation, der technischen Überwachung des Fahrzeuges sowie durch Auskunftdienste zu Hotels, Tankstellen, Sehenswürdigkeiten usw. unterstützt. Auch dies wird von der Anordnung in Abb. 1.6 abgedeckt. Sie entspricht dem *Client-Server-Prinzip*. Der Klient ist der Anwender, der Informationen von verschiedenen Servern zu einem sinnvollen Ganzen zusammenfügt. So wie ein Server für die GIS-Schiene zur Verfügung steht, gibt es auch Server die Informationen aus anderen Bereichen bereitstellen. Dazwischen agieren *Broker* und *Agenten*. 'Broker' ist das englische Wort für Makler. Ein Makler registriert die Bedürfnisse des Klienten und ermittelt daraufhin die erforderlichen Server die in diesem Fall zugeordnet werden. Ein Agent wiederum kann (so es der Klient will) persönliche Vorlieben des Klienten vordefinieren, um so besser auf Anfragen reagieren zu können und dem Makler gezielte Aktionen zu ermöglichen. Im obigen Beispiel des Reisenden kann dieser eine Anfrage nach dem nächstgelegenen Hotel formulieren. Der Agent ist darüber informiert welche Art der Unterbringung, welche Preiskategorie, welche Sonderausstattung der Reisende wünscht und der Broker stellt den geeigneten Server zur Abfrage zur Verfügung.

Wir sehen also, daß der Begriff *Informationssystem* und auch seine Unterkategorie GIS sehr weit gesteckt ist. So könnte es zwar dem ersten Anschein nach den Eindruck erwecken, daß es sich um ein in sich geschlossenes, zentrales System von Hardware- und Softwarekomponenten handelt. Dies ließe sich angesichts des doch sehr allgemeinen Anspruches, der in den obigen Definitionen zum Ausdruck kommt, kaum in befriedigender Weise realisieren. Vielmehr wollen wir darunter ein Konzept verstehen, das sich in einer Reihe von unter-

schiedlichen Realisierungen äußert, etwa in einem Netzwerk von Teilsystemen
(Abb. 1.7); jedes Teilsystem geht auf spezifische Belange ein, kann aber über
kompatible Schnittstellen Daten und Werkzeuge mit anderen Netzteilnehmern
austauschen. Ein solches *verteiltes System* kann optimal an lokale Verhältnisse
und an geeignete Hardwarekonfigurationen angepaßt werden. Ein derartiges
auf einem gemeinsamen Konzept basierendes System stellt beispielsweise das
Schweizerische Vermessungswerk als Grundlage für Land- und Geoinformationssysteme dar, das aus dem Reformansatz der Amtlichen Vermessung (Av)
in der Schweiz [61] hervorgegangen ist.

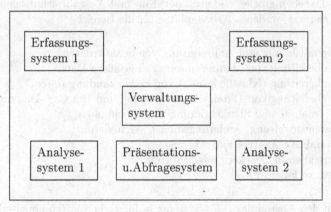

Abbildung 1.7: Logisches Gesamtkonzept und Teilsysteme

Wir beschränken uns in diesem logischen Gesamtkonzept auf grundsätzliche
Überlegungen. Für eine ausführliche Darstellung von derzeit aktuellen Systemkonfigurationen, Softwaretools und Kundenlösungen verweisen wir auf [33].
Der Unterschied zwischen dem logischen Gesamtkonzept und der Palette von
tatsächlichen oder möglichen Realisierungen kann anhand eines Beispieles aus
dem EDV-Alltag deutlich gemacht werden: Eine moderne Nutzeroberfläche
sieht ein *Arbeitsplatzkonzept* vor: Verschiedene Arbeitsplätze (zum Beispiel
Drucker, Scanner usw.) können zunächst allgemein definiert werden, ohne daß
zunächst Details der tatsächlichen Realisierung angegeben werden müssen; erst
unmittelbar vor der Durchführung – etwa wenn wir ein Dokument drucken wollen – ist es notwendig, diese Details festzulegen – oder auch zu ändern. In diesem
Sinn kann ein GIS durchaus aus verschiedenen Komponenten bestehen. Wichtig
ist jedoch,

- daß die Komponenten in ein *Gesamtkonzept* passen, das *offen* gegenüber
  künftigen Entwicklungen und Veränderungen ist,

- daß es möglichst *allgemeingültig* ist und nicht zu sehr auf ein bestimmtes
  Problem oder ein bestimmtes Anwenderprogramm ausgerichtet ist,

- daß es einen kontinuierlichen Datenfluß von der Datenerfassung bis zur Auswertung ermöglicht (*vertikale Integration*)

- und daß es Querverbindungen zwischen einzelnen Themen und zu anderen Informationssystemen erlaubt (*horizontale Integration*).

Einzelne Teile eines solchen Gesamtkonzeptes können zu einer realen Arbeitsplatzkonfiguration zusammengefaßt werden. Die zentrale Rolle in einem GIS spielt der Bildschirmarbeitsplatz, der die Sichtung und Korrektur der Daten erlaubt. Daneben gibt es – je nach den Ein- und Ausgabesituationen, die vom GIS unterstützt werden – Arbeitsplätze für die Bereiche

> Digitalisierung und Aufbereitung von Scannerdaten,
> Aufbereitung von photogrammetrisch erfaßten Daten,
> Aufbereitung (Klassifizierung) von Fernerkundungsdaten,
> Aufbereitung von Daten der Vermessung und von GPS-Daten,
> Übernahme und Strukturierung von Fremddaten,
> Datenverwaltung, Änderungsdienst, Archivierung,
> interaktive Analyse und Abfrage,
> Ausgabe auf Druckern oder Plottern,
> Netzwerkdienste.

Dies gibt den Anstoß dazu, GI-Systeme in folgende Sparten einzuteilen:

- Erfassungssystem

- Verwaltungssystem

- Analysesystem

- Präsentations- und Abfragesystem

Es versteht sich von selbst, daß diese Einteilung nicht für alle Systeme gültig ist. Ein konkretes System kann also Aspekte aus mehreren der eben angesprochenen Kategorien für sich beanspruchen. In Abbildung 1.8 ist eine typische Arbeitsplatzkonfiguration für eine GI-Anwendung dargestellt.

1.4   Daten

Daten bilden den Kern eines GIS. Den Fragen der Datenmodellierung wird daher in diesem Buch ein breiter Raum gewidmet. Ergänzend zu der im gegenwärtigen Abschnitt gegebenen Einführung werden allgemeine Fragen zur Modellierung in Kapitel 2 behandelt. Einzelne Modellvarianten werden dann in den Kapiteln 3 bis 7 beleuchtet. Eine Stufe tiefer als die Modellierungsphase, also

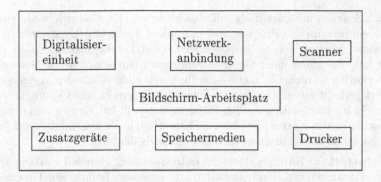

Abbildung 1.8: Beispiel einer Arbeitsplatzkonfiguration

näher bei der Realisierung am Computer, sind Fragen der Datenorganisation angesiedelt; dabei geht es um eine dem Raumbezug der Geodaten genügende Organisationsform (Kapitel 8), um das Ausnutzen der Datenbanktechnologie (Kap. 9) und um das Design geeigneter Schnittstellen für die Einbindung und den Austausch von Geodaten (Kap. 10).

1.4.1   Geodatenquellen

Daten einer GI-Anwendung (Geodaten) stellen vereinfachte Abbilder von Objekten der realen Welt dar. Wir können sie wie folgt einteilen:

Rohdaten:	Direkt registriert, über Sensoren, Meßgeräte oder auf photographischem Wege erfaßt
Interpretierte Daten:	Aufgrund eines Hintergrundwissens klassifiziert, mit einer Bedeutung belegt und ergänzt
Symbolisierte Daten:	Aufgrund kartographischer Konventionen erzeugte Symbole, Signaturen, Schriften
Strukturierte Daten:	Aufgrund eines Hintergrundwissens und einer Anwendungsanforderung zu vielfältigen (auch höheren) Strukturen zusammengefaßt

Beispiele für Rohdaten – also für die direkte Messung – sind die Geländeaufnahme mit vermessungstechnischen und photogrammetrischen Mitteln unter Einbindung satellitengestützter Positionierungssysteme (*Globales Positionierungssystem*, GPS) und *Globales Navigationssatellitensystem*, GNSS) sowie die Aufnahme über Sensoren (Satellitenbilder, Fernerkundung). Der weitaus größte Teil der Daten, die in eine Geodatenbank eingespeist werden, wird derzeit jedoch aus Karten und Plänen digitalisiert, und zwar entweder manuell oder durch Scannen mit darauffolgender Nachbearbeitung. Dadurch ergibt sich bereits ein prinzipielles Problem, weil man nicht direkt Objekte der realen Welt abbildet, sondern bereits (im allgemeinen verfälschte) Sekundärdaten vorliegen hat, die schon einer Generalisierung und kartographischen Bearbeitung unterworfen wurden und meist auch für einen anderen als den gegenwärtigen Zweck gedacht waren. Dies hat zur Folge, daß die erreichbare Genauigkeit unter Umständen nicht dem aktuellen Problem angepaßt ist. Es gibt also einige Eigenschaften von Karten, die bisher nicht störten, in einer Geodatenbank jedoch bei Nichtbeachtung zu unerwünschten Effekten führen:

▷ *Individualität:* Kartographen sind Individualisten. Nun soll Kartenmaterial, das unterschiedliche Handschriften trägt, zu einem homogenen Geodatenbestand verschmolzen werden.

▷ *Publikum:* Eine Karte hat(te) immer ein spezifisches Publikum; nun jedoch werden Daten dieser Karte in völlig neuen Zusammenhängen verwendet. Dies ist zwar ein Pluspunkt für GIS, bringt aber auch Probleme mit sich.

▷ *Maßstab:* Ein GIS ist nicht an einen starren Maßstab gebunden, sondern erlaubt eine gewisse Bandbreite. Dies kann sich in Verbindung mit Generalisierungseffekten zu Problemen hinsichtlich der Lagegenauigkeit und auch Interpretierbarkeit aufschaukeln. Kartenobjekte, die absichtlich 'zu groß' gezeichnet wurden, um ihre Wichtigkeit zu betonen, werden beim Übergang zu einem anderen Maßstab übertrieben groß dargestellt.

▷ *Aktualität:* Karten können alt bzw. nicht aktuell sein. Dies stört beim Betrachten analoger Karten nicht so sehr, weil man sich hier der Problematik bewußt ist. Sind die Daten aber erst einmal im Computer, mißt man ihnen schon deshalb (natürlich unberechtigterweise) höchste Aktualität zu. Neben diesem Gefühlsaspekt gibt es auch einen handfesten technischen Aspekt: Viele GIS sehen nicht die Möglichkeit vor, für Daten einen historischen Werdegang mitzuführen. Auch Material, das zu unterschiedlichen Zeiten erfaßt wurde, führt zu Problemen.

▷ *Flächendeckende Daten:* Nicht alle Themen sind in Karten flächendeckend vorhanden. Ein gutes Beispiel dafür ist die Höheninformation, die gewöhnlich durch Schichtenlinien dargestellt wird. Natürlich sind diese Linien dort, wo sanftere Geländeformen vorherrschen, weit voneinander entfernt. In einem GIS geht man jedoch davon aus, daß an jedem beliebigen Punkt des betrachteten Gebietes die Höhe existiert. Hier kann man wenigstens mit gutem Grund annehmen, daß eine Interpolation (siehe auch Kap. 5) brauchbare Ergebnisse liefert; bei stichprobenartigen Bodenproben ist es schon viel problematischer, auf eine flächendeckende Bodenform zu schließen.

▷ *Blattschnittfreie Daten:* Karten über größere Gebiete müssen in rechtecksähnliche Teilbereiche (Blätter) aufgespalten werden, die einander manchmal auch überlappen. In einem GIS strebt man *Blattschnittfreiheit* (engl. *seamless database*) an, und die Angleichung aneinanderstoßender Blätter kann recht mühsam werden.

▷ *Genauigkeit:* Während analoge Karten schon aufgrund des Plankopfes bzw. der Kartenlegende, des Autors, des Zielpublikums gut auf die erreichbare Genauigkeit schließen ließen, werden im GIS die Daten weitergereicht und dadurch immer ungenauer. Paradoxerweise billigt der Laie jedoch Computerdaten eine fast unbeschränkte Genauigkeit zu! Ungenauigkeiten ergeben sich auch durch das Digitalisieren aus Karten, die unter unsachgemäßer Lagerung (Papierverzug, Faltenbildung) gelitten haben.

▷ *Qualität von Attributdaten:* Während es für die Sicherung der geometrischen Genauigkeit wenigstens noch allgemein anerkannte Vorgehensweisen und Kontrollen gibt (wenngleich diese auch nicht immer ausgenutzt werden), ist bei Attributdaten der Gefahr der Fehlinterpretation Tür und Tor geöffnet. Beispiele dafür bieten Statistikdaten und Umweltdaten, die, in die Hände von Laien gelegt, fast beliebig interpretiert werden können; und in einer Umgebung, wo man die Weitergabe von Geodaten propagiert und für wünschenswert erachtet, ist diese Gefahr realistischer denn je.

Es ergibt sich also der folgende Schluß: Geodaten haben im Vergleich zu anderen Daten eine außergewöhnlich lange Lebensdauer. Dies war auch in früheren nichtdigitalen Zeiten so, wenn wir etwa an Daten der öffentlichen Verwaltung, an Grundbesitz, an topographische Karten denken. Was im digitalen Zeitalter hinzukommt, ist eine verstärkte Tendenz zur Mehrfachnutzung und Transformation in die Richtung interpretierter und umstrukturierter Daten. Mit jeder Transformation steigt die Gefahr eines Qualitätsverlustes. Gerade angesichts des langen Lebenszyklus von Geodaten kommt daher der 'Geschichte' von Geodaten wie auch der Beachtung und Weitergabe von Qualitätskriterien eine besondere Bedeutung zu. In Kapitel 7 werden wir die Themenkreise Metainformation und Qualität näher beleuchten.

1.4.2   Struktur von Geodaten

Die Daten eines GIS beschreiben reale oder abstrakte Objekte unserer Umwelt. Diese Beschreibung (das Modell) kann mehr oder minder genau sein. Wollen wir den Verlauf einer Straße beschreiben, so kann das entsprechende geometrische Modell ein Polygonzug sein, dessen Zwischenpunkte durch Gerade verbunden werden; wir können aber auch eine glatte Kurve durch diese Punkte legen; die Straße kann andererseits – in größeren Maßstäben – als Fläche auftreten. Für den Rand dieser Fläche sind selbst wieder verschiedene Modelle denkbar. Andere Daten liegen gar nicht in Vektorform, sondern in Rasterform vor, und das Modell muß dies berücksichtigen. In Abbildung 1.9 werden drei Varianten gezeigt: Straßen als Verbindungen zwischen Städten (a), Straßendarstellung als Orientierungshilfe auf einem Stadtplan (b), Details einer Straßenkreuzung (c). Während in (a) die Topologie im Vordergrund steht, ist bei (c) die Lagerichtigkeit von großer Bedeutung. In (b) hingegen dominiert der Visualisierungsaspekt und eine grobe räumliche Orientierung.

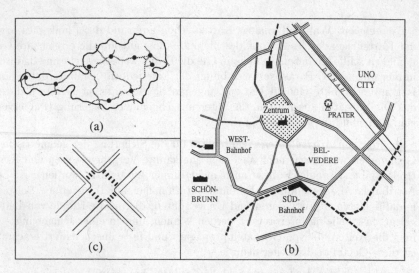

Abbildung 1.9: Modellvarianten für den Typus STRASSE

Neben den Verfeinerungsstufen des *geometrischen Modells* sind auch verschiedene *thematische* bzw. *semantische* Verfeinerungsstufen denkbar: So können wir die Straßen eines Gebietes in Straßen mit getrennten Richtungsfahrbahnnen (Autobahnen) und in sonstige Straßen einteilen. Die sonstigen Straßen zerfallen wieder in Fernverkehrsstraßen und Straßen mit regionaler und lokaler Bedeutung usw. Wir sehen also, daß die Daten eines GIS unterschiedliche Eigenschaften der zu beschreibenden Objekte wiedergeben. Es sind dies

- strukturelle Eigenschaften,

- geometrische (metrische und topologische) Eigenschaften und

- thematische Eigenschaften.

Die *Struktur* ist mit dem Zusammenhalt der Objekte gleichzusetzen; es geht um die Art und Weise, wie man aus atomaren Bestandteilen zu höherwertigen Komplexen kommt.

Die *Geometrie* kommt im Raumbezug zum Ausdruck, den alle Objekte in einem mehr oder minder starken Ausmaß aufweisen; sie erfüllen also Voraussetzungen bezüglich der Lage und der Ausdehnung: Für Gebäude, Grundstücke, Flüsse oder Wasserleitungen ist dies offensichtlich; aber auch Nutzungen, Eigentümerverhältnisse, Netzkapazitäten beziehen sich auf bestimmte geometrisch abgegrenzte Bereiche, so daß auch ihnen ein — wenn auch schwächerer – Raumbezug zukommt. Das gleiche gilt für Aktivitäten und Ereignisse: Ein Sonntagsfahrverbot bezieht sich auf genau definierte Straßenzüge; ein Stromausfall legt ein

Verteilernetz lahm; eine neue Flächenwidmungsverordnung betrifft eine Reihe von Grundstücken.

Neben *metrischen* – also durch Längen-, Winkel-, Höhen- und Flächenmessungen erfaßbaren – Eigenschaften und *Form*-Eigenschaften (Gerade, Kurve, Rechteck, Kreis, ...) sind speziell *topologische Eigenschaften* hervorzuheben. Sie äußern sich in Beziehungen der Nachbarschaft, des Enthaltenseins, der Überschneidung und ähnlichem:

> Welche Grundstücke grenzen an eine Straße?
> Welche Häuser sind an ein Versorgungsnetz angebunden?
> Unterbricht ein Störfall an Stelle X die Stromversorgung für Haus Y?
> Welche Ortschaften werden von einem Eisenbahnnetz erschlossen?
> Welche Gemeinden liegen (teilweise) im Naturschutzgebiet?
> Wieviele Tarifzonen durchschneidet die Fahrtroute?
> Welche Enklaven und Exklaven hat das Gebiet der EU?

All dies sind topologische Fragestellungen; sie sind nicht ausschließlich durch exakte Koordinatenangaben zu lösen; allerdings gibt es immer eine eindeutige Antwort. Daneben treten aber auch häufig Fragestellungen auf, deren Beantwortung *unscharf (fuzzy)* ist; etwa dann, wenn der Begriff der *Nähe* vorkommt. Er ist unterschiedlich zu deuten, wenn es um eine möglichst kurze Anschlußleitung zum Fernwärmenetz, um die Nahversorgung von Konsumenten oder um Autobahnanschlüsse geht. Siehe dazu Kapitel 7.

Neben allen bisher erwähnten Charakteristika – die der Geometrie zuzurechnen sind – weist jedes Objekt auch thematische Eigenschaften auf. Es gehört zu (mindestens) einem bestimmten *Thema*. Wir können nur eine Auswahl denkbarer Themen angeben:

Topographie:	Gebirge, Talsenken, Gewässer
Grundstückseigentum:	Kataster, Grundbuch
Klima:	Temperatur, Niederschlag, Besonnung
Natürliche Ressourcen:	Hydrologie (Wasserhaushalt),
	Geologie (Lagerstätten)
Ökologische Themen:	Boden-, Gewässer- und Luftgüte
Technische Einrichtungen:	Verkehrsanlagen, Projekte,
	Ver- und Entsorgungsnetze
Nutzung:	Flächennutzung, Infrastruktur
Daten der Wirtschaft:	Bodenertrag, Waldflächen, Viehbestand,
	Betriebsstruktur, Fremdenverkehr
Sozioökonomische Daten:	Statistische Angaben

Geometrische und thematische (semantische) Aspekte von Daten beeinflussen einander. Bei der manuellen Erstellung wie auch bei der Interpretation von Karten und Plänen beachten wir diese Verflechtungen stillschweigend: Straßen haben – im großmaßstäblichen Bereich – immer einen linken und einen rechten Straßenrand; diese beiden Ränder dürfen einander nicht schneiden. Häuser stehen immer auf Grundstücken; sie sind von geschlossenen Linienzügen umrahmt und dürfen einander nicht überlappen. Grundstücke haben immer mindestens einen Eigentümer. Flüsse dürfen keine geschlossenen Schleifen aufweisen; Leitungsnetze müssen zusammenhängend sein.

Die Liste dieser *Konsistenzbedingungen* ließe sich beliebig fortsetzen. Ihrer Beachtung kommt in einem GIS eine besondere Bedeutung zu; dessen Wirkungsgrad wird entscheidend davon abhängen, wie gut wir die Erfahrung eines Experten in Sachen Geodaten nachvollziehen können und wie weit sein Wissen um Daten und deren Zusammenhänge formalisiert werden kann. Das Verhindern von Inkonsistenzen ist in einem System, das der Langzeitspeicherung dient, von großer Bedeutung. Natürlich ist es in einer EDV-Umgebung notwendig, die Konsistenzbedingungen explizit zu definieren; dies hat aber auch den Vorteil, daß sämtliche Anwendungen auf diesen Voraussetzungen aufbauen können.

Aus denselben Beweggründen ordnet man in einer objektorientierten Umgebung den einzelnen Objektklassen neben ihren geometrischen und thematischen Eigenschaften auch *Methoden* bzw. ein *Verhalten* zu. Wenn man weiß daß ein Objekt die Geometrie eines Flächenpolygons hat, dann ist es sinnvoll, eine Methode zu definieren, die den Flächeninhalt und der Umfang berechnet. Wird das ein- für allemal für eine derartige Objektklasse festgeschrieben, dann braucht man sich in der Folge nicht mehr um dieses Detail zu kümmern – es wird immer auf die selbe Art und Weise erledigt. Auch aus thematischen Eigenschaften von Objekten können sich Methoden ergeben. Für Objekte der Klasse PARZELLE sind Teilungen, Zusammenlegungen mit Nachbarparzellen, aber auch ein Wechsel der Eigentümer und das Verwalten von Hypotheken, das Eintragen, Ändern und Löschen von Servitutsrechten sinnvolle Methoden. Für Objekte der Klasse STRASSENABSCHNITT hingegen kann eine Methode von Nutzen sein, die aus der geometrischen Länge und den Kapazitätsattributen des Straßenabschnittes sowie aus der aktuellen Tageszeit eine durchschnittliche Fahrdauer für einen bestimmten Fahrzeugtyp angibt.

Typisch für ein GIS ist der Strukturreichtum sowie der Wunsch, Gemeinsamkeiten zwischen Bausteinen zu erkennen und auszunutzen sowie gegebenenfalls aus elementaren Bausteinen höherwertige Gebilde schaffen zu können. Zur Wahrung der Übersicht müssen Maßnahmen ergriffen werden, die es erlauben, Daten in handliche Portionen einzuteilen. In einem GIS bieten sich hierfür mehrere Wege an, die wir hier einander gegenüberstellen wollen. Eine detaillierte Erläuterung wird in den folgenden Kapiteln gegeben. (Natürlich werden sich konkrete Systeme einer Kombination dieser Alternativen mit jeweils unterschiedlichen Gewichtungen bedienen.)

▷ *Entitäten* sind die oben angesprochenen handlichen Portionierungen des Geodatenmaterials. Die Übersichtlichkeit wird dadurch gewahrt, daß man Entitäten mit gleichen Eigenschaften zu *Klassen* zusammenfaßt. Beispiele für geometrisch definierte Entitäten sind Punkte, Linienstücke, Flächen. In einem GIS werden ihnen semantische (thematische) Informationen *(Sachdaten, Fachdaten, Attribute)* beigefügt. Dabei ergeben sich höherwertige Entitäten, z.B. Hydranten, Straßenachsen, Parzellen. Es gibt auch nichtgeometrische Entitäten, z.B. Eigentümer (von Parzellen). Entitäten sind untereinander durch Beziehungen *(Relationen)* verknüpft. Diese Beziehungen können sich aus der Struktur bzw. Topologie ergeben:

eine Fläche F wird von Linienstücken $L_1, L_2, \ldots L_n$ eingerahmt;
eine Fläche F_1 tritt als Aussparung einer anderen Fläche F_2 auf;

oder es sind semantische (inhaltliche) Zuordnungen:

Person X ist der Eigentümer der Parzelle P;

Auch Relationen können attributiert werden und geben Anlaß zu einer Klasseneinteilung. Eine solche Vorgehensweise wird mit dem Ausdruck *Entity-Relationship-Methode* bezeichnet. Gängige Methoden in der Informationstechnologie stehen dabei Pate.

▷ Das *Layerkonzept* geht davon aus, daß man einen abgegrenzten örtlichen Bereich in unterschiedliche Themen (Schichten, Layers) auffächern kann; in jedem Layer gibt es gleichartige Entitäten. So kann man etwa einen Häuserblock aus der Sicht des Katasteramtes, des Planungsamtes, des Elektrizitätswerkes, der Tourismusagentur sehen und dementsprechend unterschiedliche Layers anlegen. Je nach Anwendung legt man dann Teile der Layers übereinander, wie man es mit Overheadfolien tut. Dem Layerkonzept liegt die Annahme zugrunde, daß an jeder Stelle des betrachteten räumlichen Ausschnittes ein definierter Zustand herrscht. (Auch die Information 'hier befindet sich kein Haus' ist eine Information!) Die herkömmliche Karte steht bei diesem Konzept Pate, weil auch dort mit Farbauszügen gearbeitet wird, die dann im Endprodukt übereinandergelegt werden.

▷ Das *objektorientierte Konzept* hat, was einfache Fälle betrifft, große Ähnlichkeiten mit dem Entity-Relationship-Konzept. Zur Berücksichtigung von Eigenschaften und Beziehungen kommt hier aber noch als wesentliches Kennzeichen die Definierbarkeit eines Verhaltensrepertoires der Objekte einer Klasse hinzu: Objekte haben Eigenschaften der Kapselung und Vererbung. Es ist möglich, für eine bestimmte Objektklasse Methoden zu definieren, die auf Objekte dieser Klasse angewendet werden können. Das objektorientierte Konzept ist das jüngste und ehrgeizigste der hier vorgestellten Konzepte.

Wenn wir in Hinkunft den Ausdruck GI-*Objekt* gebrauchen, so ist dies generell zu verstehen und unabhängig davon, ob es sich um eine objektorientierte Umgebung im engeren Sinn handelt oder lediglich um eine einfachere Spielart im Sinne eines Entity-Relationship- oder Layerkonzeptes.

1.5   Funktionalität

Wie wir bereits eingangs feststellten, beschränkt sich ein Informationssystem
nicht nur auf eine Datenbank. Erst wenn ein Instrumentarium an Anwendungs-
methoden, Algorithmen und Funktionen zur Verfügung gestellt wird, ja vielleicht sogar Fachschalen für bestimmte Anwendungen auf einem Basis-GIS aufbauen, können wir von einem Informationssystem im eigentlichen Sinn sprechen. Die Daten sind zwar der Treibstoff, den wir zum Betrieb eines solchen
Systems brauchen. Mindestens ebenso wichtig aber sind die Kanäle, durch die
dieser Treibstoff fließt, der Vergaser, der Motor und die Kraftübertragung. Daten allein sind wenig aussagekräftig, wenn es keine effizienten Werkzeuge zur
Bearbeitung derselben gibt. Derartige Werkzeuge nennen wir auch *Methoden*.

1.5.1   GI-Methoden

Eine Anwendung (Applikation) besteht aus einer geeigneten Menge von Objektklassen mit den ihnen zugeordneten Methoden, eingebunden in eine Fachschale. Abbildung 1.10 zeigt ein Diagramm möglicher Funktionengruppen, die
in Verbindung mit einer Datenbank ein Basis-GIS bilden.

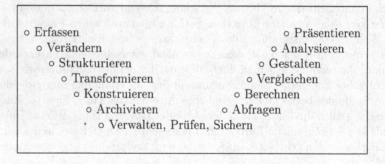

Abbildung 1.10: Gruppen von GI-Funktionen

Es lohnt sich, wenn wir uns vor Augen halten, welche gedanklichen Prozesse beim Betrachten einer Karte angestoßen werden. Nehmen wir zum Beispiel
eine Wanderkarte zur Hand. Die auf der Karte eingetragenen Symbole entsprechen den Geometriedaten des GIS. Aufgrund langjähriger Erfahrung (bzw.
nach Betrachten der Kartenlegende) sind wir auch in der Lage, semantische
Zuordnungen zu diesen Geometriedaten zu treffen; wir erkennen Straßen, Wege, Berggipfel, Schutzhütten. Daneben verwenden wir noch eine Reihe anderer
Daten, die alle ihre Pendants in einem GIS haben. Insgesamt stehen folgende
Datenkategorien zur Verfügung:

o die Wanderkarte selbst,
o ein beigelegtes Wegeverzeichnis,
o ein Reiseführer,
o Wegbeschreibungen anderer Personen vom Hörensagen,
o selbst angefertigte Aufzeichnungen und Skizzen,
o Bilder aus dem Gedächtnis,
o Fotos vom Gelände,
o Wetterdurchsagen im Radio.

Welche Techniken wenden wir an, um unser Ziel auf der Karte zu finden? Wenn uns das Gelände vertraut ist, so holen wir aus der 'Datenbank', also aus unserem Gedächtnis, ein Modell dieses Geländes vor unser inneres Auge. Dabei generalisieren wir, das heißt, wir lassen alle derzeit unwichtigen Details außer acht. Anhand von 'Paßpunkten', also von Merkmalen, die wir aus eigener Anschauung kennen, orientieren wir uns in der Karte; dies bedeutet, daß wir eine Paßpunkttransformation zwischen der Karte und unserem gedanklichen Modell vornehmen. Wenn wir den Verlauf eines bestimmten Wanderweges verfolgen, so schneiden wir ihn mit den eingezeichneten Schichtenlinien; wir interpolieren zwischen den Schnittpunkten und können dadurch die Steigung feststellen, usw. Es sind also folgende Schritte durchzuführen:

1. Suchen einer Wegbeschreibung im Verzeichnis aufgrund des Namens,

2. Ermitteln des Kartenbereiches, der den Weg enthält (Grobauswahl),

3. Auffinden des Weges in der Karte,

4. Orientieren in der Karte,

5. Abschätzen der Entfernungen und Interpolieren,

6. Interpretieren der Karteninhalte,

7. Weglassen bzw. Berücksichtigen von Details,

8. Vergleichen.

Alle diese Techniken stehen für Funktionsgruppen, die in einem GIS typisch sind. Es sind dies Vorgänge, die größtenteils unbewußt ablaufen. In einem digitalen Umfeld müssen wir diese Vorgänge nachvollziehen, und dazu ist es notwendig, explizit Werkzeuge zu definieren, die dies unterstützen. Im folgenden nennen wir einige typische raumbezogene Fragen, deren Beantwortung durch GIS-Unterstützung erfolgt.

Wie groß ist die Parzelle 171/2?
Wie weit ist es von Graz nach Wien?
Wo liegt die Stadt Mürzzuschlag?

Liegt die Fundstelle innerhalb des Staatsgebietes von Österreich?
Welche Bundesländer grenzen an die Steiermark?
Gibt es eine durchgehende Autobahn zwischen Graz und München?
Gibt es landschaftsgeschützte Zonen im Grazer Stadtgebiet?
Wieviele Häuser müssen der neuen Straße weichen?
Gibt es in der Nähe der Wohnsiedlung eine Schule?
Wieviele Menschen wohnen in zumutbarer Entfernung zur Haltestelle?
Wieviele Häuser der Innenstadt von Graz stammen aus der Gründerzeit?

Darauf können auch komplexe Fragen aufgebaut werden, die dann im Rahmen
einer *Fachschalenerweiterung* gelöst werden können:

> *Routensuche:*   'der beste Weg von Graz nach München'
> *Ortung:*   'Bürogebäude, zentral gelegen'
> *Standortwahl:*   'ein geeigneter Standort für die neue Schule'
> *Gestaltung:*   'gerechte Umverteilung von Ackerland'
> *Simulation:*   'Schadstoffgefährdung durch einen Fabriksschlot'
> *Inferenz:*   'Erfolg versprechende Stellen für Ölbohrungen'

Bei der Lösung raumbezogener Fragen ist eine *Arbeitsteilung* zwischen dem
Nutzer und der GI-Funktionalität angesagt. Die Einsatzmöglichkeiten eines
GIS müssen realistisch gesehen werden.

Was ein GIS *kann:*
o Schnell und mit Graphikunterstützung Sachverhalte verdeutlichen.
o Varianten aufzeigen und diese durch Variation der Visualisierung
  unterschiedlich hervorheben und somit Vergleiche erleichtern.
o Die Argumentation unterstützen und nachvollziehbar machen.
o Interdisziplinäre Zusammenarbeit herausfordern.

Was ein GIS *nicht kann:*
o Dem Anwender die Problemdefinition abnehmen.
o Die Eignung des gewählten Daten- und Ablaufmodells gewährleisten.
o Die Sinnhaftigkeit der Ergebnisse garantieren.
o Den Nutzer von einer zwar theoretisch richtigen, aber im aktuellen
  Umfeld zu teuren oder zu komplizierten Operation abhalten.

Typisch für eine sinnvolle Integration des GIS in den Arbeitsablauf ist ein
– meist mehrfach durchlaufener – Zyklus, wie er in Abbildung 1.11 dargestellt ist. Von der Problemdefinition und der Entscheidung über die Sinnhaftigkeit des Einsatzes von GIS für dieses Problem kommt man zur Modellierungsphase für Daten und Funktionen. Anschließend erst wird die eigentliche
GI-Funktionalität eingesetzt. Als letztes folgt eine Interpretations- und Eva-
luationsphase, die gegebenenfalls Anlaß zu einem neuerlichen Durchlauf des
Zyklus gibt.

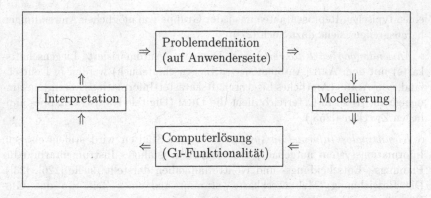

Abbildung 1.11: Einbindung der GI-Funktionalität in die Problemlösung

Selten befinden wir uns bei der Lösung raumbezogener Fragen gedanklich in einem gewöhnlichen dreidimensionalen Raum, der lückenlos mit gleichmäßiger Genauigkeit und gleichem Maßstab definiert ist, und in dem wir uns rein mathematisch nach Koordinaten richten. Oft bewegen wir uns entlang von Linien eines Netzes, z.B. eines Straßennetzes, und orientieren uns dann über Adressierungen längs dieses Straßenabschnittes. Oder wir arbeiten mit Flächen und beziehen uns auf Zählsprengelnummern, Gemeindecodes, Postleitzahlen und dergleichen. Kriterien wie die absolute Genauigkeit, der Maßstab, die Entfernung werden in solchen Situationen aufgeweicht. Bei *kognitiven Karten* kommt es überhaupt nur mehr auf das subjektive Empfinden an, was als fern und was als nah eingestuft wird. Denken wir an *Vorgaben in Textform* (z.B. 'die zweite Straße rechts abbiegen, dann 5 Minuten geradeaus fahren, bis schräg vorne links ein rotes Haus auftaucht.') Gerade dies ist aber im Alltagsleben der Normalfall. Koordinaten spielen in unseren Denkprozessen eine eher bescheidene Rolle. Ganz im Gegensatz dazu steht die Vorgehensweise in GIS heutiger Bauart, die praktisch alle auf Koordinaten aufbauen. Methoden der Bezugnahme über Identifikatoren wie etwa Adressen, Zählsprengel, Gemeindenummern und ähnliche im täglichen Leben durchaus übliche Kenngrößen sowie kognitive Strategien sind unserem Denken näher als Koordinaten. In Kapitel 7 werden wir näher darauf eingehen.

1.5.2   GI-Anwendungen

Die eben beschriebenen Funktionen sind typische Bausteine, die in einer GI-*Anwendung* (engl. *Application*, siehe auch Kap. 10 für die Definition eines Anwendungsschemas) benötigt werden. Wir wollen nun einige Anwendungsgebiete anführen, die derzeit bereits erfolgreich die GI-Technologie einbinden. Dies kann natürlich keine vollständige Aufzählung sein. Vielmehr wollen wir jeweils einen typischen Repräsentanten aus jeder Gruppe von möglichen Anwendungen herausgreifen (siehe dazu auch [27]):

▷ *Anwendungen im Katasterbereich:* Die ALK (Automatisierte Liegenschaftskarte) mit dem ALB (Automatisiertes Liegenschaftsbuch) werden in Deutschland zum ALKIS (Amtliches Liegenschaftskataster-Informationssystem) zusammengefaßt [100]. In Österreich dient die DKM (Digitale Katastralmappe) ähnlichen Zwecken ([253]).

▷ *Kommunales Informationssystem:* In vielen Städten wird stufenweise ein Informationssystem aufgebaut, das ein leistungsfähiges Instrumentarium für Planungs-, Entscheidungs- und Kontrollaufgaben darstellt (siehe [226], [23]). Die Bezeichnung 'Mehrzweckkarte' stammt aus einer Zeit, wo das GIS-Bewußtsein sich noch an Karten orientierte.

▷ *Raumordnung und Landesplanung:* Das Ziel ist die Gewährleistung ausgewogener Verhältnisse innerhalb eines bestimmten Gebietes (typisch: ein Bundesland, eine Region). Zu den Inhalten zählen Umweltschutz, Planung, Wasserwirtschaft, Straßenbau, Vermessung und Statistik, ebenso wie Raumordnungskataster (Landschafts- und Wasserschutzgebiete), Flächenwidmungspläne sowie Natur- und Kulturraumanalysen.

▷ *Topographie:* Das Amtliche Topographisch-Kartographische Informationssystem ATKIS in Deutschland [252] hat die Aufgabe, geometrische und thematische Informationen der topographischen Landeskartenwerke (Gelände, Gewässer, Verkehr, Besiedlung, Boden, Grenzen, geographisches Namensgut) zur Verfügung zu stellen. Diese interessensneutral angebotenen Informationen können dann in verschiedene Auswertungen eingebunden werden. In Österreich gibt es dazu parallele Entwicklungen, wie etwa das *Landschaftsmodell (*LM*)* und das *Kartographische Modell (*KM*)* des Bundesamtes für Eich- und Vermessungswesen [253].

▷ *Statistik:* Eine Fülle demographischer und ökonomischer Daten wird von statistischen Ämtern, wie etwa in Österreich vom Statistischen Zentralamt geführt. Ein hoher Prozentsatz davon ist geographisch relevant. Diese Daten sind auch in NUTS-Regionen der EU (NUTS = Nomenclature of Territorial Units for Statistics) einzubinden.

▷ *Verkehr:* Es gibt europaweite Initiativen, welche die elektronische Steuerung des Straßenverkehrs (global: Fahrzeugleitsysteme; individuell: Navigationssysteme) 'im großen Stil' anstreben. Die Grundlage eines solchen Systems ist die digitale Abbildung des Straßennetzes, wobei jeder Straße thematische Zusatzinformationen (Verkehrsaufkommen, Belastbarkeit, Zustand usw.) zugeordnet werden. Ähnliche Bemühungen gibt es etwa auch für die Koordinierung des Schiffsverkehrs.

▷ *Transportwesen:* Zunächst geht es um die Frage der möglichst guten Einbindung mehrerer vorgegebener Fahrziele in eine zusammenhängende Reiseroute einer Person oder eines Fahrzeuges. Dies wird als *Routenplanung* bzw.

als *Zielführung* bezeichnet [95]. Stimmt man mehrere Fahrzeuge – etwa den gesamten Fuhrpark der städtischen Müllabfuhr – diesbezüglich ab, so müssen die resultierenden *Touren* neben geometrischen Erfordernissen auch betriebswirtschaftliche Kriterien befriedigen. *Tourendispositionssysteme* sind somit ein Beispiel für die Verflechtung der Geoinformatik mit anderen Disziplinen.

▷ *Allgemeinere Anwendungen für Routen und Zielführung:* Die eben erwähnten Werkzeuge können auch in einem breiteren Spektrum für *Routing and Guidance* erfolgreich eingesetzt werden. So kann man dies auf Fußgeher ausdehnen, die vielleicht nicht immer den kürzesten, wohl aber den für sie in der augenblicklichen Lage besten Weg suchen und beim Verfolgen dieses Weges Hilfestellungen erhalten wollen. Dies bezieht auch die Unterstützung geh- und sehbehinderter Personen mit ein, wo sich auch Synergien mit anderen Technologien (Bilder, Kommunikation, Elektronik allgemein) ergeben. Für eine systematische Darstellung des Gebietes und der derzeit realisierbaren Lösungen verweisen wir auf [224] und [127].

▷ *Geomarketing:* Diese Branche kann jährlich mit zweistelligen Wachstumsraten aufwarten. Aufgrund einer Vielzahl von statistisch erhobenen demographischen und wirtschaftlichen Daten können geographisch selektierbare Kaufkraftpotentiale ermittelt und Standortanalysen erstellt werden.

▷ *Landesverteidigung, Katastrophenschutz:* Es geht hier um Logistik, Navigation, Simulation von Naturereignissen wi etwa Hochwasser, Prognosemodelle und entsprechende Aufarbeitung von Szenarien im Hinblick auf Einsatzpläne und ein effizientes Krisenmanagement [181].

▷ *Sozialer Bereich, Gesundheit, öffentliche Sicherheit:* Auch hier dient das GIS zur strategischen Standortplanung, zur Analyse der räumlichen Verbreitung von Krankheitsfaktoren, Strahlungsquellen, Altlasten und Kriminalität [29].

▷ *Versicherungswesen:* Hier werden Modellrechnungen und Simulationen bei Naturkatastrophen (Hagelschlag, Überschwemmungen) unter Einbeziehung von vielerlei Geodaten (Topographie, Vegetation) durchgeführt.

▷ *Landwirtschaft:* Angefangen von der gerechten Verteilung von Förderungsbeiträgen bis zur Agrometeorologie (zum Beispiel kleinräumige Wetterprognosen für den optimalen Einsatz von Düngemitteln) wird auch hier ein breites Spektrum abgedeckt. Im Forstwesen geht es um die groräumige Erfassung von Parametern, die den Waldzustand beschreiben, und darauf aufbauende Analysen [179].

▷ *Neue Medien:* Die Einbindung von Karten und Plänen, Animationskartographie und virtueller Realität in die Welt eines Computer-Arbeitsplatzes ist heute aus vielen Internet-Seiten nicht mehr wegzudenken. Multimediale Wanderführer ([197], [209]) und 3D-Stadtmodelle [186] ermöglichen das virtuelle Durchwandern eines Geländes oder eines städtischen Raumes, mit der Gelegenheit, zwischendurch weitere Informationen in Texten, Bildern, Video und Audio zu sammeln.

▷ *Wissenschaft:* In vielen 'Geo'-Diziplinen (Geologie, Hydrologie, Glaziologie, Bodenkunde usw.) sind GIS für die Analyse, Simulation und Verifikation notwendig. Als Beispiel sei die Hydrologie und hier speziell das Thema Hochwassergefährdung herausgegriffen. Wenn entsprechende GIS-unterstützte Modelle nicht nur die üblichen Objektklassen wie Gebäude, Straßen, Brücken oder das Gelände berücksichtigen sondern auch das ein-, zwei- und dreidimensionale Verhalten des Wasserkörpers, so kann man effiziente Vorsorgemanahmen treffen bzw. beim Durchspielen verschiedener Szenarien die Eignung der jeweils geplanten Strategien prüfen (siehe [71] und [181]). Lawinen verhalten sich in vielerlei Hinsicht ähnlich wie Flutwellen und auch die Auswirkungen sind vergleichbar, also lassen sich viele dieser Überlegungen auch dort einsetzen.

Die eben beschriebenen Anwendungsgebiete decken nur einen Teil dessen ab, was im näheren und weiteren Umfeld der GI-Technologie an interessanten Ansätzen auszumachen ist. Einen guten Überblick des Spektrums an Anwendungen bietet die alljährlich wiederkehrende Salzburger Veranstaltung AGIT 'Angewandte Geographische Informationsverarbeitung' mit Symposium und Fachmesse und einer Fülle von Beiträgen zu Anwendungen. In den Internet-Seiten (siehe [289] und [200]) findet man neben vielen anderen nützlichen Hinweisen und Links auch ein Archiv aller Beiträge der vergangenen Jahre.

1.5.3   GI-Dienste

Die vorangegangenen beiden Abschnitte stellten GI-Methoden und GI-Anwendungen aus konzeptioneller Sicht dar. Zunächst betrachteten wir einige typische Gruppen von GI-Methoden, ohne daß damit ein Anspruch auf Vollständigkeit erhoben wurde. Zu vielfältig und bunt sind die jeweils denkbaren und auch in vielen Umgebungen bereits implementierten Varianten. Danach wurde ein Einblick in wichtige Anwendungsgebiete gegeben. Nun wollen wir eine weitere Einteilung treffen, indem wir die GI-Funktionalität zu einzelnen Diensten (Services) bündeln. Damit gehen wir vom *Enterprise Viewpoint* und *Information Viewpoint* des im ersten Abschnitt vorgestellten Referenzmodells *Open Distributed Processing* RM-ODP (ISO/IEC 10746) zum *Computational Viewpoint* über. Dies entspricht auch dem Paradigmenwechsel, der in den letzten Jahren in der Geoinformatik zu beobachten war. Während man in der GI-Technologie bis vor kurzem vornehmlich an Daten interessiert war und deshalb auch bei Interoperabilitätsfragen das Hauptaugenmerk auf das Importieren und Exportieren von Daten gerichtet war, spricht man nun immer öfter von Diensten (Services), also maßgeschneiderten Paketen, in denen Daten eine wichtige Rolle spielen – aber sie müssen nicht immer transferiert werden. Es genügt, wenn das abfragende System über Internet eine Anwendung auf einem anderen Server anstoßen kann und dann vielleicht nur mehr auf eine Antwort wartet, die im einfachsten Fall ein JA oder ein NEIN ist – oder die Antwort besteht aus einem Bericht bzw. einer Visualisierung, die über ein *Web Map Service* (WMS) realisiert wird.

Den Begriff eines Dienstes können wir gemäß ISO/IEC TR 14252 *Information Technology: Guide to the* POSIX/OSE *(Portable Operating Systems Interface/ Open System Environment* wie folgt erklären:

> Ein Dienst ist ein klar abgegrenzter Teil einer Funktionalität, der von einer Entität über vordefinierte Interfaces angeboten wird. Ein Interface ist ein benannter Satz von Operationen, welche das Verhalten einer Entität charakterisieren.

In dieser Definition ist der Begriff *Entität* sehr allgemein gehalten. Er kann sich mit dem decken, was wir in Kap. 3 und Kap. 6 mit GI-Objekt bezeichnen. In diesem Fall stößt man über ein Interface, das einer Objektklasse zugeordnet ist, ein Verhalten an – das Objekt wird dargestellt, abgefragt, analysiert. Eine Entität kann in der obigen Definition aber auch mehr sein, zum Beispiel ein Informationssystem oder sogar eine ganze Organisationseinheit, die ebenfalls einen Dienst anbietet. Das erwähnte WMS (Web Map Service) als wichtiger Vertreter dieser Dienste ist etwa in der Mitte dieses Spektrums angesiedelt. Wir orientieren uns im folgenden an der Liste von Diensten, welche die Norm ISO 19119 *Services* erwähnt.

- GI-Interaktion: Dienste, die man von einem Human-Computer-Interface (HCI) erwartet, wenn es Geoinformation mit einbezieht: Visualisierung von kartenähnlichen Darstellungen wie WMS, Editieren einzelner GI-Objekte, Sichten von Objektklassenkatalogen für konkrete Anwendungen

- GI-Informationsmanagement: Zugriff auf GI-Objekte, Layers, Coverages und GI-Produkte, auf Register und Verzeichnisse, Beschreibung von Erfassungssensoren, Bearbeiten von Bestellvorgängen

- GI-Workflow: Steuerung, Erstellen und Editieren von Verarbeitungsketten, Abonnement von Diensten

- GI-Verarbeitung (räumlich): Koordinatentransformation, Bildverarbeitung, Anpassung von Sensorgeometrien, Objektbearbeitung, Generalisierung, Matching, Routensuche, Positionierung, Nachbarschaftsanalysen

- GI-Verarbeitung (thematisch): Klassifizierung, Objekt- und Veränderungsdetektion, Bildverstehen, Synthese, Geocodieren

- GI-Verarbeitung (zeitlich): Bezugssystemanpassung, Abfrage von Daten aufgrund vorgegebener Zeitkriterien

- GI-Verarbeitung (Metadaten): Statistiken, Abfrage von Daten aufgrund vorgegebener Metadatenkriterien

- GI-Kommunikation: Dienste wie Codierung, Datentransfer, Komprimierung, Formatkonversion, Messaging, Fernsteuerung von Prozessen

Diese einzelnen Basisdienste können wir natürlich auch zu komplexen Dienst-
ketten zusammenbauen. Ein gutes Beispiel dafür sind *Location-Based Services*
(LBS) [175]. Diese Services bieten auf mobilen handlichen Geräten (Handy,
PDA) und über Online-Verbindungen Geoinformation und zugeordnete Sachin-
formation, die auf die aktuelle *Lokation* und den Zeitpunkt der Abfrage sowie
auf die abfragende Person und ihre Wünsche abgestimmt ist. Der Lokations-
begriff ist etwas allgemeiner zu sehen als die Position. Während die Position
durch Koordinaten bestimmt ist, kann eine Lokation etwa auch 'am Stephans-
platz in Wien', 'auf der Münchner Theresienwiese beim Oktoberfest' oder 'bei
der Bergstation der obersten Sektion der Corvatsch-Luftseilbahn im Engadin'
sein. Natürlich werden auch hier wieder intern Koordinaten eine Rolle spielen,
aber die Lokation ist dazwischengeschaltet, um näher bei den Bedürfnissen und
auch der Sprache der Anwender zu bleiben.

Stellen wir uns das folgende Szenario vor: ein Tourist spaziert an einem Sonn-
tagnachmittag durch die Grazer Innenstadt. Er möchte Kaffee trinken und
wählt daher auf seinem PDA die entsprechende Funktion 'Gastronomie' an.
Er hat bereits vorher seine Abfragen so weit personalisieren lassen, daß bestimmte – vielleicht zu teure – Kategorien von Gaststätten erst gar nicht angezeigt werden. Aufgrund der Tageszeit werden auch keine Restaurants angezeigt. Er hat des weiteren seine Zustimmung dazu gegeben, daß nicht nur *Pull-
Services* (Dienste, die er explizit anstößt) ermöglicht werden, sondern auch
Push-Services (Werbung). Ein LBS könnte nun – nach eingehender Online-
Recherche auf Tourismus-Servern, bei Mobilitätscenters und in digitalen Stadt-
plänen – folgende Mitteilung liefern:

> Sie möchten gerne Kaffee trinken?
> In 5 Minuten Geh-Entfernung befindet sich eine Haltestelle der
> Schloßbergbahn. Siehe Visualisierung des Weges am Display.
> Der nächste Zug fährt in 9 Minuten. Der Fahrpreis beträgt 2 Euro.
> Neben der Bergstation gibt es das Kaffeehaus Aiola mit prachtvoller
> Aussicht. Es sind noch Plätze frei.
> Möchten Sie einen Tisch reservieren? Drücken Sie dafür bitte auf
> das Reservierungsfeld Ihres Displays.
> Und noch etwas: Wenn Sie innerhalb der nächsten halben Stunde
> zu uns kommen, laden wir Sie zu einem Gratis-Drink ein.

Einige Aspekte in diesem Szenario sind (noch) Zukunftsmusik. Andere Aspekte
(etwa das Erlauben von Push-Diensten) werden nicht von allen Leuten goutiert
– in Ausnahmefällen aber vielleicht doch. Speziell dann, wenn man sich in einer
fremden Stadt befindet, können sie hilfreich sein. LBS können einerseits als konsequente Weiterentwicklung all dessen gesehen werden, was die GI-Technologie
ausmacht: der starke Ortsbezug, kombiniert mit den heute so wichtigen Aspekten der ständigen Verfügbarkeit und Erreichbarkeit über Internet, mit der Mo-
bilität und Handlichkeit der Geräte und mit der Personalisierung der Interfaces

und der dort transportierten Information. Andererseits stellen sie gerade durch das Hereinnehmen anderer Technologien wie etwa der Navigation und Telekommunikation gegenüber dem Standard-GIS eine wesentliche Neuerung dar.

LBS bieten derzeit für die Technologie interessante Entwicklungsperspektiven in Forschung und Entwicklung (dazu verweisen wir auf [17] und [175] sowie auf die ISO-Normen in Kap. 10) und ebenso neue Geschäftsmodelle, denn die Handy-Betreiber möchten ihre bisherigen Investitionen in den Netzaufbau durch Einnahmen aus Mehrwertdiensten kompensieren. Ob das eben beschriebene Szenario den erwünschten Lock-Effekt auch für die potentiellen Nutzer hat, kann man schwer beurteilen. Wer hätte vor Jahren den Siegeszug der Handys voraussagen können? Unbestritten aber ist, daß LBS jenseits der eben beschriebenen touristischen Anwendungen wertvolle Dienste bei Notfällen (Krankheit, Unfall, Naturkatastrophen) leisten können und werden [173]. Zusammenfassend können wir folgendes festhalten:

- LBS sind Dienste an der Schnittstelle von Geoinformation, Telekommunikation, Positionierung und Navigation;

- sie liefern zur richtigen Zeit, zum richtigen Ort, zur richtigen Thematik personalisierte Information;

- sie können als Online-GIS gesehen werden oder als reines ortsbezogenes Auskunftsmedium, mit der gesamten Bandbreite von Zwischentönen.

1.6   Einbettung der Geoinformatik

Neue Technologien setzen sich durch, wenn die Zeit reif für sie ist, wenn also zumindest die Voraussetzungen des Bedarfs, der technischen Machbarkeit und der Überlegenheit gegenüber herkömmlichen Methoden gegeben sind. In den allermeisten Fällen besteht weder ein kausaler noch ein zeitlicher Zusammenhang zwischen diesen Bedingungen. (Eine Ausnahme bildet etwa die Raumfahrt, wo man von Anfang an ein konkretes Ziel sowie einen Fahrplan zur Erreichung dieses Zieles vor Augen hatte.) Die GIS-Technologie entwickelte sich jedoch über weite Zeiträume hinweg im Wildwuchs, sprunghaft, auf unterschiedlichen Grundlagen und Zielsetzungen aufbauend. Erst seit wenigen Jahren ist ein Gegensteuern zu bemerken: Man betont die Wichtigkeit von Modellen, Konzepten und Standards über Bereichsgrenzen hinweg und unterzieht so diese *Bottom-up*-Entwicklung einer *Top-down*-Kur.

Heute macht man bereits den nächsten Schritt von der Technologie zur Wissenschaft. Die *Geoinformatik* (engl. *geoinformation science*) hält Einzug in die Fakultäten, die Fachsymposien, die Literatur. Man erkennt den Nutzen, den eine Symbiose zwischen der anwendungsorientierten Technologie und einer tiefer schürfenden wissenschaftlichen Auseinandersetzung mit den Grundlagen, also dem Raumbezug an sich, mit der Parametrisierbarkeit und mit Analysemodellen bringt (siehe Abbildung 1.12).

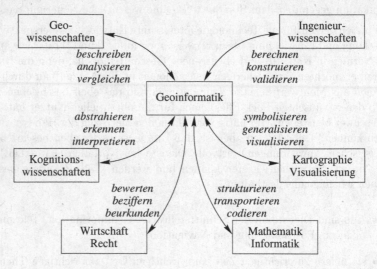

Abbildung 1.12: Einbettung der Geoinformatik

Näher bei der Anwendung angesiedelt ist der englische Ausdruck *Geomatics*. Er beschreibt eine Fachausrichtung, die teilweise Überlappungen mit der Geoinformatik, der Geodäsie, der Kartographie, der Fernerkundung und der Geographie aufweist. Die Geomatics Industry Association of Canada definiert dies in folgender Weise [261]:

> Geomatik umfaßt Technologien und Dienste rund um die Erfassung, Verwaltung, Analyse und Verbreitung von georeferenzierter Information. Dadurch bietet sie bessere Grundlagen für Entscheidungen.

Wir definieren Geomatik demnach als eine in viele Anwendungen hinein reichende Erweiterung rund um die Geoinformatik (siehe Abbildung 1.13). Das internationale Normungskomitee Iso/Tc 211 [269] trägt den Doppelnamen *Geographic Information / Geomatics*. Am weitesten spannen Laurini und Thompson [124] den Bogen für die Geomatik: Sie definieren sie als eine Zusammenschau von fünf Gruppen von Disziplinen:

- Disziplinen, die sich mit dem Raum in konzeptioneller Hinsicht beschäftigen: Kognitionswissenschaften, Geographie, Linguistik, Psychologie

- Disziplinen, die sich mit dem Raum in technischer Hinsicht beschäftigen: Vermessungswesen, Geodäsie, Kartographie, Photogrammetrie, Fernerkundung

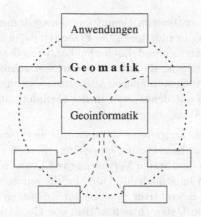

Abbildung 1.13: Geoinformatik und Geomatik

- Disziplinen, die an der Basis benötigt werden: Informatik, Mathematik, Geometrie, Statistik, Semiologie

- Anwendungsdisziplinen: Zivilingenieurwesen, Stadtplanung, Landesplanung, Geologie, Hydrologie usw. bis hin zur Archäologie

- Wirtschaft und Recht

Eine derartig umfassende Definition mag dem einen oder anderen Leser zu weit gehen. Sie zeigt jedoch auf, wie groß die Bereiche werden können, in denen 'unter anderen Informationen auch' Geoinformation diskutiert, analysiert und strukturiert wird. Das breite Spektrum der Fachbereiche, die entscheidenden Einfluß auf das Entstehen der GIS-Technologie genommen haben, spiegelt sich in der fachlichen Herkunft der wichtigsten Proponenten wider; es gibt (noch) keine 'Original-Geoinformatiker' oder 'Geomatiker', sondern Geodäten, Geographen, Kartographen, Geowissenschafter, die ihre Disziplin entsprechend erweitert haben und im Kontext der neuen Technologie betrachten. Dasselbe gilt natürlich auch für die Systeme und deren Eigenschaften, Stärken und Schwächen.

Typisch für das Entstehen einer neuen Disziplin ist es, daß die jeweiligen Mutterdisziplinen geltend machen, das Neue daran würde sich lediglich in der dem Stand der Technik angepaßten Methodologie erschöpfen, während die Verfechter der anderen Extremposition die althergebrachten Wissenschaftszweige lediglich als Handlanger der neuen 'Super-Disziplin' ansehen. Ohne Zweifel wird sich jedoch früher oder später auch hier die Vernunft durchsetzen. Die Geoinformatik als eigenständiger Wissenschaftszweig tritt als Bindeglied zwischen herkömmlichen Fachbereichen auf und erschließt somit neue Wege [16]; sie wird aber auch nur dann gedeihen, wenn sie auf deren Erfahrungsschatz aufbauen kann. Viele Charakteristika von Geoinformationssystemen, von ihrer Handhabung und Einbindung in raumbezogene Fragestellungen und Problemlösungen werden leichter verständlich und durchschaubar, wenn die unterschiedlichen Zugänge zur GIS-Technologie, die man in den letzten Jahren gewählt hat, näher beleuchtet werden. Auch so manches Mißverständnis hinsichtlich der Möglichkeiten und Grenzen, mit denen man in der Geoinformatik rechnen kann und muß, wird auf diese Weise ausgeräumt.

Mit dem Anbruch des Computerzeitalters wurde hier – wie in so vielen anderen Bereichen auch – eine Entwicklung eingeleitet, die sich zunächst (in den 70er Jahren) in einer EDV-gestützten Verwaltung von Daten niederschlug und dann (in den 80ern) durch entscheidende Durchbrüche auf dem Graphiksektor zum Entstehen graphisch-interaktiver Systeme zur Erfassung, Verwaltung, Darstellung und Abfrage von Daten (hier natürlich von Geodaten) führte. Diese Zeit war geprägt von einer gewissen Graphik-Euphorie; zwangsläufig kamen dabei Aspekte der Geoinformation an sich, ihre Abbildung in Modelle, Datenstrukturen und Prozesse, die geeignete Strukturierung von Objekten und von deren Operatoren zu kurz. Ziel der Forschung und Entwicklung der nächsten Jahre wird es daher sein, dieses Manko auszugleichen.

Ein zentrales Problem der Geoinformatik – formulieren wir es positiv und nennen es Herausforderung – tritt dabei deutlich in den Vordergrund. Im Gegensatz zu anderen Bereichen, die sich der Informatik geöffnet haben, gibt es hier – und dies seit Jahrhunderten – hochentwickelte Informationssysteme, deren Nutzung jedem von uns fast so vertraut wie das Lesen und Schreiben ist: Karten und Pläne. Kartographen, Geographen und Geodäten können eine über lange Zeiträume hinweg gereifte, erprobte und universelle Methode vorweisen, Geoinformation zu speichern (wenn auch nur auf Papier) und in höchster Präzision und noch dazu in ästhetisch ansprechender Form wiederzugeben; diese Tradition trifft auf eine neue Technologie, die – zumindest in den Anfängen – flimmernde Bildschirme mit enorm langen Bildschirmaufbauzeiten und Plotter mit geringer Auflösung und wenigen Graphikattributen aufzuweisen hatte.

Also doch nichts Neues? Ist dies nichts weiter als ein Versuch, lang erprobte Methoden der Visualisierung und Interpretation EDV-tauglich zu machen? Bei einer oberflächlichen Betrachtungsweise würde man zustimmen. Allerdings bleibt dabei ein wichtiger Aspekt unberücksichtigt. Das oben erwähnte analoge Informationssystem der Karten und Pläne wird erst zu einem solchen durch den Betrachter, der scheinbar intuitiv, in Wirklichkeit jedoch aufgrund eines lebenslangen Lern- und Erfahrungsprozesses in der Lage ist, durch assoziatives Denken raumbezogene, strukturelle und darstellungsspezifische Merkmale zu interpretieren und miteinander in Beziehung zu setzen. Derartige Abläufe im menschlichen Denkprozeß besser verstehen zu lernen und Modelle für die Entscheidungsfindung in Situationen mit raumbezogenem Charakter zu finden, das ist die eigentliche Herausforderung an die Geoinformatik, die damit den Rang einer vollwertigen und eigenständigen Wissenschaftsdisziplin belegt.

Kapitel 2

KONZEPTIONELLES MODELL UND SCHEMA

2.1 Konzeptionelles Modell

Viele GI-Anwendungen greifen auf ein außerordentlich umfangreiches Datenmaterial zurück. Um dieser Datenfülle Herr zu werden, müssen wir die Daten
gut strukturieren. Wir benutzen dazu zwei Strategien, die einander entgegen-
gesetzt sind: Einerseits teilen wir die Information in ihre Bestandteile auf und
klassifizieren diese entsprechend; diesen Vorgang bezeichnen wir als *Analyse*.
Andererseits formen wir aber auch aus einzelnen Teilen komplexe Gebilde (*Synthese*). Bei der Strukturierung von GI werden beide Wege beschritten.

In einem Informationssystem wollen wir die Wirklichkeit (die reale Welt oder
vielmehr einen relevanten Ausschnitt) in ein – mehr oder weniger genaues – Modell abbilden. Wir abstrahieren also einen Teil der Wirklichkeit. In der Familie
von ISO-Standards 191xx wird dieser Ausschnitt auf Englisch mit *Universe of
Discourse* (UoD) bezeichnet. *Daten* sind das vereinfachte und computertaug-
liche Ergebnis solcher Abstraktionsvorgänge, zum Beispiel

> Koordinaten als Abstraktion der Lage,
> ein Polygon als Abstraktion einer Grundstücksfläche,
> ein Name (des Grundstückseigentümers) als Abstraktion einer Person.

2.1.1 Ein einfaches Modell

Betrachten wir zum Beispiel den Verlauf eines Flusses (Abb. 2.1). Ein simples
Modell der Geometrie dieses Flusses ist ein Polygon, also eine Folge von Koordinatenpaaren, die durch gerade Linien verbunden werden. Im einfachsten Fall
sind es nur zwei Punkte: einer beschreibt die Quelle, der andere die Mündung
des Flusses. Dies würde zu einer recht spartanischen und auch ungewohnten
Modellierung eines Flußnetzes führen. Man würde also eher eine ganze Reihe

von Zwischenpunkten einführen, um den Verlauf besser abzubilden. Bei einem Netz von U-Bahnlinien hingegen, so wie es in den Waggons oder an Haltestellen abgebildet ist, erwarten wir eher diese sparsame Modellierungsvariante, weil uns da ja nur die Endpunkte und Haltestellen interessieren, nicht jedoch der genaue Trassenverlauf dazwischen.

Kehren wir aber nun wieder zum Flußnetz zurück. Die Geometrie kann natürlich nur ein kleiner Teil dessen sein, was die Information FLUSS in Wirklichkeit ausmacht.

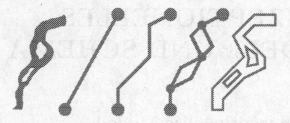

Abbildung 2.1: Reale Welt und geometrisches Modell am Beispiel FLUSS

Neben der *Geometrie* ist die *semantische Kennzeichnung* eine notwendige Voraussetzung dafür, daß ein sinnvolles Modell aufgebaut werden kann. Mit Semantik bezeichnen wir die inhaltliche Information, die wir dem Fluß zuordnen. Allein dadurch daß es sich eben um einen Fluß und nicht um eine Straße oder dergleichen handelt, wird bereits etwas Inhaltliches ausgedrückt. Das mit diesem Kennzeichen FLUSS markierte Polygon stellt somit eine der einfachsten Formen eines GI-*Objektes* dar. Ein solches GI-Objekt wird im Englischen als *Feature* bezeichnet. Das Kennzeichen selbst nennt man *Objektcode* oder *Objektschlüssel*. Alle GI-Objekte mit demselben Kennzeichen fallen somit in eine gemeinsame *Objektklasse*.

Der semantische Aspekt des Objektes kann nun verfeinert werden, indem wir etwa den Flußnamen hinzunehmen. Andere semantische Kennzeichen (Verschmutzungsgrad, Schiffbarkeit, durchschnittliche Wassertiefe usw.) lassen wir vorderhand weg. Diese einfache Modellbildung wird in vielen Fällen ausreichen.

Natürlich können wir auch die Geometrie unseres Modells verfeinern, indem wir den Verlauf des Flusses nicht nur zweidimensional beschreiben sondern auch Höhen mit einbeziehen, indem wir zusätzliche Stützpunkte des Polygons einführen oder indem wir eine möglichst glatte Kurve durch diese Stützpunkte legen. Handelt es sich um eine GI-Anwendung in großem Maßstab, so würden wir breite Flüsse nicht in einem *linienartigen* Modell abbilden, sondern vielmehr Flächen verwenden. Inseln im Bereich eines solchen Gewässers blieben bisher unberücksichtigt. Sie gehören zur *Topologie* des Flusses. Auch die Reihenfolge der Punkte in unserem Polygon ist als topologische Eigenschaft anzusehen. Das gleiche gilt für den Umstand, daß das Polygon zusammenhängend ist, also nicht etwa einen Karstfluß beschreibt, dessen oberirdischer Verlauf von Zeit zu Zeit unterbrochen ist.

Ein Objekt aus der Klasse FLUSS hat also bestimmte Eigenschaften sowohl in geometrisch-topologischer wie auch in semantischer Hinsicht. Es hängt von der Objektklasse ab, welche Eigenschaften grundsätzlich zugeordnet werden können. Wir bezeichnen sie als *Attribute*. Für jedes Objekt aus einer solchen Klasse nehmen diese Attribute dann konkrete Werte an. So können wir für eine GI-Applikation festlegen, daß Flüsse dort linienhaft modelliert werden und daß sie einen Namen tragen. Ein bestimmter Abschnitt der Donau ist dann eben ein konkretes Objekt aus dieser Klasse. Es wird durch einen Linienzug repräsentiert, dem der Name 'Donau' zugeordnet ist.

Wir wollen diese Objekteigenschaften abfragen, aber auch nach gewissen Kriterien auswerten. Jeder Objektklasse sind also auch geeignete *Methoden* zugeordnet. Die Abfrage eines Attributwertes stellt ein sehr einfaches Beispiel für eine solche Methode dar. Für ein linienhaftes Objekt aus der Klasse FLUSS kann aber auch die Berechnung der Länge eine sinnvolle Methode sein, ebenso die graphische Darstellung mittels geeigneter Visualisierungstechniken (Farbe, Symbolik usw.) oder auch ein anderes algorithmisches Verfahren wie etwa die Vereinfachung des Linienverlaufes. Objekten der Klasse FLUSS würde man bei der Visualisierung die Farbe 'blau' zuordnen, während Objekte der Klasse STRASSE die Farbe 'gelb' oder 'rot' erhalten. Auÿerdem würde man Flüsse weniger stark vereinfachen als Straßen.

Schließlich werden wir auch noch für eine bestimmte Objektklasse eine Reihe von *Konsistenzbedingungen* sowie von erlaubten *Beziehungen* zu anderen Objektklassen festlegen, um so die Möglichkeit des Entstehens von Fehlern und Inkonsistenzen einzuschränken. So können wir etwa topologische Bedingungen festlegen (ein Fluÿverlauf darf sich nicht selbst überschneiden) oder auch semantische Bedingungen. Die Festlegung des Wertebereiches von Attributen wäre ein Beispiel für eine Bedingung semantischer Art. So müssen Telefonnummern oder Postadressen bestimmten Wertebereichsangaben genügen.

Letztlich sind noch Beziehungen zu anderen Objektklassen denkbar und sinnvoll. Flüsse münden in andere Flüsse, aber auch in Seen oder in das Meer. Straßen dürfen Bahnlinien kreuzen, allerdings wäre dann die Forderung sinnvoll, daß es an dieser Stelle auch ein Objekt aus einer neu zu bildenden Klasse BAHNÜBERGANG gibt. Dieses Beispiel zeigt auch schon, daß Beziehungen nicht immer nur zwischen je zwei Objektklassen denkbar sind, sondern daß sie auch einen höheren Beziehungsgrad haben können: in diesem Fall spielen drei Objektklassen mit und es handelt sich um eine *ternäre* Beziehung zwischen STRASSE, BAHNLINIE und BAHNÜBERGANG.

Wir sehen also, daß die Zusammenfassung in Objektklassen ein Instrument ergibt, wie man Geoinformation in handliche Portionen aufteilt und jede solche Portion – ein Objekt – nach bestimmten klassenspezifischen Kriterien behandeln, abfragen und auswerten kann. Die Definition all dessen, was mit Objekten einer Klasse geschehen darf und soll, wird ein- für allemal gemacht, bevor konkrete Informationen im System gespeichert werden. Da es sich um 'Information über Information' handelt, wird sie als *Metainformation* bezeichnet. Sie sagt also zum Beispiel aus, daß man für ein Objekt der Klasse FLUSS die Länge ausrechnen kann. Auf der Ebene der GI-Objekte selbst hat dann eine konkrete Realisierung aus dieser Klasse eben auch eine konkrete Länge.

2.1.2   Möglichkeiten und Grenzen der Modellbildung

Wir sehen also, daß wir ein Modell sowohl von seiner Geometrie und Topologie, von seiner Semantik her wie auch von den zugeordneten Methoden her immer mehr verfeinern können. Der Grad der Detaillierung hängt von den Anwendungen ab, denen wir dieses Modell zugrunde legen wollen. Allerdings sind uns Grenzen gesetzt, und zwar aus verschiedenen Gründen:

- Der Speicherplatz und die erreichbare Genauigkeit sind begrenzt; dies zwingt uns, die Verfeinerung nach endlich vielen Schritten abzubrechen.

- Je detailreicher das Modell wird, desto unhandlicher wird die Bearbeitung und desto weniger flexibel ist es im Hinblick auf neue, unvorhergesehene Anwendungen.

- Eine extreme Detaillierung führt uns in den Bereich des Paradoxons. In [138] erfahren wir, daß die Küstenlinie Englands – oder jeder anderen Landmasse – beliebig lang wird, wenn man diese Verfeinerung immer weiter treibt – und dies, obwohl der Flächeninhalt beschränkt bleibt. Wir wollen uns in Kapitel 7 näher mit den Auswirkungen dieser Überlegungen beschäftigen. Sie führen uns in die Gedankenwelt der *Fraktale*.

Ein Aspekt der Realität kann, aus verschiedenen Blickwinkeln betrachtet, zu verschiedenen Modellen Anlaß geben. Frank [65] erklärt dies anhand eines Beispieles aus der Alltagssprache: Das gesprochene Wort löst in uns unterschiedliche Assoziationen aus; jeder, der das Wort HAUS hört, bildet dazu in Gedanken ein anderes Modell dieses Teiles der ihn umgebenden Wirklichkeit; ein Kind wird ein viel einfacheres Modell eines Hauses gebrauchen als ein Bauingenieur oder Architekt; sogar ein und dieselbe Person wird zu verschiedenen Zeiten und zu verschiedenen Anlässen unterschiedliche Modelle gebrauchen. Die übliche Methode zur Modellierung eines Hauses wird für dessen Geometrie ein Polygon und für die semantischen Aspekte eine Tabelle mit Attributwerten vorsehen. Die Geometrie wird in den meisten Fällen eine zweidimensionale sein; allenfalls wird die Gebäudehöhe mitgeführt. In CAD-nahen Anwendungen hingegen wird die dritte Dimension gleichberechtigt neben den anderen beiden erscheinen. In einem digitalen Luftbild ist das Haus eine Pixelansammlung einheitlicher Färbung. Für eine Applikation, die optimale Touren ermittelt, ist das Haus nur ein Punkt: Es ist das Ziel oder der Beginn einer Rundreise.

Objektklassifikation:	FLUSS
Objektidentifikation:	Flußname
Objektcharakteristika:	Weitere lokal gebräuchliche Namen;
	Wasserstand min. und Wasserstand max.
Geometrie:	Fläche, gegeben durch Randpolygon;
	Aussparungen durch innere Randpolygone;
	Höhen nicht berücksichtigt;
Bedingungen:	Schleifen nicht erlaubt;
	Wasserstand min. < Wasserstand max.
Beziehungen:	FLUSS mündet in SEE, MEER oder FLUSS
Methoden:	Abfrage aller Eigenschaften;
	Berechnung der mittleren Flußbreite;
	Darstellung mit blauer Füllfarbe

Abbildung 2.2: Modell für die Objektklasse FLUSS

Doch nun wollen wir unser FLUSS-Beispiel weiter verfolgen. Abbildung 2.2 gibt ein recht einfaches Modell für die Objektklasse FLUSS wieder. Auf den ersten Blick scheint es hinreichend genau die uns bekannten Flüsse (also alle *Instanzen* der Objektklasse FLUSS) abzudecken. Es modelliert den Flußlauf sogar flächenhaft und erlaubt Aussparungen; es liefert eine eindeutige Objektidentifikation mit Hilfe des Flußnamens (z.B. 'Donau', 'Rhein', 'Main'); ja, es enthält sogar Bedingungen für Attributwerte und Beziehungen (das 'Münden') zu anderen Objekten oder Objektklassen (den See, das Meer oder einen anderen Fluß). Auf den zweiten Blick – spätestens dann, wenn wir fremde Daten oder auch ungewohnte Applikationsumgebungen bedienen wollen – ergibt sich eine ganze Reihe von Mängeln:

▷ *Das Problem der Objektidentifikation.* Flüsse ändern gelegentlich ihre Namen. Nicht nur beim Übergang in ein anderes Staats- bzw. Sprachgebiet, sondern auch zwischendurch. Während nach einem Zusammenfluß normalerweise der 'stärkere' Fluß den Namen beibehält, gibt es auch Situationen, wo ab diesem Knotenpunkt ein neuer Name gilt. Außerdem sind unterschiedliche Schreibweisen, Groß- und Kleinschreibung und ähnliches zu bedenken. Neben der (laut [233]) *natürlichen Bezeichnung* (Flußname) benötigen wir einen eindeutigen, am besten aus wenigen Ziffern oder Buchstaben eines beschränkten Zeichenvorrates bestehenden Code, der sich etwa aus einer fortlaufenden Numerierung ergibt. Wir wählen dafür die Bezeichnung *Identifikation* (abgekürzt durch ID) oder auch *Surrogat.* Die Sozialversicherungsnummer ist ein derartiges Surrogat, während der Vor- und Zuname der natürlichen Bezeichnung entspricht. Auf dieser Identifikation bauen wir sämtliche Verknüpfungen auf.

▷ *Das Problem der Attribute.* Viele der oben angegebenen Charakteristika gelten nur für Teile des Flusses oder überhaupt nur punktuell. Vielleicht ist der

Flußname das einzige Charakteristikum, das den Fluß auf seinem Weg von der Quelle bis zur Mündung begleitet. Es ergibt sich somit die Notwendigkeit, den Fluß in mehreren Detaillierungsstufen zu modellieren bzw. Komplexobjekte einzuführen.

▷ *Das Problem der Topologie.* Das Einbeziehen von Flächen – und auch Aussparungsflächen – verbreitert die Basis der möglichen Anwendungen nicht unbedingt. Wie schließen uns beispielsweise von der Welt der graphentheoretisch angehauchten Algorithmen aus, denen eine linienhafte Struktur zugrundegelegt werden muß. Auch höhenabhängige Applikationen (etwa Entwässerungsmodelle) werden damit von vornherein ausgeschlossen; dasselbe gilt für richtungsabhängige Modelle, die ebenfalls nur mit linienhaften Strukturen behandelt werden können. Andererseits wäre das Modell für das Mündungsdelta vieler Flüsse zu grob. Sie verästeln sich in viele Seitenarme; würden die dazwischenliegenden Bereiche als Inseln angesehen werden, so müßten sich alle diese Seitenarme innerhalb desselben Objektes wieder vereinigen.

▷ *Beziehungen und Bedingungen.* Ausgehend vom zuvor angesprochenen Problem orten wir eine Unschärfe in der Definition der Mündung:

> FLUSS mündet in SEE
> FLUSS mündet in MEER
> FLUSS mündet in (anderen) FLUSS

Wahrscheinlich schwebt uns vor, daß diese Beziehungen einander für ein konkretes Objekt ausschließen; das heißt, daß beispielsweise ein Fluß nicht *sowohl* in einen See *als auch* in ein Meer münden kann – aber wir haben dies noch nicht explizit gesagt. Gerade solche impliziten (selbstverständlichen) Annahmen sind Fallstricke beim Umgang mit Geodaten. Wie sieht es an jenem Punkt aus, wo sich ein Fluß in die einzelnen Arme seines Deltas aufteilt? Sind dies jetzt mehrere Mündungen des Flusses? Wo finden übrigens Karstflüsse ihren Platz in unserem Modell? Gibt es also auch einen Fluß ohne Mündung? Und schließlich die Frage, ob es reicht, die Mündungsrelation auf der Stufe der Objekte anzugeben, oder ob sogar die topologische Grenzlinie (etwa zwischen Süß- und Salzwasser) modelliert werden muß. Die Angabe auf der Stufe der Objekte erscheint zunächst einfacher; jedoch, was ist mit dem Rhein, der in den Bodensee und in die Nordsee mündet? Wenn wir das Münden von der Topologie abkoppeln, entsteht eine Situation, die für uns Menschen überschaubar, ja geradezu lächerlich trivial ist, für einen Algorithmus aber nicht mehr entscheidbar.

Je intensiver wir zu grübeln beginnen, desto größer wird die Zahl der Probleme. Wir sehen, daß wir nicht umhin können, die Absichtserklärung unseres Modells in die Richtung eines Schemas zu konkretisieren, in dem all diese Sonderfälle in eindeutiger Weise abgehandelt werden. Nicht, daß alle die eben angeführten Sonderfälle wirklich ermöglicht werden sollen – auch eine negative Entscheidung ist eine klare Entscheidung, und ein einfaches Modell, bei dem bewußt bestimmte Varianten ausgeklammert werden, hat seine Vorzüge.

2.2   Datenschema

Die Modellbildung geschieht in einem Bereich, der zwischen der Wirklichkeit
bzw. dem *Universe of Discourse* und der tatsächlichen Implementierung angesiedelt ist. Sie ist – wie wir im vorangegangenen Abschnitt sahen – meist noch
zu wenig konkret, um direkt in eine Daten- oder Programmstruktur umgesetzt
werden zu können. Eine Konkretisierung ergibt sich durch die Definition eines
Schemas.

Ein solches *Datenschema* ist die umfassende Beschreibung der Struktur von
Daten, ihrer Inhalte und der auf sie anzuwendenden Regeln. Während also das
Modell eher als Absichtserklärung zu verstehen ist, muß ein Schema wesentlich
konkreter ausfallen. Es muß formalisiert ausgedrückt werden, und zwar textlich
und graphisch. Die beiden Begriffe *Modell* und *Schema* werden oft – nicht ganz
korrekt – miteinander vermengt oder überhaupt als Synonyme verwendet.

2.2.1   Ein einfaches Datenschema

Ein *Schema* für unser im vorigen Abschnitt definiertes Flußmodell könnte auf
einer *Objekttabelle* basieren, welche die folgende Struktur aufweist:

Objekt-Identifikation ID	Objekt-Identifikation (extern)	Objekt-Klassifikation (Code)
1	Donau	1005
2	Rhein	1005
3	Main	1005
4	Nordsee	2117
...	...	...

Die interne Identifikation (ID oder Surrogat) ist also eine eindeutige, fortlaufend
vergebene Nummer, die für Verknüpfungen verwendet werden kann. Die externe
Identifikation hingegen erlaubt es dem Anwender, das in seiner Gedankenwelt
eindeutige Kennzeichen als Kriterium (z.B. als Suchkriterium) zu verwenden.
Weiter oben wurde dies auch als 'natürliche Identifikation' bezeichnet. Der
Grund dafür, daß wir sie hier externe Identifikation nennen, hat mit der im
nächsten Abschnitt erklärten Drei-Schema-Architektur zu tun. Während die
ID eindeutig ist – es handelt sich ja immer um dasselbe Objekt –, können
verschiedene externe Anwendungen unterschiedliche natürliche Identifikationen
bevorzugen (Donau, Danube, Dunaj, Duna). Die Klassifikation ist wiederum ein
eindeutiger Code für die jeweilige Objektklasse und somit ein Surrogat auf einer
höheren Ebene. In einer gesonderten, allgemeinen, also für alle Datenbestände
geltenden Tabelle wird sie mit der externen Klassifikation verknüpft:

Objekt-Klassifikation (Code)	Objekt-Klassifikation (extern)
1005	FLUSS
2117	MEER
...	...

Auch hier gilt für die Erklärung des Wortes 'extern' das vorhin Gesagte. Gelegentlich nennt man 'das Meer' auch 'die See'. Und ein Objekt der Klasse FLUSS wird oft auch als Strom oder Bach bezeichnet. Diese subtilen und für uns Menschen leicht überschaubaren Varianten sind in einem digitalen Umfeld schwierig zu handhaben. Ist eine eindeutige Klassifikation über Codes erst einmal zustande gebracht – wenn es auch schwierig genug sein kann, einen solchen *Objektschlüsselkatalog* zu erstellen –, so kann man in weiterer Folge viele Mißverständnisse vermeiden.

Das zum obigen Aufbau der Objekttabelle passende *geometrische Schema* enthält eine Punkttabelle, die neben der unvermeidlichen PUNKT-ID die Lagekoordinaten enthält. (Wir verwalten in unserem Modellbeispiel ja keine Höhen.) Die externe Punktidentifikation wird in vielen Fällen entfallen. (Im Vermessungswesen entspricht sie dem Konzept der *Punktnummer*.)

Punkt-ID	Ostkoordinate	Nordkoordinate
...	...	...

Schließlich ist auch noch die (zumindest formale) Einführung einer Polygontabelle anzuraten. Sie enthält lediglich eine einzige Spalte – die Polygon-ID. Darüber hinaus müssen wir aber auch noch eine ganze Reihe von Zuordnungstabellen anlegen. Es sind dies jeweils zweispaltige Tabellen, die Paare von IDs enthalten, wie etwa die Punkt-in-Polygon-Tabelle. Sie bewirkt das Auffädeln der einzelnen Punkte zu Polygonen in bestimmten Reihenfolgen. Wir könnten etwa alle Punkte eines Polygons hintereinander in der Tabelle anführen. Dann ändert sich die Polygonidentifikation, und ein neuer Block beginnt, diesmal für das neue Polygon usw.

Punkt-ID	Polygon-ID
...	...

Eine Polygon-in-Objekt-Tabelle gibt auf analoge Weise an, welche Polygone als Ränder welcher (Fluß-)Objekte bzw. als Ränder von Aussparungen auftreten.

Polygon-ID	Objekt-ID
...	...

Eine Attribut-in-Objekt-Tabelle ordnet jedem Objekt jene Charakteristika (Attribute) zu, die ihm gemäß der Klassifikation zukommen: Dem Rhein als FLUSS wird der Wert für den (durchschnittlichen) Wasserstand zugeordnet, dem Bodensee als SEE die durchschnittliche Tiefe. Auch Bedingungen und Beziehungen, wie sie in Abbildung 2.2 auftraten, können im Rahmen des Schemas durch Tabellen konkretisiert werden. In diesen Tabellen treten entweder ganze Objektklassen auf (z.B. FLUSS mündet in SEE) oder einzelne Instanzen (z.B. der Rhein mündet in den Bodensee).

Ein wichtiger Spezialfall in der Verwendung derartiger IDs ergibt sich, wenn – so wie es viele Systeme tun – die Geometrie von Objekten und ihre Semantik in getrennten Tabellen verwaltet und sodann zusammengefügt werden. Sofern in beiden Tabellen dieselben IDs verwendet werden, kann man so der Geometrie eine bislang getrennt geführte Thematik zuordnen. Ein derartiges Verbinden zweier Tabellen nennt man *Join* (siehe auch Kap. 9). Als Beispiel denken wir uns eine Tabelle, welche die Geometrie von Gemeinden in Form von Polygonen enthält. Jede Gemeinde ist eindeutig durch eine ID gekennzeichnet. Ordnen wir nun eine Sachdatenbank zu, welche zu jeder Gemeinde-ID Statistikdaten gespeichert hat, so werden über dieses Join die Gemeindegeometrien mit Statistik-Inhalten (Anzahl der Einwohner usw.) ausgestattet und umgekehrt werden die Statistikdaten *georeferenziert*.

2.2.2   Drei-Schema-Architektur

Für einige der eben getroffenen Entscheidungen können wir uns Alternativen vorstellen. Sie betreffen die Organisation. So wäre es denkbar, die Polygontabelle einzusparen und den Rand eines jeden Objektes direkt durch Punktfolgen zu beschreiben; dies könnte in der Weise geschehen, daß man die Objekttabelle durch genügend viele Spalten erweitert, in denen die Punkt-IDs stehen; eine elegantere Lösung erreichen wir, wenn wir statt dessen die Punkttabelle erweitern und zu jedem Punkt das Objekt vermerken, an dessen Rand er sitzt – zuzüglich einer Eintragung zur Reihenfolge (er ist zum Beispiel der n-te Punkt am äußeren Rand des Objektes X). Wir können aber auch die auf Tabellen aufgebaute – also relationale – Organisation durch eine gänzlich andere Organisationsform ersetzen, indem der Rand durch eine Zeigerliste repräsentiert wird. Das Objekt 'zeigt' zum ersten Randpunkt, dieser zeigt zum zweiten Randpunkt und so fort, bis zum letzten Randpunkt, der wieder zurück zum Objekt zeigt. Es wäre dies eine Zeigerstruktur. (In Kapitel 9 befassen wir uns näher mit solchen Alternativen.)

Wir sehen also, daß wir bestimmte grundlegende Entscheidungen treffen müssen, deren Revision das gesamte Konzept und die darauf aufbauenden Anwendungen zu Fall bringt (etwa die geometrische Modellierung der Flüsse durch Randpolygone), während andere Entscheidungen die logische bzw. interne Organisation betreffen; deren Änderung sprengt dann auch nicht sofort den gesamten Rahmen. Die Erstellung des Datenschemas vollzieht sich demnach auf unterschiedlichen Stufen. Dabei unterscheiden wir nicht nur zwischen Konzept und Organisation, sondern binden auch noch unterschiedliche Anwenderbedürfnisse (die externe Sicht) mit ein. Es ergibt sich somit die folgende Dreiteilung:

- *Konzept*

- *Organisation*

- *Externe Sicht(en)*

Das *konzeptionelle Schema* ist das umfassendste. Es wird gelegentlich auch als *konzeptuelles Schema* bezeichnet und identifiziert und beschreibt Objekte, deren Charakteristika und gegenseitige Beziehungen in einer allgemeingültigen, eindeutigen und von konkreten Anwendungen unabhängigen Form. Es ist die Synthese, der Unterbau für alle *externen Schemata*, die anwendungsspezifisch ausgerichtet sind. In unserem Beispiel gehört die Identifikation für die Objektklasse FLUSS zum konzeptionellen Bereich; daneben werden mehrere externe Sichten unterstützt ('Donau'/'Danube', 'Rhein'/'Rhine' usw.) Normalerweise fehlen in verschiedenen externen Sichten bestimmte Merkmale. Nicht für alle Anwendungen ist zum Beispiel der Wasserstand interessant. Auch wird es Anwender geben, die gar nicht an der Geometrie interessiert sind; sie sind damit zufrieden, daß sich die Geometrie lediglich in der errechneten Gesamtlänge manifestiert; detaillierte Punktgeometrien fehlen dann in ihrem externen Schema.

Es ist eine Frage der Organisation, wie wir die im konzeptionellen Schema entworfenen Strukturen realisieren wollen. Wir gehen also somit einen Schritt in die Richtung der EDV-technischen Umsetzung. Auf dieser Stufe begegnen uns zwei Schemata, das logische und das physische Schema. Das *logische Schema* enthält Festlegungen wie etwa die Tabellenstruktur, die Art der Abbildung der Relationen, die Such- und Sortierkriterien und ähnliches. Das *physische Schema* hingegen befaßt sich mit Details zur Frage, wie das logische Schema auf das physische Speichermedium abzubilden ist. Hier hinein paßt zum Beispiel der Vermerk, daß bestimmte Daten vor Ort gespeichert sind, während andere erst über das Netz hergeholt werden müssen.

Oft wird das logische und das physische Schema zu einem einzigen Schema vereint, das dann als *internes Schema* bezeichnet wird. Die resultierenden drei Kategorien (konzeptionell, intern, extern) geben Anlaß zur Bezeichnung *Drei-Schema-Architektur*, auf die man sich in der Datenbanktechnologie stützt (siehe Kap. 9).

Diese Dreiteilung begegnet uns auch in vielen anderen Gebieten. Ein Unternehmen entwirft ein Geschäftsmodell. Es wäre dies die konzeptionelle Sicht der Produkte, die hergestellt und an einen bestimmten Kreis von Kunden verkauft werden sollen. Einige Personen im Unternehmen beschäftigen sich hauptsächlich damit. Andere Personen sind mit der internen Organisation des Unternehmens und der Produktions- und Verkaufsabläufe betraut und müssen gar keine tiefe Kenntnis von den Produkten selbst haben. Und schließlich gibt es die Verkaufsberater, welche für eine konkrete Kundengruppe ein (externes) Firmenprofil erstellen, das nicht die gesamte Firma, sondern nur das für die jeweiligen Kunden interessante Teilspektrum beinhaltet.

2.3   Konzeptionelle Komponenten

2.3.1   Entität, Relation, Attribut

Um den Strukturreichtum von Geodaten in den Griff zu bekommen, gehen wir nach dem Prinzip *teile und herrsche* vor. Eine Möglichkeit, um Elemente mit gleicher Bauart, gleichen Eigenschaften und gleichen Beziehungsanforderungen zu Klassen zusammenzufassen, eröffnet sich durch die Definition von *Entitäten* und *Relationen*. (Die gängige Abkürzung ER-Konzept oder engl. *entity-relationship-approach* wird auch in Anlehnung an das Dreigespann Entität-Attribut-Relation zu EAR erweitert.) Dem ER-Konzept liegen folgende Komponenten zugrunde [124]:

- *Entitäten*, die zu *Entitätsklassen* zusammengefaßt sind;

- *Beziehungen (Relationen)* sowohl zwischen Entitäten als auch zwischen Entitätsklassen;

- *Eigenschaften (Attribute)* für Entitäten und Relationen.

Eine *Entität* ist ein eindeutig identifizierbares, mit Eigenschaften ausgestattetes Ganzes, das sich dadurch unmißverständlich von anderen Entitäten abhebt. Beispiele für Entitäten sind (siehe dazu auch Abb. 2.3)

> das Grundstück 171/3,
> das Gebäude Grabbegasse 15,
> das Wasserwerk Graz-Süd, aber auch
> der Rohrbruch am 23. 12.

Über die Komplexität von Entitäten wird vorerst nichts ausgesagt. So kann natürlich ein Gebäude aus vielerlei Bestandteilen aufgebaut sein, die selbst wieder als Entitäten anzusehen sind. Damit würde eine vielschichtige Hierarchie aufbaut werden. Das ER-Konzept kennt aber grundsätzlich nur eine einzige Ebene von miteinander gleichgestellten Objekten. Wir sehen hier also schon eine sinnvolle Erweiterungsmöglichkeit in die Richtung von mehr und tieferen (und auch komplexen) Strukturen.

Entitäten lassen sich zu Klassen zusammenfassen, zum Beispiel

GRUNDSTÜCK,
GEBÄUDE,
WASSERWERK,
ROHRBRUCH.

Für die Klasse wird häufig die Bezeichnung *Typ* und für ein einzelnes konkretes Beispiel aus einer solchen Klasse die Bezeichnung *Instanz* gewählt. Dieses Wechselspiel zwischen *Typ/Klasse* und *Instanz* begegnet uns auf mehreren Abstraktionsebenen. So können wir auch von Attributklassen und Relationsklassen sprechen. Diese beiden – ebenso wie die Entitätsklasse – sind selbst wieder Instanzen eines höheren Typs (siehe Kap. 10 und insbesondere Abb. 10.8).

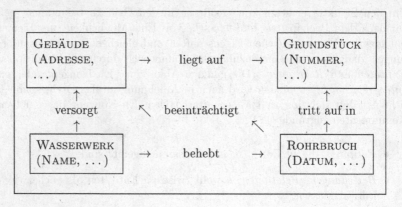

Abbildung 2.3: Entitäten – Attribute – Relationen

Es erweist sich als vorteilhaft, daß man einem Typ (einer Entitätsklasse) pauschal ein Bündel von Eigenschaften (Attributen) zuordnen kann, die dann natürlich für jede Entität dieser Klasse unterschiedliche Werte annehmen:

> die Nummer eines Grundstücks,
> die postalische Adresse des Gebäudes,
> Name und Telefonnummer eines Sachbearbeiters beim Wasserwerk,
> den Zeitpunkt und die Dauer einer Leitungsnetzbeeinträchtigung.

Alle diese Attribute haben *Wertebereiche*; so muß in der postalischen Adresse die Hausnummer einen ganzzahligen positiven Wert annehmen; Telefonnummern und Zeitangaben dürfen sich nur in bestimmten Schranken bewegen usw. Für jede Entität kann dann ein Wert aus dem vorgegebenen Bereich angenommen werden. Diese Einschränkungen mögen beim ersten Anschein als hinderlich gelten; wenn wir aber bedenken, daß Geodaten über lange Zeiträume hinweg konsistent gehalten werden müssen, so wird der Nutzen klarer und unmißverständlicher Regeln *(Integritätsbedingungen)* deutlich. Ihre Bedeutung tritt auch hervor, wenn wir das konzeptionelle Modell in ein logisches Schema umsetzen und Entitäten sowie Relationen durch *Tabellen* einer relationalen Datenbank ausdrücken; dort brauchen wir klare Vorgaben und Einschränkungen.

Relationen bringen einzelne Entitätsklassen oder Entitäten miteinander in eine definierte Beziehung: Gebäude stehen auf Grundstücken; Wasserwerke legen Anschlüsse zu Gebäuden; Rohrbrüche beeinträchtigen Gebäude; Wasserwerke beheben Wasserleitungsstörungen. Die entsprechenden Relationen für einzelne Entitäten sind ebenfalls klar: Das Gebäude Grabbegasse 15 steht auf dem Grundstück 171/3 usw.

Der *Grad* einer Beziehung sagt aus, wie viele Partner an der Beziehung beteiligt sind. Meist sind Beziehungen zwischen Entitäten einer GI-Anwendung *binär*, so wie sie es auch in unserem Beispiel sind. Es gibt aber auch *ternäre* und höherwertige Beziehungen, die dann jedoch oft in mehrere binäre Beziehungen aufgelöst werden. So könnte das Beispiel in Abb. 2.3 als eine solche quaternäre Beziehung zwischen Instanzen aus vier Entitätsklassen aufgefaßt werden. Ein anderes Beispiel – in diesem Fall für eine ternäre Beziehung – wurde am Beginn dieses Kapitels erwähnt: Straßen, Bahnlinien und Bahnübergänge stehen miteinander in einer solchen Beziehung. Wenn man daraus drei binäre Beziehungen macht (Straßen - Bahnlinien, Straßen - Bahnübergänge und Bahnen - Bahnübergänge), so erkennt man, daß dies die reale Welt nicht so gut wiedergibt wie eine ternäre Beziehung; noch dazu ist dieses Modell schwerfälliger, denn Updates – etwa wenn ein Bahnübergang aufgelassen und durch eine Unterführung ersetzt wird – müssen an drei unterschiedlichen Stellen ansetzen.

Kehren wir zu binären Beziehungen zurück. Eine derartige Beziehung besteht zwischen zwei Entitätsklassen. Trotzdem können in einer solchen Beziehung auf jeder der beiden Seiten mehrere Instanzen vorkommen. Während also der Beziehungsgrad zwischen Klassen definiert wird, geht es jetzt um Instanzen und um ihre Häufigkeit an beiden 'Enden' der Beziehung. Die Festlegung des Erlaubten erfolgt aber bereits bei der Definition der Klassen und der Beziehung zwischen ihnen. Wir sprechen von *Kardinalität*.

Die *Kardinalität* einer Relation gibt an, ob es sich um eine in beiden Richtungen eindeutige Beziehung *(1:1-Beziehung)*, um eine in einer Richtung mehrdeutige Beziehung *(1:M-Beziehung)* oder um eine in beiden Richtungen mehrdeutige Beziehung *(M:N-Beziehung)* handelt. Beispiele:

- *1:1-Beziehung:* LAND – HAUPTSTADT. Jedes Land hat genau eine Hauptstadt, und jede Hauptstadt nimmt diese Funktion für genau ein Land wahr.

- *1:M-Beziehung:* LAND – STADT. In jedem Land gibt es eine oder mehrere Städte, jedoch kann eine Stadt immer nur zu einem Land gehören.

- *M:N-Beziehung:* LAND – BALLUNGSZENTRUM. In jedem Land kann es mehrere Ballungszentren geben; andererseits kann ein Ballungszentrum im Grenzbereich mehrerer Länder liegen.

Ein schärferes Profil bekommen die Kardinalitäten, wenn man die Unterscheidungsmöglichkeiten verfeinert, also neben den Varianten {*kein, eines, mehrere*} noch andere Festlegungen zuläßt:

o Jedes Kind hat *genau zwei* Eltern.
o Jedes Linienstück hat *genau zwei* Endpunkte.
o In Manhattan hat jede Straßenkreuzung *genau vier* abgehende Straßen.
o Ansonsten haben Kreuzungspunkte *mindestens drei* abgehende Straßen.
o Endpunkte von Sackgassen haben *genau eine* abgehende Straße.
o Alle anderen (Zwischen-)Punkte haben *genau zwei* abgehende Straßen.

Kardinalitäten sind *Integritätsbedingungen*, die im konzeptionellen Modell explizit definiert werden müssen, um dessen Konsistenz zu wahren. Als Integritätsbedingungen gelten auch Vorgaben von Wertebereichen für Attribute. Wenn wir etwa festhalten, daß Wasserstandsangaben durch positive reelle Zahlen gemacht werden müssen und daß der minimale Wasserstand nicht größer als der maximale Wasserstand sein darf, so können Analyseprogramme davon ausgehen, und pathologische Situationen treten erst gar nicht auf. (Wieder sei der Hinweis auf die Tatsache erlaubt, daß Selbstverständlichkeiten wie das eben Gesagte bei der Programmierung allzu leicht vergessen werden.)

Der Übergang zwischen Entitäten und Relationen, zwischen Entitäten und Attributen und ebenso zwischen Attributen und Relationen ist ein fließender. Dies wird deutlich, wenn wir zwischen Repräsentanten der Entitätsklasse STADT eine Relation AUTOBAHNVERBINDUNG definieren. Sobald wir damit beginnen, diese Relation zu attributieren – sie erhält Attribute wie etwa die Autobahnbezeichnung, die durchschnittliche Verkehrsfrequenz, die Anzahl der Fahrstreifen –, so drängt sich die Idee auf, die Autobahn selbst als eine neue Entitätsklasse einzuführen. Dasselbe kann mit Attributen einer Entität geschehen. Die GRUNDSTÜCKSNUMMER ist normalerweise ein Attribut zur Entität GRUNDSTÜCK. Grundstücksnummern können aber auch zu selbständigen Entitäten werden. Diese Verselbständigung ist immer dann notwendig, wenn Querverweise von anderen Entitäten her berücksichtigt werden müssen; wenn also etwa Hypotheken mit einer Grundstücksnummer zu verknüpfen sind oder – im obigen Beispiel der Autobahnverbindung – Baustellen entlang diesen Verbindungen evident gehalten werden müssen. Und der dritte Übergang – nämlich jener zwischen Attributen und Relationen – ist auch ein fließender, weil man eine Beziehung auch durch ein Attribut darstellen kann, am leichtesten dann wenn es sich um eine 1:1-Beziehung handelt: die Hauptstadt eines Landes könnte auch als Attribut beim Land stehen oder das Land könnte als Attribut bei jener Stadt stehen, die seine Hauptstadt ist.

Diese *Dualität* zwischen Entitäten und Relationen, Entitäten und Attributen sowie zwischen Attributen und Relationen wird später auch im Rahmen des *logischen Modellierens*, also der Umsetzung konzeptioneller Modelle in ein datenbanknahes *Schema*, ausgenutzt. Damit werden wir uns näher in Kapitel 9 beschäftigen.

Schließlich wollen wir noch erwähnen, daß die beiden an einer Beziehung beteiligten Entitätsklassen nicht unbedingt unterschiedlich sein müssen. Es ist also möglich, dass eine Beziehung aufgebaut wird, die Instanzen aus derselben Klasse verbindet. Nehmen wir etwa die Entitätsklasse STRASSE. Ein Abbiegeverbot kann als Beziehung zwischen Instanzen dieser Klasse gesehen werden. Es gilt für bestimmte Instanzenpaare. Ein Abbiegegebot stellt einem ähnlichen Fall dar. Hier wird auch klar, dass Beziehungen meist *gerichtet* sind. Denn wenn man von der A-Straße nicht in die B-Straße abbiegen darf, dann gilt das nicht unbedingt auch für die umgekehrte Richtung.

2.3.2   Layer

Konträr zum eben diskutierten Konzept der Entitäten und Relationen, das einem *Bottom-up-Zugang* (vom Kleinen ins Große) entspricht, kann man im umgekehrten Weg *(top-down)* Grobsortierungen vorziehen. Man trennt zum Beispiel alles, was zu Gebäuden gehört, strikt von dem, was zum Grundeigentum gehört. Ein und derselbe räumliche Ausschnitt wird bezüglich verschiedenster Interessenssphären durchgesiebt, so daß sich eine Reihe von deckungsgleichen *Layers* ('Folien') ergibt (Abb. 2.4). Dieses Konzept entspringt der Denkweise, die in der Kartographie bei der Herstellung analoger Karten üblich ist: Verschiedene Farbauszüge, die jeweils einem bestimmten *Thema* entsprechen, werden getrennt hergestellt und dann bei Bedarf überlagert. Verwendet man in Geoinformationssystemen das Layerprinzip, so auch mit dem Gedanken, Layers – je nach Anwendungserfordernissen – in unterschiedlichster Weise kombinieren zu können.

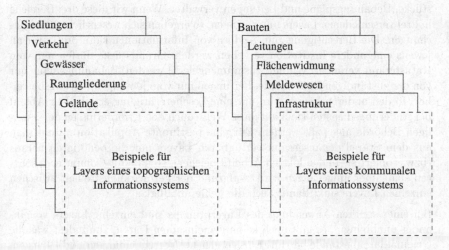

Abbildung 2.4: Beispiele für Layers eines Informationssystems

Eine wesentliche Voraussetzung dabei ist, daß an jeder Stelle des betrachteten Raumes ein definierter Zustand herrscht, daß man somit weiß, ob es dort ein Phänomen einer bestimmten Art gibt oder nicht. Man geht also davon aus, daß es keine 'weißen Flecken auf der Landkarte' gibt. Eine zweite Voraussetzung ist, daß in allen Layers dieselben Gegebenheiten bezüglich der Metrik, des Maßstabes, der Genauigkeit gelten. Diese beiden Annahmen sind streng genommen in einem GIS selten erfüllt. Die erste Voraussetzung der *Flächendeckung* gilt eigentlich nur in reinen Rasteranwendungen. Vektordaten sind von ihrem Wesen her lückenhaft. Die zweite Voraussetzung der Einheitlichkeit von Metrik, Maßstab und Genauigkeit ist aufgrund der Heterogenität von Geodaten ebensowenig gegeben. Die Nichtbeachtung dieser Aspekte schafft Probleme und Unzulänglichkeiten.

Bei der Aufteilung in Layers bietet sich eine streng hierarchische Trennung an; dies aus folgenden Gründen:

- die Übersichtlichkeit der Arbeitsabläufe bleibt gewahrt;

- Kompetenzen und Zugriffsberechtigungen werden leichter zugeordnet;

- die Fehleranfälligkeit reduziert sich auf lokale Bereiche;

- Computerressourcen werden sparsamer verwendet;

- in einer Umgebung mit mehreren Nutzern gibt es weniger Konflikte.

Nehmen wir zum Beispiel an, in einem Geoinformationssystem werden Grundstücke, Bebauungspläne und Leitungen verwaltet. Wenn wir diese drei Bereiche in drei verschiedenen Layers unterbringen, so ergeben sich wesentliche Vereinfachungen. Die Berechtigung zum Ändern von Informationen kann pro Layer an jeweils eine andere Institution vergeben werden: Grundstücke dürfen nur vom Katasteramt verändert (geteilt, zusammengelegt) werden, Bebauungspläne nur von der zuständigen Baubehörde, Leitungen nur vom jeweiligen Leitungsbetreiber. In den anderen Layers wird nur eine Leseberechtigung erteilt. Der Ablauf bei Änderungsdiensten kann auf diese Weise auch den Erfordernissen der jeweiligen Behörde angepaßt werden. Für eine bestimmte Applikation nimmt man aus dem Stapel der insgesamt verfügbaren Layers nur die benötigten heraus (bzw. kopiert sie in den lokalen Arbeitsspeicher), so daß mit Computerressourcen sparsamer umgegangen wird. Aufgrund der Fernwirkungsfreiheit zwischen einzelnen Layers sinkt damit auch die Fehleranfälligkeit.

Bei einer strikten Anwendung des Layerprinzips sind einzelne Layers voneinander unabhängig; es gibt auch keine gemeinsamen Daten, zumindest was die Originaldatenbestände betrifft. Für Vergleiche, Verschneidungen und Bilanzen, die sich über mehrere Layers erstrecken, wird ein neues *Ergebnislayer* angelegt, das meist nur als reine Ausgabedatei gedruckt bzw. geplottet und daraufhin gelöscht wird; in Ausnahmefällen wird ein solches Ergebnislayer auch zwischengespeichert.

Layer- bzw. Ebenenkonzepte werden nicht nur im GIS verwendet. Auch im CAD und in vielen Zeichenprogrammen wie etwa Photoshop arbeitet man erfolgreich damit und nutzt die Vorteile, die jenen im GIS ähnlich sind.

Kehren wir aber nun zurück zur Modellierung von Geodaten. In einfachen Anwendungen treffen sich hier das Layerkonzept und das Entitäten-Relationen-Konzept an der Stelle, wo man für jede Entitätsklasse ein eigenes Layer anlegt. Meist mündet dieses Konzept in ein *logisches Schema*, das eine Struktur mit getrennten Dateien vorsieht. Für jedes Layer wird eine eigene Datei angelegt. Unsere Überlegungen lassen sich nahtlos in den logischen Bereich übertragen.

So einfach und sauber das Layerkonzept auch scheint, so stößt man doch in der Praxis auf Schwierigkeiten, die ein Aufweichen der Strategie erzwingen. Eine strikte hierarchische Trennung der Datenbestände ist oft unmöglich. Als Beispiel nehmen wir ein topographisches Informationssystem, in dem die Themen BAUWERKE, VERKEHR, GEWÄSSER in drei unterschiedlichen Layers abgelegt werden. Die Frage stellt sich, in welchem Layer ein Objekt SCHLEUSE gespeichert werden soll. Für alle drei angegebenen Layers gibt es gute Argumente. Gemeinhin werden hier zwei Lösungswege vorgeschlagen, die beide das oben beschriebene einfache Konzept aufweichen:

- Man erlaubt Querverweise zwischen Layers, oder

- man erlaubt Duplikate, also mehrere Kopien desselben Objektes.

Auch hier können wir wieder die Analogien zu Schwierigkeiten im CAD und bei Zeichenprogrammen sehen, die sich gelegentlich bei Verwendung des Layerkonzeptes ergeben. Im GIS kommt ein weiteres Problem durch die *Topologie* hinzu (siehe auch Kap. 3). Für gewisse Kombinationen von Layers bzw. Entitäten erscheint eine topologisch konsistente – aufgeschnittene – Datenstruktur sinnvoll zu sein, während dies in anderen Situationen nicht der Fall ist; es gibt auch eine Grauzone, wo man Pro- und Kontra-Stimmen hört:

▷ Die Grenzen eines Verwaltungsbezirkes dürfen nicht über Landesgrenzen hinausragen; an den Landesgrenzen sind sie sogar mit diesen identisch.

▷ Für ein Gebäude, das genau an der Grundstücksgrenze steht, soll der gemeinsame Linienverlauf gewahrt werden; andererseits sind Grenzlinien 'wichtiger' als Gebäudelinien und widersetzen sich eher einer Änderung, so daß sie vielleicht doch getrennt modelliert werden sollten.

▷ Eine Straße, die eine Staatsgrenze kreuzt, muß einen diesbezüglichen Vermerk und eine Ortsangabe des Grenzpunktes tragen. Bei Landesgrenzen ist dies nur für Landesstraßen notwendig, bei Gemeindegrenzen nur für Gemeindestraßen.

▷ Andererseits darf eine Freileitung an den Stellen, wo sie Grundstücksgrenzen kreuzt, nicht aufgeschnitten werden; es sei denn, dies geschieht auf ausdrücklichen Wunsch des Nutzers.

Wir sehen also, daß hier kein allgemeingültiges Patentrezept gegeben werden kann. Meist definiert man Gruppen von Layers, die eine gemeinsame Topologie haben dürfen bzw. sollen. Seltener erlaubt man individuelle Querverweise zwischen Entitäten in verschiedenen Layers, weil man dann der Gefahr von Inkonsistenzen und Fehlinterpretationen Tür und Tor öffnet. In einem solchen Fall empfiehlt sich die Überlegung des Umsteigens auf ein objektorientiertes Konzept. Dies wird im nächsten Abschnitt vorgestellt.

2.3.3   Objektorientierte Konzepte

Die Modellierung durch Entitäten, deren Attribute und Relationen sieht die reale Welt und auch ihr Modell als Zusammenbau atomarer Bestandteile. Ihre Auffächerung gemäß eines Layerkonzeptes verfolgt dasselbe Ziel. Im Gegensatz dazu erlaubt ein *objektorientiertes Denken* auch die Verwaltung von komplexen Gebilden *(Objekten)* auf unterschiedlichen Niveaus. Darüber hinaus stellt ein Objekt ein unverwechselbares Ganzes dar, das durch seine Eigenschaften und durch darauf anwendbare Methoden geprägt ist. *Objektorientiertheit* ist ein vielverwendeter Begriff, der uns bei Datenmodellen und Datenbanken, aber auch bei Programmiersprachen und bei graphischen Nutzeroberflächen begegnet. Eine objektorientierte Betrachtungsweise hat auch konkrete Vorteile, wenn wir Überlegungen hinsichtlich der *Interoperabilität* von Systemen anstellen, wo es um das Zusammenwirken von autonomen Komponenten geht. Denn dies bringt die Notwendigkeit mit sich, daß wir Details abstrahieren (siehe dazu [39] und Kap. 10). Die Bandbreite dessen, was man im Detail unter Objektorientiertheit versteht, kann also mitunter recht groß sein.

Am unteren Rand dieser Bandbreite steht die Bildung eines Flächenobjektes als komplexes Ganzes, bestehend aus – bzw. begrenzt von – linienhaften Teilobjekten, welche wiederum aus punktförmigen Teilobjekten zusammengesetzt sind. Diese Art der Objektbildung wird als *Aggregation* bezeichnet. Das daraus entstehende *Komplexobjekt* hat andere Merkmale und Eigenschaften als die Teilobjekte. Ein weiteres Beispiel für eine solche Aggregation ergibt sich beim Zusammenfassen von Teilflächen zu einem Flächennetz (*Mosaik* oder *Tesselation*).

Daneben – und auch von vielen Systemen unterstützt – kann eine Objektbildung durch *Assoziation* vor sich gehen: Ein Komplexobjekt STRASSE besteht aus Einfachobjekten STRASSENACHSE, FAHRBAHN, GEHSTEIG, VERKEHRSZEICHEN usw. Der Grund für eine solche Komplexobjektbildung – unter Beibehaltung der Zugriffsoption auf die einfacheren Bestandteile – ist der Wunsch, dem gesamten Komplex Merkmale zuordnen zu können, die für die einzelnen Teile nicht unbedingt sinnhaft sind (z.B. PRIVATSTRASSE). Der Unterschied zur

Aggregation besteht darin, daß diese bei Wegnahme eines Teilobjektes zusammenbricht. Ein Flächenobjekt ohne Rand oder ein Grundstücksplan, in dem bestimmte Grundstücke fehlen, ist inkonsistent. Assoziationen hingegen sind lose Zusammenfassungen.

Die dritte Möglichkeit einer Objektbildung ergibt sich weniger auf der Ebene individueller Objekte als vielmehr auf der Ebene der Objektklassen. Es ist dies die *Spezialisierung*. Sprachlich sind dies 'ist ein'-Formulierungen:

> Ein RHOMBUS ist ein VIERECK.
> Ein RECHTECK ist ein VIERECK.
> Ein QUADRAT ist ein VIERECK.

Die Definitionen für einen RHOMBUS, ein RECHTECK und ein QUADRAT gehen auf die Definition eines Viereckes zurück. Sie 'erben' gleichsam die Eigenschaften des Viereckes, also die Anzahl von Ecken, von Kanten, die Geradlinigkeit, das In-sich-geschlossen-sein. Daneben haben sie natürlich noch jeweils typische spezielle Eigenschaften.

Mit der Spezialisierung gibt es auch ihr Gegenstück, die *Verallgemeinerung (Generalisierung)*. Die Eigenschaften einer durch Verallgemeinerung entstandenen Objektklasse ergeben sich sinngemäß als Durchschnitt aller Eigenschaften der speziellen Objektklassen: Sowohl ein QUADRAT als auch ein RECHTECK sowie ein RHOMBUS haben vier Ecken; die Eigenschaft, daß alle Winkel gleich sind, ist nur für QUADRAT und RECHTECK gegeben, verallgemeinert sich daher auch nicht auf das VIERECK.

Ein objektorientierter Ansatz erlaubt auch die Definition und damit das Nützen von geeigneten *Methoden* für die Abfrage, Analyse, Bearbeitung und Darstellung von Objekten einer bestimmten Objektklasse. Jedes Objekt kann dazu veranlaßt werden, ein ihm zugeordnetes *Verhalten* zu aktivieren. Ein Beispiel für die sinnvolle Anwendung eines solchen Konzeptes stellt die Vereinfachung linienhafter Daten im Rahmen der Generalisierung dar. Es ist klar, daß etwa Straßenachsen andere Generalisierungsmethoden erfordern als Flußläufe. In unserer Diktion haben Objekte der Klasse STRASSENACHSE ein anderes Generalisierungsverhalten als solche der Objektklasse FLUSSLAUF. Die Darstellung kann ebenfalls als eine pro Objektklasse definierte Methode gesehen werden. Für Flüsse wird man die Farbe blau verwenden, während Straßen mit einer anderen Methode dargestellt werden. Objekteigenschaften und zugeordnete Methoden sind gemeinsam mit dem Objekt quasi abgekapselt von den Applikationen. Diese können sie zwar abfragen, nützen und aktivieren, müssen aber nicht im Detail über sie Bescheid wissen. Man spricht daher von einem Prinzip der *Kapselung*. Soll etwa eine Applikation einen Fluß darstellen, so aktiviert sie einfach die dieser Objektklasse zugeordnete Darstellungsmethode.

Dieser grobe Überblick soll nicht darüber hinweg täuschen, daß es eine große Bandbreite dessen gibt, was man als objektbasiert und objektorientiert bezeichnet. Am untersten Ende der Skala steht die Möglichkeit, Strukturen zu schaffen, in dem wir elementare Bestandteile zusammenbauen. Ein Punkt, der sich durch ein Koordinatenpaar oder -tripel ergibt, sei als Beispiel genannt. Am obersten Ende der Skala findet sich die volle Ausschöpfung objektorientierter Konzepte (siehe auch Kap. 9).

2.3.4 Feldbasierende Konzepte

In den vorangegangenen Abschnitten dieses Kapitels haben wir die Welt in ein Modell abgebildet, das aus einer Vielzahl von diskreten Entitäten oder Objekten unterschiedlicher Klassifikation aufgebaut ist, die untereinander durch Beziehungen verknüpft sind und mit zusätzlichen Eigenschaften – ihren Attributen – ausgestattet sind. Betrachten wir etwa die Entitätsklasse GEMEINDE und vergeben wir dazu ein Attribut GEMEINDEKENNZIFFER (etwa gemäß den Richtlinien der Statistik Austria [275]), dann wird der Wert des Attributes für jede Instanz aus der Entitätsklasse, also für jede Gemeinde in Österreich unterschiedlich sein. Innerhalb einer Gemeinde bleibt er natürlich gleich. Zu einem solchen Entitäts-basierenden (Feature-basierenden) bzw. objektbasierenden Konzept der Modellierung über diskrete Entitäten mit jeweils pro Entität konstanten Attributen gibt es als Gegenstück einen feldbasierenden Ansatz. Wir stellen uns ein 'Feld', also einen Bereich vor, in dem ein bestimmtes Thema zu modellieren ist: nehmen wir etwa Österreich als räumlichen Bereich und die Jahresniederschlagsmenge zum Thema (siehe Abb.2.5).

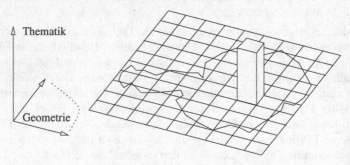

Abbildung 2.5: Feldbasierendes Konzept

Nun spazieren wir über dieses 'Feld' hinweg, bleiben immer wieder stehen und evaluieren an all diesen Stellen das Thema, so als ob wir überall Meßbecher aufstellen um den Niederschlag zu messen, der dort innerhalb eines Jahres fällt. Prinzipiell ist keine Stelle in diesem Feld davon ausgenommen, daß dort eine solche Messung gemacht wird. Wir könnten also die Jahresniederschlagsmenge wie ein Attribut dieses Feldes ansehen, allerdings hat dieses Attribut an jeder Stelle einen anderen Wert – und das ist eben der Unterschied unseres feldbasierenden Ansatzes zum bisher verfolgten entitäts- oder objektbasierenden

Konzept. Auf der einen Seite eine Fülle von Entitäten, jede davon mit Attributen, die pro Entität konstante Werte aufweisen – und auf der anderen Seite lediglich *ein* Feld mit einem Attribut, das aber im Prinzip unendlich viele Werte annimmt, je nach Meßstelle. Was wir hier für die Jahresniederschlagsmenge angenommen haben, läßt sich ganz ähnlich auf Themen wie etwa die durchschnittliche Sonnenscheindauer, die Bodenart, die Vegetation, verschiedenste Klimathemen, und letzten Endes auch auf die Geländehöhe anwenden. Und spätestens bei diesem letzten Beispiel fällt uns auch ein Werkzeug ein, mit dem wir ein solches feldbasierendes Thema bearbeiten können: das *digitale Geländemodell* oder DGM, das wir in Kap. 5 genauer betrachten werden. Ersetzen wir dort das Gelände, also die an verschiedenen Stellen gemessenen Höhen, durch Messungen unseres jeweiligen Themas, so können wir den Apparat der dort entwickelten mathematischen Interpolationswerkzeuge nützen, um unser Thema für den gesamten Bereich der uns interessiert – das 'Feld' also – auswertbar zu machen.

Das Stichwort *Interpolation* führt uns auch noch zu weiteren Anwendungen des feldbasierenden Ansatzes, nämlich dort wo wir Themen modellieren, die bereits das Ergebnis einer Interpolation sind. Beispiele dafür sind etwa das mittlere Jahreseinkommen oder das mittlere Lebensalter der Bevölkerung, Gesundheitsrisken, das Preisgefüge und ähnliches. Hier gehen wir also nicht wie vorhin prinzipiell von unendlich vielen Meßstellen aus (auch wenn wir dies in der Praxis doch wieder nur an endlich vielen Orten tun können), sondern aufgrund einer vorangegangenen Interpolation ergeben sich schon Zonen gleichen Wertes. Ob man nun von unendlich vielen Punkten im Feld oder von endlich vielen Zonen ausgeht, immer wird das gesamte Feld 'mit dem Thema überdeckt'. Man spricht daher auch von einem *Coverage*. Wenn all diese Zonen einheitlich und vielleicht sogar noch rechteckig oder gar quadratisch sind, so ergibt sich ein Raster und man gelangt zu einem *Rastermodell*. Das Gelände etwa wird meist durch eine solche Rasteranordnung von Höhenwerten modelliert. Die 'Zonen' entsprechen dann den einzelnen Rasterzellen oder Pixeln, in denen jeweils ein Höhenwert gegeben ist.

Ein Coverage kann aber auch durch Dreiecke gegeben sein. Wieder gibt es hier eine Spielart des Geländemodells, die wir als Beispiel nennen können. Das TIN *(triangulated irregular network)* ist eine aus unregelmäßig geformten Dreiecken aufgebaute Vermaschung von Stütz- oder Meßpunkten, die auf dem Gelände liegen. Meist nimmt man besonders wichtige oder herausragende Punkte wie Berggipfel, Kirchturmspitzen und dergleichen, und so ergibt sich auch die Unregelmäßigkeit der Dreiecke. Da jedes Dreieck geometrisch gesehen eine ebene Fläche aufspannt, kann man innerhalb eines Dreiecks linear interpolieren, um die Höhe eines beliebigen Zwischenpunktes zu schätzen. Und auch diese Strategie können wir wieder auf jedes beliebige andere Thema übertragen, von dem wir an unregelmäßig verteilten Punkten Messungen gemacht haben, so etwa die Ozonbelastung an bestimmten wichtigen Orten. Dazwischen wird wieder interpoliert. Der Schritt von Dreiecken zu anderen Aufteilungen (Wabenstrukturen oder auch beliebige Mosaike) ist natürlich ebenfalls denkbar. Wir verweisen auf Kap. 5 und Kap. 10 sowie auf die Norm Iso 19123 'Geographic Information - Coverage Geometry and Functions'.

Wenngleich wir in diesem Abschnitt das feldbasierende Modellierungskonzept den davor eingeführten Entitäten und Objekten gegenübergestellt haben, ist die Nahtstelle zwischen diesen beiden Vorgehensweisen doch nicht so abrupt wie man vielleicht annimmt. Wir begannen die Diskussion eingangs mit dem Beispiel der Gemeinden, indem wir sie als Entitäten mit dem Attribut GEMEIN-DEKENNZIFFER beschrieben. Ein anderer – allerdings eher unkonventioneller – Weg sieht wie folgt aus: Wir gehen über das Feld 'Österreich' hinweg und werten an jeder Stelle die Gemeindezugehörigkeit aus. Damit wären wir wieder beim feldbasierenden Ansatz angelangt und der Kreis schließt sich.

Abschließend sei noch eine Daumenregel erwähnt. Alle jene Themen, die besser im Singular beschrieben werden (Jahresniederschlagsmenge, Gelände, Klima, Vegetation) lassen sich besser feldbasierend modellieren, während all das, was man ebenso gut im Plural sagen kann (Gebäude, Straßen, Leitungen, Gemeinden) über Entitäten und Objekte modelliert werden sollte.

2.3.5   Raster- und Vektormodelle

Rastermodelle ergeben sich meist als Konsequenz eines feldbasierenden Konzepts, so wie wir ihn im vorangegangenen Abschnitt beschrieben. Einem feldbasierenden Ansatz liegt die Annahme zugrunde, daß der Interessensbereich (das 'Feld') in Teilflächen mit homogener Thematik aufgeteilt wird – unter Umständen, nachdem man das Thema an prinzipiell beliebig vielen Meßstellen ausgewertet hat und diese Messungen in einem zweiten Schritt durch Interpolation auf endlich viele Zonen oder Teilflächen übertragen hat. Man bezeichnet diese Aufteilung als *Mosaik* oder *Tesselation*. Eine spezielle (und auch die häufigste) Form des Mosaiks ist die quadratische oder zumindest rechteckige Aufteilung in *Rasterzellen*, auch *Gitterzellen* (engl. *Grid*) genannt (Abb. 2.6). Der Ausdruck *Pixel* kommt aus der Bildverarbeitung, kann aber in der Geoinformatik bei entsprechender Verallgemeinerung des Bedeutungsinhaltes verwendet werden. Ebenso bekommt dann der *Grauwert* einen thematischen Kontext. Eine dreidimensionale Variante baut auf dem *Voxel* (Kubus oder Quader) auf. (Anmerkung: Andere Tesselationsstrategien, etwa die Aufteilung in unregelmäßige Dreiecke die dann zu einem Dreiecksnetz, einem TIN führen, wurden im vorangegangenen Abschnitt besprochen.)

Der (konzeptionelle) Raster kann in eine (logische) *Matrix* abgebildet werden. Thematische Bewertungen schlagen sich in numerischen Werten für die Matrizenelemente nieder. Rastermodelle vertragen sich gut mit dem Layerkonzept. Die Überlagerung mehrerer thematischer Layers im Rastermodus wird als *composite map* bezeichnet. Solange die Rasteraufteilung und damit die Größe, Ausrichtung und Position der einzelnen Zellen in allen Layers identisch ist, schafft

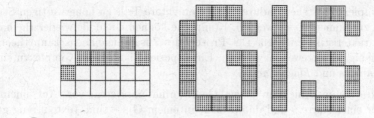

Abbildung 2.6: Rastermodell

die Überlagerung keine Probleme. Der Vergleich und die Verschneidung mehrerer Layers ist dann besonders einfach. Basisalgorithmen der Bildverarbeitung – wie etwa logische Vergleiche und Kombinationen – können eingesetzt werden. Der *Grauwert* ist – wie bereits erwähnt – dann nicht wörtlich als ein solcher zu interpretieren; er steht vielmehr als Sekundärinformation stellvertretend für eine thematische Aussage. In der Praxis ist dieser einfache Fall jedoch eher die Ausnahme, und es sind Transformationen und Entzerrungen (*Geocodierung* und *Re-Sampling*) notwendig, bevor solche Vergleiche stattfinden können.

Vektormodelle bauen auf Punkten und Linien auf. Flächen werden durch geschlossene Folgen von Linien – allenfalls mit Aussparungen – modelliert. Derartige geschlossene Linienfolgen nennt man meist *Polygone*. Diesen elementaren geometrischen Elementen *Punkt, Linie, Fläche* (der englische Ausdruck dafür ist *Feature*; siehe Abb. 2.7) werden thematische Charakteristika (*Attribute*) zugeordnet. Da hier eine implizite Zuordnung, wie sie etwa beim Rastermodell zwischen Gitterzellen und ihren 'Grauwerten' gemacht werden kann, nicht ausreicht, müssen explizite Verweise zwischen Features und Attributen gemacht werden. Aus diesem Grund werden für das Vektormodell auch mitunter die Bezeichungen *georelationales Modell* und *feature-based model* verwendet.

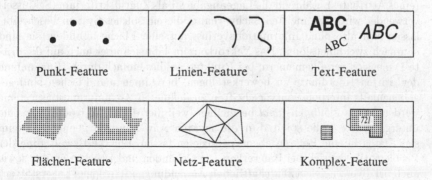

Abbildung 2.7: Vektormodell und seine geometrischen Bestandteile (Features)

Komplexe entstehen dadurch, daß elementare Teile zu höherwertigen Strukturen zusammengebaut werden. Komplexe können ebenfalls wieder thematische Charakteristika erhalten. Der Prozeß des Zusammenbauens kann theoretisch beliebig oft angewendet werden. Eine spezielle Form von Komplexen sind *Liniennetze* und *Flächennetze*.

Texte kommen nicht in jedem Geoinformationssystem vor. Auf einem Plan oder einer Karte – und damit auch in einem GIS – sind Texte streng genommen nur Visualisierungen von Attributwerten, sieht man von einigen wenigen Ausnahmen wie etwa der Kartenlegende bzw. Planbeschriftung ab. Ungeachtet dessen billigt man Texten in vielen GI-Anwendungen eine Sonderrolle zu.

In vektorbasierten Umgebungen stützen sich Punkte auf Koordinaten; Linien und Flächen stützen sich entweder ebenfalls auf Koordinaten oder in einem topologischen Konzept auf *Kanten*, *Ränder*, *Maschen* und dergleichen (siehe dazu auch Kap. 3). Unter Umständen kann eine Fläche eine oder mehrere *Aussparungen (Inseln)* haben. In diesem Fall gibt es neben dem *äußeren Rand* auch *innere Ränder*, welche die Fläche gegen diese Inseln abschirmen. Als Beispiel sei das Bundesland Niederösterreich genannt, in dem das Bundesland Wien eine Insel darstellt.

Die Forderung nach Definiertheit an jeder beliebigen Stelle im Raum ist hier natürlich unterschiedlich stark ausgeprägt. Bei einem Grundstücksplan ist sie aufrecht, in einem aus Vermaschungen entstehenden Geländemodell ist sie auf Grund der Interpolationsvereinbarung bedingt gültig, in einem Leitungsplan jedoch stark abgeschwächt: Das Gebiet innerhalb einer Ringleitung ist nicht definiert und auch für die Leitungsproblematik uninteressant.

Wir haben uns bisher auf zweidimensionale Modelle beschränkt, denn ein Hauptanliegen von GI-Anwendungen ist eine Beschreibung der Erdoberfläche, und diese ist eben zweidimensional. Ein solches System wird zwar Höhenangaben verwalten, aber diese haben gegenüber den Lageangaben eine eher untergeordnete Bedeutung; ihr Charakter ist mehr der einer zusätzlichen Beschreibung (eines Attributes), während die Lageangabe oft als Zugriffskriterium (Schlüssel) verwendet wird. Die meisten Sachverhalte, die ein solches System beschreibt, lassen sich also ohne Informationsverlust auf eine Fläche abbilden; sie sind demnach zweidimensional. Das Vektorkonzept läßt sich aber auch auf die dritte Dimension verallgemeinern; bei Punkten ist dies einfach durch Hinzunahme der dritten Koordinate zu bewerkstelligen, bei Linien und Flächen sind gegebenenfalls Interpolationsvorschriften zu definieren. Geoinformationssysteme werden oft als *2,5dimensional* bezeichnet, weil hier die dritte Koordinate eine untergeordnete Rolle spielt. Für die meisten Anwendungen genügt es, wenn sich Daten in eine Referenzebene projizieren lassen. Für die Bewältigung der Problematik, die sich bei Bauwerken wie Gebäuden und Brücken ergibt, sowie auch bei diversen geowissenschaftlichen Anwendungen (Geologie, Lagerstätten) sind jedoch entsprechende Vorkehrungen zu treffen.

Eine Verallgemeinerung des Vektormodells auf drei Dimensionen wird auch als

Drahtmodell (engl. *wire frame model*) bezeichnet. Dieser Ausdruck kommt aus dem CAD-Sektor, wo dieses Modell (neben anderen dreidimensionalen Modellen) Verwendung findet. Stellt man alle Verbindungslinien eines Drahtmodells dar, so erscheint es durchsichtig (siehe Abb. 2.8).

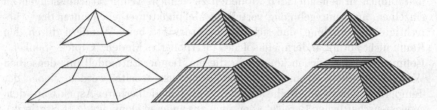

Abbildung 2.8: Drahtmodell, Oberflächenmodell, Volumenmodell

Das Rastermodell hingegen verallgemeinert sich auf das *Volumenmodell*, das regelmäßig angeordnete Quader homogener Bedeutung (ein sogenanntes *Voxel*, analog zum *Pixel*) beinhaltet. Aus der CAD-Welt kommt die Methode, zweidimensionale Objekte durch eine Kombination von einfachen Grundfiguren (Linie, Kreis, Quadrat) zu modellieren; dreidimensionale Modelle würden dementsprechend Quader, Kugel, Zylinder, Kegel sowie die sich aus Schnitten und Vereinigungen ergebenden Körper enthalten.

Im dreidimensionalen Raum gibt es naturgemäß eine höhere Zahl von Varianten im Rahmen der Modellbildung. So würden wir die Darstellung eines Körpers über seine Oberflächen als eine Mischform zwischen Raster- und Vektorsichtweise ansiedeln. In diesen Bereich würde etwa auch der Globus als Darstellung der Erdoberfläche fallen. In Abbildung 2.8 sehen wir am Beispiel des Schnitts durch eine Pyramide deutlich, wo die Unterschiede liegen: So würde das Drahtmodell die Kanten der Pyramide bevorzugen; das Flächenmodell würde die Grundfläche und die vier Seitenflächen beinhalten; ein Volumenmodell wäre vielleicht aus einzelnen Basisquadern zusammengesetzt, die den tatsächlich verwendeten Steinblöcken einer altägyptischen Pyramide entsprechen.

Vektormodelle bauen auf diskreten Elementen (Punkte, Linien, Flächen) auf, die im allgemeinen das Interessensgebiet nicht unbedingt lückenlos überdecken. Bei Rastermodellen hingegen ist eine solche Überdeckung mit semantischer Information gegeben, zumindest, solange wir uns nicht dem kritischen Bereich der Pixelauflösung nähern. Von einer *kontinuierlichen Überdeckung* mit semantischer Information kann man allerdings erst dann sprechen, wenn es funktionale Vorschriften für deren Erzeugung gibt. Für Linien wären dies etwa Kreise, Sinuskurven und ähnliches, für Oberflächen im dreidimensionalen Raum hätten wir die Kugel, das Ellipsoid oder sonstige durch geschlossene mathematische Ausdrücke definierte Flächen. Für eine strenge Auslegung dieser Definition finden sich im Rahmen der Geoinformatik kaum Beispiele. Läßt man jedoch auch zu, daß solche Funktionen stückweise definiert werden, wie dies etwa bei den Interpolationsvorschriften eines *digitalen Geländemodells* der Fall ist, so ergeben sich eine Reihe von wichtigen Anwendungsfällen (siehe Kap. 5).

Neben Gelände- und Höhenmodellen im engeren Sinn ist eine Reihe von formal ähnlich zu behandelnden Modellen zu nennen. Temperaturmessungen an einzelnen, auch unregelmäßig verteilten Meßpunkten ergeben unter der – berechtigten – Annahme, daß sich Temperaturwerte beim Wandern durch den Raum nicht abrupt ändern, ein solches interpoliertes Modell. 'Gipfel', 'Senken', Isolinien und dergleichen können in diesem Temperaturmodell mit denselben Werkzeugen wie in einem Geländemodell herausgearbeitet werden. Neben der Temperatur gibt es eine Reihe anderer, ähnlich modellierbarer Aspekte aus dem geowissenschaftlichen Bereich, aber auch aus anderen Domänen (z.B. Statistik). Es sind dies *feldbasierende Anwendungen* (siehe dazu auch den vorangegangenen Abschnitt).

Die Beantwortung der Frage, welches Modell – Raster oder Vektor – besser für bestimmte Anwendungen geeignet ist, hängt von einer Reihe von Kriterien ab. Grundsätzlich sind uns beide Strategien geläufig. Wir zeichnen, lesen und schreiben nach dem Vektorprinzip, wir lassen Bilder nach dem Rasterprinzip auf uns einwirken. Stricken und Weben sind ebenfalls Rastertechnologien. Rastermodelle sind für die Beschreibung flächiger Sachverhalte weit besser geeignet als Vektormodelle (die ihrerseits wieder eine Stärke für linienhafte Verbindungen aufweisen). Man bezeichnet Rastermodelle deshalb auch als *areale Modelle*, im Gegensatz zu den *linealen (Vektor-)Modellen*.

Wenn wir die Vor- und Nachteile von Vektormodellen und Rastermodellen einander gegenüberstellen, so kommt es natürlich in erster Linie auf das Objekt bzw. die Klasse von Objekten an, die wir modellieren wollen; wie wir bereits früher erkannten, lassen sich eindimensionale Verbindungen (etwa Leitungen) besser in Vektormodelle abbilden, während zweidimensionale Zusammenhänge (zum Beispiel Waldgebiete) eher durch ein Rastermodell dargestellt werden.

Die Entscheidung ist nicht immer so leicht. Es kommt auch auf die Art der Anwendungen an, die wir im Auge haben, und ebenso auf die Speicherungsmethode und die interne Organisation der Daten. In diesem Zusammenhang müssen wir auf den Flaschenhals im jeweiligen Modell zu sprechen kommen. Der Engpaß im Rastermodell ist die Datenmenge. Denken wir an die 250 000 Bildpunkte eines Fernsehbildes. Wollen wir den Speicherplatzbedarf in Grenzen halten, müssen wir Abstriche in puncto Genauigkeit machen. Auf einen einfachen Nenner gebracht bedeutet dies, daß Rastermodelle nicht so genau wie Vektormodelle sein können. In unserem Anwendungsspektrum eignen sie sich eher für großflächige Zusammenhänge, wie etwa im obigen Beispiel der Waldzonen. Grundstücke hingegen sind zwar auch Flächen, ihre Begrenzungspunkte weisen aber Genauigkeiten im Zentimeterbereich auf. Ein Rastermodell eines solchen Grundstücks müßte demnach ebenfalls auf Rasterzellen im Zentimeterbereich aufbauen. Vektormodelle zeichnen sich durch *Sparsamkeit* im Umgang mit dem Speicherplatz aus. Ein Grundstück, bestehend aus vier Grenzpunkten, benötigt nicht viel mehr Speicherplatz als vier Paare von Koordinaten.

Wie bereits erwähnt, spielen auch die geplanten Anwendungen eine Rolle. Wenn wir geometrische Operationen als Kriterien heranziehen, so ist es klar, daß Koordinatentransformationen für Vektormodelle höchst einfach, für Rastermodelle hingegen schwierig (zumindest zeitaufwendig) sind (siehe Kap. 3 und Kap. 4). Andererseits ist die Ermittlung von Schnitten und Nachbarschaften in Rastermodellen trivial: Jede (innere) Rasterzelle hat genau vier Nachbarn, die leicht ansprechbar sind. Dieses Problem kann bei Vektormodellen beinahe unlösbar werden: Denken wir an zwei aneinanderstoßende Kartenblätter, die sich ein Waldgebiet mit vielen Verästelungen, Einbuchtungen und Waldlichtungen (in unserer Terminologie sind dies Inseln) teilen; für ein Vektormodell müssen zusammenhängende (Teil-)Polygone gefunden werden, die dann zu geschlossenen Umrandungen von Flächen aufgefädelt werden; Inseln müssen gefunden und entsprechend markiert werden; Inseln können selbst wieder Inseln beinhalten (eine Baumgruppe auf einer Waldlichtung) usw. Beziehungen zwischen Nachbarn können in Rastermodellen implizit über benachbarte Rasterzellen hergestellt werden; in Vektormodellen muß eine solche Beziehung explizit definiert werden. Wollen wir etwa das obige Waldgebiet mit einer Bodenkarte schneiden und Flächenbilanzen erstellen, so ist die Ermittlung von Teilflächen bei Verwendung von Rastermodellen wieder höchst einfach: Wir summieren einfach alle Rasterzellen, die in beiden Flächen auftreten, so wie dies im rechten Teil der Abbildung 2.9 dargestellt ist. In einem Vektormodell benötigen wir jedoch komplexe Schnitt- und Flächenberechnungsalgorithmen (Abb. 2.9, linker Teil).

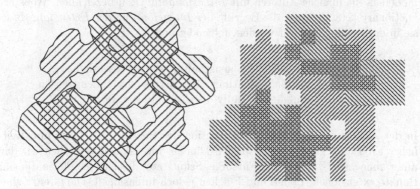

Abbildung 2.9: Flächenverschnitt im Vektormodell und im Rastermodell

Die implizite Herstellung einer Verbindung über die topologische Nachbarschaft hat also entscheidende Vorteile. Sie kann aber im Bereich der Thematik auch zweifellos Nachteile mit sich bringen. Obzwar wir thematische Strukturen erst im Kapitel 6 behandeln, wollen wir hier vorwegnehmen, daß thematische Beziehungen sehr oft von der Geometrie unabhängig sind. Denken wir etwa an den oder die Eigentümer eines Grundstücks. Selbst die Grundstücke eines Eigentümers liegen meist räumlich verstreut. Thematische Beziehungen sind auch meist vielschichtiger als geometrische Beziehungen. Wir können sie uns als ein Gewirr von Fäden vorstellen, die einzelne thematische Begriffe untereinander verbinden. Fäden sind eindimensional, und tatsächlich eignen sich Vektormodelle besser für thematische Beziehungen.

Natürlich ist damit nicht gesagt, daß dieser Umstand uns nun auch zwingt, unser topologisches Modell vektormäßig aufzubauen; denn erstens kann – und soll – die Geometrie von der Thematik getrennt bleiben; und zweitens können wir immer Übergänge zwischen den beiden Varianten schaffen, indem wir ein Vektormodell rastern oder ein Rastermodell vektorisieren (siehe Kap. 4). Darüber hinaus gibt es die Möglichkeit, sowohl Vektor- wie auch Rasterkonzepte miteinander in einem *hybriden Modell* (siehe [27], [150]) zu kombinieren. Aber letztlich wird die Entscheidung für ein bestimmtes topologisches Modell von der darauf aufbauenden Thematik mitgeprägt.

2.3.6   Kognitionsbasierende Modelle

Zwischen den technischen und organisatorischen Fragen, die wir uns bei der Modellierung stellen, tauchen auch immer wieder Überlegungen grundsätzlicher Natur auf. So sind etwa die im vorangegangenen Abschnitt aufgezeigten Probleme beim geometrischen Vergleich in vektorbasierten Umgebungen *Symptome* einer tieferliegenden und grundsätzlichen Eigenschaft von Vektormodellen, die manche Autoren mit *Intensionalität* [124] bezeichnen. Webster's Dictionary [218] definiert die Begriffe der *Intension* und der *Extension*, so wie sie in der Logik gebraucht werden, folgendermaßen:

Intension: umfaßt alle Eigenschaften, die als essentiell
             für die Bedeutung eines Terms empfunden werden.
Extension: umfaßt alle Individuen, auf die ein Term zutrifft.

In der Alltagssprache würde die Extension des Begriffes MUTTER mit 'weiblicher Elternteil' gleichgesetzt werden können. Intensionell verstehen wir darunter aber auch 'Zuwendung, Fürsorge, Schutz etc'. In der Geoinformatik sind Punkte extensionell, Linien und Flächen jedoch intensionell. Die Grenze eines Grundstücks etwa wird durch die Angabe von (extensionellen) Grenzpunktkoordinaten markiert. Es entspricht der Vernunft, wenn wir annehmen, daß die dazwischenliegenden Punkte auf Geraden liegen; wir verzichten auf die explizite Angabe aller dieser Zwischenpunkte; es wäre auch gar nicht möglich, denn es gibt ja unendlich viele. Solches erachten wir auch für das Innere einer Fläche nicht für notwendig. Da wir also nicht alle Punkte einer Linie und schon gar nicht alle Punkte einer Fläche angeben können, werden Linien und Flächen in einem Vektormodell nur intensionell berücksichtigt. Rastermodelle jedoch sind extensionell; zumindest, solange wir uns in Genauigkeitsbereichen bewegen, die über der Pixelauflösung liegen.

Die oben angesprochene Schwierigkeit beim geometrischen Vergleich hängt also mit dem Grundproblem zusammen, daß geometrische Daten fast immer intensionell zu verstehen sind. Manche Geoinformatiker sehen hier überhaupt den Ansatzpunkt der Unterscheidung zwischen Geodaten und 'gewöhnlichen' Daten. Neben der Intensionalität in geometrischen Modellen (denken wir an Erwartungen, die wir mit 'möglichst glatten' Isolinien verknüpfen) gibt es diese auch im semantischen Bereich. Vermessungsingenieure verknüpfen mit der Objektklasse GRUNDSTÜCK bestimmte Eigenschaften und Vorstellungen hinsichtlich dessen, was sinnvollerweise mit einem Grundstück in einer GI-Anwendung gemacht werden kann und was nicht. Stadtplaner und Statistiker verwenden Grundstücke in einem gänzlich anderen Zusammenhang. Die Gefahr der Fehlinterpretation ist bei intensionellen Daten entsprechend groß.

Vorausgreifend auf Kapitel 9, wo wir uns mit der Datenbanktechnologie auseinandersetzen werden, können wir bereits jetzt sagen, daß die Frage der Eignung relationaler Datenbanken für den Einsatz in GIS zu demselben Konflikt führt. Während nämlich die überwiegende Mehrzahl von Daten, die heutzutage in Datenbanken verwaltet werden, extensioneller Natur ist und daher auch leicht atomisiert, d.h. in elementaren Tabellen abgelegt werden kann, gilt das für Geodaten eben nicht. Kontostände, Versicherungssummen, Kundenstammdaten, Publikationsverzeichnisse sind Beispiele für extensionelle und damit elegant mit relationalen Datenbanken zu bewältigende Datenbestände. Für Geodaten ergeben sich jedoch erhebliche Einschränkungen.

Aus dem intensionellen Charakter geometrischer Daten lassen sich viele Probleme der Geoinformatik und angrenzender Fachgebiete erklären – wenn damit auch nicht sofort eine Lösung in Sicht ist. So ist etwa die Frage des *Maßstabes* und des Übergangs von einer Maßstabsklasse zu einer anderen (*Generalisierung*) nicht zuletzt deshalb so schwierig zu beantworten, weil man beispielsweise eine Isolinie niemals extensionell (also durch alle ihre Punkte), sondern immer nur intensionell speichern kann, und dies in verschiedenen Maßstabsklassen unterschiedlich ausfällt.

Nun sind wir mit unseren Überlegungen schon so weit von der rein technischen Sichtweise abgerückt, daß wir ruhig noch einen weiteren Schritt hin zu den Grundwissenschaften wagen können. Die *Kognitionswissenschaften* nutzen Erkenntnisse aus der Philosophie und Psychologie, den Sprachwissenschaften, der Anthropologie und der Informatik, um folgende Fragen zu durchleuchten:

- Wie nutzt der Mensch Erfahrungen, wie teilt er sie mit?

- Wie ist ein System von Begriffen organisiert?

- Verwenden alle Menschen dasselbe Begriffssystem?

- Wenn ja: Wie sieht es aus?

- Wenn nicht: Gibt es wenigstens einen gemeinsamen Nenner?

Als Beispiel für die Sinnhaftigkeit der Auseinandersetzung mit kognitionsbasierenden Ansätzen (die man auch als *spatial-temporal reasoning* bezeichnet) möge der Gegensatz zwischen der Art und Weise dienen, wie in einer GI-Anwendung heutiger Bauart eine Ortsangabe gemacht wird, und wie dies der Mensch im alltäglichen Gebrauch tut. So verwendet der Mensch kaum Koordinaten, sondern häufig *symbolische* Bezüge wie:

vor	hinter	über	unter
neben	zwischen	links von	rechts von
innerhalb von	außerhalb von	in der Nähe von	ziemlich weit von

In der *Unschärfe* solcher Bezüge liegt der Grund, warum sie in konventionellen GI-Anwendungen nicht berücksichtigt werden. Andererseits liegt hier auch ihre Stärke. Gerade der Verzicht auf eine allzu große – weil für die aktuelle Anwendung nicht erforderliche – Genauigkeit erlaubt es dem Menschen, rasch zu brauchbaren Ergebnissen für eine raumbezogene Analyse zu kommen (siehe [64], [66], [62], [63], [37]). Ein typisches Kennzeichen kognitionsbasierender Modelle ist das Fehlen eines einheitlichen Maßstabes, einer einheitlichen Metrik, einer flächendeckenden bzw. raumfüllenden Anordnung der Daten. Skizzenhafte Darstellungen folgen dem kognitionsbasierenden Ansatz. Bei Wegbeschreibungen etwa springt man gedanklich zwischen verschiedensten Maßstäben, Genauigkeiten, Ortsbezügen hin und her. Interessant sind Details am Ankunftsort, während der Großteil des Weges sehr abstrakt wahrgenommen wird. Ähnliches gilt etwa auch für Pseudo-3D-Darstellungen, wie wir sie von Tourismusprospekten gewohnt sind (siehe Abb. 2.10). Solche Skizzen vermitteln ein übersichtliches gedankliches Modell, das dem Betrachter die Orientierung erleichtert. Wenn es gelingt, dies auch in das User Interface eines GIS zu übernehmen, so paßt sich diese Technologie damit besser der Gedankenwelt der Anwender an.

Abbildung 2.10: Skizzen als Beispiele für kognitionsbasierende Modelle

Kapitel 3

VEKTORGEOMETRIE UND TOPOLOGIE

3.1 Geometrische Entitäten

3.1.1 Punkte und Knoten, Linien und Kanten

In Vektormodellen ist der Punkt der *Träger der geometrischen Information* [65]. Alle höheren Strukturen (Linien, Flächen usw.) bauen auf Punkten auf. Ebenso lassen sich aus den Koordinaten der Punkte sämtliche geometrischen Aussagen für höhere Strukturen ableiten, wie etwa die Länge von Verbindungen, der Flächeninhalt, der Abstand zweier geometrischer Figuren und ähnliches mehr. In vielen Anwendungen sind die Koordinaten (Lage und Höhe) die einzigen Bestandteile an Information, die an einem Punkt interessieren. Oft jedoch werden noch weitere Punktattribute geführt, so etwa die Punktnummer in vermessungstechnischen Anwendungen oder auch Qualitätsattribute, welche die geometrische Genauigkeit und Erfassungsmethodik widerspiegeln, wie überhaupt die gesamte 'Geschichte' des Punktes. Im Interesse der Konsistenz des Modells erscheint die Forderung sinnvoll, daß die Koordinaten einen Punkt eindeutig festlegen, daß es also nicht an ein und derselben Stelle im Raum zwei verschiedene Punkte geben kann. Damit ist schon ein wichtiger Schritt in die Richtung der *topologischen Integrität* getan. Ein Punkt im topologischen Sinn wird als *Knoten* (engl. *node*) bezeichnet. Die Umkehrung der Eindeutigkeitsforderung, nämlich daß einem Knoten nur eine einzige Lage im Raum zukommt, wird gelegentlich durchbrochen; so ist es denkbar, daß man sowohl rechnerisch richtige als auch rechtlich gültige Koordinaten nebeneinander verwalten muß.

In einem Vektormodell werden Punkte – zunächst – zu linienhaften Strukturen verbunden. Topologisch gesehen werden *Knoten* durch *Kanten* (engl. *edges* oder *arcs*) miteinander verknüpft. Durch diese Verbindung wird eine topologische Beziehung zwischen den beiden Knoten hergestellt, eben die Beziehung des Verbundenseins. Diese topologische Beziehung kann mehrere (geometrische)

Formen annehmen. So denken wir in erster Linie an eine geradlinige Verbindung zwischen den Punkten. Es ist aber ebenso eine kreisbogenförmige Verbindung denkbar, die, vom topologischen Standpunkt aus gesehen, mit der ersteren Verbindungsart identisch ist. Alle Verbindungskurven zwischen zwei Punkten sind zueinander *topologisch äquivalent*, d.h. sie können stetig ineinander abgebildet werden. Sie unterscheiden sich durch ihren *Formparameter*. So ist etwa ein Kreis zu einem Quadrat topologisch äquivalent, ebenso zu einer Ellipse, nicht aber zu einem Kreisring. Der Formparameter kann etwa ein konstanter Krümmungswert sein (Geraden haben die Krümmung Null) oder auch allgemeiner – zum Beispiel als Interpolationsvorschrift – aufgefaßt werden.

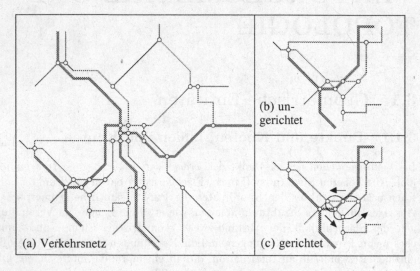

(b) un-
gerichtet

(a) Verkehrsnetz

(c) gerichtet

Abbildung 3.1: Topologie eines Verkehrsnetzes

Ein vertrautes Beispiel für die Hervorhebung topologischer Aspekte und die Unterdrückung der Geometrie ist die schematische Darstellung von Linien des öffentlichen Verkehrs (Abb. 3.1a). Die wesentliche Information einer solchen Darstellung besteht darin, wie man vom Punkt A zum Punkt B kommt und an welchen Stellen Umsteigemöglichkeiten vorhanden sind. Jene Haltestellen, an denen sich zwei oder mehrere Linien kreuzen, nehmen die Rolle von *Knoten* an, die Teilstrecken zwischen diesen Knoten sind die *Kanten*. Die Geometrie spielt in diesem Modell eine völlig untergeordnete Rolle: Die Lage der Knoten, ihre Entfernung voneinander sowie die Form der Kanten stellt nicht unbedingt ein maßstabsgetreues Abbild der Wirklichkeit dar. Ändert sich beispielsweise die Geometrie, weil eine Autobuslinie in einem Streckenabschnitt in eine Parallelstraße verlegt wird, so bleibt das topologische Modell gleich – es sei denn, es entstehen dadurch neue Kreuzungspunkte und Verschneidungen mit anderen Linien. Ebensowenig äußert sich ein gerader oder kurvenreicher Verlauf einer

Strecke in der Topologie, wohl aber eine Streckenunterbrechung oder ein in sich geschlossener Rundkurs.

Man kann den Kanten eine *Richtung* als zusätzliches Attribut zugestehen. Diese Richtung hat nichts mit der internen Reihenfolge in der Speicherung der beiden Endpunkte einer Kante zu tun; sie hängt vielmehr von den jeweiligen Anwendungserfordernissen ab. So ist die Einführung der Richtung von Kanten im Bereich eines Wasserleitungsnetzes durchaus sinnvoll, in einem Fernsprechnetz jedoch nicht. Im Beispiel des öffentlichen Verkehrs sind Richtungsangaben dann notwendig, wenn der Streckenverlauf für die Hin- und Rückfahrt ein anderer ist (Abb. 3.1c). Dies ist natürlich auch eine Frage des Maßstabes. Wenn eine ganze Stadt und ihr Umland dargestellt werden, gelten andere Richtlinien als in einer großmaßstäblichen Darstellung einer $200m$-Umgebung um eine Haltestelle, wo die rechte bzw. linke Fahrbahnhälfte oder sogar Busspuren und Straßenbahntrassen eigene Kanten bilden. Die Richtung ist also in vielen Fällen von der zugrundeliegenden Thematik geprägt, so daß ihre Behandlung als Attribut gerechtfertigt erscheint. Eine Alternative, die auf topologischem Niveau verbleibt, ist die Einführung zweier *gerichteter Kanten* – eine für die Hinfahrt, eine für die Rückfahrt – für alle beidseitig befahrenen Verkehrswege und eben nur jeweils einer Kante bei Einbahnen.

Auch ein vermessener Polygonzug kann als Kante interpretiert werden, die den Anfangspunkt mit dem Endpunkt verbindet. Ein solcher Polygonzug hat im allgemeinen auch Zwischenpunkte. Denken wir an das Beispiel eines geodätischen Polygonnetzes, wo sich mehrere Polygonzüge in bestimmten Punkten verknoten. In einem solchen Netz teilen wir meist die Punkte in zwei Kategorien: in *Knoten* und in *Zwischenpunkte*. Letztere sind dadurch gekennzeichnet, daß von ihnen genau zwei Verbindungen ihren Ausgang nehmen. Alle anderen Punkte sind Knoten. Zwischenpunkte werden anders als Knoten behandelt. So kann man für viele Netzuntersuchungen die Zwischenpunkte vernachlässigen. Auch in unserem Fall spielen sie nur die Rolle eines Formparameters. Sie stützen die Verbindung zwischen zwei Knoten.

Das Konzept der Kanten und Knoten (gemeinhin als *Kanten-Knoten-Struktur* bezeichnet) kommt aus der Graphentheorie (siehe Abschnitt 3.3.2). Die Kanten-Knoten-Struktur entspricht einem *Graphen*. Eine Kante verbindet zwei Knoten; dadurch werden diese beiden Knoten *adjazent*. In einem Knoten beginnen oder enden im allgemeinen mehrere Kanten. Diese sind dann miteinander *inzident*. Damit ist es uns möglich, die wesentlichen topologischen Aspekte eines Modells hervorzuheben. Beim Navigieren durch eine Kanten-Knoten-Struktur werden Start- und Zielpunkte sowie Umsteigemöglichkeiten durch Knoten modelliert, Verbindungen werden durch Kanten hergestellt. Die beiden Typen sind voneinander so stark abhängig, daß nur ihre gemeinsame Verwendung Sinn macht. Der Graph kann unseren Überlegungen gemäß entweder *ungerichtet* oder *gerichtet* sein.

Metrische Eigenschaften sind in einer Kanten-Knoten-Struktur zunächst zweitrangig; es ist jedoch offenkundig, daß wir mit jedem Knoten eine Lageinformation verbinden wollen. Es erscheint auch sinnvoll, hier geometrisch eindeutige Verhältnisse zu schaffen, indem wir fordern, daß an einer Stelle im Raum nur ein Knoten sein darf. Wenn sich mehrere Linien kreuzen, so wird am Kreuzungspunkt ein gemeinsamer Knoten gesetzt. Ebenso wie für Punkte fordert man auch für Kanten die Eindeutigkeit der Lage. Ein (teilweise) gemeinsamer Verlauf von Kanten ist daher nicht erlaubt. Verkehrsmittel, welche (teilweise) dieselbe Trasse benutzen – etwa zwei verschiedene Buslinien – stützen sich dort sinnvollerweise auf dieselbe Kantenfolge. Der Grenzverlauf zwischen zwei benachbarten Grundstücken wird nicht durch zwei deckungsgleiche Kanten (je eine pro Grundstück), sondern durch eine einzige Kante beschrieben. Ebenso wird bei einer strengen Auslegung der Fall, daß ein Haus direkt an der Grundstücksgrenze steht, durch eine entsprechende Aufteilung in Teilkanten gelöst. Wir sprechen in diesem Zusammenhang von der *Eindeutigkeit von Kanten* [65]: An einer Stelle des Raumes darf nur eine Kante sein. Dies ist eine Verallgemeinerung der Forderung nach der Eindeutigkeit von Knotenkoordinaten. Kanten dürfen einander auch nicht überkreuzen; an den Kreuzungspunkten sind Knoten einzuführen. Diese rigorosen Einschränkungen vereinfachen vieles:

- Redundanzen (Doppelgleisigkeiten) werden vermieden;

- Änderungsdienste können sicherer und rascher abgewickelt werden;

- Abfragen werden einfacher.

In der Natur von Vereinfachungen liegt es aber auch, daß diese zu weit gehen können und daß die Grenze des Vertretbaren in jedem Anwendungsfall woanders liegt. Wir wollen deshalb einige Gegenbeispiele anführen, wo die Eindeutigkeit von Knoten und Kanten nicht unbedingt sinnvoll ist:

▷ Grundstücksgrenzen und Hausbegrenzungen haben einen unterschiedlichen rechtlich-verwaltungstechnischen Hintergrund; es ist daher fraglich, ob sie derart topologisch verschweißt werden sollen.

▷ Verkehrslinien, die dieselbe Trasse benutzen, bieten nicht immer Umsteigemöglichkeiten an; dies gilt für Korridorzüge, aber auch für regionale Buslinien, die dieselben Straßenzüge benutzen wie innerstädtische Busse. Auch hier fragt es sich, ob gemeinsame Kanten sinnvoll sind.

▷ Gelegentlich überkreuzen sich Kanten, ohne daß ein Knoten entsteht. Dies kann semantische Hintergründe haben (zwei Buslinien kreuzen einander, ohne daß es eine Umsteigemöglichkeit gibt) oder auch eine Frage der Dimension sein: Bei Brücken, U-Bahn-Tunnels und dergleichen spielt die dritte Dimension eine entscheidende Rolle. Das Problem entsteht also dann, wenn wir etwas wesentlich Dreidimensionales mit zweidimensionalen topologischen Werkzeugen behandeln.

Nicht alle linienhaften Datenbestände in einer GI-Anwendung sind topologisch
strukturiert. Besonders im Rahmen der *Datenerfassung* gibt es Phasen, wo
Liniendaten (noch) nicht solchen topologischen Kriterien genügen. Jedes Linienstück ist isoliert von seinen Nachbarn; am Endpunkt des Linienstücks ange-
kommen, kennt man keine dort fortsetzenden Kanten. Linien kreuzen einander bzw. enden im Nichts. Punkte fallen höchstens zufällig koordinatenmäßig
zusammen. Derartige Daten werden als *Spaghetti* bezeichnet (Abb. 3.2). Ty-
pischerweise stellen sie eine Vorstufe zu topologisch konsistenten Daten dar.
Diese Konsistenz ergibt sich nach der Anwendung von Algorithmen zur

- Punktmittelung

- Verlängerung von zu kurz geratenen Linien *(Undershoot-Effekt)*

- Kürzung von zu lang geratenen Linien *(Overshoot-Effekt)* sowie

- Verschneidung.

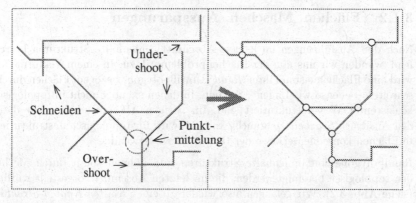

Abbildung 3.2: Überführen von Spaghetti in topologische Struktur

Anmerkung: Die topologische Konsistenz wird meist nicht global (über alle in
der GI-Anwendung vertretenen Themen hinweg), sondern nur für bestimmte Themen (Layers) oder Kombinationen davon gefordert. Oft fällt die diesbezügliche Entscheidung leicht: Freileitungen, die Grundstücksgrenzen kreuzen,
würde man nicht mit diesen verschneiden oder topologisch in Einklang bringen.
Ebensowenig würde man Verkehrsachsen mit Bezirksgrenzen schneiden. Es gibt
jedoch auch knifflige Situationen: Bei Gebäuden, die an Grundstücksgrenzen
liegen, stellt sich die Sache aus jedem Blickwinkel anders dar: Aus der Sicht der
Behörde, die Eigentumsverhältnisse verwaltet und dabei rechtlich und vermes-
sungstechnisch abgesicherte Methoden anwendet, darf die Grundstücksgrenze
nicht an Gebäudepunkten zerschnitten werden; diese sind oft mit geringerer

Genauigkeit aufgenommen worden; für sie wird auch kein Rechtsgültigkeitsanspruch erhoben. Aus dem Blickwinkel eines Energieversorgungsunternehmens ist der *Bestand* wesentlich, also die Frage, wo die Hausmauer als Begrenzung des Grundstücks endet und in eine andere Art der Begrenzung übergeht. In diesem Fall würde man daher verschneiden.

Das Problem ist auch interessant, wenn man es von der entgegengesetzten Seite her aufrollt: Ein Gebäude, das über mehrere Grundstücke hinwegreicht, gibt Anlaß zur Frage, ob es entsprechend aufgeteilt werden muß. (Ähnlich gelagert ist das berühmte Beispiel des Hauses, das von der kanadisch-amerikanischen Grenze durchschnitten wird.) Meist geben hier rechtlich-verwaltungstechnische Aspekte den Ausschlag für eine Entscheidung. Wenn wir uns auf den Standpunkt stellen, die Situation, so wie sie das Auge in der realen Welt sieht, möglichst gut modellieren zu wollen, so würde eine Aufteilung nicht sinnhaft sein – die Trennlinie ist nicht sichtbar. Andererseits gehört die Verwaltung ebenso zur realen Welt, denn in einer GI-Anwendung modellieren wir auch abstrakte – nicht mit dem menschlichen Auge erfaßbare – Welten.

3.1.2   Flächen, Maschen, Aussparungen

Nach den Ausführungen im letzten Abschnitt, linienhafte Strukturen betreffend, wenden wir uns nun der Flächenproblematik zu. In einem Vektormodell wird eine Fläche meist auf ihren *Rand* (Umrißpolygon) bezogen. Flächen durchschreiten – ebenso wie Linien – Stadien, in denen sie noch nicht in topologisch konsistenter Weise strukturiert sind. Im vorigen Abschnitt haben wir dafür den Ausdruck *Spaghetti* gebraucht. In [124] wird für topologisch unstrukturierte Flächen konsequenterweise der Begriff *Pizza* verwendet.

Randpolygone sind linienhafte Strukturen und können somit durch Methoden topologisch bereinigt werden, die im letzten Abschnitt vorgestellt wurden (siehe Abb. 3.2). Wir gelangen also wieder zu einer *Kanten-Knoten-Struktur*, in der Flächen allerdings nur implizit – nämlich über ihre umgebenden Kanten – definiert sind. In einfachen Fällen kommen wir damit aus, denn viele Fragen, die eine Fläche betreffen, können über die umgebenden Kanten und deren Knoten bzw. Zwischenpunkte gelöst werden. Staatsgrenzen sind ein Beispiel dafür. Sie stellen die Kanten dar; die Knoten sind die Dreiländerecken; die Zwischenpunkte entlang den Grenzen sind zwar für die Geometrie (z.B. für die Flächenberechnung) wichtig, nicht aber für die Topologie: Denn es entscheidet sich an den Dreiländerecken, welche Staaten aneinander grenzen; die Zwischenpunkte haben darauf keinen Einfluß mehr. Die Zahl *drei* im Begriff 'Dreiländerecke' ist nicht wörtlich zu nehmen; manchmal sind es weniger als drei Länder; hier kommt es auch darauf an, ob wir etwa den Atlantik als 'Land' betrachten; dies hätte den Vorteil, daß die Grenze zwischen Belgien und den Niederlanden nicht in einer Zweiländerecke enden muß. Gelegentlich grenzen auch mehr als drei Länder an einer solchen Ecke aneinander: 'Four Corners' der US-Bundesstaaten Utah, Wyoming, Arizona, New Mexico.

Die Einfärbung einer Landkarte mit möglichst wenigen Farben, so daß aneinandergrenzende Länder verschieden gefärbt sind, ist ebenfalls ein topologisches
Problem (Vier-Farben-Problem). Ändert man die Form der Verbindungskan-
ten, so ändern sich zwar metrische Eigenschaften (z.B. der Flächeninhalt), nicht
aber die Topologie (z.B. die Nachbarschaft), es sei denn, man verschiebt eine
Kante so weit, daß sie eine andere Kante schneidet; an den Schnittpunkten
entstehen neue Knoten und damit eine neue Topologie.

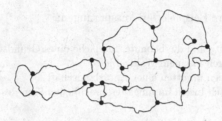

Abbildung 3.3: Kanten-Knoten-Struktur für Flächen

Wir haben allerdings bis jetzt großzügig darüber hinweggesehen, daß es Probleme mit Flächenaussparungen (*Inseln* im topologischen Sinn) geben kann.
Diese liegen zur Gänze innerhalb einer Flächenumrandung, sind nicht mit dieser verbunden und gehören selbst nicht zur Fläche. In Abbildung 3.3 ist das
Bundesland Wien eine Aussparung zum Bundesland Niederösterreich. Berlin-
Brandenburg oder San Marino-Italien sind andere Beispiele für die Inselproble-
matik.

Wie können Aussparungen zum Problem werden? Zur Veranschaulichung stellen wir uns die Aufgabe, die Länge der Grenzen eines jeden Landes auszurech-
nen. Wie gehen wir vor? Wir beginnen bei einem Knoten, an dem mehrere
Länder zusammenstoßen (Dreiländerecke) und schreiten entlang einer Kante
vor; wir sammeln alle Punkte, die wir unterwegs antreffen, und summieren die
Teillängen so lange, bis wir wieder beim Ausgangspunkt angelangt sind. Danach
kommt das nächste Land an die Reihe. Für das Bundesland Niederösterreich
allerdings erhalten wir ein falsches Resultat, denn dieses Land hat auch *innere
Grenzen*. Unser simpler Algorithmus nutzt die Tatsache nicht aus, daß die äußere Grenze von Wien gleichzeitig auch eine innere Grenze von Niederösterreich
ist.

Ähnliche Schwierigkeiten ergeben sich, wenn wir den Flächeninhalt aus-
rechnen, wenn wir Flächen miteinander verschneiden oder wenn wir einen
Punkt-in-Polygon-Test durchführen. Es ist dies eine Basisfunktion aller GI-
Anwendungen. Ein – abgesehen von numerischen Feinheiten – recht simpler
Algorithmus würde etwa die Lage des fraglichen Punktes bezüglich aller Kanten
der Flächenumrandung feststellen. Geht man im Uhrzeigersinn um die Fläche

herum und findet heraus, daß der fragliche Punkt immer zur rechten Hand liegt, so weiß man, daß er sich im Inneren der Fläche befindet – solange es sich um eine Fläche handelt, die keine Aussparungen hat und die daher im topologischen Sinn *einfach zusammenhängend* ist. (Siehe auch das Beispiel in Abb. 3.17.) Wenn der Punkt allerdings innerhalb der niederösterreichischen Außengrenzen liegt, so bedeutet dies noch lange nicht, daß er in Niederösterreich liegt. (Anmerkung: Es gibt andere Algorithmen, die auch für Aussparungen richtige Ergebnisse liefern; wir werden am Ende dieses Kapitels zu diesem Thema zurückkehren.)

Es gibt viele weitere Beispiele für Aussparungen:

  o die unbebaute und die bebaute Teilfläche eines Grundstücks,
  o die Lichtungen in einem Waldgebiet,
  o Industriezonen inmitten einer Agrarlandschaft,
  o natürlich auch Inseln im umgangssprachlichen Sinn des Wortes.

Eine Fläche kann auch mehrere Aussparungen haben – bei Schweizer Kantonen gibt es Beispiele dafür. Eine Aussparung kann selbst wieder Aussparungen aufweisen: Auf einer Waldlichtung steht eine Baumgruppe. Aussparungen prägen entscheidend die Topologie ihres Umlandes [58]; wir stellen dies deutlich bei der Unterscheidung zwischen einem Kreis und einem Kreisring fest, die topologisch nicht äquivalent sind. Topologisch äquivalente Flächen würden nämlich stetig ineinander transformierbar sein.

Im Sinne unseres Vektormodells können wir innere Ränder natürlich wieder durch Kantenfolgen repräsentieren. Jede Fläche hat somit genau einen *äußeren Rand* und keinen, einen oder mehrere *innere Ränder* (Abb. 3.4). Gelegentlich wird auch die Bezeichnung *Ring* (äußerer, innerer Ring) verwendet. Sie steht für eine geordnete, in sich geschlossene Kantenfolge, die topologisch zu einem Kreis äquivalent ist. Für eine Fläche im topologischen Sinn, bestehend aus einem äußeren und fallweise auch aus inneren Ringen, wählen wir die Bezeichnung *Masche* (engl. *face*), um sie vom umgangssprachlichen Begriff der Fläche abzuheben. (Eine weitere Alternative ist der Begriff *Polygon*, der aber auch ziemlich starke Assoziationen mit dem Flächenrand weckt.)

Eine Masche kann also durch eine Folge von Ringen repräsentiert werden, die durch geeignete Trennzeichen voneinander abgehoben werden. Der erste Ring ist jeweils der äußere, dann folgen gegebenenfalls noch innere Ringe. Jeder Ring ist selbst wieder durch eine Folge von Kanten gegeben. Eine interessante Variante dieser geordneten Abfolge ergibt sich, wenn wir den äußeren Rand an einer geeigneten Stelle unterbrechen, um über eine *Pseudokante* zu einem Knoten eines inneren Ringes zu springen. Dann schreiten wir auf diesem inneren Ring ein Stück des Weges fort, um dann an einer geeigneten Stelle zu einem weiteren inneren Ring zu springen. Dieses 'Inselhüpfen' wiederholen wir so lange, bis wir bei der letzten Insel angelangt sind. Wir umrunden nun diesen gesamten zuletzt angefahrenen inneren Ring, um die Pseudokante noch einmal für einen

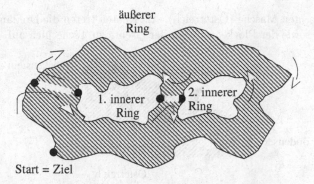

Abbildung 3.4: Masche mit Aussparungen: Durchlauf von Ringen

Sprung, diesmal in die entgegengesetzte Richtung zum vorletzten Ring zurück
zu verwenden. Nun wird das Umrunden der vorletzten Insel vollendet, und wieder geht es um eine Stufe zurück, bis wir schließlich wieder am äußeren Ring
landen und dort unser Werk vollenden. Jede Pseudokante muß genau zweimal –
und zwar jeweils in entgegengesetzter Richtung – durchlaufen werden. Wenn
wir nun vereinbaren, daß der äußere Ring immer im Uhrzeigersinn und innere
Ringe immer gegen den Uhrzeigersinn durchlaufen werden und ferner im Fall
von Mehrdeutigkeiten in einem Knoten immer jene Kante als nächste verfolgt
wird, die mit der zuletzt durchfahrenen Kante den kleinsten Brechungswinkel
einschließt, so können wir in einem einzigen Durchgang alle äußeren und inneren Begrenzungen einer Masche durchlaufen (Abb. 3.4). Diese Vorgehensweise ermöglicht das problemlose Funktionieren vieler Flächenberechnungs- und
Schraffurprogramme auch im Fall des Auftretens von Aussparungen.

Während die eben geschilderten Methoden die drei topologischen Kategorien
des Knotens, der Kante und der Masche hierarchisch anordnen – eine Masche
baut auf Kantenfolgen auf, eine Kante auf Punktfolgen – können wir sie auch
'gleichberechtigt' nebeneinander stellen. Damit gelangen wir zu einer Dreierbe-
ziehung *Knoten – Kante – Masche*, in der folgende Abhängigkeiten bestehen:

- Jede Kante wird von genau zwei Knoten (Anfang–Ende) begrenzt.

- In jedem Knoten können mehrere Kanten beginnen bzw. enden.

- Jede Kante hat eine linke und eine rechte Masche, bezogen auf die Fortschreitungsrichtung.

- Jede Masche wird von einem äußeren (Kanten-)Ring und fallweise mehreren inneren (Kanten-)Ringen begrenzt.

In Abbildung 3.5 ist das Zusammenspiel zwischen den drei topologischen Kategorien anhand der Staatsgrenze zwischen Österreich und Deutschland dargestellt. Die Kante des Grenzverlaufes trennt die linke Masche (Deutschland)

von der rechten Masche (Österreich). Als Knoten treten die Dreiländerecke im
Bodensee sowie der Plöckenstein an der Grenze zu Tschechien auf.

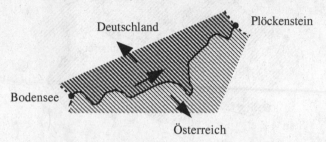

Abbildung 3.5: Zusammenspiel zwischen Knoten, Kanten, Maschen

Die obige Formulierung erlaubt auch den Sonderfall eines Knotens, in dem keine Kante beginnt oder endet. Es ist dies ein *isolierter Knoten*, der – je nach
der zugrundeliegenden Thematik – sinnvoll sein mag oder auch nicht. (Isolierte Kanten sind theoretisch auch denkbar; sie sind jedoch mit an Sicherheit
grenzender Wahrscheinlichkeit ungewollt, also können wir sie ausschließen.) Außerdem müssen wir noch aus formalen Gründen eine besondere Spielart einer
Masche einführen, den *Außenraum*; er liegt jenseits der äußersten Randkanten
und reicht bis in die Unendlichkeit; durch seine Einführung erhalten auch diese
Randkanten eine linke und eine rechte Masche. (Wir haben vorhin den Atlantik
in die Rolle eines 'Landes' schlüpfen lassen, um das Konzept der Dreiländerecken global verwenden zu können; nun hat auch die belgische Küste zwei
adjazente Maschen: Wenn wir nach Nordosten fortschreiten, so liegt das Land
Belgien zur rechten und das 'Land' Atlantik zur linken Hand.) Als Folge der
obigen Forderungen ergeben sich weitere Beziehungen:

- Jeder Knoten ist Randpunkt mehrerer Maschen – so er nicht isoliert ist.

- Jede Masche kann mehrere (innere und äußere) Randknoten haben.

Der grundlegende Unterschied zur zuerst besprochenen Modellierungsvariante
besteht darin, daß dort der Typus der Masche hierarchisch über den Kanten
thront. Eine solche Masche bedarf lediglich des Hinzufügens semantischer Attribute, um zu einem vollständigen Flächenobjekt (siehe Kap. 6) zu reifen. Hier
jedoch sind Knoten, Kanten und Maschen gleichberechtigt; ebensowenig gibt
es bei Maschen eine Differenzierung zwischen der 'eigentlichen' Fläche und deren Aussparungen. Für die Bildung eines Flächenobjektes ist daher noch ein
Zwischenschritt erforderlich, der einzelne Maschen zuordnet:

Fläche = Masche $_1$ – Masche $_2$ – Masche $_3$

Die negativen Vorzeichen geben an, daß die entsprechende Masche als Aussparung zu verstehen ist. Erlauben wir auch mehrere positive Vorzeichen, so kann

ein Flächenobjekt mehrere unzusammenhängende Teilflächen aufweisen, von denen eine jede auch Aussparungen haben kann:

$$\text{Fläche} = \text{Masche}_A - \text{Masche}_{A1} - \text{Masche}_{A2} + \text{Masche}_B - \text{Masche}_{B1}$$

Zu den beiden vorgestellten Modellierungsvarianten gibt es eine ganze Reihe von Alternativen. Wir beschränken uns auf zwei davon. Zunächst können wir – anstatt Beziehungen zwischen Flächenmaschen und deren Aussparungsmaschen indirekt über gemeinsame Randkanten herzustellen – direkte Beziehungen einführen. Wir vermerken also zu jeder Masche die sie umgebende Masche (falls es eine solche gibt). Diese Beziehung ist eindeutig, denn zu jeder Masche kann es höchstens eine umgebende Masche geben. (Die Umkehrung gilt nicht, denn jede Fläche kann mehrere Aussparungen haben.)

Eine weitere Alternative ist die *Skelettmethode*. Anstatt Flächen durch (äußere und innere) Ränder zu repräsentieren, benutzen wir ihr 'Rückgrat'. Das Skelett ist der geometrische Ort aller internen Flächenpunkte, bei denen das Minimum aller Entfernungen zu inneren bzw. äußeren Begrenzungskanten für mindestens zwei dieser Kanten gleichzeitig eintritt. Das Generieren eines Skelettes kann man sich als einen Prozeß vorstellen, der die Begrenzungslinien der Fläche wellenartig in das Innere fortsetzt. Dabei hält man jede Kante an den Endknoten fest und baucht sie nach innen aus, bis sie an eine andere Wellenfront stößt. Das Skelett ergibt sich als Grenzfall dieses Prozesses. Für die Wellenfronten verwendet man Polygone oder Umhüllende von Kreisbögen [30].

Das Skelett spiegelt gut die topologische Beschaffenheit der Fläche wider. So gibt etwa das Vorhandensein von *Zyklen* Aufschluß über Aussparungen. Die Verästelungen des Skelettes dienen als Brücken sowohl zu Nachbar- wie auch zu Inselflächen. Die Topologie einer Flächenstruktur wird in kompakter Weise 'stenographisch' dargestellt. Die eigentliche Topologie kann aus dem Skelett jederzeit – durch Umkehrung der oben erwähnten Algorithmen – rekonstruiert werden; eine exakte geometrische Reproduzierbarkeit ist natürlich nicht möglich, so daß die Skelettmethode in dieser Hinsicht mit vielen anderen Komprimierungstechniken konform geht. Es sei hier noch angemerkt, daß die Skelettierung weit häufiger in Rastermodellen verwendet wird und dort gute Dienste leistet (siehe Kap. 4).

3.1.3 Netz und Mosaik

Wir werden nun die elementaren geometrischen Strukturen *Punkt/Knoten*, *Linie/Kante* und *Fläche/Masche* zu komplexen Gebilden *(Netzen)* zusammenfassen. Die lokalen Voraussetzungen dafür haben wir geschaffen; lokale topologische Beziehungen und Integritätsbedingungen sind ein gutes Fundament für unser Vorhaben. Kanten, die zwei Knoten verbinden; Kanten, die am Rand einer Masche liegen; Maschen, die aneinanderstoßen; all dies haben wir im Griff. Für ein komplexes Bauwerk genügt dies jedoch noch nicht. Wir müssen auch *globale* Aspekte in Betracht ziehen. Mit etwas Abstand betrachtet weist eine

Kanten-Knoten-Struktur einige weitere, bis jetzt noch nicht erwähnte Eigenschaften auf. Stellen wir mehrere Varianten eines solchen Graphen einander gegenüber:

> der Flächenwidmungsplan einer Gemeinde;
> die Grundstücke einer Gemeinde;
> die Dreiecksvermaschung eines Höhenmodells (siehe Kap. 5);
> das Netz von Versorgungsleitungen eines Elektrizitätswerkes;
> der Tarifzonenplan eines Verkehrsverbundes.

Beim Vergleich der Varianten stellen wir folgendes fest:

▷ Im *Flächenwidmungsplan* sind wir fast ausschließlich an den Maschen (Flächen) interessiert. Den Flächenrändern kommt lediglich eine stützende Rolle zu. Häufig wird die Frage gestellt werden, ob sich ein bestimmtes Objekt etwa im reinen oder gemischten Wohngebiet befindet. Ränder der einzelnen Zonen (oder gar die Dreiländerecken) sind von untergeordneter Bedeutung.

▷ Im *Grundstücksverzeichnis* sind Maschen, aber auch Ränder und Knoten interessant. Die Eigentumsgrenzen (Kanten) und die vermessenen Grundstücksgrenzpunkte (Knoten) treten also viel stärker ins Rampenlicht als die null- und eindimensionalen Bestandteile im Flächenwidmungsplan.

▷ In der *Dreiecksvermaschung* tritt die Bedeutung der (Dreiecks-)Fläche stark hinter der des Randes zurück; im wesentlichen wird die Information des Randes (z.B. die Höhen der Eckpunkte des Dreiecks) in das Innere fortgesetzt. Es ist nicht sinnvoll, hier Aussparungen zu erlauben; wohl aber sollte ein solches Netz zusammenhängend sein.

▷ Im *Leitungskataster* hingegen treten im allgemeinen gar keine Maschen auf; wenn dies der Fall ist (Ringleitung), dann setzt sich die Thematik der Ränder nicht in ihr Inneres fort, ja, sie haben gar kein Inneres. Ein zusammenhängendes Netz erscheint vernünftig.

▷ Im *Tarifzonenplan* wird die in Abbildung 3.1 gegebene Darstellung des Netzes von Verkehrslinien mit einem Mosaik von Tarifzonen überlagert. Sind dies zunächst also zwei getrennte Topologien, so erscheint es doch wünschenswert, sie zu verschmelzen, denn sehr viele Fragen betreffen sowohl den linienhaften als auch den flächenhaften Bestandteil:

> In welcher Tarifzone befindet sich die Haltestelle X?
> Wieviele Tarifzonen werden auf dem Weg zur Haltestelle Y durchquert?
> Ist die Verteilung von Haltestellen pro Tarifzone annähernd gleichmäßig?

Wenn wir all diese Detailüberlegungen bündeln, so ergeben sich folgende Schlüsse:

● Es gibt linienhafte und flächenhafte Netze; letztere werden auch als *Mosaik* (engl. *tesselation*) bezeichnet. Eine Kombination ist denkbar (siehe

Grundstücksverzeichnis, Tarifzonenplan). Die Entscheidung darüber wird von der zugrundeliegenden Thematik geprägt.

• Bei Mosaiken wird der Aspekt der Fläche – je nach der Thematik – unterschiedlich stark bewertet. Für bestimmte Themen sind Aussparungen sinnvoll, für andere nicht.

• Linienhafte Netze können *zusammenhängend* sein oder auch nicht. So müssen beispielsweise geodätische Netze immer zusammenhängend sein, wenn sie einer Ausgleichung unterworfen werden. Ebenso sollten Gewässernetze zusammenhängen (ausgenommen in Karstgebieten). Für Versorgungsleitungen gilt ähnliches.

• Bei Mosaiken wiederum kann es erforderlich sein, daß sie *flächendeckend* angelegt sind: Jeder Punkt des betrachteten Gebietes gehört genau zu einer Fläche, d.h. es gibt keine Überlappungen von Flächen, aber auch keine nicht überdeckten Restgebiete. Dies wird als *Gebietsaufteilung* oder *Partition* bezeichnet [65]. Iso 19123 verwendet den Ausdruck *Coverage* (siehe Kapitel 10).

Ein interessanter Spezialfall eines flächendeckenden Netzes ist die DIME-Struktur (DIME ist eine Abkürzung für *Dual Independent Map Encoding*). Sie beinhaltet Knoten (sogenannte *0-Zellen*), Kanten (*1-Zellen*) und Maschen (*2-Zellen*) eines flächendeckenden Mosaiks. Alle diese Zellen sind durch eindeutige Nummern gekennzeichnet. Benachbarte Knoten – die durch eine Kante verbunden werden – und benachbarte Maschen – die durch eine Kante voneinander getrennt werden – stehen in einem Zusammenhang, den man als geordnetes Quadrupel schreiben kann:

$$Knoten\ 1,\ Knoten\ 2;\ Masche\ A,\ Masche\ B$$

In Worten ausgedrückt bedeutet dies:

> Die Knoten 1 und 2 werden durch eine Kante verbunden; geht man längs dieser Kante von 1 nach 2, so befindet sich die Masche *A* zur rechten und die Masche *B* zur linken Hand.

Dazu gibt es einen *dualen* Sachverhalt:

> Überschreitet man die Grenze von der Masche *A* in die Masche *B*, so hat man den Knoten 1 zur linken und den Knoten 2 zur rechten Hand.

Wir können also zu jeder Kante eine dazu duale 1-Zelle finden, die das Überschreiten dieser Kante ausdrückt. Außerdem haben nun 0-Zellen und 2-Zellen die Rollen getauscht: Im dualen Graphen werden die Flächen zu Knoten und die Knoten zu Flächen (Abb. 3.6). Hier kann angemerkt werden, daß wir diesen mathematisch-topologischen Zusammenhang auch gelegentlich im Alltagsleben

Abbildung 3.6: Duale Graphen einer DIME-Struktur

verwenden, freilich ohne uns einer DIME-Struktur bewußt zu sein. Wir sprechen etwa von den Beziehungen zwischen Berlin und Paris und meinen dabei eigentlich Deutschland und Frankreich. Von den Maschen des Graphen der Staaten gehen wir zu Knoten (den Hauptstädten) über.

Das vorhin erwähnte geordnete Quadrupel, bestehend aus den Angaben zum Anfangs- und Endknoten der Kante und dem Hinweis zur Masche links davon und zur Masche rechts davon kennzeichnet jede Kante in eindeutiger Weise. Somit läßt sich die Topologie eines Flächennetzes recht gut durch eine Tabelle beschreiben, die für jede Kante des Netzes ein derartiges Quadrupel enthält. Im Sinne einer relationalen Datenbank (siehe Kap. 9) erhält jede Kante dann noch einen eindeutigen Kantenidentifikator. Es ergibt sich

Kanten-ID	Knoten-ID von	Knoten-ID nach	Maschen-ID links	Maschen-ID rechts
...	...	...	...	...

Wenn wir etwa – ausgehend von Abbildung 3.3 – alle Bundeslandgrenzen Österreichs in dieser Tabelle abbilden, wobei wir als Knoten (0-Zellen) die Dreiländerecken nehmen, als Maschen (2-Zellen) die Bundesländer und als Kanten (1-Zellen) jeweils die Grenzabschnitte zwischen zwei Knoten, so benötigen wir noch zusätzlich ein 'externes Bundesland', quasi das Ausland, das wir ebenso als Masche betrachten. Erst dann hat unsere Tabelle wirklich bei allen Grenzen, also auch bei jenen Bundeslandgrenzen, die gleichzeitig die Staatsgrenze bilden, eine linke und eine rechte Masche. Beim Bundesland Wien als Aussparung des Bundeslandes Niederösterreich nehmen wir einen beliebigen Randpunkt als Ausgangs- und zugleich Zielknoten der – in diesem Fall einzigen – Kante, welche die Grenze Wiens aufzuweisen hat.

Mit dieser Tabelle haben wir alles im Griff, was Knoten, Kanten und Maschen eines topologischen Netzes betrifft. Wenn wir etwa den Rand des Bundeslandes Steiermark ermitteln, so sammeln wir alle Zeilen (Kanten), in denen dieses

Bundesland als linke oder als rechte Masche vorkommt. Diese Zeilen (Kanten) müssen wir dann noch derart sortieren, dass für zwei aufeinanderfolgende Kanten der Startknoten der zweiten Kante mit dem Endknoten der ersten Kante identisch ist und daß sich die so gewonnene Kantenfolge wieder im Ausgangsknoten schließt. Dazu wird es notwendig sein, einige Kanten umzudrehen bzw. in umgekehrter Reihenfolge zu verwenden. Ergeben sich zwei oder mehrere Teilfolgen, die keine gemeinsamen Knoten haben, so zeigt dies, daß dieses Bundesland eine Aussparung hat.

Wollen wir andererseits einen *Weg* von einem vorgegebenen Knoten zu einem anderen vorgegebenen Knoten finden, so können wir in der Kantentabelle jene Zeilen suchen, die den Ausgangsknoten enthalten. Die so gefundenen Zeilen geben dann den Hinweis auf sämtliche zum Ausgangsknoten adjazenten Knoten. In all diesen Knoten starten wir sodann ebenfalls eine Suche nach den auch zu diesen Kandidaten adjazenten Knoten. So ergibt sich beginnend beim Ausgangsknoten ein Baum von möglichen Wegen, die von diesem in alle Richtungen ausgehen und der immer weiter anwächst. Wir müssen nur trachten, daß für diese Wege jeweils die Rückkehr zu bereits besuchten Knoten ausgeschlossen wird. Tritt dann bei einem dieser iterativen Schritte zum erstenmal der Zielknoten auf, so stellt sich gleichzeitig der dabei ermittelte Weg als der kürzeste heraus.

Eine zweite Tabelle für die Knoten und deren Koordinaten brauchen wir erst dann, wenn es nicht nur um topologische Fragen geht, sondern auch um die geometrische Lage, Größe, Form. Dann allerdings wird es auch notwendig, für die Kanten derartige geometrische Festlegungen zu treffen, etwa in Form von Zwischenpunktskoordinaten. Die dritte Tabelle von Maschen, die uns aus Symmetriegründen auch dazu einfällt, wäre nur dann notwendig, wenn man zu den Maschen noch weitere über die Geometrie/Topologie hinausgehende Attribute speichern möchte – in unserem Beispiel etwa die Namen der jeweiligen Bundesländer.

Kehren wir zurück zum Graphen der Knoten, Kanten und Maschen und zu seinem dualen Graphen. Duale Entsprechungen pflanzen sich auch auf abgeleitete Aussagen fort. Wollen wir etwa die Eindeutigkeit von Kanten überprüfen, so lautet die Frage – und die zu ihr duale Frage – im Sinne der DIME-Topologie:

Wird jede 1-Zelle von genau zwei 0-Zellen berührt?
Wird jede 1-Zelle von genau zwei 2-Zellen berührt?

Die duale Frage überprüft, ob es zu jeder Kante genau eine linke und eine rechte Nachbarmasche gibt. Der duale Graph zu einer gültigen Kanten-Knoten-Struktur wird als *Regionsadjazenzgraph* bezeichnet. Er dient zur expliziten Darstellung der Nachbarschaft von Flächen (Abb. 3.7). Gängig ist auch die Bezeichnung *Voronoi-Graph* [159]

Das *Thiessen-Diagramm* als Netz von *Thiessen-Polygonen* ist der duale Graph zu einer speziellen Art von Triangulationsnetzen, und zwar zu solchen Netzen,

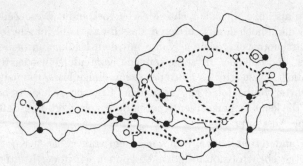

Abbildung 3.7: Adjazente Regionen und ihr Graph

welche aus *Delaunay-Dreiecken* bestehen. Es sind dies Dreiecke, in deren Umkreis kein vierter Punkt der Triangulation vorkommt (siehe Kap. 5). Wir stellen
uns also eine Punktwolke vor, welche das Vorhandensein eines bestimmten Themas repräsentiert. Denken wir etwa an ein Mobilfunknetz, die Standorte der
Sender, die Gebiete, in denen ein Sender jeweils der nächste – und damit stärkste ist. In unserem einfachen Beispiel vernachlässigen wir die Topographie und
auch andere Effekte, welche die Ausbreitung der Funkwellen beeinträchtigen,
wie zum Beispiel Hochhäuser.

Die Sender des Mobilfunknetzes werden durch Punkte repräsentiert. Nun tri-
angulieren wir diese Punktwolke. Wir erzeugen demnach Dreiecke, an deren
Eckpunkten jeweils solche Sender stehen. Bei dieser Triangulation haben wir
viel Spielraum, wie wir die Dreiecke anordnen. Dabei versuchen wir, möglichst
Dreiecke zu formen, die sich nicht zu sehr von der 'idealen' Form eines Dreiecks,
nämlich von einem gleichseitigen Dreieck unterscheiden. Langgezogene und sehr
spitzwinkelige Dreiecke sind zu vermeiden. Eine Delaunay-Triangulation erfüllt
genau diese Forderung, und sie lässt sich für jede Punktwolke erstellen, sofern
diese nicht einen entarteten Spezialfall darstellt, wie etwa lauter Punkte, die
auf einer Geraden liegen.

Haben wir nun alle Sender in einem derartigen Delaunay-Dreiecksnetz strukturiert, so erzeugen wir nun den dualen Graphen dazu. Stellen wir uns dies
so vor, daß wir zu jeder Kante (1-Zelle; es sind dies die Dreiecksseiten) ihre
duale 1-Zelle bilden. Die Streckensymmetralen etwa würden dieses Kriterium
erfüllen. Wenn wir nun alle diese Streckensymmetralen zu einem Graphen verknoten, dann werden die Maschen dieses neuen, dualen Graphen den Knoten
des alten Graphen entsprechen. Die Knoten des alten Graphen sind die Sen-
derstandorte. Nun haben wir Maschen gefunden, die sie umgeben. Und in jeder
Masche des dualen Graphen liegt genau ein Knoten des alten Graphen, also ein
Sender. Somit haben wir *Einzugsgebiete* von Sendern gefunden. Die Maschen
des dualen Graphen geben somit jene Gebiete an, in denen jeweils ein Sender
der nächstgelegene zu allen Orten im Gebiet ist. Wir sehen also die Bedeutung

der *Thiessen-Polygone* als dualem Graphen für Delaunay-Triangulationen in vielen GI-Anwendungen, wo es um Standorte und ihre Einzugsgebiete geht: Sender, Geldausgabeautomaten, Parkuhren, Geschäfte, Haltestellen und vieles mehr (siehe Abb. 3.8).

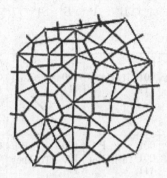

Abbildung 3.8: Delaunay-Triangulation und dazu duale Thiessen-Polygone

Die Wichtigkeit der expliziten Festlegung topologischer Beziehungen für die Langzeitkonsistenz eines Geodatenbestandes ist unbestritten. Es ist daher vorteilhaft, die denkbaren topologischen Situationen möglichst vollständig zu beschreiben, denn dies ist für das automatische Erkennen und Beheben topologischer Fehler wichtig. Es gibt eine Vielzahl von Varianten, wie Punkte, Linien und Flächen (mit Aussparungen) relativ zueinander liegen können.

Eine interessante Methode zur Klassifikation topologischer Situationen wurde von Egenhofer [59] vorgeschlagen. Sie wird auch als *9–Intersection–Schema (I9–Schema)* bezeichnet. Ihr liegt die Idee zugrunde, jedes topologische Element A – ob Knoten, Kante oder Masche – bezüglich seines Randes A^r, seines Inneren A^i und seines Komplements A^k zu betrachten. Bei einer Masche sind diese drei Aspekte trivial. Das Innere der Masche, das Randpolygon sowie die Komplementärmenge (also der Außenraum dieser Masche) bedecken gemeinsam die gesamte Ebene. Egenhofer wendet diese drei Kategorien aber auch auf Kanten und Knoten an. Sinngemäß wird der 'Rand' einer Kante durch die beiden Knoten (Anfangs- und Endknoten) gebildet. Das 'Innere' der Kante besteht aus allen Punkten auf der Kante mit Ausnahme der beiden Knoten am Beginn und am Ende, und das Komplement ist auch wieder die Ergänzung auf den gesamten Raum, in diesem Fall die Ebene. Bei Knoten schließlich fallen der Rand und das Innere zusammen, das Komplement ist die Gesamtheit der Ebene mit Ausnahme eines – beliebig kleinen – Lochs, das vom Knoten ausgefüllt wird.

Für zwei Objekte A und B – wobei sowohl A als auch B jeweils ein Knoten, eine Kante oder eine Masche sein kann – werden nun Mengendurchschnitte zwischen allen denkbaren Varianten gebildet. Sämtliche topologische Möglichkeiten für zwei Objekte A und B sind durch die Werte *leer* oder *nicht-leer* (0 oder 1) für folgendes 9–tupel von Schnittresultaten gegeben:

$$A^r \cap B^r \quad A^r \cap B^i \quad A^r \cap B^k$$
$$A^i \cap B^r \quad A^i \cap B^i \quad A^i \cap B^k$$
$$A^k \cap B^r \quad A^k \cap B^i \quad A^k \cap B^k$$

001 001 111 P-P Disjoint	001 001 111 P-L Disjoint	100 100 111 P-L Start/End	010 010 111 P-L IsOn
110 110 001 P-P Equal	001 001 111 P-F Disjoint	100 100 111 P-F Touches	010 010 111 P-F IsOn

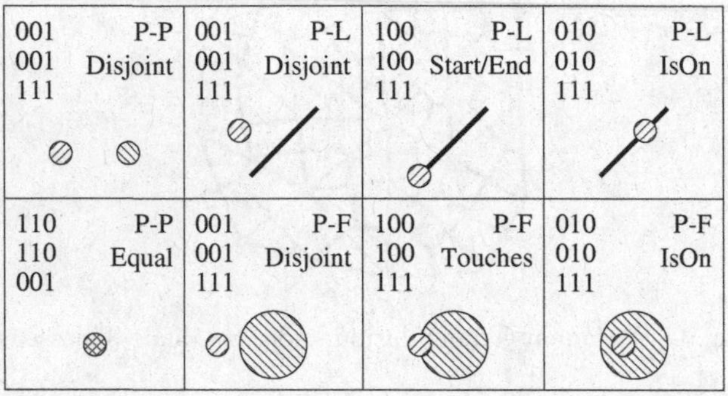

Abbildung 3.9: Topologische Beziehungen, in denen ein Punkt eine Rolle spielt

Obwohl es also für jedes Paar von Elementen theoretisch $2^9 = 512$ Möglich-keiten gibt, fallen die meisten Varianten aus, da sie widersprüchlich sind, etwa eine ganze Zeile von Nullen oder eine ganze Spalte von Nullen. Dies deswe-gen, weil etwa die Vereinigungsmenge aus dem Rand, dem Inneren und dem Komplement eines Elementes die gesamte Ebene aufspannt; also kann es nicht sein, daß *keiner* dieser drei Teile mit einem anderen Objekt einen nicht-leeren Durchschnitt hat. Aus ähnlichen Gründen kann auch das Element rechts unten nie Null sein. *Anmerkung:* Wenn wir die dem Komplement entsprechende Zeile und Spalte weglassen, so gelangen wir zum *I4–Schema*, das gelegentlich auch als Grundlage für die Untersuchung topologischer Beziehungen verwendet wird, aber nicht so mächtig wie das I9–Schema ist.

Nun können wir Knoten, Kanten und Maschen miteinander vergleichen. So gibt es im I9–Schema insgesamt 8 verschiedene topologische Bezüge, die ein Punkt mit einem anderen Punkt, einer Linie, einer Fläche annehmen kann (siehe Abb. 3.9). Für den topologischen Bezug zwischen zwei Flächen gibt es 12 Varianten, zwischen Linien und Flächen erhalten wir 19 unterschiedliche Situationsklassen, und zwischen zwei Linien gibt es sogar 33 Klassen. Das I9–Schema ist zweifellos ein elegantes Konzept zur Klassifikation von topologischen Konfigurationen. Allerdings kann es Mehrfachberührungen und –überschnei-dungen nicht differenzieren. So weisen die in Abb. 3.10 dargestellten Varianten alle lauter Einsen auf, während man sie doch gefühlsmäßig als topologisch un-terschiedlich klassifiziert.

111
111
111
Overlap
111
111
111
Overlap
111
111
111
Overlap

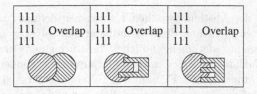

Abbildung 3.10: Einfach- und Mehrfachüberschneidungen von Flächen

Außerdem fällt uns auf, daß die Egenhoferschen Operatoren zwar die Frage beantworten können, ob sich zwei Elemente *überdecken*, jedoch nicht weiter unterscheiden, ob sie sich *kaum überdecken* oder *fast zur Gänze überdecken*. Denken wir an den Ablauf einer Sonnenfinsternis (siehe dazu auch Abb. 3.11). Zunächst sind Sonne und Mond weit voneinander entfernt, sie überdecken sich *nicht*. Während sie sich aneinander schieben, gibt es kurzzeitig das Phänomen des *'Gerade-noch-nicht'-Überdeckens*, des *Berührens*, des *'Zum-geringen-Teil'-Überdeckens*. Wir sehen also daß die Zeitspanne des tatsächlichen Berührens eine sehr kleine ist, und daß es eine Grauzone gibt wo man nicht genau entscheiden kann, ob sich die beiden Elemente bereits berühren oder gar überdecken. Eine ähnliche Situation tritt um die totale Sonnenfinsternis herum ein. Dies ist mit Situationen in GI-Anwendungen vergleichbar, wo aufgrund von Datenungenauigkeiten kaum eine exakte Berührung, ein exaktes Übereinanderliegen zu beobachten ist, sondern vielmehr nur *wahrscheinlichkeitsbewertete Aussagen* [227] möglich sind.

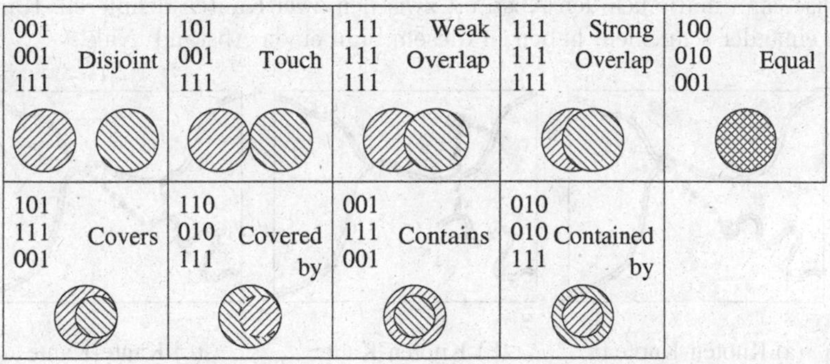

001
001
111
Disjoint
101
001
111
Touch
111
111
111
Weak Overlap
111
111
111
Strong Overlap
100
010
001
Equal
101
111
001
Covers
110
010
111
Covered by
001
111
001
Contains
010
010
111
Contained by

Abbildung 3.11: Weitere Unterscheidungen topologischer Konfigurationen

3.1.4 Abstandsbegriff und Metrik

Um Abstände, Flächeninhalte und dergleichen berechnen zu können, benötigen wir eine *Metrik*. Der Abstand zwischen Punkten bereitet keine Probleme;

wohl aber muß der Abstand zwischen Kanten neu definiert werden, denn erstens sind Kanten nicht unbedingt geradlinig; und selbst wenn sie geradlinig sind, bestehen sie nur aus einem endlichen Teilstück einer Geraden. Da wir die uns geläufige *Euklidische Metrik* nicht mehr anwenden können, benötigen wir einen neuen Abstandsbegriff. Er muß den Gesetzen einer Metrik entsprechen; diese besagen, daß der Abstand positiv definit sein und der Dreiecksungleichung genügen muß:

$$dist\,(p,q)\ =\ 0\ für\ p = q \tag{3.1}$$

$$dist\,(p,q)\ >\ 0\ für\ p \neq q \tag{3.2}$$

$$dist\,(p,q) \leq dist\,(p,r) + dist\,(r,q) \tag{3.3}$$

Eine mögliche Definition für den Abstand eines Punktes p von einer Kante k ist durch folgende Formel gegeben [65]:

$$dist\,(p,k)\ =\ min\,[dist\,(p,f)],\ \forall f \in k \tag{3.4}$$

Das Minimum ist also über alle möglichen (Fuß-)Punkte f längs der Kante k zu erstrecken. Oft führt dies zur orthogonalen Projektion auf die Kante, so wie wir dies von der Euklidischen Metrik her kennen. Es können aber auch andere Situationen entstehen, wie die Beispiele in Abbildung 3.12 zeigen. In ähnlicher Weise kann man auch den Abstand zwischen zwei Kanten definieren. Kanten, die einander schneiden, haben in diesem Sinn einen Abstand 'Null'.

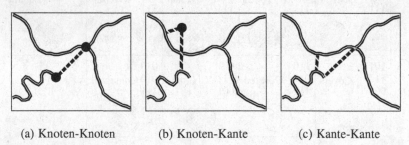

(a) Knoten-Knoten (b) Knoten-Kante (c) Kante-Kante

Abbildung 3.12: Metrik in einer Kanten-Knoten-Struktur – kürzeste Entfernung

Ausgerüstet mit diesem Abstandsbegriff können wir nun etwa den Abstand einer Hochspannungsleitung von einem Haus berechnen oder die Frage klären, welche Grundstücke aufgrund der Neuprojektierung einer Straße abgelöst werden müssen – weil sich eine Grundstückskante mit einer Straßenkante schneidet, der Abstand in unserem Sinn daher Null ist – und welche Grundstücke eine

Wertminderung erfahren, weil sie in einem Pufferbereich von 50 m liegen. Eine wichtige Anwendung der linienhaften Topologie ist die *Infrastrukturplanung* und die *Standortwahl* [11] aufgrund vorhandener Verkehrsverbindungen. Die Metrikdefinition spielt dort eine bedeutende Rolle. Der beste Standort einer neuen Wohnsiedlung, vom Standpunkt der Verkehrserschließung aus betrachtet, liegt nicht zu weit – aber auch nicht zu nahe – zu Hauptstraßen. Eine neue Haltestelle für den öffentlichen Nahverkehr soll möglichst viele Haushalte in ihrem Nahbereich haben. Eine neue Buslinie soll Wohngebiete erschließen. Das Netz von Bankfilialen, von Supermärkten, von Telefonzellen, von Schulen und Sporteinrichtungen soll der Bevölkerungsstruktur Rechnung tragen; diese Einrichtungen sollen gut erreichbar sein; wenn nicht zu Fuß, so sollten wenigstens ausreichende Parkmöglichkeiten gegeben sein.

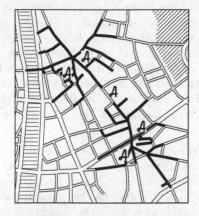

Erreichbarkeit von Apotheken:
maximal 300m entfernt vom

a) Hauptplatz:

   1. Adler-Apotheke
     Hauptplatz 4

   2. Hirschen-Apotheke
     Sporgasse 10

b) Jakominiplatz:

   1. Sonnen-Apotheke
     Jakominiplatz 24

   2. Apotheke zum Eisernen Tor
     Opernring 24

Abbildung 3.13: Metriken in Verkehrsnetzen: Erreichbarkeitsstudien

Viele dieser Fragestellungen kreisen um das zentrale Problem der *Erreichbarkeit*. In der uns vertrauten Euklidischen Geometrie liegen alle jene Punkte, deren Abstand von einem gegebenen Zentrum eine bestimmte Marke nicht überschreitet, innerhalb einer Kreisscheibe. Sie definiert die *Metrik*. In Netzanalysen sind wir jedoch in unserer Bewegungsfreiheit eingeschränkt; wir können uns nicht in allen Richtungen bewegen, sondern sind an ein Netz von Verkehrswegen gebunden. Die *Metrik* sieht daher entsprechend anders aus. Sie wird noch dazu durch Verkehrsregeln und auch Kapazitäten beeinflußt, so daß sie nicht die *geometrisch* kürzesten, sondern die *zeitlich* günstigsten Wege widerspiegelt (siehe Abb. 3.13). Die Metrik wird durch Baumstrukturen definiert. Man nennt diese auch *Erreichbarkeitsbäume*. Das folgende bildhafte Beispiel möge die Situation illustrieren: Wirft man einen Stein ins Wasser, so werden sich kreisförmig Wellenfronten ausbreiten – sogenannte Isolinien, die jeweils solche Punkte miteinander verbinden, die gleich weit vom Zentrum entfernt sind. In einem Netz können sich die Wellen nur entlang den Netzlinien ausbreiten, und hier auch nur – je nach Kapazität – unterschiedlich schnell. Die entstehenden Isolinien sind alles andere als kreisförmig. Hindernisse wie Flußläufe, Eisenbahn- und Autobahntrassen verformen sie beträchtlich.

3.1.5   Geometrie von Visualisierungen

Die Behandlung von Texten und Signaturen im Rahmen dieses Kapitels muß erst begründet werden. Sie gehören eigentlich einer Welt an, die von der Sphäre der in den vorausgegangenen Abschnitten behandelten Punkte, Linien, Flächen und Netze abgehoben ist. In Anlehnung an die Terminologie von ATKIS (siehe [252]) würde die Welt der Texte und Signaturen dem *kartographischen Modell* entsprechen, während die andere Welt jene des *Landschaftsmodells* (des topographischen Modells) ist. Die dabei verwendeten Bezugssysteme spiegeln dies auch deutlich wider. Während dem Landschaftsmodell ein Bezugssystem zugrunde liegt, das etwa Gauß-Krüger-Koordinaten und Höhen verwendet, ist das kartographische Modell zweidimensional; es hat ebene Koordinaten, die sich auf die Zeichenfläche beziehen. Die Visualisierung eines Ortsnamens hat nirgendwo in der realen Welt ihr Gegenstück. Der Referenzpunkt des Textes ist in der realen Welt nicht sichtbar; die Texthöhe und der Platzbedarf eines Buchstabens steht in keinem Konnex mit der Landschaft. Dies gilt auch für die Größe und Form von Signaturen.

Jener Leser, der sich auf die Modellierung graphischer Ausdrucksformen für Geodaten beschränken möchte, bräuchte eigentlich erst hier mit der Lektüre beginnen. Er wird dann keine punkt-, linien- und flächenhaften Nachbildungen der Geometrie von Objekten der realen Welt verwalten und keine semantischen Attribute zuordnen. Er wird vielmehr Signaturen verwalten, Striche, Symbole, Pixelmuster und Zeichen. Diese sind zwar auch Stellvertreter für Objekte der realen Welt, jedoch in einer anderen Sphäre, in jener der Graphik, angesiedelt. Nicht immer jedoch gelingt es (und ist es wünschenswert), die beiden Bereiche streng zu trennen. In einer GI-Anwendung trifft man Bestandteile aus beiden Welten an, und dies wird sicherlich noch so lange der Fall sein, bis eine umfassende automatisierte Extraktion graphischer Ausdrucksformen aus semantischen Beschreibungen in den Bereich des Möglichen rückt. Die Norm ISO 19117 *Geographic Information – Portrayal* spricht genau jene Methoden an, die einen Konnex zwischen der Geoinformation und ihren Visualisierungen herstellen.

In der Kartographie wird den Signaturen (es sind dies kartographische Symbole, Linientypen und Flächenfüllungen) ein besonderer Stellenwert zugewiesen, denn damit wird ein – möglicherweise komplexer – Sachverhalt kurz und doch prägnant dargestellt (visualisiert). Die Interpretierbarkeit einer Karte, eines Planes hängt im wesentlichen von einer geeigneten, also einer dem Betrachter leicht verständlichen und auffallenden Symbolisierung ab. Eine kartographische Signatur ist also nichts anderes als eine Abstraktion eines thematischen Sachverhaltes, ein Modell eines Teiles der uns umgebenden Wirklichkeit. Je nach dem Verfeinerungsgrad des Modells können wir

- *punktartige* Signaturen,

- *linienartige* Signaturen und

- *flächenartige* Signaturen (z.B. Schraffuren, Muster)

unterscheiden (Abb. 3.14). Die Grenzen sind fließend. Ein Staudamm etwa wird auf einer Übersichtskarte als Punktsignatur auftreten, während er in einem Detailplan sehr wohl ein-, zwei- und sogar dreidimensionale Charakteristika aufweist.

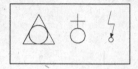 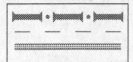 

Abbildung 3.14: Punkt-, Linien- und Flächensignaturen

Diese langfristig bedeutsame Thematik muß im konkreten Anwendungsfall in eine – den jeweiligen Erfordernissen des Anwenders, des zu erreichenden Zieles und der vorhandenen Umgebung angepaßte – Darstellung münden. In der ingenieurtechnischen Vermessung wird man andere Signaturen verwenden als bei der Erstellung von Straßenkarten. Aber auch das Anwenderprofil ist zu beachten; die Art der Darstellung wird sicherlich davon abhängen, ob wir eine in einer bestimmten Domäne spezialisierte Zielgruppe ansprechen wollen – als Beispiel sei ein Werkplan erwähnt – oder ob wir uns an ein breites Publikum richten wie etwa bei der Erstellung einer Wanderkarte. Schließlich sind auch noch Kriterien von temporärer Bedeutung, wie die Darstellungsgenauigkeit, das Zeitverhalten oder die Hardwareumgebung, ausschlaggebend.

Signaturen können mit Vektormethoden, aber auch mit Rastermethoden (Kap. 4) erzeugt, verwaltet und verarbeitet werden. Bei der Bearbeitung, vor allem aber bei der graphischen Ausgabe, können topologische Konfliktsituationen auftreten:

- Signaturen müssen *plaziert* werden;

- sie müssen *freigestellt* werden (im Umfeld wird der Hintergrund gelöscht);

- die Plazierung muß sich der topologischen Anordnung anderer Karteninhalte anpassen;

- Überdeckungen und Überschneidungen sind zu vermeiden;

- daraus ergibt sich zwangsläufig ein Abweichen von der 'wahren' Lage;

- Signaturen verdrängen oft andere Karteninhalte, wodurch eine Kettenreaktion ausgelöst wird.

Die Problematik von *Texten* stellt sich in mancher Hinsicht ähnlich wie bei Signaturen dar. Texte beschreiben eine Thematik (z.B. eine Punktnummer, eine Hausnummer, die Beschriftung einer Straße, der Name eines Gebirgszuges usw.). Diese Thematik wird in Form von Attributen modelliert und hat eine langfristige Bedeutung. Im Rahmen eines konkreten Anwendungsfalles wird die Thematik in einen darzustellenden Text umgesetzt, der einem bestimmten Knoten als Punktnummer, einer bestimmten Kante als Straßenname, einer bestimmten Fläche als Flurname zugeordnet wird. Es gibt

- *Punktbeschriftungen*,

- *Linienbeschriftungen* und

- *Flächenbeschriftungen* (Abb. 3.15).

Abbildung 3.15: Punkt-, Linien- und Flächenbeschriftungen

Die Plazierung von Texten ist wieder ein topologisches Problem. Punktbezogene Texte sollen in der Nähe des jeweiligen Punktes liegen, Beschriftungen von Linien sollen sich dem Linienverlauf anschmiegen, Beschriftungen von Flächen sollen nicht außerhalb der Flächen liegen. Zusätzlich müssen wir fordern, daß Texte einander nicht überdecken und daß möglichst wenige geometrische Informationen unter der Plazierung des Textes leiden; diese müssen dann nämlich ausgeblendet (d.h. abgeschnitten) werden. Die damit zusammenhängende Problematik wird als *Textfreistellung* bezeichnet. Sie ist um einiges schwieriger zu lösen als die Signaturenfreistellung, da Texte im allgemeinen mehr Platz benötigen als Signaturen.

3.1.6   Andere geometrische Strukturen

Neben den bisher erwähnten geometrischen Entitätstypen gibt es noch eine Reihe von Sonderformen. So etwa nehmen Maschen, deren Umriß sich durch einen geschlossenen *analytischen Ausdruck* angeben läßt (wie etwa Kreise, Ellipsen und dergleichen), eine Sonderstellung ein, denn die in GI-Anwendungen häufigste Realisierung des *Formparameters* ist jene der geradlinigen (allenfalls interpolierten) Verbindung. Kreise treten im Rahmen von kartographischen Symbolen auf. Sie dienen aber auch als geometrische Modelle – etwa für die Ausbreitung von Luftschadstoffen.

Zur internen Repräsentation genügen wenige Parameter (beim Kreis beispielsweise das Zentrum und der Radius). Die Problematik von Aussparungen und Schnitten vereinfacht sich für solche analytisch beschreibbaren Flächen wesentlich, so daß wir hier nicht näher darauf einzugehen brauchen. Allerdings ist anzumerken, daß die Komplexität der Datenstruktur zunimmt, wenn wir einen eigenen Entitätstyp für diese speziellen Flächenformen einführen. So müssen in sehr vielen Verarbeitungsschritten (zum Beispiel bei Schnittalgorithmen) eigene Programmverzweigungen geschaffen werden, die diesen Typ mit allen anderen Typen in Beziehung bringen. Viele Systeme vermeiden aus diesem Grund einen gesonderten Entitätstyp und sehen Kreise beispielsweise als in sich geschlossene Kanten mit dem Formparameter *Kreisbogen* an. Natürlich ist dazu die Definition eines Kreispunktes nötig, der als Anfangs- und Endknoten auftritt; etwa der Punkt, der genau östlich vom Kreiszentrum liegt. Dadurch wird aber wieder dessen Punktlage gegenüber den anderen Koordinaten auf der Peripherie künstlich aufgewertet; eine Aufwertung, die ihr aufgrund der analytischen Definition nicht zukommt. Man hat hier, wie in so vielen anderen Bereichen, Vorteile und Nachteile der verschiedenen Varianten gegeneinander abzuwägen.

Weiters fehlt uns für ein umfassendes geometrisches Modell noch die Möglichkeit, einzelne Teile der Geometrie zu *Blöcken* zusammenzufassen. Wir wollen diese Blöcke als Ganzes ansprechen können. Dies ist im Bereich des CAD (computer-aided design) eine häufig gebrauchte Arbeitsweise; man beginnt etwa bei den elementaren Bestandteilen einer Konstruktionsaufgabe. Nachdem man diese gelöst hat, kann man daraus Werkstücke aufbauen, die ihrerseits wieder zu größeren Blöcken zusammengefaßt werden können. Damit hat man die Möglichkeit, im Sinne einer *Makrotechnik* sehr effizient hierarchisch angeordnete Strukturen zu schaffen. Objektorientierte Strategien laufen nach ähnlichen Mustern ab; in diesem Sinne könnten wir auch den Begriff *Objekt* verwenden.

Die Maktrotechnik ist in unserem Bereich nur bedingt einsetzbar. Zum einen beschreibt CAD 'das, was sein soll', während uns eine Beschreibung des Ist-Zustandes am Herzen liegt. CAD macht also im wesentlichen eine Synthese, während wir eine Analyse der realen Welt machen und versuchen, diese dann in unserem Modell zu rekonstruieren; und die reale Welt eignet sich wenig für regelmäßige Duplikate: Bei einem CAD-Werkstück gibt es viele Schrauben, die einander ähneln; hingegen sind Häuser, Leitungen, Grenzen und Flüsse alle voneinander verschieden. Das Arbeiten mit Blöcken ist jedoch in gewissen (eingeschränkten) Bereichen durchaus sinnvoll; so bei der Plangestaltung, d.h. bei der aktuellen Ausprägung bzw. Umsetzung der Themen in unterschiedliche Darstellungsaspekte. Hier kann man sich vorstellen, daß beispielsweise im Bereich der *Bemaßung* eine Effizienzsteigerung erreicht werden kann, wenn wir Blöcke verwenden. So können wir etwa Beschriftungen, Hilfslinien und Pfeile, die bei der Bemaßung eines Leitungsstranges auftreten, als Block auffassen. Dessen Plazierung ist wieder ein topologisches Problem. Er kann als Ganzes verschoben werden, so lange, bis den topologischen Kriterien Genüge getan worden ist.

Noch eine Anwendung der Blocktechnik wllen wir kurz ansprechen. Dort, wo sich GIS mit CAD trifft und auch teilweise überlappt, werden Blöcke benutzt um GIS-Attribute in eine Zeichnung integrieren zu können.

3.1.7   Die Höhe im Vektormodell

Geoinformationssysteme sind oft einer zweidimensionalen Gedankenwelt zuzurechnen, und dies auch dann, wenn Höhen für Punkte mitgeführt werden. Diese haben dann auch nur den Charakter eines beschreibenden Merkmales; sie stehen auf der Stufe eines Attributes und kommen in ihrer Wichtigkeit keinesfalls an die Wichtigkeit der Lagekoordinaten heran. Dies liegt in der Metapher begründet, daß Geoinformationssysteme Modelle der Erdoberfläche behandeln, und die Erdoberfläche läßt sich lokal immer in eine Ebene projizieren. Oft werden GIS daher als *2,5dimensional* bezeichnet.

Ein qualitativer Sprung in Richtung einer Aufwertung der dritten Dimension katapultiert uns also aus dem Kreis konventioneller GIS heraus. Bei der Frage, welche Sprünge schon gewagt wurden, kristallisieren sich mehrere, zum Teil miteinander kaum verträgliche Varianten heraus. Wir wollen drei davon herausgreifen:

- das natürliche Gelände,

- Bauten aus der Vogelperspektive,

- Bauten mit Innenleben.

▷ Ein *digitales Geländemodell* (DGM) ist das Ergebnis der Generierung einer flächendeckenden Höheninformation aus den Höhenangaben von – meist – punktförmigen Primärdaten (siehe Kap. 5). Es eignet sich für die Modellierung der Landschaft (Topographie) und aller jener Aspekte, die sich dem natürlichen Geländeverlauf anpassen (z.B. Vegetation, Gewässernetz, Bodengüte). Gelegentliche abrupte Störungen des ansonsten glatten Verlaufes können durch *Bruchkanten* modelliert werden. Solche Modelle sind meist nicht direkt in ein

GIS integriert, sondern werden parallel zur Geodatenbank geführt, mit fallweisen Datenaktualisierungen in beiden Richtungen.

▷ *Bauten* (Gebäude, Verkehrswege) können nicht mit einem DGM modelliert werden, weil hier – im Gegensatz zum Gelände – abrupte Änderungen, Kanten, senkrechte Flächen nicht die Ausnahme, sondern die Regel bilden. Dafür haben solche Objekte eine andere positive Eigenschaft, die dem Gelände wiederum fehlt: Sie sind durch vergleichsweise wenige Parameter beschreibbar. Ein Dachfirst etwa, gegeben durch zwei – auch weit auseinanderliegende – Punkte, kann mit gutem Gewissen zwischen diesen Punkten linear interpoliert werden. Dachflächen – wie auch viele andere Flächen im Raum – sind *eben*. Nötigenfalls muß man zu Punkten, Linien und Flächen die Information mitverwalten, ob sie als Projektion in eine zu definierende Grundfläche interpretierbar sind oder tatsächlich als Elemente des dreidimensionalen Raumes; etwaige Interpolationsvorschriften wären anzuschließen.

▷ Die Modellierung von Gebäuden samt Innenleben im Sinne von CAD erfordert eine echte Gleichstellung der Höhe mit den Lagekoordinaten. In einem mehrstöckigen Gebäude etwa muß jedes Stockwerk als eigenständiges Objekt vorkommen. Bezogen auf die Lage wären alle diese Objekte identisch. Einer solchen Anforderung kann in einem GIS nicht immer entsprochen werden; vielmehr wird man in diesem Fall Daten aus dem GIS extrahieren, in ein CAD-Programm überspielen und dort entsprechend aufbereiten. In einer *Multi-Media-Umgebung* können dann Resultate aus beiden Bereichen gemeinsam dargestellt werden.

3.2   Methoden der Vektorgeometrie

In den vorangegangenen Abschnitten haben wir ein umfassendes Datenmodell für Vektordaten entwickelt. Ein solches Datenmodell kann aber natürlich nicht Selbstzweck sein; es muß sich im praktischen Einsatz bewähren; dazu gehört, daß es robust und zugleich flexibel ist; daß es allgemein genug ist, um unterschiedlichste Anforderungen abdecken zu können, und doch überschaubar einfach. Dies sind sicherlich Forderungen, die einander zum Teil widersprechen. Es erscheint daher wünschenswert, dieses Kapitel der Modellierung mit einigen für Vektordaten typischen Geometriemethoden fortzusetzen. Dazu gehören sicherlich Fragen des geometrischen Lagevergleichs und der Überlagerung bzw. Verschneidung sowie auch der geometrischen Transformation.

3.2.1   Lagevergleich

Punkt–Linie

Eine der wichtigsten GI-Methoden ist die Ermittlung geometrisch-topologischer Beziehungen. Es geht dabei um die Lage von topologischen Entitäten – Knoten,

Kanten, Maschen – im Vergleich zu anderen solchen Entitäten. Dies ist im
Rahmen der Datenerfassung, der Datennachführung, aber auch der Analyse
von Bedeutung. Da es sich also sehr oft um Aufgaben handelt, in denen eine
Topologie (noch) nicht existiert, wollen wir in diesem Abschnitt anstatt der
topologisch korrekten Begriffe 'Knoten, Kante, Masche' die neutralen Begriffe
'Punkt, Linie, Polygon' verwenden. Die Linie ist in diesem Zusammenhang
immer als ein endliches Linienstück zu verstehen, mit jeweils einem Punkt
am Beginn und am Ende. Die geometrische Form der Linie ist – sofern dies
nicht ausdrücklich anders festgelegt wird – die einfachste, die wir uns vorstellen
können: die geradlinige Verbindung. Wir stellen uns also folgende Fragen:

- Liegt ein Punkt auf einer Linie?

- Liegt er innerhalb oder außerhalb eines vorgegebenen Polygons?

- Schneiden zwei Polygone einander?

- Berühren sie sich nur, oder haben sie keine gemeinsamen Punkte?

Wir können eine Vielzahl von weiteren Fragen formulieren; dabei stellen wir
fest, daß alle diese Fragen auf ein Grundproblem zurückgeführt werden können,
nämlich auf die Lage eines Punktes bezüglich einer Linie. Zur Lösung dieses
Problems wechseln wir von dem gewöhnlichen, uns vertrauten kartesischen Koordinatensystem zu einem System von *homogenen Koordinaten*. Jeder Punkt
in der Ebene (x, y) kann durch das Tripel (r, s, t) seiner homogenen Koordinaten dargestellt werden; die einzelnen Elemente des Tripels sind nur bis
auf einen gemeinsamen Faktor bestimmt. (Im dreidimensionalen Raum erweitert sich dies sinngemäß auf Quadrupel.) So könnten wir etwa von (x, y) auf
das Tripel $(x, y, 1)$ übergehen; genauso denkbar wäre aber eine Darstellung
$(w \cdot x, w \cdot y, w)$ mit einem beliebigen Wert für w. Umgekehrt erhalten wir aus
einer homogenen Punktdarstellung (r, s, t) die kartesischen Koordinaten, indem
wir jeweils die erste und die zweite Komponente durch die dritte Komponente
dividieren:

$$
\begin{aligned}
x &= \frac{r}{t} \\
y &= \frac{s}{t}
\end{aligned}
\tag{3.5}
$$

Ein in homogenen Koordinaten gegebener allgemeiner Punkt der Ebene
$P(x, y, w)$ liegt genau dann auf einem Geradenstück, das von den vorgegebenen
Punkten $P_1(x_1, y_1, w_1)$ und $P_2(x_2, y_2, w_2)$ begrenzt wird, wenn gilt:

$$
\det \begin{pmatrix} x & x_1 & x_2 \\ y & y_1 & y_2 \\ w & w_1 & w_2 \end{pmatrix} = 0
\tag{3.6}
$$

Die Auswertung der in dieser Formel verwendeten Determinante liefert:

$$x\,(y_1\,w_2 - w_1\,y_2) \; + \; y\,(w_1\,x_2 - x_1\,w_2) \; + \; w\,(x_1\,y_2 - y_1\,x_2) \; = \; 0 \qquad (3.7)$$

Daraus ergibt sich die konventionelle Darstellung einer Geraden, wenn wir –
wie üblich – für die w-Komponenten den Wert 1 wählen. Die drei Punkte P,
P_1 und P_2 sind also unter diesen Umständen *kollinear*. Wenn wir der Linie eine
Richtung zuweisen, indem wir P_1 als Startpunkt und P_2 als Endpunkt deklarieren, so ist die Determinante $\det(P, P_1, P_2)$ kleiner als Null, wenn der Punkt
P rechts von der Linie liegt; sie ist größer als Null, wenn er links von der Linie
liegt. Diese Determinante bietet somit ein einfaches Mittel zur Überprüfung
der topologischen Beziehung von Punkten und Linien.

Nun halten wir uns die Geradengleichung $a\,x + b\,y + c = 0$ vor Augen
und untersuchen die Lage einer allgemeinen Geraden $G(a, b, c)$ bezüglich zweier vorgegebener Geraden $G_1(a_1, b_1, c_1)$ und $G_2(a_2, b_2, c_2)$. Wenn die (allgemeine) Gerade G durch den Schnittpunkt der (vorgegebenen) Geraden G_1 und
G_2 gehen soll, so muß G, ausgedrückt durch ihre Koeffizienten (a, b, c), linear
abhängig von den anderen beiden Koeffiziententripeln sein:

$$\det \begin{pmatrix} a & a_1 & a_2 \\ b & b_1 & b_2 \\ c & c_1 & c_2 \end{pmatrix} \; = \; 0 \qquad (3.8)$$

oder

$$a\,(b_1\,c_2 - c_1\,b_2) \; + \; b\,(c_1\,a_2 - a_1\,c_2) \; + \; c\,(a_1\,b_2 - b_1\,a_2) \; = \; 0 \qquad (3.9)$$

Daraus folgern wir, daß die drei Klammerausdrücke genau die (homogenen)
Koordinaten des Schnittpunktes der Geraden G_1 und G_2 sind. Es ergeben
sich demnach interessanterweise *duale* Entsprechungen von Punkten und Ge-
radenstücken. Diese Dualität wird in einer Reihe von Algorithmen ausgenutzt
(siehe dazu auch [164], [168], [142]).

Wir wollen folgendes Beispiel durchrechnen: Gesucht sei der Schnittpunkt der
Geraden G_1 und G_2; G_1 möge durch die Punkte $(3, 2)$ und $(7, 4)$ gegeben
sein, G_2 durch die Punkte $(4, 5)$ und $(6, 1)$. Die Geradengleichung für G_1
ergibt sich aus

$$\det \begin{pmatrix} x & 3 & 7 \\ y & 2 & 4 \\ w & 1 & 1 \end{pmatrix} \; = \; -2\,x + 4y - 2w = 0 \qquad (3.10)$$

oder in inhomogener Form: $\qquad x - 2y + 1 = 0 \qquad (3.11)$

Für G_2 erhalten wir

$$\det \begin{pmatrix} x & 4 & 6 \\ y & 5 & 1 \\ w & 1 & 1 \end{pmatrix} = 4\,x + 2y - 26w = 0 \qquad (3.12)$$

oder in inhomogener Form: $2x + y - 13 = 0$ \qquad (3.13)

Der Schnittpunkt der beiden Geraden G_1 und G_2 ergibt sich durch die duale Verwendung der Determinantenformel:

$$\det \begin{pmatrix} a & 1 & 2 \\ b & -2 & 1 \\ c & 1 & -13 \end{pmatrix} = 25\,a + 15b + 5c = 0 \qquad (3.14)$$

oder in inhomogener Form: $5a + 3b + 1 = 0$ \qquad (3.15)

Der Schnittpunkt hat also die (inhomogenen) Koordinaten $(5,3)$. Ein Wort noch zu den Vorteilen homogener Koordinaten: Zwei parallele Gerade 'schneiden sich im Unendlichen'. Dieser Sachverhalt läßt sich mit inhomogenen Koordinaten nicht formal ausdrücken. Für homogene Koordinaten ist in diesem Fall die w-Komponente gleich Null; alle Rechenprogramme umschiffen so mühelos diese Klippe; die beiden Varianten 'Schnittpunkt' und 'Parallelität' können mit homogenen Koordinaten einheitlich behandelt werden.

Linie–Linie

Die oben angestellten elementaren Überlegungen können wir nun sukzessive verallgemeinern. Zunächst interessiert uns die Lage zweier Linien. Da es sich gemäß unserer Übereinkunft um endliche Linienstücke handelt, gibt es nicht nur die beiden Alternativen *Schnittpunkt* oder *Parallelität*; vielmehr sind die in Abbildung 3.16 dargestellten Variationen denkbar, die wiederum durch entsprechende Kombinationen der Determinantenbedingung gekennzeichnet sind:

$$\begin{aligned} S_1 &= \det\,(P_1, P_3, P_4) & S_3 &= \det\,(P_3, P_1, P_2) \\ S_2 &= \det\,(P_2, P_3, P_4) & S_4 &= \det\,(P_4, P_1, P_2) \end{aligned} \qquad (3.16)$$

Aus Gründen der Einfachheit haben wir jene Fälle außer acht gelassen, die sich ergeben, wenn Linien einander nur berühren; das bedeutet, daß eine oder mehrere Determinanten zu Null werden. Diese Fälle sind gar nicht so selten; vor allem, wenn wir die Null auf den Unsicherheitsbereich ausdehnen, der durch numerische Effekte entsteht. Da unsere Überlegungen jedoch nur grundsätzlicher Art sind, klammern wir die entsprechenden Verzweigungen im Algorithmus aus.

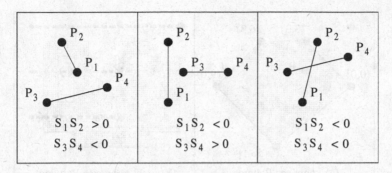

Abbildung 3.16: Lagevergleich zweier Linien

Punkt–Polygon

Als nächstes betrachten wir die Lage eines Punktes bezüglich eines konvexen Polygons *(Punkt-in-Polygon-Test)*. Ein solches *konvexes Polygon* hat keine einspringenden Ecken, so daß für zwei beliebig gewählte Randpunkte bzw. innere Punkte auch immer die gesamte Verbindungsgerade innerhalb des Polygons liegt. (Besonders einfache Spezialfälle konvexer Polygone sind Dreiecke und Rechtecke.)

Durchschreiten wir die Randlinien eines konvexen Polygons in Uhrzeigerrichtung, so liegt ein Punkt im Inneren des Polygons, wenn er jeweils rechts zu liegen kommt. Im Beispiel aus Abbildung 3.17a sind also für einen konkreten Punkt (x,y) die folgenden Ungleichungen zu erfüllen, die sich aus den Determinantenbedingungen und nach der Überführung in inhomogene Koordinaten ergeben:

$$x > y \qquad x + y < 9 \qquad 4x > -5y$$
$$y < 3 \qquad x - y < 9 \qquad (3.17)$$

Jede dieser Ungleichungen bewirkt, daß eine Halbebene ausgeschieden wird. Wir können uns dabei vorstellen, daß wir das Polygon mit einer Schere aus einem großen Blatt Papier (das bis in die Unendlichkeit reicht) ausschneiden. Durch die Ungleichung $x > y$ wird der Bereich nordwestlich des vom Punkt $(0, 0)$ ausgehenden 45°-Halbstrahles weggeschnitten; die Ungleichung $y < 3$ bewirkt, daß der Bereich nördlich der Linie $y = 3$ wegfällt, und so fort, bis das Polygon übrigbleibt. Ein Punkt, der alle Ungleichungen erfüllt (Punkt B in Abb. 3.17a), liegt innerhalb des Polygons. Ist eine oder sind mehrere Ungleichungen verletzt (Punkt A), so liegt er außerhalb.

Anhand dieses Beispieles wird auch deutlich, warum diese Vorgehensweise nur für ein *konvexes Polygon* funktioniert. Ein allgemeineres Polygon würden wir

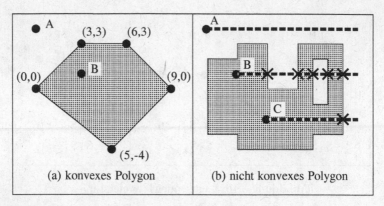

Abbildung 3.17: Lagevergleich Punkt-Polygon (Punkt-in-Polygon-Test)

mit unseren (stets geraden) Schnitten 'verletzen'; es würden auch innenliegende Bereiche weggeschnitten. Daher liefert das Verfahren auch keine schlüssigen Beweise für das Draußenliegen von Punkten. Der Punkt-in-Polygon-Test muß deshalb anders organisiert werden; dies auch im Hinblick auf etwaige Inseln. In Abbildung 3.17b wird eine Alternative aufgezeigt, die vom betrachteten Punkt einen Halbstrahl aussendet, diesen Strahl mit allen Randlinien zu schneiden versucht und die Zahl der zustandekommenden Schnittpunkte ermittelt. Ergibt sich eine gerade Zahl von Schnittpunkten, so liegt der fragliche Punkt außerhalb des Polygons; bei einer ungeraden Anzahl von Schnittpunkten liegt er innerhalb.

Bei der Klärung der Frage, ob der Strahl eine Randlinie schneidet, können wieder homogene Koordinaten bzw. die oben eingeführten Determinanten für den Lagevergleich zweier Linienstücke (siehe Abb. 3.16) verwendet werden. In diesem Fall ist eine der beiden Linien (der Halbstrahl) nur nach der einen Richtung hin beschränkt: Sie beginnt in dem Punkt, welcher der Anlaß für den Punkt-in-Polygon-Test war. Nach der anderen Seite hin ist der Halbstrahl beliebig lang, wenngleich nur jener Teil von Belang ist, der innerhalb des kleinsten umschreibenden Rechtecks des Polygons (minimum bounding rectangle, MBR) liegt. In Abbildung 3.17b ergibt sich für den von A ausgehenden Halbstrahl kein Schnittpunkt, für den von B ausgehenden Halbstrahl zählen wir fünf Schnittpunkte, für C einen Schnittpunkt. Für B und C erhalten wir also eine ungerade Zahl; diese Punkte liegen im Polygon; A liegt außerhalb. Dieser Algorithmus funktioniert für Polygone mit beliebigem Rand – also nicht nur für konvexe Polygone – und auch für Polygone mit Aussparungen. Einige Wermutstropfen sind allerdings schon dabei. Die Zählbilanz kann für Punkte, die am Rand liegen, sowie für Halbstrahlen, die (zufällig) durch Randpunkte – vielleicht sogar durch mehrere Randpunkte – gehen, zweifelhaft werden. Daneben tritt hier natürlich auch das Problem numerischer Ungenauigkeiten auf.

Der Schnitt einer Linie mit einem konvexen Polygon ist unser nächstes Ziel.
Aufgrund der Konvexität sind nur die folgenden Fälle möglich (siehe auch
Abb. 3.18a):

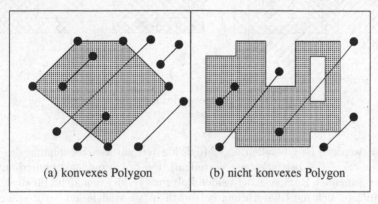

Abbildung 3.18: Lagevergleich Linie-Polygon

- beide Punkte liegen innerhalb ⇒ *kein* Schnittpunkt;

- ein Punkt innerhalb, ein Punkt außerhalb ⇒ *ein* Schnittpunkt;

- beide Punkte außerhalb ⇒ *zwei* Schnittpunkte oder keiner;

- *Sonderfälle* ⇒ entweder liegt ein Endpunkt auf dem Polygon, oder die
  Linie berührt das Polygon an einer Ecke oder verläuft teilweise auf einem
  Randstück.

Wenn wir beim Punkt-in-Polygon-Test feststellen, daß beide Endpunkte der Linie innen liegen, so gilt dies wegen der Konvexität des Polygons für die gesamte
dazwischen verlaufende Linie; es ergibt sich kein Schnittpunkt. Liegt zumindest
ein Endpunkt der Linie außerhalb des Polygons, so müssen wir jede einzelne
Polygonseite mit dieser Linie vergleichen. Aus Abbildung 3.16 ersehen wir, daß
Schnittpunkte durch negative Vorzeichen zweier Determinantenprodukte $S_1 S_2$
und $S_3 S_4$ gekennzeichnet sind. Bei konvexen Polygonen können höchstens zwei
solche Situationen auftreten. Der Schnitt einer Linie mit einem nichtkonvexen
Polygon (Abb. 3.18b) läßt im allgemeinen keine solchen Vereinfachungen zu;
hier muß die Linie mit jeder Polygonseite verglichen werden, etwaige Schnitte müssen errechnet und sodann sortiert werden, um herauszufinden, welche
Linienteile innerhalb und welche außerhalb liegen.

Der – schon recht allgemeine – Fall der Verschneidung zweier konvexer Polygone
muß durch einen paarweisen Vergleich sämtlicher Seiten der beiden Polygone

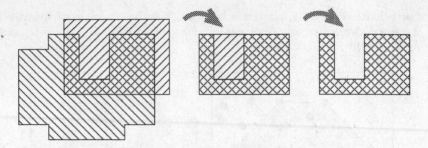

Abbildung 3.19: Lagevergleich zweier Polygone

gelöst werden. Es gibt allerdings Möglichkeiten zur Beschleunigung des Verfahrens: So ist es beispielsweise vorteilhaft, wenn wir zunächst einmal nur die umschreibenden Rechtecke der beiden Polygone vergleichen, denn für Rechtecke vereinfacht sich die Überprüfung beträchtlich (sie sind ja konvex!); schneiden sich die Rechtecke nicht, so erübrigen sich weitere Untersuchungen; ansonsten genügt es, jene Seiten miteinander zu vergleichen, die im Durchschnitt der beiden Rechtecke liegen (siehe auch Abb. 3.19). Eine weitere Beschleunigung läßt sich erzielen, wenn eines der beiden Polygone fest bleibt, während das zweite variiert; in diesem Fall erweist es sich als günstig, wenn die Seiten des festen Polygons vorsortiert werden.

Den Schnitt mit nichtkonvexen Polygonen kann man auch durch die Zerlegung in konvexe Teilpolygone bewältigen. Es würde aber den Rahmen dieses Buches sprengen, wenn wir auf Einzelheiten eingingen. Dasselbe gilt für Schnittberechnungen mit Kreisbögen, Ellipsen oder gar Splines. In diesen Fällen ist ein iteratives Vorgehen oft unvermeidlich oder zumindest vom Zeitaufwand her günstiger, und man kann – zumindest lokal – die in diesem Abschnitt vorgestellten Ideen verwenden.

3.2.2   Schnittproblematik

Die Problematik von scheinbar einfachen Schnittaufgaben wurde bereits im vorigen Abschnitt erwähnt. Der Schnitt von Linienstücken, Kreisbögen und anderen geometrischen Elementen stellt in der Tat eine wichtige Grundfunktion eines Geoinformationssystems dar. Viele GI-Anwendungen bedienen sich des Werkzeuges der Verschneidung:

• Die *Verschneidung* einzelner Objekte, aber auch ganzer Layers oder Objektklassen, mit dem Ziel, Überlappungsbereiche, Aussparungen oder ein Niemandsland zu lokalisieren; oft will man auch nur das topologische Zusammenpassen der beiden Layers oder Objektklassen überprüfen, ähnlich der Überprüfung zweier Dateien auf ihre Identität hin.

- Die *räumliche Selektion* (Ausschnittsbildung) im Rahmen der Projektbearbeitung, aber auch bei der Darstellung am Bildschirm oder bei der Präsentationsaufbereitung.

- Die *Pufferzonenberechnung*; so soll beispielsweise längs einer Straße ein Streifen von $100\,m$ angelegt werden, und alle jene Grundstücke, die in diesen Streifen hineinfallen, sind zu ermitteln. Die Effizienz solcher Pufferzonenberechnungen hängt von der Form der zugrundeliegenden Linien ab: Gerade oder wenig gekrümmte Linien sind leichter zu behandeln.

- Die *Freistellung* von Texten und Symbolen; darunter verstehen wir das teilweise Verdecken des geometrischen Hintergrundes durch Symbole und Beschriftungen im Rahmen einer Visualisierung von Geodaten. Soll dies weitgehend automatisch ablaufen, so hat das Programm eine Fülle von Bedingungen zu beachten, die sich aufgrund von Prioritäten zwischen einzelnen Kartenelementen ergeben. Oft wird unter diesem Titel auch die Problematik der *Plazierung* von Texten und Symbolen subsumiert, bei der eine Reihe von Entscheidungen, die ein menschlicher Bearbeiter treffen würde, von einem Programm simuliert werden müssen. Methoden aus der Rasterdatenverarbeitung können bei der Plazierung günstig eingesetzt werden.

Wie gehen wir technisch vor? Im vorangegangenen Abschnitt wurde der Schnitt zweier Linienstücke als Basisfunktion vorgestellt. Zwei Geraden, von denen die eine durch die Punkte P_1 und P_2 und die andere durch die Punkte P_3 und P_4 geht, schneiden sich in einem Punkt P_N, der durch eine der beiden folgenden Formeln gegeben ist:

$$\begin{pmatrix} x_N \\ y_N \end{pmatrix} = \begin{pmatrix} x_1 \\ y_1 \end{pmatrix} + \lambda \begin{pmatrix} x_2 - x_1 \\ y_2 - y_1 \end{pmatrix} \tag{3.18}$$

$$\begin{pmatrix} x_N \\ y_N \end{pmatrix} = \begin{pmatrix} x_3 \\ y_3 \end{pmatrix} + \mu \begin{pmatrix} x_4 - x_3 \\ y_4 - y_3 \end{pmatrix} \tag{3.19}$$

mit

$$\lambda = \frac{(x_3 - x_1)(y_4 - y_3) - (x_4 - x_3)(y_3 - y_1)}{(x_2 - x_1)(y_4 - y_3) - (x_4 - x_3)(y_2 - y_1)} \tag{3.20}$$

Die numerischen Probleme, die dabei auftreten können, gehen auf schleifende Schnitte und Auslöschen von signifikanten Stellen aufgrund der Differenzbildungen zurück (siehe Abb. 3.20). Es ist aber auch zu bedenken, daß wir Linienstücke mit vorgegebener Länge und nicht die theoretisch bis in die Unendlichkeit reichenden Linien verschneiden. So wird oft der Fall eintreten, daß sich zwar die Linien schneiden, nicht aber die endlichen – Linienstücke.

Der Zahlenwert von λ gibt Aufschluß darüber, ob sich der Neupunkt P_N auf der ersten Geraden zwischen den Punkten P_1 und P_2 befindet. Ein auf analoge

Weise gebildeter Faktor μ liefert die Aussage hinsichtlich der zweiten Geraden durch P_3 und P_4:

$$\mu = \frac{(x_3 - x_1)(y_2 - y_1) - (x_2 - x_1)(y_3 - y_1)}{(x_2 - x_1)(y_4 - y_3) - (x_4 - x_3)(y_2 - y_1)} \qquad (3.21)$$

Der Schnittpunkt befindet sich auf dem Linienstück, wenn folgende Bedingungen erfüllt sind:

$$0 \le \lambda \le 1 \quad \dots \quad P_N \quad \text{liegt zwischen } P_1 \text{ und } P_2 \qquad (3.22)$$
$$0 \le \mu \le 1 \quad \dots \quad P_N \quad \text{liegt zwischen } P_3 \text{ und } P_4$$

Eine dazu alternative Methode für den Lagevergleich wurde weiter vorne in diesem Kapitel vorgestellt; sie bedient sich der homogenen Koordinaten, um rasch und unter Vermeidung der 'Klippe der Unendlichkeit' zu Aussagen über die Lage von Punkten und Linienstücken zu kommen. Diese Klippe bedroht gewöhnliche Algorithmen immer dann, wenn Linien (nahezu) parallel sind. Eine andere Klippe – jene des numerischen Versagens – ist aber auch bei der Verwendung homogener Koordinaten noch da.

Abbildung 3.20: Numerische Probleme beim Lagevergleich

Abbildung 3.20 zeigt einige Situationen auf, die Verschneidungsprobleme aufgrund numerischer Ungenauigkeiten verursachen und dadurch teilweise überraschende Resultate ergeben. Ein Halbstrahl etwa, der – in der Theorie – exakt durch den Randpunkt eines Polygons geht, kann – in der Praxis – durch geringfügige Richtungsungenauigkeiten mehrere Schnittpunkte mit dem Polygon, vielleicht aber auch gar keinen Schnittpunkt haben. Lageungenauigkeiten verursachen ähnliche Probleme; bei Kreisbögen ergeben sich Schwierigkeiten mit Tangenten. Solche Zweifelsfälle treten öfter auf, als man gemeinhin annimmt. Beim interaktiven Arbeiten kann dies noch durch die Kompetenz des Bearbeiters ausgeglichen werden, nicht jedoch bei automatisiert ablaufenden Prozessen, wie etwa bei der automatischen Verschneidung zweier thematischer Layers. Zu allem Übermaß schaukeln sich solche Effekte auch noch auf. Numerisch stabile Algorithmen, die im Hinblick auf Toleranzen parametrisierbar sind, können hier Abhilfe schaffen.

Wenn wir Verschneidungen im großen Stil betreiben wollen, etwa weil zwei thematische Layers mit Tausenden von Kanten miteinander zu verschneiden sind, so ergeben sich auch Fragen hinsichtlich des Zeitverhaltens. So erweist es sich als sinnvoll, grobe Vorsortierungen der Kanten hinsichtlich ihrer Lage vorzunehmen; dies vor allem dann, wenn sich die Menge der zu verschneidenden Kanten von Fall zu Fall nur geringfügig ändert, etwa bei Bildausschnitten. Vorsortierungen nach räumlichen Kriterien können auf den in Kapitel 8 erläuterten Methoden aufbauen.

3.2.3   Transformationen

Unter den Begriff der *geometrischen Transformation* fallen

- die *Drehung (Rotation)*,

- die *Verschiebung (Translation)*,

- die *Skalierung* (Vergrößerung, Verkleinerung) in der Ebene und im Raum.

Für räumliche Transformationen kommt noch die *Perspektive* und ebenso die Abbildung eines dreidimensionalen Objektes in die Ebene hinzu. In diesem Abschnitt setzen wir für die Topologie ein Vektormodell voraus. Transformationen in Rastermodellen werden in Kapitel 4 behandelt.

Die *Drehung (Rotation)* eines Vektors im dreidimensionalen Raum kann durch die Multiplikation mit einer *Drehmatrix* ausgedrückt werden. Handelt es sich speziell um eine Drehung um die z-Achse, so sieht die Transformationsgleichung folgendermaßen aus:

$$\begin{pmatrix} x' \\ y' \\ z' \end{pmatrix} = \begin{pmatrix} \cos\alpha & -\sin\alpha & 0 \\ \sin\alpha & \cos\alpha & 0 \\ 0 & 0 & 1 \end{pmatrix} \begin{pmatrix} x \\ y \\ z \end{pmatrix} \tag{3.23}$$

Eine allgemeine Drehung im dreidimensionalen Raum kann aus drei Drehungen um die einzelnen Koordinatenachsen zusammengesetzt werden; sie läßt sich also durch drei Drehwinkel beschreiben, die in die resultierende Drehmatrix eingehen:

$$X_R = R(\alpha) \cdot R(\beta) \cdot R(\gamma) \cdot X \tag{3.24}$$

wobei

$$R(\alpha) \cdot R(\beta) \cdot R(\gamma) = \begin{pmatrix} A & D & G \\ B & E & H \\ C & F & I \end{pmatrix} \tag{3.25}$$

Die Elemente dieser Drehmatrix sind aus Summen und Produkten von Sinus und Cosinus der einzelnen Drehwinkel aufgebaut.

Auch eine *Skalierung* können wir durch eine Multiplikation mit einer Matrix darstellen, die eine Diagonalgestalt aufweist. Die einzelnen Diagonalelemente entsprechen den Streckungsfaktoren längs der jeweiligen Koordinatenachsen:

$$X_{RS} = S \cdot X_R \ , \quad wobei \ S = \begin{pmatrix} s_x & 0 & 0 \\ 0 & s_y & 0 \\ 0 & 0 & s_z \end{pmatrix} \tag{3.26}$$

Die *Translation (Verschiebung)* um einen bestimmten Betrag in x-, y- und z-Richtung erfolgt durch die Addition des Verschiebungsvektors:

$$X_{RST} = X_{RS} + X_T \ , \quad wobei \ X_T = \begin{pmatrix} x_t \\ y_t \\ z_t \end{pmatrix} \tag{3.27}$$

Wir sehen also, daß eine allgemeine Transformation, welche aus Drehungen, maßstäblichen Verzerrungen und Verschiebungen zusammengesetzt ist, durch die Multiplikation mit einer Matrix und die nachträgliche Addition des Verschiebungsvektors zustande kommt:

$$X_{RST} = S \cdot R \cdot X + X_T \tag{3.28}$$

Die Matrix ist dabei aus Rotations- und Maßstabsbestandteilen aufgebaut. Insgesamt sind bei dieser Transformation neun Parameter im Spiel: Je drei für die Verdrehung, den Maßstab und die Verschiebung. Die Bauart dieser Formel bleibt gleich, auch wenn wir die Reihenfolge der einzelnen Operationen vertauschen; die Elemente der Matrizen und des Verschiebungsvektors ändern sich dann selbstverständlich.

Die Spezialisierung auf den zweidimensionalen Fall macht natürlich vieles einfacher. Dort tritt nur ein Drehwinkel δ auf. In vielen Fällen wird man auch nur einen einzigen Maßstabsfaktor μ wählen. Dieser Maßstabsfaktor, gemeinsam mit dem Drehwinkel, bewirkt eine *Drehstreckung*, die aus einem Quadrat wieder ein vergrößertes (verkleinertes) und verdrehtes Quadrat – also eine *ähnliche* Figur – macht; aus einem Kreis wird wieder ein Kreis. Eine solche Transformation bezeichnet man als *Ähnlichkeitstransformation*. Nach der Ergänzung durch Translationsparameter x_t, y_t ergibt sich folgendes:

$$\begin{pmatrix} x' \\ y' \end{pmatrix} = \begin{pmatrix} \mu \cos\delta & -\mu \sin\delta \\ \mu \sin\delta & \mu \cos\delta \end{pmatrix} \begin{pmatrix} x \\ y \end{pmatrix} + \begin{pmatrix} x_t \\ y_t \end{pmatrix} \qquad (3.29)$$

Eine *Affintransformation* vergibt zwei unterschiedliche Maßstabsfaktoren μ, ν; sie verzerrt geometrische Gebilde affin; aus einem Quadrat wird ein Parallelogramm; aus einem Kreis wird eine Ellipse.

Wir wollen nun aber wieder zum dreidimensionalen Fall zurückkehren, wissend, daß wir jederzeit durch Vereinfachen bzw. Weglassen die Einschränkung auf zwei Dimensionen durchführen können. Koordinatentransformationen lassen sich noch einfacher formulieren, wenn wir vom kartesischen Koordinatensystem auf ein System von *homogenen Koordinaten* übergehen, so wie wir das im vorigen Abschnitt taten. Die Verdrehung und die Maßstabsverzerrung lassen sich leicht auf homogene Koordinaten übertragen, indem wir die 3x3-Matrix zu einer 4x4-Matrix erweitern:

$$R(\alpha, \beta, \gamma) = \begin{pmatrix} A & D & G & 0 \\ B & E & H & 0 \\ C & F & I & 0 \\ 0 & 0 & 0 & 1 \end{pmatrix} \qquad (3.30)$$

$$S(s_x, s_y, s_z) = \begin{pmatrix} s_x & 0 & 0 & 0 \\ 0 & s_y & 0 & 0 \\ 0 & 0 & s_z & 0 \\ 0 & 0 & 0 & 1 \end{pmatrix} \qquad (3.31)$$

Nun läßt sich aber auch die Verschiebung durch eine Matrizenmultiplikation darstellen:

$$T(x_t, y_t, z_t) = \begin{pmatrix} 1 & 0 & 0 & x_t \\ 0 & 1 & 0 & y_t \\ 0 & 0 & 1 & z_t \\ 0 & 0 & 0 & 1 \end{pmatrix} \qquad (3.32)$$

Dies können wir leicht nachprüfen:

$$T \cdot (x, y, z, 1) = (x + x_t, y + y_t, z + z_t, 1) \qquad (3.33)$$

Somit können wir alle Transformationselemente in einheitlicher Weise durch eine Multiplikation mit einer 4x4-Matrix darstellen. Selbstverständlich lassen sich homogene Koordinaten auch in der Ebene einführen: Wir gehen von einem kartesischen Koordinatenpaar (x, y) auf ein Tripel $(x, y, 1)$ über; die Verdrehung, die jetzt natürlich nur mehr einen Parameter aufweist, die Skalierung (mit zwei Parametern s_x, s_y) und die Verschiebung (ebenfalls mit zwei Parametern x_t, y_t) erreichen wir durch die Multiplikation mit einer Matrix:

$$\begin{pmatrix} s_x \cdot \cos \delta & -s_x \cdot \sin \delta & x_t \\ s_y \cdot \sin \delta & s_y \cdot \cos \delta & y_t \\ 0 & 0 & 1 \end{pmatrix} \tag{3.34}$$

Setzen wir sowohl s_x als auch s_y gleich μ, so gelangen wir wieder zur Ähnlichkeitstransformation in der Ebene, diesmal in homogenen Koordinaten. Für die Festlegung der vier Transformationselemente μ, δ, x_t, y_t des ebenen Falles einer Ähnlichkeitstransformation genügen zwei Paßpunktpaare $\{(x_1, y_1), (x'_1, y'_1)\}$ sowie $\{(x_2, y_2), (x'_2, y'_2)\}$. Wenn wir jedoch davon ausgehen, daß in unseren Daten unvermeidliche – zwar kleine, aber dennoch bemerkbare – Ungenauigkeiten verborgen sind, die sich aus Meß- und Rechenfehlern ergeben, so setzen wir mehrere Paßpunkte an. Die daraus resultierende Überbestimmung können wir für eine Minimierung dieser Fehlereinflüsse heranziehen. Dies geschieht in der Weise, daß die obigen Bestimmungsgleichungen für alle Paßpunkte angesetzt werden. In Matrizenschreibweise erhalten wir folgendes Gleichungssystem (im Vermessungswesen wird dies als System von *Beobachtungsgleichungen* bezeichnet):

$$\ell = AX \tag{3.35}$$

Dabei ist ℓ der Vektor der Koordinatenwerte x'_i und y'_i. X ist der Vektor der unbekannten Transformationsparameter und A ist eine Matrix, die in der ersten und zweiten Spalte die Koordinatenwerte x_i und y_i enthält sowie in der dritten und vierten Spalte Nullen und Einsen. Aus dem System der Beobachtungsgleichungen bilden wir nun die *Normalgleichungen*:

$$A^T A X = A^T \ell \tag{3.36}$$

Die Lösung dieser Normalgleichungen liefert dann die besten unter der Vorgabe der vorhandenen Paßpunkte erreichbaren Werte für die Transformationsparameter μ, δ, x_t, y_t:

$$X = (A^T A)^{-1} A^T \ell \tag{3.37}$$

Dieser Vorgang wird als *Ausgleichung nach kleinsten Quadraten* bezeichnet. Wir stellen ihn hier nur in seiner einfachsten Form dar. Allgemeinere Ausgleichsschemata sind in [79], [230], [143] zu finden. Für eine Darstellung moderner Methoden der Parameterschätzung in der Praxis sei [38] genannt. Hier wollen wir jedoch noch darauf hinweisen, daß die numerische Güte der Transformation zunimmt, wenn wir anstelle absoluter Koordinaten x_i, y_i, x'_i, y'_i relative – also um einen gemeinsamen Offset verminderte – Koordinaten verwenden.

Kehren wir am Ende dieses Abschnittes noch einmal zu homogenen Koordinaten zurück. Neben den praktischen Vorteilen in der Berechnung bieten sie auch noch andere Vorteile; bei Schnittaufgaben verwenden wir den Umstand, daß Punkte (ausgedrückt durch ihre drei homogenen Koordinaten $w \cdot x, w \cdot y, w$) und Linien (ausgedrückt durch die drei Koeffizienten a, b, c der impliziten Form $ax + by + c = 0$) *dual* sind: Viele Sachverhalte, die für eine Kategorie zutreffen, haben eine duale Entsprechung für die andere Kategorie. Homogene Koordinaten bieten aber auch die Möglichkeit, 'die Unendlichkeit in den Griff zu bekommen'. Wird die letzte Komponente zu Null, so ist die homogene Darstellung nach wie vor definiert. Homogene Koordinaten sind daher besonders im Rahmen der projektiven Geometrie nützlich. Dort ist eine weitere Eigenschaft homogener Koordinaten vorteilhaft: Die perspektivische Transformation wird linear und ist durch eine Matrizenmultiplikation darstellbar; wir wollen dies im folgenden näher begründen. Nehmen wir an, daß das Auge des Betrachters auf der z-Achse liegt und daß das Bild auf eine Ebene normal zur z-Achse projiziert wird (dies können wir durch eine geeignete Wahl des Koordinatensystems immer erreichen). Es ergeben sich folgende Verhältnisse (siehe Abb. 3.21):

$$\frac{x_{Bild}}{x_{Objekt}} = \frac{(z_o - z_{Bild})}{(z_o - z_{Objekt})} \tag{3.38}$$

oder

$$x_{Bild} = x_{Objekt} \cdot \frac{(z_o - z_{Bild})}{(z_o - z_{Objekt})} \tag{3.39}$$

analog

$$y_{Bild} = y_{Objekt} \cdot \frac{(z_o - z_{Bild})}{(z_o - z_{Objekt})} \tag{3.40}$$

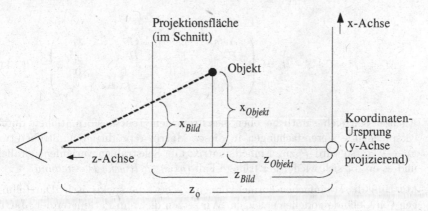

Abbildung 3.21: Perspektivische Abbildung

Nehmen wir ferner an, daß die Projektionsfläche durch den Ursprung geht; es
wird also $z_{Bild} = 0$.

$$x_{Bild} = x_{Objekt} \cdot \left(1 - \frac{z_{Objekt}}{z_o}\right)^{-1} \tag{3.41}$$

$$y_{Bild} = y_{Objekt} \cdot \left(1 - \frac{z_{Objekt}}{z_o}\right)^{-1} \tag{3.42}$$

Bei Verwendung von homogenen Koordinaten läßt sich demnach die perspektivische Abbildung durch die Multiplikation mit einer Matrix P darstellen, die
von einem Parameter z_o abhängt; dieser Parameter gibt die Entfernung des
Betrachters vom Ursprung an:

$$\underbrace{\begin{pmatrix} 1 & 0 & 0 & 0 \\ 0 & 1 & 0 & 0 \\ 0 & 0 & 1 & 0 \\ 0 & 0 & \frac{-1}{z_o} & 1 \end{pmatrix}}_{P} \cdot \begin{pmatrix} wx \\ wy \\ wz \\ w \end{pmatrix} = \begin{pmatrix} wx \\ wy \\ 0 \\ w \cdot \left(1 - \frac{z}{z_o}\right) \end{pmatrix} \tag{3.43}$$

Nun können wir tatsächlich eine allgemeine Transformationsmatrix aufstellen,
welche alle Aspekte, also Verdrehung, Maßstab, Verschiebung und Perspektive berücksichtigt [142]; sie entsteht durch Multiplikation der Matrix in der
vorangegangenen Gleichung (wir wollen sie mit P bezeichnen) mit den vorhin
abgeleiteten Matrizen und hängt von zehn Parametern ab. Diese Matrix wird
also für jede Abbildung einmal berechnet und dann auf alle zu transformieren-
den Elemente angewendet. Ein Spezialfall ergibt sich, wenn wir das Resultat
der Transformation in die Ebene – etwa in die Bildschirmebene – abbilden:
Dann wird die dritte Zeile dieser Matrix zu Null:

$$M = P \cdot T \cdot S \cdot R = \begin{pmatrix} A \cdot s_x & D \cdot s_x & G \cdot s_x & x_t \\ B \cdot s_y & E \cdot s_y & H \cdot s_y & y_t \\ 0 & 0 & 0 & 0 \\ -C \cdot \frac{s_z}{z_o} & -F \cdot \frac{s_z}{z_o} & -I \cdot \frac{s_z}{z_o} & 1 - \frac{z_t}{z_o} \end{pmatrix} \tag{3.44}$$

Auch lassen sich sämtliche oben beschriebenen Teiltransformationen durch
entsprechende Vereinfachungen in dieser Matrix reproduzieren: Strebt etwa
$z_o \longrightarrow \infty$, so wird P zur Einheitsmatrix; alle Sehstrahlen verlaufen parallel,
und es ergibt sich wieder der frühere Fall *(axonometrische Darstellung)*.

Mit Hilfe dieser einfachen Formel können wir etwa perspektivische Darstellungen von Geländemodellen erzeugen. Wir setzen die zehn Parameter der Matrix
M fest und wenden dann diesen Matrizenoperator auf jeden einzelnen Gitterpunkt des Interpolationsrasters an.

3.3   Methoden der Vektortopologie

3.3.1   Topologische Konsistenz

Die *Datenkonsistenz* ist eine der wichtigsten Forderungen, die wir an ein Informationssystem stellen. Über lange Zeit hin entwickelt es sich dynamisch, es kommen also ständig neue Daten hinzu, und vorhandene Daten werden modifiziert. Wenn wir dieser Entwicklung nicht rigorose Strategien zur Überprüfung der Datenintegrität gegenüberstellen können, wird das Gesamtsystem bald unüberschaubar und für den Anwender wertlos; die Kosten für die *Wartung* der Daten übersteigen bald jene der Datenerfassung und Analyse. Das System kann seine Funktion als Auskunftsmedium und Entscheidungshilfe in Fragen der Planung, der Verteilung von Ressourcen, der Verbesserung der Infrastruktur und der Umweltgestaltung nur mehr bedingt wahrnehmen. Inkonsistente Daten verunsichern den Nutzer und verringern die *Akzeptanz* und somit die *Wirtschaftlichkeit* des Systems.

Das Problem der Inkonsistenz kommt durch die automatisierte Bearbeitung der Daten zustande. Wenn wir einen Plan manuell anfertigen, so vermeiden wir vieles intuitiv, das zu einer Inkonsistenz der Daten führt. Wir wissen, daß Grundstücke von geschlossenen Linienzügen umrahmt werden, die sich nicht selbst schneiden dürfen; zwischen den Grundstücken darf es kein Niemandsland geben; Flächen, die zu schmal sind, verdanken ihr Entstehen höchstwahrscheinlich einer Ungenauigkeit in der Punktdefinition. Wir wissen auch, daß Häuser einander nicht überlappen; daß Straßen nicht durch Häuser gehen; daß Gemeinden zur Gänze innerhalb eines Landes liegen müssen; daß sich Bäche nicht kreuzen, daß sie im allgemeinen nicht unterbrochen sind und daß sie keine in sich geschlossenen Schleifen bilden dürfen. Ferner wissen wir, daß Leitungsnetze zusammenhängen müssen, daß sie also keine isolierten Teile haben dürfen. All dies sind topologische Bedingungen, die sich aufgrund der jeweiligen Thematik ergeben (siehe Kap. 6). Das jeweilige Thema wirkt sich aber auch auf die Geometrie aus. So wissen wir, daß in einer amerikanischen Reihenhaussiedlung alle Häuser rechtwinkelig sind, während ein rechter Winkel in einer europäischen Altstadt eher die Ausnahme ist. Dasselbe läßt sich von Straßenrändern sagen, die zueinander parallel sind, ferner von Gebäuden, deren Abstand von der Straße ein bestimmtes Mindestmaß nicht unterschreiten darf usw. Diese Beispiele lassen sich beliebig fortsetzen und ausbauen.

Das menschliche Auge erkennt solche Ungereimtheiten sehr genau, denn es ist höchst empfindlich gegenüber geometrischen Abweichungen, und aufgrund der ganzheitlichen Erfassung eines Bildes werden topologische Fehler sofort erkannt. Oft widersprechen einzelne Bedingungen einander, und der Bearbeiter gewichtet diese und entscheidet dann aufgrund seiner Erfahrung. Das Problem bei der digitalen Erfassung besteht darin, daß sehr viele Daten ohne menschliche Überwachung digitalisiert werden und daß die Überprüfung durch herkömmliche Computerprogramme zeitaufwendig ist. Widersprüchliche Bedingungen stellen oft ein unüberwindliches Hindernis dar.

Für die Überprüfung des Flächenrandes und das Bilden topologischer Flächen ist ein umfangreiches Maßnahmenpaket erforderlich. Dies mag zunächst Erstaunen auslösen, denn bei der Visualisierung eines Geodatenbestandes sehen wir auf den ersten Blick, daß es eine Reihe von Flächen gibt und daß einige davon Aussparungen aufweisen; wir orten auch Problemzonen dort, wo keine Flächenbildung möglich ist. Es ist jedoch zu bedenken, daß die unschlagbare Fähigkeit des Menschen, solche Zusammenhänge aufgrund von visuellen Eindrücken rasch aufbauen zu können, nicht auf die Computerumgebung übertragbar ist. Auch wir wären überfordert, wenn uns eine Liste von Koordinatenpaaren für linienhafte Strukturen vorgelegt würde, und wir müßten aus dieser Liste entsprechende Schlußfolgerungen ziehen. Eine explizite Flächenverspeicherung in einer Geodatenbank, ausgehend von einer Menge unstrukturierter Linienstücke *(Spaghetti)* setzt folgende Maßnahmen voraus:

- Paarweiser Vergleich aller Spaghetti auf etwaige Schnittpunkte;

- Mittelung von Punkten, die innerhalb einer vorgegebenen Toleranz liegen;

- Ermittlung von Flächenrändern und Aussparungen sowie Erkennen von Problemzonen, wo eine Flächenbildung aufgrund von Sackgassen, zu kurz oder zu lang geratenen Linienstücken nicht möglich ist;

- Elimination dieser Fehler und erneuter Durchlauf.

Wir müssen davon ausgehen, daß zu Beginn der Bearbeitung alle Linienstücke voneinander isoliert sind; für kein solches Stück ist bekannt, in welchem anderen Stück es seine Fortsetzung finden kann; oft weichen die Koordinaten des Endpunktes eines Linienstücks von jenen des Anfangspunktes eines anderen Linienstücks ab – aufgrund von numerischen Ungenauigkeiten, unterschiedlichen Erfassungsvorgängen usw. Durch das Ausmerzen solcher Diskrepanzen bei vorgegebenen Toleranzen werden *Knoten* erzeugt, und die – allenfalls verlängerten, verkürzten, verschobenen, verdrehten – Linienstücke werden zu *Kanten*. Nun kommt die Flächenbildung zum Zug. Versetzen wir uns dafür in die Welt einer Ameise, die sich auf einer Oberfläche nur entlang von leicht vertieften Kanälen – unseren Kanten – fortbewegen kann. Wir verwenden dieses Bild deshalb, weil die Ameise kein Flächenbewußtsein entwickelt; sie markiert zwar ihren Weg und geht ihn nicht zweimal in dieselbe Richtung; sie weiß jedoch nicht, was sich außerhalb ihrer eindimensionalen Welt noch alles tut. Nur an den Verzweigungsstellen – unseren Knoten – hat sie eine gewisse Wahlmöglichkeit; sie entwickelt zum Beispiel einen Rechtsdrall und wählt an den Verzweigungen immer die entsprechende Fortsetzung. So bewegt sie sich im Uhrzeigersinn um Flächen herum.

Wir, die wir aus einer höheren Dimension kommen, müssen die Ameise auf einen Knoten setzen. Wir sollten einen Knoten mit einem möglichst hohen

Knotengrad wählen; es ist dies die Zahl der vom Knoten abgehenden bzw. in ihn einmündenden Kanten. Ein Knoten mit dem Knotengrad 1 wäre zumindest zu Beginn eine schlechte Wahl – er ist der Endpunkt einer Sackgasse. Knoten mit dem Knotengrad 2 sind eigentlich *Pseudoknoten* mit keiner echten Wahlmöglichkeit. Wir setzen also die Ameise auf einen Knoten; sie wählt eine Kante aus und bewegt sich entlang dieser Kante bis zum nächsten Knoten. Dort wählt sie wegen ihres Rechtsdralls jene Fortsetzungskante, die mit der früheren Kante den kleinsten Winkel einschließt. So läuft sie um die erste Fläche herum, bis sie den Ausgangspunkt wieder erreicht; dort bleibt sie stehen. Nun setzen wir sie auf einen anderen Knoten, und das Spiel beginnt von neuem. Wollen wir sie dazu veranlassen, denselben Weg noch einmal zu gehen, so verweigert sie dies. Auch an den Verzweigungen scheidet sie jene Kanäle aus, auf denen sie schon in die entsprechende Richtung marschiert ist. Wenn wir hartnäckig genug sind und sie genügend oft auf alle Knoten setzen, hat sie letztendlich alle Kanten zweimal – in jede Richtung einmal – durchlaufen.

Wir numerieren alle auf diese Weise erhaltenen Flächen aufsteigend und schreiben dementsprechend auch zu jeder Kante zwei Flächennummern dazu, je eine Nummer für die links bzw. rechts der Kante liegende Fläche, bezogen auf die Fortschreitungsrichtung der Kante. Sollen Flächen explizit verspeichert werden, etwa weil wir ihnen weitere Attribute zuordnen wollen, so müssen eigene Entitäten gebildet werden, welche sich auf die entsprechenden Kanten in der jeweiligen Reihenfolge stützen. Als Sonderfall ergibt sich dabei auch jene Fläche, die außerhalb der Umrandung des betrachteten Bereiches liegt und bis in die Unendlichkeit reicht, die *Außenwelt* (engl. *outer void*). Diesen leeren Außenraum erkennen wir am Vorzeichen des Flächeninhaltes, der sich etwa bei geradlinigen Rändern aus folgender Formel *(Trapezformel)* errechnen läßt:

$$F \;=\; \frac{1}{2} \sum_{i=1}^{N} x_i \; (y_{i+1} - y_{i-1}) \tag{3.45}$$

Ist das Vorzeichen positiv, so handelt es sich um eine normale Fläche, gegeben durch die Punkte $P_1 \ldots P_N$, um die wir im Uhrzeigersinn herumwandern. Bei negativem Vorzeichen ist es der leere Außenraum. (Für die praktische Behandlung der obigen Formel ist anzumerken, daß der Punkt P_0 mit dem Punkt P_N, und ebenso P_{N+1} mit P_1 gleichzusetzen ist.) Die Flächenbildung ist damit jedoch noch nicht beendet. Aussparungen wurden noch nicht als solche erkannt. Die Ameise hat zwar auch die Aussparungsränder zweimal durchlaufen, aber sie weiß nicht – und auch wir wissen es nicht –, welche Aussparung zu welcher Fläche gehört. Ein Hinweis darauf, daß wir überhaupt mit Aussparungen rechnen müssen, ergibt sich durch das Vorhandensein mehrerer Außenräume; einer für den Gesamtbereich sowie für jede Aussparung ein zusätzlicher. Für die Zuordnung der Aussparungen können wir einen *Punkt-in-Polygon-Test* verwenden. Wenn wir erkennen, daß *ein* Randpunkt einer Aussparung innerhalb einer bestimmten Fläche liegt, so gilt dies damit auch für *alle* anderen Randpunkte der Aussparung; dies deswegen, weil Kanten – und damit auch Ränder – sich nicht überschneiden dürfen.

Die Frage der Fehlerbehandlung haben wir bis jetzt ausgeklammert. Wie soll unsere Ameise reagieren, wenn sie in einem Knoten anlangt, von dem aus keine Fortsetzung möglich ist? In dieser Sackgasse hat sie nur die Möglichkeit, umzukehren, und zwar bis zum letzten Verzweigungspunkt. Bei dieser Gelegenheit müssen wir die gesamte Sackgasse als fehlerhaft deklarieren, um einerseits nicht noch einmal dort hinzugeraten und andererseits im nachhinein im Rahmen der Fehlerbehebung rasch auf die Problemzonen hinweisen zu können. Für die Behebung benötigen wir ein Instrumentarium von Funktionen wie etwa

- Verlängern/Kürzen/Löschen von Kanten;
- Aufschneiden von Linien und Setzen von Knoten;
- Mitteln von Knotengeometrien.

Die Methoden der Flächenbildung sind mit jenen des *Aggregierens* verwandt. Diese Verfahren legen benachbarte Teilflächen – etwa Nutzungabschnitte eines Grundstücks – zu einer Gesamtfläche zusammen, indem trennende Kanten eliminiert werden. Dabei kommt uns die Kenntnis der zu einer Kante links bzw. rechts liegenden Fläche, wie sie in einer Kanten-Knoten-Struktur vorausgesetzt werden kann, zugute. Wenn die in diesem Abschnitt vorrangig angestrebte *Überprüfung* auch gleich mit einer automatischen *Bereinigung* gekoppelt wird, so hat dies zweifellos Vorteile: Man braucht nicht zweimal durch fast identische, jedoch zeitraubende Programmpassagen hindurch. Es gibt allerdings auch Nachteile. Ein – noch – nicht korrigierter Fehler ist zwar unangenehm; er ist jedoch nicht so unangenehm wie ein falsch korrigierter Fehler. Deshalb sollten bei der Überprüfung festgestellte Fehler immer erst auf graphischem Wege begutachtet werden, bevor man mit der Bereinigung beginnt.

Ein Ansatz zur Lösung dieses Problems besteht im Einsatz von *Expertensystemen* zur Überprüfung der Integrität von Daten (siehe auch Kap. 7). Nun wollen wir untersuchen, wie wir jene Bedingungen, welche die Thematik der Topologie auferlegt, so formalisieren können, daß sie einer automatisierbaren Behandlung zugeführt werden können.

3.3.2   Auszug aus der Graphentheorie

Die *Graphentheorie* bietet gute Hilfsmittel zur Formalisierung topologischer Eigenschaften. Die folgende Definition stammt aus [211]:

> Ein *Graph* ist als ein Tripel {KNOTEN, KANTEN, ZUORDNUNG} definiert, worin KNOTEN und KANTEN zwei elementfremde Mengen sind und ZUORDNUNG für eine Vorschrift steht, durch die jedem Element von KANTEN genau zwei Elemente von KNOTEN zugeordnet werden.

Knoten werden durch Kanten verbunden, und jede Kante hat einen Anfangs-
und einen Endknoten. Zwei durch eine Kante verbundene Knoten sind *benachbart*. Hier ist besonders hervorzuheben, daß es vorerst nicht um das Längenmaß
für diese Verbindung geht; wir haben also noch keine *Metrik* eingeführt. Beispiele für Graphen sind Verkehrs-, Fluß- und Leitungsnetze, aber auch Landes-,
Gemeinde- und Grundstücksgrenzen. Ein *Weg* in einem Graphen ist eine Folge von Kanten, die von einem Knoten zu einem anderen Knoten führt. Zwei
aufeinander folgende Kanten haben jeweils einen gemeinsamen Knoten. Ein
Graph heißt *zusammenhängend*, wenn es zu je zwei beliebigen Knoten mindestens einen Weg gibt. Der Graph der Donau und ihrer Nebenflüsse ist natürlich
zusammenhängend, ebenso jener des Rheins und seiner Zubringer. Die beiden
Graphen hängen jedoch nicht mit einander zusammen. Gibt es zwischen zwei
gegebenen Knoten mehrere Wege, so enthält der Graph einen *Zyklus*. Fluß-
netze haben keine Zyklen, Verkehrsnetze hingegen im allgemeinen schon. Ist
ein Graph zusammenhängend und hat er keine Zyklen, so nennen wir ihn einen
Baum. Ein wichtiger Spezialfall ergibt sich, wenn ein Graph *nur Zyklen* enthält
und die eben zitierte Eigenschaft demnach für jeden Knoten gilt. Der Graph
der europäischen Landesgrenzen ist ein solches Beispiel für eine Konfiguration,
die lauter Zyklen enthält.

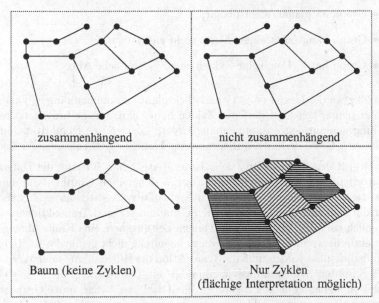

Abbildung 3.22: Beispiele für Graphen

Verschiedene Varianten für Graphen werden in Abbildung 3.22 dargestellt.
Zwei Graphen sind zueinander *isomorph*, wenn zwischen ihnen eine umkehrbar eindeutige Abbildung existiert, die auch alle Nachbarschaften intakt

läßt (Abb. 3.23a). Wenn man zu einem Graphen eine isomorphe Entsprechung findet, die sich so in die Ebene abbilden läßt, daß sich keine Kanten schneiden, so ist dies ein *planarer Graph*. Abbildung 3.23b zeigt einen nichtplanaren Graphen. Es stellt sich heraus, daß topologische Konsistenzbedingungen hauptsächlich auf folgenden drei Eigenschaften basieren [65]:

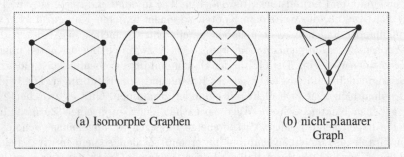

(a) Isomorphe Graphen   (b) nicht-planarer Graph

Abbildung 3.23: (a) Isomorphe und (b) nichtplanare Graphen

- Graph ist planar/nicht planar,

- Graph hängt zusammen/hängt nicht zusammen,

- Graph hat Zyklen/keine Zyklen/nur Zyklen (siehe Abb. 3.22).

So muß etwa der Graph eines Grundstücksplanes zusammenhängen; außerdem muß er planar sein und darf nur Zyklen haben. Für ein Leitungsnetz werden wir hingegen nur den Zusammenhang fordern (Zyklen und Planarität sind hier irrelevant). Gewässerlinien dürfen nur eine baumartige Struktur aufweisen.

Der Begriff der *Transaktion* (siehe Kap. 9) steht hier für eine die Datenintegrität erhaltende topologische Operation, welche einen Graphen von einem – konsistenten – Zustand A in einen – ebenfalls konsistenten – Zustand B überführt. Je nach dem topologischen Grundmuster sind Transaktionen unterschiedlich komplex. So darf etwa in einem Leitungsnetz eine Kante hinzugefügt oder entfernt werden, solange der Zusammenhang nicht gefährdet ist. In einem Grundstücksplan jedoch muß die Transaktion die Hinzunahme oder Wegnahme eines gesamten Zyklus umfassen. Man darf ein Grundstück teilen – aus einem Zyklus entstehen zwei oder mehrere –, man darf zwei benachbarte Grundstücke zusammenlegen – zwei Zyklen werden zu einem verschmolzen; man darf aber nicht eine isolierte Kante wegnehmen bzw. hinzufügen.

Wie können wir die topologische Unbedenklichkeit solcher Transaktionen überwachen? Für das automatische Erkennen von Fehlersituationen lassen sich graphentheoretische Sachverhalte heranziehen. So gibt es eine Beziehung, welche die Anzahl der Knoten, der Kanten und der Maschen (Flächen) eines Graphen mit der Anzahl der unzusammenhängenden Teile in Zusammenhang bringt. Sie wird als *Eulersche Gleichung* bezeichnet:

$$V + F = E + S \tag{3.46}$$

wobei

V = Anzahl der Knoten (vertices)
F = Anzahl der Maschen (faces)
E = Anzahl der Kanten (edges)
S = Anzahl der unzusammenhängenden Teile (shapes)

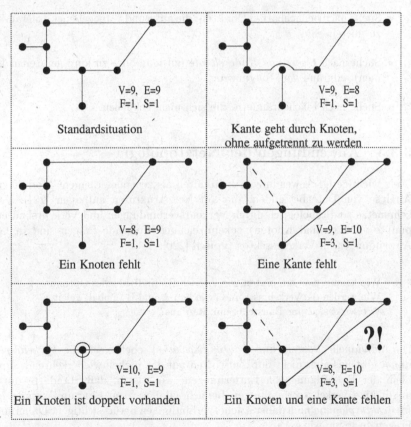

Abbildung 3.24: Topologische Konfigurationen und Eulersche Gleichung

Aus jeweils drei dieser Kenngrößen läßt sich also die vierte Kenngröße ermitteln. Ist etwa ein Flußnetz auf seine topologische Konsistenz hin zu untersuchen, so weiß man, daß es zusammenhängend sein muß ($S = 1$) und daß es keine Zyklen geben darf ($F = 0$). Somit muß $V = E + 1$ sein. Die Anzahl der Knoten V und die Anzahl der Kanten E kann auf einfache Weise ermittelt werden. Ist die Gleichung nicht erfüllt, so schließen wir daraus, daß es entweder Zyklen oder unzusammenhängende Teile gibt. In Abbildung 3.24 werden einige fehlerhafte Situationen samt den dazugehörigen Werten für die Parameter der Eulerschen Gleichung dargestellt.

Natürlich können solche Maßnahmen nur Verdachtsmomente liefern; außerdem ist zu beachten, daß zwei Fehler einander in der Eulerschen Bilanz auch aufheben können. Eine derartige Überprüfung muß daher Hand in Hand mit anderen Funktionen gehen:

- Suche nach benachbarten Punkten, die aufgrund vorgegebener Toleranzen zu mitteln sind;

- Suche nach *Over- und Undershoots* (zu lang oder zu kurz geratenen Linien) aufgrund von Toleranzen;

- Suche nach Flächenrändern, die sich nicht schließen.

3.3.3   Anwendungen der Netztopologie

Viele wichtige GI-Anwendungen beinhalten als zentrales Element Module zur Analyse von Datenbeständen, die auf Netzstrukturen aufbauen [221]. Verkehrsnetze sind topologisch durch Verkehrsverbindungen und Verkehrsknotenpunkte (Kanten und Knoten) gekennzeichnet. Folgende Fragen sind in GI-Anwendungen im Verkehrssektor typisch [220]:

> Wie kommt man am besten von A nach B? (individuelles Optimum)
> Wie werden die Verkehrsströme zwischen A und B (global) geleitet?
> Wie wirkt sich eine Baustelle, ein Stau aus?

Die individuelle *Routen-* und *Tourendisposition*, ebenso wie die *Verkehrsplanung*, gibt uns aber nicht nur Antworten auf das täglich wiederkehrende Problem der Bewältigung von Entfernungen; wir wissen, daß Standorte durch ungünstige Verkehrsverbindungen benachteiligt werden. Eine umfassende *Infrastrukturplanung* muß daher solche Verbindungen berücksichtigen. Dabei sind Fragen zu lösen, wie etwa

> Welcher Standort ist optimal für eine neue Schule?
> Wo muß ein vorhandenes Verkehrsnetz verbessert werden?
> Wie können vorhandene Anlagen besser genutzt werden?

Standortprobleme sind in gewisser Weise zu Erreichbarkeitsbäumen (siehe
Abb. 3.13) invers. Während dort etwa ein projektiertes Zentrum für die medizi-
nische Versorgung als 'Epizentrum' vorgegeben wird und man die erreichbaren
Haushalte mit den sich längs der Netzstruktur ausbreitenden Wellenfronten
einsammelt, hat man bei Standortproblemen die zu erreichenden Haushalte
bereits definiert – sie sind also derzeit noch medizinisch unterversorgt – und
sucht dazu einen optimalen zentralen Ort für die Arztpraxen.

Interessant ist, daß die in einem solchen Rahmen eingesetzten *Netzoptimie-
rungs-* und *Flußalgorithmen* auch bei anderen GI-Anwendungen eine bedeutende Rolle spielen können; so gibt es im Leitungskataster Fragen, die denen
der Verkehrsproblematik erstaunlich ähneln:

> Wo liegen die Engstellen eines Leitungsnetzes?
> Welche Netzteile müssen verstärkt werden?
> Wo kann eingespart werden?
> Wie wirkt sich eine Leitungsunterbrechung aus?

Abbildung 3.25: Optimale Routen (a) und Touren (b) in Ballungsräumen

Das Beispiel der *Routenplanung* zeigt die Bedeutung der Topologie linienhafter
Netze auf. Man zielt auf eine möglichst gute Einbindung mehrerer vorgegebener Fahrziele in eine zusammenhängende Reiseroute einer Person bzw. eines
individuellen Fahrzeugs [223]. In Abbildung 3.25a sind drei verschiedene Alternativen für die Fahrt zwischen zwei gegebenen Punkten dargestellt. Dabei ist
entweder eine bestimmte (Teil-)Reihenfolge einzuhalten, oder die Reihenfolge
ist egal; gegebenenfalls ist eine *Rundreise* zu ermitteln. Gewisse Fahrziele sind
'Muß Ziele', während andere optional sind; bestimmte Bereiche sollen gemieden
werden. Anwendungen ergeben sich nicht nur für private Fahrten, sondern vor
allem für Zustell- und Botendienste, Polizei und Feuerwehr, Taxidienste und

dergleichen [206]. Gehen wir von der auf individuelle Bedürfnisse zugeschnittenen Planung ab und beziehen wir einen ganzen Fuhrpark in die Optimalitätsbetrachtungen ein, so gelangen wir zur *Tourendisposition* (Abb. 3.25b), wie sie etwa bei der Müllabfuhr gehandhabt wird. Dort gilt es zunächst, das gesamte Stadtgebiet in *Touren* aufzuteilen, also in Bezirke, die von jeweils einem Fahrzeug abgedeckt werden; innerhalb eines solchen Bezirkes gilt es dann, für dieses Fahrzeug eine optimale Route zu finden. Diese beiden Stufen der Problembewältigung sind natürlich nicht unabhängig voneinander. So kann eine Änderung der Zuständigkeitsbereiche zweier Fahrzeuge und eine nachfolgende Korrektur der individuellen Routen eine globale Verbesserung bringen.

Die Grundlage für Routen- und Tourenplanungen stellt das Netz von Verkehrsachsen und -knotenpunkten dar. Die *Topologie* des Netzes beschreibt das Verbundensein von Kreuzungen durch Straßenzüge. Es handelt sich um eine besondere Ausprägung einer *Kanten-Knoten-Struktur*. Jeder Kante werden Attribute zugeordnet, die zumindest Verkehrsbeschränkungen, Einbahnen, Abbiegeverbote und Kapazitätsangaben enthalten müssen [11]. Wie schwierig sich die praktische Implementierung gestalten kann, wird aus dem Umstand ersichtlich, daß etwa der öffentliche Nahverkehr in Ballungsräumen ganz andere Gegebenheiten vorfindet als der private KFZ-Verkehr, die Einsatzfahrzeuge, der Fuhrpark der städtischen Verwaltung oder gar die Radfahrer und Fußgänger. So können zwei Kreuzungen miteinander zwar für den Linienbus verbunden sein, für das Privatauto jedoch nicht; oder vielleicht nur vormittags von 6h bis 11h sowie an Wochenenden. Dasselbe gilt für Abbiegesituationen an Kreuzungen (siehe [222]). Eigentlich müßten wir für jede dieser Gruppen eine gesonderte Topologie bereitstellen, die noch dazu zeitabhängig ist. Trotzdem soll es möglich sein, Übergänge zwischen verschiedenen Topologien ausnutzen zu können, wenn nämlich innerhalb einer Tour mehrere Verkehrsmittel – Fahrrad, Bus, U-Bahn – benutzt werden sollen. Zu unterschiedlichen Zeiten sind dann auch andere Umsteigepunkte von einem Verkehrsmittel zum anderen sinnvoll. Diese Anwendungen bauen zunächst nur auf linienhaften Netztopologien auf. Der Übergang zu flächenhaften Mosaiken liegt allerdings nahe. Denken wir nur an die Problematik von Tarifzonenplänen für den öffentlichen Verkehr. Dort treten alle drei topologischen Kategorien auf. An den Knoten steigt man um, längs den Kanten fährt man, und die Maschen entsprechen den Tarifzonen.

3.4   Geometrie nach ISO 19107

Zum Abschluß dieses Kapitels wollen wir eine kurze Zusammenfassung der Norm ISO 19107 *Geographic Information – Spatial Schema* [269] anfügen. Viele Überlegungen dieses Kapitels werden damit in eine normierte Form gegossen. Wie es bei Normen allgemein der Fall ist, berücksichtigen sie nicht alle Feinheiten, die in unseren Erörterungen auftauchten. Vielmehr geben sie die mittleren Anforderungen einer GI-Anwendung wieder. Für das Umfeld und weitere

Ausführungen zum Thema Normung verweisen wir auf Kapitel 10.

Das Spatial Schema normiert die geometrischen und topologischen Aspekte von Geodaten aus der Vektorwelt. Die Norm unterscheidet zwischen *geometrischen Objekten* (GM_OBJECT) und *topologischen Objekten* (TP_OBJECT). Ein geometrisches Objekt im Sinne dieser Norm ist eine Kombination von Koordinatengeometrien und einem Bezugssystem (siehe Kapitel 2). Es ist ein Überbegriff für Primitive und zusammengesetzte geometrische Objekte (Komplexobjekte). Der Überbegriff des topologischen Objektes faßt in ähnlicher Weise topologische Primitive und topologische Komplexobjekte zusammen. Für ein GM_OBJECT ergibt sich die folgende Untergliederung (für das topologische Gegenstück sieht dies ganz ähnlich aus):

Geometrie	0-dimensional	1-dimensional	2-dimensional	3-dimensional
Primitive:	*Points*	*Curves*	*Surfaces*	*Solids*
Komplexe:	*Composite Points*	*Composite Curves*	*Composite Surfaces*	*Composite Solids*

Dies gibt lediglich die wichtigsten Vertreter an. Daneben listet die Norm eine ganze Reihe von Varianten auf, wie etwa GM_AGGREGATES (beliebige Zusammenfassungen von Geometrien) oder GM_MULTIPRIMITIVES (GM_MULTIPOINT, GM_MULTICURVE, GM_MULTISURFACE, GM_MULTISOLID). Ein GM_OBJECT hat – getreu dem objektorientierten Ansatz – eine ganze Reihe von *Interfaces*, die wir auch als zugeordnete *Methoden* bezeichnen können. Somit werden von dieser Norm nicht nur die Eigenschaften geometrischer Konfigurationen abgedeckt, wie wir sie im ersten Teil des Kapitels diskutierten, sondern auch die geometrischen Methoden des zweiten Teils. Wir nennen beispielsweise die folgenden Methoden:

Interface-Art	Beispiele für Interfaces (Methoden)
Index	REPRESENTATIVEPOINT, MBREGION
Encoding	GETID, ENCODE, DECODE
Topological	BOUNDARY, ISSIMPLE, ISCLOSED
Set	CONTAIN, EQUAL, INTERSECT, UNION, DIFFERENCE
Query	DISTANCE, DIMENSION, ISINCOMPLEXES
Construct	BUFFER, ENVELOPE, TRANSFORM, CONVEXHULL

Die Methode REPRESENTATIVEPOINT liefert für ein bestimmtes Objekt die Koordinaten eines Punktes, der innerhalb des Objektes liegt und für dieses repräsentativ ist (ein solcher Punkt wird als Zentroid bezeichnet), während GETID die Identifikation dieses Objektes in einer codierten Übertragungsdatei ergibt. Die topologische Methode BOUNDARY bringt eine Menge von Objekten die den Rand des gegebenen Objektes beschreiben. Es gibt auch Methoden, die einfach nur die Werte WAHR oder FALSCH zurück liefern. ISSIMPLE ist WAHR wenn es sich um ein im topologischen Sinn einfach zusammenhängendes Objekt handelt. CONTAIN ist WAHR wenn das Objekt ein anderes im topologischen Sinn enthält. Von den Abfragemethoden erwähnen wir DISTANCE, das den Abstand zu einem gegebenen Objekt angibt. Dabei werden die Punkte beider Objekte paarweise verglichen und es wird das Minimum genommen, so wie es bereits in diesem Kapitel im Unterabschnitt zur Metrik erklärt wurde. Eine Konstruktionsmethode ist etwa BUFFER, das alle Punkte innerhalb einer Pufferzone um das gegebene Objekt ermittelt.

Alle diese eben beschriebenen Methoden gelten für die allgemeine Klasse eines Geometrie-Objektes. Natürlich weist jede Unterklasse dann noch spezielle Methoden auf, die auf den jeweiligen Fall zugeschnitten sind:

Klasse	Beispiele für spezielle Methoden der Klasse
GM_POINT	POSITION
GM_CURVE	STARTPOINT, ENDPOINT, TANGENT, LENGTH
GM_SURFACE	BOUNDARY, AREA, PERIMETER, INTERPOLATION
GM_SOLID	BOUNDARY, AREA, VOLUME

Gehen wir zu den topologischen Objekten TP_NODE, TP_EDGE, TP_FACE, TP_SOLID und ihren gerichteten Varianten wie etwa TP_DIRECTEDEDGE über, so finden wir eine ganze Reihe von Methoden, welche die in diesem Kapitel besprochenen topologischen Konfigurationen abdecken.

Da die Norm ISO 19107 zu Recht den Anspruch erhebt allumfassend zu sein und eine entsprechende Umsetzung dann eben auch alle Verzweigungen und Teilbereiche der Norm abzudecken hat, ergab sich auch der Bedarf nach einem Profil dieser Norm, das sich auf jene Elemente beschränkt, die für einfache GI-Anwendungen notwendig sind. So entstand die Norm ISO 19137 *Geographic information - Core profile of the spatial schema*. Sie enthält keine topologischen Elemente. Von der Geometrie her beschränkt man sich auf GM_POINT, GM_CURVE und GM_SURFACE sowie die dafür notwendige Basis. Wir verweisen dazu auch auf Kapitel 10 und die dort angeführte und ausführlich kommentierte Liste von ISO-Normen.

Kapitel 4

RASTERGEOMETRIE UND RASTERALGEBRA

4.1 Rasterdaten

4.1.1 Übersicht

Geometrische Sachverhalte sind in Rastermodellen um vieles einfacher darzustellen als in Vektormodellen (siehe Abb. 2.6). Es gibt nur einen Entitätstyp, ein geometrisches Element im Rastermodell, die *Rasterzelle* oder *Rastermasche*, in Anlehnung an die Anwendungen in der graphischen Datenverarbeitung und der Bildverarbeitung als *Pixel* bezeichnet. (Die dreidimensionale Verallgemeinerung ist das *Voxel*.)

Die Rasterzelle ist rechteckig und überdeckt ein Gebiet mit homogener Bedeutung. Alle Rasterzellen sind gleich groß und unterliegen einer regelmäßigen Anordnung. In einem *Fernerkundungsbild* etwa kann man die Rasterzellen zur Darstellung homogener Grau- oder Farbwerte heranziehen. Wir haben aber bereits in Kapitel 2 darauf hingewiesen, daß es auch allgemeinere Bedeutungen geben kann, denen man eine Rasterung zugrunde legt, wie zum Beispiel diverse Statistiken, die relativ grob für rechteckige Bereiche gegeben sind (Waldschäden, Niederschlag, Infrastruktur). Aber auch ein *digitales Geländemodell* (DGM) wird häufig in dieser Form angelegt; für jede Zelle (z.B. $30 \times 30\,m$) liegt ein Höhenwert vor, der die durchschnittliche Höhe in der Zelle angibt. Die Höhe für einen Punkt kann dann etwa direkt von der darüberliegenden Zelle übernommen werden, oder man interpoliert aus einer Umgebung von mehreren Zellen (siehe Kap. 5); formal ist dies dann nichts anderes als eine Grauwertfilterung.

Die Rasterung des Interessensgebietes stellt einen Spezialfall einer mosaikartigen Aufteilung dar und ist den *feldbasierenden* Ansätzen der Modellierung zuzurechnen (siehe Kap. 2 und Abb. 2.5). Das *Mosaik* (engl. *tesselation*) kann auch aus Dreiecks- oder Sechseckszellen bestehen, ja, es muß nicht einmal unbedingt regelmäßig sein. In Kapitel 3 haben wir die Bezeichnung *Mosaik* für eine beliebige netzartig aufgeteilte Struktur von Flächen verwendet. Ein *drei-ecksvermaschtes Höhenmodell* (TIN bzw. *triangulated irregular network)* stellt einen allgemeinen Fall eines solchen Mosaiks dar (siehe auch Kap. 5). In diesem Kapitel jedoch wollen wir eine regelmäßige und sogar rechteckige Rasterung voraussetzen.

Rasterdaten sind in GI-Anwendungen in immer größerem Ausmaß vertreten. Sie werden innerhalb der von ISO/TC 211 *Geographic Information / Geomatics* erstellten Normenfamilie in den Technischen Berichten bzw. Normen ISO 19121 'Imagery and Gridded Data', 19124 'Geographic information - Imagery and gridded data components', 19129 'Geographic information - Imagery, gridded and coverage data framework' und 19130 'Geographic information - Sensor and data models for imagery and gridded data' [269] abgedeckt. Von dort entnehmen wir auch eine Aufstellung unterschiedlicher Kategorien als Beispiele für Rasterdaten:

VIS	Visible Imagery	SAR	Synthetic Aperture Radar
SL	Side Looking Radar	SARIQ	SAR Radio Hologram
TI	Thermal Infrared	IR	Infrared
FL	Forward Looking Infrared	MS	Multispectral
RD	Radar	MAP	Raster Maps
EO	Electro-Optical	LEG	Legends
OP	Optical	PAT	Colour Patch
HR	High Resolution Radar	DTEM	Matrix Data (DGM)
HS	Hyperspectral	MATR	Matrix Data (other)
CP	Colour Photography	LOCG	Location Grid
BP	Black/White Photography		

In dieser Tabelle wird ersichtlich, daß uns Rasterdaten in GI-Anwendungen aus mehreren Gründen interessieren:

• *Rohdaten* als Ausgangsmaterial für Datengrundlagen in GI-Anwendungen liegen immer öfter im Rasterformat vor. Aus diesen Ausgangsdaten gewinnen wir Geodaten, indem wir sie scannen und daraufhin Bildverarbeitungsalgorithmen verwenden. Die meisten Beispiele dieser Tabelle beschreiben solche Datenkategorien.

• Rasterdaten können als Attribute zu GI-Objekten auftreten. Ein gesamtes Bild kann – beispielsweise als photographische Dokumentation einer Situation – als *Binary Large Object* (BLOB; siehe Kapitel 9) definiert werden.

• Regelmäßig angeordnete Höhenangaben für Geländemodelle oder auch andere in der Tabelle als Matrix Data und Location Grids klassifizierte Daten stellen selbst wichtige Primärinformationen in Geoinformationssystemen dar. Alle Arten von Messungen, die für einen regelmäßigen Raster interpoliert werden, fallen in diese Kategorie. Beispiele sind Bodenproben, Schadstoffbelastungen oder Niederschlag. Mit Hilfe der in diesem Kapitel angebotenen Algorithmen lassen sich daraus eine Vielzahl von abgeleiteten Informationen gewinnen.

• Wenn nicht nur ein Layer, sondern das gesamte Informationssystem auf dem Rastermodell beruht, sprechen wir von einem *Raster*-Gis, einer besonders einfachen Spielart eines Informationssystems. Die in diesem Kapitel behandelte Rasteralgebra stellt ein mächtiges Werkzeug für Raster-Gis dar.

Daten der ersten hier erwähnten Kategorie (Rohdaten) und der zweiten Kategorie (Binary Large Objects) werden in vielerlei Formaten angeboten. In Iso 19121 werden die folgenden Codierungsformate erwähnt:

• Jpeg *(Joint Photographic Experts Group):* Das Format heißt eigentlich Jfif (Jpeg File Interchange Format), es hat sich jedoch der Name der Gruppe eingebürgert, die es entworfen hat. Es wird in der Norm Iso/Iec 10918 definiert und komprimiert Bilder (manchmal verlustfrei) in Verhältnissen bis zu 1:35. Die Erweiterung auf bewegte Bilder heißt Mpeg. Die Norm Iso/Iec 13818 Mpeg-2 integriert sogar Audio-Information. Noch einen Schritt weiter geht Iso/Iec 13522 Mheg-2 für Multimedia- und Hypermedia-Erweiterungen.

• Gif *(Graphic Interchange Format):* Dieses Format wurde von CompuServe entwickelt und verwendet den patentierten Komprimierungsalgorithmus Lzw.

• Biif *(Basic Image Interchange Format):* Die Norm Iso/Iec 12087-5 definiert diese Schnittstelle, die eine ganze Reihe von Formaten wie etwa Jpeg, aber auch Cgm (Computer Graphics Metafile) und Piks (Progammer's Imaging Kernel System) unterstützt.

• Png *(Portable Network Graphics):* Dies ist ein allgemein zugängliches ('public domain') Format, das als Gegengewicht zu Gif und seinen Patentierungen vom World Wide Web Consortium (W3c) entwickelt wurde. Ihm liegt ein verlustfreier Komprimierungsalgorithmus zugrunde. Man erwartet daß Png letztlich Gif und auch Tiff an Bedeutung überflügeln wird.

• *Photo Compact Disk:* Eastman Kodak Ltd. hat dieses Format für die Speicherung auf CD von Photos in hoher Qualität entwickelt.

• *Fractal Transform Coding:* Dies ist eine patentierte Codierungstechnik, die von Microsoft in Mulitmediaprodukten angewendet wird. Der Algorithmus basiert auf der Rekonstruktion von Attraktoren der Chaos-Theorie und kann Bilder in Verhältnissen von 1:10 000 bis 1:1 000 000 komprimieren [9]. Dies allerdings nicht gänzlich verlustfrei, sodaß bei der Rekonstruktion nicht unbedingt wieder das ursprüngliche Bild entsteht.

• Tiff *(Tag Image File Format):* Dieses Format hat sich vor allem beim Austausch von Scandokumenten und im Electronic Publishing etabliert. Es definiert Tags (das englische Wort für Etiketten) für verschiedene Arten der

Kodierung und erlaubt neben den Standardetiketten, die eine Komprimierung für LZW, Fax oder JPEG erlauben, auch 'private' Etiketten. Dieser Umstand trägt zwar zum Komfort bei, hat aber auch zu teilweise inkompatiblen Implementierungen geführt. Trotzdem ist eine dieser Erweiterungen – GEOTIFF – wichtig für GI-Anwendungen. Es hängt zum allgemeinen TIFF-Format Metadaten über die verwendeten Bezugssysteme hinzu, sodaß es die Interoperabilität in dieser Hinsicht unterstützt (siehe Kapitel 10). Ein GEOTIFF Bild kann dann automatisch georeferenziert in eine GI-Anwendung eingepaßt werden.

4.1.2   Rastergeometrie

Sind die Abmessungen einer Rasterzelle einmal festgelegt und ein Bezugspunkt und eine Bezugsrichtung des Rasters gefunden, so sind damit auch viele geometrische Probleme aus der Welt geschafft. Positionen, Distanzen und Winkel sind leicht in ganzzahlige Vielfache der elementaren Zellengröße umzurechnen; die Zeilen- und Spaltenposition der jeweiligen Zelle ist daraus ableitbar. Außerdem ist eine Rasterzelle eine flächige Struktur; daraus folgt, daß viele wichtige geometrische Abfragen, die Flächen betreffen (z.B. ein Lagevergleich), leicht durch Summation, Differenz oder logische Vergleiche von Elementarflächen (Zellen) befriedigt werden können; im Vektormodell sind dafür recht aufwendige Operationen nötig (Kap. 3). Es gibt jedoch auch Gegenbeispiele: Koordinatentransformationen sind im Vektormodell einfacher als im Rastermodell durchzuführen; dies rührt von der starren Nord-Süd- bzw. West-Ost-Ausrichtung der Rasterzellen her. Wir erwähnen

- Übergänge zwischen *geodätischen* und *kartesischen* Koordinaten;

- *überbestimmte Helmert-Transformation* mit *Paßpunkten*;

- *Zusammenlegung* aneinandergrenzender oder überlappender Bilder;

- *Randausgleich* und *Entzerrungen*.

So müssen wir zum Beispiel Fernerkundungsbilder entzerren; der Effekt der Erdrotation ist zu berücksichtigen: Während der Aufnahme dreht sich die Erde weiter, so daß sowohl das Gitter als auch das einzelne Pixel nicht mehr rechteckig ist. Diese Problematik und die entsprechenden Lösungsmöglichkeiten werden in [152] behandelt.

Manchmal wird der Begriff *Transformation* auch nur auf jenen Teilbereich beschränkt, wo wir eines der beiden Systeme noch gar nicht kennen, sondern erst aufgrund der Paßpunktinformation ermitteln wollen. Die Überführung vorgegebener Koordinaten in andere – ebenso vorgegebene – Koordinaten jedoch (wobei Grauwerte entsprechend mitgeführt werden sollen) nennt man *re-sampling*. Für eine geometrische Transformation müssen wir die Koordinaten (x, y) der

Rasterzellen eines Bildes in Koordinaten (x', y') eines anderen Bildes umrechnen:

$$x' = f(x, y) \qquad y' = g(x, y) \tag{4.1}$$

Wir können uns so behelfen, daß wir für jede Rasterzelle (x', y') des transformierten Bildes alle Rasterzellen (x, y) des ursprünglichen Bildes sowie auch deren Grauwerte ermitteln und den Grauwert an der Stelle (x', y') dementsprechend – etwa durch Mittelung – festsetzen. Das bedingt natürlich, daß wir die Umkehrabbildung kennen; dies kann zeitaufwendig sein. Zeitsparende Algorithmen werden in [217] vorgestellt.

Transformationen sind nicht die eigentliche Hürde bei Rastermodellen: Der entscheidende Engpaß ist die erreichbare Genauigkeit. So gilt als Faustregel, daß sich die *räumliche Auflösung (sampling)* bei einer Rasterung nach dem kleinsten Element richtet, das noch dargestellt werden soll. Eine elementare Zelle soll halb so groß wie dieses Element sein. Wenn also auf einem Fernerkundungsbild Straßen mit einer Breite von $6\,m$ noch erkennbar sein sollen, so müssen Zellen der Größe $3\,m \times 3\,m$ gewählt werden. Ein Bild, das einen Bereich von $30\,km \times 30\,km$ überdeckt, enthält demnach 10^8 Pixel. Erlaubt man in jedem Pixel 256 Grauwerte – dies beschreibt die *Grauwertauflösung (Quantisierung)* –, so ergibt sich ein Speicherbedarf von 2,5 Gigabyte. Dies läßt sich zwar durch Verwendung geeigneter Komprimierungstechniken reduzieren; trotzdem aber stellt dieser enorme Platzbedarf immer noch das größte Hindernis für eine globale Anwendung des Rastermodells dar.

Für den topologischen Zusammenhang eines Rastermodells gibt es – so wie beim Vektormodell – eine Reihe von Bausteinen, auf welche wir in der Folge näher eingehen. Es sind dies elementare Zellen (Pixel) und Pixelanhäufungen, Ketten und baumartige Strukturen. Sie sind nicht so differenziert wie beim Vektormodell, was sowohl als Vorteil (größere Einfachheit der Algorithmen) als auch als Nachteil (Einschränkung der Allgemeinheit) empfunden werden kann. Linienhafte Strukturen sind in einem Rastermodell nur als zusammenhängende Folgen von Rasterzellen darstellbar. Ausgehend von einer Anfangszelle wird die Adresse (also Zeilen- und Spaltennummer) der nächstfolgenden Zelle vermerkt. Dabei kann man verschiedene Metriken zugrunde legen. So kennt man etwa in der *Häuserblockmetrik* (oder *Manhattan-Metrik*, in Anlehnung an das Bild amerikanischer Großstädte) nur vier Nachbarn NORD, OST, SÜD, WEST (Abb. 4.1a), während in der *Schachbrettmetrik* auch die Himmelsrichtungen NORDOST, SÜDOST, SÜDWEST und NORDWEST möglich sind (Abb. 4.1b). Ordnen wir nun jeder Himmelsrichtung eine Zahl zu, so können wir linienhafte Strukturen durch eine Anfangsposition (Zeilen- und Spaltennummer) und durch eine darauffolgende Zahlenkette modellieren. Diese Strategie wird als *Kettencodierung (chain coding)* bezeichnet.

Sind die Strukturen streng in horizontaler oder vertikaler Richtung angeordnet, so wird oft auch eine *Lauflängencodierung (run length encoding)* durchgeführt.

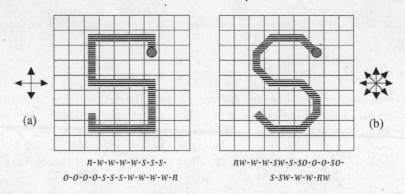

(a) n-w-w-w-w-s-s-s-
o-o-o-o-s-s-s-w-w-w-w-n

(b) nw-w-w-sw-s-so-o-o-so-
s-sw-w-w-nw

Abbildung 4.1: Rastermetrik und Kettencode: (a) Manhattan; (b) Schachbrett

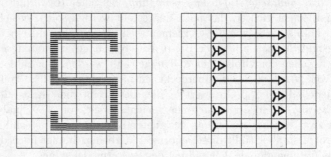

Abbildung 4.2: Lauflängencodes für Rasterzellen

Dabei nutzt man den Umstand aus, daß aneinanderstoßende Zellen sehr oft auch den gleichen Grauwert – stellvertretend für die gleiche Bedeutung – besitzen. Jedesmal, wenn eine Bedeutung wechselt, genügt es daher, die neue Bedeutung und die Anzahl der darauffolgenden Zellen mit dieser Bedeutung zu speichern (Abb. 4.2). Flächige Sammlungen von Rasterzellen werden effizient durch eine *Baumstruktur* modelliert (Abb. 4.3). Dabei werden Konzepte angewandt, die auch den Überlegungen in Kapitel 8 zugrunde liegen. Allerdings gibt es hier jeweils nur zwei Alternativen für die Belegung einer Zelle: JA, d.h. sie gehört zur Struktur, die modelliert werden soll, oder NEIN, d.h. sie gehört zum Hintergrund.

Natürlich können wir Flächen auch – ähnlich wie in Vektormodellen – durch ihren *Rand* darstellen. Dieser Rand kann seinerseits etwa durch Kettencodes modelliert werden, ebenso wäre die Einbeziehung von *Aussparungen (Inseln)* durch die Einführung *innerer Ringe* möglich. Diese Art der Darstellung nutzt jedoch die Möglichkeiten des Rastermodells zu wenig aus und wird selten angewandt. Ganz anders jedoch das *Skelett* (Abb. 4.4). Wir bezeichneten das Skelett bei der Besprechung des Vektormodells (Kap. 3) als eine interessante –

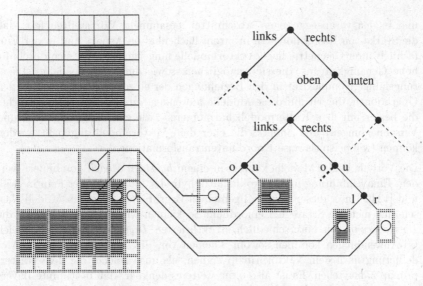

Abbildung 4.3: Baumstruktur zur Modellierung eines flächigen Phänomens

wenn auch seltener gewählte – Alternative. Im Rastermodell ist das Skelett eine effiziente Kurzdarstellung einer Fläche, ein stenographisches Kürzel, aus dem sich die ursprüngliche Fläche mittels einfacher und automatisierbarer Operationen rekonstruieren läßt. Wir werden auf diese Operationen in den nächsten Abschnitten näher eingehen. Das Skelett kann seinerseits wieder durch eine Baumstruktur bzw. einen verallgemeinerten Kettencode repräsentiert werden.

4.1.3   Hybride Modelle

In Kapitel 2 stellten wir Vektor- und Rastermodelle einander gegenüber und wogen die Vor- und Nachteile ab. Weitere Argumente wurden in Kapitel 3

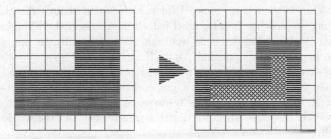

Abbildung 4.4: Skelett einer Fläche im Rastermodell

und in den vorangegangenen Abschnitten gesammelt. Wir stellten fest, daß die Stärke von Rastermodellen in ihrem flächenhaften Aspekt und in der Einfachheit ihrer Geometrie liegt. Vektormodelle hingegen zeichnen sich durch die hohe Genauigkeit aus, die sie ermöglichen, sowie durch eine beliebig steigerungsfähige Komplexität in den Beziehungen der einzelnen Elemente. Bei den Operationen, die wir auf diese Modelle anwenden, gibt es auch wieder solche, die besser mit dem Rastermodell harmonieren (wie etwa Lagevergleiche und Verschneidungen) und andere, die eher dem Vektormodell angepaßt werden können (wie beispielsweise Koordinatentransformationen).

Die Vorteile beider Modelle können in einem *hybriden Modell* kombiniert werden. Eine Einführung in die Problematik hybrider Modelle findet man in [150] und [124]. Unter diesem recht allgemeinen Begriff eines hybriden Modells lassen sich mehrere Strategien einordnen. So können wir zunächst darunter die *Überlagerung* von unterschiedlich strukturierten *Layers* verstehen. In vielen GI-Anwendungen kommen sowohl Themen vor, die sich besser für eine Modellierung nach dem Vektorprinzip eignen, als auch solche, die dem Rasterprinzip näherstehen. Es ist also ohne weiteres denkbar, daß bestimmte Layers vektormäßig und andere rastermäßig verwaltet werden. Für ein Fahrzeugleitsystem etwa gilt dies für die Ebene des Straßennetzes einerseits und die Ebene des kartographisch aufbereiteten Hintergrundes andererseits. Ein solcher *elektronischer Atlas* liefert Bilder von hoher Aussagekraft (siehe [206], [140]). Eine andere Anwendungsmöglichkeit ergibt sich durch die Hinterlegung einer digitalen Stadtkarte mit Orthophotos (siehe [109], [110]). Dieses Prinzip der gleichzeitigen Verwendung von Vektor- und Rasterdaten kann im Detail noch verschiedene Ausprägungen haben:

- Simultane Bereitstellung von Vektor- und Rasterbildern am Bildschirm.

- Deckungsgleiches Übereinanderblenden.

- Teilweise, dem Bedarf angepaßte Rasterung von Vektordaten bzw. Vektorisierung von Rasterdaten.

Im ersten Fall wird kein vom System nachvollziehbarer Bezug zwischen Bildteilen, höchstens zwischen ganzen Bildern, hergestellt. Durch die gleichzeitige Darbietung graphischer Inhalte wird jedoch die menschliche Fähigkeit des assoziativen Denkens, Vergleichens und Schließens sehr effizient angesprochen. Kommen dann noch Video- und Audio-Einspielungen hinzu, so ist die *Multi-Media-Welt* vollkommen. Ein digitaler Stadtplan etwa mit eingeblendeten Nahaufnahmen von Gebäuden und mit gesprochenen, erklärenden Texten, für die man mittels Mausclick die jeweils bevorzugte Sprache wählt, stellt ein gelungenes Beispiel für diese Variante dar. Entsprechende Ansätze werden in [140] vorgestellt.

Der zweite Fall des deckungsgleichen Übereinanderblendens stellt eigentlich nur einen Ausbau der ersten Variante dar, indem ein Bild durchsichtig gemacht wird, so daß es über das andere geschoben werden kann, ohne dieses zu verdecken. Natürlich wird man das Vektorbild über das Rasterbild schieben. So kann man etwa ein mit Rastertechnologie erzeugtes Geländemodell bzw. dessen Varianten (siehe Kap. 5) mit der im Vektor-GIS gespeicherten Situation überblenden. Man kann auch den Spieß umdrehen und etwa Höhenlinien einem Orthophoto überlagern.

Zum letzten Punkt (teilweise, bedarfsorientierte Integration) ist festzuhalten, daß es sich dabei um eine – was die Ressourcen eines GIS angeht – besonders ökonomische Variante handelt. Wenn wir bedenken, welche Datenmengen in einem Fernerkundungsbild enthalten sind und wie gering der Prozentsatz jener Daten ist, die wir für die aktuelle Anwendung tatsächlich brauchen, so erscheint es vernünftig, lediglich diesen Prozentanteil aus dem Rasterbild zu extrahieren bzw. zu vektorisieren und in das GIS einfließen zu lassen; das restliche Bild wird archiviert und ist mit dem GIS nur über seine Kennung verknüpft. In [110] wird ein Verfahren vorgestellt, das diese Methode dazu benutzt, um rasch und einfach Änderungen der Nutzung städtischer Parzellen anhand von Orthophotos und einem zugrundeliegenden Vektor-GIS festzustellen.

Ein hybrides Modell, das einen Schritt weiter geht, *integriert* die unterschiedlichen Datentypen unter einem gemeinsamen Dach. Die Zellen des Rastermodells sind mit Werten belegt, die wir als *Grauwerte* bezeichnen, weil dieser Begriff auch in vielen GI-Anwendungen wörtlich genommen werden kann. Fernerkundungsbilder haben zuzüglich zur *räumlichen Auflösung (sampling)* auch eine *thematische* oder *Grauwertauflösung (Quantisierung)*. Anstatt einer kontinuierlichen Grauwertverteilung treten einige wenige diskrete Werte auf. Im Kontext der Geoinformation verallgemeinern wir den Bedeutungsinhalt für den Grauwert. Er ist nicht mehr ausschließlich eine visuell erfaßbare Größe, sondern steht für eine inhaltliche Aussage. Dafür wurden bereits Beispiele wie die Geländehöhe, die durchschnittliche Niederschlagsmenge, der Waldbestand, die Luftgüte und das Pro-Kopf-Einkommen gegeben. Es sind dies thematische Aussagen. Was nun, wenn wir pro Rasterzelle mehrere – unter Umständen in ihrer Form recht heterogene – Aussagen verwalten müssen? Eine Möglichkeit besteht darin, den Grauwert dieser Zelle als *Zeiger (pointer)* in eine *Sachdatei* zu verwenden. Erst dort finden wir dann ausführliche – dem Vektormodell nahestehende – thematische Beschreibungen (Attribute) der jeweiligen Rasterzelle (Abb. 4.5a).

Als weitere Möglichkeit steht eine Objektbildung im Rasterbild zur Diskussion, die einen inhaltlichen Zusammenhang zwischen – möglicherweise auch disjunkten – Rasterzellen herstellt. Jedes Objekt wird in diesem Fall mit einer Rasterzelle identifiziert, deren Lage für das jeweilige Objekt charakteristisch ist, also etwa im ungefähren Schwerpunkt des Objektes. Diese Rasterzelle wird als *Zentroid* bezeichnet (Abb. 4.5b). Alle anderen Rasterzellen, die zu demselben Objekt gehören, erhalten einen Zeiger zu diesem Zentroid, der formal wieder wie ein Grauwert behandelt wird. Natürlich stellt auch hier der vorhandene Speicherplatz eine Schranke dar, so daß nur einfache Themen in dieser

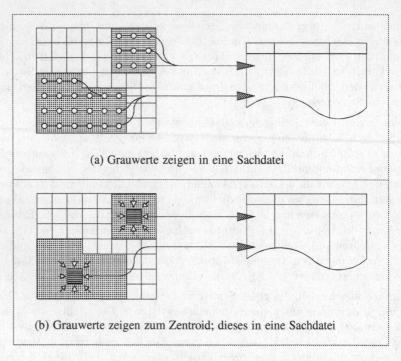

(a) Grauwerte zeigen in eine Sachdatei

(b) Grauwerte zeigen zum Zentroid; dieses in eine Sachdatei

Abbildung 4.5: Integriertes hybrides Modell

Weise abgehandelt werden können. Die Stoßrichtung läßt sich auch umkehren, indem man zu Punkten, Linien bzw. Flächen im Vektormodell Attribute definiert, deren Werte als Zeiger in ein System zur Verwaltung von Rasterbildern interpretiert werden. Diese Rasterbilder können dann auf Wunsch in einem Multi-Media-Umfeld eingeblendet werden. Für allgemeine diesbezügliche Überlegungen sei auf [124] verwiesen.

4.2   Methoden der Rastergeometrie

Viele geometrische Methoden im Umfeld von Rastermodellen können auf eine relativ kleine Anzahl von *Grundfunktionen* zurückgeführt werden. Diese Funktionen der Rasterdatenverarbeitung zeichnen sich gegenüber Vektoroperationen (etwa den in Kap. 3 besprochenen Lagevergleichen) durch ihre extreme Einfachheit aus. Ihr Nachteil besteht hauptsächlich in der großen Anzahl von Schritten, die für die Bearbeitung eines gesamten Bildes notwendig sind. Erst in letzter Zeit ist es durch die Leistungssteigerung der Hardware möglich geworden, die theoretischen Vorgaben auch in die Praxis umzusetzen.

Angesichts der Vor- und Nachteile, die beide Strategien – sowohl Vektor wie
auch Raster – aufweisen, kann man weder der einen noch der anderen Methode
grundsätzlich den Vorzug geben; jede kann in dem ihr gemäßen Umfeld optimal
operieren, und aus diesem Grund gibt es kein *Entweder-oder*, sondern vielmehr
ein *Nebeneinander*, wo die beiden Strategien einander ergänzen. Nicht zuletzt
können Rasterdaten in Vektorform übergeführt werden und umgekehrt.

Es sei erwähnt, daß die im folgenden vorgestellten Basisoperationen aus der
Bildverarbeitung stammen. Viele Bezeichnungen sind deshalb auch Entlehnun-
gen aus deren Terminologie. So spricht man vom *Spektrum* der Grauwerte, von
hohen und niedrigen *Frequenzen* usw. Eine detaillierte Darstellung der Methoden der digitalen Bildverarbeitung wird hier nicht beabsichtigt. Für eine
Einführung in dieses umfangreiche Forschungsgebiet – das auch bereits mit be-
achtlichen Ergebnissen aufwarten kann – sei auf [176], [105] und [8] verwiesen.
Wenn wir jedoch für unsere Zwecke einige Algorithmen herausgreifen, so werden wir sehen, daß diese genauso gut für Bearbeitung und Analyse thematischer
Daten verwendbar sind – wie ja überhaupt die Thematik in Rastermodellen von
der Geometrie kaum streng getrennt werden kann. Die thematische Kartographie kann sich also dieser Methoden bedienen und damit brauchbare Ergebnisse
erzielen. Eine gute Einführung in Rastermethoden der Kartographie bieten [78]
und [87].

Der nächste Abschnitt stellt kurz einige elementare Operationen vor; in den
weiteren Abschnitten werden dann *Makro-Operationen* behandelt, die sich dieser elementaren Werkzeuge bedienen.

4.2.1   Elementare Operationen

Eine der wichtigsten Methoden der Rasterdatenverarbeitung ist die *radiometrische Transformation*: Eine *Transferfunktion* wird auf die Grauwerte aller Zellen
eines Rastermodells angewendet. (Man beachte, daß im Sinne unserer bisherigen Überlegungen der Grauwert auch eine thematische Bedeutung haben kann,
wie etwa das Mittel der Geländehöhe in einem vorgegebenen Rechteck oder der
Jahresdurchschnitt an Niederschlag; wir werden in Zukunft von Grauwerten
sprechen und deren etwaige allgemeinere Bedeutung stillschweigend voraussetzen.) Eine mögliche Transferfunktion wäre $y = 2 \times x$: Sie würde in jeder
Rasterzelle den Grauwert verdoppeln (Abb. 4.6a). Dies ist etwa dann sinnvoll,
wenn man das Spektrum der Grauwerte spreizen will, weil sie sonst zu nahe beinander liegen, um optisch differenziert werden zu können. Meist jedoch
kommt diese Operation als Teil einer Makro-Operation vor.

Die Transferfunktion muß nicht immer linear sein. Eine Funktion, die einen bestimmten Bereich des Spektrums (der ursprünglichen Grauwerte) unterdrückt
und andere Bereiche hervorhobt, bezeichnet man als *Schwellwertbildung* (engl.
thresholding; Abb. 4.6b). Alle Grauwerte unterhalb einer bestimmten Schranke
werden zu Null; sie werden als 'Störung' abgetan, während die Grauwerte ober-

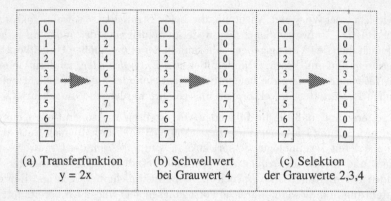

Abbildung 4.6: Radiometrische Transformation

halb dieser Schranke einen anderen konstanten Wert zugewiesen bekommen. So wird aus dem Grauwertbild ein Bild mit nur zwei verschiedenen Graustufen *(Zweistufenbild)*. In unserem Fall würden wir wieder von zwei *thematischen* Bedeutungen sprechen. So könnten wir aus einem digitalen Geländemodell ein zweites ableiten, das nur mehr zwei Arten von Zellen hat, nämlich für Höhen unter $1000\,m$ und für Höhen über $1000\,m$. Das Ergebnis einer solchen Transferfunktion liefert Ausgangsdaten für weitere Analysen (etwa Flächenbilanzen, Vergleich mit Waldzustandsdaten, Bergbauernkataster und ähnliches).

Eine dritte Variante der radiometrischen Transformation ist die *Selektion* eines bestimmten Bandes aus dem Spektrum *(slicing)*. Die Grauwerte aus diesem Bereich werden unverändert übernommen; alles, was unterhalb oder oberhalb dieses Bereiches liegt, wird unterdrückt (Abb. 4.6c). Die graphische Umsetzung eines solchen aus dem DGM abgeleiteten Modells färbt dann etwa jene Gegenden ein, die zwischen $500\,m$ und $1500\,m$ Seehöhe liegen, und unterdrückt alle anderen Zellen.

Während die radiometrische Transformation in ihren verschiedenen Spielarten die Grauwerte – in unserem Fall die thematische Bedeutung – variiert und somit für bestimmte Analysen vorbereitet, verändern andere Grundfunktionen die Geometrie von Rasterbildern. Eine davon ist die *Translation* (Verschiebung); sie ist ein wichtiger Baustein für Makro-Operationen (Abb. 4.7a). Das Muster wird um einen bestimmten Betrag parallel verschoben, wobei dies in Nord-Ost-Süd-West-Richtung geschehen kann, aber auch – je nach der zugrundeliegenden *Metrik* – in andere Richtungen.

Arithmetische und logische Kombinationen von Rasterbildern sind weitere Beispiele für elementare Operationen. Bei der *arithmetischen* Kombination werden zwei Raster miteinander kombiniert; ihre Grauwerte werden pro Rasterzelle addiert, subtrahiert etc. und in einem Ergebnisraster eingetragen. Bei der (wichtigeren) *logischen* Kombination werden Grauwerte logisch miteinander verknüpft

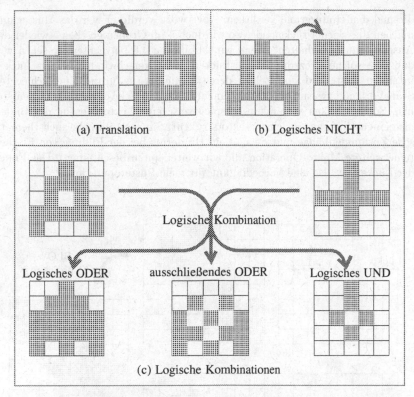

(a) Translation

(b) Logisches NICHT

Logische Kombination

Logisches ODER

ausschließendes ODER

Logisches UND

(c) Logische Kombinationen

Abbildung 4.7: Beispiele für geometrische und logische Transformationen

(Abb. 4.7b-c). Beachten wir, daß man bei der logischen Kombination bereits von Zweistufenbildern ausgehen muß; die logischen Werte FALSCH und WAHR entsprechen den zwei möglichen Grauwerten pro Zelle. Die logische Kombination UND würde der Zelle des Ergebnisbildes genau dann den Wert WAHR zuordnen, wenn beide Ausgangsbilder in dieser Zelle WAHR sind. Die anderen logischen Kombinationen (ODER, ausschließendes ODER, NICHT) verlaufen analog.

4.2.2 Makro-Operationen

Eine der wichtigsten *Makro-Operationen*, die auf den oben erwähnten elementaren Methoden aufgebaut sind, ist die *Blow-shrink-Methode (Verdicken und Verdünnen)*. Dabei wird das Ausgangsmuster verschoben, und zwar in alle Richtungen, die von der Metrik vorgegeben werden. Anschließend wird eine logische ODER-Kombination des Ausgangsbildes mit allen seinen Translationen durchgeführt. Das Verdünnen geschieht in der gleichen Art und Weise – nur daß wir diesmal den Hintergrund verdicken. Aber wozu verdicken wir das Muster und machen dies wieder rückgängig, wo wir doch – im Groben gesehen – wieder das Ausgangsmuster erhalten? Wenn wir Abbildung 4.8 betrachten, so sehen wir, daß eine solche Prozedur kleine 'Lücken' zum Verschwinden bringt. Lücken in einem Rasterbild sind Zellen, deren Grauwerte aufgrund einer schlechten Scan-Vorlage bzw. aufgrund einer unzureichenden Schwellwertbildung entstehen. Solche Lücken verhindern beispielsweise eine Vektorisierung des Bildes, also einen Übergang zu einer Vektorstruktur. Sie verstümmeln auch thematische Zusammenhänge und sie sind ein Hindernis bei der Füllung von Flächen (eine weitere Makro-Operation, die wir weiter unten beschreiben). Das Füllen der Lücken ist also eine Vorbedingung für viele Rasteroperationen.

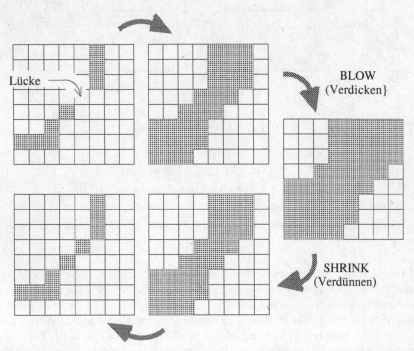

Abbildung 4.8: Füllen von Lücken durch Verdicken und Verdünnen

Eine Lückenfüllung kommt aber auch im Rahmen der *Generalisierung* in Betracht, wo wir beim Übergang zu einem anderen Maßstab kleine Störungen eliminieren wollen. Ein Maß für den Grad der Generalisierung ist sicher die Anzahl der Verdickungen bzw. Verdünnungen, die wir unserer Blow-shrink-Methode zugrunde legen. Verdicken wir das Muster extrem, so daß wir an den Bildrand stoßen, so haben wir auch eine extreme – wenn auch sinnlose – Generalisierung erreicht: Das gesamte Bild wird homogen. Neben der Lückenfüllung erzielen wir durch das sukzessive Verdicken und Verdünnen einen weiteren Generalisierungseffekt: Linien werden *geglättet*, denn kleine Ausrundungen verschwinden beim Verdicken, treten aber beim darauf folgenden Verdünnen nicht mehr auf. Wir merken hier an, daß wir die Reihenfolge der Operationen auch umkehren können: Wenn wir zuerst verdünnen, so verschwinden isolierte Grauwerte (*Störpixel*), die beim darauffolgenden Verdicken nicht mehr erscheinen. Die Operationen des Verdickens und Verdünnens *filtern* also das Bild. Wir beschäftigen uns weiter unten näher mit Filtermethoden.

Die Blow-shrink-Methode dient aber auch zur rastermäßigen Erzeugung kartographischer Symbole. So läßt sich etwa eine Autobahnsignatur folgendermaßen generieren: Man geht von einer Achse bzw. einem Skelett aus; diese Achse wird bis zur Innenbreite der zu erzeugenden Signatur verdickt. Außerdem verdickt man die Ausgangsachse auch bis zur Außenbreite. Nun folgt als arithmetische Operation eine Subtraktion der Außen- und Innenbreitebilder; schließlich wird dem Ergebnis noch die ursprüngliche Achse durch eine ODER-Operation überlagert [217].

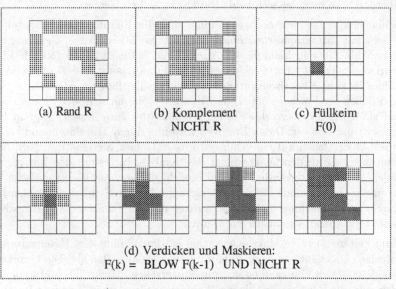

(a) Rand R   (b) Komplement   (c) Füllkeim
                        NICHT R   F(0)

(d) Verdicken und Maskieren:
F(k) = BLOW F(k-1) UND NICHT R

Abbildung 4.9: Flächenfüllung

Neben der Blow-shrink-Methode ist das *Füllen* einer vorgegebenen Fläche (*area flooding*) eine weitere wichtige Makro-Operation. In diesem Fall ist der Rand der Fläche vorgegeben. Man setzt nun in das Flächeninnere einen *Füllkeim* (*area seed*), den man sukzessive verdickt. Bei jedem Schritt verwendet man den vorgegebenen Rand als *Maske*, die verhindert, daß der verdickte Keim über diesen Rand hinauswächst. Das Maskieren geschieht etwa durch eine logische UND-NICHT-Verknüpfung des verdickten Keimes mit dem Rand (Abb. 4.9).

Wieder kann man hier verschiedene *Metriken* zugrunde legen. Wichtig ist vor allem, daß der Rand geschlossen ist, sonst 'tritt die Füllfarbe aus', und der Algorithmus versagt. Man muß daher gegebenenfalls den Rand durch eine Blowshrink-Operation vorbehandeln. Die Operation des Füllens ist sehr anschaulich, denn am Bildschirm werden Flächen auf diese einfache Weise mit Farben, Schraffuren etc. gefüllt. Das Löschen von Bildteilen kann man analog durch Füllen mit der Hintergrundfarbe bewerkstelligen. Für unsere Anwendungen ergeben sich jedoch viel allgemeinere Einsatzmöglichkeiten. So können wir zum Beispiel auf diese Weise flächigen Objekten eine Thematik zuordnen, wenn wir ihre Umrandung kennen; das bedeutet, daß wir die Thematik vom Rand einer Fläche in ihr Inneres fortsetzen können. Nebenbei bemerkt funktioniert der Algorithmus sogar dann, wenn in der Fläche Aussparungen auftreten. Auch die Frage, ob sich zwei Punkte innerhalb derselben vorgegebenen Umrandung befinden (Verallgemeinerung des Punkt-in-Polygon-Tests), läßt sich auf diese Weise lösen: So können wir versuchsweise in einem der beiden Punkte einen Füllkeim ansetzen und diesen verdicken. Wird der zweite Punkt letztendlich überdeckt, so befinden sich beide Punkte im selben Gebiet.

Schließlich wollen wir noch erwähnen, daß die Füllung einer vorgegebenen Fläche mit kartographischen *Flächensignaturen* (Moor, Wiese, Gewässer usw., siehe Abb. 3.14) auch auf diesem Algorithmus aufbaut: Die zu füllende Fläche wird vorläufig mit einer *Deckfarbe* gefüllt, die es erlaubt, die Rasterzellen des Bildes in zwei Klassen einzuteilen: in solche, die diese Deckfarbe aufweisen, und daher zur Fläche gehören, und in andere, die nicht in der Fläche enthalten sind. Der Prototyp des Flächensymbols (der *basic repeat*) liegt in Form eines Bitmusters vor. Dieser Prototyp wird nun durch Translation und logische ODER-Operationen auf ein genügend großes Gebiet vervielfältigt. Nun bildet man mittels UND den Durchschnitt des Symbolgebietes mit den Rasterzellen, welche die Deckfarbe enthalten, und erreicht dadurch auf höchst einfache Weise eine flächendeckende Füllung mit kartographischen Symbolen. Probleme, die durch Verstümmelungen am Rand auftreten, oder Flächen, die kleiner als der basic repeat sind, klammern wir hier aus.

Eine weitere wichtige Makro-Operation ist die Bildung der *Abstandstransformierten*. Man geht von einer Anhäufung von Rasterzellen gleichen Grauwertes aus. In unserem Fall kann es sich um Rasterzellen gleicher Thematik handeln, also etwa die Rasterzellen, die ein Waldgebiet überdecken. Für jede Rasterzelle kann man nun den kürzesten Abstand zum Rand (im Sinne der gewählten Metrik) ermitteln. Die Ergebnisse kann man in einem sekundären Rasterbild eintragen, eben in der Abstandstransformierten. Deren Grauwerte sind demnach als Abstände zu interpretieren. Tief im Inneren des Waldes werden also die Grauwerte der Abstandstransformierten hoch sein, während sie nach außen hin immer niedriger werden. Man spricht in diesem Fall auch vom 'Abstandsgebirge'. Die Maxima dieses Abstandsgebirges bezeichnet man als *Skelett*.

Die Abstandstransformierte läßt sich sehr einfach durch unsere elementaren Operationen erzeugen: Wir stellen zuerst verdünnte Versionen unseres Zellhau-

fens her; wir magern diesen um eine, zwei, drei Zellenbreiten ab, so lange bis
er verschwindet; sodann addieren wir alle diese Verdünnungen und erhalten so
die Abstandstransformierte (Abb. 4.10).

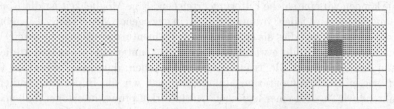

Abbildung 4.10: Bildung der Abstandstransformierten

4.2.3   Filtermethoden

Filtermethoden bilden ein eigenes Kapitel innerhalb der Makro-Operationen.
Der Ausdruck kommt – wie viele andere in der Bildverarbeitung gebräuchliche
Ausdrücke – aus der Nachrichtentechnik; dort versteht man darunter die Unterdrückung bestimmter Frequenzbereiche einer durch periodische Schwingungen
gekennzeichneten Erscheinung. Der zugrundeliegende Prozeß ist eine Funktion
der Zeit. In unseren Anwendungen handelt es sich um Änderungen der Grauwerte als Funktion *des Ortes*. Ändern sich die Grauwerte von Ort zu Ort nur
geringfügig (wie zum Beispiel im Inneren einer homogenen Fläche), so interpretieren wir dies als niedrigfrequente Schwingung. Am Rand einer solchen Fläche
ändern sich die Grauwerte abrupt; wir haben es dort mit einer hochfrequenten
Schwingung zu tun. Wir können nun – je nach dem gewünschten Resultat – die
hochfrequenten Änderungen unterdrücken und damit die niedrigen Frequenzen
stärker betonen: Dies ist eine *Tiefpaßfilterung*; sie macht die Ränder unscharf,
mildert den gezahnten Treppeneffekt, unterdrückt kleine Lücken und Ausreißer. Unterdrücken wir aber die niedrigfrequenten Anteile und lassen nur die
hochfrequenten Anteile zu, so ist dies eine *Hochpaßfilterung*. Sie hebt Ränder
und Konturen stärker hervor. Für beide Varianten finden wir Anwendungen im
Rahmen der digitalen Kartographie, aber auch der Geoinformatik.

So können wir aus Fernerkundungsdaten Vegetationsklassen extrahieren. Angenommen, wir erlauben zwei Klassen LAUBWALD und NADELWALD. Die beiden Klassen sind durch zwei verschiedene Grauwerte gekennzeichnet. (Dies ist
natürlich ein Falschfarbenbild; es entspricht also nicht dem Eindruck, den unser
Auge beim Überfliegen des Geländes erhielte.) Es wird gewiß größere zusammenhängende Flecken geben, die reines Nadelwaldgebiet sind (Mittelgebirgsla-
gen). In tieferen Lagen gibt es dafür große Laubwaldflächen. Wollen wir daraus wirklich *Flächen* im Sinne des Vektormodells machen, also Objekte mit
einem linienförmigen Rand und etwaigen Aussparungen, so ist eine Hochpaßfilterung ein wichtiger Schritt in diese Richtung. Wollen wir andererseits das

Konzept des MISCHWALDES einführen, weil ansonsten die Ränder zwischen den NADELWALD- und LAUBWALD-Zonen gar zu abenteuerliche Formen annehmen, so hilft uns die Tiefpaßfilterung.

Wie können wir eine solche Filterung erreichen? Eine Möglichkeit ist die *Konvolution*. Dabei wird jeder Grauwert durch ein gewogenes Mittel seiner Umgebung ersetzt. Wir können dies als eine Folge von Elementaroperationen ansehen. Wir verschieben das Urbild etwa nach oben, rechts, unten und links und addieren dann das Urbild und alle Translationen. Wir sehen, daß diese Operation ähnlich wie eine BLOW-Operation abläuft, nur daß wir die Bilder hier addieren, während wir sie dort einer logischen ODER-Verknüpfung unterzogen haben. Da wir jedoch in unseren Anwendungen den Grauwert nicht unbedingt nur wörtlich als solchen verstehen, sondern durch ihn eine Thematik ausdrücken, kann der Summe von Grauwerten nicht immer eine sinnvolle Deutung gegeben werden; es sei denn, wir führen – wie oben angedeutet – neue thematische Klassen ein. Ansonsten müssen wir eine Schwellwertoperation anwenden, um die Resultate der Filterung in die zugrundeliegende Thematik abbilden zu können (Abb. 4.11). Dieser Konvolution liegt die folgende Formel zugrunde, in welcher $G(x,y)$ der Grauwert an der Stelle (x,y) ist, während $G'(x,y)$ den gefilterten Grauwert angibt und w_{ij} die Elemente einer Gewichtsmatrix W sind.

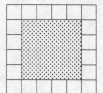 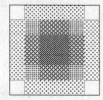 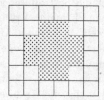

Abbildung 4.11: Tiefpaßfilterung, gefolgt von Schwellwertbildung

$$
\begin{aligned}
G'(x,y) \;=\; & w_{22} \cdot G(x,y) \\
+ \; & w_{21} \cdot G(x-1,y) + w_{23} \cdot G(x+1,y) \\
+ \; & w_{12} \cdot G(x,y-1) + w_{32} \cdot G(x,y+1)
\end{aligned}
\tag{4.2}
$$

Die Gewichtsmatrix lautet in unserem Fall:

$$
W_1 \;=\; \begin{pmatrix} 0 & 1 & 0 \\ 1 & 1 & 1 \\ 0 & 1 & 0 \end{pmatrix}
\tag{4.3}
$$

In dieser Formel gehen wir von einem Ursprung aus, der links oben liegt; die x-Werte werden also von links nach rechts gezählt, die y-Werte von oben nach unten. Die Formel muß am Bildrand entsprechend modifiziert werden. Natürlich kann diese Gewichtsmatrix im allgemeinen größer als 3×3 sein. Je größer sie ist, desto stärker ist die Filterung. Nimmt man sie im Extrem so groß wie das gesamte Bild an, so wird ein einheitlicher Grauwert für dieses Bild erzeugt. Außerdem können neben Nullen und Einsen auch andere Zahlen auftreten. Interessant ist zum Beispiel folgende Gewichtsmatrix:

$$W_2 = \begin{pmatrix} 0 & -1 & 0 \\ -1 & 4 & -1 \\ 0 & -1 & 0 \end{pmatrix} \tag{4.4}$$

Sie entspricht einer Multiplikation der Grauwerte des Urbildes mit 4 und einer nachfolgenden Subtraktion der nach den vier Himmelsrichtungen verschobenen Bilder. Das Ergebnis ist eine *Hochpaßfilterung*. Das Innere eines homogenen Zellhaufens weist nach der Filterung Nullwerte auf, während der Rand hervorgehoben wird. Offenbar sind die negativen Vorzeichen in der Matrix W_2 verantwortlich für die Unterdrückung der niedrigfrequenten Schwingungen. Die zunächst auftretenden negativen Grauwerte am äußersten Rand können wir durch eine logische UND-Verknüpfung mit dem Urbild unterdrücken (Abb. 4.12).

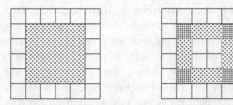

Abbildung 4.12: Hochpaßfilterung; negative Grauwerte werden unterdrückt

In der Mathematik bezeichnet man solche Differenzenbildungen als *Gradienten*. In der Tat entspricht die Matrix W_2 dem *Laplace-Gradienten*. Es gibt eine ganze Reihe anderer Vorschläge mit Gradienten, die für die Extraktion von Rändern geeignet sind. So könnten wir uns beispielsweise auf Differenzen in x-Richtung beschränken; für kartographische Schriften würden sich in diesem Fall schöne Schatteneffekte ergeben.

Gradienten können auch zur Ermittlung der Steilheit des Geländes in einem DGM eingesetzt werden. Das entstehende *Neigungsmodell* enthält pro Zelle die maximale Steigung bzw. das maximale Gefälle; es kann formal wieder wie ein DGM behandelt werden. In vergleichbaren Modellen mit Rasterdaten anderer thematischer Herkunft sind sinngemäße Verwendungen denkbar: So kann man in einer statistischen Analyse des Pro-Kopf-Einkommens nicht nur ein 'Einkommensgebirge' (formal also ein DGM) errichten, sondern auch jene Gegenden ermitteln, wo das stärkste Einkommensgefälle beobachtet wird.

Die Filtermethode der Konvolution ist ein einfaches und doch mächtiges Werkzeug, das in vielfältiger Weise eingesetzt werden kann. Das nächstliegende Einsatzgebiet ist die Bildverbesserung. Wenn etwa die Rastereinteilung zu grob ist, so kann man durch eine Tiefpaßfilterung eine Milderung des Treppeneffektes erreichen. Ein weiteres wichtiges Einsatzgebiet der Filterung ist die *Generalisierung* von Flächen im Rasterformat. Die Tiefpaßfilterung schließt kleine Lücken zwischen homogenen Zellhaufen und füllt Einbuchtungen auf. Bei der Generalisierung von Gebäuden wachsen einzelne Häuser zu Ortskernen zusammen; *Aussparungen* – also Waldlichtungen und dergleichen – werden zum Verschwinden gebracht; all dies wird unter der Bezeichnung *Zusammenfassung* als Teilaspekt der Generalisierung betrachtet. Durch das Auffüllen der Einbuchtungen werden die Umrandungen von Rasterflächen *vereinfacht*. Außerdem *eliminiert* die Tiefpaßfilterung kleine isolierte Flecken, deren Ausdehnung das Maß der Filterung nicht übersteigt; einzeln stehende Häuser oder kleine Baumgruppen scheinen in der generalisierten Karte nicht mehr auf. Dies wird als *Auswahl* bezeichnet.

Eine solche Generalisierung über ein automatisierbares Filterverfahren kann in Einzelfällen zu unerwünschten Ergebnissen führen. So müssen prägnante Merkmale einer Karte – wie etwa Steilhänge oder Bruchkanten – auch in der generalisierten Karte als solche erkennbar sein. Außerdem müssen Bauwerke, die der Orientierung in der Karte dienen (Kapellen, Bildstöcke, Schutzhütten), vor einer Elimination geschützt werden; das heißt, daß wir in einem solchen Fall bewußt eine Maßstabsverfälschung in Kauf nehmen, um den *Informationsgehalt* der Karte zu erhalten. Wir können hier mit einer Hochpaßfilterung gegensteuern, denn diese hebt ja gerade Details und Ränder (also die hochfrequenten Anteile des Bildes) hervor. Probleme dieser Art rühren vornehmlich daher, daß Rasteroperationen pauschal arbeiten, mit wenig Sinn für das Detail; das muß so sein, denn wir können nicht erwarten, daß eine global einfache – und daher automatisierbare – Methode auch lokal stets alle Hindernisse mit Bravour meistert.

Oft wird neben der Zusammenfassung, der Vereinfachung und der Auswahl die *Verdrängung* als Generalisierungsaspekt genannt. Topologische Bedingungen werden – wenn es nicht anders geht – der Geometrie vorgezogen. In einem engen Gebirgstal, das einen Fluß, eine Straße, eine Eisenbahnlinie und womöglich noch eine Autobahn aufnimmt, müssen nicht nur diese linienhaften Strukturen, sondern auch allenfalls benachbarte Signaturen von ihrer geometrisch richtigen Position verdrängt werden, um den Informationsgehalt der Karte sicherzustellen. Im Rahmen der automatisierbaren Rasteroperationen bietet sich hier der Einsatz der oben besprochenen *Abstandstransformierten* an. Sie spiegelt die Abstände der Rasterzellen verschiedener Themen (also zum Beispiel zwischen Straße und Eisenbahn) wider. Dort, wo diese Abstände eine bestimmte minimale Schranke unterschreiten, muß verdrängt werden. Auf die entsprechende Problematik wollen wir hier nicht näher eingehen. Es sei auf eine detaillierte Abhandlung in [126] verwiesen.

Zur Filterung eines Grauwertbildes kann neben der Konvolution auch die diskrete *Fourier-Transformation* verwendet werden. Ihr liegt die Idee zugrunde, daß man die Ausgangsdaten einer durch periodische Schwankungen gegebenen Erscheinung – bei uns sind es die Grauwerte des Bildes – zunächst in einen *Frequenzbereich* transformiert, weil die Anwendung einer bestimmten Operation – etwa einer Filterung – dort einfacher ist. So vereinfachen sich beispielsweise Faltungsintegrale im Ortsbereich zu Multiplikationen im Frequenzbereich. Andererseits verursacht die Transformation in den Frequenzbereich einen gewissen Aufwand, und natürlich müssen wir das Ergebnis einer Filterung mittels der inversen Transformation wieder in den ursprünglichen Raum, den *Ortsbereich*, zurückbringen. Wir transformieren also zunächst jeden Grauwert $G(x, y)$ des Urbildes in den *Frequenzbereich*:

$$S(a, b) = \frac{1}{N^2} \sum_{x=0}^{N-1} \sum_{y=0}^{N-1} G(x, y)\, e^{\frac{-2i\pi}{N}(ax + by)} \qquad (4.5)$$

N ist die Dimension des Urbildes; bei der Berechnung eines transformierten Grauwertes werden also sämtliche Grauwerte des Urbildes benötigt. Anschließend wird der transformierte Grauwert im Frequenzbereich einer Filterung unterzogen:

$$S'(a, b) = H(a, b) \cdot S(a, b) \qquad (4.6)$$

Zuletzt kehren wir wieder in den *Ortsbereich* zurück:

$$G'(x, y) = \sum_{x=0}^{N-1} \sum_{y=0}^{N-1} S'(a, b)\, e^{\frac{2i\pi}{N}(ax + by)} \qquad (4.7)$$

Wir haben hier nur die einfachste Form der Fourier-Transformation dargestellt. Sie ist relativ rechenaufwendig, da man immer gleichzeitig die Information des gesamten Urbildes benötigt. Es gibt verschiedene Varianten, die effizienter arbeiten, wie zum Beispiel die *Fast-Fourier-Transformation (FFT)*.

4.3   Algebra für Rasterdaten

Beim Aufarbeiten der in diesem Kapitel aufgezeigten Möglichkeiten kristallisiert sich ein weiterer Diskussionspunkt heraus: Für viele Situationen gibt es mehrere äquivalente Möglichkeiten der Lösung. Es wäre schön, ein *minimales* und gleichzeitig auch *ausreichendes* Instrumentarium an Rasteroperationen zur Verfügung zu haben, das konsistent in seiner Handhabung ist. Ein entsprechendes Gedankengebäude wird als *Algebra* bezeichnet, in Anlehnung an die Algebra der Zahlen. Dort werden Elemente (Zahlen) durch eine Reihe von Operationen bzw. Verknüpfungen (Addition, Subtraktion etc.) in andere Elemente übergeführt, wobei alle diese Operationen ein konsistentes Gedankengebäude ergeben. Mit der *Map Algebra* hat Tomlin [205] einen ähnlichen Zugang für Rasterdaten vorgeschlagen. Als Elemente treten Matrizen mit Zahlenwerten auf, also z.B. Rasterbilder. Sie dürfen bestimmten Operatoren (Verknüpfungen) unterworfen werden. Das Ergebnis einer solchen Operation ist wieder eine Matrix bzw. ein Bild. Beispiele für solche Operatoren sind

- die Multiplikation eines Bildes mit einem Skalar,

- die Addition zweier Bilder,

- die Distanzmatrix bezüglich einer gegebenen Grauwertanhäufung,

- der Gradient (Hochpaßfilterung).

Bestechend daran ist, daß die Liste von Operatoren beschränkt ist. Tomlin spricht von 64 Operatoren, die genügen, um alle denkbaren Wünsche bezüglich Rasteroperationen erfüllen zu können. Die Operatoren sind nur auf Rasterdaten anwendbar. Vektordaten müssen daher gegebenenfalls in einem vorbereitenden Schritt gerastert werden. Der 'Grauwert' einer Rasterzelle entspricht der Semantik (einem Attributwert) dieser Zelle. Je nach der Art der Semantik bzw. der Sinnhaftigkeit von darauf aufbauenden Operatoren sind Attribute in folgender Weise charakterisierbar:

- *Ratio:* Absolute Werte auf einer linearen Skala. Sie erlauben das Ausrechnen von Proportionalitäten. Beispiele für solche Attributwerte sind Entfernungs-, Kosten- und Altersangaben: Das doppelte Alter, die Kosten pro Entfernung usw. lassen sich durchaus sinnvoll ermitteln.

- *Intervall:* Relative Werte auf einer linearen Skala. Additionen und Subtraktionen sind sinnvoll, Multiplikationen und Divisionen nicht. Typisch für solche Attribute ist das Auftreten negativer Werte. Beispiele sind Höhen, Temperatur und Datumsangaben: Die Addition von Höhen, das Mitteln von Temperaturen ist sinnvoll, das 'halbe Datum' hingegen nicht.

- *Ordinal:* Geordnete Werte. Typisch sind GRÖSSER-ALS-Abfragen. Beispiele sind ein Erosionsgefährdungswert (gering / mittel / hoch) oder Prioritäten im Rahmen einer Umweltverträglichkeitsprüfung. Die Mittelung zweier Gefährdungs- oder Umweltverträglichkeitsgrade ist sinnlos.

- *Nominal:* Sonstige Werte, für die nur mehr GLEICH-Abfragen sinnvoll sind. Beispiele sind Vegetationsarten (Laubwald / Nadelwald / Mischwald) oder Straßentypen (Hauptstraße / Nebenstraße).

Alle Operatoren (Funktionen) werden in folgender Form verwendet:

NEWLAYER =   FUNCTION OF FIRSTLAYER
              [AND SECONDLAYER]
              [AND NEXTLAYER] etc.

unter Zusatz diverser weiterer *Modifikatoren* wie etwa AT, BY, SPREADING IN,
RADIATING ON etc. Für Operatoren gibt es vier typische Klassen, die sich aus
deren Einzugsbereich ergeben (siehe Abb. 4.13):

- *Lokale Operatoren:* Genau ein Pixel – unter Umständen in mehreren
  Layers an derselben Stelle – wird betrachtet.

- *Fokale Operatoren:* Wir betrachten eine feste Umgebung, etwa den Wert
  gemeinsam mit seinem westlichen, östlichen, nördlichen und südlichen
  Nachbarn.

- *Inkrementelle Operatoren:* Man geht entlang von vorgegebenen ein-, zwei-
  oder dreidimensionalen GI-Objekten vor, wie etwa längs einer Kette von
  Pixels, oder über ein Gelände hinweg.

- *Zonale Operatoren:* Innerhalb eines vorher festgelegten Gebietes (einer
  Zone) eines Layers A werden Werte aus Pixels eines Layers B berechnet,
  so etwa in dem man alle Werte von B-Pixels addiert, die innerhalb einer
  solchen A-Zone liegen.

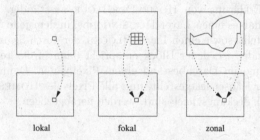

Abbildung 4.13: Lokale, fokale und zonale Operatoren der Rasteralgebra

Zur Erklärung seien die folgenden Beispiele angefügt:

AVERAGEBEST =   LOCALMEAN
                     OF YOURBEST AND MYBEST
                     AND HERBEST AND HISBEST
SMOOTHALTITUDE =   FOCALMEAN OF ALTITUDE AT 100
UPSTREAM =   INCREMENTALDRAINAGE OF ALTITUDE
HOMESPERBLOCK =   ZONALSUM OF HOUSING WITHIN BLOCKS

AVERAGEBEST vergleicht vier verschiedene Layers und bildet jeweils das arithmetische Mittel. So kann man etwa mehrere Varianten für die Lösung eines

Standortproblems miteinander in Bezug bringen. Angenommen, es existieren vier Varianten für die optimale Plazierung neuer Wohnsiedlungen, weil vier Experten aus unterschiedlichen Fachdomänen ihre Präferenzen für den Standort jeweils anders setzen. Somit kann man mittels AVERAGEBEST die mittlere Eignung eines Standortes errechnen. Eine ähnliche Funktion LOCALVARIE-TY ergibt etwa die Werte 0 für 'nie gewählt' bis 4 für 'viermal gewählt'. Die höchstdotierten Stellen im Ergebnis-Layer können dann mit Fug und Recht als optimale Standorte bezeichnet werden.

Während dieser Vergleich über lokale Operatoren pixelweise ausfällt, ist der Operator SMOOTHALTITUDE fokal, der eine Tiefpaßfilterung durchführt und damit etwa eine Glättung von Geländehöhen bewirkt: Dabei werden alle Höhen im Umkreis von 100 m für eine Mittelbildung herangezogen. Ein anderer fokaler Operator FOCALGRAVITATION erzeugt Werte des Ergebnis-Layers, indem eine gewichtete Mittelung einzelner isolierter Werte eines Ausgangs-Layers vorgenommen wird. Das Gewicht i ergibt sich als Reziprokwert der quadratischen Distanz der betrachteten Zelle vom Punkt i. Somit entspricht dies der Interpolation durch ein *Gleitendes Mittel* (siehe Kapitel 5). Eine Anwendung stellt die Berechnung der Höhe eines Neupunktes aufgrund vorgegebener Höhen in seiner Nachbarschaft dar; je näher diese 'Alt'-Punkte liegen, desto stärker ist ihr Einfluß auf die Höhe des Neupunktes.

Von den inkrementellen Operatoren beantwortet UPSTREAM die Frage, in welche Richtung das Wasser im jeweiligen Punkt abfließen würde, und schließlich ist noch die Erklärung von HOMESPERBLOCK ausständig. Diese Operation setzt voraus, daß es einen Layer HOUSING gibt, in dem jede Vordergrundzelle ein Haus darstellt, sowie einen Layer BLOCKS, der durch Segmentierung dieses Layers entstanden ist. Jeder Block entspricht dann in der realen Welt einem Häuserblock und im Datenbestand einem Pixelhaufen. Dann wird pro Block die Anzahl der Häuser festgestellt, und alle Pixels des HOMESPERBLOCK, die mit dem Block deckungsgleich sind, werden herangezogen.

Kapitel 5

FELDKONZEPT UND INTERPOLATION

In diesem Kapitel werden Modelle für Kurven und glatte Flächen im Raum vorgestellt. Dabei geht man von stückweise gegebenen *Primärdaten* aus; man trifft eine Vereinbarung hinsichtlich der zugrundeliegenden Funktion, setzt Interpolations- und Glättungsvorschriften fest und gelangt so zu interpolierten *Sekundärdaten*. So kommt man etwa zu einem digitalen Modell für das *Gelände* (Abb. 5.1). *Digitale Geländemodelle* (DGM) sind wichtige Bausteine beim Aufbau einer umfassenden Struktur für Geodaten. Solche Daten beschreiben die reale Welt; das Gelände gehört dazu – die Topographie, die Berge, Täler, Geländeformen, Einschnitte, Aufschüttungen und Terrassen. Der Begriff des Geländes kann umfassender gebraucht werden als in der Umgangssprache. Jede Erscheinung, die als eine im wesentlichen stetige Funktion des Ortes (der Lage) gedeutet werden kann, und wo man zumindest grob über die Bauart dieser Funktion Bescheid weiß, kann mit diesem Werkzeug modelliert werden. So gibt es nicht nur für die Höhe, sondern auch für deren Gradienten – die Hangneigung – ein Modell; aber auch die jährliche Niederschlagsmenge, der Ozongehalt der Luft, das Pro-Kopf-Einkommen, der Bodenertrag und vieles mehr ist als (abstraktes) Gelände denkbar. Es kann visualisiert werden und – was noch viel wichtiger ist – als Ausgangspunkt für GI-Analysen dienen.

Ein solcher Modellierungsansatz wird als *Feldkonzept* bezeichnet, in Anlehnung daran, daß man – ähnlich wie es bei elektromagnetischen Feldern der Fall ist – an jedem Punkt des Interessensgebietes bestimmte Eigenschaften des Feldes mißt, so etwa die Feldstärke eines Handynetzes. Wenn sich diese Eigenschaften im wesentlichen kontinuierlich mit dem Ort ändern, so kann man in Gedanken ein künstliches 'Gelände' aufbauen. Dort wo der Handy-Empfang gut ist, liegen die Berge, dazwischen gibt es Täler, unter Umständen auch Bruchkanten, wenn sich - etwa beim Betreten eines Gebäudes – der Empfangsqualität abrupt verschlechtert. Das 'Gebirge' der Empfangsqualität kann mit den gleichen Mitteln modelliert werden wie das eigentliche Gelände, und so verfährt man auch mit allen anderen Themen, welche *feldbasierend* modelliert werden können. (Es ist dies das Gegenstück zu objekt- oder entitätsbasierenden Ansätzen aus Kapitel 3.) All das, was wir auf das Gelände im engeren Sinn beziehen, gilt also im übertragenen Sinn auch für andere feldbasierende Themen.

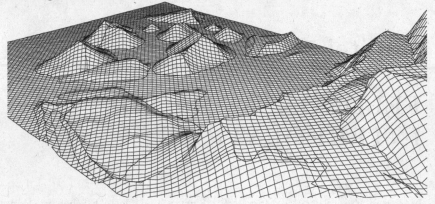

Abbildung 5.1: Beispiel für ein digitales Geländemodell (DGM)

Die Auseinandersetzung mit digitalen Geländemodellen könnte an mehreren Stellen dieses Buches eingeflochten werden: DGM sind Datenmodelle; ihre Eingangsdaten sind sehr oft Vektordaten – Punkthöhen, punktweise gegebene Attributwerte, Bruchlinien, Formlinien; als Ergebnis können sie Rasterdaten liefern – interpolierte Werte auf einem Gitter. Die Daten sind meist geometrischer Natur (DGM im engeren Sinn), wir können aber auch thematische Sachverhalte damit modellieren. So ergibt sich gerade an dieser Stelle eine schöne Abrundung der Diskussion in den vorangegangenen (Geometrie-)Kapiteln und der nahtlose Übergang zum nachfolgenden (Thematik-)Kapitel. Die Modellierung des Geländes ist eine Frage der geeigneten Interpolation bzw. Approximation von Primärdaten. Geländehöhen werden nur punktweise oder allenfalls entlang von linienhaften Profilen gemessen. Alles, was dazwischen liegt, entspringt einer mehr oder weniger passenden Hypothese bezüglich globaler und lokaler Geländeeigenschaften. Wir wollen mit Fragen der Interpolation und Approximation beim einfacheren eindimensionalen Fall beginnen.

5.1   Kurven

5.1.1   Kurvenmodelle

Eine *Kurve* wird in ISO 19107 [269] als eindimensionales geometrisches Primitiv zur stetigen Abbildung einer Linie definiert, das topologisch zusammenhängend und – durch einen ersten und einen letzten Punkt (Anfangs- und Endpunkt) – abgeschlossen ist.

Diese Definition schließt natürlich auch gerade Linien und deren Aneinander-
reihungen mit ein. In diesem Kapitel konzentrieren wir uns jedoch auf solche
Kurven im zwei- oder dreidimensionalen Raum, die tatsächlich eine von Null
verschiedene Krümmung aufweisen. Die Auseinandersetzung mit den Eigenschaften von Kurven ist einerseits als Vorbereitung für die eingangs erwähnte
Problematik der Geländemodelle und der dazu analogen abstrakten funktionalen Modelle zu sehen; andererseits kommen natürlich Kurven sehr wohl auch
als eigenständige geometrische Formen in einem Geodatenbestand vor; denken
wir nur an Flüsse, an Isolinien, an Überlandstraßen – an all das, was man in
kleinmaßstäblichen Karten oder elektronischen Atlanten abbildet, wo es weniger um das Erreichen der größtmöglichen geometrischen Genauigkeit im lokalen
Bereich, sondern eher um das Aufzeigen globaler Beziehungen geht.

Die *Interpolation* bzw. *Approximation* von Kurven ist zunächst – aber nicht
nur – ein *Darstellungsproblem* im engeren Sinn, also die Suche nach einer
möglichst glatten, dem Auge gefälligen Form, die trotzdem die wesentlichen Eigenschaften einer Kurve erkennen läßt. Beispiele sind etwa eine kurvige Paßstra-
ße, die Mäander eines Flusses, die Unterscheidung zwischen lieblichem Hügel-
land und schroffem Bergland. Es geht aber auch um die *interne Repräsentation*, also eine Minimierung des Speicheraufwandes, bei gleichzeitiger Beibehaltung eines möglichst großen Informationsgehaltes und um die Möglichkeit, geometrische Auswertungen (z.B. Längenberechnungen) in eingeschränktem Maß
durchführen zu können. Im Rahmen der *Generalisierung* stehen wir vor der
Aufgabe, durch eine Reihe von gegebenen Punkten eine Kurve hindurchzulegen, welche in der Nähe dieser Punkte liegt und trotzdem einfacher als eine
exakt durch diese Punkte verlaufende Kurve ist. Bei der *automatisierten Erfassung* von Kurven müssen wir aus der Fülle von angebotenen Kurvenpunkten
einige wenige auswählen, welche die Kurve möglichst gut beschreiben.

Dies sind nur einige Aspekte aus dem Anwendungsspektrum, wo die Interpolation und Approximation von Kurven eine Rolle spielt. Für *Flächen im Raum*
gelten ähnliche Überlegungen; wir verweisen dazu auf den zweiten Teil dieses
Kapitels. Auch die Verbindung von Flächen- und Kurveninterpolation, wie sie
etwa bei der Rückinterpolation von Isolinien aus einem digitalen Geländemodell
auftritt, sei hier erwähnt.

Eine linienhafte Struktur wird in einem GIS auf ein geeignetes Modell abgebildet, dessen Verfeinerungsgrad vom Umfeld der möglichen Anwendungen
abhängt. Das einfachste Modell für die Verbindung zweier Punkte besteht in
der Annahme, daß es sich um eine geradlinige Verbindung handelt. Dieses Modell ist für viele Anwendungen genügend genau; das Liniennetz des öffentlichen
Verkehrs in einer Stadt wird dadurch hinreichend gut beschrieben, zumindest
was dessen *topologischen* Aspekt angeht (siehe auch Kap. 3):

Wo kann man von der Straßenbahnlinie *A* zum *B*-Bus umsteigen?

Wir wissen, daß dazu noch ein *thematischer* Aspekt kommt, der uns zunächst noch nicht interessiert (siehe jedoch Kap. 6):

> Linie *A* gehört zum Tarifverbund, Linie *B* jedoch nicht.

Oft jedoch ist die Annahme eines solchen einfachen – rein topologischen – Modells zu grob; wir verfeinern zum Beispiel das Netz von Straßenbahnlinien, indem wir im Modell Streckenzüge mit Zwischenpunkten, Kreis- und Übergangsbögen einführen; auf diese Weise können wir dann direkt aus der Geometrie Entfernungen ableiten. Ein derartiges Modell aus Geraden, Kreisbögen und Übergangsbögen versagt jedoch bei Isolinien. Eine solche Linie wird uns im allgemeinen nicht den Gefallen tun, sich in ihrem gesamten Verlauf einer in mathematisch geschlossener Form definierbaren Kurve anzupassen. Dasselbe gilt für Flüsse, natürliche Grenzen usw., also überall dort, wo nicht der Mensch mit Reißbrett, Lineal und Zirkel eingegriffen hat.

Ein – theoretischer – Ausweg besteht darin, daß wir gar nicht erst versuchen, ein solches mathematisches Modell zu finden, sondern die Kurve eher durch eine sehr dichte Folge von Kurvenpunkten beschreiben. Dies wird etwa bei der Darstellung einer Kurve auf einem nach dem Rasterprinzip arbeitenden Ausgabemedium getan: Die Kurve wird durch eine Folge von Pixels gleicher Farbe beschrieben. Legen wir unsere Datenstruktur (und die darauf aufbauenden Bearbeitungsmethoden) nach dem Rasterprinzip an, so können wir diese Methode auch für das interne Datenmodell benutzen. Für eine Modellierung und Bearbeitung nach dem Vektorprinzip hingegen würde der Speicherplatzbedarf für eine solche Kurve, das Verhalten bei Maßstabsveränderungen, die Evaluierung der Geometrie u.a.m. ungünstig zu Buche schlagen. (In Kap. 2 stellten wir die beiden Begriffe der *Extension* und der *Intension* einander gegenüber; die Probleme mit unserer Kurve beruhen dementsprechend auf ihrer – notwendigerweise – intensionellen Repräsentation.)

Wir müssen uns daher darauf beschränken, die Kurve durch *wenige*, jedoch für den Kurvenverlauf *charakteristische* Punkte zu beschreiben, aus denen wir sie jederzeit reproduzieren können. Wir fordern also gleichzeitig ein Minimum von Punkten und ein Maximum in der Abbildungsqualität des Modells. Dort, wo sich die Kurve sehr stark ändert, benötigen wir mehr Punkte als in anderen Bereichen. Die Form der Kurve zwischen diesen gegebenen Punkten *interpolieren* wir nach bestimmten Kriterien, welche die Qualität des Modells widerspiegeln. Werden die gegebenen Punkte dabei reproduziert, so handelt es sich um eine Interpolation im engeren Sinn; ansonsten versucht man, die Kurve möglichst nahe an die gegebenen Punkte heranzuziehen (*Approximation*). Die Grenze zwischen den beiden Varianten verschwimmt, sobald wir die Abweichungen der Punkte von der interpolierten Kurve als *Meßfehler* betrachten; die folgenden Ausführungen gelten also nicht nur für die Interpolation, sondern – nach entsprechender Verallgemeinerung – auch für die Approximation. Außerdem sei angemerkt, daß wir uns zwar auf die Interpolation in der Ebene beschränken, daß aber einer Verallgemeinerung für Raumkurven nichts im Wege steht.

Eine interpolierte Kurve muß mehrere Forderungen erfüllen:

- Der *Grad der Stetigkeit* soll genügend hoch sein; mit dem mathematischen Begriff der Stetigkeit verbinden wir das 'Glatte' im umgangssprachlichen Ausdruck; nicht nur die Funktion selbst, auch ihre erste, zweite oder noch höhere Ableitung kann stetig sein.

- Das Modell soll *achsenunabhängig* sein; eine Verdrehung der Darstellung soll die geometrischen Relationen innerhalb der Kurve gleich belassen.

- Die Stützpunkte sollen nur einen *lokalen* Einfluß ausüben; ein fehlerhafter Stützpunkt beeinflußt also nur seine unmittelbare Umgebung und nicht die gesamte Kurve.

- Ein übermäßiges *Oszillieren* soll vermieden werden; wir wissen, daß Polynome die Tendenz zeigen, außerhalb eines (ziemlich kleinen) Bereiches sehr stark anzuwachsen; sie streben unaufhaltsam gegen ∞, und dies ist der Grund dafür, daß polynomiale Funktionen zum Oszillieren neigen.

5.1.2   Kurveninterpolation

Die bekannteste Methode zur Kurveninterpolation benutzt den *Spline*; es ist dies ein stückweise, also in k Teilintervallen gesondert definiertes Polynom $p(x)$ höchstens m-ten Grades, für welches man an den Nahtstellen Stetigkeit (Glättungsbedingungen) vorschreibt; die Ableitungen bis zu einer bestimmten Ordnung $r - 1$ sollen links und rechts der Nahtstelle übereinstimmen (siehe [191], [192]).

$$p(x) = p_i(x) \quad \text{für} \quad x_i \leq x \leq x_{i+1} \quad \text{und}\, i = 0, 1, \ldots, k - 1 \qquad (5.1)$$

$$p_{i-1}^{(j)}(x_i) = p_i^{(j)}(x_i) \quad \text{für} \quad j = 0, 1, \ldots, r - 1 \quad \text{und}\, i = 1, 2, \ldots, k - 1 \quad (5.2)$$

Je nach der Wahl von m spricht man von *linearen Splines* ($m = 1$), *quadratischen Splines* ($m = 2$) und *kubischen Splines* ($m = 3$). Sie erfüllen die geforderten Bedingungen für die Glättung und das lokale Fehlerverhalten (Abb. 5.2).

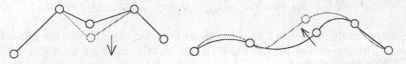

Abbildung 5.2: Lokales Fehlerverhalten von Splines

Nach der Vorgabe von Datenwerten und Übergangsbedingungen ergibt sich ein Gleichungssystem für die einzelnen Polynomkoeffizienten, dessen Auflösung aber recht umfangreich werden kann, weil die beteiligten Polynome nicht nur in ihrem engeren Wirkungsbereich (im jeweiligen Teilintervall), sondern im gesamten Bereich ausgewertet werden müssen. Effizienter ist daher der Ansatz, der den Spline als Linearkombination von besonders einfach gearteten Bausteinen (*Basissplines*) darstellt:

$$p(x) = \sum_{i=0}^{k-1} a_i N_{im}(x) \tag{5.3}$$

Jeder Basisspline ist nur in einem beschränkten Bereich von Null verschieden; er muß daher nur an wenigen Stellen ausgewertet werden, was die Anzahl der erforderlichen Rechenschritte entscheidend vermindert. (Wenn eine Auswertung bereits an der Stelle $x = x_0$ nötig erscheint, so kann man die Summe in der obigen Formel bei $i = -m$ beginnen lassen.) Ein Basisspline m-ter Ordnung läßt sich außerdem höchst einfach rekursiv berechnen: Er ergibt sich durch *Faltung* zweier Basissplines $(m-1)$-ter Ordnung; den Anfang in dieser Kette macht der Basisspline null-ter Ordnung, der folgendermaßen definiert ist:

$$N_{io}(x) = \begin{cases} 1 & \dots \text{ für } \quad x_i \leq x < x_{i+1} \\ 0 & \dots \text{ sonst} \end{cases} \tag{5.4}$$

Die Rekursionsvorschrift für den Basisspline m-ter Ordnung lautet

$$N_{im}(x) = \frac{x - x_i}{x_{i+m} - x_i} N_{i,m-1}(x) + \frac{x_{i+m+1} - x}{x_{i+m+1} - x_{i+1}} N_{i+1,m-1}(x) \tag{5.5}$$

Durch die Faltung zweier konstanter Anteile erhalten wir also die Dachfunktion für den Basisspline erster Ordnung. Sie ist in zwei Intervallen von Null verschieden. Durch abermalige Faltung erhalten wir den quadratischen Basisspline, der in drei Intervallen von Null verschieden ist, usw. (Abb. 5.3).

Für einen vorgegebenen Punkt (t_j, y_j) bleiben also von der obigen Summe nur $m+1$ Summanden übrig, die von Null verschieden sind. Fällt der Punkt etwa in das Intervall $[x_i, x_{i+1}]$, so erhalten wir eine Gleichung

$$a_i N_{im}(t_j) + a_{i-1} N_{i-1,m}(t_j) + \ldots + a_{i-m} N_{i-m,m}(t_j) = y_j \tag{5.6}$$

Setzen wir alle gegebenen Punkte in dieser Form an, so ergibt sich ein gebändertes Gleichungssystem für die Koeffizienten a. Wir erwähnen hier, daß es Einschränkungen für die Lage der gegebenen Punkte bezüglich der Stützintervalle $[x_i, x_{i+1}]$ gibt; konzentrieren sich diese gegebenen Punkte in bestimmten Bereichen, so bleiben einige Intervalle unterbestimmt, und das Gleichungssystem ist

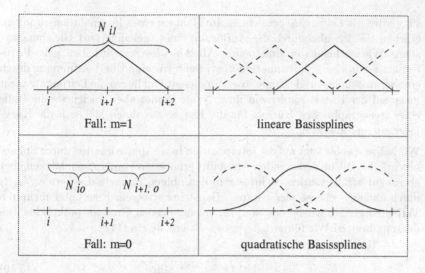

Abbildung 5.3: Basissplines

nicht mehr eindeutig lösbar. Außerdem ist anzumerken, daß man oft Stützintervalle gleicher Länge verwendet, was Vereinfachungen in den obigen Formeln
bringt.

Bisher haben wir unsere Interpolationskurve explizit formuliert, das heißt, wir
schließen von vorgegebenen x-Werten auf die jeweiligen y-Werte. Bei einer
Isolinie jedoch werden – je nach Wahl des Koordinatensystems – für einen x-
Wert im allgemeinen mehrere y-Werte auftreten. Wir müssen daher zu einer
Parameterdarstellung der Kurve übergehen: Wir stellen sowohl x als auch y
durch einen Kurvenparameter t dar; es ergeben sich also zwei Summen

$$x(t) = \sum_{i=0}^{k-1} a_i N_{im}(t) \tag{5.7}$$

$$y(t) = \sum_{i=0}^{k-1} b_i N_{im}(t) \tag{5.8}$$

Fassen wir die beiden Gleichungen zusammen, so ergibt sich

$$P(t) = \sum_{i=0}^{k-1} P_i N_{im}(t) \tag{5.9}$$

wobei $P(t)$ und P_i Vektoren sind; $P(t)$ entspricht jeweils einem gegebenen
Punkt, und die Vektoren P_i sind zunächst Zusammenfassungen der zu schätzen-
den Koeffizienten (a_i, b_i). Natürlich können wir sie ebenfalls als Punkte ansehen;

sie werden als *Leitpunkte* bezeichnet. Im Rahmen eines Interpolationsproblems ergeben sie sich also durch die Auflösung eines (gebänderten) Gleichungssystems. Wie wir bereits im einleitenden Abschnitt festgestellt haben, geht die Interpolation in eine Approximation über, wenn wir eine Überbestimmung durch eine vermittelnde Ausgleichung lösen; in diesem Fall liegen die Leitpunkte nicht mehr auf der Kurve, sondern in ihrer Nähe. Immer aber spielen sie die Rolle eines stenographischen Kürzels für die Kurve; aus ihnen läßt sich die Kurve jederzeit reproduzieren.

Wir haben uns bis jetzt auf die Interpolation bzw. Approximation durch Splines beschränkt. Die im einleitenden Abschnitt erhobenen Forderungen können aber ebensogut erfüllt werden, wenn wir in den obigen Formeln die Terme $N_{im}(t)$ durch andere – ebenso elementare – Bausteine ersetzen: Eine unter mehreren Varianten greifen wir heraus, weil sie einen gewissen Grad an praktischer Bedeutung besitzt. Wir führen *Bernstein-Polynome* ein [142]:

$$N_{im}(t) = \binom{m}{i} t^i (1-t)^{m-i} \quad \text{für} \quad 0 \le t \le 1 \qquad (5.10)$$

Die resultierende Kurve wird *Bézier-Kurve* genannt. Sie hat ähnliche Eigenschaften wie die Splinekurve: Im allgemeinen unterdrückt sie Oszillationen noch besser; daher eignet sie sich gut für CAD-Aufgaben; aber auch in unserem Anwendungsbereich wird sie erfolgreich verwendet, so zum Beispiel bei der Rückinterpolation von Isolinien aus einem digitalen Geländemodell, wo es darauf ankommt, daß sich einzelne Linien nicht überschneiden [117]. Eine weitere Variante wurde von Akima [2] entwickelt. Er läßt die stetige Differenzierbarkeit an den Nahtstellen außer acht und verwendet die so gewonnenen Freiheitsgrade ebenfalls zu einer Verminderung der Oszillation.

Aus CAD-Anwendungen können wir eine Arbeitsweise übernehmen, bei der man Leitpunkte nicht aufgrund einer Interpolation bzw. Approximation gegebener (gemessener) Punkte ermittelt, sondern von den Leitpunkten selbst ausgeht, indem man sie von vornherein festsetzt. Durch eine geschickte Wahl dieser Leitpunkte kann man für die resultierende Kurve eine Reihe von vorteilhaften Eigenschaften erzwingen:

- Eine Bézier-Kurve liegt in der konvexen Hülle von höchstens $m+1$ Leitpunkten (wobei m hier wieder der Grad des Basispolynoms ist). So kann man etwa für $m = 2$ erzwingen, daß die Kurve nicht aus einem vorgegebenen Dreieck von Leitpunkten ausschwingen kann.

- Wir können gewissen Leitpunkten ein höheres Gewicht erteilen, indem wir sie mehrfach ansetzen. Mehrfachpunkte ziehen die Kurve enger an sich. Ein m-facher Punkt muß auf der resultierenden Kurve liegen. Damit kann man 'Ecken' in einer ansonsten glatt verlaufenden Kurve erzeugen – etwa bei Bruchkanten.

- Liegen $m + 1$ aufeinanderfolgende Leitpunkte auf einer Geraden, so liegt auch die Kurve auf dieser Geraden; dadurch können wir Geradlinigkeitsbedingungen erfüllen.

Es gibt noch eine Reihe weiterer Aussagen, die für spezielle Basisfunktionen und spezielle Leitpunktanordnungen gelten. Wir verweisen für weitere Details auf [164] und [142].

5.1.3 Kurvenapproximation

Bis jetzt betrachteten wir die Approximation als Verallgemeinerung der Interpolation; nun ersetzen wir die Forderung, daß die resultierende Kurve durch eine Reihe von gegebenen Punkten hindurchgehen soll, durch die weniger strenge Vorschrift, daß sie sich nicht allzu weit von diesen Punkten entfernt. Beim interaktiven Arbeiten ist der Unterschied auch nicht so wesentlich. Der Anwender modifiziert die Leitpunkte so lange, bis die Kurve seinen Ansprüchen genügt. Das mag bedeuten, daß sie durch alle Punkte geht oder durch die meisten oder in der Nähe aller Punkte verläuft usw.

Ganz anders ist der Sachverhalt bei automatisch ablaufenden Prozessen. Der Begriff der *Nähe* muß so formuliert werden, daß er eindeutig und auch überprüfbar ist. Im allgemeinen fordern wir hier ein Minimum der Verbesserungsquadratsumme (*Gaußsches Minimumsprinzip*); dabei gelten die Abweichungen der gegebenen Punkte von der resultierenden Kurve als Verbesserungen. Dieses Minimumsprinzip führt zur Aufstellung von *Normalgleichungen*, die als Lösung die *ausgeglichenen Parameter* liefern. In Kapitel. 3 wird die Aufstellung der Normalgleichungen anhand des Beispieles einer überbestimmten Koordinatentransformation – ebenfalls ein typisches Ausgleichsproblem – erläutert. Nähere Details zur Ausgleichung können [79] und [143] entnommen werden.

Bisher haben wir die Wahl der Stützstellen nicht in unsere Optimalitätsuntersuchungen einbezogen, obzwar sie natürlich einen entscheidenden Einfluß auf das Interpolationsergebnis hat. Ein allgemeiner Ansatz, der die Anzahl, Lage und Länge der einzelnen Stützintervalle aus den gegebenen Punkten allein aufgrund des Minimumsprinzips abzuleiten versucht, führt auf nichtlineare Gleichungssysteme. Wir müssen uns daher mit *suboptimalen Teillösungen* zufriedengeben.

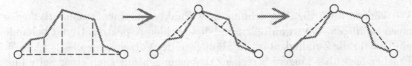

Abbildung 5.4: Ermittlung eines Stützpunktpolygons

Als Beispiel nehmen wir eine Gruppe von Punkten, von denen wir annehmen, daß sie – zumindest lokal – einen geradlinigen Verlauf aufweisen; es geht also um die Ermittlung eines Polygons, das möglichst wenige Stützpunkte haben soll. Gemäß dem wohl bekanntesten Punktausdünnungsverfahren nach *Douglas-Peucker* [54] gehen wir so vor, daß wir zunächst zwischen dem Anfangspunkt und dem Endpunkt eine Gerade ziehen und die Abweichungen von dieser Geraden betrachten (siehe Abb. 5.4). Überschreitet ein Punkt (oder mehrere Punkte) ein bestimmtes vorher festgesetztes Toleranzmaß, so teilen wir das Gesamtintervall an jener Stelle, wo wir die größte Abweichung festgestellt haben, in zwei Teile und wiederholen die Untersuchung für jedes Teilintervall so lange, bis alle Punkte die Genauigkeitsschranke erfüllen. Die entsprechende Unterteilung in Stützintervalle ist zwar nicht minimal im strengen Sinne, liefert jedoch im allgemeinen brauchbare Ergebnisse. Ein Extremfall ergibt sich, wenn wir die Schranke auf Null setzen; das resultierende Polygon geht dann durch *alle* gegebenen Punkte.

Zu dieser streng hierarchischen Vorgehensweise gibt es Alternativen: Wir beginnen nicht beim Gesamtintervall, sondern bei einer mittleren Aufteilung in ca. fünf bis zehn Intervalle. Dann müssen wir aber auch die Möglichkeit in Betracht ziehen, daß die Geraden in zwei aneinandergrenzenden Intervallen dieselbe Neigung aufweisen (natürlich wieder innerhalb einer bestimmten Toleranz); diese sind dann zu vereinigen. Es gibt also sowohl Teilungs- als auch Vereinigungsoperationen. Dieser Vorgang wird deshalb *split and merge* genannt. Eine weitere Alternative besteht darin, daß wir eine Anfangsrichtung, wie sie durch die ersten beiden Punkte gegeben ist, mit jedem weiteren Punkt vergleichen; sobald ein Punkt nicht mehr in den Toleranzbereich fällt, wird eine neue Stützstelle erzeugt, und man setzt mit der neuen Richtung fort (*scan along*). Wieder gibt es hier die Variante, daß man zunächst größere Sprünge nach vorn macht und dabei in Kauf nimmt, daß man gegebenenfalls einen Schritt zurück tun muß (*hop along*). Für nähere Erläuterungen zu diesen Verfahren sei auf [164] verwiesen. In [6] wird eine fundierte und breit angelegte Übersicht über weitere Punktausdünnungsverfahren gegeben.

Einige davon wenden auch Rasteroperationen wie etwa die Filterung an (siehe Kap. 4). Zu diesem Zweck werden die Linien zunächst gerastert. Die dabei entstehende Pixelanordnung wird dann einer Tiefpaßfilterung unterzogen. Sie eliminiert 'Ausreißer', also allzu starke Oszillationen. Nach der Rückumwandlung des gefilterten Bildes in eine Vektorstruktur erhalten wir dann die gewünschte vereinfachte Kurve.

Wir können auch die Abweichung eines Punktes in einen *systematischen* und einen *zufälligen* Aspekt aufteilen und diese beiden Aspekte getrennt behandeln; ein Maß für die Zufälligkeit ist die Häufigkeit des Vorzeichenwechsels (Abb. 5.5). Ergeben sich über längere Strecken Abweichungen nur nach einer Seite hin, so tritt der systematische Anteil (der *Trend*) hervor. Dieser Trend wird dann noch zusätzlich von einem rein zufällig oszillierenden *Rauschen (noise)* überlagert.

Abbildung 5.5: Systematische und zufällige Aspekte bei der Approximation

5.2   Flächen im Raum

5.2.1   Digitale Geländemodelle

Das Gelände ist eine Fläche im dreidimensionalen Raum mit besonderen Eigenschaften. Sie läßt sich stetig und lokal umkehrbar eindeutig in die Ebene abbilden, solange es keine Felsüberhänge gibt und solange wir Bauten (Brücken und dergleichen) nicht dem Gelände zuzählen. Als Teil der realen Welt wird es in den Datenraum abgebildet. Vereinfachungen sind unumgänglich. Es hängt vom Spektrum der Anwendungen ab, wie weit man dabei zu gehen bereit ist. Die Kugeloberfläche als Modell der Erdoberfläche ist ein Beispiel einer starken Vereinfachung, die in vielen Fällen durchaus brauchbare Ergebnisse liefert. Auch die Verfeinerung des Modells in Richtung einer ellipsoidischen Oberfläche und das gröbere, punktförmige Erdmodell im interplanetaren Kontext sind uns wohlvertraut. In GI-Anwendungen sind jedoch differenziertere Modelle für die Beschreibung eines Geländes vonnöten. Es wird im allgemeinen nicht möglich sein, eine einheitliche mathematische Beschreibung (Ebene, Kugel, polynomiale Repräsentation etc.) zu finden, welche die Geländeformen wiedergibt. Man behilft sich daher so, daß man diese mathematische Beschreibung zumindest stückweise festsetzt; das Geländemodell gleicht also einem Flickenteppich, der aus einzelnen wohldefinierten Bausteinen besteht, die nach bestimmten (Interpolations-)Vorschriften zusammengesetzt werden. Diese Interpolationsvorschriften sorgen dann dafür, daß die resultierende Gesamtfläche genügend glatt ist. (Ein anderer Ansatz, der nicht so wie das Bausteinprinzip von unten nach oben, sondern vom Großen ins Kleine geht, ist das *fraktale Modell*; siehe Kap. 7.)

Anmerkung 1: In diesem Kapitel ziehen wir den bequemeren Begriff 'Fläche' den etwas umständlichen Bezeichnungen 'Fläche im Raum' bzw. 'Oberfläche' vor, solange keine Gefahr besteht, dies mit dem Begriff der 'Fläche' im Sinne der anderen Kapitel zu verwechseln; dort ist er nämlich mit einem ebenen Flächenstück gleichzusetzen. (Im englischen differenziert man zwischen *area* und *surface*).

Anmerkung 2: Von unseren Überlegungen schließen wir die im CAD gebräuchlichen 3D-*Modelle* – Körper und damit Flächen wie Hauswände und dergleichen – aus. Wir bleiben also im Bereich der 2,5dimensionalen GI-Anwendungen.

Das Modell einer Geländeoberfläche wird als   *digitales Geländemodell* (DGM oder DTM nach dem englischen Ausdruck *digital terrain model*) bezeichnet. Manche Autoren verwenden auch den Ausdruck *digitales Höhenmodell* (DHM oder DEM nach dem englischen Ausdruck *digital elevation model*), um damit zum Ausdruck zu bringen, daß es sich primär um eine Bestimmung der dritten Koordinate von Punkten handelt. Wir wollen nicht näher auf diese unterschiedlichen Auffassungen eingehen und an der Bezeichnung 'Geländemodell' festhalten. Allerdings sei erwähnt, daß auch viele andere Themen mit Werkzeugen eines DGM modelliert werden können: Für Temperaturverteilungen, Geoidhöhen, Niederschlag, Bebauungsdichte usw. lassen sich Modelle erzeugen, die ebenfalls auf funktionalen Vorschriften und auf interpolierenden Ansätzen beruhen; in diesen Modellen entspricht die 'Höhe' dem jeweiligen *Thema*.

Die Bausteine eines DGM können *Punkte*, *Linien* oder *Flächen* sein (Abb. 5.6). Im ersten Fall handelt es sich um Koordinaten x, y, z von gewissen ausgezeichneten Punkten. Die z-Koordinaten dazwischenliegender Punkte ergeben sich durch eine Interpolationsvorschrift. Oft beginnt man also damit, daß man an vielen verschiedenen Orten im Interessensgebiet einen Wert mißt und aus diesen Werten dann an all den dazwischen liegenden Orten entsprechende Werte durch Interpolation schätzt. Bei einem DGM im engeren Sinn sind es Höhenwerte, während es bei einem Interpolationsmodell im erweiterten Sinn Temperaturwerte, Niederschlagswerte und dergleichen sind. Das Güte der Ergebnisse, die Qualität des Modells hängt nicht zuletzt von der Wahl der Meßstellen und der Interpolationsmethode ab.

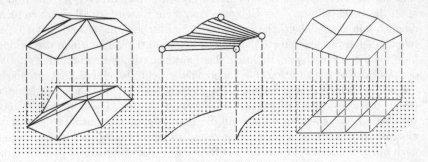

Abbildung 5.6: Punkte, Linien und Flächen als Bausteine eines DGM

Man kann ad hoc alle in der Nähe liegenden Punkte dazu heranziehen; normalerweise jedoch bildet man in einem Vorverarbeitungsschritt Dreiecksflächen *(Dreiecksvermaschung)*, die dann linear interpoliert werden können. Es entsteht ein Netz von Dreiecksflächen (engl. *triangulated irregular network*, TIN). Im Linienmodell dienen Raumkurven als Grundbausteine; beispielsweise können dies Isolinien sein; die Höhen dazwischenliegender Punkte erhalten wir durch Interpolation dieser Linien; wir können uns dabei zwei Wäscheleinen vorstellen, über die ein Laken gebreitet wird (Abb. 5.6 Mitte). Ein solches Konzept wird eher im CAD angewendet; die Flächen, die man dort zwischen gegebene

Kurven einhängt, werden als *lofted surfaces* bezeichnet. Schließlich ist es auch möglich, kleine Flächenstücke als Bausteine zu verwenden; sind die Parameter eines solchen Flächenstückes bekannt, so können wir einen beliebigen Flächenpunkt durch einfaches Einsetzen ermitteln; meistens wird die Fläche jedoch selbst wieder durch charakteristische Punkte repräsentiert, die dann durch eine vorgegebene Interpolationsvorschrift verknüpft werden.

In der Praxis sind die Grenzen zwischen punktbezogenen, linienbezogenen und flächenbezogenen DGM nicht immer klar zu ziehen. Sie verschwinden nahezu, wenn die Punkte in einem Gitter angeordnet sind. Aber auch sonst können wir jederzeit durch Interpolation bzw. Approximation von einer Kategorie zur anderen übergehen. Die dazu notwendigen Hilfsmittel untersuchen wir im folgenden.

Eben wurde erwähnt, daß Stützpunkte eines DGM oft in einer *regelmäßigen Anordnung* (Gitter, engl. *Grid*) vorliegen. Dies gilt für Punkte, die aus einer Vorverarbeitung hervorgegangen sind (Sekundärdaten) ebenso wie für Punkte, die auf automatisiertem Wege als Primärdaten erfaßt wurden; im Stereomodell oder im Orthophoto können so Daten in konstanten Abständen entlang einer Koordinatenrichtung bzw. entlang einem Profil gewonnen werden. Wurden die Punkthöhen jedoch manuell bzw. durch terrestrische Geländeaufnahme erfaßt, so sind sie meist unregelmäßig verteilt. Beim Verfolgen von Isolinien in Stereomodellen gilt dies ebenso. Es gibt aber auch andere Gründe, die eine Abkehr von der Regelmäßigkeit als wünschenswert erscheinen lassen; man stellt in diesem Fall an kritischen Stellen des Geländes zusätzliche Punkte oder Linien zur Verfügung; dies betrifft Bruchkanten, Formlinien, einzelne besonders hervorzuhebende Punkte (Gipfel) und dergleichen mehr. Abbildung 5.1 zeigt das Gelände eines Tagbaues. Terrassen sind durch die Abtragung entstanden; auf dem ebenen Grund stehen einzelne Abraumkegel; eine Fahrstraße führt hinunter. Es gibt also Bereiche, wo es durchaus sinnvoll erscheint, von der regelmäßigen Anordnung abzugehen, um Besonderheiten des Geländes *(morphologische Gesichtspunkte)* unterstreichen zu können.

Im Kapitel 2 diskutierten wir ausführlich den Gegensatz zwischen Vektor- und Rastermodellen und der zugehörigen Methodik. Die regelmäßige Erfassung und Anordnung von DGM-Punkten entspringt dem Rastergedanken. Es liegt ein dichtes Netz von Punkten vor; um gewisse charakteristische Eigenschaften des Geländes (wie etwa Bruchkanten, lokale Maxima und Minima) berücksichtigen zu können, müssen wir global eine sehr kleine Maschenweite wählen, die in den weniger stark fluktuierenden Bereichen einen unnötig hohen Speicherplatzbedarf nach sich zieht. Dafür werden aber viele Analysen einfach; Algorithmen, die sich auf regelmäßig verteilte Daten stützen können, sind zahlreich, leicht durchschaubar und ebenso leicht zu implementieren. Die morphologische Anordnung der Punkte hingegen entspricht dem Vektormodell; sie zielt auf eine Minimierung der Gesamtpunktezahl hin, wobei gleichzeitig eine möglichst gute Abbildung des Geländes und seiner kritischen Stellen (Bruchkanten, siehe Abb. 5.1) erreicht werden soll; dafür zahlt man den Preis, daß die Daten unregelmäßig verteilt sind.

Die Art der Erfassung bindet uns jedoch nicht an ein bestimmtes Modell; so können wir aus unregelmäßig verteilten *Primärdaten* ein regelmäßiges, feinmaschigeres Gitter (*Sekundärdaten*) erzeugen; nach einem solchen Vorverarbeitungsschritt greifen alle Anwendungsprogramme dann auf diese Sekundärdaten zu. Für die Erzeugung des Sekundärdatenbestandes können wir die weiter unten beschriebenen Hilfsmittel der Interpolation verwenden. Liegt umgekehrt ein regelmäßiges Gitter vor, so können wir im nachhinein vektorartige Informationen (Bruchlinien etc.) einbringen; die meisten DGM-Softwarepakete erlauben also ein solches hybrides Ausnutzen der beiden Ideen.

Geomorphologische Eigenschaften eines Geländes werden sehr gut durch *Gerippelinien* (auch *Formlinien* genannt) wiedergegeben. Diese zerfallen in Tallinien und Kammlinien (siehe Abb. 5.7). Eine *Tallinie* erfüllt folgende Forderungen:

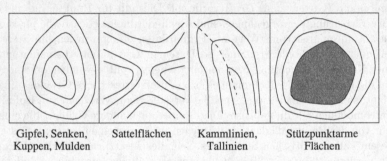

| Gipfel, Senken, | Sattelflächen | Kammlinien, | Stützpunktarme |
| Kuppen, Mulden | | Tallinien | Flächen |

Abbildung 5.7: Kritische Bereiche eines DGM

- Sie ist eine Fallinie; Wasser würde ihrem Verlauf folgend zu Tal fließen.

- Benachbarte Fallinien müssen tangential einmünden.

- Unter all diesen einmündenden Fallinien ist die Tallinie dadurch ausgezeichnet, daß sie ein minimales Gefälle hat.

Wenn wir das Gelände 'umklappen', also Höhen gegen Tiefen vertauschen, so gehen Tallinien in *Kammlinien* über und umgekehrt. Dies kann für die Definition der Bedingungen für eine Kammlinie ausgenützt werden. *Gipfel* und *Mulden* sind besondere Geländepunkte. In Gipfelpunkten treffen sich Kammlinien, in Muldenpunkten hingegen Tallinien.

Aus dem Linienmodell – sei es das primäre, durch Nachfahren von Isolinien entstandene Modell oder sei es ein durch Interpolation entstandenes sekundäres Modell – läßt sich eine interessante Modellvariante erzeugen, die dem Rastergedanken entspricht: Das *Höhenschichtenmodell*. Wenn wir allen jenen Rasterzellen, die zwischen zwei vorgegebenen Isolinien liegen, die Höhe der jeweils nied-

rigeren Linie zuordnen, so ergeben sich Schichten in der Art einer mehrstöckigen Hochzeitstorte: Die unterste Schicht entspricht der minimalen Höhe im
betrachteten Ausschnitt und überdeckt somit das gesamte Gebiet. Jede weitere Schicht überdeckt Teile der unter ihr liegenden Schicht. Alle Schichten
haben eine konstante vertikale Dicke. Eine Schicht kann nie über die darunter-
liegende Schicht hinausragen (dann würden sich die entsprechenden Isolinien
schneiden); wohl aber kann sie durchlöchert sein, etwa im Fall einer Schotter-
grube; in dieser Grube kann selbst wieder eine *Aussparung* auftreten usw. Das
Höhenschichtenmodell unterstützt (wie alle Rastermodelle) einfache Methoden
der geometrischen Auswertung. Auch ist der Übergang zu einem *Volumenmodell* nicht schwer; dieses ist aus quaderförmigen Zellen (sogenannten *Voxels*)
aufgebaut und erlaubt auf einfache Weise Massenberechnungen und -bilanzen.

Ausgehend von Qualitätskriterien für topographische Karten ergeben sich für
das DGM die *geometrische* Genauigkeit des Modells sowie die *morphologische*
Genauigkeit der Höhenlinien. Dabei bietet sich als Beurteilungskriterium für
die geometrische Genauigkeit die mittlere Höhengenauigkeit beliebiger Punkte
der DGM-Oberfläche; ein Maß ist der mittlere Höhenfehler [6].

$$rms = \sqrt{\sum_{i=1}^{n} \frac{1}{n} dh_i^2} \qquad (5.11)$$

wobei dh_i die Differenz aus der gegebenen Höhe eines (Kontroll-)Punktes P_i
und seiner aus dem Modell resultierenden Höhe ist. (Natürlich spielt hier die
'richtige' Wahl der Kontrollpunkte mit; in problematischen Gebieten ist eine
höhere Kontrollpunktdichte erforderlich.) Für die morphologische Genauigkeit
wird die Vollständigkeit der morphologischen Formen sowie ihre Formgenauig-
keit überprüft; dies kann jedoch meist nur eine visuelle Kontrolle sein. Wurde
das DGM aus (digitalisierten) Höhenlinien erzeugt – eine besonders häufige
Variante –, so ist schließlich noch die Rekonstruierbarkeit der Ursprungshöhen-
linien sowie die Plausibilität des Steigungsverlaufs zwischen den Höhenlinien
zu überprüfen. Insbesondere sollen künstliche Terrassenbildungen (Artefakte)
vermieden werden.

5.2.2 Lineare und bilineare Interpolation

Wir ordnen jeder Punktlage x, y einen Wert z zu, der in erster Linie als
Geländehöhe aufzufassen ist, aber auch verallgemeinerte Deutungen (Temperatur, Lärmpegel, Pro-Kopf-Einkommen usw.) zuläßt. In einem punktbezogenen
Modell sind die z-Werte gewisser charakteristischer Punkte – seien diese regelmäßig oder unregelmäßig verteilt – bekannt. Durch *Interpolation* ermitteln
wir die z-Werte der dazwischenliegenden Punkte. Am einfachsten wird die
Berechnung, wenn wir drei Punkte P, Q, R vorgeben und dazwischen linear interpolieren (Abb. 5.8a). Die Dreiecksfläche ist dann eine Ebene; sie wird durch
folgende Formel repräsentiert:

$$\cdot \quad T(u,v) = u \cdot P + v \cdot Q + (1 - u - v) \cdot R \qquad (5.12)$$

P, Q und R sind dabei als Vektoren (x_p, y_p, z_p), (x_q, y_q, z_q) und (x_r, y_r, z_r) zu interpretieren, deren Elemente bekannt sind. Die skalaren Größen u und v liegen im Bereich zwischen 0 und 1, wobei die Summe $u + v$ den Wert 1 nicht überschreiten darf. Variieren nun u und v im erlaubten Bereich, so überstreicht der Vektor T, bestehend aus den Werten (x_t, y_t, z_t), genau jenen Teil der Ebene, der von den drei Punkten P, Q und R und deren Verbindungsgeraden eingeschlossen wird. Die Formel besteht also aus drei Gleichungen für die drei Komponenten des Vektors T, die von den zwei Parametern u und v abhängen.

$$
\begin{aligned}
x_t(u,v) &= u \cdot x_p + v \cdot x_q + (1 - u - v) \cdot x_r \\
y_t(u,v) &= u \cdot y_p + v \cdot y_q + (1 - u - v) \cdot y_r \\
z_t(u,v) &= u \cdot z_p + v \cdot z_q + (1 - u - v) \cdot z_r
\end{aligned}
\qquad (5.13)
$$

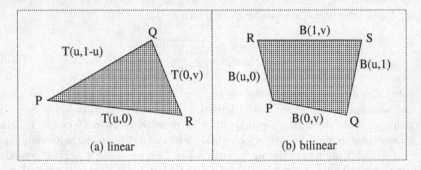

(a) linear   (b) bilinear

Abbildung 5.8: Varianten der Flächeninterpolation

Man sieht sofort, daß die drei gegebenen Punkte P, Q, R durch eine spezielle Wahl der Parameter u, v reproduziert werden können. Außerdem können wir die Gleichungen der drei Randgeraden bilden, indem wir jeweils einen Flächenparameter eliminieren:

$$
\begin{aligned}
P &= T(1,0); & \text{Gerade zwischen P und R} \ldots && T(u,0) \\
Q &= T(0,1); & \text{Gerade zwischen Q und R} \ldots && T(0,v) \\
R &= T(0,0); & \text{Gerade zwischen P und Q} \ldots && T(u, 1 - u)
\end{aligned}
\qquad (5.14)
$$

Wir sind nun am z-Wert eines konkreten Punktes T interessiert, dessen Koordinaten x_t und y_t wir vorgeben. Wir formen daher die Formel so um, daß die Parameter u, v eliminiert werden und somit die dritte Komponente z_t des Vektors T explizit durch die Komponenten x_t und y_t ausgedrückt wird; damit kommen wir zur Interpolationsvorschrift – sie ist zugleich die Gleichung der Ebene in expliziter Form:

$$z_t = \lambda_0 + \lambda_1 \cdot x_t + \lambda_2 \cdot y_t \tag{5.15}$$

In λ_0, λ_1 und λ_2 stehen im wesentlichen Produkte von Koordinatendifferenzen der vorgegebenen Punkte P, Q und R. Wir können sie auch einfach durch die folgende Überlegung ermitteln: P, Q und R sind spezielle Punkte dieser Ebene, also müssen auch ihre Koordinaten dieser Gleichung genügen; es gilt daher

$$
\begin{aligned}
z_p &= \lambda_0 + \lambda_1 \cdot x_p + \lambda_2 \cdot y_p \\
z_q &= \lambda_0 + \lambda_1 \cdot x_q + \lambda_2 \cdot y_q \\
z_r &= \lambda_0 + \lambda_1 \cdot x_r + \lambda_2 \cdot y_r
\end{aligned}
\tag{5.16}
$$

oder in Matrizenschreibweise

$$\ell = A X \tag{5.17}$$

wobei die Matrix A in der ersten Spalte Einsen und in den weiteren Spalten die Lagekoordinaten der Dreieckspunkte enthält. Der Vektor ℓ enthält die Höhenkoordinaten dieser – gegebenen – Punkte. X ist der Vektor der Koeffizienten λ_0, λ_1, λ_2 der Ebene. Die oben beschriebenen Rechenoperationen sind also gleichwertig mit einer Inversion dieser Gleichung $\ell = A X$; haben wir diese Koeffizienten λ_0, λ_1, λ_2 aus $X = A^{-1} \ell$ berechnet, so können wir die Höhe (z-Koordinate) eines beliebigen, durch seine Lage x und y gegebenen Punktes durch Einsetzen in die obige Ebenengleichung ermitteln.

Sind nicht drei, sondern vier Punkte gegeben, zwischen denen wir interpolieren wollen – wie dies etwa bei einem regelmäßigen Gitter der Fall ist –, so gibt es zunächst die Möglichkeit, aus dem Viereck zwei Dreiecke zu erzeugen, und dann so zu verfahren wie bisher. Als Alternative dazu kommt die *bilineare Interpolation* in Betracht (Abb. 5.8b), die jedoch im allgemeinen keine Ebene mehr erzeugt, sondern eine Fläche 2. Ordnung, ein hyperbolisches Paraboloid. Vier Punkte P, Q, R, S geben in diesem Fall Anlaß zu einer Formel

$$
\begin{aligned}
B(u, v) &= (1 - u) \cdot (1 - v) \cdot P \quad + (1 - u) \cdot v \cdot Q \\
&\quad + u \cdot (1 - v) \cdot R \qquad + u \cdot v \cdot S
\end{aligned}
\tag{5.18}
$$

wobei hier sowohl u als auch v zwischen 0 und 1 variieren dürfen. Wieder handelt es sich um drei Gleichungen, in denen zwei Parameter u und v auftreten, und wieder können wir durch eine spezielle Wahl dieser Parameter die gegebenen Punkte sowie deren Verbindungslinien reproduzieren:

$$
\begin{aligned}
P &= B(0,0); & \text{Gerade zwischen P und Q} \dots B(0,v) \\
Q &= B(0,1); & \text{Gerade zwischen P und R} \dots B(u,0) \qquad (5.19) \\
R &= B(1,0); & \text{Gerade zwischen Q und S} \dots B(u,1) \\
S &= B(1,1); & \text{Gerade zwischen R und S} \dots B(1,v)
\end{aligned}
$$

Um zu einer expliziten Darstellung von z_b zu kommen, schreiben wir die obige Interpolationsformel um:

$$
\begin{aligned}
B - P =\ & (R - P) \cdot u + (Q - P) \cdot v \\
& + (P - Q - R + S) \cdot uv \qquad (5.20)
\end{aligned}
$$

Wenn der Grundriß der Masche P, Q, R, S ein achsparalleles Rechteck mit Seitenlängen dx und dy ist, so vereinfachen sich die ersten beiden Gleichungen dieser Formel zu:

$$
\begin{aligned}
v &= \frac{x_b - x_p}{dx} \qquad (5.21) \\
u &= \frac{y_b - y_p}{dy}
\end{aligned}
$$

Dies setzen wir in die dritte Gleichung ein und erhalten einen Ausdruck für z_b – und somit die gesuchte Interpolationsvorschrift – in der folgenden Form:

$$
z_b = \lambda_0 + \lambda_1 \cdot x_b + \lambda_2 \cdot y_b + \lambda_3 \cdot x_b \cdot y_b \qquad (5.22)
$$

oder $\ell = AX$, wobei X der Vektor der Koeffizienten λ_0, λ_1, λ_2, λ_3 des Flächenstückes ist. Die Matrix A wird im wesentlichen – so wie beim früheren Fall – aus Koordinaten der bekannten Punkte P, Q, R, S aufgebaut.

Beide bisher beschriebenen Verfahren bergen den Nachteil in sich, daß zwei aneinanderstoßende Flächenstücke im allgemeinen nicht glatt ineinander übergehen. Um dies zu vermeiden, können wir die Umgebung, die zur Berechnung einer solchen elementaren Teilfläche herangezogen wird, vergrößern und eine entsprechende stetige Fläche höherer Ordnung durch diese Punkte hindurchlegen. Der Wert eines vorgegebenen Punktes beeinflußt dann mehrere solcher Teilflächen, und diese überlappen einander. Dadurch werden die Knicke zwischen aneinandergrenzenden Teilflächen gemildert. (Ein – wenn auch nur theoretisch interessanter – Extremfall ergibt sich, wenn wir die Umgebung auf das gesamte Modell ausdehnen.)

Anstatt eine Fläche entsprechend hoher Ordnung *exakt* durch n Punkte hindurchzulegen, können wir auch eine etwaige Überbestimmung im Rahmen einer

Ausgleichung ausnutzen. Unsere Formel $\ell = AX$ verallgemeinert sich dementsprechend zu den Beobachtungsgleichungen eines vermittelnden Ausgleichsproblems, aus denen wir durch Bildung der Normalgleichungen $A^T AX = A^T \ell$ und deren Auflösung $X = (A^T A)^{-1} \cdot A^T \ell$ die besten Werte für die Flächenparameter λ_0, λ_1, λ_2 usw. ermitteln. Für Einzelheiten zur vermittelnden Ausgleichung sei auf [79] und [143] verwiesen.

Als zusätzliche *Beobachtungen* bzw. *Bedingungen* führt man manchmal auch noch die Tangenten an die Fläche in den gegebenen Punkten bzw. Nahtstellen sowie die dort auftretenden Krümmungen ein. Für die Werte dieser zusätzlichen Beobachtungen verwendet man Höhen- und Koordinatendifferenzen. Bruchkanten, d.h. solche Linien, an denen man einen glatten Übergang explizit ausschließen möchte, können so leicht berücksichtigt werden, indem man die entsprechenden Tangenten- und Krümmungsbeobachtungen wegläßt.

5.2.3   Andere Interpolationsmethoden

Eine andere Methode der Interpolation zwischen vorgegebenen Datenpunkten besteht darin, daß man erst gar nicht versucht, im vorhinein mathematisch beschreibbare Teilflächen zu erzeugen. Vielmehr berechnet man sie *dynamisch* – je nach Bedarf – aus den Informationen, die in einer gewissen Umgebung vorliegen. Man spricht vom *Gleitenden Mittel* (engl. *moving average*). Diese Interpolationsmethode benutzt für die Berechnung eines Flächenpunktes die nächstliegenden n Datenpunkte. Der zu interpolierende Wert ergibt sich als gewichtetes Mittel der an diesen Datenpunkten vorliegenden Werte:

$$z = \frac{p_1 \cdot z_1 + \ldots + p_n \cdot z_n}{p_1 + \ldots + p_n} \tag{5.23}$$

Während die Berechnung also höchst einfach ist, liegt die Schwierigkeit bei dieser Methode eher darin, die bestgeeigneten n Nachbarpunkte zu finden. Das Gewicht p_i des Wertes für den i-ten Datenpunkt ergibt sich aus dessen reziproker Distanz von jenem Punkt, für den man den z-Wert berechnen will. Manchmal werden auch höhere Potenzen dieser Distanz verwendet; siehe dazu [114]. Eine derartige Gewichtung ist als Spezialfall einer *Kovarianzfunktion* anzusehen, die immer stärker abklingt, je weiter wir uns vom fraglichen Punkt entfernen. Die Bezeichnung stammt aus der Statistik. Die Kovarianz zweier Zufallsvariablen gibt an, ob beobachtbare Abweichungen vom Mittelmaß für beide Größen üblicherweise Hand in Hand gehen (siehe [143], [230]). Sehen wir das Gelände als eine von vielen möglichen 'Beobachtungen' einer idealen Fläche an, so geben die Kovarianzen einzelner Geländepunkte den Grad ihrer gegenseitigen Abhängigkeit wieder. Diese Abhangigkeit können wir in eine stetige Form bringen und erhalten so die Kovarianzfunktion. Sie prägt das Interpolationsergebnis; bei ihrer Festsetzung müssen wir die Beschaffenheit der zu ermittelnden

Fläche berücksichtigen. Aus einer Vielzahl von Vorschlägen greifen wir die folgenden Kovarianzfunktionen heraus [96]:

$$f(d) = \quad \frac{1}{d} \qquad \ldots \text{Reziproke Distanz} \qquad (5.24)$$

$$f(d) = \quad e^{-\alpha\, d^2} \qquad \ldots \text{Gaußsche Glockenkurve} \qquad (5.25)$$

$$f(d) = \quad e^{-\alpha\, d} \qquad \ldots \text{Markoff} \qquad (5.26)$$

$$f(d) = \quad \frac{\alpha}{(d^2 + \alpha^2)^{1.5}} \quad \ldots \text{Hirvonen} \qquad (5.27)$$

Oft wird die Kovarianzfunktion empirisch anhand charakteristischer *Trainingsgebiete* festgesetzt; sie kann aber auch – falls die Anzahl vorhandener Datenpunkte sehr groß ist – aus den *Beobachtungen*, also den gegebenen Werten bzw. deren Differenzen, berechnet werden. Je stärker sie abklingt, desto schroffer ist das Gelände; ein kleiner Schritt in die x- oder y-Richtung bringt große Veränderungen des z-Wertes mit sich. Je sanfter sie abfällt, desto glatter ist das Gelände. Für die Interpolation liefert eine solche sanft abklingende Kovarianzfunktion eine starke Glättung, denn jeder Datenpunkt hat einen weitreichenden Einfluß auf das Ergebnis. Es ist allerdings zu bedenken, daß eine Glättung nicht immer nur positive Aspekte hat. Es ist mitunter auch wünschenswert, gerade die Unregelmäßigkeiten eines Erscheinungsbildes stärker hervorzuheben; es ist dies eine effiziente Methode der Generalisierung.

Der Interpolationsansatz kann schließlich auch noch dadurch verfeinert werden, daß man beispielsweise eine lineare *Trendfunktion* abspaltet und nur mehr die verbleibenden Klaffungen ausgleicht. Damit sind wir schon beim Ansatz der *Kollokation* bzw. *linearen Prädiktion*, der eine Verallgemeinerung der vermittelnden Ausgleichung darstellt. Wir wollen diesen Ansatz hier kurz erläutern (siehe auch [115]). Wir spalten die *Beobachtung H* – in unserem Fall den Vektor der an den Primär- bzw. Sekundärpunkten gegebenen Höhen – in zwei Bestandteile S und R auf: S bezeichnet das *Signal*, während R das *Rauschen* darstellt. R übernimmt die Rolle eines zufälligen Beobachtungsfehlers, ist also eine Zufallsvariable. S hingegen ist – im Rahmen unserer Anwendungen – deterministisch; wenn wir ein Gelände mehrmals 'beobachten' und dabei keinen Meßfehler machen, so erhalten wir stets dasselbe Ergebnis. Trotzdem erweist es sich als nützlich, S (zumindest formal) ebenfalls statistisch zu behandeln. Eine fundierte Begründung für die Berechtigung einer solchen Vorgehensweise können wir hier nicht geben; es genügt uns, ihre Plausibilität durch folgende Überlegung klarzulegen: Wenn wir das Modell wiederholt *an verschiedenen, benachbarten Stellen* aufbauen, so ändert sich S 'zufällig'. Die S - Bestandteile verschiedener Messungen sind dabei *korreliert*; legt man durch sie eine ausgleichende Fläche, so befinden sich benachbarte Punkte mit großer Wahrscheinlichkeit auf derselben Seite dieser Fläche. Bei den R - Bestandteilen hingegen sind Punkte, auch wenn sie noch so nahe beisammenliegen, keiner solchen Einschränkung unterworfen.

Sowohl S als auch R werden also als *Zufallsvariable* aufgefaßt, von denen wir annehmen, daß sie voneinander unabhängig sind; ferner sei ihr Erwartungswert gleich Null. Wollen wir nun die Höhe h an einem (Neu-)Punkt durch eine lineare Funktion der Höhen $h_1, \ldots, h_n$ an n gegebenen Punkten schätzen, so ergibt sich das Problem, die Koeffizienten $\lambda_1, \ldots, \lambda_n$ zu ermitteln.

$$h = \lambda_1 \cdot h_1 + \lambda_2 \cdot h_2 + \ldots + \lambda_n \cdot h_n \qquad (5.28)$$

Wir sprechen in diesem Fall auch von *linearer Prädiktion*. Die beste Schätzung ergibt sich aus

$$h = c^T \, (C + D)^{-1} \, H \qquad (5.29)$$

Dabei ist H der Vektor der vorgegebenen Höhen, C ist die Matrix mit deren Kovarianzen, D ist die (meist als diagonal angenommene) Kovarianzmatrix der R-Bestandteile, und c ist der Vektor der Kovarianzen zwischen dem Neupunkt und den bestehenden Punkten. Natürlich sind die Matrizen C und D bzw. der Vektor c zunächst noch gar nicht bekannt. Anstelle der Matrix C können wir auch eine *Kovarianzfunktion* $C(d)$ verwenden, die als Funktion der Distanz zwischen zwei Punkten auftritt (siehe Formeln 5.24ff). Diese wiederum können wir empirisch so ermitteln, daß wir für jedes Distanzintervall alle möglichen Kombinationen von Punktepaaren i, j bestimmen, deren Entfernung in dieses Intervall hineinfällt, und die entsprechenden Produkte $h_i \cdot h_j$ mitteln. Auf ähnliche Weise können wir die Kovarianzmatrix C sowie den Vektor c bestimmen. Für die Diagonalmatrix D nimmt man A-priori-Werte.

Da in diesem Ansatz für die Prädiktion eines Höhenwertes die Inversion einer großen vollbesetzten Matrix erforderlich ist, sucht man, das Verfahren zu modifizieren. Sünkel [202] nutzt in seinem *Moving-inverse-Ansatz* den Umstand aus, daß ein regelmäßiges Gitter im allgemeinen viel feiner als das Netz der Primärdaten ist und daß sich die Kovarianzmatrix lokal nur wenig ändert, wenn man von einem Gitterpunkt zum nächsten übergeht. Man muß also beim Übergang zum Nachbarpunkt nur einen kleinen Teil der Inversen neu berechnen.

Eine weiteres Verfahren zur Interpolation eines Geländemodells stellt die Methode der *finiten Elemente* dar (siehe [56]). Man will - simultan - von den Werten an m beliebig angeordneten Primärpunkten auf die Werte an n gitterförmig angelegten Sekundärpunkten übergehen. Dabei ermittelt man für jeden Primärpunkt P die Masche, also die Sekundärpunkte (i, j), in die er hineinfällt, und setzt seinen – gegebenen – Wert als bilineare Kombination der – unbekannten – Werte an den vier Sekundärpunkten an (Abb. 5.9):

$$v_p = (1 - dx) \cdot (1 - dy) \cdot z(i, j) + dx \cdot (1 - dy) \cdot z(i + 1, j)$$
$$+ (1 - dx) \cdot dy \cdot z(i, j + 1) + dx \cdot dy \cdot z(i + 1, j + 1) - z_p \qquad (5.30)$$

Diese Gleichungen bezeichnet man als *Verbesserungs-* bzw. *Beobachtungsgleichungen*: Die 'beobachtete' (also gegebene) Höhe z_p im Punkt P stimmt bis auf eine *Verbesserung* v_p mit dem Ergebnis der bilinearen Kombination überein. Das System von Beobachtungsgleichungen ist in dieser Form noch nicht lösbar, da es mehr Unbekannte als Messungen hat. Wir führen also noch für jeden Gitterpunkt zusätzliche Verbesserungsgleichungen ein, welche die Krümmungen in diesem Punkt betreffen:

$$v(1,i,j) = z(i-1,j) - 2z(i,j) + z(i+1,j) - 0 \qquad (5.31)$$
$$v(2,i,j) = z(i,j-1) - 2z(i,j) + z(i,j+1) - 0$$

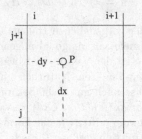

Abbildung 5.9: Interpolation über finite Elemente

Diesen zusätzlichen Verbesserungen ordnen wir Gewichte zu, mit denen wir die Krümmungseigenschaften der Fläche steuern können. Das resultierende System von Beobachtungsgleichungen lösen wir dann nach dem Schema einer vermittelnden Ausgleichung. Da jede Beobachtung nur mit einer beschränkten Zahl von Unbekannten verbunden ist, hat das Normalgleichungssystem eine Bandstruktur, die sich günstig auf die numerische Effizienz des Verfahrens auswirkt. Auch diese Methode läßt sich beliebig verallgemeinern; etwa, indem man anstatt des bilinearen Ansatzes bikubische Splines verwendet [202]. Wir brauchen dazu für jede 'Beobachtung' 16 angrenzende Maschen. Indem wir die Stetigkeit der ersten und zweiten Ableitung beim Übergang von einer Masche in die Nachbarmasche fordern, ergibt sich eine glatte Fläche.

5.2.4   Dreiecksvermaschung

Zu Beginn der Diskussion wurden – von Punkten, Linien und Flächenstücken ausgehende – Modelle für Flächen im Raum einander gegenübergestellt. Wir sahen, daß die Grenzlinien zwischen diesen Modellen unscharf werden, wenn wir regelmäßig verteilte Daten zugrunde legen; außerdem lernten wir Methoden kennen, die aus unregelmäßig verteilten Primärdaten gitterförmige Sekundärdaten erzeugen. Wir fanden aber auch heraus, daß Gitterdaten Nachteile

haben; sie beanspruchen viel Speicherplatz und können lokal charakteristische
Geländeformen nicht so gut modellieren wie Primärdaten. Wenn wir also für
gewisse Anwendungen auf die Einführung solcher regelmäßiger Sekundärdaten
verzichten wollen, so ist es notwendig, die Primärdaten zu *vermaschen*. Es entsteht ein Netz von Dreiecksflächen (engl. *triangulated irregular network*, TIN).
Wie kommen wir aber zu einer passenden Dreiecksvermaschung, das heißt, welche Punkte nehmen wir als benachbart an, und vor allem, wie können wir diesen Prozeß automatisieren? Während das Problem bei drei Ausgangspunkten
trivial ist, können wir bei vier Ausgangspunkten bereits zwischen zwei Lösungen wählen, je nachdem, welche Diagonale des Vierecks wir als Dreiecksseite
nehmen. Je mehr Punkte vorhanden sind, desto größer wird die Anzahl der
Möglichkeiten. Man kann sich vorstellen, daß es auch darauf ankommt, wo wir
mit der Vermaschung beginnen und in welcher Reihenfolge wir die Punkte bearbeiten. Wir müssen also Strategien entwickeln, wie wir bei der Vermaschung
vorgehen. Eine gute Einführung in die Problematik der Dreiecksvermaschung
bietet [117].

Wir beginnen mit einem Dreieck – also einem minimalen Dreiecksnetz – und
fügen sukzessive neue Punkte ein. Dabei können wir am Rande des Bearbei-
tungsgebietes beginnen und immer weiter ins Innere vordringen; oder wir bilden
ein umschreibendes Dreieck (bzw. ein Rechteck, das wir in zwei Dreiecke auf-
spalten), und gehen hierarchisch von großen Dreiecken zu kleineren über. Eine
Schlüsselstellung im Algorithmus hat die Beantwortung der Frage, ob ein neu
hinzukommender Punkt innerhalb oder außerhalb des bestehenden Netzes liegt.
Liegt er innerhalb, so kann das Dreieck, das ihn überdeckt, in drei Teildreiecke
aufgespalten werden; liegt er außerhalb, muß ein Dreieck hinzugefügt werden.
Liegt er in der Nähe eines bestehenden Punktes oder einer bestehenden Kante,
so muß dies in geeigneter Weise berücksichtigt werden.

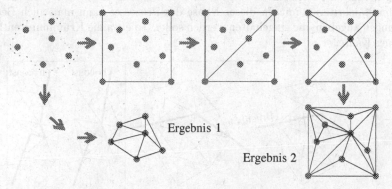

Ergebnis 1

Ergebnis 2

Abbildung 5.10: Dreiecksvermaschung: unterschiedliche Ergebnisse

Wir können uns leicht vorstellen, daß bei einer ungünstigen Anordnung bzw.
Reihenfolge der Punkte sehr viele schmale, langgezogene und spitzwinkelige

Dreiecke entstehen (Abb. 5.10). Man versucht daher, die Auswahl der Punkte zu steuern, indem man Nebenbedingungen angibt, die von den Dreiecken erfüllt werden müssen: So kann man etwa aus mehreren möglichen Varianten jene wählen, die am ehesten einem gleichseitigen Dreieck entspricht. Man erzeugt also nach Möglichkeit Winkel in der Nähe von 60°; oder man zieht den Umfang oder den Flächeninhalt als Kriterium heran, indem man etwa das Einfügen neuer Dreiecke verbietet, wenn deren Flächeninhalt ein bestimmtes Mindestmaß unterschreitet. Manchmal versucht man auch, die Gesamtlänge aller Kanten zu minimieren, die Streuung der Winkel in einem Dreieck möglichst gering zu halten oder in allen Punkten denselben topologischen Knotengrad zu erzeugen. Die Anzahl der Vorschläge, wie man zu einer geeigneten Konfiguration gelangt, ist groß.

Eine gängige Methode stützt sich auf *Delaunay-Dreiecke* [50]. Ein solches Dreieck hat die Eigenschaft, daß innerhalb seines Umkreises kein anderer Punkt des Netzes vorkommt [208]. Ergebnis 1 aus Abb. 5.10 würde diesem Kriterium entsprechen, Ergebnis 2 nicht. Delaunay-Dreiecke sind dual zu *Thiessen-Polygonen* (siehe Kap. 3). Die Ecken der Thiessen-Polygone entsprechen den Umkreismittelpunkten der Delaunay-Triangulation.

Natürlich bleiben durch diese Auslese gewisse Punkte übrig, die nicht verarbeitet werden konnten. In einer weiteren Iterationsphase versucht man nun, diese Punkte – gegebenenfalls unter gelockerten Bedingungen – zu integrieren, und wiederholt dies so lange, bis alle Punkte eingefügt sind. Meist folgt auf die *Erstellungsphase* eine *Optimierungs-* bzw. *Editierphase*. So versucht man etwa, zwei benachbarte Dreiecke zu einem Viereck zusammenzufassen und dieses Viereck jeweils entlang der anderen Diagonale wieder aufzutrennen. Durch dieses *Umlegen von Kanten* gelingt es oft, eine lokale Verbesserung der Netzeigenschaften zu erreichen. Wieder entscheiden hier die oben erwähnten Optimalitätskriterien mit. In dieser Phase des Prozesses kann man auch Bedingungen angeben, die eingehalten werden sollen, so etwa die Krümmung entlang einer Kante.

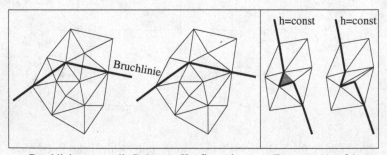

Bruchlinien stören die Delaunay-Konfiguration   Terrassen (Artefakte)

Abbildung 5.11: Abweichungen vom Delaunay-Prinzip

Wichtig ist es, daß Bruch- und Gerippelinien durch Kanten repräsentiert werden (Abb. 5.11a). Außerdem gilt es, unerwünschte Terrasseneffekte (Artefakte) bzw. Verfremdungen des Geländes (Abb. 5.11b) zu verhindern. Es sind dies die sogenannten *kritischen Flächen* (Gipfel, Senken, Kuppen, Mulden, Sättel, Kämme, Täler; siehe Abb. 5.7), die dort entstehen, wo alle Punkte eines Elementardreieckes dieselben Höhen haben. Aus diesen Gründen müssen Delaunay-Triangulierungen oft nachjustiert werden. Probleme entstehen auch in *stützpunktarmen Gebieten,* wie Ebenen, Plateaus, aber auch Seen, die notfalls auch künstlich verdichtet werden müssen.

5.3   Abgeleitete Modelle

Nach der Erstellung eines digitalen Geländemodells ist für jeden Punkt des Interessensgebietes die Höhe entweder bekannt oder zumindest schnell und einfach zu berechnen. Wenn der Formalismus des DGM dazu verwendet wurde, um anstatt der Höhe eine andere, sich stetig ändernde Information (ein thematisches *Attribut*) zu modellieren, so kann dieses Attribut ebenfalls für alle Objektvorkommnisse im betrachteten Gebiet in einfacher Weise mit einem Wert belegt werden. Dies tut man entweder sofort nach beendeter Berechnung des DGM oder erst später bei Bedarf. Neben dieser direkten Verwendung der Daten des DGM gibt es eine Reihe von Sekundärmodellen, die man daraus aufbaut, um eine Antwort auf folgende Fragen zu erhalten:

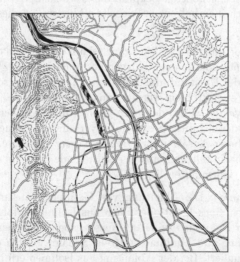

Abbildung 5.12: Isolinien zur Visualisierung von Geländeinformation

• *Isolinien:* Sie sind uns aus analogen Karten vertraut und stellen – zumindest für den einigermaßen geübten Kartenleser – das wertvollste Hilfsmittel für die Gewinnung von Höheninformation dar, vor allem, wenn sie mit Situationsdaten hinterlegt werden (Abb. 5.12). Obwohl bei der automatisierten Extraktion digitaler Höheninformation in einem Geoinformationssystem das DGM selbst weit einfacher zu nutzen ist, wird es daher notwendig sein, einen Modul bereitzustellen, der Isolinien durch Aufbereitung eines DGM erzeugt – und sei es auch nur für die Visualisierung. Bei dieser Aufbereitung sind zumindest zwei Probleme zu lösen. Zunächst müssen wir (zumindest theoretisch) jede mögliche Isolinie mit jeder Masche des Modells vergleichen und gegebenenfalls die Schnittpunkte ermitteln. Sodann sind die Schnittpunkte durch glatte Kurven miteinander zu verbinden. Der Verlauf der Kurven ist noch durch den Umstand eingeschränkt, daß Isolinien einander nicht schneiden dürfen und daß etwaige Bruchkanten berücksichtigt werden müssen.

Die Lösung der ersten Frage ist zunächst einfach; wir kennen für jede Masche das Minimum und das Maximum der Höhen an den Eckpunkten. Nur jene Isolinien kommen in Frage, die in dieses Intervall hineinfallen. Durch lineare Interpolation finden wir die Schnittpunkte an den Kanten (dies gilt natürlich nur dann streng, wenn wir eine Ebene oder bilineare Fläche in dieser Masche vorfinden). Am Rand einer solchen Masche muß es eine gerade Anzahl von Schnittpunkten geben: Isolinien dürfen weder in dieser Masche *entstehen* (Quelle) noch *verschwinden* (Senke). Wenn es mehr als zwei Schnittpunkte gibt, müssen wir das topologische Problem lösen, welche Schnittpunkte miteinander zu verbinden sind. Dies kann durch einfachen Vergleich des Vorzeichens der Differenzen zu den benachbarten Eckpunkten geschehen. Wir merken hier an, daß Isolinien, die sich innerhalb einer Masche schließen, bei dieser Vorgehensweise unerkannt bleiben.

Für die Beantwortung der zweiten Frage sei auf den Beginn dieses Kapitels verwiesen, wo die Interpolation von Kurven besprochen wurde. Wir wollen hier nur erwähnen, daß der Umstand, daß Isolinien einander nicht schneiden dürfen, in gewissen Fällen zum Problem werden kann. Man behilft sich dadurch, daß man einen *Glättungsfaktor* wählt, den man dann – im Falle einer Überschneidung – in einem interaktiven Editierprozeß lokal vermindert. Demgegenüber steht ein theoretisch sauberer Ansatz über *Bézier-Kurven (Bernstein-Polynome)*, welche die Eigenschaft besitzen, daß die resultierende Kurve in der konvexen Hülle von Stütz- und Leitpunkten liegt [117].

- *Gerippelinien:* Die Ableitung von Gerippelinien kann entweder direkt aus den Punkten eines DGM oder auch aus Isolinien erfolgen. Im ersten Fall werden in allen Punkten des DGM Neigungsberechnungen gemacht und die jeweiligen Maxima und Minima ermittelt. Sodann werden die Ergebnisse sortiert und akkumuliert. Bei der Ableitung aus Isolinien ermittelt man zunächst die maximalen Krümmungen und berechnet an diesen Stellen die orthogonalen Trajektorien. Diese werden dann zu Tallinien aufgefädelt.

- *Längs- und Querprofile:* Sie sind besonders bei Trassierungsaufgaben im Straßenbau interessant. Sie werden im wesentlichen durch Interpolation einer vorgegebenen Linie aus den Rastermaschen gewonnen (Abb. 5.13).

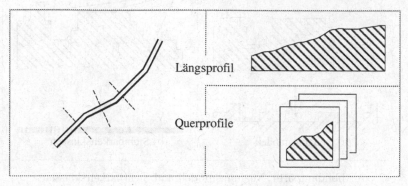

Abbildung 5.13: Längs- und Querprofile eines Geländes

- *Neigungsmodelle:* Sie erlauben es, Aussagen über Änderungen der Höhe (bzw. des jeweils interpolierten Attributes) zu machen. In gewissem Sinne als *Ableitung* einer auf der Ebene definierten Funktion $f(x,y)$ zu sehen, geben Neigungsmodelle eine Auskunft darüber, wo und wie stark solche Änderungen auftreten. Das Neigungsmodell kann selbst wieder als 'Gelände' angesehen werden. 'Berggipfel' im Neigungsmodell sind dort anzutreffen, wo im originalen DGM extreme Steilhänge auftreten. In einem regelmäßigen Gittermodell würde man das Neigungsmodell durch maschenweise Differenzbildung der Werte mit den jeweils in den Nachbarmaschen auftretenden Werten erhalten. In Abb. 5.14a wird das Prinzip anhand eines Schnittes durch das Gelände verdeutlicht. Obzwar Neigungsmodelle im allgemeinen nicht sehr gut visuell erfaßbar sind, gibt es doch eine Reihe wichtiger Anwendungsmöglichkeiten; als Beispiel heben wir ihre Bedeutung bei der Bewertung von potentiellen Bauflächen hervor. Ein Neigungsmodell kann sehr rasch alle jene Flächen aussondern, die aufgrund eines zu hohen Gefälles ungeeignet für die Bebauung sind. Andere Anwendungen treten uns bei der Bewertung landwirtschaftlicher Flächen entgegen.

- *Sichtbarkeitsklassen:* Sie erlauben es, jene Maschen eines DGM zu identifizieren, die von einem hypothetischen Standpunkt aus eingesehen werden können (Abb. 5.14b). Die optimale Plazierung einer Sendeanlage stellt hier ein Anwendungsbeispiel dar. Die *Besonnung* des Geländes – eine Reihe von Sichtbarkeitsanalysen, ausgehend von der Position der Sonne zu bestimmten Jahres- bzw. Tageszeiten – kann ebenfalls systematisch erfaßt werden. Letztlich können solche Zusammenhänge auch in der umgekehrten Richtung ausgenutzt werden, wenn etwa die Frage zu beantworten ist, von welchen Bereichen aus ein (projektierter) Fabriksschlot sichtbar ist.

- *Differenzmodelle:* Sie ergeben sich durch einfache Differenzbildung zweier digitaler Geländemodelle und können somit Aufschluß über zeitlich bedingte Änderungen oder Unterschiede einzelner Planungsvarianten geben; Aufschüt-

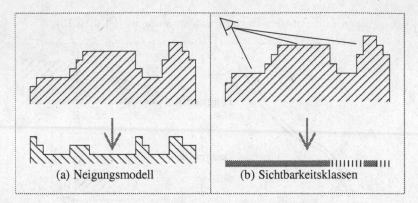

(a) Neigungsmodell   (b) Sichtbarkeitsklassen

Abbildung 5.14: Neigungsmodell und Sichtbarkeitsklassen

tungen und Abtragungen im Rahmen des Straßenbaues, aber auch bei der Verwaltung von Mülldeponien sind hier zu nennen; die in solchen Fällen erforderliche Bilanz von Volumina ist natürlich einfach herzustellen, sind hier doch lediglich die Säulen, die sich unter jeder Masche befinden, aufzusummieren (Abb. 5.15). Eine allgemeinere Form des Differenzmodells rechnet nicht die Differenz $D = D_1 - D_2$, sondern eine gewichtete Differenz $D = a \cdot D_1 - b \cdot D_2$, oder erlaubt es überhaupt, polynomiale Zusammenhänge zu modellieren. Ein einfacher Spezialfall resultiert aus der Wahl der Ebene für eines der beiden Modelle. Wenn etwa eine Gelände eingeebnet werden soll, Löcher aufzufüllen und Kuppen abzutragen sind, erhalten wir so eine Bilanz entsprechender Teilvolumina.

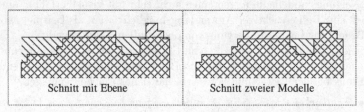

Schnitt mit Ebene   Schnitt zweier Modelle

Abbildung 5.15: Schnitt von Geländemodellen

Kapitel 6

SEMANTIK UND OBJEKTSTRUKTUR

6.1 Zugänge zur Semantik

Geoinformation stützt sich auf zwei Säulen: Eine dieser beiden Säulen wird von der *Geometrie* der Daten gebildet; die andere Säule ist die *Thematik* bzw. *Semantik*. Während die Geometrie die örtliche Zuordnung gewährleistet, die Form berücksichtigt und das räumliche Zueinander – also die Topologie – der Geoinformation widerspiegelt, gibt die Thematik Aufschluß über die *inhaltliche (semantische)* Bedeutung. Bei allen Geodaten sind beide Aspekte – wenn auch mehr oder weniger stark ausgeprägt – vertreten. Die Thematik bildet also einen Kontrast zur Geometrie – ebensogut aber können wir sagen, daß die Aspekte einander ergänzen und vervollkommnen, so wie die Form und der Bildinhalt von Puzzleteilen zu einem harmonischen Ganzen zusammenwachsen. Ein Modell, das geometrische und inhaltliche Aspekte der Geoinformation miteinander in Beziehung bringt, nennt man auch *georelationales Modell*.

Abbildung 6.1: Beispiel einer GI-Anwendung: Kommunales Informationssystem

Ein kommunales Informationssystem, so wie wir es in Abb. 6.1 sehen, visualisiert zunächst Punkte, Linie und Flächen. Die Lage und Höhe von Punkten, die Länge und Form von Linien sowie Flächeninhalte, all das sind geometrische Aussagen. Von topologischer Natur ist die Aussage daß ein Punkt als Beginn einer Linie auftritt oder am Rand einer Fläche liegt. Andererseits wissen wir aber auch daß ein bestimmter Punkt die Lage für einen SCHACHTDECKEL markiert, welcher zum Kanalisationsnetz gehört, daß die Linie den Verlauf einer LEITUNGSTRASSE anzeigt die vom örtlichen Energieversorgungsunternehmen verwaltet wird und daß die Fläche die Lage für ein SCHULGEBÄUDE beschreibt. Dies sehen wir als die Thematik dieses Punktes, dieser Linie, dieser Fläche an. Ähnliches läßt sich von den Linien auf einer topographischen Übersichtskarte sagen. Sie werden aus Stützpunkten generiert, sie schneiden einander, sie haben jeweils eine bestimmte Länge; und andererseits tragen sie die Bedeutung LANDESSTRASSE, GEMEINDESTRASSE, FAHRWEG, SAUMPFAD usw.

Die *Kartographie*, vor allem die *thematische Kartographie*, steht Pate bei der Einbringung thematischer Aspekte in die Geoinformatik. Auf der anderen Seite gibt es natürlich den starken Einfluß informationsorientierter Wissenschaften und deren Erfahrung bei der Modellierung von *Objekten* und deren *Eigenschaften*. Eine wesentliche Rolle spielen demnach *objektorientierte Methoden*.

6.1.1   Zugang über thematische Karten: Layerkonzept

Witt [229] gibt eine Zusammenfassung der wichtigsten Begriffe und Gliederungen im Rahmen der *thematischen Kartographie*. Das Buch bietet auch eine erstklassige Einführung in dieses Gebiet sowie eine erschöpfende Literaturliste. Obzwar nur stellenweise ein Vorausahnen der Möglichkeiten anklingt, die wir heute aufgrund der digitalen Methoden in der Kartographie haben, ist es doch eine solide Grundlage für Überlegungen hinsichtlich der Ausprägung der thematischen Komponente der Geoinformation: Denn die Zielsetzungen der thematischen Kartographie sind die gleichen geblieben, nur die Mittel haben sich geändert. Zum Begriff der *Karte* finden wir folgende Definition:

> Die Karte ist ein orientiertes, verkleinertes, verebnetes Grundrißbild eines Teiles der Erdoberfläche, das die Gesamtheit der für diesen Teil bedeutungsvollen Erscheinungen oder eine beschränkte Auswahl daraus wiedergibt.

Der Begriff *Grundriß* paßt in unsere Definition der Geometrie, während es uns der zweite Teil der Definition überläßt, eine Auswahl der jeweils relevanten semantischen Bedeutung zu treffen. Andere Autoren wiederum teilen die Karten nach anderen Gesichtspunkten ein:

> ...Karten, in denen die Erscheinungen des Geländes Hauptgegenstand sind;

...Karten, in denen die Sachverhalte zur Erkenntnis ihrer selbst dargestellt sind, während der Kartengrund nur der Angabe ihrer geographischen Lage dient.

Dies trifft im ersten Teil auf topographische Karten, im zweiten Teil auf thematische Karten zu. Wir stecken unsere Ziele aber etwas allgemeiner. Verwaltungs- oder Eigentumsgrenzen etwa sind keine sichtbaren Geländeformen; sie fassen Teile der Erdoberfläche eher *inhaltlich* (also thematisch) zu Ländern, Bezirken, Gemeinden, Parzellen zusammen. Auch unterirdisch verlegte Leitungsstränge sind nicht sichtbar. Trotzdem ist ihre geometrische Komponente offensichtlich. Sie beziehen sich auf vermessene Punkte, die sehr wohl physisch vorhanden sind. Diese Punkte werden dann aufgrund einer topologischen Vorschrift miteinander verbunden – ż.B. durch Geraden. Aber sogar dieses Kriterium – die physische Existenz von Stützpunkten einer Linie bzw. von Randpunkten einer Fläche – müssen wir fallenlassen, wenn wir Vegetationszonen betrachten, infrastrukturelle Einzugsgebiete, aber auch Landschaften und Gebirgsregionen – denn an welchem Punkt, an welcher Linie beginnen etwa die Alpen und wo enden sie? In dieser Situation kommt uns die Einteilung zu Hilfe, die Schmidt-Falkenberg [184] für die Erscheinungsformen einer Karte getroffen hat; es sind dies

- *geodätische Karten*, die vorwiegend Beobachtungs- und Forschungsergebnisse der Geodäsie enthalten (Topographie, Katasteraufnahme, Leitungskataster usw.),

- *geographische Karten*, die vorwiegend Beobachtungs- und Forschungsergebnisse der Geographie enthalten (z.B. Geomorphologie),

- und *thematische Karten*, die auf der Grundlage von geodätischen und geographischen Karten entworfen werden und einen oder mehrere Darstellungsgegenstände im Vergleich zu den anderen vorrangig behandeln oder graphisch besonders hervorheben.

Diese Einteilung kommt unserer Sicht der Dinge schon näher. Es gibt also einen gemeinsamen Nenner aller dieser Karten; der geometrische Hintergrund, der hauptsächlich zur *Orientierung* des Kartennutzers da ist. Dazu gibt es dann im allgemeinen verschiedene thematische Ausprägungen, die der *Information* des Kartennutzers über bestimmte inhaltliche Zusammenhänge dienen. Es wird also bewußt jeweils ein Thema (oder eine Auswahl weniger Themen) in den Vordergrund gestellt; in einem kommunalen Informationssystem etwa werden die Katastergrundlagen, die Leitungen und der Bestand (Gebäude, Verkehrseinrichtungen, andere Bauten) geführt, in einem System zur regionalen Planung werden die Topographie, die Siedlungs- und Verkehrsstrukturen abgehandelt. In beiden Fällen ist der gemeinsame geometrische Nenner aller Daten relativ klein; er beschränkt sich auf ein gemeinsames Bezugssystem, auf gewisse Paß-punkte und sonstige vermessene Punkte.

Der gemeinsame Nenner wird größer, wenn wir uns auf das Thema GRUND-STÜCK (auch als FLURSTÜCK bezeichnet) beschränken, hier jedoch tiefer ins Detail gehen; wir berücksichtigen die Eigentumsverhältnisse, die Schuldlasten, die Bebauungsrichtlinien von Grundstücken. Ähnliche Erfahrungen machen wir, wenn wir das Beispiel des regionalen Planungssystems auf die Verkehrs-problematik einschränken und dort näher auffächern; die Topologie der Stra-ßenachsen und Verkehrsknoten ist für alle Verkehrsteilnehmer von Bedeutung: Private Fahrten, Busrouten und Radwege nutzen – zumindest teilweise – die-selbe Topologie. Wir sehen also, daß je nach Anwendung geometrische Ge-meinsamkeiten entweder ausgenützt werden können oder auch nicht. Die Norm ISO 19109 *Geographic Information – Rules for Application Schema* (siehe Ab-schnitt 10.1.4) erlaubt und definiert diese gemeinsame Verwendung einer Geo-metrie. Ein Objekt BRÜCKE steht etwa mit einem Objekt STRASSE in einer solchen Beziehung: die Straße führt über die Brücke und verwendet dort de-ren Geometrie (siehe Abb. 10.5). Wir können die Wechselwirkung zwischen der Thematik und der Geometrie noch aus zwei anderen Blickwinkeln betrachten:

- Die Thematik als Anhängsel geometrischer Daten oder

- die Geometrie als Folgeprodukt thematischer Sachverhalte.

Dies entspricht auch den beiden Wegen, die aus traditionellen Anwendungen zur Geoinformation führen. Entweder man digitalisiert Karten und Pläne und bemerkt, dass sich bei dieser Gelegenheit eine Fülle von thematischen Details einbringen läßt, wenn man einmal geeignete Objektstrukturen geschaffen hat. Oder man geht von digitaler Information allgemeiner Art aus und *georefenziert (geocodiert)* sie sodann; dies bedeutet, daß man sie mit Koordinaten versieht und ihnen damit einen Raumbezug gibt.

Betrachten wir als Beispiel die Grundstücke (Flurstücke) einer Grundstücks-datenbank. Wenn es uns genügt, für jedes Grundstück nur die Art seiner Nut-zung festzuhalten, so können wir diese – an und für sich thematische – Informa-tion beispielsweise durch Hinzufügen einer weiteren Spalte zur Tabelle der geo-metrischen Eintragungen für Grundstücke berücksichtigen. Der dort abgelegte Zahlenwert spielt in diesem Fall eine ähnliche Rolle wie der Formparameter. Er kann dann etwa auch beim Zeichnen des Planes in eine bestimmte Farbe oder Schraffurart umgesetzt werden. Die Thematik ist bei dieser Variante nur ein Anhängsel zur Geometrie. Der dazu gegenteilige Standpunkt verkündet – nicht ganz unrichtig –, daß die Berechtigung zur Bildung von Flächen,

- die sich selbst nicht überschneiden dürfen,

- die auch ihre Nachbarflächen nicht schneiden

- und die keine undefinierten 'Löcher' zulassen,

nicht als selbstverständlich vorausgesetzt werden kann und bereits einer thematischen Begründung bedarf; denn in anderen thematischen Bereichen wären Überschneidungen sehr wohl zulässig, so etwa Erreichbarkeitszonen rund um Haltestellen des öffentlichen Nahverkehrs. In dieser strikten Sicht würde die Geometrie erst durch die jeweilige Thematik relevant.

Extrembeispiele sind natürlich dazu da, um die goldene Mitte herauszustreichen. Es ist sicher sinnvoll, bestimmte einfache Teile der Thematik in die Basis zu verlagern. Dies betrifft beispielsweise jenen Teil der Grundstücksthematik, der für die flächige und nichtüberschneidende Aufteilung zuständig ist. Für diese Vorgehensweise spricht der Umstand, daß die Topologie gar nicht gänzlich unabhängig von der jeweils gewählten Thematik (den jeweils gewählten Themen) sein kann. Viele topologische Fragestellungen sind nur im Verbund mit diesen Themen sinnvoll. Auch wenn wir oben gefordert haben, daß die Geometrie den Hintergrund abgibt, vor dem sich der Kartennutzer orientiert, so ist es dennoch klar, daß jede Art der Darstellung schon eine bestimmte Thematik suggeriert: Die Farbe, der Linientyp, die Schraffur usw. sind graphische Umsetzungen der Thematik.

Objektschlüssel	Erklärung
1	AUTOBAHN
2	BUNDESSTRASSE
3	LANDESSTRASSE
...	...

Abbildung 6.2: Objektschlüssel und ihre Erklärung

Im Moment sind uns Darstellungsvarianten weniger wichtig als das *Modell* in seiner Eigenschaft als abstraktes Abbild der realen Welt – bzw. jenes Teiles der realen Welt, der uns interessiert. Dieses Modell hat natürlich eine größere – weil langfristigere – Bedeutung als eine bestimmte Art der Darstellung. Es beeinflußt die Speicherungsstrategie und das Spektrum der möglichen Anwendungen. Als Modell für ein grobes thematisches Kennzeichen genügt etwa ein Index, der einem geometrischen Element – einem Punkt, einer Linie, einer Fläche – zugeordnet wird: In einem Straßeninformationssystem würde man etwa AUTOBAHN = 1, BUNDESSTRASSE = 2 wählen usw. Diese Indizes 1,2,... würde man den Linien zuordnen (Abb. 6.2). Ein derartiger Index steht für eine ganze Klasse gleichartiger Objekte und wird als *Objektschlüssel* bezeichnet. Soll ein Auszug aus den Daten dargestellt werden, so wird eine Übersetzungstabelle *(Lookup-Tabelle)* dazwischengeschaltet, die jedem Index (jedem Objektschlüssel) ein entsprechendes graphisches Erscheinungsbild zuteilt (Abb. 6.3).

Soll die Thematik detaillierter aufgeschlüsselt werden, indem für jeden Straßenabschnitt die Fahrbahnbreite, die Anzahl der Fahrspuren, der Belag sowie

Objektschlüssel	Farbe	Linientyp	Strichstärke	...
1	rot	voll	2 mm	...
2	rot	voll	1.5 mm	...
3	gelb	voll	1.5 mm	...
...	...	...	...	...

Abbildung 6.3: Objektschlüssel und ihre graphische Umsetzung

Datum und Uhrzeit etwaiger Verkehrsbeschränkungen auf diesem Abschnitt gespeichert werden, so müßten wir jeder geometrischen Einheit die erforderlichen Felder für Text- oder Zahlenangaben zuordnen. Eine graphische Umsetzung dieser Eigenschaften ist nur mehr in einigen wenigen einfachen Fällen möglich: Die Fahrbahnbreite kann in eine Strichstärke übersetzt werden, die Verkehrsbeschränkung in eine Farbe; die meisten Eigenschaften lassen sich jedoch nicht so gut graphisch umsetzen.

Die Quintessenz dieser Diskussion ist folgende: *Primär* wird der Bedeutungsinhalt eines Objektes durch ein Kennzeichen vermittelt, das dieses Objekt in einer eindeutigen – und für viele Anwender einleuchtenden – Weise einer ganzen *Klasse* gleichartiger Objekte (*Objektklasse*) zuordnet. Diese Zuordnung wird sprachlich durch die Formulierung '*...ist ein ...*' ausgedrückt:

> Objekt X ist ein GRUNDSTÜCK.
> Objekt Y ist ein NUTZUNGSABSCHNITT.
> Objekt Z ist eine STRASSENACHSE.

Weitere ergänzende Angaben können folgen. Das primäre Kennzeichen modelliert man üblicherweise durch einen *thematischen Code*, auch *Objektschlüssel* genannt. Die ergänzenden Merkmale nennt man *Attribute*. Eine geometrische Einheit wäre ohne den ihr zugeordneten thematischen Code nicht lebensfähig; Attribute beeinflussen 'ihr' Objekt nicht so stark.

Der Trennstrich zwischen *wesentlichen Kennzeichen* (Objektschlüssel, thematische Codes) und *weiteren beschreibenden Eigenschaften* (Attribute) kann sich verschieben. Während es in einem System eine Objektklasse STRASSE gibt, der das Attribut ZUSTÄNDIGE BEHÖRDE mit dem Wertebereich { 'Bund', 'Land', 'Gemeinde'} zugeordnet ist, kann es im anderen System drei verschiedene Objektklassen BUNDES-, LANDES- und GEMEINDESTRASSE geben. Durch *Spezialisierung* kann man also ein Attribut aufgeben und durch gesonderte Objektklassen ersetzen. Das Gegenteil ist auch möglich: Bei einer *Verallgemeinerung (Generalisierung)* werden mehrere Objektklassen zusammengefaßt, und der Unterschied, der sich vordem durch unterschiedliche Objektklassen manifestierte, wird nun zu einem Unterschied in den Werten eines Attributes: Aus BUNDES-, LANDES- und GEMEINDESTRASSE wird STRASSE. Natürlich müssen hier auch die anderen Attribute – bzw. deren Werte – mit einer solchen Spezialisierung bzw. Verallgemeinerung verträglich sein.

In einer GI-Anwendung werden im allgemeinen mehrere Themen *(thematische Layers)* behandelt, die wahlweise einzeln oder in bestimmten Kombinationen betrachtet werden. Es ist nützlich, wenn wir uns jeden thematischen Layer als Folie vorstellen. Die für eine Auswertung jeweils relevanten Folien können dem Gesamtstapel entnommen und übereinandergelegt werden (siehe dazu die Diskussion in Kapitel 2 und insbesondere Abb. 2.4 sowie auch Abb. 6.4). Natürlich können zu einem späteren Zeitpunkt neue Folien auf den Stapel gelegt werden – es wird eine neue Thematik aufgenommen. Es kann aber auch sinnvoll sein, zwei Folien, die oft gemeinsam auftreten, zusammenzulegen *(Verschneidung zweier thematischer Layers)*: So entsteht beispielsweise aus einem Layer GRUNDSTÜCKE (Flurstücke, Parzellen) und einem Layer BEBAUUNG (Gebäude) ein dritter Layer GRUNDSTÜCKSANTEILE (bebaut/unbebaut).

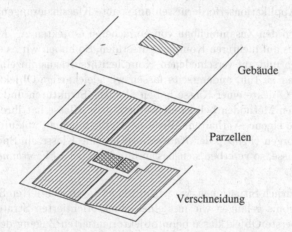

Gebäude

Parzellen

Verschneidung

Abbildung 6.4: Topologie als Endprodukt von Verschneidungen

Wo hat nun die Topologie ihren Platz in diesem Layerkonzept? Sie ist natürlich implizit und im allgemeinen bruchstückhaft in jedem einzelnen Layer vorhanden. Verschneiden wir alle thematischen Layers, die in unserem Informationssystem auftreten, so ergibt sich als Endprodukt genau die Topologie. Dies läßt sich gut am obigen Beispiel der bebauten und unbebauten Grundstücksanteile veranschaulichen. Diese Teilflächen und Teillinien sind dann der topologische Untergrund. Je mehr thematische Layers vorhanden sind, desto mehr wird die Topologie zerstückelt (Abb. 6.4). Wir wollen aber an dieser Stelle anmerken, daß es nicht immer sinnvoll ist, alle thematischen Layers eines GIS auf ein und dieselbe Topologie zu beziehen. Wenn etwa ein Layer mit LEITUNGEN eingeführt wird, so sollen die Schnittpunkte einer Leitung mit Parzellengrenzen im allgemeinen natürlich nicht als topologisch relevante Knoten gespeichert werden.

6.1.2   Objektorientierter Zugang

Während wir im vorigen Abschnitt den Zugang zur Modellierung thematischer Sachverhalte vom allgemeinen ins Detail (*top-down*) beschritten, indem wir die Welt in Schichten unterschiedlicher Bedeutungsinhalte auffächerten, wollen wir in diesem Abschnitt den Zugang 'von unten nach oben' (*bottom-up*) wählen. Wir teilen also den uns interessierenden Teil der realen Welt nicht – wie bisher – zunächst grob in LANDSCHAFT, VERKEHR, BEBAUUNG, GRUND- STÜCKSEIGENTUM etc. auf, um dann etwa die Landschaft weiter in Richtung GEWÄSSER, GELÄNDE, VEGETATION aufzufächern, sondern wir vergleichen konkrete oder abstrakte Gegenstände (*Objekte*) dieser Welt miteinander, ihre Merkmale, Eigenschaften und Verhaltensmuster, und ordnen gleichartige Gegenstände einer *Objektklasse* zu. Dabei erlauben wir immer wieder andere, den jeweiligen Applikationserfordernissen angepaßte Klassifizierungen.

Wir erlauben den Zusammenbau von einfacheren Objekten zu *Komplexobjekten*, und dies auf mehreren Komplexitätsstufen. So haben wir es einerseits mit individuellen und auf verschiedenen Komplexitätsniveaus einzeln ansprechbaren Objekten zu tun, andererseits fassen wir gleichartige Objekte in Klassen zusammen. Objekte einer Klasse haben ähnliche Strukturen und können auch mit ähnlichen Methoden behandelt werden. Jede Klasse hat ihre eigenen Methoden, ihre eigenes Verhalten. Wie eine Methode genau abläuft, bleibt nach außen verborgen (Prinzip der *Kapselung*). Ist eine Klasse ein Spezialfall einer anderen Klasse, so vererben sich bestimmte Merkmale (*Vererbung von Objektmerkmalen*).

Es gibt natürlich Situationen, wo wir mit einer layerorientierten Strategie zum selben Ergebnis gelangen wie mit einer objektorientierten Strategie; so kann etwa die oberste Objektklasse beim objektorientierten Zugang dem Thema eines layerorientierten Zugangs entsprechen; die Daten dieses Layers wären dann die Objekte der jeweiligen Klasse. Im allgemeinen ist es jedoch schon so, daß die objektorientierte Variante ein flexibleres, weil dynamisches Modell erlaubt. Um die Forderung nach Flexibilität zu verdeutlichen und zu unterstreichen, stellen wir uns die vielfältigen Rollen einer Person im Bezug zu anderen Personen, Institutionen oder Dingen vor. (Es sind dies alles Objekte.) Die Person ist *gleichzeitig* ein Buchautor, ein Universitätslehrer, ein Vater, ein Versicherungsnehmer, ein Staatsbürger, ein Konsument usw. In jeder dieser Rollen hat sie andere Merkmale: Für den Autor sind es die Titel der geschriebenen Bücher, für den Universitätslehrer die gelehrten Fächer, die Institutszuordnung, die Dienstadresse, Fax-Nummer, E-mail-Adresse usw. Schließlich ist für die Person als Staatsbürger ein bestimmtes Verhaltensmuster anderen Objekten – z.B. dem Staat – gegenüber charakteristisch. Auch für die *Vererbung* findet man gute Beispiele: Ein Universitätslehrer ist ein Lehrer, also erben Objekte der Klasse UNIVERSITÄTSLEHRER Merkmale der allgemeineren Klasse LEHRER – die Art der Ausbildung, das Datum der Zulassung, die dienstrechtliche Stellung. Andererseits wiederum können wir Universitäts-, Volksschul-,

Hauptschul- und Gymnasiallehrern weitgehend ähnliche Merkmale zuordnen, die bei einer Zusammenfassung zur Klasse LEHRER verallgemeinert werden. Zumindest ein neues und differenzierendes Merkmal käme zu dieser allgemeineren Klasse hinzu: der Wirkungsbereich mit den möglichen Werten 'Universität', 'Volksschule', 'Hauptschule', 'Gymnasium'.

Für die Geoinformation finden wir ebenso eine Fülle von Situationen, wo Objekte – je nach den konkreten Anwendungserfordernissen – bezüglich ihrer Merkmale und ihres Verhaltensspielraumes zu Klassen zusammengefaßt werden:

- Eine SCHLEUSE wird einmal als Bauwerk, ein anderes Mal als Verkehrshindernis eingestuft;

- ein GRUNDSTÜCK gehört sowohl zum eigentumsrechtlichen wie auch zum widmungsrechtlichen Bereich;

- eine STROMLEITUNG gehört zum Versorgungsnetz, ihr Verlauf über (fremde) Grundstücke hinweg muß aber rechtlich abgesichert werden; sie gehört also auch zum Bereich der Dienstbarkeiten.

Die Sinnhaftigkeit der Modellierung des *Verhaltens* für Objekte einer bestimmten Klasse tritt deutlich im Beispiel der *Vereinfachung* von Linien hervor. Dabei geht es darum, daß Linien beim Übergang zu einem kleineren Maßstab so weit geglättet und von ihrem Stützpunktbestand her ausgedünnt werden sollen, daß unnötige Datenmengen eliminiert werden, trotzdem aber die mit der graphischen Ausprägung der Linie zum Ausdruck gebrachte Thematik nicht darunter leidet. Es ist klar, daß etwa der Verlauf eines Flusses nach anderen Kriterien zu vereinfachen ist als etwa eine Überlandstraße.

Zum objektorientierten Konzept gehört es, daß Objekte über *Mitteilungen (Messages)* dazu veranlaßt werden können, ein ihnen zugeordnetes Verhalten zu aktivieren, etwa in der folgenden Art:

Message	(Objektklasse,	Operator,	Parameter)
z.B.	(FLUSS,	Glättung,	Glättungsfaktor $_1$)
z.B.	(STRASSE,	Glättung,	Glättungsfaktor $_2$)

Zusammenfassend ergeben sich folgende wesentliche Unterschiede eines objektorientierten Zuganges zu layerorientierten Strategien:

▷ *Betonung des Individuums:* Man beginnt beim einzelnen Objekt und faßt es gegebenenfalls mit anderen gleichartigen Objekten zu Klassen zusammen.

▷ *Abkehr von strenger Hierarchie:* Jedes Objekt kann mehreren Klassenzusammenfassungen unterworfen werden; allerdings ist zu bedenken, daß im Interesse der *Übersichtlichkeit* seitens des Anwenders ein Wildwuchs vermieden werden sollte; hierarchische Einteilungen entsprechen besser unserer Vorstellungswelt und sind daher gedanklich einfacher zu bewältigen.

▷ *Dynamik:* Anstatt der starren hierarchischen Einteilung sind flexible Zusammenfassungen möglich; zweifelsohne sind auch Nachteile damit verbunden, vor allem im Bereich der Implementierung. Während man beim layerorientierten Zugang in vielen Fällen damit auskommt, daß jeder Layer in eine getrennte Datei geschrieben wird, benötigt man im anderen Fall objektorientierte Datenbanken (siehe Kap. 9), für die verhältnismäßig umfangreiche Ressourcen erforderlich sind.

▷ *Verhalten:* Objektorientierte Strategien erlauben es, das Verhalten von Objekten einer bestimmten Klasse in einer vorgegebenen Situation zu modellieren. Eine entsprechende wird auf alle Objekte der Klasse gleich angewandt. Natürlich setzt auch dies entsprechende Ressourcen im Fall einer Implementierung voraus.

▷ *Keine Flächendeckung:* Der layerorientierte Zugang baut auf der Annahme auf, daß an jeder Stelle des betrachteten Gebietes Klarheit darüber herrscht, ob ein bestimmtes Thema vorhanden oder nicht vorhanden ist. Der gelegentlich als Synonym für den Begriff *Layer* gebrauchte Ausdruck *Coverage* deutet auf diese globale Bedeckung hin. Aufgrund der Individualität der Objekte ist dies im objektorientierten Ansatz nicht gegeben. Eine Folge davon ist es auch, daß der *Raumbezug* bzw. die *Geometrie* beim objektorientierten Ansatz ein Attribut unter vielen anderen ist, wenngleich auch ein wichtiges; eine derart dominante Rolle wie bei layerorientierten Ansätzen spielt die Geometrie jedoch nicht.

Wir haben in diesem Abschnitt bewußt eine Polarisierung der beiden Ansätze angestrebt, um die Unterschiede besser herausarbeiten zu können. In einer praktischen Umsetzung wird man eine hybride Form dieser Strategien bevorzugen. Es ist durchaus sinnvoll, eine – wenn auch grobe – hierarchische Einteilung zu treffen, innerhalb der man dann objektorientiert vorgeht. Als weitere Konzession an die derzeitige praktische Umsetzbarkeit würde man unter Umständen die Dynamik zurücknehmen und die Vererbung von Eigenschaften sowie das Objektverhalten – zumindest vorerst – nicht implementieren. Ein solcher Kompromiß zwischen dem konventionellen Ansatz bei der Modellierung und einem streng objektorientierten Ansatz kann in einer konkreten Realisierung in verschiedenen Facetten auftreten. In Kapitel 9 werden uns diese Überlegungen nochmals im Typus einer objektrelationalen Datenbank entgegen treten, der ja auch einen solchen Kompromiß zwischen zwei strengen Formen darstellt.

6.2 Semantikmodelle

6.2.1 Thematik im Rastermodell

In den Kapiteln 2 bis 4 wurden geometrische Modelle in ihren beiden Hauptvarianten als *Rastermodelle* und *Vektormodelle* vorgestellt. In diesem Abschnitt wollen wir untersuchen, wie wir thematische Aspekte in das Rastermodell einbringen können. Im nächsten Abschnitt werden wir uns mit der Thematik in Vektormodellen auseinandersetzen. (Wir können bereits jetzt vorausschicken, daß auch hier hybride Formen anzutreffen sind.)

Im Rastermodell gibt es nur einen geometrischen Entitätstyp, die *Rasterzelle*. Alle Rasterzellen sind gleich groß und spannen in einer regelmäßigen zeilen- und spaltenweisen Anordnung die gesamte Ebene (im dreidimensionalen Fall den gesamten Raum) auf. Fernerkundungsdaten haben grundsätzlich Raster- charakter; wir haben aber bereits darauf hingewiesen, daß man auch geowis- senschaftliche, demographische und Infrastrukturdaten in Rasterform ablegen kann. In diesem Fall wurde also bereits jeder Rasterzelle eine Thematik – in der Art eines verallgemeinerten Grauwertes – zugeordnet. Wir errichten nun über jeder dieser Zellen eine Säule; die Höhe einer solchen Säule wählen wir so, daß sie dem jeweiligen Wert entspricht, den die thematische Information innerhalb der Zelle annimmt.

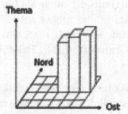

Abbildung 6.5: Thematische Dimension im Rastermodell

So wird es augenscheinlich, daß die natürlichste Art, ein Thema in das Raster- modell einzubringen, das Hinzufügen einer weiteren *thematischen Dimension* ist (Abb. 6.5). Längs dieser Dimension nimmt die Thematik diskrete oder auch kontinuierliche Werte an. Diskrete Werte etwa, falls es sich um die Anzahl der Industriebetriebe innerhalb der Rasterzelle handelt, kontinuierliche Werte, wenn es um die jährliche Niederschlagsmenge geht. (Damit ist klar, daß dies nur dann funktioniert, wenn die inhaltliche Information in irgendeiner Weise in Zahlen umgemünzt werden kann.) Wir bilden also einen *Produktraum*, der aus der Ergänzung des geometrischen Raumes mit der zusätzlichen themati- schen Dimension entsteht. Für den Fall, daß der Geometrie genau ein Thema überlagert wird, ist die Dimension des Produktraumes um 1 höher als jene des geometrischen (Teil-)Raumes; jedoch können wir dieses Konzept auch auf meh- rere thematische Dimensionen verallgemeinern. Im folgenden beschränken wir uns aber immer auf das Produkt eines zweidimensionalen geometrischen Grund- raumes mit genau einer thematischen Dimension. Betrachten wir als Beispiel ein Fernerkundungsbild und als Thema die jeweilige Landnutzung. Nehmen wir ferner an, daß dieses Thema vier verschiedene Werte annehmen kann:

Code	Beschreibung
0 =	ÖDLAND bzw. NICHT KLASSIFIZIERT
1 =	WASSER
2 =	GRÜNLAND
3 =	ACKERLAND

Wir können nun jeder Rasterzelle unseres Modells einen der Werte $0, 1, 2, 3$ zuordnen. Dieselben Möglichkeiten, wie wir sie in Kapitel 4 für den *topologischen Zusammenhalt* von Rasterelementen kennengelernt haben (Ketten- und Lauflängencodierung, Skelett, Baumstrukturen), können wir auch für den *thematischen Zusammenhalt* definieren, weil ja im Rastermodell der Unterschied zwischen Topologie und Thematik nicht so deutlich zum Ausdruck gebracht werden kann wie im Vektormodell (es ist schwierig, einen thematischen Zusammenhang zwischen Rasterzellen zu definieren, die nicht benachbart sind).

Der thematische Wert einer Rasterzelle kann wie der *Grauwert* eines Pixels behandelt werden. Er wird deshalb oft auch als Grauwert bezeichnet, obzwar er im allgemeinen mit der Darstellung nichts zu tun hat; stellt man diese thematischen Werte dann doch dar, so erhält man ein *Falschfarbenbild*. In unserem Beispiel würden wir den Grauwert dieses Falschfarbenbildes durch zwei Bits repräsentieren.

Wir können aber auch die oben gegebene Erklärung über den Produktraum wörtlich auslegen und tatsächlich statt der Matrix ein dreidimensionales Feld anlegen. In unserem Fall gibt es längs der dritten Dimension vier Ebenen. In jedem Element dieses Feldes kann der Wert 0 oder 1 stehen. Beim Durchschreiten des Feldes in vertikaler – also thematischer – Richtung treffen wir auf genau ein Element mit dem Wert 1, und zwar in der Höhe, die der jeweiligen Landnutzung entspricht. Natürlich können wir auch hier die Einsen und Nullen als Bits eines Grauwertes auffassen, womit wir wieder bei der früheren Anschauungsweise angelangt sind. Diese Art der Zusammenschau von Geometrie und Thematik in einem Produktraum wird – nachdem sich die einfachste Variante aus einem zweidimensionalen Geometrieraum und einem eindimensionalen Thematikraum zusammensetzt – als *Würfel-Metapher* bezeichnet. Auch der englische Ausdruck *data cube* schlägt in dieselbe Kerbe. Er hilft uns auch bei der konzeptionellen Beurteilung von kombinierten räumlich-thematischen Abfragen (siehe Abb. 6.6 und auch Abb. 8.9).

Eine interessante Variante ergibt sich, wenn wir mehrere Themen in eine thematische Dimension verpacken. Es ist ja denkbar, daß pro Rasterzelle mehrere thematische Informationen anfallen, wie etwa die Bevölkerungsdichte *und* die Pendlerbewegungen in einem Rasterquadrat. Natürlich setzt dies voraus, daß für beide Themen dieselbe räumliche Auflösung vorliegt; zumindest sollte sich die Rasterung des einen Themas als Verfeinerung des Rasters für das zweite Thema darstellen. Sehen wir etwa für die Bevölkerungsdichte die folgenden Möglichkeiten vor:

Code		Beschreibung
0	=	weniger als 50 Einwohner pro km^2
1	=	50 bis 100 Einwohner
2	=	100 bis 150 Einwohner
3	=	mehr als 150 Einwohner pro km^2

Bezüglich der Pendler treffen wir die folgende Einteilung:

Code		Beschreibung
0	=	weniger als 5% Pendler pro km^2
1	=	5% bis 10%
2	=	10% bis 15%
3	=	mehr als 15% pro km^2

Dann können wir aus dem kombinierten binären Grauwert 0111 einer Rasterzelle ablesen, daß die Dichte bei 50 - 100 Einwohnern liegt (die ersten beiden Bits entsprechen der dezimalen Zahl 1), während mehr als 15% der Einwohner pendeln (die letzten beiden Bits entsprechen der Zahl 3). Diese Vorgehensweise wird als *Bit-slicing* bezeichnet; sie hat ein Pendant in der Computergraphik, wo man mehrere *Bit-planes* definiert, die mit einer Look-up-Tabelle gekoppelt sind. Jedes Pixel hat im allgemeinen Anteil an mehreren Bit-planes und wird in der jeweiligen Mischfarbe dargestellt. In unserem Fall geht es – vorerst – nicht um die Darstellung, und die Einwohner- und Pendlerstatistik übernimmt die Rolle der Look-up-Tabelle. Natürlich erlaubt das Bit-slicing (wegen des explodierenden Speicherplatzbedarfes) eine sehr beschränkte Anzahl von Variationsmöglichkeiten, was ein typisches Kennzeichen der Rasterstrategie ist, während die Vorteile dieser Strategie (Einfachheit in der Handhabung) ebenso offensichtlich sind.

Als besonderen Vorteil eines Rastermodells haben wir immer den Umstand hervorgehoben, daß raumbezogene Abfragen leicht befriedigt werden können; die Frage, welche Rasterzellen – zumindest teilweise – innerhalb eines bestimmten Bereiches liegen, ist schnell beantwortet: Man schneidet ein Rechteck mit dem Rastergitter. Diese Eigenschaft überträgt sich nun in natürlicher Weise auf das um die Thematik erweiterte Modell. Wir müssen nur den gesamten Produktraum auf den geometrischen Teilraum projizieren und können dann dort den Schnitt durchführen. Gleichbedeutend damit ist das Schneiden des gesamten Rastergeflechtes im Produktraum mit einer rechteckigen Säule, die über dem Suchrechteck errichtet wird; dies entspricht dem Fall (a) in Abbildung 6.6. Ganz analog dazu können wir aber auch rein thematische Abfragen behandeln. Wollen wir etwa alle jene Rasterzellen herausfinden, in denen die Bevölkerungsdichte zwischen 50 und 150 Einwohnern pro km^2 liegt, so schneiden wir das Rastergeflecht wieder mit einem Quader, der aber diesmal horizontal das gesamte Gebiet überdeckt, vertikal jedoch nur eine bestimmte Dicke besitzt; dies entspricht dem Fall (b) in Abbildung 6.6. Die oben beschriebene Auffächerung der Thematik in Layers bzw. Folien deckt sich übrigens genau mit dieser Denkweise. Am häufigsten sind in einer GI-Anwendung jedoch kombinierte geometrisch-thematische Abfragen zu beantworten. Der Suchquader ist in diesem Fall durch den Mengendurchschnitt aus der geometrischen Säule und der thematischen Schicht gegeben, wie im Fall (c) der Abbildung 6.6. Diese Abfragen erklären auch, warum man in sehr anschaulicher Weise von der Würfel-Metapher spricht, wenn man den aus Geometrie und Thematik gebildeten Produktraum meint.

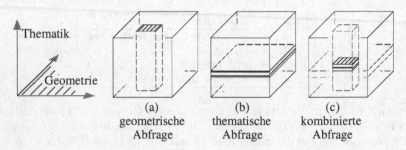

	(a)	(b)	(c)
	geometrische	thematische	kombinierte
	Abfrage	Abfrage	Abfrage

Abbildung 6.6: Abfragevarianten im geometrisch-thematischen Produktraum

6.2.2   Thematik im Vektormodell: Punkt-, Linienobjekte

Im Vektormodell läßt sich die Thematik nicht so einfach wie im Rastermodell einbringen. Dort geschah dies durch Hinzufügen einer oder mehrerer Dimensionen zum geometrischen Modell, wie wir im vorigen Abschnitt sahen. Hier müssen wir einen anderen Weg einschlagen, der zwar nicht so geradlinig, dafür aber flexibler und – vom Speicherplatzbedarf her gesehen – ökonomischer ist; der Gegensatz zwischen Raster- und Vektormodellen tritt natürlich auch hier zutage, und die jeweiligen Vorzüge werden durch entsprechende Nachteile aufgewogen.

Wir wollen zunächst den Fall annehmen, daß es sich um ein einfaches Modell handelt, das mit wenigen Themen, vielleicht sogar nur mit einem Thema ausgestattet ist. In der englischsprachigen Literatur wird ein solches Modell auch als *single-valued map* [149] bezeichnet. Zur Veranschaulichung der Problematik betrachten wir zunächst ein Geflecht von Straßen (Abb. 6.7). Vom topologischen Standpunkt her ist dies der klassische Fall eines Graphen, eine *Kanten-Knoten-Struktur*, so wie wir sie in Kapitel 3 aufgebaut haben. Die Knoten entsprechen den Kreuzungen, die Kanten entsprechen den Straßenabschnitten. (Für die Bewältigung der Verkehrsproblematik ist ein linienhaftes Modell besser geeignet als ein flächenhaftes Modell.)

Im Knotenverzeichnis ist für jeden Knoten eine eindeutige Knotenidentifikationsnummer Kno-Id nebst Koordinaten x, y, (h) gespeichert. Im Kantenverzeichnis erhält jede Kante ebenfalls eine Kantenidentifikation Kan-Id sowie eine

Liste von Zwischenpunktkoordinaten x_i, y_i, (h_i); auch ein eigenes Zwischenpunktverzeichnis ist denkbar, das wiederum pro Zwischenpunkt eine Identifikation Zwi-Id und Koordinaten x_i, y_i, (h_i) enthält; dann wäre für jede Kante eine Liste von Zwischenpunktidentifikationen Zwi-Id $_i$ zu führen. (Wir lassen es vorläufig dahingestellt, welche Möglichkeiten es für die Realisierung derartiger Verzeichnisse und Listen gibt; in einem relationalen Datenbankkonzept wird man Tabellen verwenden; siehe Kap. 9.)

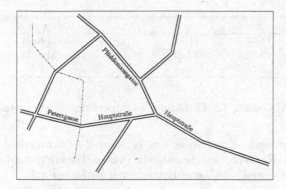

Abbildung 6.7: Thematisierung von Straßen

Ist nur ein einziges Thema zu behandeln, beispielsweise die KATEGORIE mit den Werten '1=Hauptstraße', '2=Nebenstraße', so erweitern wir einfach das Kantenverzeichnis um eine weitere Eintragung pro Kante. Damit sind wir bereits beim einfachsten Fall eines GI-*Objektes* angelangt. Jede Kante wird durch die thematische *Klasseneinteilung* in Haupt- und Nebenstraßen zu einem solchen GI-Objekt. Auch Knoten könnten in ähnlicher Weise in 'Haupt-' und 'Nebenkreuzungen' klassifiziert werden. Als Nebenkreuzungen wären etwa jene Stellen im Straßenverlauf zu klassifizieren, wo es zwar keine Kreuzung im umgangssprachlichen Sinn gibt, jedoch größere Wohnsiedlungen, Geschäfte oder ähnliche Verkehrserreger im Modell gespiegelt werden sollen. Knoten sind also ebenfalls zu GI-Objekten geworden.

Sofort drängt sich die Frage auf, wo wir den *Straßennamen* in dieser Struktur unterbringen. Nun, GI-Objekte können mit *Attributen* ausgestattet werden. Der Straßenname ist ein typisches Beispiel für ein solches Attribut. Also gehen wir den eingeschlagenen Weg konsequent weiter und führen pro Kante eine weitere Eintragung STRASSENNAME ein. Da viele Kreuzungen benannt sind, können wir dasselbe auch für die Knoten tun. (Es bleibt dahingestellt, ob es sinnvoll ist, große Plätze wie den Petersplatz in Rom durch einen Knoten zu modellieren.) Der Einheitlichkeit zuliebe führen wir auch für Zwischenpunkte die Begriffe KATEGORIE und NAME ein. So ergibt sich ein einfaches thematisches Modell für Knoten, Kanten und Zwischenpunkte (Abb. 6.8).

Kno-Id	x	y	z	Kategorie	Name
kno-12	12.12	21.21	–	Haupt	Europaplatz
kno-34	34.34	43.43	–	Neben	–
kno-56	56.56	65.65	–	Neben	–
...	...	...	...	...	...
Kan-Id	von Knoten	nach Knoten	Zwi-Liste	Kategorie	Name
kan-78	kno-34	kno-12	{zwi-×}	Neben	Petersgasse
kan-90	kno-12	kno-56	–	Haupt	Herrengasse
...	...	...	...	...	...
Zwi-Id	x	y	z	Kategorie	Name
zwi-1	11.11	11.11	–	Knickpunkt	–
zwi-2	22.22	22.22	–	Knickpunkt	–
...	...	...	...	...	...

Abbildung 6.8: Einfache GI-Objekte des Straßennetzes

Eine derart einfache Erweiterung des in Kapitel 3 entwickelten geometrisch-topologischen Konzeptes auf thematische Belange hin muß natürlich hinterfragt werden. So kommen bei näherer Betrachtung Bedenken auf:

▷ *Frage 1:* Ändert sich der Straßenname nur an Kreuzungen oder auch zwischendurch? Eine solche Änderung tritt gelegentlich beim Übertritt in einen anderen Stadtbezirk auf, meist aus historischen Gründen; für den Straßenbenutzer ist dies unsichtbar. So wird in Abbildung 6.7 aus der 'Hauptstraße' beim Übergang in den anderen Bezirk die 'Petersgasse'. Man muß hier also einen Knoten einfügen, obzwar dies von der Topologie her nicht nötig wäre. Andererseits gibt es auch Straßennamen, die für mehrere unterbrochene Teilstücke gelten.

▷ *Frage 2:* Kann man alle Kanten mit demselben Namen zu einem Objekt zusammenfassen? Es wäre dies ein *Komplexobjekt*. Die Frage ist, ob man dieses Objekt sehr oft in seiner Gesamtheit ansprechen möchte; ansonsten würde der in Abbildung 6.8 gewählte Weg genügen, wo eine implizite Zusammenfassung vorliegt. Man kann jederzeit alle Kanten mit dem Namen 'Petersgasse' sammeln; der Unterschied liegt lediglich im Zeitaufwand. Die Bildung des Komplexobjektes spielt somit die Rolle eines Vorbereitungsschrittes, über dessen Sinnhaftigkeit man von Fall zu Fall anders entscheiden kann.

▷ *Frage 3:* Sollte man nicht jene Straßenabschnitte zu einem Komplexobjekt zusammenfassen, die dem Straßenbenutzer als *ein* zusammengehöriges Ding der realen Welt erscheinen? Oft ist es doch so, daß der Verkehrsfluß sich nicht mit dem Verlauf von Straßenzügen mit einheitlichem Namen deckt. Die 'Hauptstraße' in Abbildung 6.7 biegt nach Westen ab, während der Hauptverkehr Richtung Nordwesten in die 'Plüddemanngasse' weiterrollt.

▷ *Frage 4:* Beim Einführen anderer *Attribute* wie etwa die Unterscheidung in 'Gemeinde-' und 'Landesstraßen', das Speichern von Tempolimits, Gewichtsbeschränkungen, Fahrbahnbreiten, Fahrbahnzustand, Steigung, Kapazität und

Stauhäufigkeiten fragt man sich, ob sich die Werte nur an Knoten ändern oder auch zwischendurch.

▷ *Frage 5:* Wie ändert sich unser Modell, wenn die Straßenabschnitte auch noch andere thematische Informationen mittragen müssen, wie etwa die Führung von Bus- und anderen Nahverkehrslinien, von Kennungen seitens des Statistikamtes, oder wenn sie gleichzeitig die Grenzen von Bezirken, Gemeinden, Zählsprengeln und dergleichen darstellen?

Die Berücksichtigung *aller* dieser Fragen wird im konkreten Fall wohl kaum möglich und auch nicht notwendig sein. Aus pragmatischer Sicht zeichnen sich jedoch folgende Szenarien einer Lösung ab:

▷ *Lösung 1:* Für jede Thematik wird eine gesonderte einfache thematische Struktur in der Art von Abbildung 6.8 aufgebaut. Allenfalls können Punkte in einem gemeinsamen Verzeichnis verwaltet werden.

▷ *Lösung 2:* Die Kanten werden so weit zerschnitten, bis sie sich in jede darübergestülpte Thematik einfügen; es ergeben sich kurze Kanten, dafür enthält jedes Objekt lange Listen von Kantenreferenzen. Im gesamten gesehen, sind die Regeln der Topologie erfüllt. Greift man allerdings eine Thematik heraus, so gibt es eine – von diesem eingeschränkten Blickwinkel her unverständlich große – Zahl von Knoten, in denen keine Verzweigung möglich ist. Der Knoten rührt dann von den Vorgaben einer anderen – momentan nicht sichtbaren – Thematik her.

▷ *Lösung 3:* Man führt zwei – oder mehrere – Kategorien von Kanten ein; die atomare, themenneutrale Kante, wie sie in Lösung 2 vorgestellt wurde, und eine themenspezifische Kante, die sich aus atomaren Kanten zusammensetzt, nie kürzer als diese, sehr oft aber länger als diese ist. Sie wird im folgenden als *Linienobjekt* bezeichnet. Außerdem kann man in dieser Mischform auch viele Aspekte, wie sie etwa in Frage 4 diskutiert wurden, durch Kilometrierungsangaben behandeln.

6.2.3   Thematik im Vektormodell: Flächenobjekte

Wir wollen nun von Punkten und Linien auf *Flächen* übergehen. Zu Beginn dieses Kapitels haben wir für Flächen das Beispiel der Grundstücke (Flurstücke) einer Grundstücksdatenbank gewählt, für welche nur die NUTZUNG gespeichert wird. Es genügt, für jede mögliche Art der Nutzung einen *thematischen Code*, also einen Zahlenwert oder eine bestimmte Zeichenkombination, zu vergeben. Wir erlauben etwa die Werte 'Ackerland', 'Wiese', 'Garten' und 'Bebauung'. Jedes Grundstück erhält also zusätzlich zu seiner geometrischen Beschreibung – den Koordinaten der Eckpunkte und deren Verknüpfungsreihenfolge – ein solches Kennzeichen zugeordnet. Dabei können wir folgende Wege einschlagen:

▷ *Variante 1:* Wir erweitern das Kantenverzeichnis aus Abbildung 6.7 um zwei zusätzliche Eintragungen pro Kante, nämlich KATEGORIE-LINKS und

KATEGORIE-RECHTS.

▷ *Variante 2:* Wir führen ein zusätzliches Flächenverzeichnis ein (Abb. 6.9). Flächen stützen sich auf Kanten, die direkt oder in umgekehrter Reihenfolge in den Rand eingehängt werden; dies wird in Abbildung 6.9 durch ein Vorzeichen vermerkt. Der Beginn einer Aussparung kann durch einen speziellen Wert für die Kantenidentifikation (Separator) angezeigt werden.

Flä-Id	Kan-Id$_1$	...	Kan-Id$_n$	Kategorie	Name
flä-aa	+kan-78	...	+kan-90	Acker	−
flä-bb	-kan-00	...	+kan-99	Grünland	Mühlenried
...	...	...	...	...	...

Abbildung 6.9: Einfache Flächenobjekte

Die Einteilung in unserem Beispiel ist noch sehr grob: Oft werden verschiedene Teile ein und desselben Grundstücks auch verschieden genutzt. Wir müssen daher für jedes Grundstück mehrere Eintragungen vorsehen; wir können diese Datei aber auch aus *Grundstücksteilen mit homogener Nutzung* aufbauen; in diesem Fall würde aber wieder die Information verlorengehen, welche Grundstücksteile zusammengehören. Dieselben Probleme, die im vorangegangenen Abschnitt bei – linienhaften – Straßendaten auftraten (wir verweisen auf die Fragen 1 bis 5 dieses Abschnittes), beschäftigen uns also auch hier. Es sind eigentlich zwei verschiedene Arten von Daten zu verwalten:

• *Administrative Daten:* Grundstücksflächen, -grenzen, -grenzpunkte;

• *Nutzungsdaten:* Nutzungszonen, Kulturgrenzen, Kulturgrenzpunkte.

Beide Themen beziehen sich auf ein und dieselbe Geometrie. Da mehrere Nutzungen in einem Grundstück erlaubt sind, können wir nun gleich den allgemeinen Fall zulassen: Die Nutzung kann grundstücksübergreifend definiert werden. So ergibt sich eine *Hierarchie*, die jeweils innerhalb eines einzigen Themas streng ist; für die Kombination der beiden Themen ist es eine Quasi-Hierarchie:

> Jedes Grundstück besteht aus einem oder mehreren Anteilen.
> Jede Nutzungszone besteht aus einem oder mehreren Anteilen.
> Jeder Anteil gehört zu genau einem Grundstück.
> Er gehört auch zu genau einer Nutzungszone.

Zwischen den Grundstücksflächen und den Nutzungszonen herrscht demnach eine *M:N-Beziehung (many to many)*: Ein Grundstück hat – im allgemeinen – mehrere Nutzungen, eine Nutzung erstreckt sich – im allgemeinen – über mehrere Grundstücke. Eine solche M:N-Beziehung wird in klassischer Weise dahingehend aufgelöst, daß man – so wie wir es eben getan haben – eine zusätzliche

Einheit ANTEIL einführt, zu der von den ursprünglichen Einheiten her *1:M-Beziehungen (one to many)* bestehen (siehe auch Kap. 9).

Aus geometrischer Sicht ergeben sich diese Nutzungsanteile durch eine *Verschneidung* der beiden Themen GRUNDSTÜCK und NUTZUNG. Das Resultat dieser Verschneidung ist die den beiden Themen gemeinsame *Topologie*. (Eine ähnliche Verschneidung zwischen Parzellen und Gebäuden wurde in Abb. 6.4 dargestellt.) Dies gilt natürlich auch, wenn wir das Konzept von zwei auf mehrere Themen verallgemeinern. Die geometrischen Bestandteile Punkt, Linie und Fläche werden für jedes Thema in unterschiedlicher Weise zu thematischen Einheiten *(Objekten)* zusammengefügt; wir können dies auch so formulieren, daß wir sowohl auf der geometrischen wie auch auf der thematischen Seite null-, ein- und zweidimensionale Bauteile für das Datenmodell verwenden. Im Lösungsansatz 3 des vorherigen Abschnittes haben wir für themenspezifische Kanten den Begriff *Linienobjekt* geprägt. Nun führen wir auch das *Flächenobjekt* als themenspezifische Fläche ein. Der Vollständigkeit halber sollte es dann noch das *Punktobjekt* geben; diesen drei Datentypen stehen die – atomar geometrisch-topologischen – Typen des *Knotens*, der *Kante* und der *Masche* gegenüber.

geometrisch-topologische Einheiten	thematische Einheiten
Punkt / Knoten	Punktobjekt
Linie / Kante	Linienobjekt
Fläche / Masche	Flächenobjekt

Diese Art der Bezeichnung werden wir nur dann gebrauchen, wenn wir explizit auf die Unterschiede zwischen geometrischen Elementen und thematischen Objekten aufmerksam machen wollen. Ansonsten ist es aus dem Zusammenhang ersichtlich, ob der Ausdruck *Fläche* im geometrisch-topologischen Sinn zu verstehen ist oder ob er deren thematischen Zusammenhalt beschreibt. Ein gutes Beispiel für den Unterschied zwischen der Topologie und der Thematik von Flächen bieten Kantone, Bundesländer, Bezirke; manche von ihnen setzen sich aus mehreren disjunkten Teilflächen zusammen (Abb. 6.10). Diese Teilflächen sind als Topologie anzusehen, während der Kanton bzw. das Bundesland als Fläche natürlich einen thematischen Hintergrund hat. *Aussparungen* (Inseln im topologischen Sinn) können ebenso in dieses Konzept eingebaut werden. Wenn wir der Landkarte der Schweiz einerseits die administrative Gliederung in Kantone und andererseits die Einteilung in Sprachgebiete überlagern, so ergibt sich die Topologie durch die Verschneidung dieser beiden Themen. Während der Kanton Appenzell jedoch als Insel des Kantons St. Gallen auftritt, ist diese Insel in dem thematischen Layer der Sprachgebiete irrelevant; das Flächenobjekt 'deutschsprachige Schweiz' hat Appenzell nicht zur Insel (dafür hat es andere Inseln, die wiederum nicht unbedingt den Kantonsgrenzen entsprechen).

In unserem thematischen Modell lassen sich Aussparungen mühelos so einbauen, daß wir beim Aufbau der thematischen Flächenobjekte aus topologischen Maschen nicht nur *additive*, sondern auch *subtraktive Operationen* zulassen:

Flächenobjekt F = Masche F_1 + Masche F_2 – Masche F_3

Dies kann sprachlich in folgender Form ausgedrückt werden:

> Für die Bildung des Flächenobjektes F sind die beiden disjunkten
> Maschen F_1 und F_2 heranzuziehen. Die Masche F_2 hat eine Aus-
> sparung F_3.

Ähnliches läßt sich über den Zusammenhang zwischen Kanten und Linienobjekten sagen. So sind etwa die Routen der öffentlichen Verkehrmittel thematische
Linienobjekte; das Thema ÖFFENTLICHER VERKEHR hat hier die Ausprägungen 'Bus', 'Straßenbahn', 'U-Bahn' usw. Dort, wo sich diese Linienobjekte überkreuzen oder gar streckenweise einen gemeinsamen Verlauf nehmen, müssen sie
in topologische Kanten aufgetrennt werden.

Das Konzept der disjunkten Maschen, die zu einem gemeinsamen Flächenobjekt
zusammengefaßt werden, hat hier im eindimensionalen Bereich ein Gegenstück:
Eine Autobahn, die erst in Teilbereichen fertiggestellt ist, läßt sich als thematische Aneinanderreihung mehrerer disjunkter Kanten auffassen (Abb. 6.10).
Sogar für Aussparungen können wir eine – wenn auch nur theoretisch interessante – Analogie finden: Für ein Linienobjekt, das eine Kante positiv in die
Bilanz einbringt – sie entspricht dem Vollausbau –, werden die im Bau befindlichen Teile der Strecke in Abzug gebracht:

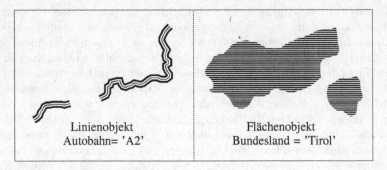

Linienobjekt
Autobahn= 'A2'

Flächenobjekt
Bundesland = 'Tirol'

Abbildung 6.10: Linien- und Flächenobjekte und ihre disjunkten Teile

Linienobjekt L = Kante L_1 – Kante L_2 – Kante L_3

Ist der Zusammenhang zwischen Linienobjekten und Kanten bereits um einiges
einfacher als zwischen Flächenobjekten und Maschen, so wird es bei Punkt-
objekten und Knoten (beinahe) trivial, obzwar wir hier natürlich am häufigsten auf das Gegeneinander von Geometrie und Thematik stoßen; die meisten

Katasterpunkte haben mehrere thematische Bedeutungen; ein Grundstücksgrenzpunkt ist oft auch der Eckpunkt eines Hauses, er ist ein Stützpunkt einer elektrischen Freileitung usw. Der Unterschied ist jedoch hier nur mehr konzeptioneller Natur, während es für die Implementierung meist genügt, dem Punkt eine Liste seiner Bedeutungen zuzuordnen.

Die Frage nach der Sinnhaftigkeit einer gemeinsamen Topologie für einen vorgegebenen Satz thematischer Layers läßt sich nicht für alle Situationen in gleicher Weise beantworten. Als handfestes Kriterium nennen wir die Entscheidung darüber, ob das atomare (kleinste) Element oft, selten oder gar nicht in Anfragen an die Datenbank auftaucht. Beim Beispiel der Schweizer Kantone und Sprachgebiete ist also zu fragen, ob der deutschsprachige Teil des Kantons Bern häufiger als Fläche benötigt wird (z.B. für Statistiken); ähnlich ist der Verschnitt aus Gemeindegebieten, Postleitzahl- und Telefonvorwahlgebieten zu beurteilen; im Beispiel des Verkehrsverbundes wäre die Frage zu klären, ob Straßenbahn- und Buslinien entlang desselben Straßenzuges gemeinsame Haltestellen haben und man daher oft zwischen diesen beiden Themen – oder auch zwischen den von ihnen repräsentierten Fahrzeugen – wechseln muß (wobei die gemeinsame Kante optimal genutzt werden kann). Wenn jedoch der Bedarf an einer solchen Querverbindung nur selten auftritt, so sind die Nachteile einer topologischen Zerstückelung gravierender als die Vorteile. Solche Nachteile entstehen zunächst technisch beim Zusammenbau kleiner *Splitter* zu einem Ganzen. Es ergeben sich aber auch konzeptionelle Vorbehalte. Wenn wir Grundstücksgrenzen mit dem Grundriß von Leitungen schneiden, so wäre aus topologischer Sicht am Schnittpunkt ein Knoten zu setzen. Dieser Knotenpunkt käme aber auch in der Grundstücksdefinition vor – eine unzulässige Vorgehensweise für katasternahe Daten.

6.2.4   Komplexobjekte

Bisher haben wir uns nur mit den thematischen Charakteristika geometrischer Entitäten beschäftigt. Wir haben gesehen, daß Punkte, Linien und Flächen eine differenzierte thematische Sichtweise zulassen müssen. Beziehungen zwischen Objektklassen, die über das hinausgehen, was die Objekte dieser Klassen dank des gemeinsamen Raumbezugs und der gemeinsamen Topologie verbindet, wurden in diesem stark vereinfachten Modell bisher nicht berücksichtigt, obwohl diese Sichtweise verschiedentlich (wie etwa im Beispiel der Grundstücksnutzungen) angeklungen ist.

Betrachten wir etwa die administrativen Einheiten LAND - BEZIRK - GEMEINDE, so tritt deutlich eine *Hierarchie* zutage. Alle diese Einheiten sind Flächen; in der Terminologie des vorigen Abschnittes sind es thematische Flächenobjekte, die ihrerseits aus topologischen Maschen aufgebaut sind. Wir können also drei thematische Layers – und zwar jeweils unabhängig voneinander – bilden. Nach dem Verschnitt dieser drei Layers erhalten wir als gemeinsamen Nenner

die Topologie, die in diesem Beispiel den Flächen der niedrigsten Hierarchie –
also der Gemeinden – entspricht. Jedes Flächenobjekt aus einem der drei Layers
baut auf diesen Flächen auf. Wir können aber auch die Tatsache ausnutzen,
daß wir *von der Thematik her* wissen, daß die Flächenobjekte aus den drei
angegebenen Kategorien in einem streng hierarchischen Verhältnis zueinander
stehen: Jede Einheit einer höheren Stufe ist aus Einheiten einer niedrigeren
Stufe aufgebaut, wobei von unten nach oben das assoziative Gesetz gilt:

> Wenn die Gemeinde G zum Bezirk B gehört
> und der Bezirk B ein Teil des Landes L ist,
> so gehört die Gemeinde G zum Land L.

Ein solches hierarchisches Schema wird als *Baumstruktur* bezeichnet. Jeder
Vorgänger hat im allgemeinen mehrere Nachfolger, während jeder Nachfolger
genau einen unmittelbaren Vorgänger hat. Zwischen jedem Vorgänger und sei-
nen unmittelbaren Nachfolgern gibt es eine *1:M-Beziehung (one to many)*. Alle
Fäden gehen von einer gemeinsamen Wurzel (in unserem Fall das Land) aus.
Die Blätter des Baumes sind dort anzutreffen, wo es keine Nachfolger mehr gibt.
In unserem Fall sind es die Gemeinden, es sei denn, wir führen noch weitere
Hierarchiestufen ein, z.B. Katastralgemeinden.

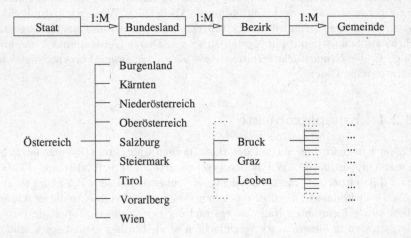

Abbildung 6.11: Beziehungen für Objektklassen (oben) und Instanzen (unten)

Dieser Hierarchiebaum wird entweder summarisch durch die Beziehungen
zwischen den *Objektklassen* LAND - BEZIRK - GEMEINDE (Abb. 6.11 oben)
oder detailliert durch die Beziehungen zwischen *Repräsentanten* dieser Klassen
(Abb. 6.11 unten) dargestellt. Während die letztere Beziehung zwischen Daten
im engeren Sinn – also auf dem *Niveau der Instanzen* besteht, beschreibt die

erstere Beziehung die Daten auf einer höheren Stufe, nämlich auf dem *Typ-Niveau*.

Worin besteht nun wirklich der Unterschied zwischen den beiden Vorgehensweisen? Bei der ersten Methode (Beziehung auf dem Typ-Niveau) wird ein für allemal festgelegt, daß ein hierarchisches Verhältnis zwischen Flächenobjekten des Typs LAND auf der einen Seite und BEZIRK-Objekten auf der anderen Seite besteht. Man kann also die Flächenobjekte der beiden Typen getrennt und ohne Querverweise verwalten. Dies gilt auch für ihre Geometrie. Erfordert etwa ein Analysemodul explizite Bezüge, so kann man diese leicht über geometrische Abfragen (Punkt-in-Polygon-Test, siehe Kap. 3) herstellen. Die gesamte Flächenhierarchie kann auf diese Weise durch Verschneidungen gebildet werden (Abb. 6.12). Bei der zweiten Methode hingegen werden nur die untersten Elemente der Hierarchie geometrisch definiert; darüber werden dann Komplexobjekte aufgebaut (Abb. 6.13).

Gemeinde G_1	besteht aus	Masche F_1
Gemeinde G_2	besteht aus	Masche F_2
...	...	...
Bezirk B_1	besteht aus	Maschen $F_i, F_k, \ldots$
Bezirk B_2	besteht aus	Maschen $F_l, F_m, \ldots$
...	...	...
Land L_1	besteht aus	Maschen $F_p, F_q, \ldots$
Land L_2	besteht aus	Maschen $F_r, F_s, \ldots$
...	...	...

Abbildung 6.12: Flächenhierarchie, realisiert über die gemeinsame Topologie

Gemeinde G_1	besteht aus	Masche F_1
Gemeinde G_2	besteht aus	Masche F_2
...	...	...
Bezirk B_1	besteht aus	Gemeinden $G_i, G_k, \ldots$
Bezirk B_2	besteht aus	Gemeinden $G_l, G_m, \ldots$
...	...	...
Land L_1	besteht aus	Bezirken $B_p, B_q, \ldots$
Land L_2	besteht aus	Bezirken $B_r, B_s, \ldots$
...	...	...

Abbildung 6.13: Flächenhierarchie, realisiert über Komplexobjekte

Die Entscheidung zugunsten einer der beiden Methoden hat weitreichende Konsequenzen; so kann etwa die Gültigkeit des oben zitierten Sachverhaltes, daß eine Gemeinde nicht gleichzeitig zu zwei Bezirken gehören kann, in Variante 1 nur durch eine aufwendige topologische Konsistenzüberprüfung sichergestellt werden, während dies in Variante 2 bereits durch die Objektstruktur vorgegeben ist. Will man andererseits den Flächeninhalt eines Bezirkes ausrechnen, so müssen bei Variante 2 die Flächeninhalte sämtlicher dazwischenliegender Hierarchiestufen ausgerechnet werden, während es in Variante 1 genügt, auf der topologischen Ebene zu operieren. Außerdem kann man schwerlich den Layer BEZIRK aus dem Stapel der thematischen Folien herausgreifen, ohne implizit auch den Layer GEMEINDE mitziehen zu müssen, was in der Variante 1 jedoch möglich ist, denn dort sind die Layers gleichberechtigt; im zweiten Fall sind sie voneinander abhängig. Es gilt also, Vor- und Nachteile im konkreten Fall abzuwägen.

Wir haben bewußt dieses Beispiel als erstes gewählt, weil es beide Möglichkeiten, sowohl den layer- wie auch den objektorientierten Ansatz, gleichberechtigt einander gegenüberstellt. Es gibt aber auch viele Situationen, wo der objektorientierte Zugang günstiger erscheint. Thematische Beziehungen sind wie unsichtbare Fäden, die einzelne Teile zusammenhalten. Der Eigentümer mehrerer Grundstücke etwa, die über eine oder mehrere Gemeinden verteilt sind, wird den Anlaß zur Bildung eines Komplexobjektes des Typs GRUNDBESITZ geben, das aus mindestens einer Fläche, im allgemeinen aber aus mehreren Flächen bestehen kann. Die Bauten auf einem Grundstück – Wohnhaus, Garage, Schuppen – werden zu einem Komplexobjekt des Typs GRUNDSTÜCKSBEBAUUNG zusammengefaßt. Im Altstadtbereich geben alle diese Verbauungen innerhalb eines Straßenblockes Anlaß zu einem Komplexobjekt HÄUSERBLOCK. Die Einsatzzentralen einer städtischen Feuerwehr werden zu Komplexobjekten des Typs EINSATZBEREICH mit den Werten 'Süd', 'Ost' usw. zusammengefaßt. Die (punktförmige) Quelle eines Flusses, der (linienförmige) Verlauf und das (flächenförmige) Delta gehören zu einem Komplexobjekt des Typs FLUSS.

Wir haben in diesen Beispielen zwei verschiedene Arten der Komplexobjektbildung kennengelernt:

- *Aggregation:* Das Komplexobjekt ist wesentlich von seinen Teilobjekten geprägt und verliert bei Wegnahme eines Teilobjektes seine Konsistenz (Beispiel: ein Staat wird aus Bundesländern aufgebaut)

- *Assoziation:* Das Komplexobjekt ist als lose Zusammenfassung seiner Teilobjekte zu sehen (Beispiel: ein denkmalgeschütztes Altstadtensemble setzt sich aus einzelnen Gebäuden und sonstigen Bauwerken, Denkmälern und Fassaden zusammen)

Die Bildung von Komplexobjekten aus einfacheren Objekten geschieht nicht willkürlich, denn nicht alle vom kombinatorischen Standpunkt aus denkbaren Zusammenfassungen ergeben einen Sinn. Die sinnvollen Zusammenfassungen werden in einem entsprechend gekennzeichneten Satz von *Metadaten* ('Daten über Daten') als Beziehungen zwischen Objektschlüsseln (thematischen Codes) abgelegt. Im allgemeinen wird dieser Datensatz vergleichsweise klein sein, vor allem, was jene Objekte angeht, für die eine Langzeitspeicherung angestrebt wird. Ein Wildwuchs an Komplexobjekten wäre für den Anwender bald unüberschaubar. Wichtiger sind sicherlich jene Situationen, wo eine Zusammenfassung zu Komplexobjekten kurzzeitig bzw. für einen absehbaren Zeitraum dienlich erscheint; als Beispiel sei die Menge aller Grundstücke genannt, die bei einer Neuparzellierung mitspielen. Der Altbestand wie auch der Neubestand wären solche Komplexobjekte, die nur während des Zeitraumes von Interesse sind, der zwischen der Planung und dem Erreichen des Rechtsgültigkeitsstatus liegt. Ein Beispiel dafür sind die *Mutationen* der Schweizer Reform der Amtlichen Vermessung (Av).

Die Zusammenfassung zu Komplexobjekten muß nicht unbedingt nach hierarchischen Gesichtspunkten ausgerichtet sein. Trotzdem wird man im Sinne einer Überschaubarkeit danach trachten, die Baumstruktur in groben Zügen beizubehalten, also die hierarchische Zusammenfassung von – bereits klassifizierten – Details zu größeren Gebilden (dies ist die sogenannte *Bottom-up-Methode*) bzw. die Zersplitterung bestehender Gebilde in kleinere Einheiten (*top-down*). Ebenso wird man eine hierarchische Anordnung von Objektklassen anstreben: Elemente, die – vorerst – nichts miteinander gemein haben, wie etwa Grundstücke einerseits und Versorgungsleitungen andererseits, werden in gesonderten Layers abgelegt. Sind sowohl *Daten* (Objekte) wie auch *Metadaten* (Objektschlüssel) hierarchisch strukturiert, so läßt sich die Thematik durch Baumstrukturen ausdrücken.

Die Vorteile einer solchen hierarchischen Strategie und der damit verbundenen baumartigen Anordnung der Realisierungen rühren daher, daß der Baum in der Graphentheorie ein wohlbekanntes und gut erforschtes Modell einer Beziehung ist; es gibt auch dementsprechend viele Algorithmen, welche das Einfügen, das Löschen, das Suchen in Bäumen und ähnliche Operationen effizient unterstützen. Ein nicht zu unterschätzendes Kriterium ist das Bild, das sich der Nutzer von den Daten eines Geoinformationssystems macht. Je größer die Freiheit in der Wahl der Beziehungen ist, desto unsicherer wird der durchschnittliche Anwender in der Handhabung dieser Beziehungen.

Freilich geht es hier mehr um die eingeschränkte Sicht eines speziellen Anwenders (*externes Schema*, siehe Kap. 9) und weniger um die Gesamtschau der Daten (*konzeptionelles Schema*), die natürlich komplizierter sein wird und auch komplizierter sein *muß*. Aus diesem Grund wird ein allgemein gehaltenes Modell eines Informationssystems den hierarchischen Aufbau der Thematik zwar als Richtschnur beibehalten, trotzdem aber ein überschaubares Maß an Abweichungen zulassen. Ein Beispiel ist das Grundstück, das nicht nur in seine administrative Oberhoheit, die Gemeinde, eingebettet ist, sondern auch noch in das Schuldlastenblatt des Grundbuches. Ein weiteres Beispiel ist der Fluß, der nicht nur im Thema GEWÄSSER, sondern auch im Thema VERKEHRSWEGE erscheint. Daß die Verweise nicht zu unübersichtlich (unter Umständen sogar widersprüchlich) werden, dafür sorgt dann eine entsprechend aufgebaute Datenbank; Wenn wir eine *relationale Datenbank* (RDB) verwenden, so können wir konzeptionell auch im nachhinein Querverbindungen erlauben, und trotzdem die externe Sicht des Anwenders einfrieren und ihm seine einfache hierarchische Sicht der Dinge lassen. *Objektorientierte Datenbanken* (OODB) sind genau auf solche Erfordernisse ausgerichtet. Diesbezügliche Überlegungen stellen wir in Kapitel 9 an.

Eine spezielle Form des Komplexobjektes tritt uns bei Projekten bzw. Extrakten entgegen. Es sind dies anwendungsbedingte und kurzzeitige Zusammenfassungen eines Teiles der Daten. Dabei werden keine physischen Umgruppierungen, sondern lediglich logische Verknüpfungen hergestellt. Ist ein Projekt erst einmal definiert, so kann es rasch reaktiviert werden. Dies ist besonders beim graphisch-interaktiven Arbeiten von Vorteil, weil man auf einfache Weise in eine bereits vorher definierte Arbeitsumgebung zurückfinden kann. Mehrere solcher Extrakte können auch hintereinander gruppiert werden und dann in Form einer Präsentation von Diapositiven abgerufen werden.

6.2.5   Attribute, Beziehungen, Methoden

Bisher haben wir unser thematisches Gedankengebäude eher nach einer *qualitativen* Strategie errichtet. Wir haben uns überlegt, welche Themen auftreten können und wie die Themen miteinander korreliert sind. Nun wollen wir auch dem Tiefgang in der thematischen Information, also dem Detailreichtum bei der Beschreibung thematischer Sachverhalte, den ihm gebührenden Stellenwert einräumen. Es genügt uns nicht, eine Fläche als Grundstück zu klassifizieren. Wir wollen diesem Grundstück noch beliebig viele andere Informationen zuordnen, die zu seiner näheren Beschreibung dienen, so etwa:

GRUNDSTÜCK
Grundstücksnummer
Flächeninhalt
aktueller Verkehrswert
Name(n) des (der) Eigentümer(s)
Adresse
Baubewilligung

Wir verwenden für diese Informationen summarisch die Bezeichnung *thematische Attribute*, wohl wissend, daß der Ausdruck *Attribut*, von verschiedenen Blickwinkeln aus betrachtet, unterschiedlich ausgelegt wird. Im Sinne der relationalen Datenbanken werden alle Spalten einer Tabelle, die eindeutige Eintragungen haben, als *Schlüssel* bezeichnet, während die restlichen Spalten als Attribute gelten (siehe Kap. 9). In diesem Sinne wäre die Grundstücksnummer wohl ein Schlüssel zur Grundstückstabelle. Der Eigentümername wäre in der Grundstückstabelle ein Attribut, in der Eigentümertabelle hingegen ein Schlüssel. Wir sehen also, daß sich Einteilungen zuweilen ändern, vor allem dann, wenn Daten dynamisch verändert und kombiniert werden.

Im Rahmen der Thematik von GI-Objekten bezeichnen wir mit dem Begriff
'Attribut' jene Merkmale einer bestimmten Objektklasse (z.B. die Klasse der
Grundstücke), die diese ausführlicher charakterisieren, als dies durch den thematischen Code bzw. den Objektschlüssel möglich ist (Abb. 6.14). Attribute
erzielen also eine Tiefenwirkung; sie erlauben es, beliebig detaillierte Beschreibungen anzufertigen.

Objektklasse	Attribut 1	Attribut 2	Attribut 3	...	Attribut n
GRUNDSTÜCK	NUMMER	WERT	BAUBEWILLIGUNG	...	FLÄCHE
...	...	...	...	...	...

Abbildung 6.14: Attribute einer Objektklasse (Typ-Niveau)

Jedes Attribut kann für ein konkretes Objekt einen *Wert* aus einem vorgegebenen Wertebereich annehmen. Es kommt hier also wieder der im vorigen Abschnitt herausgearbeitete Unterschied zwischen dem *Instanz-Niveau* und dem
Typ-Niveau hervor: Auf dem Typ-Niveau wird der Objektklasse GRUNDSTÜCK
ein Attribut NUMMER zugeordnet (Abb. 6.15); daraus ergibt sich, daß auf dem
Instanz-Niveau dem als Grundstück klassifizierten Objekt 1 der Wert 171/2
als Grundstücksnummer zugeteilt werden kann (Abb. 6.15).

Objekt	Instanz 1	Instanz 2	Instanz 3	...	Instanz n
1	171/2	EUR 30.000.-	ja	...	1981 m^2
2	285	EUR 42.000.-	unbekannt	...	1024 m^2
...	...	...	...	...	...

Abbildung 6.15: Attributwerte eines Objektes (Instanz-Niveau)

Der Begriff 'Attribut' sollte eigentlich korrekterweise durch den Begriff *Attri-
butklasse* ersetzt werden. Meist jedoch verwendet man den einfacheren Begriff.
Zuweilen wird in der Literatur – in Anlehnung an die Terminologie im Bereich
der *künstlichen Intelligenz* – auch das Begriffsdreigespann *Frame–slot–Instanz*
gebraucht: Für jede Objektklasse gibt es einen *Rahmen* von möglichen Attributen (*slots*). Für eine konkrete Realisierung – ein Objekt aus dieser Objektklasse – kann es dann zu jedem Attribut einen *Wert (Instanz)* geben. Dies gilt
gleichermaßen für Einfach- wie auch für Komplexobjekte. Wenn wir einen Rahmen für Attribute vorsehen, so bedeutet dies noch nicht, daß im konkreten Fall
alle Instanzen bekannt, also alle Felder des Rahmens tatsächlich besetzt sind.
Es gibt nämlich neben *obligatorischen Attributen* (solche, die immer bewertet sein müssen, z.B. die Grundstücksnummer) auch *fakultative Attribute*: Sie
sind von Fall zu Fall bewertet. Bei Grundstücken sei hier etwa die Information
genannt, ob eine Baubewilligung vorliegt oder nicht.

Attributwerte sind meist alphanumerisch; sie können aber auch numerisch sein.
In diesem Zusammenhang sind *berechenbare Attribute* erwähnenswert; deren

Werte werden in Echtzeit aus der aktuellen Geometrie errechnet. So könnte etwa der Flächeninhalt im obigen Beispiel ein solches berechenbares Attribut sein. Ändern sich die Koordinaten eines Eckpunktes, so ändert sich der Attributwert. Berechenbare Attribute erhöhen auch im Rahmen der *Bemaßung* den Anwenderkomfort beträchtlich. Wertebereiche für Attribute sind als Metadaten einzustufen. Neben numerischen und alphanumerischen Wertebereichen treten in letzter Zeit verstärkt andere Attributarten mit interessanten Anwendungsmöglichkeiten in den Vordergrund:

- Strukturierte Daten (Felder, Listen, strukturierte Datensätze)

- Kennungen extern gespeicherter analoger oder digitaler Bilder

- Kennungen von Videosequenzen (z.B. Beginnzeit-Ende)

Der Bereich der *Multi-Media-Anwendungen* und der *virtuellen Realität* kann somit einfach mit Geoinformation verknüpft werden. Beispielsweise kann von einem Objekt STRASSE über ein entsprechendes Attribut eine Verbindung zu einer Videosequenz aufgebaut werden, die eingeblendet wird und dem Nutzer den Eindruck vermittelt, daß er die Straße entlang fährt; Ausstellungsstücke eines Museums können in einem Tourismusinformationssystem bildlich dargestellt werden; aber auch komplizierte Schaltpläne können einem Leitungsstrang in bildhafter Darstellung zugeordnet werden. Attribute sind somit keineswegs auf elementare Datentypen beschränkt. In Kapitel 9 wird dies ausführlich diskutiert.

Beziehungen zwischen einzelnen Objekten wie auch Objektklassen bedingen entsprechende Beziehungen auf der Ebene der Attribute. Eine *Vererbung* von Attributen etwa ist sowohl bei der Verallgemeinerung bzw. Spezialisierung von Objektklassen wie auch bei der Komplexobjektbildung denkbar. So können wir die Quelle, den Verlauf und das Mündungsdelta eines Flusses (es sind dies drei verschiedene Objektklassen) zu einer allgemeineren Objektklasse FLIESSENDES GEWÄSSER zusammenfassen; dabei wird das Attribut NAME vererbt. Wir können aber auch aus drei konkreten Objekten der Klassen QUELLE, VERLAUF, MÜNDUNGSDELTA ein Komplexobjekt FLUSS machen und das Attribut NAME vererben; damit wird dessen Wert (z.B. 'Donau') ebenfalls weitergegeben. Attribute wie die Wassergüte sind zwar für den gesamten Verlauf definiert, ihre Instanzen haben aber in unterschiedlichen Streckenabschnitten auch unterschiedliche Werte. Andere Attribute wiederum – wie etwa die Fläche des Mündungsdeltas – sind nur für einen Teil des Objektes relevant. Die Strukturierungsmöglichkeiten sind vielfältig. So könnten wir, anstatt auf dem Typ-Niveau Komplexobjekte zu definieren, dasselbe auch auf dem Instanz-Niveau tun. Eine konkrete Quelle, ein konkreter Flußverlauf, eine konkrete Mündung ergeben ein Komplexobjekt, dem eine Graphenstruktur zugrunde liegt.

Bei der Definition von Attributen müssen wir den Rahmen abstecken, innerhalb dessen sich die Instanzen bewegen können. So ist es beispielsweise klar, daß der Verkehrswert eines Grundstücks größer als Null und in der jeweiligen Landeswährung eingetragen sein muß; daß die Wassergüte eines Flusses eine der Zahlen 1, 2, 3, 4, 5 annehmen muß; daß eine durchschnittliche Temperaturverteilung Celsius-Grade beinhaltet, die in einem bestimmten Bereich bleiben; daß das Datum der letzten Transaktion, die an einem Grundstück durchgeführt wurde, im Format TT-MMM-JJ abgelegt sein muß, wobei die Tage numerisch und die Monate alphanumerisch durch ihre ersten drei Buchstaben angegeben werden, während beim Jahr nur die beiden letzten Ziffern zählen. All diese Bedingungen sind eigentlich *Metadaten*; sie dienen der Einhaltung der *Datenkonsistenz*; sie helfen also mit, die Widerspruchsfreiheit der Daten auf lange Sicht zu garantieren.

Attribute können aus ihrer dienenden Rolle des Beschreibens bzw. des Ausschmückens herausschlüpfen. Dies kann in vielerlei Hinsicht geschehen:

▷ Werden die gleichen Attributwerte von mehreren Objekten her angesprochen, so müssen sie zu eigenständigen Objekten werden. Solange der Objektschlüssel STRASSE der einzige ist, dessen Attribut AUFSICHTSBEHÖRDE die Werte 'Land' und 'Gemeinde' annehmen kann, so bleibt das Attribut unter der Oberhoheit dieses Objektschlüssels und kann daher ein solches bleiben. Kommen jedoch Flächenwidmungen hinzu, wo das Mitspracherecht sowohl des Landes wie auch der Gemeinde modelliert werden muß, so ist ein eigener Objektschlüssel AUFSICHTSBEHÖRDE einzurichten.

▷ Bei der Spezialisierung einer Objektklasse trägt das Attribut zur Definition der spezialisierten Objektschlüssel bei und tritt daher dort nicht mehr als Attribut auf. Beispiel: Aus dem Objektschlüssel STRASSE mit dem zugeordneten Attribut AUFSICHTSBEHÖRDE entstehen zwei spezielle Objektschlüssel LANDESSTRASSE und GEMEINDESTRASSE.

▷ Selten wird der Zustand einer Geodatenbank als vollständig bezeichnet werden können. Im Fluß der Ereignisse wird es sogar recht häufig vorkommen, daß Objekte noch nicht zur Gänze erfaßt sind; dies kann mit der Reihenfolge der Erfassung wie auch mit Sachzwängen verbunden sein. Daher kann es geschehen, daß Attributwerte zeitlich vor ihren Objekten zur Verfügung stehen. So werden etwa Orientierungsnummern für Gebäude von seiten der Behörde vergeben, bevor die Gebäude errichtet werden; man weiß also nur die ungefähre Lage. Dasselbe gilt für Benennungen von neuen Straßen, aber auch für punktförmige Registrierungen flächiger Zusammenhänge, wie stichprobenartige Bodenproben für Bodenkarten. Um solche Attribute zunächst grob plazieren zu können, legt man *Ankerobjekte* an, deren einziger Daseinszweck die Stützung dieser 'frühgeborenen' Attribute ist. Nach der Erfassung der 'eigentlichen' Objekte und der Attributzuordnung verlieren die Ankerobjekte ihre Existenzberechtigung. Bei flächigen Zusammenhängen ist der Typus des Ankerobjektes eng mit den Begriffen *Saatpunkt, oood, Keim* verwandt, von einem solchen Keim aus kann man eine vorgegebene Fläche füllen, und zwar sowohl in der engeren graphischen Bedeutung – Füllen mit einer Farbe, Schraffur oder einem Muster – wie auch im übertragenen Sinn – mit einer Thematik.

▷ Attribute können auch für die Modellierung von Beziehungen Verwendung finden. Für die Objektklasse STAAT etwa würde man zunächst ein Attribut HAUPTSTADT anlegen und sodann für die Instanzen der Objektklasse auch die entsprechenden Attributwerte vergeben: für Deutschland Berlin, für die Schweiz Bern, für Österreich Wien und so weiter. Aber man kann auch eine eigene Objektklasse STADT schaffen und sodann in der Klasse STAAT ein Attribut HATHAUPTSTADT einführen, dass dann über geeignete Mechanismen auf das entsprechende Objekt der Klasse STADT verweist. Also auch hier gibt es einen fließenden Übergang zwischen den Einteilungen, die wir treffen: Attribute können Beziehungen modellieren. Der Umstand, daß es eine Hauptstadt gibt, kann als Charakteristikum der Objektklasse STAAT gesehen werden. Natürlich ist auch die Umkehrung denkbar und machbar: in der Objektklasse STADT kann man ein Attribut ISTHAUPTSTADTVON anlegen.

Abschließend wollen wir hier noch folgendes anmerken: In diesem Abschnitt sind wir davon ausgegangen, daß Objekte immer eine Geometrie haben, während das Vorhandensein thematischer Attributwerte fakultativ ist. Diese Sichtweise wird jedoch nicht in allen GI-Anwendungen eingehalten. Vor allem wenn wir uns aus dem traditionellen Terrain fort bewegen, werden wir sehr oft auf Objekte stoßen, die *keine Geometrie* haben. Gerade das Zusammenwachsen der GIS-Technologie mit anderen Sparten (siehe dazu die Diskussion der *Interoperabilität* in Kapitel 10) bringt es mit sich, daß Objekte 'unter anderem auch' eine Geometrie haben *können*, ohne daß dies zwingend vorgeschrieben ist. Beispiele für solche Objekte ohne Geometrie gibt es viele:

- Objekte zur Modellierung von Kundendaten und Geschäftsprozessen

- Objekte aus dem Multimediasektor (Text, Bild, Video, Ton)

- Objekte im Rahmen von Broker- und Agentendiensten

- Objekte in Telekommunikationsdiensten

- Objekte im Netzwerkverbund, Server, Datenbanken

Aus diesem Grund geht man immer häufiger von dieser Trennung in geometrische und thematische Bestandteile eines GI-Objektes ab und verwendet den Begriff *Attribut* summarisch für beides: Ein Objekt weist dann eben Geometrieattribute *und* thematische Attribute auf – und beide Bestandteile sind fakultativ.

Wir haben in den vorangegangenen Abschnitten GI-Objekte als größere, von der Thematik her definierte Einheiten kennen gelernt, die in einer Anwendung als Ganzes behandelt, dargestellt, abgefragt und analysiert werden. Die Vorteile der Einteilung in Objektklassen wurden augenscheinlich. Komplexobjekte, die sich nach dem Bausteinprinzip aus einfacheren Objekte zusammensetzen, wurden ebenfalls erwähnt. Objekte haben in GI-Anwendungen meist – aber nicht immer – eine Geometrie. Sie können auch andere – thematische – Attribute haben. In einer objektorientierten Sichtweise kommt ihnen aber auch ein *Verhalten* zu. Dieses Verhalten äußert sich in *Methoden*, die wir für jede Objektklasse festlegen. Es sind dies Softwarebausteine (Programme), die auf Objekte der jeweiligen Klasse anwendbar sind. Die ist vergleichbar mit dem Anklicken eines Symboles auf einer Desktop-Oberfläche. Bei jedem Symbol erscheint nach dem Klick eine Auswahl von Verfahren, die für das jeweilige Objekt geeignet sind. So werden etwa Programme gestartet, Dateien mit dem ihnen zugeordneten Programm geöffnet und Fenster werden verschoben oder vergrößert.

Für GI-Objekte können wir uns eine analoge Vorgehensweise vorstellen. Jedes Objekt gehört zu einer bestimmten Objektklasse und erbt damit von dieser eine Liste von geeigneten Verfahren, denen es unterworfen werden kann. Die Verfahren können sich erheblich unterscheiden, je nachdem um welche Klasse es sich handelt. Am deutlichsten äußert sich dies bei Analysemethoden. Bei der Erstellung einer Übersicht kommt uns die im Kapitel 1 getroffene Einteilung nach Sparten eines GIS bzw. einer GI-Anwendung gelegen. Somit lassen sich Methoden für GI-Objekte wie folgt klassifizieren und durch Beispiele verdeutlichen:

- *Erfassungsmethoden:* Digitalisierverfahren für ein GEBÄUDE

- *Verwaltungsmethoden:* Konsistenzüberprüfung für ein Objekt der Klasse DATENSERVER

- *Abfragemethoden:* Formulare und Hilfestellung für die Abfrage von Attributen und Geometrien eines Objektes der Klasse FLURSTÜCK

- *Verarbeitungsmethoden:* Generalisierung einer GEBÄUDEKONTUR

- *Visualisierungsmethoden:* geglättete Darstellung einer STRASSE mit zugeordneten Graphikparametern

- *Analysemethoden:* Kapazitätsberechnung für ein LEITUNGSNETZ; Volumensbilanzen für einen geplanten STAUDAMM unter Zuhilfenahme eines Geländemodelles; 3D-Visualisierung für ein GEBÄUDE

Kapitel 7

TUNING

7.1 Übersicht

In den bisherigen Kapiteln wurde die Basis für die Modellierung von Daten und Funktionen einer GI-Anwendung geschaffen. Derart ausgerüstet, können wir uns bereits an die eine oder andere Applikation heranwagen. Da und dort ist uns allerdings bereits aufgefallen, daß es noch einiger Verfeinerungs- und Ergänzungsmaßnahmen bedarf, bevor wir die Anwendung wirklich befriedigend bearbeiten können. Für derlei Maßnahmen erscheint der englische Ausdruck *Tuning* (Feinabstimmung, Anpassung) geradezu ideal. So handelt es sich um Maßnahmen zur Einbettung der Daten in geeignete Bezugssysteme. Raum *und* Zeit sind dabei zu beachten. Weiters werden wir die geometrische Genauigkeit von Geodaten unter die Lupe nehmen. Daraus resultieren auch andere Modellansätze, die auf Fraktalen und Fuzzy-Konzepten beruhen. Die Frage der Genauigkeit lenkt unser Augenmerk auf Qualitätskriterien, die alle Aspekte von Geoinformation betreffen. Qualitäts- und Metadatenmodelle sind daher ebenfalls zu behandeln. Schließlich wollen wir in diesem Kapitel auch noch den Schritt von Informationssystemen über regelbasierte Ansätze bis hin zu Modellen des raum- und zeitbezogenen Wissens wagen.

Durch ein solches Tuning erweitern wir also die Konzepte der Geometrie und Thematik um eine Reihe von Komponenten, die in Abb. 7.1 dargestellt sind. In Anlehnung an die Terminologie, die in den ISO-Normen für Geoinformation (siehe [269]) verwendet wird, können wir diese Komponenten als *Packages* bezeichnen. In ISO 19103 *Geographic Information – Conceptual Schema Language* wird ein Package als ein 'konsistente Komponente eines Software-Systemdesigns' beschrieben. Jeder der folgenden Abschnitte widmet sich einem solchen 'Paket'. (Die Datenbeschreibungssprache UML, die diesen Normen zugrunde liegt, verwendet ebenfalls dieses Konstrukt.) Dem Paket des Raumbezugs kommt naturgemäß eine besondere Bedeutung zu und daher wird ihm ein eigenes Kapitel gewidmet – es ist dies das Kapitel 8. In Abb. 7.1 wird das für die jeweiligen Pakete relevante Kapitel in den einzelnen Kästchen vermerkt. Durch strich-

lierte mit Pfeilen versehene Linien werden Abhängigkeiten zwischen einzelnen
Paketen nach Art eines Client-Server-Prinzips angezeigt. So zeigen zum Beispiel sehr viele dieser Pfeile von anderen Paketen zum Paket der Metadaten
und der Qualität, weil diese beiden Konzepte grundlegend für viele anderen
Pakete sind. Andere Linien wiederum deuten auf Generalisierungsbeziehungen
hin, wie zum Beispiel im Fall von Bezugssystemen.

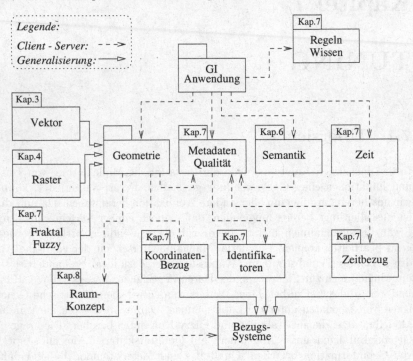

Abbildung 7.1: Packages: Komponenten einer GI-Anwendung

Anmerkung: Nicht alle Pakete die grundsätzlich denkbar sind und nicht alle
Beziehungen werden in dieser Abbildung aufgezeigt. Dies würde zu unübersichtlich werden. So ist das Konzept der *Visualisierung* von Geodaten (laut
Iso 19117 *Portrayal*) nicht enthalten, denn dieses Paket müßte mit allen anderen Paketen dieser Abbildung vernetzt werden.

7.2   Bezugssysteme

Der *Raumbezug* stellt eines der wesentlichsten Charakteristika von Geodaten
dar. Fragen, in denen das *Wo?*, das *Wie groß?*, das *Wie weit bis?* eine entscheidende Rolle spielt, können nur dann fundiert beantwortet werden, wenn es

ein für Fragende und Antwortende eindeutiges *Bezugssystem* gibt. Dies erlaubt
es uns, Geodaten an einer bestimmten Stelle im Raum bzw. auf der Erdoberfläche zu fixieren. In Geoinformationssystemen heutiger Bauart übernehmen
Koordinatensysteme diese Rolle. Alternativen dazu bieten indirekte und symbolische Bezüge. Indirekte Bezüge sind auf dem Niveau der Benutzerschnitt-
stelle angesiedelt und werden intern doch wieder in Koordinaten umgewandelt;
GIS-Anwender arbeiten mit *Identifikatoren* wie etwa Postleitzahlen, Zählsprengelnummern, Hausnummern und dergleichen. Symbolische Bezüge (kognitive
Bezüge als Basis für ein *Spatial-temporal Reasoning*) haben derzeit nur theoretische Bedeutung; sie sind jedoch Gegenstand intensiver Forschung (siehe [62],
[63], [60]). Die Zeit als vierte Dimension muß natürlich in Zukunft verstärkt in
GI-Anwendungen einfließen. Zeitbezüge wie die Angabe eines Kalenders oder
einer Normzeit (z.B. UTC) werden daher notwendig.

Für ein Koordinatensystem läßt sich nicht immer das einfache Modell eines
durch drei senkrecht aufeinander stehende Koordinatenachsen x, y, z gegebenen Raumes verwenden. Die Erdoberfläche kann nur für lokale Anwendungen
durch eine Ebene approximiert werden; und selbst dann ist es notwendig zu wissen, wie diese Approximation zustande kam und in welchem Bereich sie gültig
ist. Wir müssen uns daher näher mit Modellen für die Erdgestalt und mit Ab-
bildungsmechanismen beschäftigen und dabei zumindest so tief eindringen, daß
wir die in GI-Anwendungen üblichen Koordinatensysteme und Abbildungsva-
rianten klassifizieren können (siehe [82], [103]).

7.2.1   Modelle für die Erdgestalt

In GI-Anwendungen wird die Erdoberfläche (das Gelände und die darauf befindlichen Bauwerke wie Gebäude, Straßen, Brücken) immer auf eine einfachere, mathematisch und/oder physikalisch definierte Fläche im dreidimensionalen
Raum bezogen. Die *Lageangaben* entsprechen dann einem in dieser Referenzfläche gewählten Koordinatensystem, die *Höhenangaben* betreffen die Höhe relativ zu dieser Fläche. Die folgenden drei Arten von Referenzflächen sind die
wichtigsten:

- *Ebene*

- *Kugel* oder *Rotationsellipsoid* (mathematische Definition)

- *Geoid* (physikalische Definition)

Die *Ebene* stellt den einfachsten Fall dar, ist man doch an das Konzept eines dreidimensionalen Raumes mit senkrecht aufeinander stehenden Koordinatenachsen gewöhnt. Der Mensch steht aufrecht und wohnt in Gebäuden, die
nach drei zueinander orthogonalen Achsen ausgerichtet sind. Dieses einfache
Konzept ist allerdings nur im lokalen Bereich anwendbar. Die *Kugel* und das

Rotationsellipsoid stellen global anwendbare Modellvarianten dar. Sie sind mathematisch definiert, d.h. alle Punkte auf der Kugel- (Ellipsoid-)Oberfläche
genügen einer mathematisch formulierbaren Bedingung. (Für die Kugel lautet
sie $x^2 + y^2 + z^2 = r^2$.) Die Definition für das *Geoid* hingegen folgt einem
physikalischen Denkmuster: Man denkt sich alle Punkte mit demselben Potential auf einer (gekrümmten) Fläche, einer *Äquipotentialfläche*, versammelt. Die
einzelnen Äquipotentialflächen sind zwiebelschalenartig angeordnet; sie dürfen
einander nicht berühren oder gar schneiden. Eine besondere Äquipotentialfläche
ist jene, die der mittleren Oberfläche der ruhenden Weltmeere und deren Fortsetzung unter den Kontinenten entspricht. Sie bezeichnet man als *Geoid* (siehe
Abb. 7.2).

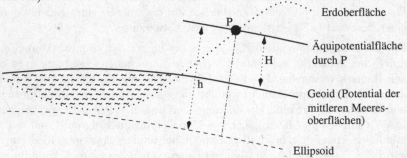

Abbildung 7.2: Ellipsoid und Geoid; ellipsoidische und orthometrische Höhen

Das Potential ist eine *skalare Ortsfunktion*; dies bedeutet, daß für jeden Punkt
im dreidimensionalen Raum ein skalarer Wert angenommen wird. Es resultiert
aus der Kombination von Gravitations- und Zentrifugalkräften, die auf jeden
Raumpunkt einwirken. Es ist – bis auf einen Faktor – mit der Energie identisch,
die frei wird, wenn ein Körper 'herunterfällt'. Sein Gradient ist die Richtung
der stärksten Potentialänderung, also die Richtung der Schwerkraft.

Für die Bestimmung des Geoids ist eine Kombination von astronomischen Beobachtungen, physikalischen Messungen und geometrischen Berechnungen notwendig. Eine exakte Bestimmung würde das universelle Vorhandensein von
Meßdaten voraussetzen. Da dies nicht möglich ist (im Erdinneren können wir ja
gar nicht messen), muß man sich wiederum auf Modelle beschränken [203]. Einfachere, weil mathematisch definierbare Modelle wählt man natürlich so, daß
sie 'möglichst gut' dem Geoid entsprechen. Es gibt daher eine Reihe von in Verwendung befindlichen Rotationsellipsoiden. Bei geeigneter Wahl – die natürlich
vom betrachteten Gebiet abhängt – erreicht man, daß die Abweichungen des
Geoids vom bestangepaßten Ellipsoid nicht mehr als 100 m betragen.

Bei ebenen Modellen wiederum muß festgelegt sein, aus welchem Ellipsoid sie
hervorgegangen sind und welche Abbildung dabei zur Verwendung kam. Wir
sehen also, daß erst das Zusammenspiel von mathematischen und physikalischen

Methoden eine brauchbare Basis für ein Bezugssystem herstellt. Der Begriff der Höhe, wie er im alltäglichen Sprachgebrauch verwendet wird, reicht für unsere Erfordernisse nicht aus, und er kann auch nicht von der Lage abgekoppelt werden. Die *Lotlinie*, die ja auch bei allen ebenen Messungen eine Rolle spielt, ist keine Normale, die auf eine Referenzfläche gefällt wird, sondern eben eine physikalisch definierte Größe. Daher sind nicht nur Höhen, sondern sogar auch Lagekoordinaten von der Physik der Erde abhängig.

7.2.2   Koordinative Bezugssysteme

Koordinaten erlangen erst dann Aussagekraft, wenn ihr Bezugssystem geklärt ist. Zu einem koordinativen Bezugssystem gehört

- das Festlegen eines *Datums* (dies kann geodätisch, vertikal oder nicht-geodätisch sein)

- das Festlegen des *Koordinatensystems* selbst (meist ist es geodätisch oder kartesisch)

Der Begriff 'Datum' hat hier keineswegs die übliche Bedeutung im Sinne eines Kalenders; vielmehr meinen wir damit die Art und Weise, wie das Bezugssystem im Raum verankert ist, also die Position des Koordinatenursprungs, die Anordnung und Ausrichtung der Koordinatenachsen und die Maßstäbe entlang dieser Achsen. Gelegentlich ist es in lokalen Anwendungen nicht notwendig, einen Bezug zum Geoid oder einem bestimmten Ellipsoid herzustellen. Trotzdem ist auch dieses bewußte Weglassen als Definition eines Datums zu verstehen, eben eines nicht-geodätischen Datums. In all jenen Fällen jedoch, wo man diese Koppelung herstellt, handelt es sich um ein *geodätisches Datum*. Ein wichtiges Beispiel stellt das WGS84 *(World Geodetic System)* dar (siehe [49]).

Das *vertikale Datum* ist ein Sonderfall. Es regelt lediglich den Höhenbezug, nicht aber den Lagebezug. Zwar kommen in GI-Applikationen kaum Geodaten vor, die nur Höhen-, jedoch keine Lageangaben enthalten, aber es ergibt sich oft eine Situation, wo sich die Lagekoordinaten auf ein anderes Datum beziehen als die Höhen. Demnach können wir uns nun eine ganze Reihe von Kombinationen vorstellen: Ein echtes dreidimensionales geodätisches Datum, ein nicht-geodätisches Datum oder auch Mischformen, nach Lage und Höhe getrennt.

Im allgemeinen spielt jedoch die Gestalt des zugrunde gelegten Erdmodells eine entscheidende Rolle. Man legt zunächst ein Rotationsellipsoid und die Lage des Koordinatenursprungs sowie die Ausrichtung der Achsen in Bezug auf dieses Ellipsoid fest. Es soll lokal ein *bestangepaßtes Ellipsoid* sein, wie z.B. in Österreich das *Bessel-Ellipsoid* [26]. (Für den Sonderfall des vertikalen Datums wird zwar kein Ellipsoid, wohl aber das Geoid benötigt.) In der Folge können wir nun das Koordinatensystem selbst wieder geodätisch, aber auch kartesisch definieren.

Ein *kartesisches Koordinatensystem* resultiert – nachdem sein Ursprung und die Ausrichtung seiner Achsen im Datum definiert wurde – in Koordinaten x, y, z. Ergebnisse einer GPS-Auswertung (Messungen mit Hilfe des *Globalen Positionierungssystems*, [94]) liefern meist Koordinaten in dieser Form, jedoch ist bei Bekanntsein des verwendeten Ellipsoides und Datums ein Umrechnen leicht möglich. Das kartesische Koordinatensystem bezieht sich in diesem Fall global auf ein Geoid und Ellipsoid. Die lokale Variante davon sei etwa am Beispiel der Dachtraufenlinie eines Gebäudes erklärt. Ihre Lage bezieht sich auf ein lokales System, dessen x- und y-Achse in der Grundfläche des Gebäudes liegen, mit einem lokalen Ursprung in einer der Gebäudeecken. Wir sehen also, daß dieses Koordinatensystem auf verschiedene Ausprägungen eines Datums zurückgreifen kann.

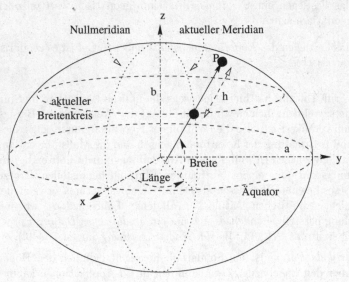

Abbildung 7.3: geodätische Länge und Breite, ellipsoidische Höhe

Das Gegenstück zum kartesischen Koordinatensystem ist das *geodätische Koordinatensystem*. Es ist gekennzeichnet durch:

> die *geodätische Breite* φ
> die *geodätische Länge* λ
> die *ellipsoidische Höhe* h oder die *orthometrische Höhe* H

Auch die Bezeichnungen 'geographische Breite' und 'geographische Länge' sind üblich. Die *geodätische Länge* ist der Winkel zwischen der Meridianebene von

Greenwich und der Meridianebene des aktuellen Punktes, die *geodätische Breite* ist der Winkel zwischen der Ellipsoidnormale im aktuellen Punkt und der Äquatorebene (siehe Abb. 7.3). Die ellipsoidische Höhe ist eben die Höhe eines Punktes über seinem Lotfußpunkt auf dem Ellipsoid.

Die Umrechnung zwischen geodätischen Koordinaten φ, λ und der ellipsoidischen Höhe h einerseits und kartesischen Koordinaten x, y, z andererseits erfolgt über einen einfachen funktionalen Zusammenhang. Falls der Ursprung des kartesischen Koordinatensystems mit dem Zentrum des Rotationsellipsoides zusammenfällt und die x-Achse das Ellipsoid am Punkt $\varphi = 0, \lambda = 0$ durchstößt, so gilt:

$$
\begin{pmatrix} x \\ y \\ z \end{pmatrix} = \begin{pmatrix} [N + h]\cos\varphi\cos\lambda \\ [N + h]\cos\varphi\sin\lambda \\ [N(1 - e^2) + h]\sin\varphi \end{pmatrix}
$$

wobei $N = a(1 - e^2 sin^2\varphi)^{-\frac{1}{2}}$ und a die große Halbachse sowie e die numerische Exzentrizität des Ellipsoides ist.

Die *orthometrische Höhe* H erhält man theoretisch, indem man die Wegstrecke mißt, die zurückgelegt wird, wenn man vom aktuellen Punkt P entlang der Lotlinie bis zum Geoid eindringt (siehe Abb. 7.2). In der Praxis jedoch mißt man in P die *geopotentielle Kote* c als die Differenz zwischen dem Potential im gegebenen Punkt und dem Potential seiner Entsprechung auf dem Geoid: $c_p = W_{geoid} - W_p$. Anschließend dividiert man dies durch den mittleren Wert der *Schwerebeschleunigung* g längs dieser Lotlinie: $H = c_p/g$.

Anmerkung: Neben der orthometrischen Höhe H und der ellipsoidischen Höhe h gibt es noch weitere Höhendefinitionen, wie z.B. die *Normalhöhe* und die *dynamische Höhe*; siehe dazu [103].

7.2.3 Abbildung in die Ebene

Eine Ellipsoidoberfläche kann nicht verzerrungsfrei in die Ebene abgewickelt werden. Daher muß man lokale Bereiche abbilden und die Abbildung dann stückweise zusammensetzen. Man strebt dabei an, daß sie zumindest im differentiellen, also extrem großmaßstäblichen Bereich *konform (winkeltreu)* ist. Die Formen sollen also im wesentlichen erhalten bleiben; (kleine) Kreise sollen in Kreise, (kleine) Quadrate in Quadrate abgebildet werden. Längentreue und Flächentreue zählen nicht so stark.

Bei der in Österreich und Deutschland derzeit noch gebräuchlichen *Gauß-Krüger-Abbildung* (siehe Abb. 7.4) wird das Ellipsoid in 3°-Streifen um sogenannte *Hauptmeridiane (Mittelmeridiane)* eingeteilt. Nun stelle man sich das Ellipsoid von einem querachsigen (transversalen) Zylinder eingehüllt vor, der entlang des Hauptmeridians berührt. Projiziert man nun den Meridianstreifen auf den Zylinder und rollt diesen danach in eine Ebene ab, so ergibt eine konforme (winkeltreue) Abbildung des Streifens in die Ebene. Aus dem Äquator wird die Ostachse, aus dem Hauptmeridian die Nordachse. Entlang der Nordachse herrscht sogar Längentreue. Je weiter man sich davon nach Osten bzw. Westen entfernt, desto stärker werden die Verzerrungen. Dies ist ja auch der Grund warum man mehrere Streifen benötigt. Um den Übergang zwischen einzelnen Streifen zu erleichtern, werden Überlappungsbereiche definiert.

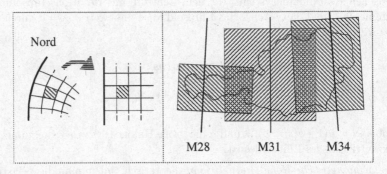

Abbildung 7.4: Gauß-Krüger-Abbildung; Meridianstreifen in Österreich

Die in vielen Ländern (und in Zukunft auch in Österreich und Deutschland) verwendete UTM-Abbildung *(Universal Transverse Mercator)* ist im wesentlichen auf demselben Prinzip aufgebaut, verwendet allerdings $6°$-Streifen. Auch berührt in diesem Fall der Hauptmeridian nicht den Zylinder, sondern er wird geringfügig verkürzt. Der Schnittzylinder liegt also entlang des Hauptmeridians etwas unterhalb der Ellipsoidoberfläche, während sich die längentreuen Berührungskreise 180 km westlich und östlich des Hauptmeridians befinden. Eine einfache Systematik in der Numerierung erlaubt es nun, weltweit Zonenfelder mit je $6°$ in der Länge bzw. $8°$ in der Breite zu definieren und eindeutig zu numerieren. In jedem dieser Zonenfelder sind Koordinaten als Rechtswerte (E für East, Offset zum Hauptmeridian) und Hochwerte (N für North, Offset zum Äquator) zu definieren, wobei man durch entsprechende Additivkonstanten negative Koordinaten vermeidet und auch zwischen der Süd- und der Nordhalbkugel unterscheidet. So könnte etwa die Lage der Innbrücke in der Stadt Mühldorf in Oberbayern mit dem Zonenfeld 33U und dem Rechtswert 183,5 km und dem Hochwert 5345,8 km angegeben werden. Die Zahl 33 gibt die Numerierung der Streifen in West-Ost-Richtung an, der Buchstabe U die Numerierung der $8°$-Abschnitte vom Äquator aus [274]. Diese Systematik lässt sich auf engmaschigere Meldegitter (etwa ein 100 km x 100 km Gitter) verfeinern.

Für die Gauß-Krüger-Abbildung in Österreich werden die Hauptmeridiane aus historisch-praktischen Gründen nicht von Greenwich, sondern von Ferro aus gezählt. Ferro (heute Hierro) ist eine der Kanarischen Inseln und liegt $17°40'$

westlich von Greenwich, und so liegen die österreichischen Hauptmeridiane jeweils 28°, 31° und 34° östlich von Ferro. Aus diesem Grund gibt es in Österreich die Meridianstreifen M28, M31, M34 (siehe Abb. 7.4). Eine Ausrichtung nach Greenwich hätte vier Meridianstreifen erfordert; außerdem käme die Umgebung von Wien in der Nähe des Schnittes zweier Meridianstreifen zu liegen. Auch wenn man in Zukunft hier wie in anderen Ländern auf UTM-Koordinaten übergehen wird, so wird sich das bestehende Datenmaterial noch für längere Zeit noch zumindest zum Teil auf die Gauß-Krüger-Abbildung stützen.

Die Umrechnung der geodätischen Breite und Länge in Ost- und Nordwerte – ebenso wie die Umrechnung zwischen einzelnen Meridianstreifen in den Überlappungszonen – erfolgt durch Reihenentwicklungen. Dasselbe gilt für die sich von Punkt zu Punkt ändernden *Maßstabs-, Richtungs- und Streckenreduktionen*, welche allesamt nicht vernachlässigbare Größen darstellen. Einen systematischen Zugang zur Problematik bieten [82], [103] und [214]. Aus [269] entnehmen wir die folgenden Beispiele für die Beschreibung eines konkreten Koordinatenbezugssystems. Die Parameter in den Tabellen können als Metadaten für diese Bezugssysteme (und damit auch für die in diesen Bezugssystemen gegebenen Geodaten) angesehen werden. Das zweite System kann auch durch die Hinzunahme eines eigenen vertikalen Datums und der entsprechenden Festlegungen für beispielsweise orthometrische Höhen zu einem dreidimensionalen Bezugssystem erweitert werden.

Parameter	Wert
Bezugssystem	WGS84 (World Geodetic System 1984)
Datum	WGS84
Ellipsoid	WGS84
große Halbachse	6 378 137.0 m
Abplattung	1/298.2572263
Koordinatensystem	geodätisch (dreidimensional)
Achse 1, Richtung 1	Breite (in Grad) nach Norden
Achse 2, Richtung 2	Länge (in Grad) nach Osten
Achse 3, Richtung 3	ellipsoidische Höhe (in m) nach oben

Parameter	Wert
Bezugssystem	MGI-Bessel (österr. Bezugsrahmen des Militärgeographischen Institutes)
Datum	MGI
Ellipsoid	Bessel
Große Halbachse	6 377 397.155 m
Abplattung	1/299.15281285
Koordinatensystem	Gauß-Krüger (zweidimensional)
Achse 1, Richtung 1	y (in m) nach Osten
Achse 2, Richtung 2	x (in m) nach Norden
Abbildung	Gauß-Krüger M31
Abbildungsparameter	Additionskonstante Nord
Wert	5 000 000

7.2.4   Andere Arten von Bezugssystemen

Koordinative Bezüge, so wie sie im vorangegangenen Abschnitt diskutiert wurden, sind zwar in den traditionellen Anwendungssparten der Geoinformation (Geodäsie, Vermessungswesen, technische Wissenschaften, Geographie, Geowissenschaften) durchaus üblich. In letzter Zeit hat sich das Spektrum der Anwendungen jedoch sehr verbreitert. In vielen neu hinzu gekommenen Applikationen, wie etwa in Auskunfts- und Visualisierungsmodulen kommunaler Informationssysteme, in Statistischen Ämtern, im Geo-Marketing, in der Routenführung und Navigation und im privaten Anwendungsbereich sind Koordinaten ungewohnt und der Umgang mit ihnen wird als schwierig empfunden. Der Mensch orientiert sich ja auch sonst sehr gerne – und erfolgreich – an Hausnummern, Straßennamen, Kilometerangaben, Postleitzahlen, Zählsprengelnummern und dergleichen. Derartige *Identifikatoren* ermöglichen einen *indirekten Bezug*.

So wird eine Kommune bei der Verwaltung der Straßen im Gemeindegebiet Identifikatoren verwenden. Ein Straßenname 'St.Peter-Hauptstraße' etwa ist viel zu kompliziert, um als Grundlage für Verknüpfungen in Datenbanken zu dienen. Sonderzeichen, Bindestriche, Abkürzungen geben Anlaß zu allerlei Ungereimtheiten. Die neue deutsche Rechtschreibung ist ein weiterer Unsicherheitsfaktor. Ein Code als Identifikator (oft als Straßenschlüssel bezeichnet) ist hier also in der Verwendung weit einfacher.

Für die Straßenschlüssel muß ein *Verzeichnis* (engl. *Gazetteer*) angelegt werden. Dieses Verzeichnis enthält zunächst Metadaten – wer das Verzeichnis führt, wo es geführt wird, wie es zu verwenden ist, wie aktuell es ist. Darüber hinaus enthält es für jeden einzelnen Identifikator nähere Angaben. Zum oben erwähnten Straßenschlüssel wird der Klartext 'St.Peter-Hauptstraße' angeführt sowie eine genäherte Lageangabe wie etwa eine Bezugslinie, ein Umgebungspolygon, wichtige Punkte usw. Wir sehen also, daß auf dieser Stufe wieder die koordinative Methode Einzug hält, allerdings ist sie dem Anwender verborgen, oder um es positiv auszudrücken, die Anwender brauchen sich nicht mehr um koordinative Bezüge, Datum, Referenzellipsoide oder um Probleme bei der Abbildung in UTM-Koordinaten zu kümmern.

Es ist jetzt – zumindest vom Konzept her – ein leichtes, dasselbe für Hausnummern zu tun. Auf diese Weise kann man also letztlich den Raumbezug für ein Objekt 'St.Peter-Hauptstraße 31g' herstellen. Es liegt diesem dann eben ein zusammengesetzter Identifikator zugrunde, bestehend aus dem Straßenschlüssel und der Hausnummer. Identifikatoren und die ihnen zugrunde liegenden Gazetteers stellen eine sehr effiziente und anwenderfreundliche räumliche Bezugnahme sicher.

Der Weg zu einer einheitlichen Bezugnahme über Adressen ist also vorgezeichnet. Allerdings müssen noch einige technische und administrative Hürden aus dem Weg gerümt werden, bis es so weit ist, dass man sich in jeder GI-Applikation darauf verlassen kann. Die Normung und Standardisierung der

Adressen ist derzeit in verschiedenen Ländern unterschiedlich weit fortgeschritten. Dasselbe gilt für die Anlage der Gazetteers. Eine generelle Richtlinie dafür bietet allerdings die Norm Iso 19112 *Geographic Information – Spatial Referencing by Geographic Identifiers*.

Zu den bis jetzt diskutierten herkömmlichen Bezugssystemen wollen wir noch folgende Erweiterungen bzw. Alternativen anführen:

▷ *Zeit* als vierter Parameter: Manche GI-Anwendungen bauen auf Zeitreihen bzw. auf zeitlich unterschiedlichen Zuständen raumbezogener Daten auf. Beispiele: Umweltmonitoring, aber auch eine Versionenverwaltung, wie sie durch Änderungen im Rechtsstatus von Grundeigentum (geplante, technisch durchgeführte, rechtsgültige, gelöschte, archivierte Zustände) bedingt ist. Wir verweisen dazu auf Abschnitt 7.3.

▷ *Raster-Bezugssysteme* erlauben es, nach Festlegung eines Ursprungs sowie der Größe, Ausdehnung und Ausrichtung der Zellen den Bezug über Zeilen- und Spaltennummer herzustellen.

▷ *Kilometrierung*: Diese im Straßen- und Verkehrswesen gängige Angabe (z.B. 'Stau bei Autobahn-km 147') kann auch bei anderen linienhaften Daten angewendet werden.

▷ *Container*: Die Lage wird nur ungefähr durch eine einfache umhüllende Figur angegeben, z.B. ein Intervall oder das kleinste umschreibende Rechteck (*minimum bounding rectangle*, MBR); Iso 19115 verwendet dafür den Ausdruck *Geographic Box*.

▷ *Symbolischer Bezug*: Man bezeichnet damit die im täglichen Leben gebräuchlichen Bezüge (vor, hinter, neben, ...), wie sie in Kap. 2 im Rahmen der kognitionsbasierenden Datenmodelle behandelt wurden.

7.3   Zeit

7.3.1   Geometrie und Topologie der Zeit

Zeit ist eine Dimension so wie jede andere – räumliche – Dimension auch. Geoinformation ist in ein Raum-Zeit-Kontinuum eingebettet. So wie wir fragen, *wo* sich eine Straße, ein Gebäude, ein Flurstück, eine Leitung befindet, so interessiert es uns auch, *wann* und *wie lange* diese Straße wegen einer Baustelle gesperrt ist. Wir wollen wissen, *wann* das Gebäude errichtet wurde und ob es derzeit immer noch existiert. Bei der Abfrage der Daten eines Flurstückes ist auch die Information wesentlich, *wie oft* und *wann* sie bereits aktualisiert wurden und welche Stadien das Flurstück in den vergangenen Jahren durchgemacht hat. Die Leitung schließlich ist vielleicht bereits einige Jahrzehnte alt und ist in den nächsten zwei bis drei Jahren zu erneuern. Wir sehen, daß die Zeit bei allen GI-Anwendungen eine – wenn auch unterschiedlich starke – Rolle spielt.

Geodaten sind somit zeitbehaftet. Der zeitliche Aspekt tritt in verschiedenen Formen auf (siehe Iso 19108 *Geographic Information – Temporal Schema*):

- *Aktualitätsstempel* (engl. *time stamp*): Wir wollen wissen, ob Geodaten zum Zeitpunkt X gültig sind, ob sie einmal eine Gültigkeit hatten und wann dies war, oder ob sie einen projektierten und derzeit noch nicht verwirklichten Zustand beschreiben. Dabei interessieren uns die zeitlichen Zusammenhänge sowohl für die Objekte der Realwelt wie auch für ihre Abbilder im GIS. Speziell im Zusammenhang mit Projektierungen treffen wir hier auf sehr komplexe Situationen, die sich aus mehreren Projektierungsvarianten, Fertigstellungsterminen und Verzögerungen in der Realwelt einerseits und Erfassungs- sowie Änderungsdiensten im GIS andererseits ergeben.

- *Ereignis* (engl. *event*): Es entspricht einem Punkt auf der Zeitachse. Dabei kann es sich um eine *Änderung des Ortes* (ein Objekt bewegt sich), um eine *Änderung der Form* oder eine *Änderung der Topologie* handeln (z.B. eine neue Situation durch eine Grundstücksteilung). Aber auch eine *Änderung von Attributwerten* kommt vor (z.B. das Grundstück wechselt seinen Besitzer).

- *Zustand* (engl. *state*): Er entspricht einem Intervall auf der Zeitachse, in welchem ein Objekt mit all seinen Facetten statisch bleibt. Ein Ereignis ist somit auch als Spezialfall eines Zustands mit einer Länge, die unterhalb der zeitlichen Auflösung liegt, anzusehen. Zustände können durch blitzlichtartige Momentaufnahmen erfaßt werden, aber auch durch einen Anfangs- und einen Endzeitpunkt, wie etwa im folgenden Beispiel:

Land	Hauptstadt	von	bis
Deutschland	Berlin	–	1945
Deutschland	Bonn	1945	1990
Deutschland	Berlin	1990	–
Brasilien	Rio de Janeiro	–	1960
Brasilien	Brasilia	1960	–

- *Dynamisches Verhalten:* Es beschreibt die Änderung eines Objektes mit fortschreitender Zeit. Dies können Zyklen von regelmäßig wiederkehrenden Zuständen sein, so wie es Spitzenverkehrsbelastungen zu typischen Zeiten sind. Ein dynamisches Verhalten kann aber auch durch die Angabe einer Zeitfunktion modelliert werden. So können wir die Änderung des Verkehrsaufkommens mit fortschreitender Tageszeit parametrisieren oder durch Zuschalten einer Tabelle beschreiben; diese Tabelle gibt den Wert der zeitlich sich verändernden Variablen für Feiertage, Massenveranstaltungen, starken Schneefall und ähnliche Ausnahmesituationen an. Und schließlich kann man etwa Differentialgleichungen zur Beschreibung von Bewegungen und Beschleunigungen heranziehen.

Die Zeit hat – so wie der Raum auch – eine Geometrie. So wie wir einen Punkt und ein Intervall auf einer räumlichen Achse angeben können, so geschieht dies auch auf der zeitlichen Achse. Die Zeit kann nicht absolut gemessen werden,

sondern nur *relativ* zu einem vordefinierten Kalender, etwa dem Gregorianischen Kalender. Eine normierte Zeitangabe ist durch UTC *(Universal Time
Coordinated)* nach ISO 8601 möglich. In diesem Sinn kann der Zeitbezug fast
so wie räumlich-eindimensionale Bezüge (zum Beispiel Kilometerangaben entlang von Straßen) betrachtet werden. Ein Zeitbezugssystem hat daher ähnliche
Charakteristika wie ein eindimensionales räumliches Bezugssystem. Distanzen
können gemessen werden: Es sind hier Zeitspannen. Während wir jedoch auf
einer eindimensionalen räumlichen Linie immer in beide Richtungen fahren
können, kann die Zeit nicht zurückgedreht werden. Allerdings ist es möglich,
negative Zeitdifferenzen zu verarbeiten.

Die Zeit hat aber auch eine *Topologie*. So gibt es ein *Davor* und ein *Danach*.
Zeitintervalle können unmittelbar aneinander anschließen und sind somit auf
der Zeitachse 'benachbart', oder sie überschneiden einander bzw. enthalten einander. So kommt es bei einem Bezug zu einer geordneten Menge von Zeitpunkten oft nur auf das Davor oder Danach an, nicht jedoch auf die Länge eines
Intervalles. Denken wir dabei an eine zum Zeitpunkt 1 erteilte Baugenehmi-
gung, an den Baubeginn zum Zeitpunkt 2 und an die Benützungsbewilligung,
die zum Zeitpunkt 3 erteilt wurde. Die Topologie entlang der Zeitachse ist
somit ohne weiteres mit der Topologie im räumlichen Sinn (siehe Kapitel 3)
vergleichbar.

Neben den ausschließlich zeitbezogenen Fragestellungen in GI-Anwendungen
treffen wir häufig gemischte räumlich-zeitliche Analysen an. Beispiele für rein
zeitbezogene Abfragen sind die folgenden:

> Welche Großereignisse finden innerhalb der Bauzeit statt?
> Haben heiße Sommer immer mit Mairegen begonnen?
> Wie oft wurde die Straße aufgegraben?
> Wie lange dauerte im allgemeinen eine Verkehrsbehinderung
> als Folge von Aufgrabungsarbeiten?

Viele dieser rein zeitbasierten Abfragen setzen voraus, daß die Zeitangaben
im GIS topologisch geordnet und auch in unterschiedlich stark generalisierter
Form vorhanden sind. Oft erlaubt es erst eine entsprechende Generalisierung,
charakteristische Muster miteinander vergleichen zu können, so etwa wenn wir
die Aufgrabungen in den Jahren 2003 und 2004 miteinander vergleichen. Eine gemischte räumlich-zeitliche Abfrage bezeichnen wir als *Raum-Zeit-Analyse
(spatio-temporal analysis)*. Sie geht über die rein zeitbezogenen Abfragen hinaus, indem sie Analysen nach der Zeitachse mit solchen nach räumlichen Kriterien vergleicht, wie etwa in den folgenden Beispielen.

> Weiten sich die Dürregebiete der Sahelzone aus? Wie schnell und wohin?
> In welchen Stadtteilen gab es 2004 Aufgrabungen?
> In welchen Stadtteilen war in den letzten Jahren ein besonderes
> Anwachsen der Bautätigkeit zu bemerken?

Zum Teil lassen sich solche Fragen auch klären, wenn man den Raum und die Zeit getrennt betrachtet und die jeweiligen Ergebnisse zusammenlegt. Bei manchen Fragen hingegen ist eine Trennung nicht möglich, wie das Beispiel der Trajektorien (Wege) von Fahrzeugen – etwa eines Fuhrparks oder einer Taxiflotte – zeigt. Hier sind Ort und Zeit untrennbar miteinander verbunden, denn es ist sinnlos nach der Position eines Fahrzeuges zu fragen, ohne gleichzeitig auch einen bestimmten Zeitpunkt anzugeben und umgekehrt.

Kehren wir zur topologischen Fragestellung des Davor und Danach zurück. In einer einfachen und zugleich strengen *Ordnung* längs der Zeitachse ist es zwischen zwei beliebigen Zeitpunkten eindeutig geklärt, welcher der erste und welcher der zweite ist, sofern sie nicht ohnehin identisch sind. Diese strenge Ordnung stellt natürlich eine Vereinfachung dessen dar, was wir im täglichen Leben erfahren. Die strenge Ordnung entsteht eigentlich nur sehr selten, etwa aus der Erfahrung *einer* Person heraus – sie erinnert sich, was vorgestern und gestern geschah – oder sie bezieht sich auf *ein* Objekt: Ein Gebäude wurde zuerst gebaut, dann genutzt, verkauft, umgebaut, und schließlich vielleicht abgetragen. Oft 'verzweigt' sich die Zeitachse jedoch, wenn es gilt, Ereignisse aus verschiedenen Lebensbereichen zeitlich miteinander zu vergleichen. Eine direkte Abfolge ist oft nicht mehr feststellbar und auch nicht relevant [67]. Wenn wir die Flächenteilungen in Abb. 7.5 von ihrer zeitlichen Anordnung her betrachten, so ist zwar klar, daß die strichlierten Teilungslinien erst nach der voll durchgezogenen Teilungslinie entstanden sind; welche der beiden punktierten Linien jedoch die erste war, ist nicht feststellbar. Daher sprechen wir in einem solchen Fall, wo sich die Zeitachse verzweigt, von einer *partiellen Ordnung*.

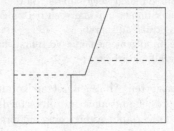

Abbildung 7.5: Zeitliche Abhängigkeiten von Flächenteilungen

7.3.2   Zeitmodell nach ISO 19108

Die Norm ISO 19108 ist in die Normenfamilie von ISO/TC 211 *Geographic Information / Geomatics* eingebettet und beschreibt den zeitlichen Aspekt der Geoinformation. Dabei baut sie auf zwei *Zeitprimitiven* (engl. *temporal geometric primitives*) auf:

- *Zeitpunkt* (engl. *instant*)

- *Zeitspanne* (engl. *period*)

Für zwei Zeitpunkte T_1 und T_2 auf der Zeitachse gilt – sofern sie nicht identisch sind – daß entweder T_1 vor T_2 kommt oder umgekehrt. Dies wird als *strenge Ordnung* bezeichnet. Für das Verhältnis zwischen einem Zeitpunkt T und einer Zeitspanne S sind folgende Möglichkeiten gegeben:

Beginning	T ist am Beginn von S
Ending	T ist am Ende von S
Containment	T liegt innerhalb von S
Precedence	T ist vor S
Subsequence	T ist nach S

Beim Vergleich zweier Zeitspannen S_1 und S_2 ergeben sich folgende topologische Beziehungen (siehe auch Abb. 7.6):

Order	S_1 endet bevor S_2 beginnt
Contiguity	S_1 endet genau dann wenn S_2 beginnt
Identity	S_1 ist identisch mit S_2
Overlap	S_1 und S_2 überlappen einander teilweise
Containment	S_1 enthält S_2
Initiation	S_1 liegt am Beginn von S_2
Completion	S_1 liegt am Ende von S_2

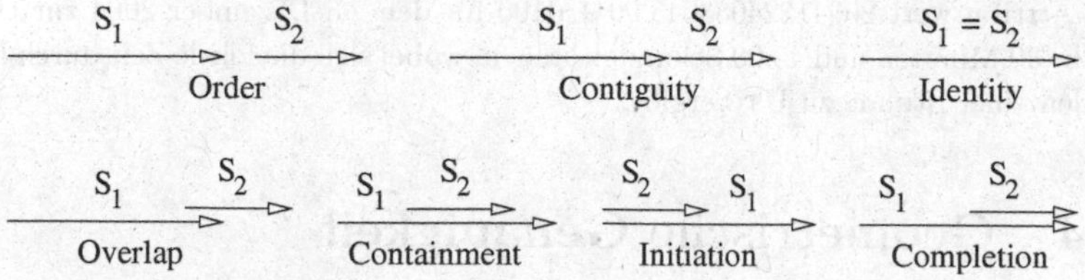

Abbildung 7.6: Topologische Beziehungen zwischen Zeitspannen

Von diesen sieben Beziehungen haben sechs – durch Vertauschen der Rollen von S_1 und S_2 – eine inverse Beziehung, sodaß sich insgesamt 13 Beziehungen ergeben. Schrumpft eine der beiden Zeitspannen S_1 oder S_2 zu einem Zeitpunkt zusammen, so ergeben sich daraus in natürlicher Weise die einfacheren Beziehungen zwischen Zeitpunkt und Zeitspanne, die oben angeführt wurden.

Nachdem wir also die Bausteine definiert haben, aus denen zeitbezogene Attribute für Geodaten aufgebaut werden, wollen wir noch kurz auf die Bezugssysteme eingehen, die in Iso 19108 normiert werden. So unterscheiden wir zwischen

- *Kalender und Uhrzeit:* etwa der Gregorianische Kalender und Utc

- *Zeitkoordinaten:* Angaben relativ zu einem definierten Zeitpunkt

- *Zeitordnungen:* Geordnete Folge von Zeitpunkten

Im ersten Fall wird man meist auf den Gregorianischen Kalender und UTC gemäß der Norm ISO 8601 zurückgreifen; ebenso wird man dies für die Definition eines Bezugspunktes bei der Verwendung von Zeitkoordinaten tun. Die Verwendung von Zeitordnungen ist in Anwendungen wie etwa der Geologie oder Archäologie angezeigt, wo die relative Zuordnung von Zeitpunkten weit wichtiger ist als die genaue Kenntnis der Länge von Zeitabschnitten. Wie wird die Zeit in GI-Objekten berücksichtigt? Dies kann in folgender Weise geschehen:

- in den *Metadaten*, etwa in Form von zeitlicher Gültigkeit

- als *Zeitattribut* eines GI-Objektes; zum Beispiel eine Straßenbaustelle mit Zeitangaben 'von-bis'

- als *Zeitfunktion* die einem GI-Objekt zugeordnet wird, wie etwa die Änderung eines Attributwertes in Funktion der Zeit

- als *Zeitrelation* im Sinne der oben angeführten Beziehungen zwischen Zeitpunkten und Zeitspannen.

Ein Beispiel für die Zeitangabe in einem Attribut ist folgendes:
Unter Zuhilfenahme des Gregorianischen Kalenders und UTC gemäß ISO 8601 würde der Attributwert 20041224083045.00 + 0100 für den 24. Dezember 2004 zur Uhrzeit 8 Uhr 30 Minuten und 45.00 Sekunden stehen, wobei sich die lokale Zeit durch Hinzuzählen einer Stunde zu UTC ergibt.

7.4   Geometrische Genauigkeit

7.4.1   Genauigkeit von Punkten und Linien

Die Genauigkeit ist ein wesentliches Qualitätskriterium für Geodaten. Die Norm ISO 19113 *Geographic Information – Quality principles* definiert sie so:

> Genauigkeit ist das Maß für die Nähe zu wahren oder als wahr angenommenen Werten.

Wir beginnen mit unseren Qualitätsüberlegungen beim Begriff der *Positionsgenauigkeit*. Die Genauigkeit von Punktkoordinaten wird mit dem *mittleren Punktlagefehler (root mean square error, r.m.s. error)* abgedeckt. Das Konzept können wir auch auf andere Datenkategorien erweitern. Zunächst läßt sich die Genauigkeit eines Attributes, das mit kontinuierlichen Werten belegt wird (z.B.

Temperatur, Niederschlag), analog zur geometrischen Genauigkeit definieren. In der Tat können wir ja die x- oder y-Koordinate eines Punktes als einen (wenn auch sehr speziellen) Attributwert ansehen. Die Angabe der Genauigkeit als Maß für die Abweichung von der besten Schätzung des *wahren* Wertes gilt natürlich auch hier.

Ein Gedankenexperiment hilft uns hier weiter, das natürlich nicht einer strengen mathematischen Betrachtungsweise standhält, aber für unsere Situation Klarheit schafft. Angenommen, es gelänge uns, die Temperatur mehrmals knapp hintereinander zu messen; unter der Annahme, daß unser Thermometer keine systematische Verfälschung hat (Verfälschungen des Nullpunktes könnten wir etwa durch Differenzbildungen ausmerzen), würden wir viele einander ähnliche *Meßwerte* erhalten. Wenn wir diese Ergebnisse auf einem Zahlenstrahl einzeichnen, so wäre eine Häufung zu erkennen (Abb. 7.7). Je weiter wir uns nach links bzw. nach rechts von diesem sichtbaren Zentrum wegbegeben, desto seltener würden wir einen Meßwert registrieren. Das Zentrum nennen wir *Mittelwert*. In einfachen (diskreten) Fällen erhalten wir ihn rechnerisch durch die Bildung des arithmetischen Mittels aller Meßwerte:

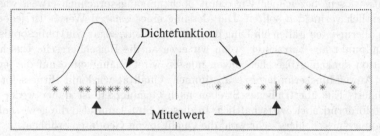

Abbildung 7.7: Meßwerte, Mittelwerte, Dichtefunktion zweier Verteilungen

$$\overline{x} \;=\; \frac{1}{N} \sum_{i=1}^{N} x_i \tag{7.1}$$

Im kontinuierlichen Fall wird dies durch ein entsprechendes Integral ersetzt. Mit gutem Grund können wir den Mittelwert als die *beste Schätzung* des wahren, uns aber im Detail immer unbekannt bleibenden Wertes ansehen. Bei vielen Messungen von Naturphänomenen – wie etwa der Temperatur, aber auch der Koordinaten – ergibt sich eine *Verteilung* der Meßwerte, die mit einer *Glockenkurve (Gaußsche Glockenkurve)* modelliert werden kann; dies gilt dann, wenn es keine systematischen Beeinflussungen gibt. Die Richtigkeit dieser Annahme wird durch viele Experimente gesichert. Die Kurve kann aber – je nachdem, ob sich die Meßwerte eng um ihren Mittelwert scharen oder nicht – einen steileren bzw. flacheren Anstieg haben (Abb. 7.7). Die Glockenkurve ist durch die Dichtefunktion $f(x)$ gegeben, die im einfachsten Fall (normierte Gauß-Verteilung) folgendermaßen aussieht:

$$f(x) \;\; = \;\; \frac{1}{\sqrt{2\pi}}\, e^{-\frac{x^2}{2}} \tag{7.2}$$

Ein Maß für die Größe und Häufigkeit der Abweichung der Meßwerte x_i vom Mittelwert $\bar{x}$ ergibt sich aus folgender Formel:

$$\sigma \;\; \approx \;\; \sqrt{\frac{1}{N} \sum_{i=1}^{N} (x_i - \bar{x})^2} \tag{7.3}$$

Diese Größe σ bezeichnen wir als *mittleren Fehler*. Scharen sich die Meßwerte extrem dicht um ihren Mittelwert, so ist σ klein. Dies bedeutet, daß es sehr wahrscheinlich ist, einen Meßwert zu registrieren, der nahe beim wahren Wert liegt; mit anderen Worten, *die Messung ist genau*. Der mittlere Fehler ist also der wesentlichste Bestandteil eines Kriteriums für die Genauigkeit eines Attributes mit kontinuierlichen Werten.

Anmerkung: Das Wort 'Fehler' mag vielleicht beim Leser negative Assoziationen auslösen, bezeichnen wir damit doch umgangssprachlich etwas, was wir eigentlich vermeiden sollten. Die Messung eines *wahren* Wertes ist jedoch in den allermeisten Fällen ein Ding der Unmöglichkeit, sogar vom philosophischen Standpunkt aus betrachtet, wenn wir etwa an die Heisenbergsche Unschärferelation denken. Abgesehen davon müssen wir Genauigkeiten auf die jeweiligen Anwendungserfordernisse abstimmen. Qualität wird mit 'fitness for use' definiert. Ein übertriebenes Streben nach Genauigkeit ist daher weder qualitätsfördernd noch wirtschaftlich. In diesem Sinn kann also die gewissenhafte Angabe eines 'Fehlers' sehr wohl die Qualität von Geodaten erhöhen.

Bei der Punktlage kommt die Unsicherheit in x- und y-Richtung ins Spiel, so daß wir unser Gedankenexperiment auf eine Zielscheibe ausdehnen müßten, in welcher die Einschüsse als 'Messungen' auftreten und zweidimensionale Verteilungen zu berücksichtigen sind. Der *mittlere Punktlagefehler* berücksichtigt in der obigen Quadratsumme sowohl x- wie auch y-Bestandteile. Neben dem mittleren Fehler sind noch weitere Aspekte (unter Umständen Kombinationen davon) zu berücksichtigen:

- *Systematische Fehler (Bias):* Sie sollten eigentlich in den Daten eines Informationssystems nicht mehr vorkommen.

- *Konfidenzintervall:* Dieser Aspekt ist uns aus dem täglichen Leben vertraut; wir machen oft Angaben der Art '... ±7 mm'.

- *Konfidenzniveau:* Nicht immer ist man gleich sensibel in puncto Fehler; es ist also anzugeben, welche Schmerzgrenze (noch) erlaubt ist.

- *Freiheitsgrad:* Damit wird ausgedrückt, wie viele Messungen überschüssig, also nicht unbedingt für die Berechenbarkeit eines Wertes notwendig sind; je mehr solche Messungen zur Verfügung stehen, desto präziser und zuverlässiger wird das Ergebnis.

- *Überprüfung:* Dieses Kennzeichen kann die Zuweisungen VERMUTET / BERECHNET / ÜBERPRÜFT erhalten.

- *Einheiten:* Angaben in Metern, Grad, Sekunden, ... sind möglich.

Nachdem wir nun definiert haben, was der Begriff der Genauigkeit für diskretwertige und kontinuierliche Attribute – und damit auch für die Punktlage – bedeutet, können wir in einem nächsten Schritt die Genauigkeit auch für Linien definieren. Zunächst baut diese natürlich auf der Genauigkeit des Anfangs- und Endpunktes auf. Ist einer dieser Punkte ungenau (oder sind es beide), so beeinflußt dies auch die Linie (Abb. 7.8). Die Länge der Linie hängt ebenso davon ab. Sei d_{12} die Entfernung zwischen zwei Punkten P_1 und P_2 mit den Koordinaten (x_i, y_i) (i=1,2).

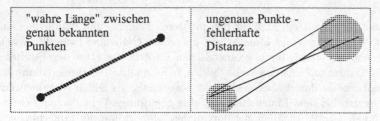

Abbildung 7.8: Fehler pflanzen sich von Punktlagen zur Distanz fort

$$d_{12} = \sqrt{(x_2 - x_1)^2 + (y_2 - y_1)^2} \tag{7.4}$$

Wenn nun die Punkte P_1 und P_2 um jeweils kleine Inkremente (dx_i, dy_i) (i=1,2) verfälscht sind, so ändert sich die Entfernung folgendermaßen:

$$
\begin{aligned}
d_{12}^{(gemessen)} = {} & d_{12}^{(exakt)} \\
& + \frac{x_2 - x_1}{\sqrt{(x_2 - x_1)^2 + (y_2 - y_1)^2}} (dx_2 - dx_1) \\
& + \frac{y_2 - y_1}{\sqrt{(x_2 - x_1)^2 + (y_2 - y_1)^2}} (dy_2 - dy_1)
\end{aligned} \tag{7.5}
$$

oder, wenn wir den Richtungswinkel von P_1 nach P_2 mit ν_{12} bezeichnen:

$$
\begin{aligned}
d_{12}^{(gemessen)} = {} & d_{12}^{(exakt)} \\
& + \cos \nu_{12} \, (dx_2 - dx_1) + \sin \nu_{12} \, (dy_2 - dy_1)
\end{aligned} \tag{7.6}
$$

Das *Fehlerfortpflanzungsgesetz* erlaubt uns nun, von den mittleren Fehlern der Koordinateninkremente dx_1, dy_1, dx_2, dx_2 zum mittleren Fehler der abgeleiteten Größe d_{12} überzugehen, indem wir eine Form bilden, in welcher die

Diagonalmatrix Σ die quadratischen mittleren Fehler der Koordinateninkremente enthält und der Spaltenvektor a die Koeffizienten der obigen Formel:

$$\sigma^2(d_{12}) \;=\; a^T \Sigma a \tag{7.7}$$

wobei

$$\Sigma \;=\; \mathrm{diag}\,(\sigma^2(dx_1),\; \sigma^2(dy_1),\; \sigma^2(dx_2),\; \sigma^2(dy_2)) \tag{7.8}$$

und

$$a \;=\; (-\cos\nu_{12},\; -\sin\nu_{12},\; \cos\nu_{12},\; \sin\nu_{12})^T \tag{7.9}$$

Damit haben wir ein Maß für den mittleren Fehler – und damit die Genauigkeit – der Länge eines Linienstücks gefunden. (Nebenbei bemerkt, lassen sich alle anderen abgeleiteten geometrischen Größen wie etwa der Flächeninhalt oder Winkel auf analoge Weise bilden.) Die qualitative Beschreibung des Linienstücks ist damit aber noch nicht vollständig. Es fehlen Angaben darüber, ob es sich bei dem Linienstück um eine geradlinige Vereinfachung einer Kurve handelt (mit Angaben zur maximalen Abweichung der tatsächlichen Linie von dieser idealisierten Geraden); bei gekrümmten Kurven sind Angaben zur Qualität des Krümmungsradius zu treffen; bei interpolierten Kurven fehlen Angaben zur Interpolation selbst, zur Punktdichte u.a.m.

Wir sehen also, daß die Qualität von Geodaten durch eine Fülle von Parametern beschreibbar ist und daß es sehr wohl sinnvoll einsetzbare Werkzeuge zur Qualitätssicherung gibt. Wir sollten sie nutzen.

7.4.2   Fraktale Modelle

Bei Vektormodellen wie auch bei Rastermodellen geht man von einer kleinsten erreichbaren Auflösung aus: der Punktgenauigkeit in Vektormodellen und der Maschengröße in Rastermodellen. Verkleinern wir den Bildausschnitt so stark, daß wir in die Nähe dieser kritischen Schranke kommen, so verlieren viele geometrische Aspekte ihre Aussagekraft.

So werden beispielsweise Teile von Isolinien zu Geraden; der Abstand zwischen einzelnen Isolinien wird immer größer; die Interpolation zwischen benachbarten Isolinien liefert unrealistische Werte; im ungünstigsten Fall bricht das Berechnungsprogramm aufgrund numerischer Schwierigkeiten ab. Nun ist es natürlich so, daß das zugrundeliegende Gelände – auch in diesem extremen Maßstabsbereich – nicht entartet; vielmehr ist es unser Modell, das versagt. Denn auch in diesem kleinen Bereich gibt es Steigungen, Fallinien, Isolinien. Ein Stück eines Geländes, durch die Lupe betrachtet, weist ähnliche Charakteristika auf wie das globale Bild. Denken wir dabei an Bilder der Mondoberfläche: Wenn keine

Skala eingeblendet wird, so wissen wir nicht, ob das Bild aus 100 km Höhe oder aus 100 m Höhe aufgenommen wurde. Ähnliches läßt sich auch beispielsweise für die Küstenlinie einer Insel sagen. Große Halbinseln entsprechen auf lokaler Ebene kleinen Landzungen, und dieses Gedankenspiel läßt sich fortsetzen bis zum Sandkorn, das weiter ins Wasser ragt als ein anderes.

Ein Modell, welches seine (globalen) geometrischen Eigenschaften in einem lokalen kleineren Bereich *reproduziert*, ist also durchaus realitätsnah. Wir müssen aber nicht immer vom Großen ins Kleine gehen, um auf diese Forderung nach einer hierarchisch sich fortpflanzenden *Selbst-Ähnlichkeit* der Geometrie zu stoßen. Für viele Naturphänomene (von meteorologischen Verhältnissen bis zum Erdschwerefeld) können wir nur äußerst grobe Modelle bilden, weil die Anzahl der Parameter, die einen Einfluß ausüben, unüberschaubar groß ist. Eine Verfeinerung eines solchen Modells kann nur mit einer Vergrößerung der Rechner- und Speicherkapazität einhergehen, und dies kann nur in kleinen Schritten geschehen. Andererseits bemerken wir auch in diesen komplexen Phänomenen die Eigenschaft der Selbst-Ähnlichkeit. Globale Luftströmungen spiegeln sich in kleinen Wetterfronten, und auch hier läßt sich die Verfeinerung unbeschränkt vorantreiben. Wir wissen auch, daß die derzeit verwendeten Modelle äußerst instabil sind, daß also kleine Einflüsse sehr wohl große Wirkungen haben können; nicht alles, was klein ist, kann als Störung abgetan werden.

Es liegt also der Gedanke nahe, daß man, anstatt das Modell durch zusätzliche Parameter zu verfeinern, ein Modell einer gänzlich anderen Bauart verwendet, das auf der Reproduzierbarkeit im Kleinen, also auf der Selbst-Ähnlichkeit beruht. Ein solches Modell beschreibt die *fraktale Geometrie*, die wir im folgenden erläutern wollen. Eine ausführliche Darstellung des gesamten Spektrums der fraktalen Geometrie kann dem Buch von Mandelbrot [138] entnommen werden. Abgesehen von den darin enthaltenen und für uns verwertbaren Erkenntnissen über Geometrie bietet dieses Buch einen höchst interessanten, intellektuell unterhaltend geschriebenen Einblick in ein Weltbild, das uns – vorerst – ungewohnt erscheint. Die in diesem Abschnitt vorgestellten fraktalen Modelle werden derzeit eher im Bereich der Computergraphik angewendet, und zwar dort, wo es um die Erzeugung realistischer und doch einfach zu modellierender Geländedarstellungen geht (Animationsgraphik, Flugsimulationen). Sie können aber auch in der Geoinformatik wertvolle Dienste leisten, wie wir sehen werden.

Zur Erklärung der fraktalen Strategie wird häufig die Schneeflocke herangezogen (Abb. 7.9 oben). Wir wissen, daß sie jene eben geforderte Eigenschaft der Selbst-Ähnlichkeit besitzt. Jeder noch so kleine Teil von ihr ist dem Gesamtbild ähnlich. Wir können ihre Konstruktion als einen rekursiven Prozeß betrachten, der von einem gleichseitigen Dreieck ausgeht, dann von jeder Seite das mittlere Drittel herausschneidet und durch eine Zacke ersetzt; dadurch entstehen neue – kürzere – Seiten, die in einem zweiten Schritt ganz genau so behandelt werden. Dies wiederholen wir beliebig oft. Es wird also auf einen Anfangszustand, den wir *Initiator* nennen, ein *Generator* angewendet. Das Resultat wird neuerlich dem Generator unterworfen usw. Da wir diese Rekursionsvorschrift theoretisch unbegrenzt oft anwenden können, ergeben sich Polygone mit immer mehr Zwischenpunkten. Der Grenzfall ist ein 'Polygon' mit unendlich vielen Punkten, ein sogenanntes *Teragon*. Wenn wir den Initiator oder den Generator – oder beide – abändern, so ergibt sich ein anderes Teragon (Abb. 7.9 unten). Jedes Teragon hat die Eigenschaft, daß ein beliebig kleiner Teil davon dem Gesamtbild ähnelt. Wir haben also eine höchst einfache Methode gefunden, um solche linienförmigen Strukturen zu bilden, die diese gewünschte Eigenschaft haben.

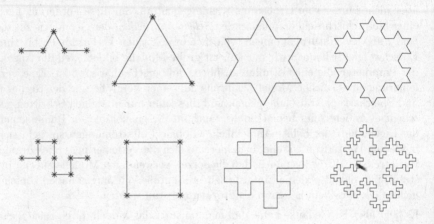

Abbildung 7.9: Generator, Initiator und Rekursionsschritte fraktaler Kurven

Beim Betrachten der Abbildung 7.9 ist es einleuchtend, daß das obere Teragon eine einfachere Figur darstellt als das untere. Ein Maß für den Grad der *Einfachheit* eines Teragons ist die sogenannte *fraktale Dimension*. Diese wird durch folgende Beziehung berechnet:

$$D \; = \; \frac{\log N}{\log b} \tag{7.10}$$

Hier ist D die errechnete fraktale Dimension; N gibt an, wie viele Folgeseiten sich pro Rekursionsschritt aus jeweils einer ursprünglichen Seite ergeben; b ist das Verhältnis zwischen einer alten und einer (durchschnittlichen) neuen Seitenlänge. Für die Schneeflockenkurve (Abb. 7.9 oben) ist $N = 4$, $b = 3$, und somit $D = \log 4 \,/\, \log 3 = 1,26$, während wir beim zweiten Teragon in Abbildung 7.9 für $N = 8$ und $b = 4$ rechnen, so daß D den Wert 1,5 erhält. Wir sehen also, daß die fraktale Dimension im zweiten Fall höher ist.

Als Spezialfall eines Teragons ergibt sich die gerade Linie selbst; sie hat den Wert $D = 1$. In diesem Fall stimmt die fraktale Dimension mit der uns vertrauten geometrischen Dimension überein. Der andere Extremfall ist durch die *Peano-Kurve* gegeben. Sie ist in Abbildung 7.10 dargestellt. Ihr Generator bricht jede Seite des Initiators in folgender Weise auf: Zuerst bewegt man sich ein Drittel des Weges entlang der alten Seite Richtung Osten; an diesem Punkt – nennen wir ihn P – zweigt man nach Norden ab, beginnt einen Rundlauf im Uhrzeigersinn durch die obere Masche und kehrt wieder nach P zurück; P ist somit ein Punkt, in dem sich die Kurve selbst berührt. Von P aus wendet man sich nach Süden, dann nach Osten und Norden und erreicht den zweiten Berührungspunkt Q. Schließlich fährt man nach Osten zum Endpunkt. Die Peano-Kurve hat die fraktale Dimension

$$D \ = \ \frac{\log 9}{\log 3} \ = \ 2 \tag{7.11}$$

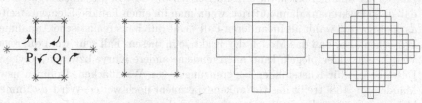

Abbildung 7.10: Peano-Kurve; Generator, Initiator, Rekursionsschritte

Die fraktale Dimension der Peano-Kurve ist also doppelt so hoch wie die geometrische Dimension. In diesem Zusammenhang ist die Anmerkung interessant, daß man mit einer sukzessiv verfeinerten Peano-Kurve die gesamte Ebene überdecken kann. Wir haben es hier mit einer Kurve zu tun, deren (geometrische) Dimension 1 ist, während sie andererseits auch Aspekte einer Fläche hat, was in dem Wert 2 ihrer fraktalen Dimension zum Ausdruck kommt. Sie berührt sich selbst – im Unterschied zu den anderen eben gebrachten Beispielen; somit ist sie für unsere Zwecke nicht brauchbar, obwohl sie als theoretischer Extremfall interessant ist. Versucht man, ein Teragon mit $D > 2$ zu erzeugen, so schneidet sich dies ebenfalls immer selbst. Die für uns relevanten Teragone nehmen also Werte für D an, die zwischen 1 und 2 liegen. Je näher D bei 2 liegt, desto komplexer wird das Teragon, desto mehr ähnelt es der flächendeckenden Peano-Kurve, und immer größer wird der fraktale Anteil. Wenn wir an die Karte Europas denken, so wird die fraktale Dimension der Küsten Schottlands oder Norwegens sicher näher bei 2 liegen als jene der Küste Belgiens.

Es ist klar, daß die Länge eines Polygons von seinem Komplexitätsgrad abhängt. So hat etwa Richardson [174] empirisch die Abhängigkeit der Gesamtlänge von Staatsgrenzen von der jeweils verwendeten kleinsten Polygonseite untersucht. Für die Länge der Grenze zwischen den Niederlanden und Belgien findet er in verschiedenen Quellen auch zwei verschiedene Werte: 380 km und 449 km; für die Grenze zwischen Spanien und Portugal variieren die angegebenen Werte von 987 km bis 1214 km. Richardson findet empirisch folgenden

Zusammenhang: Wenn ds die Länge einer elementaren Polygonseite ist, so hängt die Anzahl Z der nötigen Polygonseiten von ds in folgender Weise ab:

$$Z = F \cdot ds^{-D} \tag{7.12}$$

F und D sind Konstanten. D ist genau unsere oben erwähnte fraktale Dimension. Natürlich ist dann die Gesamtlänge L des Polygons gegeben durch

$$L = ds \cdot Z = F \cdot ds^{1-D} \tag{7.13}$$

Betrachten wir nun nochmals die Diskrepanzen zwischen den angegebenen Längen der Staatsgrenzen, die sich im Bereich von 20% bewegen, so ergibt sich, daß diese Diskrepanz dann auftritt, wenn man im einen Fall die Elementarseite ds halb so groß wählt als im anderen Fall – eine durchaus realistische Annahme. Wir sehen also, daß das Modell der Fraktale in diesem Fall sehr wohl die reale Welt besser widerspiegeln kann als irgendeine andere Kurve bzw. ein Polygon. Dasselbe gilt für Küstenlinien, Begrenzungen von Waldflächen, Isolinien usw. Mandelbrot [138] treibt das Gedankenexperiment noch weiter: Wird ds immer kleiner, so wächst die Gesamtlänge immer mehr. Er kommt zu dem paradoxen Schluß, daß die Länge der Küstenlinie Großbritanniens über alle Maßen wächst; dies, obwohl sie ein Gebiet mit endlichem Flächeninhalt einhüllt.

Schließlich wollen wir noch auf die Bedeutung von F in obiger Formel eingehen. F gibt ein *Maß* für das Teragon an, ähnlich wie die Länge einer Linie oder der Inhalt einer Fläche ein Maß ist. Berechnen wir etwa die Länge einer Linie (z.B. durch numerische Integration), so zerlegen wir sie in Z Inkremente und multiplizieren Z mit der (zur ersten Potenz erhobenen) Elementarstrecke.

$$L = Z \cdot ds^1 \tag{7.14}$$

Der Inhalt einer Fläche wird gleichermaßen so berechnet, daß wir Z elementare Flächenstücke bilden (z.B. Quadrate); die Zahl Z wird dann mit dem zur zweiten Potenz erhobenen Elementarinkrement multipliziert.

$$F = Z \cdot ds^2 \tag{7.15}$$

Machen wir dies auch mit unserem Teragon, so gibt D die Potenz an, zu der wir unser Elementarinkrement ds erheben müssen:

$$F = Z \cdot ds^D \tag{7.16}$$

Setzen wir hier für Z aus der obigen Formel ein, so ergibt sich tatsächlich

$$F = F \cdot ds^{-D} \cdot ds^D \tag{7.17}$$

Somit ist F von der Länge eines elementaren Inkrementes ds unabhängig. Wir können den Grenzübergang für $ds \longrightarrow 0$ machen und erhalten in F ein (endliches) Maß für das Teragon.

Um das fraktale Modell in der Praxis einsetzen zu können, bedarf es allerdings einiger Modifikationen. Wir können nicht erwarten, daß sich ein Grenzverlauf oder eine Küstenlinie im Kleinen tatsächlich in einer solch regelmäßigen Anordnung wie die Umrandung der Schneeflocke reproduziert. Wir müssen also allgemeinere Initiatoren und auch Generatoren suchen. In Abbildung 7.11 stellt ein allgemeines Polygon den Initiator dar, der von zwei verschiedenen Generatoren aufgebrochen wird. Für die erste Variante rechnen wir die fraktale Dimension $D = 1,04$, für die zweite Variante erhalten wir $D = 1,30$.

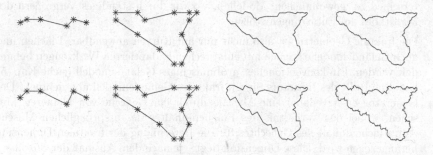

Abbildung 7.11: Zwei Generatoren für denselben Initiator (allgemein)

Außerdem ist die Selbst-Ähnlichkeit oft nur eine durchschnittliche, das heißt, daß wir es hier mit einer stochastischen Größe zu tun haben. Die rekursive Generierung des Teragons kann als *stochastischer Prozeß* aufgefaßt werden. Mit fortschreitender Zeit ergeben sich jeweils neue Verfeinerungen des Ausgangspolygons, die sich im Mittel einem Teragon nähern, während die Ausprägung im Detail dem Zufall überlassen bleibt. Eine umfassende Einführung in die Theorie der stochastischen Prozesse bietet [161].

Betrachten wir beispielsweise den Generator der Schneeflocke. In jedem Rekursionsschritt können wir ihn entweder so anwenden, wie er weiter oben beschrieben wurde, oder mit jeweils umgekehrten Vorzeichen (statt Buchten entstehen Halbinseln). Überlassen wir das Vorzeichen im k-ten Schritt – also zum Zeitpunkt $t(k)$ – dem Zufall, so haben wir einen stochastischen Prozeß vor uns. In ähnlicher Weise können wir auch die Längen bzw. Richtungswinkel der Teilstrecken des Generators stören. Die *Brownsche Molekularbewegung* ist ein klassisches Beispiel für einen stochastischen Prozeß. Sie wird aber auch – im stochastischen Sinn – durch eine fraktale Kurve der Dimension $D = 2$ beschrieben; ihre Dimension ist jener der Peano-Kurve äquivalent; dies bedeutet, daß ein Elementarteilchen mit fortschreitender Zeit und im Mittel jeden Punkt der Fläche überstreicht.

Für eine realitätsnahe Anwendung des fraktalen Konzeptes ist es oft auch notwendig, aus der Kette der Rekursionsschritte erst den k-ten Schritt und die nachfolgenden n Schritte herauszulösen, d.h. wir unterdrücken sowohl die (makroskopischen) Anfangszustände wie auch die (mikroskopischen) Folgezustände des Prozesses. Es ist auch denkbar, daß wir von einem koordinatenmäßig gegebenen (deterministischen) Zustand ausgehen; diesen verwenden wir dann als Initiator eines (deterministischen oder stochastischen) fraktalen Prozesses. Betrachten wir den Initiator in Abbildung 7.11. Sieht er nicht wie der stark vereinfachte Umriß Siziliens aus? Wir können also, beginnend mit wenigen Punkten eines Stützpunktpolygons, das die Rolle eines Initiators spielt, und einer Vorschrift für den Generator, ein realistisches Modell für die Umrisse einer Insel erstellen, das auch mehreren Maßstabsvergrößerungen standhält; dies als Unterschied zu 'gewöhnlichen' Modellen, wo wir durch ständiges Vergrößern des Maßstabes auf Entartungen stoßen.

Die fraktale Geometrie ist also nicht nur auf Kurven anwendbar. Flächen und auch Geländemodelle können mit entsprechend adaptierten Werkzeugen behandelt werden. Ein konventionelles, grobmaschiges Geländemodell (siehe Kap. 5) kann die Rolle des Initiators für ein fraktales Geländemodell übernehmen. Der Generator ersetzt dabei eine Masche durch ein Geflecht von kleineren Maschen, wobei das Verhältnis des Flächeninhaltes der ursprünglichen Masche zum Flächeninhalt des Geflechtes für die Berechnung der fraktalen Dimension herangezogen wird. Diese Dimension liegt – je nach dem Ausmaß der *Störung* – zwischen 2 und 3. Die Dimension eines Modells aus dem Bereich der Kalkalpen wird näher bei 3 liegen als jenes der Kärntner Nockberge.

Zusammenfassend können wir sagen, daß die Anwendungen des fraktalen Modells in der Geoinformatik überall dort liegen werden, wo geometrische Details nicht so wichtig sind wie globale Merkmale. Sie leistet also gute Dienste für eine realistische Modellierung der Geländeeigenschaften in einem Gebiet, wo es weniger auf koordinatenmäßig präzise Angaben ankommt als vielmehr auf eine Veranschaulichung der Schroffheit oder Lieblichkeit eines Geländes. Ähnliches läßt sich von Küstenlinien sagen: Eine realistische Darstellung der norwegischen Küste wird Teile der Geometrie opfern und Fjorde unter Umständen drastischer betonen, als dies von den Koordinaten her notwendig ist. Die Inseln der Ägäis oder die Seen der finnischen Seenplatte ergeben eine höhere fraktale Dimension als die Seen im österreichisch-bayrischen Alpenvorland.

Mit fraktalen Modellen können wir Lücken zwischen gegebenen Stützpunkten auffüllen, und dies in einer fundierten und begründbaren Art und Weise, wie das Beispiel aus Abbildung 7.11 zeigt. Fraktale Modelle haben somit Ähnlichkeiten mit interpolierten Modellen (siehe Kap. 5). Während man dort eine Interpolationsvorschrift voraussetzt, die dem Naturobjekt angepaßt sein muß, ist es hier die fraktale Dimension; in beiden Fällen verfolgen wir dasselbe Ziel. Aus ähnlichen Gründen können fraktale Modelle auch im Rahmen der Datenkomprimierung gute Dienste leisten. Ein wichtiges Anwendungsgebiet fraktaler Modelle sind schließlich aber auch *Simulationsstudien*. Es geht dabei um die

Frage

> Was wäre, wenn?

Modelle für die Luftströmungen und die Schadstoffkonzentration in einem Ballungsraum, den Wasserhaushalt in einer Kleinregion, die Hochwassergefährdung in einem Gebirgstal sind typische Beispiele. Ihre Modellierung mit herkömmlichen Mitteln erfordert eine Unzahl von Parametern. Fraktale Modelle hingegen können auf sehr viel einfachere Weise realistische Datengrundlagen bieten und erlauben es, sowohl Aussagen globaler Natur als auch Fallstudien im Detail durchzuführen.

7.4.3   Fuzzy-Modelle

Seit Menschen ihre Welt bewußt erleben, hat sie der Wunsch begleitet, diese Welt besser begreifen zu können; die Vereinfachung war und ist dabei ein wichtiger Aspekt. Für den technisch interessierten Menschen stellt zweifelsohne alles das, was mit Lineal und Zirkel geschaffen wurde, eine solche Vereinfachung dar. In einer 'einfachen' Geometrie

- müssen die Umrisse scharf sein;

- sie haben geradlinige oder zumindest konstruierbare Verbindungen;

- das Innere ist homogen und eindeutig vom Äußeren unterscheidbar.

Wir sind uns eigentlich kaum bewußt, daß wir bei der Bewertung dessen, was als einfach einzustufen ist, von anerzogenen Verhaltensmustern geprägt sind. Für ein Kind ist das Ziehen einer geraden Linie nicht einfach, ebensowenig die Unterscheidung zwischen dem Innen- und Außenraum eines Umrisses. Erst durch die Forderung nach der Berechenbarkeit einer Länge, einer Fläche oder anderer geometrischer Merkmale werden wir zu dieser Lineal-und-Zirkel-Denkweise gedrängt.

Vektor- Raster- und Hybridmodelle stellen in der Geoinformatik den üblichen Weg zur Modellierung der realen Welt dar; einerseits wegen der einfacheren mathematischen Handhabung bei der Berechnung und andererseits, weil viele – analoge – Datenbestände, die in den Kindertagen der Geoinformationssysteme zur Verfügung standen, dieser Art der Modellierung nahe standen (Kataster, Leitungen, Grenzen, Verkehrswege). Die im vorangegangenen Abschnitt diskutierten Prinzipien der fraktalen Geometrie stellten bereits eine Abkehr von einer unter allen Umständen zu beachtenden Anbindung an Vektor- und Rastermodelle dar. Auslösende Faktoren waren dort die Schwierigkeiten, die sich beim Wechsel zwischen verschiedenen Maßstabskategorien ergaben, sowie die

Kapazitätsgrenzen, die sehr rasch auftreten, wenn wir geometrisch beliebig detaillierte Daten anstreben.

In diesem Abschnitt widmen wir uns der Problematik der *Grenzen*, die nicht immer linienhaft sind. Grenzen trennen Bereiche voneinander oder schaffen Übergänge zwischen diesen Bereichen. Dies setzt voraus, daß wir überhaupt in der Lage sind, die *Zugehörigkeit* zu einem bestimmten Bereich eindeutig bestimmen zu können. Die Frage 'nach der Henne und dem Ei' läßt sich für Bereiche und deren Grenzen in folgender Weise stellen:

> Legen wir zuerst Grenzen fest, so daß wir dann feststellen können, welches Objekt innerhalb eines abgegrenzten Bereiches liegt und welches außerhalb?

> Oder vergleichen wir Objekte miteinander und stellen so aufgrund ähnlicher Eigenschaften Zusammengehörigkeiten fest, aus denen sich statistisch abgesicherte Grenzen ergeben?

Die erste Variante entspricht der Vorgehensweise bei Grundstücksplänen; sie ist eng mit der 'Lineal-und-Zirkel-Mentalität' und mit der Vorstellung gekoppelt, daß es für jedes Objekt nur zwei Extrempositionen gibt: Entweder es gehört zum Bereich oder es gehört nicht dazu. Die zweite Variante hingegen bietet sich für 'gewachsene Strukturen' an; Bodenformen, Vegetation, Naturraumpotentialkarten und dergleichen. Hier gibt es auch Aussagen wie

> Objekt X gehört höchstwahrscheinlich zu Bereich A.
> Objekt Y gehört sicher nicht zu Bereich B.
> Objekt Z gehört entweder zu Bereich C oder zu Bereich D.

Ein solches Modell wird als *fuzzy (unscharf)* bezeichnet; die darauf aufbauende Logik ist eine *Fuzzy-Logik*. Ihr wesentliches Merkmal ist die *Zugehörigkeitsfunktion (membership function)*. Wenn X eine Menge von Objekten x darstellt, so ist die Zugehörigkeit zu einem Bereich B durch die Zugehörigkeitsfunktion m_B gegeben, welche die Menge der Objekte in das reelle Zahlenintervall $[0, 1]$ abbildet:

$$
\begin{aligned}
m_B(x) &= 1 && \text{wenn x sicher zu B gehört} \\
m_B(x) &= 0 && \text{wenn x sicher nicht zu B gehört} \qquad (7.18) \\
m_B(x) &\in [0, 1] && \text{sonst}
\end{aligned}
$$

Die 'normale' Art der Flächenzuordnung (im Unterschied zur *Fuzzy-Logik* als *Boolesche Logik* bezeichnet) kennt nur die Zugehörigkeit 0 (Objekt gehört nicht dazu) oder 1 (Objekt gehört dazu). Daher stellt die Fuzzy-Logik eine natürliche Verallgemeinerung der üblichen Vorgehensweise dar.

Es versteht sich von selbst, daß der Begriff der Fläche als lückenlose Überdeckung eines zusammenhängenden Gebietes hier völlig verlorengeht, ja sogar
hinderlich ist, doch ist gerade dies die Stärke eines Fuzzy-Modells. Wir sind
in diesem Abschnitt zwar von der Flächenproblematik ausgegangen, doch die
Fuzzy-Logik ist in einem viel breiteren Spektrum erfolgreich anwendbar: Immer dann, wenn es nicht nur um die Entscheidung WAHR-FALSCH geht, sondern
wenn der Bereich dazwischen vernünftig auszuloten ist – und dies ist im täglichen Leben fast immer der Fall. Demgemäß wird die Fuzzy-Logik nicht nur für
die oben angesprochenen Unvollkommenheiten der Natur erfolgreich angewendet, sondern auch für hochtechnisierte Bereiche wie etwa die vollautomatische
Abwicklung von Zugfahrten in einem Hochgeschwindigkeitsnetz.

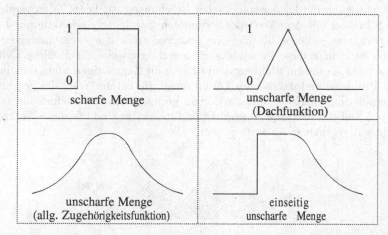

Abbildung 7.12: Formen von Zugehörigkeitsfunktionen für Fuzzy-Modelle

Die Zugehörigkeitsfunktion ordnet also jedem Objekt eine reelle Zahl zwischen
0 und 1 zu. Sie kann verschiedene Formen annehmen (Abb. 7.12); zunächst
müssen wir unterscheiden, ob sie auf einer *diskreten* oder einer *kontinuierlichen*
Menge von Objekten aufsetzt. Im einfachsten Fall stellt sie sich als Stufenfunktion dar. Nimmt diese Stufenfunktion nur die Werte 0 und 1 an, so handelt es
sich um eine *scharfe Menge*, also um den üblichen Fall einer strengen Trennung
in zugehörige und nichtzugehörige Bereiche. Eine *Dachfunktion* jedoch charakterisiert bereits eine *unscharfe Menge*. Allgemeinere Zugehörigkeitsfunktionen
können Ergebnisse von Faltungen einfacherer Zugehörigkeitsfunktionen sein.
Faltungen können mit der in Kapitel 5 beschriebenen Rekursionsvorschrift für
die Bildung von Basissplines $N_{io}(x)$ bis $N_{im}(x)$ erreicht werden. Auch die
folgende Zugehörigkeitsfunktion ist denkbar [167]:

$$m_B(x) = \frac{1}{1 + \alpha(x - c)^2} \qquad (7.19)$$

Dabei steht c für das Zentrum, und der Parameter α ist für die Form der Funktion verantwortlich. Dies ist ein eindimensionaler Zusammenhang, läßt sich aber leicht auf den Fall von Flächen verallgemeinern. Auch asymmetrische Zugehörigkeitsfunktionen sind denkbar; dann nämlich, wenn nur die untere oder obere Grenze eines Bereiches von Bedeutung (bzw. unscharf) ist.

Die Wahl der geeigneten Zugehörigkeitsfunktion kann mühsam sein; sinnvoll ist es, mit einer einfachen Funktion zu beginnen und diese anhand von gut bekannten Trainingsdaten zu testen. Als Beispiel sei die Trennung zwischen Laub- und Nadelwaldgebieten erwähnt; es wird sicherlich Gebiete geben, wo die Durchmischungszone breiter ist, und andere, wo man eine schärfere Abgrenzung antrifft. Für jede typische Situation benötigt man ein Trainingsgebiet, also ein Gebiet, das man aufgrund lokaler statistischer Erhebungen gut kennt. Man vergleicht die Situation mit dem Wert der vermuteten Zugehörigkeitsfunktion und modifiziert diese so lange, bis man eine genügend große Übereinstimmung erhält. Dann kann man diese Funktion auch berechtigterweise für ähnliche Gebiete verwenden. In diesem Sinne ergeben sich für die Zugehörigkeitsfunktion dieselben Probleme und damit auch Lösungswege wie bei der Wahl der geeigneten Interpolationsvorschrift oder auch einer geeigneten Kovarianzfunktion (siehe Kap. 5 und den nächsten Abschnitt); und in der Tat sind alle diese Werkzeuge recht gut gegeneinander austauschbar.

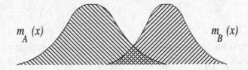

Abbildung 7.13: Zugehörigkeit zu zwei Bereichen A und B

Der Vergleich zweier Zugehörigkeitsfunktionen $m_A(x)$ und $m_B(x)$, die über derselben Menge X von Objekten x, aber für zwei Bereiche A und B aufbauen, gibt also bereits recht gut Aufschluß über die Zugehörigkeit (Abb. 7.13). Die beiden Funktionen werden einander teilweise überlappen. In diesem Überlappungsgebiet ist ein 'Sowohl-als auch' denkbar, während es in der Nähe der beiden Spitzen (fast) eindeutige Zuordnungen geben wird. Ist die (partielle bzw. wahrscheinliche) Zugehörigkeit der Objekte zu einem Bereich B erst einmal festgelegt, so kann der Bereich selbst definiert werden. Eine Definition, die den Begriff der *unscharfen Menge (fuzzy set)* gebraucht, lautet: Der Bereich B besteht aus der Menge geordneter Paare:

$$B = \{x, m_B(x)\} \quad x \in X \tag{7.20}$$

Salopp ausgedrückt, hört sich dies so an:

Nachdem alle Objekte ihre Zugehörigkeitspräferenzen deklariert und miteinander verglichen haben, bilden sie, gepaart mit diesen Präferenzen, eine unscharfe Menge.

Zu betonen ist, daß jedes Objekt bei mehreren solchen unscharfen Mengen mitspielen darf, allerdings unterschiedlich intensiv. Eine andere Möglichkeit für die Definition des Bereiches B wird im folgenden gegeben; sie kann allerdings nur dann gewählt werden, wenn die Objekte x selbst wieder durch reelle Zahlen darstellbar sind; je nachdem, ob wir einen diskreten oder kontinuierlichen Grundbereich bearbeiten, ergibt sich:

$$B = \sum_{i=1}^{N} \frac{m_B(x_i)}{x_i} \quad \text{bzw.} \quad B = \int_X \frac{m_B(x)}{x}\, dx \qquad (7.21)$$

Nachdem wir also die Art und Weise der Definition unscharfer Mengen umrissen haben, muß eine Reihe von Operatoren definiert werden, die auf solche Mengen anzuwenden sind. Zunächst ist die Frage der *Identität* zu klären. Zwei unscharfe Mengen A und B sind genau dann *gleich*, wenn ihre Zugehörigkeitsfunktionen gleich sind. (Hiebei ist allerdings anzumerken, daß sich die *Gleichheit* zweier Funktionen nicht immer einfach definieren läßt.) A ist eine Teilmenge von B, wenn die Werte $m_A(x)$ für jedes $x \in X$ kleiner als die Werte $m_B(x)$ sind:

$$\begin{aligned} A = B &\iff m_A(x) = m_B(x) \\ A \subseteq B &\iff m_A(x) \le m_B(x) \end{aligned} \qquad (7.22)$$

Um nun im Gegenteil den *Unterschied* zwischen zwei unscharfen Mengen herauszuarbeiten, ist viel mehr zu tun als – wie wir es von Booleschen Mengen gewohnt sind – ein Ungleichheitszeichen $\neq$ zu setzen. Wir können die *unscharfe Distanz* zweier Mengen (die natürlich wenig mit einer geometrisch zu verstehenden Distanz gemein hat) als gewichtete Differenz der Zugehörigkeitswerte sehen. Eine Distanz, die 'nahezu' 0 ist, läßt den Schluß zu, daß A und B 'nahezu' gleich sind.

$$d = \sum_{x \in X} |m_A(x) - m_B(x)| \quad \text{oder} \quad d = \sqrt{\sum_{x \in X} (m_A(x) - m_B(x))^2} \qquad (7.23)$$

Um das Gedankengebäude der Fuzzy-Logik zu vervollständigen, müssen wir auch Definitionen für die Vereinigung, die Differenz, das Produkt, das Komplement u.a.m. formulieren; wir verweisen dazu auf [34]. Des weiteren müssen Strategien für die Implementierung in einer Geodatenbank dargelegt werden. Es ist offensichtlich, daß Flächen nicht im üblichen Sinn durch Grenzpolygone repräsentiert werden können, sondern daß eine punktorientierte Speicherung vorzuziehen ist. Dies hat aber auch konzeptionelle Vorteile: In vielen Themenbereichen, wo die Fuzzy-Logik erfolgreich angewendet werden kann, hat man punktförmige *Primärdaten*, etwa Bodenproben und ähnliche Messungen mit Stichprobencharakter, vorliegen. Anstatt – wie bei der Modellierung nach Raster- bzw. Vektorprinzipien – daraus durch Interpolation Flächen abzuleiten, die dann bereits *Sekundärdaten* darstellen, ist es also ehrlicher bzw. für Anwendungen offener, bei den Primärdaten zu bleiben.

Fuzzy-Modelle sind nicht nur eine interessante gedankliche Alternative zu herkömmlichen Modellen [101]. In manchen Situationen bieten sie einen Ausweg aus einer sonst unlösbaren Situation an. Dies bezieht sich nicht nur auf die Problematik der Grenzziehung, es geht weit darüber hinaus. So gehören im Geoinformationswesen Interessenskonflikte bei der *Standortwahl (site selection)* zum täglichen Brot. Mehrere konkurrierende Zonen sollen hinsichtlich ihrer Eignung für den geplanten Standort eines Güterterminals, einer Mülldeponie, einer Verbrennungsanlage untersucht werden. Eine *Umweltverträglichkeitsprüfung* ergibt in bezug auf naheliegende Siedlungen, Erholungsraumkapazitäten, Grundwasser und den Waldzustand jeweils unterschiedliche Eignungen. Würde man nur die Extreme GEEIGNET - NICHT GEEIGNET zulassen, so käme man angesichts der in Mitteleuropa begrenzt vorhandenen Freiräume kaum jemals zu einer Lösung, denn ein einziges *Nein* zu einer vorgeschlagenen Fläche von seiten einer der oben zitierten Ebenen würde die Auswahl dieser Fläche unmöglich machen. Fuzzy-Lösungen sind weicher und damit eher erreichbar.

7.5 Qualität und Metadaten

Der Begriff der *Qualität* wird so häufig verwendet, daß er Abnützungserscheinungen hat. Gerade solche Begriffe, die jedermann geläufig sind, scheinen schwer zu definieren zu sein. Nach Iso 8402 wird er folgendermaßen definiert:

> Qualität ist mit der Gesamtheit aller charakteristischen Eigenschaften eines Produktes gleichzusetzen, die das Erfüllen von definierten oder implizierten Anforderungen ermöglichen.

Oder, wenn wir es noch kürzer und prägnanter – und deshalb in englischer Sprache – ausdrücken wollen:

> Quality = fitness for use.

Qualität ist einerseits von der Seite der Anwender des Produktes zu sehen: Sie wollen sicher gehen, daß sich das Produkt für ihre Zwecke eignet. Aber auch von seiten der Anbieter sind Qualitätskriterien wichtig – wollen sie doch ihre Produkte ins rechte Licht rücken. 'Produkte' sind in unserem Fall Geodaten und die damit verbundenen Softwarewerkzeuge. Es steht außer Zweifel, daß Geodaten hohe Qualitätsanforderungen erfüllen müssen. Dafür lassen sich mehrere Begründungen anführen:

- Geodatenbestände sollen *langlebig* sein; ein Ziel, das nur bei vernünftigen Qualitätskontrollen erreichbar ist.

- Die *geometrische Güte* ist eine der wichtigsten Voraussetzungen für aussagekräftige und richtige Analyseergebnisse von GI-Anwendungen. Natürlich gilt dies nicht nur für das *Wo*, sondern auch für das *Was* – also die Qualität von thematischen Attributen.

- Um die Möglichkeit der *Mehrfachnutzung* zu gewährleisten bzw. einen entsprechenden Ansporn zu geben, muß ein System mit allgemein akzeptierten Bewertungsskalen geschaffen werden.

Während in früheren Zeiten der Erfasser von Geodaten, der Verwalter und die mit der Auswertung befaßte Person meist identisch waren, und man somit ziemlich gut hinsichtlich der Einsetzbarkeit bestimmter Daten für konkrete Zwecke Bescheid wußte, wird es zukünftig im Normalfall eher so sein, daß man Daten verwendet, die von anderen Personen, anderen Berufsgruppen, anderen Interessenslagen ausgehen. Daten werden verarbeitet, also verändert. Die Lage eines Punktes kann sich aufgrund neuerlicher bzw. genauerer Messungen verschieben; damit ändern sich auch alle abgeleiteten geometrischen Aussagen (Länge, Winkel, Fläche usw.) für jene Objekte, die auf dem Punkt aufgebaut sind. Aber auch attributive Beschreibungen können verfeinert, vervollständigt, durch Kontrollmechanismen bestätigt werden.

Geodaten sind also *Produkte*, die entstehen, modifiziert, verbessert und kontrolliert werden. Es kommt auch einmal der Zeitpunkt, wo sie *obsolet* werden. Solche Produktdaten haben demnach so etwas wie eine *Lebensspanne*, während der sie Transformationsprozessen unterworfen werden können. Die Qualitätssicherung begleitet diese Daten in allen Phasen ihrer Existenz. Eine ganze Reihe von internationalen Standards beschäftigt sich mit Fragen der Qualitätssicherung (Iso 9000 bis 9004). Aber auch die Iso-Normen für Geoinformation messen der Qualität und den Metadaten eine besondere Bedeutung zu. Die entsprechenden Teilnormen Iso 19113 und Iso 19115 werden daher im folgenden vorgestellt.

Wie können wir den Begriff der *Qualität* präzisieren und in Kategorien einteilen, welche Skalen bauen wir auf, und welche Werte schreiben wir dann in diese Skalen? Die Antworten auf all diese Fragen ergeben in ihrer Gesamtheit ein gedankliches Gebäude der Qualität, das wesentliche von unwesentlichen Aspekten trennt und ein vereinfachtes Bild der realen Welt darstellt: also wieder ein *Modell*.

Das Qualitätsmodell ist natürlich nicht mit einem *Datenmodell*, wie es in den vorangegangenen Abschnitten und Kapiteln in den verschiedensten Varianten vorgestellt wurde, identisch; allerdings gibt es Ähnlichkeiten in den Hintergründen und im formalen Aufbau. So können wir aus einem Qualitätsmodell mehrere *Qualitätsschemata* ableiten, die als Implementierungen der im Modell konzipierten Ideen gesehen werden. Wir könnten das Qualitätsmodell sogar als einen Teil des Datenmodells ansehen, wenn wir uns auf den Standpunkt stellen, daß etwa die Koordinaten eines Punktes nur in Verbindung mit den zugehörigen Qualitätsangaben auftreten dürfen. (In praktischen Koordinatenangaben verwendet man ja auch oft die Sprechweise '73 *cm* ± 3 *mm*', was diesem Denken entspricht.)

Allerdings sind wesentliche Teile der Aussagen zur Qualität globaler Natur; sie beziehen sich nicht nur auf den einzelnen Punkt, sondern unter Umständen auf eine ganze Datensammlung, aber auch auf ein Modell an sich. Wir könnten sagen 'Rastermodelle sind im allgemeinen geometrisch nicht so genau wie Vektormodelle'. In diesem Sinn wäre das Qualitätsmodell als *Metamodell* zu bezeichnen, weil es Aussagen über ein anderes (Daten-)Modell beinhaltet.

7.5.1   Qualitätsmodell nach ISO 19113

Die im folgenden gewählte Einteilung für Aspekte der Qualität entspricht der Denkweise, wie sie im Rahmen der internationalen Geoinformationsnormen üblich ist. Speziell werden hier die Normen ISO 19113 *(Qualitätsprinzipien)* und ISO 19114 *(Prozeduren zur Evaluierung von Qualität)* angesprochen. Wir verweisen auch auf [40].

Qualität wird grundsätzlich einem ganzen Datensatz zugeordnet; natürlich ist ein einzelner Punkt, ein einzelnes Objekt ebenfalls als ein – vom Unfang her sehr eingeschränkter – Datensatz anzusehen. Somit ist die Qualität auch individuell angebbar, und zwar nicht nur für geometrische Kategorien, sondern auch für Kategorien wie Attribute, Beziehungen und Beschreibungen. Es gibt *quantitative* oder auch *nicht-quantitative* Qualitätsinformationen. Der Unterschied liegt darin, daß die erste Kategorie durch Maßzahlen, die zweite Kategorie lediglich textlich repräsentiert werden kann.

Quantitative Qualitätsangaben:	*Nicht-Quantitative Angaben:*
Vollständigkeit	Zweck
Logische Konsistenz	Verwendung
Positionsgenauigkeit	Herkunft
Zeitgenauigkeit	anwendungsspezifische
Thematische Genauigkeit	Qualitätsangaben

Es ist wichtig festzuhalten, daß wir im allgemeinen nicht nur eine strenge WAHR- oder FALSCH-Benotung vergeben können. Vor allem wenn wir die Qualität eines Datenbestandes summarisch beschreiben, werden wir oft vor der Situation stehen, daß Daten nie zur Gänze unseren Wunschvorstellungen entsprechen. Daher wird das Maß für die jeweilige Qualität auch entsprechende Abstufungen aufweisen. So sind etwa Angaben von Standardabweichungen, mittleren Punktlagefehlern, Intervallen, Wahrscheinlichkeiten und Prozentzahlen üblich und gelegentlich wird aber auch eine rein textliche Qualitätsangabe sinnvoll sein. Aus dem täglichen Leben sind uns einige Beispiele für derlei Maßzahlen wohl vertraut. So sprechen wir etwa bei Wahlprognosen von '90 ± 2 Mandaten', oder wir sagen 'mit einer Wahrscheinlichkeit von 95% wird sich an diesem Mandatsstand nichts mehr ändern'. Der mittlere Punktlagefehler (engl. *root mean square error*; siehe Abschnitt 7.4.1) und die Fehlerellipse sind Standardmethoden für die Angabe von Punktgenauigkeiten. Im folgenden werden die einzelnen Qualitätsparameter von Iso 19113 genauer beleuchtet.

- *Zweck* (engl. *purpose*) und *Verwendung* (engl. *usage*): Für potentielle Anwender ist es wichtig zu wissen, warum und für welchen Zweck ein Datensatz angelegt wurde. Die tatsächliche Verwendung muß nicht unbedingt mit den ursprünglichen Intentionen übereinstimmen. So ist es durchaus üblich, Katasterdaten als Orientierungsgrundlage für viele andere über den eigentlichen Zweck eines Katasters hinausgehende Applikationen (zum Beispiel ein kommunales Informationssystem) zu verwenden. Während für jeden Datensatz der Bestimmungszweck klar definiert sein sollte, kann das Feld mit den Angaben über die tatsächliche Verwendung leer sein – etwa für neu angelegte Datensätze.

- *Herkunft* (eng. *lineage*): Wir wollen festhalten, wann die Daten erfaßt wurden, von welcher Person bzw. Organisation, in welcher Umgebung (Hardware bzw. Software) dies geschah und welche modellierenden Annahmen zugrundegelegt wurden (Abstraktions-, Interpolations- und Generalisierungsaspekte, etwaige Transformationsparameter). Der gesamte Lebenszyklus des Datensatzes wird somit beschrieben.

- *Vollständigkeit* (engl. *completeness*): Bei diesem Qualitätsparameter geht es um das Vorhandensein oder Fehlen von Objekten, von ihren Attributen und Beziehungen. Der Datensatz beschreibt einen bestimmten Ausschnitt der Wirklichkeit. Weist er im Vergleich zur Realität zu wenige Objekte auf, so wird dies als 'Fehlen' (engl. *omission*) bezeichnet. Sind es hingegen zu viele Objekte, so sprechen wir von Überschuß (engl. *commission*). Wenn noch nicht alle Gemeinden digitale Datenbestände zu einem bestimmten Thema anbieten können, so ist das ein Beispiel für den ersteren Fall. Wenn aufgrund von Inkonsistenzen Daten mehrfach vorkommen oder gar keine Entsprechungen (mehr) in der Wirklichkeit haben, so ist dies ein Beispiel für den letzteren Fall. Weiters kann es zur Vollständigkeit in geometrischer Hinsicht gehören, daß für jeden Punkt im Datenbestand zusätzlich zu seiner *Lage* auch die *Höhe* bekannt ist. Vollständigkeit eines Objektes im thematischen Sinn bedeutet, daß alle zugeordneten obligatorischen Attribute mit Werten belegt sind. Ein Datensatz eines Evu in dem nicht alle Leitungen klassifiziert sind, ein Straßennetz in dem nicht alle Einbahnen eingetragen sind, ein Satz von Marketingdaten die noch nicht georeferenziert sind: All dies kommt durchaus vor und soll dementsprechend (zum Beispiel mittels Prozentangaben) gekennzeichnet werden

- *Logische Konsistenz* (engl. *logical consistency*): Es ist wichtig zu wissen, wie sehr sich ein Datensatz an die Regeln einer bestimmten Datenstruktur, der Attributierung und der Beziehungen hält. Es gilt festzulegen, ob und in welchem Maß Wertebereiche für Attribute, Formatregeln oder topologische Bedingungen eingehalten werden, insbesondere ob sich Flächenpolygone immer schließen, ob die Maschen jeweils eindeutig thematisiert sind, ob die Regeln der planaren Topologie durch Überschneidungen verletzt werden, und wie es um hierarchische Beziehungen des Enthaltens steht.

- *Positionsgenauigkeit* (engl. *positional accuracy*): Die Positionsgenauigkeit wird in Iso 19113 als Maß für die Nähe von Koordinatenangaben zu wahren oder als wahr akzeptierten Positionen bezeichnet. Je nachdem, ob wir die Koordinatenachsen einzeln oder gemeinsam betrachten, handelt es sich um ein-, zwei- oder dreidimensionale Angaben. Außerdem unterscheiden wir zwischen absoluten und relativen Positionsgenauigkeiten sowie Genauigkeiten eines regelmäßig vermaschten Datenbestandes *(Grid)*.

- *Zeitgenauigkeit* (engl. *temporal accuracy*): Dies umfaßt einerseits die Genauigkeit der Zeitangabe selbst, ferner die zeitliche Konsistenz und auch die zeitliche Gültigkeit. All dies kann wieder durch eine Standardabweichung (zum Beispiel 'Stichtag 2.4.2004 $\pm$ 1 Woche') oder eine Wahrscheinlichkeit (zum Beispiel 'diese Daten stammen mit 99%iger Wahrscheinlichkeit aus dem Jahre 1998') angegeben werden. Die zeitliche Konsistenz ist ein Maß dafür, ob und wie weit die zeitliche Ordnung eingehalten wurde und die zeitliche Gültigkeit (engl. *temporal validity*) gibt an, ob die Daten noch aktuell sind. Als Beispiel möge eine Angabe etwa in folgender Art dienen: 'Zum Zeitpunkt 2.4.2004 waren noch 95% der im Verzeichnis aufscheinenden Telefonnummern gültig'.

- *Thematische Genauigkeit* (engl. *thematic accuracy*): Zu diesem Qualitätsaspekt gehören die qualitative Richtigkeit von Attributen (etwa Telefonnummern von Geomarketing-Kunden oder Geschwindigkeitsbeschränkungen von Straßenabschnitten), die quantitative Genauigkeit von Attributen (etwa die Anzahl von Einwohnern einer Gemeinde), aber auch die Klassifikationsgüte etwa bei der Klasseneinteilung von Fernerkundungsaufnahmen.

Neben diesen Qualitätsparametern gemäß Iso 19113 können wir noch weitere Kriterien definieren. Diese sind zwar auch in den eben besprochenen Parametern verborgen; trotzdem wollen wir sie noch gesondert hervorheben.

- *Räumliche Auflösung* (engl. *resolution*): Sie gibt an, wie genau ein Objekt überhaupt repräsentiert werden kann. Als Beispiele seien Koordinaten eines Punktes genannt, die auf Millimeter genau gespeichert werden können, oder die Auflösung eines Rasterbildes in Pixel, deren Abmessungen einem genäherten Quadrat von $10\,m \times 10\,m$ entsprechen. In gewissem Sinn stellt die Auflösung die (theoretisch) maximal erreichbare Genauigkeit dar.

- *Zuverlässigkeit* (engl. *reliability*): Soe stellt ein Maß für die Wahrscheinlichkeit dar, daß Fehler in einem Modell entdeckt werden können. Wenn etwa das Modell keine unabhängigen Kontrollmessungen erlaubt, ist diese Wahrscheinlichkeit gleich Null. Die Maßnahmen zur Lokalisierung falscher Werte sind sicher qualitätsfördernd.

• *Zugänglichkeit* (engl. *accessibility*): Dieses Kriterium gibt an, wie einfach –
oder schwierig – sich der Zugriff auf das jeweilige Objekt (Attribut, ...) gestaltet. Dabei geht es nicht nur um die Zugriffsberechtigung rechtlicher oder administrativer Art, sondern auch um die Möglichkeit der technischen Realisierung.
Als Beispiel seien Attributwerte genannt, die in 'ihren Objekten versteckt' sind
und von außen nicht als eigenständige Einheiten angesprochen bzw. gesucht
werden können; ihre Qualität wäre dann natürlich eingeschränkt.

• *Identifizierbarkeit* (engl. *identifiability*): Sagt uns, wie einfach – oder schwierig – es ist, ein Objekt (Attribut, ...) von anderen Vertretern derselben Kategorie zu unterscheiden. Klar definierte Geometrien sind leicht unterscheidbar
und werden daher von dieser Warte aus als qualitativ hochwertig eingestuft.

7.5.2   Metadatenmodell nach ISO 19115

Geodaten sind eine Abstraktion der realen Welt und stellen somit eine von vielen möglichen Varianten einer solchen Abbildung dar, gefärbt von den Bedingungen die bei ihrer Erfassung zu beachten waren. Je nachdem, wer die Daten
erfaßt hat und wofür sie ursprünglich gedacht waren, ist ein unterschiedlich hoher Grad der Näherung, der Vereinfachung, des Weglassens feststellbar. Es gibt
eigentlich keine perfekten, vollständigen und richtigen Daten. Um sicherzustellen daß Daten nicht zweckentfremdet verwendet werden und damit zu falschen
Schlußfolgerungen führen, müssen die Annahmen und Einschränkungen, unter
denen sie entstanden sind, dokumentiert werden. Das, was bei dieser Dokumentation ensteht, bezeichnen wir mit dem Ausdruck *Metadaten* (Daten über
Daten). In der Familie von Normen für die Geoinformation gibt ISO 19115 *Geographic Information: Metadata* die Struktur für die Beschreibung von Geodaten
vor und erleichtert es den Anwendern, solche Daten zu finden, auszuwählen, zu
erwerben und zu verwenden. Darüber hinaus wird es für Datenanbieter möglich,
ihre Produkte auch marktgerecht anzupreisen. So stellen geeignete Metadatenstrukturen eine Vorbedingung für *Data Warehouses* dar (siehe Kapitel 10). Für
die Beschreibung eines Datensatzes gibt es eine große Zahl von Parametern; wir
nennen sie Metadatenelemente. Jedes Element weist eine Reihe von Charakteristika auf, die am Beispiel des Metadatenelementes 'language' (Sprache, die
im Datensatz verwendet wird) erklärt wird.

Element:	Erklärung:	Beispiele:
Name	allenfalls Alternativname	language
Definition	Beschreibung des Metadatenelementes	Sprache, die in dem Datensatz verwendet wird
Datentyp		CLASS
Wertebereich	je nach Datentyp	LanguageCode ISO 639
Bedingungen	Angabe eines Wertes ist obligat, bedingt oder freigestellt	obligatorisch
Vorkommen	pro Datensatz	beliebig oft

Metadatenelemente können in Klassen eingeteilt werden, je nachdem für welche
Zwecke sie dienlich sind. Es sind dies folgende Klassen:

Parameter:	Beispiele:
Identifikation des Datensatzes	Sprache, Character Set, Zweck, Auflösung, Update-Häufigkeit, Sofwareumgebung, Dateityp ...
Einschränkungen	etwa die Einschränkung des Zugriffs aus Gründen des Datenschutzes oder wegen Copyright-Rechten
Wartung	Frequenz und Umfang von Aktualisierungen, Angaben über differentielles Update
interne Repräsentation	Repräsentationstyp (Raster, Vektor, ...); so werden etwa bei Rasterdaten Grauwertauflösungen, Samplingraten, Sensorinformationen definiert
Referenzsysteme	Parameter für Lage-, Höhen- und Zeitbezugssysteme laut Iso 19111 und Iso 19112 *Spatial Referencing*
Objektkatalog	Parameter des Katalogs, der die Objektklassen laut Iso 19110 *Feature cataloguing methodology* beschreibt
Visualisierungs- katalog	Parameter des Katalogs, der die verwendeten Visualisierungen laut Iso 19117 *Portrayal* beschreibt
Distribution	Angaben zum Datenbereitsteller, Distributions- optionen, Formate, Medien, Bestellformalitäten
Metadaten- erweiterungen	Vorgehensweise bei Verwendung eines in Iso 19115 *Metadaten* nicht enthaltenen Metadatenelementes
Applikations- schema	Sprache, Einschränkungen, Software, Objektklassen für die dem Datensatz zugrunde liegende Anwendung
Bereich	räumlicher und zeitlicher Bereich, der vom Datensatz abgedeckt wird; z.B. Bounding Box, Zeitintervall
Referenzzitate, Verantwortlichkeit	Kontaktadresse, Telefon, Onlinezugang zu Stellen, die den Datensatz verwenden bzw. verwalten
Datenqualität	summarische Angaben zur Qualität der Daten des Datensatzes laut Iso 19113 *Qualität*

7.6   Information und Wissen

Die Modellierung raumbezogener Phänomene kann von verschiedenen Seiten her in Angriff genommen werden, wie die Kapitel 2 bis 6 zeigten. Während einige der vorgestellten Methoden seit langem praktisch einsetzbar sind, gibt es noch eine ganze Reihe ungelöster Probleme:

- die Vielfalt der semantischen Bedeutungen, der Beziehungen und der konsistenzerhaltenden Bedingungen von Geodaten, die allzu oft nur implizit vorausgesetzt werden und daher mißverständlich sein können;

- der Widerspruch zwischen der individuellen Anpassung an den Anwender und einem hohen Maß an Allgemeingültigkeit, sowohl was die Daten als auch die Auswahl der Methoden betrifft;

- und schließlich die Frage, wie wir uns der Datenflut zu erwehren gedenken, die auf uns einstürmt, und welchen Anteil davon wir sinnvollerweise zu strukturierter Geoinformation umwandeln.

Wir sind uns zwar einig, daß uns der Engpaß der Datenerfassung noch einige Jahre lang in Atem halten wird; dann aber stehen wir vor der Frage, wie wir uns davor schützen können, die Übersicht zu verlieren. Wie können wir das Datenangebot und das vorhandene Funktionsinstrumentarium sinnvoll – und auch bequem – nutzen? Der Begriff *Informationssystem* sagt bereits aus, daß wir mit einer Datensammlung allein nicht auskommen. Der Übergang von den *Daten* zur *Information* stellt einen Qualitätssprung dar (siehe dazu die Erläuterungen in Kap. 1 und Kap. 2). Der nächste Sprung bringt uns von der *Information* zum *Wissen*. Damit sind Begriffe wie *Vergleichen, Lernen, Schlußfolgern* verbunden.

In diesem Abschnitt wollen wir nun näher auf das eingehen, was in Zukunft in der GIS-Technologie im Kontext mit dem eben Gesagten möglich sein wird, welche Entwicklungen vorhersehbar sind und wo die Grenzen zu ziehen sind. So wird hier, wie in anderen Bereichen auch, eine Steigerung der Kapazität von Hardware und Software nicht nur in quantitativer Hinsicht, sondern auch von der Qualität her zu erwarten sein. Viele der im folgenden erörterten Ideen sind noch weit von einer operationellen Umsetzung entfernt. Uns geht es in diesem Kapitel jedoch nicht so sehr um die derzeitige *Machbarkeit*, sondern vielmehr um das *Konzept*. Wir wollen mit unserem Konzept nicht so lange warten, bis die dafür notwendige Hardware und Basis-Software angeboten wird. Wenn wir uns bereits vorher über unsere Bedürfnisse im klaren sind, so können wir frühzeitig Entwicklungstendenzen beeinflussen und dann – bei Verfügbarkeit der Basis – sofort einsteigen. Ein anderer Beweggrund liegt darin, daß die Beschäftigung mit dieser Materie der Selbsterkenntnis dient, der Suche nach einem Modell der menschlichen Entscheidungsfindung in Raum-Zeit-Problemen, und uns damit zum Ausgangspunkt, dem Menschen und seinen Bedürfnissen, zurückführt.

In den einleitenden Kapiteln wurde bereits der Unterschied zwischen Daten und Information herausgearbeitet. Der Begriff *Wissen* wird allgemein auf einer noch höheren Stufe angesiedelt, und ganz oben auf dieser Begriffspyramide thront die *Intelligenz*. Wir wollen uns um folgenden um eine bessere Unterscheidung dieser Wortschöpfungen bemühen und beginnen zunächst ganz oben. Der Begriff *künstliche Intelligenz* (KI), im Englischen *artificial intelligence* (AI), ist eine Wortschöpfung der 50er Jahre und entspricht demgemäß den Erwartungen, die man damals in die Zukunft der EDV setzte. Obwohl er nicht mehr ganz in unsere heutige Vorstellungswelt paßt, ist er inzwischen zu einem Sammelbegriff für eine Reihe von Forschungsschwerpunkten geworden, die auf vielen herkömmlichen Disziplinen aufbauen, angefangen von der Mathematik und ihren verwandten Bereichen über die Datenverarbeitung bis in die Domäne der Psychologie und Soziologie. Es gibt keine allgemein akzeptierte Definition dieses Begriffes. Selbst in anerkannten Fachbüchern wie etwa [157] findet sich keine Definition, sondern eher eine Umschreibung des Begriffes anhand von Beispielen. Viele sind sich aber einig, daß es darum geht, *in bestimmten Teilbereichen die menschliche Entscheidungsfindung zu simulieren*, wobei man daraus wieder in Form von Rückschlüssen Erkenntnisse über den Menschen selber gewinnen will. Andere Autoren wieder raten von einer Simulation ab und propagieren eigene Modelle für das Umsetzen von Wissen in Maschinen; sie führen das Argument an, daß der Mensch erst dann Erfolg beim Fliegen hatte, als er sich von der Simulation des Verhaltens von flugfähigen Tieren abwandte.

> Daten allein repräsentieren noch kein Wissen.
> Auch Information ist nur eine Vorstufe zum Wissen.

Ein Telefonbuch wäre für einen Menschen aus dem 19. Jahrhundert wertlos; er wüßte nicht, was er mit den vielen Zahlen anfangen könnte. Erst eine Reihe von *Regeln*, die besagen, welchen Sachverhalt diese Daten beschreiben, welche Suchkriterien leicht erfüllbar sind (die Nummer zu einem Namen), welche schwieriger (den Namen zu einer Nummer), wie man die Antwort auf komplexe Probleme aus einfachen Bausteinen aufbaut, machen das Telefonbuch zu dem, was es uns bedeutet.

Wenn nun menschliches Wissen formalisiert in Form von Daten, Regeln, Netzstrukturen oder Situationsbeschreibungen abgelegt wird, so sind neben den daraus erwachsenden Vorteilen die Nachteile nicht zu übersehen. In einem Artikel von Sinding-Larsen [190] wird die Problematik sehr treffend dargelegt: Dort wird von einer *Externalisierung des Wissens* gesprochen. Im Laufe der menschlichen Entwicklung haben bereits zwei solche Phasen stattgefunden, die entscheidende Veränderungen im menschlichen Selbstverständnis bewirkt haben: Die Entwicklung der Sprache und das Entstehen der Schrift (siehe auch Kap. 1). Der Einsatz der künstlichen Intelligenz ist die dritte solche Phase, die auf uns zukommt. Das Problem besteht darin, daß man über extern abgelegte Informationen die Kontrolle verliert. Dem Entstehen der Sprache folgte die babylonische Sprachverwirrung, der Schrift folgte die Informationsexplosion. Die externe Archivierung des Wissens und die daraus resultierende Abhängigkeit von fixen Verwaltungsstrukturen und Normen kann aber auch einen Verlust an Improvisationsfähigkeit mit sich bringen.

Gerade im Bereich der Geoinformation wird eine enorme Fülle von Daten zu erwarten sein, die noch dazu in vielerlei Weise kombiniert werden. Die Verwaltung der Daten könnte zum Selbstzweck werden. Die Fähigkeit zur kreativen Kombination vorhandener Informationen könnte verlorengehen, und ebenfalls der 'Durchblick': Eine zusammenfassende Sicht der Daten und ihres sinnvollen Einsatzes. Unsere Aufgabe wird es sein, diese Probleme der Stufe 2 (Datenexplosion) mit Methoden der Stufe 3 (künstliche Intelligenz) zu lösen. Dabei wissen wir, daß Stufe 3 unweigerlich neue Konflikte auf höherer Stufe heraufbeschwören wird.

Sollte dieser vorangegangene Exkurs beim Leser einen allzu fatalistischen Eindruck entstehen lassen, so widerspricht dies den Intentionen des Verfassers. Es ist ein wesentliches Merkmal des menschlichen Fortschrittes, Probleme zu lösen und danach neue Probleme anzupacken. Die Vision einer konfliktlosen stagnierenden Gesellschaft, in der keine ungelösten Probleme in Sicht sind, ist eher trist. In diesem Sinn kann man unsere Überlegungen mit durchaus positiven Untertönen belegen.

Wir finden die verschiedenen Zugänge zu Formen der künstlichen Intelligenz am besten, indem wir die jeweilige Formulierung des Zieles näher durchleuchten: Oft läßt sich das Ziel einfach damit festlegen, daß wir

1. den Computer 'intelligent' machen wollen,
2. menschliches Handeln in bestimmten Teilbereichen simulieren oder
3. ein Modell der menschlichen Intelligenz erstellen wollen.

Den Zugang zur künstlichen Intelligenz, welcher der Formulierung 1 am besten entspricht, finden wir durch das Erstellen geeigneter Programme, Entscheidungskriterien und Lernmechanismen. Es ist eine sehr allgemeine Zielsetzung, und im weitesten Sinne können wir alle Überlegungen die in diesem Buch angestellt werden, diesem Ziele unterordnen. Dieselben Aspekte sind natürlich auch für die Erreichung des Zieles 2 wichtig, aber dort engt man das, was man erreichen will, aus pragmatischen Gründen stark ein und versucht, die Kenntnisse und Fähigkeiten eines menschlichen *Experten* für diesen Anwendungsausschnitt abzubilden. Beispiele für modellierbare Expertenfähigkeiten sind etwa Entscheidungen bei Plazierungs-, Orientierungs- oder Navigationsfragen. Hier wird also ein ganz bestimmtes Know-how einer Person nutzbar gemacht. Es kann sich aber auch um Tätigkeiten handeln, die man nur einer Maschine zumuten will – die Temperaturen, die Strahlenbelastung, die Gefährdung wären für einen menschlichen Experten zu hoch. All dies wird unter dem Forschungsschwerpunkt der *Robotik* zusammengefaßt. Das Ziel 3 schließlich erreichen wir durch den *kognitionsbasierenden Zugang*, dabei geht es zunächst hauptsächlich darum, daß man die Art und das Zusammenspiel der Prozesse ergründen will, die im Gehirn eines Menschen ablaufen, wenn er Eindrücke verarbeitet, Objekte wiedererkennt und Parallelen zu anderen Erfahrungen feststellt; die dabei gewonnenen Erkenntnisse können dann bei der Erstellung eines Modells umgesetzt werden; es ergeben sich aber auch interessante Rückschlüsse für das Verstehen menschlicher Verhaltensweisen.

7.6.1   Regelbasierte Systeme

Von jenen Bereichen der künstlichen Intelligenz, in denen man bisher die größten Fortschritte erzielt hat, sind sicherlich zuerst *Expertensysteme* zu nennen. Ein Expertensystem ist auf ein eng abgegrenztes Wissensgebiet ausgerichtet [185]. Es legt hochspezialisiertes Wissen in einer *Wissensbasis (knowledge base)* ab. Dieses Wissen besteht im wesentlichen aus elementaren *Fakten* sowie aus *Regeln* bzw. Entscheidungskriterien, die in der Form

WENN A, DANN B

vorliegen. Bezüglich des korrekten Gebrauches von Regeln gibt es selbst wieder Vorschriften, die man als *Metaregeln* bezeichnet (*Regeln über den Gebrauch von Regeln*). Fakten und Regeln werden zunächst in Zusammenarbeit mit einem Spezialisten erarbeitet; aus diesen Grundregeln ermittelt ein *Ableitungsmechanismus* ein komplexes Wissen, das der Anwender nicht explizit speichern muß. Ein Beispiel möge dies veranschaulichen:

Regel 1: Jede Parzelle gehört zu genau einer Katastralgemeinde
Regel 2: Jede Katastralgemeinde gehört zu genau einer Gemeinde

Damit ergibt sich, daß sich die Angabe der

Regel 3: Jede Parzelle gehört zu genau einer Gemeinde

erübrigt, weil der Ableitungsmechanismus in der Lage ist, diese aus den Regeln 1 und 2 zu ermitteln. Es ergeben sich Parallelen zu einer Datenbank; dort werden zunächst elementare Daten gespeichert, etwa Linienstücke, die beim Digitalisieren entstehen. Diese Linienstücke können dann im nachhinein zu komplexen Objekten zusammengefaßt werden. Der Ableitungsmechanismus wird auch *Problemlösungskomponente (Inferenzmaschine)* genannt. Es steht außer Frage, daß sehr viele Entscheidungen, die wir täglich treffen, das Resultat solcher elementarer Regeln darstellen, die wir – meist unbewußt – anwenden. In vielen Fällen bringen wir dann noch unsere Fähigkeit ins Spiel, *Analogien* mit ähnlichen Wissensgebieten zu berücksichtigen. Expertensysteme haben dafür kein Potential; hier ist eher der – oben erwähnte – *kognitionsbasierende Zugang* sinnvoller, auf den wir in einem der nächsten Abschnitte näher eingehen. Kommen dann noch Begriffe wie *Intuition* oder *Gefühl* hinzu, so muß unser Versuch einer Nachahmung natürlich scheitern. Die Vorstellung, daß der Mensch und seine Fähigkeiten in diesem Ausmaß ersetzbar sein könnten, ist unrealistisch – und auch erschreckend. Aus diesem Grund lehnen viele Autoren den Begriff *künstliche Intelligenz* ab, weil er zu sehr in diese Richtung tendiert.

Die Problemlösungskomponente wird also sicher nicht alle unsere Probleme lösen; wie wir eingangs erwähnt haben, gibt es aber ganz bestimmte eng abgegrenzte Situationen, in denen ein solcher Mechanismus sehr wohl effizient eingesetzt werden kann. Ein Beweis dafür ist das breite Spektrum der Anwendungen, in denen Expertensysteme anzutreffen sind, angefangen von der medizinischen Diagnostik bis zu Spracherkennungs- und Antwortsystemen. Dabei müssen wir uns über die Grenzen des Möglichen – und auch des Erstrebenswerten – im klaren sein; so muß etwa bei der medizinischen Diagnostik eine enorme Fülle von Symptomen zu einem konsistenten Krankheitsbild zusammengefügt werden, und die Gefahr ist groß, daß ein Mosaiksteinchen übersehen wird. Ärzte werden dadurch nicht ersetzbar, denn gerade sie brauchen ein hohes Maß an Intuition und Gefühl, um scheinbar identische Krankheitsbilder unterscheiden zu können; das Expertensystem kann ihnen die Entscheidung nicht abnehmen, wohl aber in einzelnen Teilbereichen Klarheit schaffen.

Neben der Problemlösungskomponente muß es einen Modul geben, der die Bereitstellung der Fakten und Grundregeln unterstützt und der auch abgeleitete Regeln aufnehmen kann: den *Wissensbereitstellungsmodul (knowledge acquisition module)*. Die Menge der Grundregeln muß

- in sich konsistent,

- vollständig und

- minimal sein.

Die Einhaltung dieser Bedingungen ist nicht einfach. Zunächst muß ein menschlicher Experte in die Lage gebracht werden, sein in langen Jahren angeeignetes Wissen in eine formalisierte Form von Regeln zu bringen, die sequentiell abgearbeitet werden können und die einander nicht widersprechen. Wie schwierig dies sein kann, läßt sich leicht anhand eines Beispieles nachweisen: Angenommen, wir würden gefragt, aufgrund welcher Fakten wir beim Betrachten eines Stadtplanes erkennen, wo das Stadtzentrum liegt:

> Ist es die Bebauungsdichte? (Stadtzentren sind dicht verbaut; allerdings gibt es dort fast immer auch große Parkanlagen, Plätze, Boulevards usw.)

> Ist es die (Un-)Regelmäßigkeit des Erscheinungsbildes? (Mittelalterliche Städte weisen verwinkelte Gäßchen und Plätze auf; es gibt allerdings auch Residenzstädte mit großzügig und regelmäßig angelegten Stadtzentren; die Topographie spricht hier auch ein Wörtchen mit.)

Liegt das Zentrum dort, wo sich die meisten Bus- und Straßenbahnlinien verknoten? (Nicht immer jedoch ist das historische Zentrum auch
gleichzeitig das Zentrum des Wirtschaftslebens; was bezeichnen wir also
als Zentrum? Liegt das Forum Romanum im Zentrum von Rom?)

Wir könnten die Liste der Fragen noch um einiges verlängern. So deutet ein
Fluß mit vielen Brücken ebenfalls darauf hin, daß man sich in der Nähe des
Zentrums befindet. Die 'Mitte' des Plans wäre ein weiterer pragmatischer Hinweis. Eine Liste von Kriterien soll außerdem vollständig sein; dies bedeutet,
daß möglichst alle Anwendungsfälle bearbeitet werden können; trotzdem soll
sie sich auf das Wesentliche konzentrieren, denn ein Zuviel würde Redundanzen in die Wissensbasis bringen. Wieder ergeben sich Parallelen zur Datenbank,
denn auch Datensammlungen müssen konsistent, vollständig und minimal sein.

Neben den Komponenten für die Problemlösung und die Wissensbereitstellung
weist ein Expertensystem auch eine *Erklärungskomponente* (*why-how-utility*)
und eine *Dialogkomponente* (*Anwender-Interface*) auf. Die Schlußfolgerungen,
die durch das Zusammenspiel vieler einzelner Regeln zustande kommen, werden erklärt und dokumentiert, so daß der Anwender die Möglichkeit hat, die
Art der Problemlösung zu beurteilen und seine Entscheidungen dementsprechend zu fällen; auch können auf diese Weise Irrwege und inkonsistente Regeln
erkannt werden. Eine Veranschaulichung der einzelnen Komponenten eines Expertensystems und ihres Zusammenspieles gibt Abbildung 7.14.

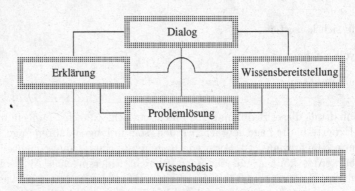

Abbildung 7.14: Komponenten eines Expertensystems

Expertensysteme können als *eine* mögliche Konkretisierung eines *Ersetzungs-
systems* (*production system*) betrachtet werden [3]. Ersetzungssysteme stellen
eine allgemeine Klasse von Methoden zur Wissensrepräsentierung und Wissensbereitstellung dar und bestehen

- aus einer Wissensbasis,

- aus Ersetzungsregeln

- und aus einem Kontrollsystem [157].

Ersetzungsregeln sind WENN ... DANN ... – Formulierungen. Das Kontrollsystem wählt eine solche Regel aus, prüft das Erfülltsein des WENN-Teiles und führt gegebenenfalls den DANN-Teil aus. Das Wissen wird *induktiv* bereitgestellt; man beginnt bei einzelnen Mosaiksteinchen und trägt sukzessive immer mehr Wissen zusammen. Diese Strategie wird daher *forward chaining* oder *data-driven strategy* genannt. Dazu gibt es als Alternative die *deduktive* Strategie (*backward chaining* oder *goal-driven strategy*), die ein Problem so lange in Teilprobleme zerlegt, bis man bei elementaren Fakten angelangt ist, die entweder wahr oder falsch sind und somit eine Beantwortung der Gesamtfrage ermöglichen.

Neben wahren und falschen Aussagen können Expertensysteme aber auch *vages Wissen* verarbeiten. Es handelt sich dabei um Anwendungsbereiche,

- in denen Aussagen nicht immer exakt machbar sind,

- in denen nicht immer alle Aussagen verfügbar sind und

- in denen man aus Zeitgründen nur einen Teil der Regeln überprüft.

Solche Voraussetzungen treffen gerade auf die in diesem Buch behandelten Problemkreise sehr häufig zu, speziell wenn es sich um Themen wie Ökologie, Klima, Lagerstätten, Prognosen und Projektierungen handelt. Sehr viele Aussagen zu diesen Themen werden mit einer *Wahrscheinlichkeit* behaftet sein. Aussagen wie

'Das Waldgebiet X ist stark umweltbelastet.'
'Der Einzugsbereich der Stadt Y ist relativ groß.'
'Der Grundwasserspiegel im Gebiet Z sinkt.'

sind *subjektiv*, und man kann ihnen eine Wahrscheinlichkeit zuordnen. In diesem Fall spricht man auch von *Fuzzy-Daten* (ungenauen Daten). Die anderen beiden Voraussetzungen treffen hier ebenfalls in besonderem Maße zu: Aufgrund der vielfältigen Verflechtungen der Themen ist es nur möglich, eine Auswahl von Regeln zu überprüfen; auch wir selbst würden einige wichtige Regeln vorziehen, das heißt, wir würden die Regeln unterschiedlich stark gewichten, und wir würden die Überprüfung danach abbrechen. Expertensysteme verfahren nach demselben Schema.

Wahrscheinlichkeitsbewertete Aussagen und Regeln werfen allerdings eine Reihe von Fragen auf, deren Beantwortung zum heutigen Zeitpunkt nur zum Teil möglich ist: Wahrscheinlichkeiten pflanzen sich fort; da man auf unterschiedlichen Wegen zu neuen Aussagen und Regeln kommen kann, ergeben sich – je nach dem eingeschlagenen Weg – unterschiedliche Wahrscheinlichkeiten. Wie behandeln wir diese? Außerdem kann es – wenn nicht alle Aussagen und Regeln unumstößlich sind – zu Widersprüchen kommen; man spricht in diesem Fall auch von *nichtmonotoner Logik* und führt *Hypothesen* ein, die dann entweder *gerechtfertigt* oder *revidiert* werden [3]. Auch unsere eigenen Entscheidungen sind ja letzten Endes von einem ständigen Abwägen widersprüchlicher Hypothesen geprägt. Manchmal wird die Problemlösung – entgegen dem ersten Anschein – durch das Erlauben von Widersprüchlichkeiten überhaupt erst möglich [44].

Zusammenfassend können wir sagen, daß Expertensysteme gegenüber der Problemlösung mittels herkömmlicher Datenverarbeitungsmethoden eine Reihe von Vorteilen bieten:

- Sie entsprechen eher der Denkweise des Anwenders, besonders wenn dieser über wenig Programmiererfahrung verfügt; in diesem Sinn sind sie besser in der Anwenderschale einsetzbar als herkömmliche Programme.

- Sie können 'von außen' (*nichtprozedural*) definiert werden, brauchen also nicht in ein starres Ablaufschema gepreßt zu werden.

- Sie bieten eine Vielfalt von Möglichkeiten, den Anwender beim *Lernen* zu unterstützen: Dazu zählen Trainingsprogramme und die Möglichkeit, anhand von Beispielen die eigene Erfahrung zu testen und auszubauen. Auf diese Art können sie uns auch zu einem besseren Verständnis unseres eigenen Verhaltens und unserer Fähigkeiten und Entscheidungen verhelfen.

Wenn wir sie mit der Erfahrung menschlicher Experten vergleichen, so bleibt ihr rationeller Einsatz auf Erfahrungsbereiche vom Typ *deep and narrow* ('tief und schmal', also wenige Aspekte, diese aber detailliert) beschränkt, während sie in *Wide-and-shallow*-Bereichen ('weit und seicht'; also Übersichten) nicht so gut abschneiden [19]. In diesen Deep-and-narrow-Bereichen können sie jedoch einige Vorteile für sich buchen:

- Sie ermöglichen es, das Wissen von Experten für einen breiten Kreis von Anwendern nutzbar zu machen.

- Sie sichern konsistente Entscheidungen, besonders wenn diese unter Zeitdruck gemacht werden müssen.

- Sie erlauben es, Varianten durchspielen und miteinander vergleichen zu können.

- Sie sind jederzeit *verfügbar* und *speichern* das Wissen.

- Sie erlauben eine einfache *Weitervermittlung* des Wissens.

Nun wenden wir uns der Frage zu, wie sich ein regelbasiertes System in eine GI-Anwendung einbetten läßt. Ein Informationssystem kann als einfachste Ausprägung eines Expertensystems angesehen werden. Die Wissensbasis besteht aus den Daten und den geometrischen sowie thematischen Bedingungen, die den Daten auferlegt werden. Die Problemlösungskomponente wird durch die im System verfügbaren Algorithmen realisiert. Dasselbe gilt für die Komponente, die das Grundwissen und das daraus abgeleitete Wissen bereitstellt [31]. Als Beispiel kann uns die Flächenbildung dienen, die auf eine Menge von digitalisierten Kanten angewendet wird und in vielen Systemen zum Großteil automatisierbar ist. Es gibt einige elementare Regeln, die etwa besagen,

- daß Flächen von geschlossenen Polygonen umrahmt werden,

- daß diese Polygone keine Schleifen haben dürfen,

- daß Flächen auch Aussparungen haben können,

- daß es Schranken für den Flächeninhalt und/oder den Durchmesser gibt und daß wir damit extrem kleine, extrem langgezogene oder extrem schmale Flächen ausschließen möchten,

- daß es Toleranzbereiche für die Punktlage gibt, so daß Knoten, die *beinahe* übereinstimmen, zusammengelegt werden usw.

Wenn diese Regeln nun zur Flächenbildung herangezogen werden, so erhöht sich damit nach Anwendung der Regeln der Wissensstand; während zunächst nur Kanten vorlagen, gibt es nun komplexe Strukturen, eben Flächen. Nun kann man wieder Regeln definieren, die einzelne Flächen miteinander vergleichen und überprüfen, ob sie überlappend bzw. flächendeckend angeordnet sind. Ein Grundstücksplan etwa muß solche Bedingungen erfüllen. Wir haben in Kapitel 3 und Kapitel 6 diese und ähnliche *Konsistenzbedingungen* aufgezählt. Ein GIS muß definitionsgemäß für ihre Einhaltung sorgen und hat somit einige wichtige Eigenschaften eines Expertensystems. Trotzdem unterscheidet es sich in wesentlichen Punkten:

▷ Der Grad der Komplexität für das Spektrum der zu beantwortenden Fragen ist deutlich geringer als bei echten Expertensystemen. Ein Informationssystem erlaubt es im allgemeinen nur, eine beschränkte Anzahl von Situationen zu definieren, die im Rahmen einer algorithmischen Behandlung erkannt und verändert werden können. Meist beziehen sich diese Situationen auf Daten der Datenbank oder auf Strukturen, die explizit als solche in der Datenbank abgelegt sind (allenfalls als logische Views).

▷ Die Regeln sind in einem Informationssystem herkömmlicher Bauart in Form von Algorithmen – also *prozedural* – abgelegt, während Expertensysteme eine *nichtprozedurale* Handhabung der Regeln erlauben. Dies erleichtert die Anpassung an das Anwenderprofil ungemein, da man auf diese Weise optimal auf

Situationen reagieren kann, die bei der Erstellung des Systems im Detail noch nicht bekannt waren. Allerdings braucht man dazu auch die Elemente einer *Sprache*, die einen solchen nichtprozeduralen Zugang ermöglicht, z.B. LISP, PROLOG oder C.

▷ Die Bereitstellung von neuem Wissen beschränkt sich auf das Einfügen oder Verändern von *Daten* in der Datenbank. Das Einfügen neuer *Regeln* jedoch ist nicht möglich, und schon gar nicht ihre automatische Ableitung aus bestehenden Regeln oder die Überprüfung auf ihre Verträglichkeit mit bestehenden Regeln. Wir wollen also nicht nur die Konsistenz von Daten, sondern ebenso die Konsistenz von Regeln untersuchen; dies ist auch deshalb wichtig, weil Regeln nicht immer eindeutig sind und sich auch gegebenenfalls widersprechen.

▷ Die Erklärungskomponente fehlt: Das System begründet im allgemeinen nicht seine Aktionen; dies hängt mit der beschränkten Anzahl überprüfbarer Situationen und mit der Einfachheit der dort zu fällenden Entscheidungen zusammen: Es braucht nicht näher begründet zu werden, warum eine Reihe von Kanten als Umriß einer Fläche anzusehen ist; ein Blick auf die Kontrollzeichnung genügt.

▷ Die Dialogkomponente fehlt ebenso: Viele Expertensysteme erlauben nämlich die Anpassung der Anwenderschnittstelle an die *natürliche Sprache* des Anwenders. Dabei meint man nicht so sehr das phonetische Erkennen des gesprochenen Wortes, sondern eine maßgeschneiderte Schnittstelle, die bezüglich ihrer Detailliertheit auf das Anwenderprofil ausgerichtet ist.

▷ Datenbestände sind in einem Informationssystem vollständig und präzise vorhanden. *Ungenaue* Informationen fehlen, sofern es sich nicht um implizite topologische Nachbarschafts- und Überlappungsrelationen handelt. Expertensysteme hingegen können *vages Wissen* verarbeiten.

Zusammenfassend können wir festhalten, daß einige der Eigenschaften, die wir eben als charakteristisch für Expertensysteme erkannt haben, sehr wohl in unserer allgemeinen Definition eines GIS sichtbar werden; konkrete Systeme gehen unterschiedlich weit bei der Berücksichtigung dieser Eigenschaften. Trotzdem kann das Expertensystem als Erweiterung, als zusätzliche Schale eines Informationssystems (*expert system shell*) gesehen werden; siehe [130], [193]. Jene Grenze, an der das Informationssystem endet und das 'echte' Expertensystem beginnt, kann natürlich nicht klar gezogen werden. Ein solches System, das die Charakteristika eines GIS mit den Vorzügen eines Expertensystems vereinigt, bezeichnet man auch als wissensgestütztes GIS (*knowledge-based geographical information system* oder KBGIS; siehe dazu auch [166], [85]).

Ein wissensgestütztes GIS ist auch *lernfähig*: Es führt eine Statistik über die Aktivitäten des Anwenders mit und baut besonders häufig benutzte Pfade aus, indem es für diese eigene Zugriffe schafft. So werden in jedem GIS zunächst geometrische Zugriffspfade häufiger beschritten werden; allmählich steigt die Zahl der thematischen Zugriffe an, und das System paßt sich daran an, indem es immer mehr thematische Konzepte speichert – es lernt also aus der Anwendung. Viele Aufgaben eines wissensgestützten GIS können ohne Experten-

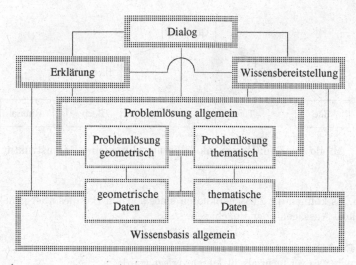

Abbildung 7.15: Wissensgestütztes Geoinformationssystem

wissen bzw. mit einem minimalen Expertenwissen durchgeführt werden; dazu gehören beispielsweise räumliche und topologische Abfragen und Verschneidungen. Das Erkennen und die Ausnutzung thematischer Verflechtungen hingegen setzt eher ein höheres Expertenwissen voraus. In einem solchen Modell eines wissensgestützten Informationssystems zerfällt die Problemlösungskomponente in einen Teil, der für geometrische Aspekte verantwortlich ist, und in einen Teil, der thematische Belange abdeckt (Abb. 7.15).

7.6.2   Kognition und Wissensmodellierung

Als Alternative – oder besser als Ergänzung – zu der in den vorangegangenen Abschnitten erläuterten *regelgestützten* Vorgehensweise bietet sich die Modellierung des *raum-zeitbezogenen Wissens und Schließens* (engl. *spatial-temporal reasoning*) unter Zuhilfenahme von Erkenntnissen der Kognitionswissenschaften an. So können wir etwa *Graphen* als Hilfsmittel heranziehen und das Wissen über ein gesamtes Thema mit allen seinen zugehörigen Facetten durch eine Baumstruktur darstellen. (Baumstrukturen wurden in Kap. 4 und Kap. 6 erklärt.) Ein Beispiel für eine solche Baumstruktur ist in Abbildung 7.16 für das Thema GEWÄSSER dargestellt.

Dieser Art der Darstellung liegt eine sukzessive Verfeinerung der thematischen Bedeutung zugrunde. Für eine *Realisierung*, d.h. ein tatsächliches Objekt, wird dann ein bestimmter Zweig bis zu seiner letzten Verästelung durchschritten. Wir haben in dieser Abbildung ein besonders einfaches Beispiel gewählt, und zwar die Auffächerung eines Themas, wie wir sie schon in Kapitel 6 besprochen

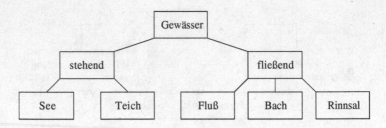

Abbildung 7.16: Wissensmodellierung durch eine Baumstruktur

haben. Es können die Zwischenknoten eines solchen Baumes aber genauso gut komplexe Aussagen oder Regeln sein, z.B:

> Ein Leitungsrohr ist erneuerungsbedürftig,
> WENN es vor mehr als 20 Jahren verlegt wurde
> ODER WENN sein Durchmesser geringer als 3 cm ist.

Die strenge Baumstruktur bildet eher eine Ausnahme; im allgemeinen werden sich einzelne Zweige wieder verknoten, so daß ein allgemeiner Graph entsteht. Davon können wir uns leicht überzeugen, wenn wir die obige Formulierung umdrehen. Es kommt also darauf an, ob wir von der Tatsache ausgehen, daß das Rohr älter als 20 Jahre ist, und daraus schließen, daß es erneuert werden muß (*forward chaining*), oder ob wir die Hypothese aufstellen, daß eine Erneuerung fällig ist, und prüfen, ob sie verworfen oder untermauert wird; sie wird dann untermauert, wenn eine der beiden Aussagen 'älter als 20 Jahre' bzw. 'Durchmesser geringer als 3 cm' WAHR ist. So spalten wir also ein komplexes Problem in einfachere Teilprobleme auf (*backward chaining*). In diesem Beispiel entspricht die Verzweigung an einem Zwischenknoten des Graphen einer Entscheidung vom Typ ODER; es gibt natürlich auch UND-Verknüpfungen: Die Gewässergüte hängt von der Fließgeschwindigkeit UND von der Menge der eingeleiteten Abwässer ab. Man bezeichnet solche der Wissensrepräsentierung dienenden Graphen als UND-ODER-Graphen [157].

Wir haben bereits mehrfach darauf hingewiesen, daß Expertensysteme nur in eng abgegrenzten Wissensgebieten sinnvoll eingesetzt werden können, und auch nur dort, wo man das Wissen in eine Menge von *Regeln* abbilden kann, die dann *sequentiell* durchlaufen und getestet werden. Dieser Vorgang weist formale Ähnlichkeiten zu der Ausführung eines Algorithmus auf, der mit herkömmlichen Methoden programmiert wurde – obzwar natürlich die Möglichkeit, die Regeln in nichtprozeduraler Form angeben zu können, eine wesentliche Verallgemeinerung darstellt, und auch andere Eigenschaften ein Expertensystem klar von einem gewöhnlichen Softwarepaket abheben. Trotzdem schränkt uns die Notwendigkeit, eine Regel *nach* der anderen zu testen, auf eine *eindimensionale* Welt der Wissensbereitstellung und -veränderung ein. Ohne Zweifel

verlaufen auch viele menschliche (körperliche wie geistige) Tätigkeiten sequentiell. Kochrezepte, Bedienungsanleitungen, geschäftliche Transaktionen, Kon-
tobewegungen und vieles andere mehr wickeln wir nach dem WENN ... DANN
... - Muster ab. Auch beim Schreiben eines Sachbuches versucht der Autor
mit mehr oder weniger Erfolg, sein Wissen in eine sequentielle Form abzubilden, die nur durch Querverweise, Literaturangaben und Stichwortverzeichnisse
unterbrochen wird. Wenn wir jedoch unsere Ansprüche etwas höher schrauben
und komplexe menschliche Verhaltensmuster zum Vorbild nehmen, so sehen
wir deutlich, daß die meisten gedanklichen Prozesse nicht eindimensional ablaufen. Gerade die Fähigkeit des Menschen, Assoziationen auszunutzen, Analogien und Ähnlichkeiten mit früheren Erfahrungen zu beachten, zeichnet ihn
als intelligentes Wesen aus. Man spricht in diesem Zusammenhang auch vom
kognitiven Zugang zur künstlichen Intelligenz; er stellt den Versuch dar, den
Wahrnehmungs- und Erkennungsprozeß besser verstehen zu lernen und dafür
ein *Modell* zu erstellen, das Softwaregerecht behandelt werden kann.

Eine Möglichkeit, ein Modell für die Darstellung dieses komplexen Wissens
zu bilden, ist durch das *semantische Netz* gegeben. Alle Informationen bzw.
Konzepte der Wissensbasis liegen in den *Begriffsknoten (concept nodes)* des
Netzes, die untereinander über gewichtete *Kanten* verbunden sind, so ähnlich
wie wir unterschiedlich starke Assoziationen beim Hören eines Musikstücks,
beim Wahrnehmen eines Geruches, bei optischen Eindrücken entwickeln. So ist
beispielsweise der Knoten, der die Information TIER trägt, mit einem Knoten HUND verbunden. Je nach unseren früheren Erfahrungen kann nun HUND
unterschiedlich stark mit den Knoten TREUE, FELL oder BEISSEN verbunden
sein. Die Kante kann also Beziehungsarten IST EIN, IST EIN BEISPIEL VON,
IST ÄHNLICH ZU usw. ausdrücken. Die Beziehungen zwischen den einzelnen
Knoten geben Anlaß zur Bezeichnung *Konnektionismus* [162].

Wenn nun die Beziehung zwischen zwei unterschiedlichen Eindrücken – etwa
ITALIEN und SONNE – untersucht werden soll, so beginnt man bei diesen beiden
Knoten und verfolgt *simultan* die davon ausgehenden Kanten. Die sich dabei
ausbreitenden Wellen klingen mit fortschreitender Zeit und mit der Weglänge
ab, und die Gewichtung der durchlaufenen Kanten erzeugt eine zusätzliche
Dämpfung. Kreuzen sich die beiden Wellen in einem oder in mehreren Knoten,
so entstehen dort Assoziationen, deren Stärke sich aus der verbleibenden Kraft
der beiden Wellen zusammensetzt. Natürlich bricht man den Vorgang nach
einem endlichen Zeit- oder Wegintervall ab. Diejenigen Knoten, die von beiden Wellen erreicht wurden, werden markiert; sie ergeben ein *Muster*, das mit
anderen Erfahrungswerten kombiniert werden kann. Damit kommen wir zum
Problemkreis der *Mustererkennung*, und auch Parallelen zu den in weiterer
Folge behandelten *Frames* können gezogen werden. Man kann sich vorstellen,
daß mit den heutigen Mitteln an Hardware und Software nur eine sehr beschränkte Zahl von Beziehungsarten und nur eine geringe Reichweite bei der
Wellenausbreitung berücksichtigt werden kann. Dieses Modell ist daher zur Zeit
noch kaum im praktischen Einsatz. Die Entwicklung von immer leistungsfähige-

ren Parallelprozessoren läßt jedoch den Schluß zu, daß semantische Netze zur Wissensrepräsentierung in der Zukunft doch einiges an Bedeutung gewinnen werden.

Neben semantischen Netzen stellen *Frames* eine weitere anspruchsvolle Methode zur Wissensrepräsentierung dar. Die Bezeichnung *Frame (Rahmen)* sagt bereits, daß es sich um eine Sammlung von Rahmenbedingungen handelt, die aus früheren Situationen bekannt sind und die man mit der gegenwärtigen Situation vergleicht. Ein Beispiel dafür – zugleich auch eine erfolgreiche Implementierung eines Rahmenmodells – ist die (relativ kleine) Menge von Situationen, die am Buchungsschalter einer Fluggesellschaft auftreten können [207]: die Neubuchung, Umbuchung oder Stornierung eines Tickets von seiten des Kunden, die Mitteilungen von Verspätungen und Einschubflügen von seiten der Fluggesellschaft usw. Auch der Mensch denkt oft in solchen Rahmen. Wir vergleichen unsere aktuelle Situation mit einer früheren ('das habe ich schon einmal erlebt'), wobei hier wieder *exakte* und *vage* Vergleiche möglich sind. Die Mächtigkeit einer solchen Vergleichsmöglichkeit kommt sehr gut zum Ausdruck, wenn wir uns wieder das Schreiben eines Sachbuches vor Augen halten: Dies ist zwar ein sequentieller Vorgang; die Vermittlung der Wissensinhalte wird jedoch entscheidend durch das Einstreuen von *Beispielen* verbessert. Ein solches Beispiel spricht genau die Fähigkeit des menschlichen Gehirns an, das aktuelle Problem in einen von mehreren möglichen Rahmen einordnen zu können.

Ein solcher Rahmen besteht aus mehreren *Slots*, die zu gegebener Zeit mit *Instanzen* gefüllt werden können. Wir haben diese Ausdrücke bereits in Kapitel 6 kennengelernt. Dort besprachen wir die Zuordnung von thematischen Attributen zu Objekten. Für das Objekt GRUNDSTÜCK gibt es einen Rahmen von möglichen Attributen (Slots), etwa den Eigentümernamen, die Grundstücksnummer usw. Für eine konkrete Realisierung aus der Gruppe der Grundstücke werden diese Slots zum Teil mit Instanzen gefüllt: 'Hans Meier', 'Nr. 171/3' usw. Dieses Konzept können wir also auf Gesamtsituationen verallgemeinern. Bezeichnenderweise werden dafür auch Begriffe *Script (Drehbuch)*, *Szene*, *Rolle* (Personen, die an der Szene beteiligt sind), *Prop* (Objekte, die an der Szene beteiligt sind) u.a.m. verwendet.

Slots und Frames können auch *vernetzt* werden, so daß sich hier eine Querverbindung zu den früher besprochenen semantischen Netzen ergibt. Für die derzeit gegebenen Möglichkeiten einer praktischen Umsetzung des Rahmenmodells gelten dieselben Überlegungen, wie wir sie vorhin für Netze formuliert haben. Gegenwärtig ist eine Realisierung nur unter bestimmten eingeschränkten Voraussetzungen machbar. Die Weiterentwicklung der Hardware wird jedoch auch hier bald neue Perspektiven eröffnen, und wir sollten dann als Anwender mit unseren Konzepten so weit sein, daß wir die Möglichkeiten, die uns diese neue Hardware bietet, auch ausschöpfen können. Die Erhöhung der Computerkapazitäten allein wird aber nicht ausreichen, wenn nicht damit intensive Forschungsarbeiten zur Modellierung kognitionsbasierter Abfragen und Entscheidungen einher gehen (siehe [64], [66], [62], [63], [37]).

Kapitel 8

RAUMKONZEPT

8.1 Der Raumbezug

8.1.1 Raumbezogene Abfragen

Dieses Kapitel stellt ein Bindeglied zwischen den vorangegangenen Kapiteln, die den Aspekten der Modellierung gewidmet waren, und Kapitel 9 dar, in dem wir uns einen Schritt näher zur EDV-Umgebung hin bewegen und eine Überleitung von den bisher entworfenen *Datenmodellen* zu konkreten *Datenschemata* schaffen werden. Der Aspekt des *Raumbezuges* ist essentiell in Systemen, deren Bezeichnung die Begriffe 'Raum' bzw. 'Raumbezug' enthält (siehe dazu auch die Übersicht in Abb. 7.1). Der Raumbezug kann sowohl im Bereich der Modellierung wie auch bei der Schematisierung angesiedelt werden:

- Ein Modell des Raumes abstrahiert die Methoden, die der Mensch anwendet, um sich im Raum zurechtzufinden; er teilt den Raum und die Objekte in diesem Raum so ein, daß immer nur eine überschaubare Untermenge im Vordergrund steht; diese Einteilung kann nach örtlichen Gesichtspunkten und nach hierarchischen Kriterien vor sich gehen; auch das zeitweilige Ersetzen komplizierter geometrischer Gebilde durch einfachere Umrisse gehört in diesen Kontext. (Die Einteilung nach thematischen Gesichtspunkten, etwa durch Ein- und Ausblenden einzelner thematischer Layers bzw. Objektklassen, stellt eine weitere Möglichkeit dar; siehe dazu Kap. 6.)

- Das Einbringen des Raumbezugs in das Datenschema erlaubt es aber auch, den Flaschenhals der heutigen GIS-Technologie, sowohl was das Datenvolumen wie auch die optimale Verteilung auf Datenbanken im Netzwerk angeht, in den Griff zu bekommen. Dabei werden für die Speicherung sowie die Bereitstellung von Geodaten organisatorische Prinzipien beachtet, die eine Reduktion der Anzahl von Zugriffen auf Datenserver bewirken.

Warum ist der Raumbezug in GI-Anwendungen so wichtig? Abb. 8.1 zeigt einige typische Abfragesituationen, in denen der Raumbezug eine Rolle spielt.

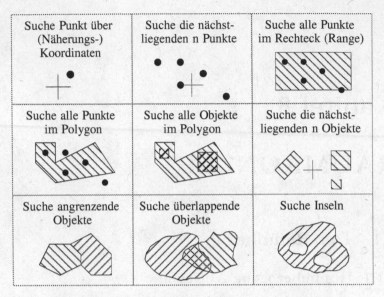

Abbildung 8.1: Beispiele raumbezogener Abfragen

- Die Suche eines Punktes über seine Koordinaten, wie sie etwa beim interaktiven Identifizieren über das Fadenkreuz am Bildschirm notwendig wird; meist ist nur eine genäherte Position bekannt.

- Das interaktive Identifizieren eines Objektes am Bildschirm, das auf die Identifikation entsprechender Objektpunkte zurückgeführt werden kann.

- Die Suche aller Punkte oder Objekte in einem Rechteck *(Fenster, Range)*; dies entspricht einer Ausschnittsbildung, einem Zoom oder einer Bildschirmauffrischung. Auch Objektteile, die in das Rechteck hereinragen, sind zu ermitteln und gegebenenfalls abzuschneiden.

- Die Suche aller Punkte oder Objekte in einem allgemeinen Polygon; sie läßt sich zunächst näherungsweise auf eine Suche im umschreibenden Rechteck reduzieren *(Grobtest)*, wonach in einem zweiten Schritt die Aussonderung jener Punkte bzw. Objekte vorzunehmen ist, die zwar im Rechteck, nicht aber im Polygon liegen *(Feintest)*.

- Die Suche der nächstliegenden n Punkte oder Objekte, sortiert gemäß ihrer Entfernung vom vorgegebenen Zentrum. (Dies ist grundsätzlich nicht durch die Vorgabe eines Fensters lösbar, wenn man nichts über die Verteilung der Daten weiß.)

- Die Suche nach benachbarten Objekten zu einem vorgegebenen Objekt

oder nach Objekten, die dieses schneiden, enthalten oder von diesem überdeckt werden bzw. eine Aussparung (Insel) zu diesem Objekt bilden.

Natürlich sind alle diese Abfragen normalerweise thematisch verbrämt; so suchen wir beispielsweise Antworten auf folgende Fragen:

o   Welche (wie viele) Schulen liegen im Stadtbezirk X?
o   Wie viele Neubauwohnungen gibt es in der Siedlung Y?
o   Welche unterirdischen Leitungen liegen im Bereich der
    Straßenkreuzung Z, und wie liegen sie zueinander?
o   Wie heißen die Besitzer aller Grundstücke in Gemeinde G,
    die noch nicht an das städtische Kanalnetz angeschlossen sind?

Immer spielt der Raumbezug eine wichtige Rolle. Durch die Einschränkung
auf einen Stadtbezirk, eine Siedlung, einen Kreuzungsbereich, eine Gemeinde
wird ein Grenzpolygon bzw. dessen umschreibendes Rechteck vorgegeben. Wir
können dieses Rechteck als einen *Filter* ansehen, der alle anderen Daten, die
außerhalb liegen, eliminiert. In einem zweiten Schritt werden dann die Daten
innerhalb des Filters hinsichtlich der anderen Kriterien überprüft. Meist sind
vier Schritte notwendig:

1. Räumlicher Grobtest: das umschreibende Rechteck

2. Thematischer Grobtest: beispielsweise GRUNDSTÜCK

3. Räumlicher Feintest: Polygon der Gemeindegrenzen

4. Thematischer Feintest: Grundstücke, die noch nicht angeschlossen sind

Wir können also eine Abfrage als ein System von Filtern sehen, die jeweils
Daten nach bestimmten Kriterien aussondern. Wichtig ist dabei, daß die Filter
so angeordnet sind, daß

• einfache Abfragen zuerst,

• häufige Abfragen zuerst,

• ergiebige Aussortierungen zuerst

erfolgen. Dies ist dann der Fall, wenn der räumliche Grobtest an erster Stelle
durchgeführt wird. Damit ergibt sich auch die Begründung für die Wichtigkeit
der Modellierung des Raumes.

Anmerkung. Es gibt Applikationen, bei denen der Raumbezug gegenüber topologischen Bezügen in den Hintergrund tritt. Einen solchen Teilbereich, in
dem die Topologie eine tragende Rolle spielt, stellen die Anwendungen dar,

die auf einem dreiecksvermaschten Geländemodell aufbauen. Dort ist es besonders wichtig, rasch zu jedem Knoten die Nachbarknoten zu finden, und deren
absolute Lage kommt erst zweitrangig zum Tragen. Bei der Erstellung eines
solchen Geländemodells verwendet man daher oft eine Datenstruktur, welche
in besonderem Maße auf die Topologie raumbezogener Daten eingeht (z.B. die
DIME-Struktur; siehe Kap. 3). Ähnliches gilt für Netz- und Flußberechnungen,
Routenoptimierungen und dergleichen mehr. Die nun folgenden Ausführungen
sind also in diesem Lichte zu sehen, daß der absolute Vorrang der Datenorganisation nach raumbezogenen Kriterien auch gelegentlich relativiert wird.

8.1.2   Raumbezug bei Rasterstrukturen

Wir haben im vorangegangenen Abschnitt darauf hingewiesen, daß der Raumbezug sowohl von der Modellierung unseres Raumverständnisses her als auch
vom Standpunkt einer effizienten Implementierung aus wichtig erscheint. Wenn
wir im folgenden von *Speicherung* reden, so sprechen wir vordergründig
natürlich den zweiten eben genannten Aspekt an. Ebensogut aber können wir
damit die 'Speicherung in unserem Gedächtnis', also das Raumverständnis,
meinen. Bei Rasterstrukturen gibt es fließende Übergänge – ein Grund mehr,
hier mit unseren Überlegungen zu beginnen.

Es ist naheliegend, eine Rasterstruktur, also eine zeilen- und spaltenmäßige Anordnung von Rasterzellen, als Matrix abzuspeichern. (Wir sprechen im folgenden immer vom zweidimensionalen Fall; die Verallgemeinerung auf den dreidimensionalen Fall wäre jedoch einfach.) Eine solche Rasterzelle kann beispielsweise einem Bildpunkt eines Fernerkundungsbildes entsprechen; diesem wird
dann ein Grauwert zugeordnet, der in der Matrix abzuspeichern ist. Wir haben
jedoch auch darauf hingewiesen, daß der Rasterstruktur auch eine regelmäßige Aufteilung eines Gebietes zugrunde liegen kann, wobei der *Grauwert* jeder
rechteckigen Zelle die jeweils zugeordnete Thematik widerspiegelt. Wenn diese
Thematik etwa 256 mögliche Ausprägungen hat, so müssen wir für jede Zelle
8 Bits (1 Byte) an Speicherplatz vorsehen. Bei einer Anordnung von 500 x 500
Zellen benötigen wir dann bereits einen Speicherplatz von 250 KByte. Wir sind
also gezwungen, einen Weg einzuschlagen, der weniger speicherplatzintensiv ist.
Wir können nämlich die Tatsache ausnutzen, daß Nachbarzellen im allgemeinen denselben Grauwert besitzen. Bei einem zeilenweisen Durchlauf würde es
daher genügen, sich die Stellen zu merken, wo sich der Grauwert ändert. Diese
Strategie wird als *Lauflängencodierung (run length encoding)* bezeichnet. Wir
lernten sie bereits in Kapitel 4 kennen.

Im allgemeinen kann durch diese Strategie eine beträchtliche Einsparung an
Speicherplatz erzielt werden, wenn man von dem Extremfall absieht, daß es
keine Nachbarschaften im obigen Sinn gibt. Natürlich wird mit einer sparsamen Speicherstrategie die Verwaltung komplizierter, als sie es beim einfachen
Fall der Matrix war. Der Speicherplatzbedarf und der Verwaltungsaufwand

verhalten sich auch bei allen im folgenden vorgestellten Strategien nach zwei
einander entgegenlaufenden Tendenzen, zwischen denen ein vernünftiger Kompromiß gefunden werden muß. Wir können noch weitere Einsparungen erzielen, wenn wir jene Stellen näher untersuchen, wo sich der Grauwert ändert.
Er wird sich dort meist nur geringfügig ändern. Ein Beispiel: Wenn eine Zelle
den Grauwert g hat, so sind für die Nachbarzelle die Grauwerte $g + 1$ bzw.
$g - 1$ wahrscheinlicher als die Grauwerte $g + 2$, $g - 2$ usw. Wir müssen also
nur die *Grauwertdifferenzen* speichern. Diese Methode bezeichnet man daher
als *differentielle Lauflängencodierung*. Beide Methoden haben den Nachteil,
daß sie zeilenorientiert sind und demnach eine Koordinatenrichtung bevorzugen. Dasselbe Problem ergibt sich, wenn wir sie auf die Spalten anwenden.
Man behilft sich manchmal so, daß man für die jeweils unterrepräsentierte Koordinatenrichtung einen Graphen einführt, der den Zusammenhang für diese
Richtung wiedergibt. Die Blöcke homogenen Grauwertes einer Zeilencodierung
entsprechen den Knoten des Graphen. Zwei Knoten in benachbarten Zeilen
sind genau dann durch eine Kante verbunden, wenn sie denselben Grauwert
aufweisen und – zumindest teilweise – aneinanderstoßen. Dieser Graph wird
Linienadjazenzgraph genannt (Abb. 8.2).

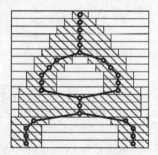

Abbildung 8.2: Lauflängencodes und Graph der Linienadjazenzen

Am besten passen wir uns den zweidimensionalen Gegebenheiten an, wenn wir
Zeilen und Spalten gleich behandeln und benachbarte Zellen gleichen Grauwertes zu größeren Rechtecken zusammenfassen, egal, ob sich diese Nachbarschaft
von links nach rechts oder von oben nach unten ergibt. Wir können dabei sowohl
vom Kleinen ins Große vorgehen (Zusammenfassung benachbarter Zellen, die
gleiche Grauwerte aufweisen) wie auch umgekehrt: In einem ersten Schritt überprüfen wir, ob es in der Matrix unterschiedliche Grauwerte gibt; wenn nicht, so
ergibt sich der triviale Fall, daß ein einheitliches Grauwertbild vorliegt. Ansonsten teilen wir die Matrix in Teilmatrizen und wiederholen den Vorgang für jede
dieser Teilmatrizen. Zum Schluß bleiben Teilmatrizen unterschiedlicher Größe,
aber mit jeweils homogenen Grauwerten übrig. Dies entspricht dem Aufbau
einer *Baumstruktur*. Die Wurzel des Baumes ist die ursprüngliche Matrix, die
Blätter sind die übrigbleibenden Teilmatrizen mit homogenem Grauwert.

Es gibt eine Fülle von Varianten, die alle auf diesem gemeinsamen Grund-
gedanken aufbauen; am bekanntesten sind wohl Methoden, die jeweils genau
vier Nachfolger *(Quadrantenbaum* oder *quad tree)* erzeugen, also von einem
Rechteck zu den vier Quadranten – links oben, rechts oben, rechts unten, links
unten – übergehen (siehe Abb. 8.3). Bei der Besprechung des Raumbezugs von
Vektorstrukturen werden wir noch weitere Varianten kennenlernen.

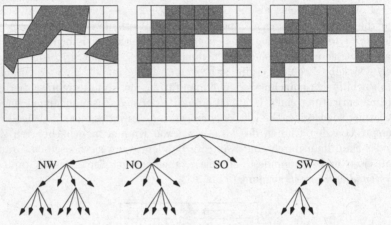

Abbildung 8.3: Rekursive Aufteilung in vier Quadranten: Quad tree

Die Speicherung und die Suche in Baumstrukturen sind Standardprobleme der
Datenverarbeitung, so daß es hier nicht notwendig ist, darauf näher einzugehen.
Der interessierte Leser sei auf [112] verwiesen.

Alle bisher vorgestellten Methoden bewirken eine *Komprimierung* und erlauben eine exakte *Rekonstruktion* des ursprünglichen Modells. Wenn die Details
im Modell jedoch sekundär gegenüber dem Gesamteindruck sind, so kann man
Komprimierungstechniken verwenden, die auf die Reproduzierbarkeit der Einzelheiten verzichten. Ein interessanter Ansatz basiert auf der Theorie der chao-
tischen dynamischen Systeme. Damit kann man eine Reduktion des Speicher-
platzes um das Tausendfache und mehr erreichen [9].

Bevor wir im nächsten Abschnitt auf die Speicherung von Vektorstrukturen
übergehen, wollen wir noch auf eine Mischform hinweisen, die für die Speicherung von linienförmigen Strukturen im Rasterformat geeignet ist. Sie wurde
bereits in Kapitel 4 erwähnt. Es handelt sich um den *Kettencode (chain code).*
Wir gehen davon aus, daß ein Hintergrund mit einem einheitlichen Grauwert
vorliegt, von dem sich eine Linie abhebt, die selbst wieder durch einen einheitlichen (Vordergrund-)Grauwert gekennzeichnet ist. Die Linie wird in einem
Rastermodell in eine Folge von Rasterzellen aufgelöst. Wir können nun zu jeder
Zelle, die auf der Linie liegt, die Richtung zur nächsten auf der Linie befindlichen Zelle speichern. Natürlich müssen wir dazu eine *Anfangszelle* kennen.

Diese Richtungen können etwa die vier Himmelsrichtungen sein, denen wir die
Zahlen $0, 1, 2, 3$ zuordnen. Damit genügt es, pro Verbindung 2 Bits an Speicherplatz vorzusehen. Andere Metriken verlangen mehr Speicherplatz. Ähnlich
wie bei der Lauflängencodierung gibt es auch beim Kettencode eine differentielle Variante, den *differentiellen Kettencode*, der nur die Richtungsänderungen
berücksichtigt.

8.1.3   Raumbezug bei Linienstrukturen

Bevor wir uns zweidimensionalen räumlichen Zusammenhängen zuwenden, die
in einer GI-Anwendung zum Alltäglichen gehören, wollen wir die Erkenntnisse aus der Behandlung von Rasterstrukturen im vorangegangenen Abschnitt
auf eine eindimensionale Fragestellung anwenden, die sich gut für den Ein-
stieg in die Problematik eignet. Betrachten wir etwa eine Straßenverbindung
zwischen zwei Städten, die für unsere Belange ausreichend genau mit einem eindimensionalen Modell beschrieben werden kann. Eine Straßenmeisterei hat nun
die Aufgabe, einzelnen Abschnitten entlang der Verbindung Sachdaten *(Attribute)* zuordnen zu müssen, wie etwa Baustellenbereiche, Geschwindigkeitsbeschränkungen, Unfallstatistiken (Abb. 8.4a). Es ist also das Modell nach räumlichen Gesichtspunkten zu verfeinern. Andererseits soll auch die Verwaltung der
einzelnen Straßenabschnitte so effizient gestaltet werden, daß man die Daten
nach Abschnitten getrennt auf den Einlageblättern eines Ordners anlegt und
so ein mühsames sequentielles Durchsuchen aller Daten bzw. Blätter vermeidet. (Dies entspricht unserem Bemühen, die Datenorganisation den räumlichen
Gegebenheiten anzupassen.) Eine Reihe von Möglichkeiten bieten sich für die
Organisation der Daten in unserem einfachen Beispiel an; jede hat ihre Vor- und
Nachteile, so daß keine in ihrer extremen Ausformung als alleiniger Schlüssel
zur Lösung des Problems gelten kann:

- Wir teilen den gesamten Verlauf in gleich große Streckenabschnitte und
  legen für jeden Straßenkilometer ein eigenes Einlageblatt an.

- Wir beginnen bei Straßenkilometer 0 mit dem Füllen des ersten Einla-
  geblattes; wenn es voll ist, wird (etwa bei Straßenkilometer $17, 3$) ein
  zweites Blatt angelegt usw.

- Wir arbeiten auf zwei Ebenen bzw. legen zwei Ordner an: Im Sachordner
  werden Einlageblätter ausschließlich nach sachlichen Kriterien angelegt;
  auf der geometrischen Ebene wird die Linie in die kleinsten Einheiten
  zerlegt, die jemals in Betracht zu ziehen sind (z.B. Meter); von jeder
  dieser Einheiten gibt es einen Verweis zum jeweiligen Einlageblatt im
  Sachordner.

- Wir gehen hierarchisch vor und teilen den gesamten Streckenverlauf
  zunächst in zwei Abschnitte. Quillt eines der beiden Einlageblätter über,
  so wird der Abschnitt erneut in zwei Teile geteilt usw. (Abb. 8.4b).

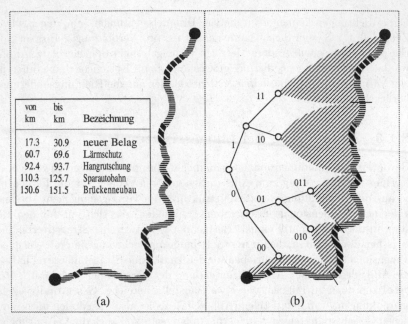

von km	bis km	Bezeichnung
17.3	30.9	neuer Belag
60.7	69.6	Lärmschutz
92.4	93.7	Hangrutschung
110.3	125.7	Sparautobahn
150.6	151.5	Brückenneubau

(a)   (b)

Abbildung 8.4: Linienobjekte (a) und ihre raumbezogene Verwaltung (b)

Der Vorteil der Methode der starren Einteilung liegt in der einfachen Ermittlung des Blattes, das etwa die Information zur Baustelle bei Straßenkilometer 53,3 enthält. Ein Baustellenbereich jedoch, der sich über zwei oder mehrere
Straßenkilometer (Blätter) hinzieht, bringt Probleme mit sich. Außerdem wird
es in städtischen Ballungszentren überquellende Blätter geben, während manche Blätter nahezu leer bleiben. Diese Art der fixen Einteilung wird daher in
ihrer extremen Ausprägung kaum angewendet, höchstens bei homogen verteilten und wenig dynamischen Datenbeständen.

Die zweite Methode bietet den Vorteil, daß alle Blätter gleich stark ausgelastet
sind. Abschnitte, die relativ uninteressant sind, werden nicht – so wie in der
ersten Variante – künstlich aufgewertet, indem sehr viele (fast leere) Blätter
angelegt werden müssen. Die Methode entspricht der *Lauflängencodierung*, wie
wir sie bereits bei Rasterdaten kennengelernt haben. Als gravierender Nachteil
entpuppt sich allerdings der Umstand, daß diese Art der Verwaltung kaum dynamischen, sich rasch verändernden Zuständen gerecht wird. Auch der direkte
Zugriff auf einen bestimmten Straßenkilometer ist nicht möglich, es sei denn,
wir legen ein übergeordnetes Verzeichnis an, in dem der Beginn der einzelnen
Abschnitte (Blätter) vermerkt ist.

Die dritte Methode des Arbeitens auf zwei Ebenen entspricht der Philosophie
der Trennung geometrischer und thematischer Sachverhalte, die auch einigen –

vor allem älteren – GIS zugrunde liegt. Sie vereinigt die Vorteile des starren Einteilens (das ja nur für die Geometrie gemacht wird) mit jenen der Flexibilität bzw. Veränderbarkeit von Datenkonzentrationen mit thematischem Hintergrund. Nachteile ergeben sich naturgemäß bei der Verwaltung der Verweise zwischen der geometrischen Einteilung und den jeweiligen Objekten in den Sachdaten.

Die vierte Methode der rekursiven Teilung entspricht dem bei den Rasterstrukturen vorgestellten Konzept der baumartigen Aufteilung. Dabei gibt es eine Fülle von Varianten; deren Bogen spannt sich von einer Teilung streng nach geometrischen Kriterien (z.B. immer genau an den Halbierungspunkten) bis zu einer Aufteilung, die den jeweiligen Sacherfordernissen bzw. dem Objekt angepaßt ist. Oft wird der Inhalt eines überquellenden Blattes zur Gänze in seine Nachfolgeblätter übergeben; manchmal gibt man jedoch jene Daten weiter, die sich nur auf den einen oder anderen Teilabschnitt beziehen, während Daten, die für den gesamten Abschnitt relevant sind, im ursprünglichen Blatt belassen werden. Im letzteren Fall entspricht dies dem Konzept der *Pyramiden*, das sich auch gut für Generalisierungsmaßnahmen eignet.

Am Beginn dieses Kapitels wurde darauf hingewiesen, daß der Raum auch vom *kognitiven Aspekt* her interessant ist. Bei unseren Überlegungen lernen wir uns selbst besser kennen, unser Raumverständnis, die Orientierungsmechanismen, die wir – unbewußt – einsetzen. Das Beispiel der Straßenabschnitte wurde auch deshalb so detailliert und illustrativ gewählt, um diesen Aspekt deutlicher hervortreten zu lassen; dabei zeigt es sich auch, daß aus solchen Erkenntnissen sehr wohl brauchbare Richtlinien für die Implementierung entspringen können. Wir wollen noch einen Schritt weiter gehen und uns die Planung einer Familienurlaubsreise in den sonnigen Süden vorstellen. Wo in unserer Vorstellungswelt plazieren wir die einzelnen Stationen der geplanten Reise, und wie messen wir Relationen wie etwa Entfernungen zwischen ihnen? Die starre geometrische Einteilung der Reiseroute wird sicherlich kaum eingesetzt werden, allenfalls genähert, wie etwa in der folgenden Formulierung:

'Alle 400 km müssen wir tanken.'

Eine Lauflängencodierung würde die Reiseroute in Etappen einteilen, wobei wir üblicherweise mehrere solcher Lauflängencodierungen auf einmal verwenden, indem wir je nach Straßentyp, Inland bzw. Ausland, Landschaft, Freiland bzw. Ortsgebiet unterscheiden. Wir charakterisieren die Reiseroute etwa so:

'Zuerst 250 km auf der Autobahn bis zur Grenze, dann noch 200 km Autobahn, dann 95 km über eine schlecht ausgebaute, dafür landschaftlich reizvolle Landstraße, dann noch 10 km durch Ortsgebiet.'

Die Trennung zwischen Geometrie und Thematik wäre durch eine Arbeitsteilung innerhalb der Familie illustriert; während ein Familienmitglied die Geometrie der Reise plant, ist der (die) andere für die Sehenswürdigkeiten zuständig.

Die Wahrung der Konsistenz von Verweisen zwischen den unterschiedlichen Etappen aus geometrischer und thematischer Sicht kann problematisch werden, vor allem bei kurzfristigen Änderungen.

Das hierarchische Denken schließlich ist ein ganz wesentliches Element menschlichen Raumverständnisses. So gibt es bei unserer Urlaubsreise Attribute, die für die gesamte Reise gelten (z.B. die Anzahl der Personen), während andere nur für Teile gelten (Anreise/Heimreise, Inland/Ausland, Bergstrecke/Autobahn, Tagfahrt/Nachtfahrt). Die gesamte Reiseroute stellt sich also als *Komplexobjekt* auf einer ziemlich hohen Stufe dar, mit Attributzuweisungen auf allen Zwischenniveaus. Aber nicht nur dieses *assoziative* bzw. *aggregierende* Element ist typisch für hierarchische Denkmuster, sondern auch der *generalisierende* Aspekt: Bei der Planung stehen einzelne Abschnitte der Reiseroute – etwa der Beginn, das Ende oder dazwischen an touristisch interessanten Stellen – sehr detailliert vor unserem geistigen Auge; andere langweilige Abschnitte wiederum werden abstrahiert, wobei diese Beurteilung je nach dem Zweck der Reise wieder sehr unterschiedlich ausfallen kann. Wir können sehr schnell fließende Übergänge zwischen einzelnen Generalisierungsniveaus schaffen und sind somit in diesem Bereich den heutigen Möglichkeiten der Software haushoch überlegen. Dies trifft auch für die auf solchen Denkmodellen aufbauende Routenoptimierung und Tourenplanung zu (siehe Kap. 1 und 3).

Bevor wir diesen Abschnitt abschließen, wollen wir uns noch der Frage der *Adressierung* zuwenden. Nachdem sich also die Straßenmeisterei in unserem einfachen Beispiel für eine der dargebotenen Strategien bei der Aufteilung entschieden hat, ist nun die Frage zu klären, wie die Blätter im Ordner abgelegt werden, um einen raschen Zugriff sicherzustellen. Es ist klar, daß uns hier in irgendeiner Form Baumstrukturen zur Hilfe kommen müssen. Das Suchen (und Finden) geht dann nämlich sehr rasch vonstatten, überhaupt dann, wenn die Struktur jeweils zwei Nachfolger pro Knoten vorsieht; wir können dann *binär* suchen. Wenn wir etwa einen Namen im Telefonbuch suchen, der mit dem Buchstaben K beginnt, so wissen wir, daß er zur ersten Hälfte des Alphabets (A-M) gehört. Diese Hälfte halbieren wir noch einmal und sehen, daß K in der zweiten Hälfte dieses Teilabschnittes liegt usw. Ist unser Straßenstück 64 km lang, so sind wir nach spätestens 6 solchen Vergleichen beim Kilometer X angelangt; dies deswegen, weil man beim binären Suchen $(64 = 2^6)$ mit jedem Schritt das Suchintervall halbiert. Kein Vorzug ohne Nachteile: Vergleichen wir dieses Verfahren mit der Methode der Lauflängencodierung, so steht dem schnellen Auffinden von Informationen eine geringere Komprimierbarkeit gegenüber. Der Grund, warum wir diesem Beispiel Aufmerksamkeit schenken, liegt in der Universalität der dabei gewonnenen Erkenntnisse. Vieles davon werden wir später in höheren Dimensionen wiedererkennen. Im Fall einer einzigen Dimension ist es jedoch leichter erklärbar.

Ein weiterer Aspekt, der sich wie ein roter Faden durch unsere Überlegungen zieht, ist die Unterscheidung zwischen *globalen* und *lokalen* Strategien. Als Beispiel möge wieder das Straßenstück dienen. Wenn wir anstatt der Intervalle (also der Baustellenabschnitte) hauptsächlich *punktuelle* Daten speichern wollen (etwa die Verkehrszeichen, die Kreuzungen, Unfallstatistiken etc.), so riskieren wir eine allzu starke Zersplitterung. Besser ist es, die Aufteilung nur im Groben durchzuführen, und im Detail wieder sequentiell vorzugehen.

Angenommen, unsere Aufgabe besteht im Anlegen eines Ordners, dessen Einlageblätter die Verkehrszeichenangaben samt Zusatzinformationen enthalten. Auf jedem Blatt ist Platz für zwanzig Verkehrszeichenangaben. Wir wünschen eine raumbezogene Anordnung der Blätter. Wir beginnen mit der Erfassung der Daten und tragen alles hintereinander auf einem Blatt ein. Bevor wir die 21. Information eintragen können, müssen wir die Daten des ersten Blattes teilen. Wir legen für die zwei Teilstrecken je ein Blatt an und übertragen die Informationen aus dem Stammblatt auf die jeweiligen Nachfolgeblätter. Auf dem Stammblatt werden dann nur mehr die Seitennummern der beiden neuen Blätter vermerkt (um später die Suche zu ermöglichen.) Nach Beendigung aller Eintragungen wird es einige Blätter geben, die randvoll sind, andere wieder werden zur Hälfte gefüllt sein; ein Teil wird sogar leer sein. Wir können die Auslastung als 'gut' bezeichnen, wenn sie in der Nähe von 50 % liegt. (Im Rahmen der Implementierung können wir uns dann Gedanken darüber machen, ob wir solche Leerseiten wirklich in den Ordner geben oder diese Information auf andere Weise berücksichtigen; ähnlich verhält es sich mit jenen Seiten, die als Wegbereiter, als Zeiger zu 'echten' Datenseiten fungieren.)

Unser Ordnungssystem hat eine hierarchische Note. Günstigerweise stimmen in unserem Beispiel auch die – umgangssprachlichen – Bezeichnungen mit der Fachsprache überein. Jedes (Daten-)Einlageblatt ist ein *Blatt* des Baumes. Seine *Wurzel* ist das Stammblatt. In einer raumbezogenen Speicherorganisation entspricht jedes Blatt auch einem zusammenhängenden Bereich im Speicher; es wird in diesem Zusammenhang aus verständlichen Gründen *Speicherblatt (page* oder *Datenbucket)* genannt. In einer Netzwerkkonfiguration würde jedes Blatt einer eigenen Datenbank oder gar einem Daten-Server im Internet entsprechen. Die Reihenfolge der Seiten im Ordner ist bei dieser Methode unwesentlich. Nur die Position des Stammblattes – also der Wurzel – muß bekannt sein. Als Alternative dazu bietet sich jedoch auch an, eine Numerierung zu finden, die einem *Ordnungskriterium* entspricht. Wenn wir bei unserer Aufteilung der jeweils unteren Hälfte eine 0 und der oberen Hälfte eine 1 zuordnen und diese Ziffern nach hinten entsprechend auffüllen, so ergeben sich bei der Teilung des Stammblattes zwei Blätter 0 und 1, bei der Teilung des Blattes 0 zwei Blätter 00 und 01, aus 01 wird 010 und 011 usw. (Wir geben hier immer nur die führenden – von Null verschiedenen – Ziffern an.) Die resultierenden binären Zahlen ergeben eine natürliche Ordnung. Im obigen Beispiel kommen die Zahlen 010 und 011 vor (Abb. 8.4b). Es fehlen jedoch die Zahlen 000, 001, 100, 101, 110 und 111, weil an diesen Stellen der Baum nicht so stark verästelt ist. In höheren Dimensionen wird dies nicht mehr so einfach gehen, aber die dort anzuwendende Strategie kann als Verallgemeinerung des Prinzips gesehen werden.

8.2   Raumaufteilung

Im diesem Abschnitt werden wir die für den eindimensionalen Fall gewonnenen Erkenntnisse auf zwei Dimensionen verallgemeinern. Zunächst wollen wir den *Raum* – im ersten Schritt die Ebene – aufteilen. Der englische Sammelausdruck für die Methoden, die wir hier kennenlernen werden, ist *Spatial Decomposition*. Es entspricht dies der Vorgehensweise bei Rasterstrukturen und auch dem layerorientierten Zugang zu Geodaten, der auf der Annahme aufbaut, daß für jedes Thema eine lückenlose *Folie* mit Daten dieses Themas gefunden werden kann. Eine konsequente Weiterverfolgung dieses Gedankens führt zu einer Datenorganisation, die den Raumbezug unterstützt, und zwar getrennt für jedes einzelne Thema. Die Alternative zu dieser flächendeckenden Anschauungsweise bietet der objektorientierte Zugang. Auch dafür werden wir weiter unten Entsprechungen finden; wir können nämlich auch einzelne Objekte aufteilen und dies mit der Raumaufteilung koordinieren.

Wir wenden uns zunächst dem Punkt, dem einfachsten Repräsentanten einer Vektorstruktur, zu. Er ist zugleich auch der wichtigste, denn wir können jede andere Struktur auf Punkte zurückführen. Dies gilt zunächst für topologische Strukturen; aber da in einem GIS thematische Inhalte ebenfalls letzten Endes auf die Lage – und damit auf die Koordinaten von Punkten – bezogen werden, gewährleisten Punkte die Basis eines raumbezogenen Zugriffs. Wollen wir einen Punkthaufen so speichern, daß ein raumbezogener Zugriff (ein Zugriff über gegebene oder näherungsweise bekannte Koordinaten) möglich ist, ohne daß alle Punkte sequentiell durchsucht werden müssen, so müssen wir die Punkte der Lage nach *ordnen*. Wir könnten etwa alle Punkte nach ihren x-Koordinaten sortieren und Punkte gleicher x-Koordinaten sodann nach ihren y-Koordinaten. Nachbarschaften, die entlang der y-Richtung angesiedelt sind, würden in diesem Fall schnell als solche erkannt werden, während andere Himmelsrichtungen stark benachteiligt wären. Aber nicht nur beim Suchen erweist sich diese Strategie als undurchführbar; auch wenn man die Koordinaten eines Punktes geringfügig verschiebt – eine Maßnahme, die in unseren Anwendungen natürlich sehr häufig notwendig ist –, würde dies eine aufwendige Umschichtung der Daten erfordern. Lokale Änderungen würden globale Auswirkungen nach sich ziehen; eine solche Datenstruktur hätte daher einen geringen Stabilitätsgrad. Probleme dieser Art entstehen aber auch bei allen anderen Versuchen, eine (lineare) Ordnung in einen zweidimensionalen Sachverhalt einzubringen.

Es zeigt sich, daß es zweckmäßiger ist, wenn man es mit einer *groben* Einteilung bewenden läßt, etwa indem man ein *regelmäßiges Maschennetz* über den Bereich legt (Abb. 8.5). Jede Gitterzelle enthält im allgemeinen mehrere Punkte, während umgekehrt jedem Punkt genau eine solche Zelle zugeordnet wird (für Punkte, die exakt auf Gitterlinien liegen, genügt eine Festlegung, daß sie jeweils der östlichen bzw. nördlichen Zelle anheimfallen). Diese Methode hat gegenüber den vorher erwähnten den Vorteil, daß sie *flächig* wirkt. Bei Vorgabe eines Suchbereiches ist die Ermittlung der jeweiligen Zelle trivial. Im ungünstigsten Fall bewegt man sich am Kreuzungspunkt von vier Zellen. Innerhalb einer solchen Zelle muß dann lokal gesucht werden.

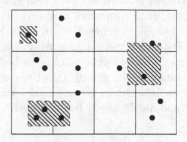

Abbildung 8.5: Regelmäßiges Gitter zur Verwaltung eines Punkthaufens

Lokale Operationen würden in diesem Fall auch keine globalen Auswirkungen haben. Es ist in den meisten Fällen nur eine Zelle beteiligt, und im ungünstigsten Fall sind es vier Zellen. Es bietet sich an, daß der Inhalt einer Zelle auch *physisch* benachbart gespeichert wird – sei es auf einem Speichermedium, sei es in einer eigenen Datenbank, einem eigenen Daten-Server. Dies bringt den Vorteil mit sich, daß man mit einem einzigen Zugriff eine ganze *Nachbarschaft* mitzieht. Die Zugriffe sind ja der – zeitliche – *Flaschenhals* einer GI-Anwendung; da das Auffinden des Beginns eines Informationsblocks – ob durch Positionierung des Lesekopfes oder das Ermitteln einer www-Adresse – im Verhältnis zum eigentlichen Lesevorgang viel Zeit kostet, erweist es sich als günstig, die Anzahl der Positionierungen zu minimieren und mit *einem* Lesevorgang *möglichst viele* Daten zu extrahieren, die zum aktuellen Zeitpunkt oder knapp danach zu behandeln sind. In den Anwendungen, die wir anstreben, ist die *Nachbarschaft* wesentlich; man arbeitet also längere Zeit mit Daten, die in einem solchen Speicherblatt *(page, Datenbucket)* liegen oder schlimmstenfalls in einigen wenigen aneinandergrenzenden Blättern, bevor man in ein anderes Gebiet wechselt.

Bei den heutigen GI-Anwendungen über Internet hat sich zwar das Transportmedium geändert, die grundsätzliche Problematik des langsamen Zugriffs ist jedoch geblieben – und mit ihr der Bedarf nach einer Optimierung solcher Zugriffe durch ein möglichst gutes Ausnützen räumlicher Organisationsformen.

Die Anzahl der Zellen, also die Feinheit des Gitters, muß den jeweiligen Erfordernissen angepaßt werden. Zu wenige Zellen würden die Kosten für das lokale Suchen überproportional ansteigen lassen, zu viele Zellen wiederum würden sich ungünstig auf die Verwaltung des Gitters auswirken; zudem würden dann sehr viele Zellen leer sein. Wenn wir außerdem jede Zelle mit einem Datenbucket (allenfalls mit einem Server im Netzwerk) gleichsetzen, so ergibt sich aus unseren eben angestellten Überlegungen, daß eine Aufteilung in extrem kleine Blätter nicht empfehlenswert ist. Ebenso ungünstig ist eine Aufteilung in große Blätter, die sehr viele Punkte beinhalten.

Das Gleichsetzen der Zelle mit einem Speicherblatt bzw. mit einem Daten-Server im Netz bringt eine wichtige Frage ins Spiel, die wir bis jetzt nicht berücksichtigt haben: Die starre Aufteilung in gleich große Blätter ist für unsere Anwendungen ungeeignet, denn zum einen ist die Verteilung von Geodaten im allgemeinen *inhomogen*; im städtischen Bereich etwa ist die Größenordnung der zu bewältigenden Daten um vieles höher als anderswo. Und zum anderen entwickeln sich Geodatenbestände *dynamisch*; dies bedeutet, daß wir bei der Anlage eines Datenbestandes nicht wissen, *wann und wo* Daten im Laufe der Zeit anfallen. Wir müssen daher unser Konzept dahingehend verfeinern, daß es auf die *Inhomogenität* und die *Dynamik* besser eingeht.

8.2.1   Baumstrukturen

Nehmen wir der Einfachheit halber vorerst an, daß wir nur Punktdaten zu speichern haben und daß der Platzbedarf für jeden Punkt gleich hoch ist. Bei-spielsweise seien neben den Koordinaten x, y, z auch eine n-stellige Punktnum-mer, ein numerischer Punkttyp und das Datum der Erfassung zu speichern. Es ergibt sich somit eine feste Zahl von Punkten, die in einem zusammenhängen-den Speicherbereich (Blatt) Platz finden. Wenn diese Zahl überschritten wird, so muß ein Überlaufbereich angelegt werden, der die zusätzlichen Punkte auf-nimmt. Bei einem hohen Inhomogenitätsgrad werden diese Überlaufbereiche – und damit der Zeitanteil der lokalen Suchstrategien – beträchtlich anwachsen. Besser ist es, wenn die Ausdehnung der Blätter nicht von einer fest vorgege-benen Zellgröße bestimmt wird, sondern vom *Inhalt*, also von der Datenvertei-lung im jeweiligen Gebiet. Im Fall eines Überlaufes wird das Blatt *geteilt*. Dies geschieht nach Art einer Zellteilung. Die Punkte des ursprünglichen Blattes werden auf die einzelnen Folgeblätter aufgeteilt. Dieser Prozeß der Zellteilung wiederholt sich bei jedem Überlauf, und die so entstandenen Blätter weisen un-terschiedliche räumliche Ausdehnungen auf, während das Datenvolumen, das sie beherbergen, jeweils durch die oben erwähnte Maximalanzahl beschränkt ist. Es pendelt sich jedoch für eine immer mehr anwachsende Datenmenge asymp-totisch bei einer Zweidrittelbelegung ein; in Prozenten ausgedrückt, liegt der Wert in der Nähe von ln 2 (der natürliche Logarithmus zur Zahl 2). Die Auftei-lung entspricht dem Anlegen einer *Baumstruktur*, eines Graphen, der von einer gemeinsamen Wurzel ausgeht und sich immer mehr verzweigt, ohne daß dabei *Zyklen* entstehen: Es gibt also keine Äste, die in irgendwelchen Folgeknoten wieder zusammenlaufen.

Während sich praktisch alle raumbezogenen Speichermechanismen diese *hier-archische und dynamische Aufteilung* des Datenraumes zunutze machen, gibt es bei der Art der Aufteilung viele Varianten. Wir haben bereits den *quad tree* kennengelernt, bei dem jedes Rechteck in vier gleich große Quadranten geteilt wird. Ein KD-*Baum* (KD steht für 'k-dimensional') stellt ein allgemeineres und flexibleres Konzept dar, indem es sich eher nach Objekteigenschaften bzw. nach dem Vorkommen von Objekten richtet. Eine wichtige Variante des KD-Baumes

stellt die *binäre* regelmäßige Teilung dar, wobei jeweils zwei Folgeblätter angelegt werden; in unserem Fall geschieht dies jeweils alternierend, einmal längs der
Ostrichtung, das andere Mal längs der Nordrichtung (Abb. 8.6). Die Teilungslinie kann entweder streng durch die geometrischen Halbierungspunkte gelegt
werden oder Schwerpunkte der Objektbelegung berücksichtigen. Der Vorteil,
der sich durch die ökonomischere Auslastung der Blätter ergibt, muß dann
natürlich durch einen erhöhten Verwaltungsaufwand bezahlt werden.

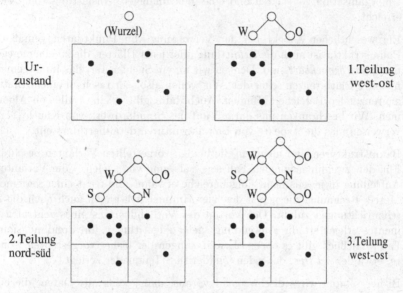

Abbildung 8.6: Aufteilung nach den Regeln eines KD-Baumes

Baumstrukturen wurden bereits bei der Besprechung von Rasterdaten erwähnt.
Dort stellte jeder Endknoten des Baumes ein Gebiet einheitlicher Färbung dar,
während er hier eine Gruppe von Vektordaten beschreibt, die nahe beieinander
liegen. Die Färbung, der *Grauwert*, ist also ein Symbol für eine grobe räumliche
Zuordnung. Es ergibt sich somit die Schlußfolgerung, daß hier – zumindest, was
die grobe Einteilung angeht – Rastermethoden zum Vorbild genommen werden.
Wir können daher diese Vorgehensweise den *hybriden Methoden* zurechnen.
Global liegt der Methode der rastermäßige Zugang zugrunde, während man im
Detail auf die Vektorstruktur der Daten eingeht. Diese Idee läßt sich – wie wir
sehen werden – auch bei komplexen Vektorstrukturen erfolgreich anwenden.

Baumstrukturen haben den Vorteil, daß sie, bedingt durch ihren hierarchischen
Aufbau, das lokale Verhalten zeigen, das wir vorhin postuliert haben: Beim
lokalen Arbeiten bewegen wir uns vornehmlich auf einem Zweig des Baumes
bzw. auf einer Gruppe von nahe beieinanderliegenden Zweigen, während die
überwiegende Mehrheit der Knoten davon nicht betroffen ist. Baumstrukturen

können darüber hinaus auch optimal auf einen dynamischen Datenerfassungs-
prozeß reagieren. Außerdem können wir bei der Implementierung auf eine Fülle
von Algorithmen zurückgreifen, die es erlauben, Knoten einzufügen oder zu
löschen, zu einem Knoten den Vorgänger oder den Nachfolger zu suchen oder
den Baum zu balancieren; letzteres mag notwendig werden, wenn einige Zweige
zu stark belastet werden; das bedeutet, daß sie sich extrem stark verästeln,
während sich andere Zweige kaum weiterentwickeln; die Balance wird durch eine
Umorganisation von Daten und eine gleichmäßigere Auslastung von Zweigen
erreicht.

Ein wesentlicher Aspekt bei der Verwaltung von Punktdaten gemäß einer
Baumstruktur ist auch die Ermittlung aller jener Blätter, die zu einem gegebenen Blatt *benachbart* sind. Denken wir an ein Suchfenster, das im allgemeinen
mehrere Blattgrenzen schneidet. Wir wollen also sehr rasch zu einem Blatt die
angrenzenden Bereiche auffinden. Auch dafür gibt es eine Fülle von Algorithmen. Wir beschränken uns darauf, auf das Standardwerk von Knuth [112] zu
verweisen, das die Aspekte von Baumstrukturen detailliert darstellt.

Baumstrukturen sind nicht auf die beiden vorgestellten Varianten beschränkt.
Für den zweidimensionalen Fall sei – als eine von vielen – die Variante der
Aufteilung in jeweils neun Folgebereiche erwähnt. Sie trägt einer verfeinerten
Metrik Rechnung, die neben den vier Himmelsrichtungen auch noch die Zwi-
schenrichtungen zuläßt. Der Vorteil des Vorhandenseins eines zentralen Ele-
mentes erleichtert die Anwendung vieler Algorithmen. Im dreidimensionalen
Fall schließlich gibt es ebenso Erweiterungen der bisher vorgestellten Konzep-
te, etwa der *oct tree*, der jeden Quader in 8 Teilquader zerlegt.

Bisher setzten wir stillschweigend voraus, daß jeweils alle Daten, die einem
Punkt zugeordnet werden, auch *physisch* in dem entsprechenden Blatt abgespeichert werden. Dies läßt sich sicher in vielen Anwendungen mit Erfolg realisieren. Es ergeben sich auch beträchtliche Vorteile dadurch, daß alle einem
bestimmten Punkt zugeteilten Daten durch einen einzigen Ladevorgang bereitgestellt werden können. Wenn aber der Umfang der pro Punkt anfallenden
Daten immer mehr ansteigt, müssen wir sicher eine Einteilung in *primäre* und
sekundäre Daten vornehmen. Jene Punktdaten beispielsweise, die wir häufig
benötigen (Koordinaten), werden als Primärdaten in den Blättern abgespeichert, während die Sekundärdaten (Zusatzdaten) in irgendwelchen anderen Dateien abgelegt werden. Dies bedingt natürlich, daß es eindeutige Schlüssel gibt,
die den Übergang zwischen den beiden Datenbankteilen ermöglichen.

So könnten wir etwa die *geometrischen* Sachverhalte in den Blättern einer
Baumstruktur ablegen, während die *Thematik* in einer Datenbank oder in einer datenbankähnlichen Dateistruktur liegt. Damit würden wir den Raumbezug, der vornehmlich geometrische Apekte widerspiegelt, optimal durch die
Baumstruktur realisieren, während thematische Abfragen durch eine dafür
besser geeignete Abfragesprache einer relationalen Datenbank erledigt werden
können (siehe dazu auch Kap. 9). Wir können die Einteilung in Primär- und

Sekundärdaten sogar so weit treiben, daß wir im primären Bereich lediglich
die Lage speichern, während alle anderen Geoinformationen im Sekundärbe-
reich liegen. Diese Vorgehensweise entspricht der Erstellung eines zusätzlichen
raumbezogenen Index für eine bestehende Datenstruktur. Sie stellt somit nur
ein Beispiel für die Möglichkeit einer Datenbank dar, für bestimmte Schlüssel
eine Beschleunigung des Suchprozesses durch den Aufbau eines solchen Index
zu ermöglichen. (Anmerkung: Im Einführungsbeispiel der Verwaltung von Straßendaten hatten wir von einem 'Ordner für die Geometrie' und einem 'Ordner
für die Sachdaten' gesprochen. Diese bildhafte Ausdrucksweise verdeutlicht das
Vorgehen, das wir hier vorschlagen.)

8.2.2   Adreßfelder

Wir sind in diesem der Modellierung des Raumes gewidmeten Kapitel vom
(naiven) Konzept der regelmäßigen Aufteilung eines Gebietes in Blöcke gleicher
Ausdehnung ausgegangen; die Probleme, die durch die Inhomogenität und die
Dynamik der Datenerfassung entstehen, haben wir im vorangegangenen Abschnitt durch die Einführung von Baumstrukturen in den Griff bekommen. Die
Regelmäßigkeit des Gitternetzes und die damit verbundenen Annehmlichkeiten
beim Suchen mußten wir dabei aufgeben.

Wir fragen deshalb, ob es möglich ist, *beide* Vorteile zu nutzen, also eine dynamische Aufteilung des Datenraumes zu erlauben *und* ein regelmäßiges Suchgitter benutzen zu können. Für die Aufteilung verwenden wir nach wie vor die
Baumstrategie, für die Suche jedoch wollen wir Alternativen entwickeln. Die
Antwort darauf gibt die EXCELL-Methode [204]. Die Bezeichnung EXCELL ist
eine Abkürzung für EXtendible CELL structure. Dabei wird deckungsgleich mit
dem – bisher ausschließlich angesprochenen – *Datenraum* (auch *Objektraum*
oder *feature space* genannt), der eine dynamische Blatteinteilung aufweist, ein
Adreßraum angelegt, der aus einem regelmäßigen Suchgitter besteht (Abb. 8.7).
Die Zellgröße des Suchgitters richtet sich nach der Ausdehnung des jeweils
kleinsten Blattes des Datenraumes. Dem Suchgitter entspricht ein *Adreßfeld*,
das gelegentlich auch als *directory* bezeichnet wird, (Daher kommt der Name
directory-orientierte Methoden für EXCELL und ähnliche Methoden).

Zu Beginn der Speicherung ist der Datenraum leer. Ein einziges Blatt überdeckt ihn. Die Nummer dieses Blattes steht in einer 1x1-Matrix. Nun werden
Punkte in diesem Blatt gespeichert, bis es überläuft und geteilt werden muß.
Wenn wir die KD-Strategie anwenden, so wird das Blatt zunächst in eine linke
und in eine rechte Hälfte geteilt. Der Adreßraum wird zu diesem Zeitpunkt
demnach durch eine 1x2-Matrix repräsentiert, welche die beiden Blattnummern enthält. Läuft eine der beiden Hälften neuerlich über (etwa die linke), so
wird sie in einen oberen und einen unteren Teil gespalten. Der Adreßraum ist
nun durch eine 2x2-Matrix gegeben. Nach einer neuerlichen Teilung ergibt sich
eine 2x4-Matrix, danach eine 4x4-Matrix usw. (Bei Verwendung einer Quad-

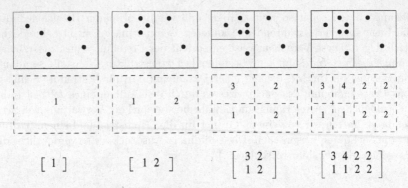

$$\begin{bmatrix} 1 \end{bmatrix} \qquad \begin{bmatrix} 1 & 2 \end{bmatrix} \qquad \begin{bmatrix} 3 & 2 \\ 1 & 2 \end{bmatrix} \qquad \begin{bmatrix} 3 & 4 & 2 & 2 \\ 1 & 1 & 2 & 2 \end{bmatrix}$$

Abbildung 8.7: EXCELL: Datenraum und Adreßraum

Tree-Strategie würden die Zeilen- und die Spaltenanzahl der Matrix konform anwachsen.) Die Elemente der Matrix beinhalten die Nummer des jeweiligen Blattes im Datenraum. Jeder Gitterzelle des Adreßraumes entspricht genau ein Blatt des Datenraumes, während sich natürlich ein Blatt über mehrere Gitterzellen erstrecken kann.

Die Ermittlung jenes Blattes, das einen bestimmten Punkt x, y überdeckt, ist somit höchst einfach. Zeilen- und Spaltenindices können durch eine simple Rechnung ermittelt werden: Bezeichnen wir mit L die Gesamtausdehnung des Gebietes in x-Richtung und mit n die Anzahl der Zellen des Suchgitters längs der x-Richtung, so ergibt sich der Spaltenindex ind durch:

$$ind = \langle \frac{x \cdot n}{L} \rangle \quad (aufgerundet) \tag{8.1}$$

Der Zeilenindex entlang der y-Richtung ergibt sich auf analoge Weise. Am Kreuzungspunkt von Zeile und Spalte steht die Nummer des Blattes, das den gesuchten Punkt überdeckt. Genauso einfach ist ein Bereichszugriff (Range-Zugriff), bei dem alle Punkte x, y gesucht werden, die in einem vorgegebenen Bereich $(xmin, xmax)$ und $(ymin, ymax)$ liegen: Wir müssen das Suchrechteck lediglich mit der Matrix des Adreßfeldes schneiden und erhalten so eine Liste von Blattnummern, aus welcher wir nur mehr die Redundanzen eliminieren müssen. Auch alle weiteren räumlichen Zugriffe – etwa Nachbarschaftsbeziehungen – lassen sich durch triviale Algorithmen befriedigen; siehe dazu auch Abb. 8.11. In vielen Fällen ist diese Art der Suche über Adreßfelder der Suche in einer Baumstruktur überlegen.

Das Konzept des mit dem eigentlichen Datenbereich deckungsgleichen virtuellen Adreßraumes stellt nichts anderes als ein *multidimensionales Hashing* dar, da auf die Punkte eines Datenbuckets über einen Berechnungsvorgang (eine *Hash-Funktion*) zugegriffen werden kann. Die dem Adreßfeld entsprechende Matrix benötigt sehr wenig Speicherplatz; in vielen Fällen kann es sogar lokal gehalten werden, so daß kein zusätzlicher Verwaltungsaufwand anfällt, was Zugriffe auf Speichermedien oder externe Daten-Server betrifft. Für den Fall, daß das Adreßfeld überläuft, läßt sich die Strategie verallgemeinern: Das Adreßfeld wird selbst wieder geteilt, und diese Teilung wird in einem 'Super-Adreßfeld' evident gehalten. Es zeigt sich jedoch in der Praxis, daß solche Überläufe eher selten auftreten, solange die Inhomogenität der Punktdaten nicht allzu kraß ist. Ist die Adresse des zuständigen Datenbuckets einmal gefunden, so genügt für die eigentliche Bereitstellung der Daten dieses Buckets ein einziger Zugriff. Stellt das Betriebssystem darüber hinaus noch *Buffer-* und *Cache-Möglichkeiten* zur Verfügung, so kann das Bereitstellen der Daten noch effizienter gestaltet werden.

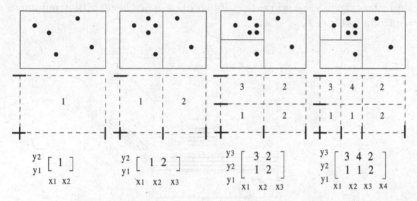

Abbildung 8.8: GRIDFILE: Daten- und Adreßraum, Adreßfeld und Skalen

Die GRIDFILE-Methode als zweites Beispiel einer Adreßfeldstrategie [92] weicht von der Forderung ab, daß alle Zellen des Suchgitters gleich groß sein müssen; dies kann nämlich bei EXCELL im Fall von starken Inhomogenitäten zu Problemen führen, weil dann die Matrix rascher anwächst als sonst. Allerdings verlieren wir dadurch auch die Möglichkeit, die Suche bzw. das Auffinden eines Datenbuckets mittels einer Hash-Funktion realisieren zu können. Teilungslinien gehen jedoch immer durch das ganze Gitter, so daß dieses ebenfalls durch eine Matrix dargestellt werden kann. Für die Suche nach einem bestimmten Punkt und nach dem Blatt, das ihn überdeckt, müssen wir für jede Koordinatenrichtung einen Adreßvektor (auch *Skala* genannt) mitführen, der die Koordinaten der – orthogonal zu dieser Richtung – verlaufenden Teilungslinien beinhaltet (Abb. 8.8). Den Zeilen- und Spaltenindex des Adreßfeldes können wir durch binäres Suchen in diesen Adreßvektoren ermitteln. Auch hier gilt die Überlegung, daß die Matrix samt den beiden Skalen in vielen Fällen nicht auf externe Speicher ausgelagert werden muß; schlimmstenfalls genügt es, die beiden Skalen lokal zu verwalten. Denkbar ist auch eine hierarchische Verfeinerung durch einen übergeordneten GRIDFILE, der auf mehrere untergeordnete GRIDFILES zugreift.

Natürlich können sowohl EXCELL- wie auch GRIDFILE-Konzepte jederzeit auf drei und mehr Dimensionen verallgemeinert werden. Der dritten Dimension muß dabei nicht unbedingt die Interpretation der Höhe (bzw. z-Koordinate) auferlegt werden. Es kann vielmehr eine *thematische Dimension* sein, so wie dies auch in Kap. 6 (siehe Abb. 6.6) erklärt wurde. Bei Punktdaten könnte die dritte Dimension etwa der Punktnummer entsprechen. Längs dieser Dimension wird ein Punktnummernindex angelegt. Das – dreidimensionale – Adreßfeld können wir als Quader auffassen, der einerseits räumliche Zugriffe und andererseits Abfragen nach dieser weiteren Dimension – ob Punktnummer oder Thematik – gleichberechtigt behandelt. Wenn wir demnach alle Punkte suchen, die in einem Rechteck liegen, so müssen wir das Adreßfeld mit einer vertikalen rechteckigen Säule schneiden, um so die entsprechenden Blattnummern zu ermitteln (Abb. 8.9).

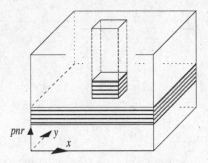

Abbildung 8.9: Würfel-Metapher: Kombinierte räumlich-thematische Abfrage

Suchen wir hingegen Punkte aufgrund der Nummer, dann schneiden wir das Adreßfeld ebenfalls mit einem Quader, diesmal in seiner Ausformung als dünne Platte. In der Literatur wird dieses Konzept der kombinierten räumlich-thematischen Abfrage als *Würfel-Metapher* bezeichnet. Nehmen wir an, daß an verschiedenen Punkten x, y eines vorgegebenen Bereiches zwischen $xmin$ und $xmax$ sowie $ymin$ und $ymax$ Messungen einer thematischen Größe vorliegen, etwa der Temperatur, des Niederschlags oder des Humusgehaltes für den Boden. Es ergeben sich somit Tripel x, y, w, wobei w für den jeweiligen Meßwert steht. Wir können diese Tripel als 'Punkte' in einem dreidimensionalen Raum auffassen, dessen dritte Dimension dann eine thematische ist. Tragen wir diese 'Punkte' in unserem Würfel ein, dann können wir raumbezogene Abfragen durch Vorgabe eines Ausschnittes $xmin < x < xmax$ sowie $ymin < y < ymax$ und thematische Abfragen durch Vorgabe eines Ausschnittes $wmin < w < wmax$ unterstützen. Die Würfel-Metapher läßt sich formal auf mehrere weitere Dimensionen verallgemeinern, wenngleich wir uns dies dann nicht mehr räumlich vorstellen können.

8.2.3 Lineare Ordnungsstrukturen

Wir begannen vorhin mit eindimensionalen Strukturen, weil diese naturgemäß einfach zu handhaben sind. Es liegt daher nahe, den Versuch zu wagen, etwa die Ebene (oder gar einen höherdimensionalen Raum) in eine solche eindimensionale Struktur überzuführen. Dieses Ziel kann natürlich nur näherungsweise erreicht werden. Eine entsprechende Möglichkeit lernten wir in Form der *Lauflängencodierung* kennen; diese hat jedoch den Nachteil, daß sie eine Koordinatenrichtung gegenüber der anderen bevorzugt.

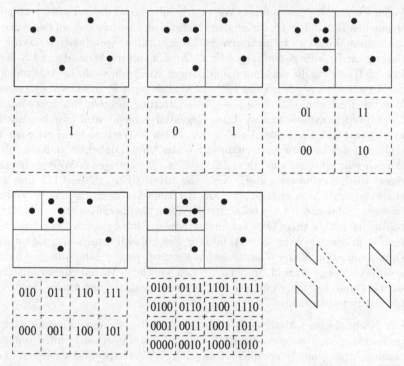

Abbildung 8.10: Peano- oder N-Ordnung: Lineare Ordnung regelmäßiger Zellen

Wir schlagen daher einen anderen Weg ein und erinnern uns an die Vorzüge des *Adreßraumes*, die wir bei der Diskussion der Adreßfeldmethoden schätzen lernten. Wir teilen den Adreßraum ähnlich wie bei EXCELL in regelmäßige Zellen gleicher Größe auf, wobei die Auflösung, also die Zellgröße, vorderhand noch offen bleibt. Die Aufteilung kann noch vor dem Zeitpunkt erfolgen, zu dem der erste Punkt bzw. das erste Objekt in den Datenspeicher aufgenommen wird. Jeder Zelle wird eine eindeutige Binärzahl zugeordnet. Diese Zuordnung geht wieder rekursiv nach dem Raumprinzip vor sich. Der linke untere Quadrant erhält die Zahl 00, der linke obere Quadrant erhält die Zahl 01, der rech-

te untere die Zahl 10 und der rechte obere die Zahl 11 (siehe Abb. 8.10).
Der Quadrant 01 etwa zerfällt dann wieder in 0100, 0101, 0110, 0111 usw.
Die Ausdehnung der kleinsten eindeutig kennzeichenbaren Zelle hängt von der
Größe des Gesamtgebietes und der gewünschten Auflösung der *groben* Strategie zusammen. Wenn wir 10000×10000 Zellen mit eindeutigen Binärzahlen
versehen wollen, so benötigen wir 27 bit, also läßt sich dies noch mit einem
Integerwort bewerkstelligen. (Die Elemente innerhalb einer Zelle können wir –
ebenso wie bei den vorangegangenen Varianten – nur mehr mit *lokalen* Methoden auseinanderhalten.)

Wenn wir nun die Zahlen ihrem Wert nach aufsteigend durch Linien verbinden,
so ergeben sich Polygone, die an den Buchstaben N (bzw. an ein liegendes Z)
erinnern und die sich in mehreren Auflösungsstufen reproduzieren. Davon leiten sich die Begriffe *N-Ordnung* oder *Z-Ordnung* für die Methode und *N-Werte*
bzw. *Z-Werte* für die erwähnten eindeutigen Kennzahlen ab. In Anlehnung an
die Arbeiten des Mathematikers Peano wird sie auch *Peano-Ordnung* genannt.
Wesentlich ist nun, daß diese feine Aufsplitterung des Adreßraumes vom Datenraum nicht mitgemacht wird. Im Gegenteil, sehr oft wird (wie bei EXCELL
und GRIDFILE) ein großer Bereich mit vielen N-Werten einem einzigen Datenbucket des Datenraumes entsprechen. Der Vorteil dabei ist, daß ein solcher
Bereich sehr oft durch die führenden Stellen eines einzigen N-Wertes charakterisiert wird. So sind etwa die Teilbereiche 0100, 0101, 0110, 0111 durch 01
charakterisiert. Man streicht also aus der zunächst ziemlich langen, weil alle
Integers umfassenden Liste möglicher N-Werte die überflüssigen heraus, und es
bleibt eine relativ kurze Liste von nichttrivialen Eintragungen übrig. Damit hat
man in effizienter Weise eine Abbildung des höherdimensionalen eigentlichen
Datenraumes (in diesem Zusammenhang *native space* genannt) in eine lineare,
geordnete Menge erreicht, in der man nun sämtliche Vorteile dieser eindimensionalen und deshalb einfachen Welt ausnutzen kann; das *binäre Suchen* sei
hier als Beispiel genannt.

Der Nachteil dieser Methode besteht darin, daß zusammenhängende Gebiete
im native space (wie etwa ein rechteckiger Fensterausschnitt) nicht immer in
zusammenhängende Intervalle im Raum der N-Werte abgebildet werden, so daß
solche groben Ausschnittsbildungen in – seltenen, aber doch auftretenden –
Ausnahmefällen durch sehr viele lokale Korrekturmaßnahmen ergänzt werden
müssen. Alle jene Objekte, die bei der Grobauswahl als zulässig eingestuft
wurden und bei der Feinauswahl dann doch wieder verworfen werden müssen,
bezeichnet man als *falsche Treffer (false hits)*. Ihre Anzahl kann also in den
erwähnten Ausnahmefällen unangenehm groß sein. In Abbildung 8.11 werden
die für eine GI-Anwendung typischen Abfragen nach dem nächsten Nachbar
(nearest neighbour search) sowie die Ausschnittsbildung *(range query)* für die
verschiedenen bisher besprochenen Varianten einander gegenübergestellt. Was
passiert nun, wenn wir die Auflösung immer feiner machen, die elementare
Zellgröße also immer kleiner wird? Nehmen wir an, wir zeichnen das N- oder
Z-Polygon mit einem Farbstift nach, der schon etwas stumpf geworden ist.

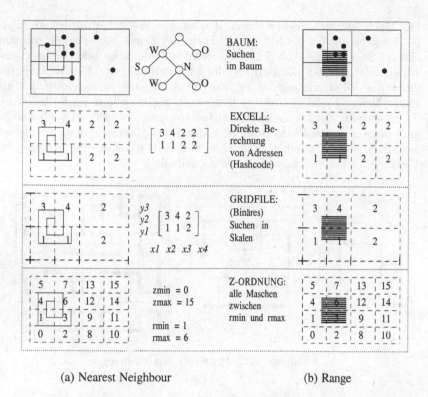

(a) Nearest Neighbour   (b) Range

Abbildung 8.11: Typische Abfragen bei unterschiedlichen Organisationsformen

Ziemlich bald wird die gesamte Fläche mit der Farbe gefüllt sein. Im Grenzfall erwartet uns ein Paradoxon:

> Eine Fläche (2D) wird durch einen Linienzug (1D) gefüllt.

Das Paradoxon ist nur ein solches im Rahmen der gewohnten geometrischen Vorstellungen. In Kapitel 7 haben wir uns im Rahmen der Diskussionen zur *fraktalen Geometrie* an solche Widersprüche gewöhnt. Es gibt dort nahtlose Übergänge von eindimensionalen über 1,5dimensionale (1,9dimensionale usw.) Kurven bis zur zweidimensionalen Fläche. In der Tat ist das Polygon der N-Werte ein

- selbst-ähnliches und

- flächenfüllendes Polygon.

Der Mathematiker Giuseppe Peano [165] hat sich zuerst mit solchen scheinbaren Ungereimtheiten beschäftigt. Die Form der *Peano-Kurve* wurde von ihm charakterisiert (siehe Abb. 7.10); sie weist auch die eben geforderten Eigenschaften der Selbst-Ähnlichkeit und der Flächenfüllung auf. Die Ordnung, die durch das N-Polygon gegeben ist, wird in Anlehnung an seine Arbeiten als *Peano-Ordnung* oder *N-Ordnung* bezeichnet. Sie erleichtert die Suche in der Nachbarschaft. Punkte, die im Raum (native space) benachbart sind, sind es auch meistens in der Peano-Ordnung. Ausnahmen gibt es nur dort, wo die langen strichlierten Verbindungen in Abbildung 8.10 zu sehen sind; je länger die Verbindung, desto unangenehmer die Ausnahme.

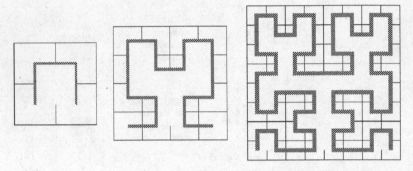

Abbildung 8.12: Peano-Hilbert-Ordnung

Eine Alternative zur Peano-Ordnung stellt die *Peano-Hilbert-Ordnung* dar (Abb. 8.12; siehe auch [124]). Ihr Generator ähnelt dem griechischen π, und die Seitenlängen des erzeugenden Polygons sind immer gleich lang. Allerdings gestaltet sich die Nachbarschaftssuche schwieriger, und außerdem ist die Kurve auch nicht *stabil* in bezug auf Algorithmen zu ihrer Erzeugung. Das *pi* kippt nämlich bei jeder Verfeinerungsstufe um, so daß der Algorithmus bei jeder solchen Stufe anders abläuft. Dies hat zur Konsequenz, daß die Peano-Hilbert-Ordnung nicht so anwendungsfreundlich wie die N-Ordnung ist.

8.2.4   Objekte im aufgeteilten Raum

Alle bisherigen Überlegungen gelten streng nur für punktförmige Objekte. Wenn wir jedoch Linien, Flächen und zusammengesetzte Gebilde speichern wollen, so ergibt sich sofort das Problem, daß viele solche Objekte von den Grenzlinien der Blätter geschnitten werden. Es gibt eine Reihe von Möglichkeiten, wie wir dieses Problem in den Griff bekommen (siehe Abb. 8.13).

• Wir können Objekte längs den Blattgrenzen aufschneiden, wenn die Struktur der Daten einfach und wenn der Datenbestand eher statisch ist, so daß sich die Änderungen der Daten in Grenzen halten. Der ursprüngliche Zusammenhalt

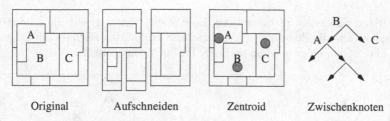

Abbildung 8.13: Objekte im aufgeteilten Raum: Verschiedene Strategien

muß durch Verweise zwischen den einzelnen Teilen gekennzeichnet werden. Das Zusammenfügen zerschnittener Objekte kann Schwierigkeiten verursachen, besonders wenn es sich um komplizierte flächige Objekte mit Aussparungen handelt. Wir verweisen dazu auch auf die in Kapitel 2 angestellten Überlegungen hinsichtlich des Zerschneidens flächiger Objekte (vgl. etwa Abb. 2.9).

• Als *Alternative zum Zerschneiden* bietet sich die Reduktion eines jeden Objektes auf sein *Zentroid* an. Es ist dies der Schwerpunkt – oder sonst ein ausgezeichneter Punkt im Inneren des Objektes. Wir speichern Objekte grundsätzlich in jenem Blatt ab, welches ihr Zentroid überdeckt. Somit wird die Speicherung von Objekten auf die Speicherung von Punkten zurückgeführt, und alle bisherigen Betrachtungen können übernommen werden. So wäre etwa gewährleistet, daß Gebäudeumrisse dort abgelegt sind, wo sich der Hauptteil des Gebäudes befindet. Oft wird diese Methode dahingehend ergänzt, daß man in den einzelnen Gebäudepunkten zusätzlich Rückverweise zum jeweiligen Objekt speichert; trotzdem gibt es dann Sonderfälle, die nicht erkannt werden: Es sind dies Linien, die ein Blatt kreuzen, ohne sich dort in einem Punkt zu verknoten.

• Die *dritte Variante* nützt die Baumstruktur aus, die sich bei der Blatteilung ergibt. Sie verwendet die Zwischenknoten des Baumes für die Speicherung großer Objekte. Diese Zwischenknoten hatten bei dem zuvor behandelten einfachen Fall von Punktdaten nur die Funktion des Weiterleitens von Informationen bezüglich der Lage der Nachfolger inne, während die eigentlichen Daten in den Endknoten lagen. Nun geben wir bei jeder Blatteilung nur jene Objekte an die jeweiligen Nachfolger weiter, die von diesen Nachfolgern zerschneidungsfrei beherbergt werden können. Die anderen Objekte verbleiben im Zwischenknoten. In Abbildung 8.13 wird die Speicherung dreier unterschiedlich großer Objekte veranschaulicht. Das Objekt B ist so groß, daß es nur in der Wurzel Platz findet. Objekt A kann an die westliche, Objekt C an die östliche Hälfte weitergegeben werden. Kleinere – hier nicht mehr dargestellte – Objekte finden im nordwestlichen Viertel oder in den beiden südwestlichen Teilen Platz. Diese Strategie bietet mehrere Vorteile: Sie erlaubt sowohl ein übersichtsweises Suchen großer Objekte im gesamten Bereich wie auch eine Suche nach Details in einem kleinen Ausschnitt; beides sind häufige Anforderungen in einem GIS. Im ersten Fall wird der Baum in seiner gesamten Breite, jedoch nur bis zu einer bestimmten Tiefe durchsucht. Im anderen Fall verfolgt man einen Ast bis zu dessen äußersten Verzweigungen. Eine solche Speichermethode unterstützt beispielsweise die Erstellung generalisierter Karten: Man zeichnet alle Objekte, die man bis zu einer bestimmten Tiefe im Suchbaum antrifft.

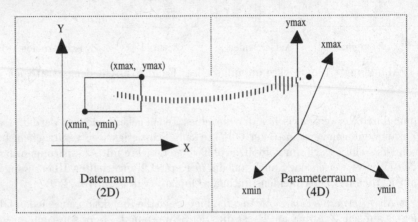

Abbildung 8.14: Objekte im Datenraum – Punkte im Parameterraum

• Die *vierte Variante* schließlich führt uns an den Ausgangspunkt unserer Überlegungen zurück. Die gegenwärtigen Schwierigkeiten gab es nicht, solange wir uns nur mit Punkten beschäftigten. Was liegt also näher als der Gedanke, die widerspenstigen Objekte in Punkte eines Hilfsraumes überzuführen, in dem dann bestimmte Probleme leichter lösbar werden? Ein solcher Hilfsraum wird *Parameterraum* genannt (siehe Abb. 8.14). Er hat durchweg eine höhere Dimension als der ursprüngliche Datenraum (native space). Diese höhere Dimension kommt dadurch zustande, daß wir im Parameterraum andere als die üblichen Parameter als Basis für die Einheitsvektoren nehmen. Statt der zwei Parameter x, y im Datenraum wählen wir im Parameterraum etwa (wie in Abb. 8.14) die vier Parameter $xmin, xmax, ymin, ymax$, womit wir im vierdimensionalen Raum landen. Aus einem Rechteck im Datenraum wird ein Punkt im Parameterraum. Damit kann auch das vom Rechteck eingeschlossene Objekt durch diesen Punkt – zumindest approximativ – ausgedrückt werden.

Wo liegt der Nutzen bei einer solchen – zunächst kompliziert erscheinenden – Vorgehensweise? Wir wollen dies anhand einer anderen Approximation erklären, die einen *eindimensionalen* Datenraum in einen *zweidimensionalen* Parameterraum überführt. Im Datenraum verwalten wir Geradenstücke, die wir in Abbildung 8.15a zum Zweck der besseren Unterscheidung auseinandergezogen haben. Der Parameterraum wird von zwei Parametern aufgespannt: vom Mittelpunkt (Zentroid) und von der halben Ausdehnung (Länge) des Geradenstücks. In dem Beispiel, das in Abbildung 8.15 gewählt wurde, seien mehrere solche Geradenstücke abzuspeichern. Je länger ein Geradenstück ist, desto höher oben im Parameterraum wird sein Zentroid gespeichert. Die horizon-

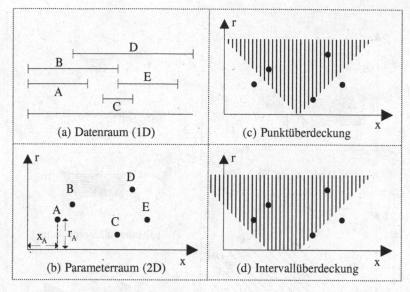

Abbildung 8.15: Datenraum (1D), Parameterraum (2D) und Suchbereiche

tale Koordinate des Zentroids entspricht dem Mittelpunkt des Geradenstücks, während die vertikale Koordinate dessen halbe Länge ausmacht. Punkte als Sonderfälle von Linien werden ganz unten gespeichert; ihre Vertikalkoordinate im Parameterraum ist Null. Die so entstehenden Blätter werden nun nach einer der zuvor vorgestellten Strategien (EXCELL oder GRIDFILE) geteilt, und ein Adreßfeld entsteht, das man zur Suche verwenden kann. Wenn wir etwa jene Geradenstücke suchen, die einen bestimmten Punkt überdecken, so entspricht dies der Auswahl jener Zentroidpunkte, deren vertikale Zentroidkoordinate im Parameterraum größer ist als der horizontale Abstand zum Suchpunkt. Ein Objekt (Geradenstück) A mit dem Zentroid x_A und der halben Ausdehnung r_A überdeckt einen Suchpunkt x_S, wenn

$$|x_S - x_A| \le r_A \qquad (8.2)$$

Die Entfernung ihres Mittelpunktes vom Suchpunkt ist also geringer als die halbe Ausdehnung, und somit überdecken sie den Suchpunkt. Wir müssen demnach den Adreßraum mit einem auf die Spitze gestellten dreieckigen Suchbereich schneiden, wie er in Abbildung 8.15c angedeutet ist. Suchen wir die Überdeckung eines Intervalles, so wird das Dreieck durch ein Trapez ersetzt (Abb. 8.15d). Nach diesem Ausflug in die eindimensionale Welt können wir wieder zu unseren zweidimensionalen Anwendungen zurückkehren, in denen die Ausdehnung die dritte Dimension ausmacht. Der Parameterraum wird hier von drei Parametern aufgespannt: Den beiden Zentroidkoordinaten und der halb-

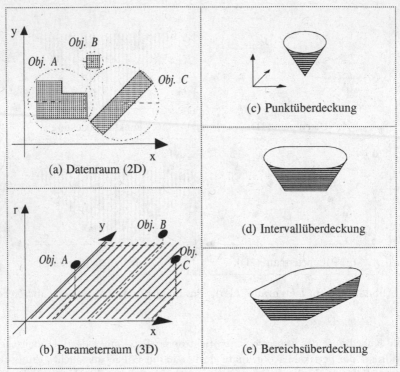

(a) Datenraum (2D)

(b) Parameterraum (3D)

(c) Punktüberdeckung

(d) Intervallüberdeckung

(e) Bereichsüberdeckung

Abbildung 8.16: Datenraum (2D), Parameterraum (3D) und Suchbereiche

en Ausdehnung, also dem Umkreisradius. Die Vorgehensweise ist dabei ganz analog; die Suchbereiche sind hier Kegel, die auf die Spitze gestellt sind, und ähnliche Gebilde, die sich ergeben, wenn wir die Kegelspitze längs eines Geradenstücks verschieben oder damit um einen rechteckigen Bereich herumfahren (Abb. 8.16). Natürlich können wir unsere Strategie noch weiter verallgemeinern, indem wir anstatt des Umkreisradius ein umschreibendes Dreieck verwenden oder die Ausdehnung längs der beiden Koordinatenrichtungen einführen; im letzteren Fall wäre das resultierende Adreßfeld dann vierdimensional.

Wir haben uns weit in die Tiefen der Details gewagt; und so erscheint es am Ende dieses Abschnittes wichtig, daß wir nochmals ein Grundprinzip hervorheben und festhalten: Alle von uns in Erwägung gezogenenen Strategien betreffen nicht die zu speichernden GI-Objekte an sich, sondern lediglich die Art und Weise, wie diese Objekte im Raum schnell wiedergefunden werden können. Es handelt sich also um einen raumbezogenen Index, der zusätzlich für die Objekte angelegt wird, während diese selbst in einer Datenbank (siehe Kap. 9) gespeichert werden.

8.3   Raumverhalten von Objekten

Im vorigen Abschnitt teilten wir den *Raum* – bzw. den Ausschnitt, der das Interessensgebiet umfaßt – in Rechtecke unterschiedlicher Größe auf, um nach diesem Prinzip *teile und herrsche* eine Übersicht zu gewinnen und damit einen strukturierten Zugang und nicht zuletzt auch ein besseres Zeitverhalten zu ermöglichen. Die Objekte spielten dabei eine untergeordnete Rolle; freilich legten wir die Schnittlinien so, daß die Objekte möglichst gleichmäßig in Datenbuckets aufgeteilt wurden, aber die Aufteilung des Raumes war vorrangig. Für Objekte, die sich nicht dieser Anordnung fügen konnten, mußten wir im vorangegangenen Abschnitt Sonderregelungen einführen.

Wir wollen nun den Spieß umkehren und jedes Objekt zunächst einmal für sich allein bezüglich seines Raumverhaltens, vor allem bezüglich seiner Ausdehnung, untersuchen. Jedes Objekt steht also zunächst isoliert da; es kümmert uns nicht, daß es 'weiße Flecken' zwischen einzelnen Objekten gibt. In einem zweiten Schritt erkunden wir dann das räumliche Zusammenspiel mehrerer Objekte, um zuletzt die Auswirkungen räumlicher Eigenschaften einzelner Objekte oder auch Objektgruppen auf den gesamten Raum (den Layer) zu bestimmen. Dieser Zugang, der das Objekt und seine Eigenschaften in den Vordergrund stellt, ist natürlich ein *objektorientierter*. Das Endziel ist dasselbe wie vorhin, nämlich ein besseres Verstehen und Ausnutzen räumlicher Zusammenhänge. Viele Denkmuster und Werkzeuge, die wir beim Erarbeiten der Problematik in den vorangegangenen Abschnitten kennengelernt haben, werden uns auch hier ihre Dienste erweisen, so etwa Baumstrukturen.

8.3.1   Räumliche Approximationen

Das Prinzip der Aufteilung in *grobe* und *feine* Arbeitsschritte tritt uns hier in leicht abgewandelter Form entgegen. Um die räumlichen Eigenschaften eines Objektes zu erkunden, wollen wir auf eine einfachere Form des Objektes übergehen, die natürlich eine Approximation sein muß. Diese soll jedoch die Form des Objektes bewahren, also bei gegebener Zeit die Rekonstruktion des gesamten Objektes erlauben. Wir nennen sie deshalb eine *konservative Approximation* oder einen *Container*. Beispiele dafür sind (siehe auch Abb. 8.17)

- ein umschreibendes Rechteck (minimum bounding rectangle, MBR)

- ein umschreibendes Quadrat oder Dreieck bzw. ein Umkreis

- ein umschreibendes konvexes Polygon

- Zusammensetzungen mehrerer konvexer Polygone

Von all diesen Approximationen ist das MBR das wichtigste und gebräuchlichste. Andere – scheinbar einfachere – Container wie etwa das Quadrat oder der

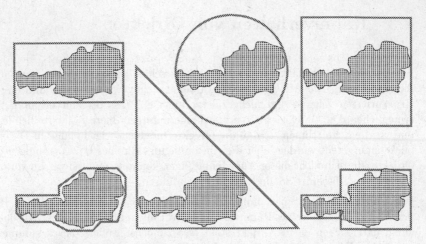

Abbildung 8.17: Container für zweidimensionale Objekte

Kreis haben sich nicht durchgesetzt. So wird das Quadrat kaum verwendet, weil es für die meisten realen Objekte zu verschwenderisch ist. Denken wir an ein Geradenstück bzw. ein schmales Objekt und dessen umschreibendes Quadrat. Bei der Frage, ob zwei solche Objekte einander schneiden, können im Grobverfahren sehr viele *falsche Treffer* entstehen, die dann im Feinverfahren mühsam eliminiert werden müssen. (Die Quadrate überlappen einander oft, auch wenn es die eigentlichen Objekte selten tun.) Der approximierende Kreis wiederum setzt sich deswegen nicht durch, weil es schwierig sein kann, ihn zu bilden. Bei der Ermittlung des Umkreises für ein kompliziertes Polygon ist schon die Frage, wo man das Zentrum wählt, schwer zu beantworten.

Das approximierende Rechteck (MBR) hingegen kann sehr einfach gefunden werden. Es ist durch vier Parameter $xmin$, $xmax$, $ymin$, $ymax$ gegeben:

$$\begin{aligned}
xmin &= \min x_i \quad \text{für alle } x_i \text{ aus dem Objekt} \\
xmax &= \max x_i \quad \text{für alle } x_i \text{ aus dem Objekt} \\
ymin &= \min y_i \quad \text{für alle } y_i \text{ aus dem Objekt} \\
ymax &= \max y_i \quad \text{für alle } y_i \text{ aus dem Objekt}
\end{aligned}$$

In Iso 19115 (siehe [269] wird für das MBR der Ausdruck *Geographic Box* verwendet. Es kann für jedes Objekt gebildet und diesem beigegeben werden. Es ist demnach so etwas wie ein *Attribut* für das Objekt und kann daher auf dieselbe Art und Weise – z.B. in einer Datenbank – verwaltet werden. In einer *Raumbezugsschale*, die über diese Datenbank gestülpt wird, können die besonderen Eigenschaften dieses Attributes bei der Behandlung raumbezogener Fragen ausgenutzt werden. Es sei auch noch erwähnt, daß man für die Überdeckung von Objekten auch mehrere kleinere Rechtecke finden kann, die in ihrem Zusammenspiel eine sparsamere Überdeckung liefern als ein MBR. (Je sparsamer die

Überdeckung, desto weniger falsche Treffer gibt es beim räumlichen Abgleich zweier Objekte.) So wird etwa der Westteil und der Ostteil Österreichs besser durch zwei Rechtecke beschrieben (Abb. 8.17). Dies kann sowohl durch ein konvexes Polygon, das die Vereinigungsmenge der beiden Rechtecke darstellt, wie auch durch eine Hilfsstruktur realisiert werden, welche die beiden Rechtecke miteinander in Beziehung setzt. Wieder ist es eine Baumstruktur, diesmal in einem anderen Zusammenhang.

8.3.2   Baumstrukturen für Approximationen

Das kleinste umschreibende Rechteck (MBR) ist also die einfachste und mächtigste konservative Approximation der Geometrie eines Objektes. So brauchen wir für ein Haus, auch wenn es viele einspringende Ecken, Vorbauten und dergleichen aufweist, nur das Minimum bzw. Maximum der Eckpunktskoordinaten in x- und y-Richtung zu bilden. Diese vier Koordinaten sind dem Objekt HAUS als Attribute beigefügt. Wenn wir zwei Objekte miteinander vergleichen, so können aus der Lage der beiden umschreibenden Rechtecke schon viele Aussagen gewonnen werden, die – zumindest grob – auch für die Lage der Objekte selbst zutreffen. Zwei Rechtecke MBR_1 und MBR_2 überlappen einander, wenn alle vier der folgenden Ungleichungen gelten:

$$xmin_2 \leq xmax_1 \ , \ xmax_2 \geq xmin_1$$
$$ymin_2 \leq ymax_1 \ , \ ymax_2 \geq ymin_1 \tag{8.3}$$

Überlappen zwei Rechtecke einander nicht, so können dies auch die davon eingeschlossenen Objekte nicht tun. Die Vereinfachung ergibt sich also daraus, daß Rechtecke leichter miteinander zu vergleichen sind als beliebig geformte Polygone. (Allerdings ist im gegenteiligen Fall – wenn sich also die Rechtecke überlappen – noch immer ein Feintest bezüglich der eingeschlossenen Objekte notwendig!)

Wie kann nun das geometrische Zusammenspiel mehrerer Objekte in einfacher Weise approximiert werden? Denken wir an das Modell einer Streusiedlung mit einzelnen Konzentrationen von eng beieinander stehenden Häusern. Wir gebrauchen in diesem Zusammenhang den englischen Fachausdruck *Cluster*. Es liegt nahe, ein MBR für den gesamten Cluster zu bilden, sozusagen ein 'Cluster-MBR'. Ist einmal ein Schritt in diese Richtung getan, so drängt es uns sofort, ein hierarchisch noch weiter oben liegendes MBR für die gesamte Streusiedlung zu bilden, um sie räumlich von anderen Streusiedlungen abzugrenzen. Dabei entsteht natürlich eine hierarchische Struktur; ein Baum, dessen äußerste Blätter die elementaren MBRs der einzelnen Häuser sind und dessen Zwischenknoten MBRs von Clusterbildungen auf unterschiedlichen Stufen darstellen. Ein solcher Baum der Rechtecke wird *R-Baum* (*R-tree*) genannt. (Der Buchstabe *R* steht für 'rectangle'.)

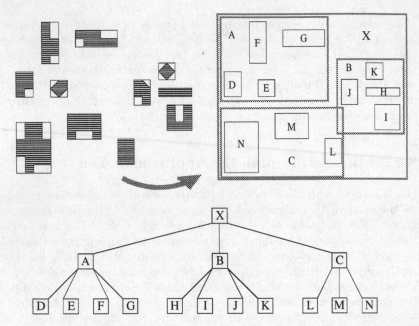

Abbildung 8.18: Hierarchische räumliche Anordnung von Objekten: R-Baum

In Abbildung 8.18 ist das Prinzip des R-Baumes dargestellt. Elementare Rechtecke, die MBRs der eigentlichen Objekte darstellen, werden zu Cluster-Rechtecken zusammengefaßt; dieser Vorgang kann sich auf mehreren Ebenen wiederholen; dabei ergibt sich eine Baumstruktur. Das Rezept für die Bildung eines Cluster-Rechtecks lautet, salopp ausgedrückt, daß wir möglichst viele Objekte bzw. elementare MBRs in wenigen Cluster-MBRs unterbringen und Überlappungen tunlichst vermeiden. Wollten wir nämlich das Modell der Streusiedlung auf ein dicht verbautes Altstadtviertel anwenden, so werden klarerweise Situationen entstehen, wo dieses Auseinanderteilen in mehreren Hierarchiestufen nicht immer klaglos funktioniert. Zwei Dinge bereiten uns Schwierigkeiten:

- *Überlappungen* können nie ganz ausgeschlossen werden.

- Der Baum kann aus der *Balance* geraten.

Ein nichtbalancierter Baum hat auf einem Hauptast sehr viele Zweige, auf einem anderen Ast wenige oder gar keine Zweige. Nichtbalancierte Bäume halten Wind und Wetter nicht stand. ('Wind und Wetter' könnten als Sinnbilder für Transformations- und Update-Vorgänge stehen.) Balancierte Bäume spielen eine wichtige Rolle in graphentheoretischen Überlegungen. Wenn wir unsere Strategie dahingehend modifizieren, daß wir etwa *genau vier* Nachfolger für jeden

Zwischenknoten eines Baumes erlauben, so wird der Baum besser balanciert. Allerdings geben wir dafür etwas anderes preis: Die räumliche Anordnung der Daten wird nicht mehr so gut modelliert; gegebenenfalls müssen wir sogar Objekte zerschneiden. Das Beispiel der Streusiedlungen macht die Sache deutlich: Nur Streusiedlungen mit vier Weilern, von denen jeder genau aus vier (nicht zu nahe aneinanderstehenden) Gebäuden besteht, würden optimal modelliert!

Bei einem *balancierten R-Baum*, auch als R^+-*Baum* bezeichnet, geht also der Vorteil der einfacheren Handhabung mit dem Nachteil der geringeren Realitätstreue Hand in Hand. Dieser Konflikt tritt natürlich nicht nur hier zutage; er zieht sich wie ein roter Faden durch die ganze Geoinformatik. Der Grund dafür ist plausibel: Die reale Welt ist nun einmal nicht einfach – also können einfache Modelle auch nicht so realitätsnah sein. Noch etwas anderes fällt auf: Nehmen wir an, daß es uns gelingt, für einen bestimmten Datenbestand einen R-Baum zu bilden, der überlappungsfrei ist und vielleicht sogar noch den gesamten Raum (die Ebene) überstreicht; jeder Punkt des Raumes kommt also in genau einem Blatt des R-Baumes vor; dann sind wir natürlich bei einer *Aufteilung des Raumes* gelandet, so wie wir sie in den vorangegangenen Abschnitten besprochen haben. Dies ist nicht weiter verwunderlich: Es muß ja zwischen unserem gegenwärtigen – objektorientierten – Zugang und dem zuvor diskutierten – layerorientierten – Zugang eine sanfte Übergangsmöglichkeit geben.

Wie wird nun der R-Baum in die Objektstruktur integriert? Jedes Blatt und jeder Zwischenknoten sind durch ein Quadrupel $xmin$, $xmax$, $ymin$, $ymax$ charakterisiert. Dieses Quadrupel wird den elementaren Objekten als Attribut beigefügt. Für den in unserem Beispiel erwähnten Weiler als Zusammenfassung von einzelnen Häusern bietet sich natürlich ein Komplexobjekt an, das ebenfalls ein solches MBR-Attribut erhält.

8.3.3   Einbettung von Approximationen

In den einzelnen Abschnitten dieses Kapitels wurden verschiedene Wege zur Modellierung des Raumes und zur Implementierung raumbezogener Strategien beschritten; auf einigen dieser Wege sind wir recht weit vorangekommen, andere wiederum haben wir nur angedeutet. Es gibt Wege, die eine Aufteilung des Raumes empfehlen; Objekte passen sich dann dieser Aufteilung mehr oder weniger gut an. Wir kehrten aber auch den Spieß um und begannen beim Objekt, indem wir zunächst dessen räumliche Eigenschaften untersuchten; dann erst deckten wir beim Vergleich mit anderen Objekten Gemeinsamkeiten und Abhängigkeiten auf. Hat dieses Labyrinth einen Ausgang? Im vorangegangenen Abschnitt war schon erkennbar, daß sich einzelne Wege wieder treffen. Es geht also darum, ob und wie wir Objektapproximationen wie etwa das kleinste umschreibende Rechteck (MBR) in den Raum einbetten können.

Nun, die Baumstrukturen stehen bei beiden Zugängen Pate, sowohl bei der

Raumaufteilung wie auch bei der Objektapproximation; die Chancen stehen gut, daß wir hier eine Verbindung finden und ausnutzen können. Es scheint das Nächstliegende zu sein, sowohl den Raum als auch die Objekte nach den gleichen Vorschriften aufzuteilen. Dabei erweist sich wieder ein Konzept als nützlich, das wir beim Aufbau der Adreßfeldmethoden erfolgreich angewandt haben: Das Konzept eines *Adreßraumes*, der deckungsgleich mit dem eigentlichen Objektraum angelegt wird, der also keine Daten im engeren Sinn enthält; sein Zweck besteht lediglich darin, eine komfortable Adressierung zu gewährleisten. Er kann in elementare (kleinste) Zellen aufgeteilt werden. Wir hätten daher die Möglichkeit, nach Festlegung der *Auflösung*, also der Abmessungen einer solchen elementaren Zelle, sowohl den Raum als auch das Objekt bezüglich dieser Adreßraumaufteilung durch EXCELL- oder GRIDFILE-Mechanismen zu charakterisieren. Dieser Dualismus wird als *Bereichs(Range)-Dekomposition – Objekt-Dekomposition* bezeichnet.

Eleganter ist allerdings eine Methode, die für die Adressierung der Zellen ein anderes, ebenfalls schon erfolgreich genutztes Konzept verwendet: Die *Peano-Ordnung* (siehe [124]). In Abbildung 8.19 wird das Prinzip anhand zweier Objekte verdeutlicht. Die Objekte stellen in diesem Beispiel die Buchstaben H und T dar. Der zugehörige Adreßraum ist in 8×8 Zellen aufgeteilt. Gehen wir nun nach der Peano-Vorschrift durch diesen 8×8-Raster und markieren wir die einzelnen Zellen, die vom Objekt H überdeckt werden; folgende Zellen werden markiert:

$$0 - 7, 13, 15, 16 - 23, 24, 26, 37, 39, 40 - 47, 48, 50, 56 - 63$$

Für das Objekt T ergeben sich folgende Markierungen:

$$10 - 11, 14 - 15, 20 - 23, 26 - 27, 28 - 31, 32 - 33, 36 - 37, 48 - 49, 52 - 55, 60 - 63$$

Für die Schnittfigur zwischen H und T erhalten wir:

$$15, 20 - 23, 26, 37, 48, 60 - 63$$

Wir sehen also, daß unter der Annahme einer für alle Objekte geltenden elementaren Aufteilung (wohlgemerkt: Es handelt sich nicht um eine Aufteilung der Daten, sondern nur um eine Aufteilung des virtuellen, über den Datenraum gelegten Adreßraumes) auf einfache Weise räumliche Zusammenhänge aufgezeigt werden können. Die Feinheit einer solchen Aufteilung (Auflösung) hat zunächst gar nichts mit der geometrischen Präzision zu tun; es handelt sich ja nur um die grobe, konservative Approximation. Die Koordinaten der am Objekt beteiligten Punkte sind vielleicht in Millimetern gespeichert, während die Zellen in der Größenordnung von Quadratmetern oder sogar darüber sind. Wir müssen ja ohnehin nach diesem Grobtest eine Feinabklärung der geometrischen Sachverhalte vornehmen. Die Adreßraumaufteilung stellt ja nur das

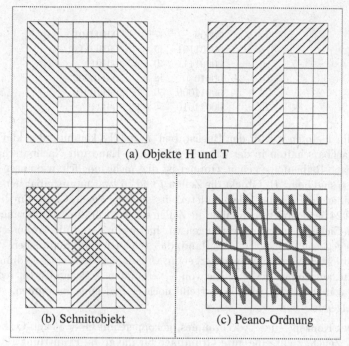

Abbildung 8.19: Raum- und Objektaufteilung nach der Ordnung von Peano

erste, wenn auch sehr effiziente *Sieb* zur Aussonderung unerwünschter bzw. irrelevanter Daten dar.

Eine fundamentale Frage blieb bisher unbeantwortet: Warum verwenden wir beim Durchlaufen und Markieren der Zellen eine Peano-Ordnung und nicht irgendein anderes Prinzip, wie etwa ein zeilenweises, spaltenweises, diagonales? Es geht darum, daß wir *Nachbarschaften* bestmöglich ausnutzen wollen; daß uns dies bei der Ordnung nach Peano gelingt, wird bei der *binären* Schreibung der ersten 8 Zellennummern für das *H*-Objekt deutlich: Es sind die Zahlen $0 - 7$, in binärer Schreibweise

$$00000000, \, 00000001, \, 00000010, \, 00000011,$$
$$00000100, \, 00000101, \, 00000110, \, 00000111$$

Die ersten fünf binären Stellen sind gleich, wir können also alle 8 Zellen mit dem verkürzten *Peano-Code* 00000 charakterisieren. In analoger Weise ergeben sich folgende Peano-Codes für das gesamte *H*-Objekt:

0 – 7	00000	37	00100101
13	00001101	39	00100111
15	00001111	40 – 47	00101
16 – 23	00010	48	00110000
24	00011000	50	00110010
26	00011010	56 – 63	00111

Dasselbe könnten wir für den Buchstaben T tun. Es kommt dabei klar heraus, daß Nachbarschaften in der Ebene *oft* Hand in Hand mit Nachbarschaften in der Peano-Reihenfolge gehen. (Immer ist dies nicht möglich, wie unser Beispiel zeigt; so sind beim H-Objekt die Zellen 7 und 16 zwar unmittelbar benachbart, nicht aber ihre Peano-Codes; andererseits sind die Peano-Codes für die Zellen 23 und 24 benachbart, nicht aber die Zellen selbst.) Für die Anforderungen eines groben Siebes – und mehr verlangen wir hier nicht – sind die Voraussetzungen jedoch gegeben. Es liegt auf der Hand, daß sich auch beim räumlichen Vergleich von Objekten Vereinfachungen ergeben; so läßt sich die Verschneidung zweier Objekte auf einfache Vergleiche von – verkürzten – Peano-Codes reduzieren (Abb. 8.19c). Fassen wir die Vorteile noch einmal kurz zusammen, so ergibt sich folgendes:

• Das Konzept eines Adreßraumes, gekoppelt mit einer Peano-Ordnung für dessen Zellen, stellt eine gute Grundlage für die grobe Ermittlung räumlicher Beziehungen zwischen Objekten dar;

• Peano-Codes erlauben aufgrund der ihnen innewohnenden linearen Ordnung die Implementierung schneller – weil auf binären Vergleichen beruhender – Algorithmen;

• Peano-Codes lassen sich formal wie Attribute zu einem Objekt behandeln und beweisen daher auch bei der Implementierung in Datenbanken ihre Stärke.

Abschließend sei – vorausgreifend auf das folgende Kapitel 9 – erwähnt, daß wir sogar eine eigene *Peano-Algebra* schaffen können; diese stellt ein konsistentes Gebäude von Operationen der Vereinigung, des Durchschnittes etc. für Peano-Codes dar und läßt diese Operationen im Groben auch für die entsprechenden Objekte zu.

Kapitel 9

GEODATENBANKEN

9.1 Elemente der Datenbanktechnologie

In diesem Kapitel wollen wir die in den Kapiteln 1 bis 8 gesammelten Erfahrungen bei der Modellierung von Geodaten umsetzen. Unser Ziel ist eine Schematisierung der entwickelten Modelle, um sie einer automatisierten Verarbeitung zuführen zu können. Datenmodelle, die bisher quasi als Absichtserklärung zur Diskussion standen, münden also nun in konkrete Schemata. Bereits im vorangegangenen Kapitel 8 taten wir einige Schritte in Richtung Datenorganisation, wobei wir dort hauptsächlich den Raum und die raumbezogene Speicherung von Objektgeometrien vor Augen hatten. Nun wollen wir dies auch für den thematischen Teil der Daten tun; dabei stoßen wir in das Gebiet der Datenbanktechnologie vor. Auf weiten Strecken können wir uns – zumindest, was den thematischen Aspekt von Geodaten angeht – von den allgemeinen Richtlinien dieser Technologie leiten lassen. Es genügt also, wenn wir hier die wichtigsten Konzepte und Techniken, die ja auch in allen anderen Sektoren der Informationstechnologie verwendet werden, zusammenfassen. Allerdings werden wir auch sehen, daß sich Geodaten nicht immer so glatt in die Konzepte einer Datenbank einfügen, wie wir dies wünschen. Im weiteren Verlauf des Kapitels wollen wir dies diskutieren und entsprechende Lösungsvorschläge anbieten.

9.1.1 Datenbanken: Definition und Zielsetzung

Anwendungen sind immer rund um Daten aufgebaut. Briefe und ähnliche Dokumente bestehen aus Buchstaben, Worten, Sätzen, Abschnitten. Zeichnungen bestehen aus Geometrieteilen, etwa aus Punkten, Linien, Symbolen, Texten, Füllarten. Hypertextdokumente setzen sich aus Dateien verschiedenen Typs wie Text, Bild, Audio, Video und aus Verweisen zu anderen Dokumenten zusammen. Viele dieser Anwendungen kommen meist sehr gut ohne eine Datenbank aus. Ihre Daten sind in Dateien gespeichert, die sequentiell abgearbeitet werden.

Sie werden *flache Dateien (flat files)* genannt, weil sie wenig Struktur aufweisen. Sie sind nur im Zusammenhang mit eben dieser konkreten Anwendung von Bedeutung. Die Visualisierung eines im Rasterformat gegebenen Bildes stellt eine solche Anwendung dar. In diesem einfachen Fall ist eine flache Datei (ob als JPEG- oder als GIF-Datei) völlig ausreichend. Geht es jedoch um die Visualisierung oder gar um verschiedene Analysen eines Geodatenbestandes, der objektstrukturiert ist, so ist die flache Datei ungeeignet.

Angenommen, eine Anwendung – nennen wir sie EUROPA-ATLAS - zeigt die Länder Europas in Form einer Landkarte und eines Verzeichnisses, das für jedes Land eine Reihe von Informationen, etwa den Namen des Landes, die Hauptstadt, die Einwohnerzahl, die Landessprache(n) und die Koordinaten eines Umrißpolygones enthält. Im einfachsten Fall legt man eine flache Datei an, welche pro Land die thematischen Angaben und die Geometrie in Form von Grenzpunkten enthält.

	Schweiz	Bern	7 Mio	Deutsch, Französisch, Italienisch	x_1/y_1	...	x_k/y_k
	Deutschland	Berlin	82 Mio	Deutsch	x_{k+1}/y_{k+1}	...	x_m/y_m
	Österreich	Wien	8 Mio	Deutsch	x_{m+1}/y_{m+1}	...	x_n/y_n	...	

Bestimmte Festlegungen sind nötig, damit die Anwendung die Information der einzelnen Länder korrekt verwerten kann. So muß ein Trennzeichen vereinbart werden, das den Beginn einer jeweils neuen Informationseinheit (etwa ein weiteres Land) anzeigt. Ein einziges zusammenhängendes in sich geschlossenes Polygon als Grenze eines Landes kann eher als die Ausnahme gelten, denn viele Länder bestehen aus mehreren unzusammenhängenden Teilen. Zu Italien gehören zum Beispiel auch die Inseln Sizilien und Sardinien. 'Inseln' im übertragenen Sinn sind der Vatikan und San Marino – sie sind Aussparungen im italienischen Staatsgebiet. Um also pro Land mehrere Grenzteile zu ermöglichen, könnte man etwa den Abschluß einer Grenzlinie und damit den Beginn einer weiteren Grenzlinie durch spezielle Koordinatenwerte markieren, die außerhalb des üblichen Wertebereiches liegen. Ein ähnlicher Kunstgriff erlaubt es, Koordinaten von Texteinsetzpunkten für Beschriftungen als solche zu kennzeichnen.

Diese flache Datei ist in vielen Fällen durchaus ausreichend. Legen wir die Latte unserer Erwartungen jedoch etwas höher, so empfinden wir es als Nachteil, daß Daten aus flachen Dateien nur sehr beschränkt abfragbar, verknüpfbar und veränderbar sind. Wollen wir etwa nur den Teil eines Grenzpolygons zeichnen der zwei bestimmte Länder voneinander trennt oder auch die Gesamtausdehnung des deutschsprachigen Bereiches visualisieren, so wird dies in unserer Struktur nicht so einfach zu realisieren sein. Eine Verfeinerung der Geometrie durch Hinzunahme weiterer Grenzpunkte, das Einführen weiterer thematischer Attribute und das Korrigieren gespeicherter Werte ist ebenfalls ein Prozeß, der mit Sorgfalt durchgeführt werden muß und fehleranfällig ist. Flache Dateien eignen sich lediglich für immer gleich bleibende Anwendungen, jedoch nicht für ein interaktives Arbeiten und schon gar nicht für Änderungsdienste. Sie

haben keine allgemein nutzbare *Struktur.* Zu einzelnen Attributen oder Geometrien gelangt man nur durch mühsames Navigieren entlang der Datensätze,
wobei es Festlegungen zu beachten gilt, die in der Anwendung getroffen werden, gleichgültig ob sich diese Festlegung in anderen Anwendungen als hinderlich herausstellt. Dinge, die offensichtlich zusammengehören (der Umriß eines
Landes, seine Zusatzinformationen und die Beschriftung auf der Karte) müssen
erst in der Anwendung zusammengeführt werden. Dies bedeutet, daß andere
Anwendungen diese Zusammengehörigkeit nicht ausnützen können.

Die Länder Europas kommen nämlich nicht nur im EUROPA-ATLAS vor, sondern zum Beispiel auch in der Anwendung EUROPA-WIRTSCHAFT. Wollen wir
im nachhinein die Struktur entsprechend erweitern und zu einzelnen Ländern
zusätzliche Informationen speichern, so müssen alle darauf aufbauenden Anwendungen umgeschrieben werden. Der Spielraum ist also ziemlich gering. Neue
Anwendungen für bestehende Daten bringen es oft mit sich, daß die bereits
funktionierenden Anwendungen geändert werden müssen. Ein gleichzeitiger Zugriff von mehreren Anwendungen auf dieselben Daten *(Mehrfachnutzung* oder
Multi-user-Betrieb) ist generell unmöglich. Je mehr Anwendungen auf einen
Datensatz zugreifen, desto größer wird die Gefahr, daß nicht alle dieselbe Art
des Navigierens verwenden und daher zu unterschiedlichen Zeiten unterschiedliche Ergebnisse bringen. Und außerdem ist die *Integrität* der Daten kaum zu
überwachen, können doch die Dateien gelöscht oder über einen Editor beliebig
verändert werden. *Datensicherheit* und *Datenschutz* werden also nicht garantiert. Im ersten Fall geht es um unabsichtliches Verfälschen oder Zerstören
von Daten, im zweiten Fall um mißbräuchliche Verwendung von (zum Beispiel
personenbezogenen) Daten. Die Anforderungen, die wir stellen, führen uns geradewegs auf eine *Datenbank* (DB) zu. Die Datenbank und ihre Ziele werden
von Zehnder [233] folgendermaßen charakterisiert:

> Eine Datenbank ist eine selbständige, auf Dauer und für flexiblen
> und sicheren Gebrauch ausgelegte Datenorganisation; sie umfaßt
> einen Datenbestand und die dazugehörige Datenverwaltung.

Aus dieser Definition geht hervor, daß ein Datenbestand erst dann als Datenbank bezeichnet werden kann,

- wenn ein selbständiges Verwaltungssystem (Data Base Management System, DBMS) die strenge Trennung der Daten von den Anwendungen
  ermöglicht

- und wenn es Anfragen, Neueintragungen und Korrekturen nur über wohl-
  definierte Schnittstellen zuläßt.

Die Forderung nach der Datensicherheit macht es auch notwendig, daß jede
Anwendung hinsichtlich ihrer Zugriffsberechtigung gefragt wird und daß alle

Daten auf ihre Integrität hin (Konsistenz) überprüft werden. Aus der Flexibilitätsforderung kann man ableiten, daß jeder Anwendung eine individuelle Sicht der Daten zugestanden wird, die auf die jeweiligen Erfordernisse eingeht.

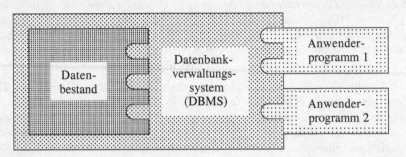

Abbildung 9.1: Aufbau einer Datenbank

Das Zusammenspiel zwischen Anwendungen und einer Datenbank, welche die Daten der Anwendungen verwaltet, wird in Abbildung 9.1 aufgezeigt. Anhand dieser Abbildung ist unsere erste Forderung gut begründbar: Je weniger eine Anwendung vom internen *Navigieren* in den Daten 'wissen muß', desto besser, denn damit entkoppelt man die beiden Bereiche. Anwendungen sollen grundsätzlich Anfragen an die Datenbank richten, die mit der Formulierung

Was wird gebraucht?

umschrieben werden. Die Datenbank ihrerseits bringt dies mit der Beantwortung der Frage

Wie kann diese Anforderung realisiert werden?

in Verbindung. Datenbankzugriffe, die derart von internen Datenbankprozeduren abgekoppelt werden, bezeichnet man als *nicht-prozedural*. Auf diese Weise erreicht man, daß Datenbankverwaltungssysteme austauschbar werden und Anwendungen somit nicht nur auf eine einzige Datenbankvariante fixiert sind.

9.1.2   Datenbankarchitekturen

Datenbanken sind heute unverzichtbarer Bestandteil in allen Bereichen der Informationstechnologie, so auch in der GIS-Technologie. Alle GI-Anwendungen bieten eine klare Trennung zwischen der Anwendungsfunktionalität und der Datenhaltung sowie darüber hinaus eine Ankoppelung an kommerzielle Datenbanken, die über Erweiterungsmodule zur Behandlung von Geodaten verfügen.

Allerdings gibt es Unterschiede hinsichtlich der Art und Weise, wie in diesen Systemen diverse allgemeine Datenbankeigenschaften auf die spezifischen Bedürfnisse von Geodaten zugeschnitten werden ([189]):

- *Verteilung:* Verteilte Datenbanken teilen das zu bewältigende Datenvolumen auf. Daten, die vor Ort gehalten werden, können besser überblickt und konsistent gehalten werden. 'Vor Ort' kann dabei im wörtlichen Sinn gemeint sein, so daß raumbezogene Kriterien (siehe Kap. 8) den Ausschlag geben; es kann aber auch im Sinne von Kompetenzen verstanden werden. Unterschiedliche Zugriffshäufigkeiten können ebenfalls eine darauf abgestimmte Verteilung erfordern. Als Beispiel seien verschiedene Abteilungen einer Stadtverwaltung genannt. Jede Abteilung verwaltet 'ihre' Daten in einer Datenbank vor Ort, kann jedoch bei Bedarf Daten anderer Abteilungen einbinden. Verteilte Datenbanken stellen allerdings erhöhte Anforderungen an die Datenleitungen, die dann auch – speziell bei Geodaten – eine entsprechende Bandbreite aufweisen müssen. Gegebenenfalls müssen bei verteilten Datenbanken einzelne Teile in mehrfacher Kopie gehalten werden. Man nennt dies *Replikation.*

- *Transaktion:* Es ist dies ein Bündel von Aktionen, die in der Datenbank durchgeführt werden, um diese von einem konsistenten Zustand wieder in einen solchen überzuführen. Dazwischen sind Daten zum Teil inkonsistent. Wenn etwa ein Geldbetrag von einem Konto abgebucht und dann einem anderen Konto gut geschrieben wird, so ist das Geld kurzzeitig 'verschwunden'. Die Abbuchung und die Gutschrift machen zusammen eine Transaktion aus. Transaktionen erfüllen Bedingungen, wie sie unter dem Acronym ACID *(atomar – konsistent – isoliert – dauerhaft)* zusammengefaßt sind. Transaktionen sind atomar, also nicht weiter zerlegbar. Innerhalb einer Transaktion werden entweder alle Aktionen durchgeführt oder gar keine. Die Konsistenz wurde eben erklärt. Isoliertheit bedeutet daß Transaktionen, so lange sie nicht vollendet sind, auf andere Aktionen in der Datenbank keinen Einfluß haben. Dauerhaft sind die Änderungen die eine Transaktion vornimmt. Ist die Transaktion abgeschlossen, so kann auch ein darauf folgender Systemabsturz die Daten nicht mehr gefährden.

- *Mehrbenutzerbetrieb (Multi-User-Betrieb):* Mehrere Anwendungen greifen gleichzeitig auf dieselben Daten zu. Ein Funktionieren des Ablaufes hängt sehr von der Art der Zugriffsberechtigungen ab. So lange alle Anwendungen lediglich Daten abrufen, ohne sie zu verändern, stellt dies kein Problem dar. Ändert eine der Anwendungen jedoch etwas am Datenbestand, so entsteht für die anderen Anwendungen, die ja ebenfalls darauf zugreifen, dadurch schon Unsicherheit. Hier kann man gegensteuern, indem man etwa vereinbart, daß Änderungen immer nur zu festgesetzten Zeiten (zum Beispiel um Mitternacht, am Monats- oder Jahresanfang) zu erwarten sind. Schwierig wird es, wenn mehrere Anwendungen gleichzeitig ihr Recht auf Änderung der Daten in Anspruch nehmen. Konflikte werden hier grundsätzlich auf zwei verschiedene Arten verhindert bzw. gelöst: Beim *pessimistischen* Ansatz belegt eine Anwendung, die einen Teil der Daten ändern wird, diese Daten mit einer Sperre, die erst wieder nach erfolgreicher Änderung aufgehoben wird. Die Sperre dauert also so lange wie eine Transaktion. Beim *optimistischen* Ansatz werden Konflikte durch Benachrichtigung angezeigt und gegebenenfalls durch Zuteilung von Prioritäten gelöst.

- *Versionenmanagement:* Sehr oft ergibt sich die Notwendigkeit, verschiedene Versionen eines Datenbestandes gleichzeitig zu verwalten. Es können dies etwa verschiedene Projektvarianten sein. Ein Planungsbüro erarbeitet zum Beispiel verschiedene Varianten einer neu zu verlegenden Trasse. Hier weiß man, wie umfangreich und im Detail kompliziert dies werden kann. Eine andere Anwendung des Versionenmanagements ergibt sich dann, wenn man verschiedene zeitliche Zustände eines Projektes speichern will. Dies können *Zeitreihen* sein, aber auch Zustände, die von der Arbeitsreihenfolge her gegeben sind, wie dies etwa bei zeitlich unterschiedlichen Versionen von Textdateien der Fall ist. Eine weitere Anforderung stellen unterschiedliche rechtsrelevante Zustände dar. So etwa eine Parzellenaufteilung, so wie sie derzeit rechtsgültig ist, im Vergleich zu einer Neuaufteilung, die gerade projektiert wird. Da das Versionenmanagement auch als eine spezielle Form des Mehrbenutzerbetriebes gesehen werden kann, gelten hier dieselben Überlegungen. Versionen können zudem als *Vollversionierung* (alle in Frage kommenden Daten werden für jede Version kopiert) und *inkrementelle Versionierung* (nur die veränderten Daten werden extra gehalten) ausgeprägt sein.

Wenn unterschiedliche Anwendungen auf dieselbe Datenbank zugreifen, so sind die Anforderungen ebenfalls verschieden; nicht alles, was in der Datenbank gespeichert ist, kann für alle Anwendungen gleichermaßen interessant sein. Es gibt also eine ganze Reihe unterschiedlicher Betrachtungsweisen seitens der Anwender, ganz zu schweigen von der Sicht des Datenbankadministrators oder des Systemmanagers. Diese Überlegungen geben Anlaß zur Einführung und Erklärung der sogenannten *Datenbankschemata*. Man unterscheidet zwischen

- dem *internen Schema*,

- dem *konzeptionellen Schema*

- und dem *externen Schema* einer Datenbank.

Diese Aufteilung wird als *Drei-Schema-Architektur* bezeichnet. Während das interne Schema die physische Gruppierung der Daten und die Speicherplatzbelegung beschreibt, gibt das konzeptionelle Schema den grundlegenden Aufbau der Datenstruktur wieder. Das externe Schema einer konkreten Anwendung beleuchtet im allgemeinen nur einen Teilbereich des konzeptionellen Schemas, der für die Anwendung relevant ist. Daraus folgt, daß jede Datenbank genau ein internes und ein konzeptionelles Schema hat, während jeweils mehrere externe Schemata möglich sind.

Den beiden vorhin erwähnten Anwendungen EUROPA-ATLAS und EUROPA-WIRTSCHAFT entspricht jeweils ein externes Schema, das sich auf eine Teilmenge des gemeinsamen umfassenden konzeptionellen Schemas beschränkt. So sind vielleicht in der Anwendung EUROPA-ATLAS die Wirtschaftsdaten irrelevant, während in der Anwendung EUROPA-WIRTSCHAFT möglicherweise die Geometriedaten fehlen. Das Konzept des externen Schemas erleichtert nicht nur die Konzentration auf das Wesentliche in einer Anwendung, sondern ist auch im Sinne der Datensicherheit und des Datenschutzes hilfreich. Sensible Daten treten nicht in jedem externen Schema auf, sondern nur dort wo die entsprechende Berechtigung nachgewiesen wird. Die Drei-Schema-Architektur spricht drei Personenkreise an:

- jedes externe Schema legt die Möglichkeiten und Einschränkungen für eine konkrete Gruppe von *Anwendungen* fest und ist auf die Fachanwender ausgerichtet;

- das konzeptionelle Schema beschreibt die Struktur der Daten für alle tatsächlichen oder möglichen Anwendungen und ist daher für den *Datenbank-Administrator* gedacht;

- das interne Schema beschreibt im Detail die physische Realisierung und die dabei zu verwendenden Systemressourcen; es ist für das *System-Entwicklungsteam* relevant.

Der Vorzug der Trennung in verschiedene Schemata kommt zum Tragen, wenn ein neues externes Schema (eine neue Anwendung) hinzukommt; aber auch dann, wenn sich das interne Schema ändert: Wenn man etwa die Speicherung der Geometrie von einer konventionellen tabellenartigen auf eine raumbezogene Datenstruktur (siehe Kap. 8) umstellt, so ändert sich dadurch im konzeptionellen Schema (und auch in den externen Schemata und den zugehörigen Anwenderprogrammen) nichts; die Anwender merken nur, daß Zugriffe auf die Geometrie schneller erfolgen als bisher. Gerade Änderungen des internen Schemas sind im Vergleich zur Lebensspanne der Daten recht häufig zu erwarten: Während Geodaten sicher einige Jahrzehnte überdauern werden, ist das interne Schema spätestens nach jeder Umrüstung auf eine neue Hardware- und Softwareumgebung erneuerungsbedürftig.

Nachdem es uns jetzt gelungen ist, anwendungsspezifische Aspekte von den grundsätzlichen Möglichkeiten einer Datenbank und auch vom Kleinkram der detaillierten Durchführungsbestimmungen zu trennen, und wir somit das Dreigespann des externen, konzeptionellen und des internen Schemas identifiziert haben, sei es gestattet, wieder ein klein wenig Verwirrung zu stiften: In Kapitel 2 haben wir von *vier* Schemata gesprochen; neben den drei eben erwähnten Schemata tritt dort noch das *logische Schema* in Erscheinung. Wo hat dies seinen Platz in der Drei-Schema-Architektur? Wir wollen diese Diskrepanz in der folgenden Weise erklären und damit aus der Welt schaffen: Datenbanken wurden eingesetzt, lange bevor es Geoinformationssysteme im heutigen Sinne gab. In den damaligen – für unsere Begriffe recht einfachen Anwendungen wurden Kontostände, Versicherungsdaten, Literaturangaben in Datenbankschemata verpackt. Das eigentliche gedankliche Modell hinter einem solchen Schema war so eindeutig und damit einfach, daß die Drei-Schema-Architektur dafür ausreichte. Geodaten sind komplizierter, so daß man gelegentlich das konzeptionelle Schema in zwei Teile teilt: Ein Teil liegt näher beim Modell (z.B. ein Land wird geometrisch durch ein Polygon und thematisch durch eine Tabelle mit Attributen repräsentiert) und der andere Teil liegt näher bei der Implementierung (das Polygon hat geodätische Koordinaten, und eines der thematischen Attribute – die Länderkennung – ist vom Wert her eindeutig und somit zur Identifikation des Landes geeignet). Den ersten Teil nennt man dann auch *konzeptionelles Schema*, während der zweite Teil *logisches Schema* genannt wird. Auf die gleiche Weise läßt sich das externe Schema in zwei Teile teilen. Damit können wir das Problem aber auch schon wieder vergessen: Es sind dies also eher Feinheiten in der Auslegung der Begriffe.

Während wir bis jetzt allgemeine Überlegungen anstellten, wenden wir uns nun speziell der Rolle von Datenbanken in GI-Anwendungen zu. *Geodatenbanken* erweitern das Konzept der Datenbank auf Daten, die neben den Standard-Datentypen auch solche Datentypen ermöglichen, welche einen Raumbezug haben (Punkte, Linien, Polygone usw.). Der englische Ausdruck *Spatial Database* ist umfassender, denn er gilt auch beispielsweise für CAD-Daten. *Geodatenbank-Managementsysteme* (GEODBMS) – treten uns in verschiedenen Spielarten entgegen ([189]), je nachdem, wie sie die Geometrie handhaben, und wie konsequent das Konzept der Objektorientiertheit durchgezogen wird:

- *Relationales* GEODBMS: Alle Daten, ob geometrisch oder thematisch, werden in Tabellen angeordnet. Das relationale Konzept, in seiner Einfachheit und Robustheit unschlagbar, wird unverändert von anderen Bereichen der Informationstechnologie übernommen. Probleme entstehen allerdings dadurch, daß gerade Geodaten in der Anwendung sehr oft große Einheiten darstellen, die dann in der Datenbank atomisiert werden; dies wirkt sich beim Zusammenbau gelegentlich nachteilig aus. Deshalb wird ein BLOB (engl., Abkürzung für Binary Large Object) eingeführt. Ein BLOB ist ein spezieller Attributwert, der vom DBMS nicht näher untergliedert werden kann und daher darauf angewiesen ist, von der Anwendung erkannt und entsprechend verwendet zu werden. Ein typisches Beispiel für ein BLOB ist ein Rasterbild. Es kann aber auch ein Video, eine Audiosequenz oder ein komplexes Objekt sein. Am Beispiel des Rasterbildes werden die Möglichkeiten und Grenzen für BLOBS deutlich. Wir können das Bild (etwa im GIF-Format) zwar darstellen, die Datenbank antwortet aber nicht auf eine Selektionsabfrage hinsichtlich aller Bilder die in einer bestimmten Farbe vorliegen. Eine der ersten relationalen Datenbanken war dBase. Von den heute verwendeten Datenbanken nennen wir DB2, ebenso die Grundausbaustufen von Microsoft Access, Oracle und MySQL.

- *Hybrides (duales)* GEODBMS: Das relationale Konzept wird lediglich auf die thematischen Teile von Geodaten angewandt. Die Geometrie wird in proprietären, also systemspezifischen Dateien verwaltet. Die Verbindung zwischen diesen beiden unterschiedlichen Welten wird durch Identifikatoren hergestellt. Beispiele dafür sind nur mehr in älteren GIS zu finden.

- *Objektrelationales* GEODBMS: Hier wird das relationale Konzept erweitert und man erlaubt Objekte, weicht also von einfachen Datentypen ab. Durch Anleihen von Konzepten der Netzwerkdatenbanken (CODASYL-Datenbanken) erreicht man eine anwendungsgerechte Behandlung von Objekten und Geometrieteilen, ohne auf die tabellenartige Struktur an der Basis zu verzichten. Viele bekannte Datenbanksoftwareanbieter haben ihre Produkte in diese Richtung erweitert. So nennen wir etwa die Oracle Spatial Option von Oracle9*i*. Aber auch ArcSDE von ESRI als Schnittstelle zu verschiedenen Standard-Datenbanken erfüllt viele Aufgaben, die wir dem objektrelationalen Konzepz zuschreiben. Schließlich sei noch PostgreSQL als Open Source Weiterentwicklung des DBMS Ingres und die dazugehörige räumliche Spracherweiterung PostGIS als Implementierung der Simple Features Spezifikation des OGC (Open Geospatial Consortium) erwähnt.

- *Objektorientiertes* GEODBMS: Hier geht man einen von der Tabellenmetapher relationaler Datenbanken unabhängigen und eigenständigen Weg. Es wird die volle Objektfähigkeit geboten. Objekte und ihre Attribute werden durch die Angabe von darauf anzuwendenden Methoden vervollständigt. Die Prinzipien der Objektidentität, Kapselung, Vererbung, von Polymorphismus und Aggregation werden verwirklicht (siehe dazu auch die späteren Abschnitte dieses Kapitels). Objektorientierte GEODBMS sind derzeit Gegenstand intensiver Weiterentwicklung und es haben sich noch keine allgemein bekannten Systeme durchgesetzt. Es sei jedoch auf die Internet-Seiten der Object Management Group OMG (http://www.omg.org/) verwiesen.

Auf http://www.matheboard.de/lexikon/Datenbank,definition.htm finden wir eine umfassende Übersicht zu den verschiedenen am Markt befindlichen Datenbanken.

9.2   Aufbau eines Datenbankschemas

9.2.1   Entitäten, Segmente, Assoziationen

Stellen wir uns die Frage, was nun in einer Datenbank die kleinste Einheit ist, die als Ganzes eingefügt oder gelöscht werden kann, so gelangen wir zum Begriff der *Entität*. In [233] wird eine Entität folgendermaßen definiert:

> Eine Entität ist ein individuelles Exemplar von Elementen
> der realen Welt oder der Vorstellungswelt.

Die wohl einfachste geometrische Entität, die man sich vorstellen kann, ist ein Punkt. Er setzt sich zwar – im zweidimensionalen Fall – aus zwei noch einfacheren Bestandteilen zusammen, nämlich aus seinen Lagekoordinaten. Diese jede für sich allein sind aber zu wenig selbständig, um als Entität geführt zu werden.

In keiner Geodatenbank wird man zwei getrennte Verzeichnisse von x- und y-Koordinaten führen, sondern eben ein Punkteverzeichnis das zwei Einträge pro Entität aufweist. Der *Entitätstyp* PUNKT besteht aus zwei *Segmenten* X und Y. Oft kommt auch ein drittes Segment PUNKTNUMMER hinzu, gefolgt von einem vierten für die HÖHE usw. Da man mittels der Entitätstypen den Geodatenbestand klassifizieren kann, spricht man auch von Entitätsklassen. Und wenn man das Punkteverzeichnis als Menge von Individuen ansieht, so kommt man zum Begriff Entitätsmenge. Ob Typ, Klasse oder Menge, alle drei Bezeichnungen beschreiben den Sachverhalt auf dem in Kap. 6 erklärten *Typ-Niveau*. Auch die Segmente gehören zum Typ-Niveau. Ein konkreter Punkt ist dann eben eine *Instanz* dieses Entitätstyps PUNKT, ebenso wie seine Koordinaten als *Werte* der Segmente X und Y auf dem *Instanz-Niveau* liegen. Obwohl es hier demnach zu unterscheiden gilt, ob man einen Typ oder dessen Instanzen betrachtet, ist es im Sinne einer einfacheren Ausdrucksweise üblich, den Begriff Entität in beiden Fällen zu verwenden. Wir müssen hier also Acht geben und aus dem Zusammenhang heraus die jeweils angebrachte Bedeutung zuordnen.

Jedes Segment können wir uns als einen *Rahmen (frame)* vorstellen, innerhalb dessen verschiedene *Instanzen* möglich sind. Eine Entität ist dann eine Zusammensetzung solcher Segmentinstanzen. Oft wird in diesem Zusammenhang bildlich und sehr treffend von Momentaufnahmen des Inhaltes eines Rahmens gesprochen. An der Kasse des Supermarktes wird zumindest die Artikelnummer und der Preis der Ware in getrennten Feldern angezeigt; wir haben also eine Entität mit zwei Segmenten vor uns. Auf den Registrierkassen der alten Tante-Emma-Läden wurde der zu zahlende Betrag getrennt in Schilling- und Groschenanteilen angezeigt; auch dies ist eine Gruppe von Segmenten einer Entität. Diese alten Registrierkassen liefern auch eine weitere sehr illustrative Metapher für das Paar *Rahmen-Instanz*: Für jede Dezimalstelle gab es in der Anzeige ein sich rasch drehendes Rad mit den Ziffern 0 bis 9, und alle diese Räder kamen zur selben Zeit zum Stillstand, um in ihrer Gesamtheit einen konkreten Preis anzuzeigen; dies entspricht dem Bild der Momentaufnahme, unserer Instanz. Zwei Beispiele mögen den Zusammenhang zwischen dem Rahmen und seinen möglichen Instanzen verdeutlichen:

Rahmen:	*Instanzen:*
PUNKTNUMMER	P-123
	P-128
	...

Rahmen:	*Instanzen:*
EIGENTÜMER	Erna Gruber
	Hans Meier
	...

Entitäten und ihre Segmente, so wie wir sie hier sehen, entsprechen natürlich den Entitäten und Attributen im Sinne der Modellierung von Geodaten. In Kapitel 2 wurde das EAR-Konzept erklärt, das Entitäten, ihre Attribute und die zwischen Entitäten bestehenden Relationen definiert. Das, was wir dort als Relation (Beziehung) bezeichnet haben, begegnet uns hier unter dem Begriff der *Assoziation*. Wir können Assoziationen auf dem Typ-Niveau (also zwischen

Entitätstypen, auch Segmenten) formulieren und dann zu Recht erwarten, daß sie auch zwischen den einzelnen Vertretern dieser Typen – also für konkrete Entitäten mit bestimmten Segmentwerten auf dem Instanz-Niveau – gelten.

Wenn wir die Assoziationen zwischen einzelnen Entitäten bzw. Segmenten untersuchen, so stellen wir fest, daß gewisse Assoziationen in beiden Richtungen eindeutig sind. Zum Beispiel gibt es für jedes Land genau eine Hauptstadt, und umgekehrt kann eine bestimmte Stadt nur Hauptstadt eines einzigen Landes sein. (Eine Abkehr von dieser Regel könnte allerdings zur Lösung eines gordischen Knotens der Politik beitragen, indem man Jerusalem zur Hauptstadt zweier Länder – Israel und Palästina – macht.) Die Assoziation zwischen den Segmenten LAND und HAUPTSTADT ist also der klassische Fall einer *1:1-Assoziation (one to one)*. In einer solchen Assoziation sind die Instanzen der beiden beteiligten Segmente nicht unabhängig voneinander; sie treten immer nur paarweise auf.

Es gibt aber auch viele Assoziationen, die einem bestimmten Wert eines Segmentes im allgemeinen mehrere Werte des Partnersegmentes zuordnen. Als Beispiel sei die Assoziation LAND-GEMEINDE angeführt. Dies ist eine *1:m-Assoziation (one to many)*: In jedem Land gibt es mehrere Gemeinden, während jede Gemeinde nur zu jeweils einem Land gehören darf. Wir bezeichnen eine 1:m-Assoziation als *hierarchisch*. Sie erlaubt es grundsätzlich auch, daß für gewisse Werte doch wieder nur ein Partner gefunden wird – wie etwa im Fall des Landes Wien, das nur aus einer einzigen Gemeinde besteht – bzw. sogar, daß manche Werte keinen Partner finden. Am kompliziertesten wird es, wenn eine *m:n-Assoziation (many to many)* vorliegt. Als Beispiel sei die Assoziation zwischen Entitäten des Typs GRUNDSTÜCK und des Typs EIGENTÜMER genannt. Es kann Grundstücke geben, die mehrere Eigentümer haben. Ein Eigentümer kann aber auch anteilig mehrere Grundstücke besitzen. Ein anderes Beispiel wäre die Assoziation LAND-SPRACHE. Wir klammern Fremdsprachen aus und beziehen uns auf die Muttersprache. Es gibt mehrsprachige Länder (Schweiz, Belgien, Finnland), aber auch Sprachen, die in mehreren Ländern als Muttersprache gelten (Deutsch, Französisch, Englisch). Der Fall m:n ist als die allgemeinste Kategorie anzusehen; er enthält die Spezialfälle 1:m und 1:1.

Für jede Assoziation, die definiert wird, muß demnach auch festgelegt werden, welchem der drei Fälle 1:1, 1:m, m:n sie entspricht. In Kapitel 2 haben wir diese Festlegung für Relationen als *Kardinalität* bezeichnet. Wie wichtig die Kardinalität für das praktische Arbeiten ist, erkennen wir sofort, wenn wir – unabhängig von unseren derzeitigen Überlegungen bezüglich einer Datenbank – eine flache Datei (flat file) für ein Anwenderprogramm erstellen wollen. Wenn wir wissen, daß es zu jedem Land genau eine Hauptstadt geben *muß*, so wird ein Feld dafür reserviert. Anders müssen wir vorgehen, wenn ein Land mehrere Städte haben *kann*; in diesem Fall müssen wir die Möglichkeit schaffen, eine variable Zahl von Feldern für die Eintragung der Städte bereitzustellen; wir müssen uns auch auf ein Ungültigkeitszeichen einigen, denn es kann auch (selten, aber doch) ein Land geben, für das keine Stadt angegeben werden kann, wie man am Beispiel des Vatikans sieht. Die verschiedenen Varianten der Assoziationen zwischen Segmenten bzw. Entitäten werden auch oft in folgender Weise dargestellt:

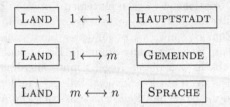

LAND	1 ⟷ 1	HAUPTSTADT
LAND	1 ⟷ m	GEMEINDE
LAND	m ⟷ n	SPRACHE

Diese Art der Darstellung der Assoziationen kann in vielfältiger Weise variiert werden. Das obige Beispiel ist natürlich so einfach und auch einleuchtend, daß die gewählte Darstellungsart völlig ausreichend ist; ja, ein Mehr würde vielleicht sogar verwirren. In komplexen Datenschemata möchte man aber explizit vermerken, daß ein Wert des einen Segmentes *genau zwei* oder *mindestens einem* oder *weniger als drei* Werten des anderen Segmentes entspricht. Man will auch die Assoziation (sowohl in die eine wie auch in die andere Richtung) konkreter ausdrücken. So ergibt sich etwa folgende Variante zur früheren Darstellung, wenn man die umgekehrte Bedeutung der Assoziation in Klammern setzt:

$$\text{\textit{hat} } 1..m$$
$$\boxed{\text{LAND}} \quad \longrightarrow \quad \boxed{\text{GEMEINDE}}$$
$$(\textit{ist Teil von } 1..1)$$

oder

$$\text{\textit{hat} } 1..4$$
$$\boxed{\text{LAND}} \quad \longrightarrow \quad \boxed{\text{SPRACHE}}$$
$$(\textit{wird gesprochen in } 0..m)$$

Die letzte Assoziation würde im Klartext so zu lesen sein:

> In jedem Land wird mindestens eine Sprache gesprochen. Höchstens sind es vier. (Dies trifft zumindest für West- und Mitteleuropa zu.)
> Es gibt Sprachen, die in mehreren Ländern beheimatet sind, aber auch Sprachen, die in keinem Land als Muttersprache gelten (Latein).

Wir wollen nochmals hervorheben, daß dies Assoziationen zwischen Segmenten bzw. Entitäten sind, die einen allgemeinen Rahmen abstecken. In diesen passen dann einzelne Instanzen hinein. Obzwar die Typen LAND und SPRACHE in einer für beide Richtungen mehrdeutigen Assoziation stehen, kann es ein Land geben, das mit einer Sprache in einer 1:1-Assoziation steht: Die Sprache ist in diesem Land die einzige; sie wird auch nur in diesem Land gesprochen; z.B. Island – Isländisch.

9.2.2 Datenbankschlüssel

Der Zugriff auf Daten einer Datenbank erfolgt über *Schlüssel (keys)*. Schlüssel
sind jene Segmente einer Entität, die für die Identifizierung der Instanzen geeignet sind und die für die Verknüpfung von Entitäten verschiedener Typen
sorgen. Der *Primärschlüssel* einer Entität ist mit jedem anderen Segment dieser
Entität durch eine 1:1-Assoziation oder durch eine m:1-Assoziation verbunden.
Betrachten wir dies am Beispiel der Entität LAND mit ihren Segmenten NA-
ME, HAUPTSTADT, EINWOHNER und FLÄCHE, so würde das Segment NAME
ein Primärschlüssel sein. Dies besagt, daß durch die Angabe eines bestimmten
Wertes für dieses Segment (z.B. Österreich) genau ein Wert für die Anzahl der
EINWOHNER und für die FLÄCHE resultiert. Der Fall einer m:1-Assoziation tritt
in diesem Beispiel dann auf, wenn für ein Land mehrere Namen (Alias-Namen)
gebräuchlich sind, die aber trotzdem alle auf dieselbe Datenbankeintragung
verweisen. Auch HAUPTSTADT wäre als Primärschlüssel geeignet, weil man ja
durch Angabe eines Wertes (z.B. Bern) eindeutig eine Entität (in diesem Fall
die Schweiz) identifizieren kann. Umgekehrt jedoch könnte das Segment EIN-
WOHNER nie ein Primärschlüssel sein, denn bei Angabe eines Wertes (z.B. 8
Millionen) kämen *alle* Länder mit dieser Einwohnerzahl in Frage. Es wäre dies
also eine 1:m-Assoziation. Freilich sind auch solche Fragen an die Datenbank
sinnvoll, nur handelt es sich eben nicht um Primärschlüssel. Ähnliches gilt für
das Segment FLÄCHE. Im oben erwähnten Beispiel der Registrierkasse wäre die
Artikelnummer ein Primärschlüssel, nicht aber der Preis.

Es sollte jeder Entitätstyp einen Primärschlüssel aufweisen; nur dieser erlaubt
einen eindeutigen *Zugriff* auf eine Instanz; er gibt den *Zugriffspfad* zu den Instanzen eines Entitätstyps an. Wir können dafür auch eine Kombination von
Segmenten einsetzen. In einem Punkteverzeichnis würde die x-Koordinate allein natürlich nicht als Primärschlüssel zu gebrauchen sein, ebensowenig die
y-Koordinate. Gemeinsam jedoch sind sie stark. Der Zugriff auf eine Punktedatei über die Lage baut auf einem derartigen *zusammengesetzten Schlüssel*
auf. Allerdings muß bei einer solchen Zusammensetzung die Forderung erfüllt
werden, daß sie keine überflüssigen Bestandteile enthält; präziser ausgedrückt,
darf man aus ihr keinen Bestandteil entfernen, ohne daß ihr Charakteristikum
als Primärschlüssel verlorengeht: In einem System mit dreidimensionalen Daten wäre die Kombination von x und y allein noch zu wenig schlagkräftig, um
als Primärschlüssel verwendbar zu sein, weil mehrere Punkte mit identischen
x und y-, aber unterschiedlichen z-Koordinaten vorkommen können. Unsere
obige Definition wäre also nicht erfüllt.

Wir sehen also, daß es im allgemeinen mehrere Möglichkeiten gibt, einen
Primärschlüssel zu vergeben; für den Entitätstyp PUNKT ist es entweder die
Punktnummer oder die Punktlage. Für das LAND etwa könnte man wahlweise
den Namen des Landes (z.B. Österreich oder Deutschland), eine gebräuchli-
che Länderkennung (A, AT oder AUT für Österreich bzw. D, DE, GER für
Deutschland), die Hauptstadt oder auch einen charakteristischen Punkt als

Primärschlüssel anführen: das arithmetische Mittel aller Randpunkte etwa, sofern sich hier eine Eindeutigkeit erreichen läßt. Es gibt also mehrere *Kandidaten* für einen Primärschlüssel, aus denen einer dann ausgewählt wird. Kennzeichnend für diese Kandidaten ist es, daß sie alle untereinander in 1:1-Assoziationen stehen.

Ein *Sekundärschlüssel* ist ein Schlüssel, der nicht zu diesen Kandidaten gezählt werden kann, weil er mit einem von ihnen in einer 1:m-Assoziation steht. In unserem Beispiel ist dies die Anzahl der EINWOHNER oder auch die FLÄCHE. Es wird gelegentlich mehrere Länder mit derselben (gerundeten) Einwohnerzahl geben. Das Resultat eines Zugriffes über einen Sekundärschlüssel ist dann eben mehrdeutig, und der Initiator eines solchen Zugriffes tut gut daran, sich darauf einzurichten.

Schließlich spricht man auch noch von einem *Fremdschlüssel*, wenn das entsprechende Segment als Primärschlüssel in einem anderen Entitätstyp auftritt. So seien zum Beispiel für den Entitätstyp STADT die Segmente NAME, EINWOHNER und LÄNDERKENNUNG gegeben. Die Länderkennung ist hier ein Fremdschlüssel, weil sie im Entitätstyp LAND als Primärschlüssel auftritt. Dies ermöglicht es, bei Bedarf eine Verbindung zwischen verschiedenen Informationsebenen herzustellen, in diesem Fall zwischen Städten und Ländern. Fremdschlüssel vollziehen also diese Verknüpfung zwischen einzelnen Entitäten, die wir im Rahmen der Modellierung als Relationen zwischen Objekten kennengelernt haben.

Meist verkürzt man die unhandliche Bezeichnung 'Primärschlüssel' und verwendet dort, wo es keine Gefahr der Verwechslung mit Sekundär- und Fremdschlüsseln gibt, die einfache Form 'Schlüssel'. So wichtig Schlüssel auch für den Zugriff auf Entitäten sind, so werden diese zum Großteil aus anderen, nicht als (Primär-)Schlüssel tauglichen Segmenten aufgebaut sein, welche die Instanzen näher beschreiben. Gelegentlich werden auch diese als Zugriffskriterium verwendet, wenngleich sie mehrdeutige Antworten liefern. Zum Beispiel wird man gelegentlich alle Daten eines bestimmten Typs benötigen, die am 28. März 2005 erfaßt wurden, oder alle Daten, die von der Firma X stammen. In einer Gebäudestatistik sind die Anzahl der Stockwerke und das Baujahr solche beschreibenden und selten als Schlüssel verwendeten Segmente; ab und zu will man jedoch alle dreistöckigen Häuser selektieren.

Beschreibende – nicht als Schlüssel verwendbare – Segmente werden in der Datenbankliteratur als *Attribute* bezeichnet. Wir wollen jedoch hier mit diesem Begriff sparsam umgehen, weil er – wie wir weiter oben angemerkt haben – im GIS-Umfeld für semantische Eigenschaften gebraucht wird. Im Sinne unserer jetzigen Überlegungen müßten wir natürlich auch geometrische Eigenschaften – z.B. die Genauigkeit der Punktlage – als Attribute ansehen. Manchmal geht man sogar so weit, daß man *alle* Segmente einer Entität als Attribute bezeichnet. Schlüssel sind dann eben spezielle Attribute. (In der Tat kann man sich bei allen bisher gebrachten Beispielen Anwendergruppen vorstellen, für die sich die Rolle der Schlüssel bzw. Attribute umkehrt!)

Segmente sind fest an einen Entitätstyp gebunden, oder besser gesagt, in jede Entität eines solchen Typs eingebettet. Wir können zwar Instanzen einer Entität durch Angabe eines einzelnen Segmentwertes auswählen (selektieren), jedoch nicht Verknüpfungen zwischen einzelnen Segmenten von Entitäten unterschiedlichen Typs anlegen. Wir müssen auch dafür Sorge tragen, daß Segmente und Segmentwerte nicht kopiert bzw. in n-facher Ausfertigung in verschiedenen Entitäten vorkommen. Würden wir nämlich im Verzeichnis STADT neben der Länderkennung noch weitere länderspezifische Segmente anführen, um das Verzeichnis LAND einsparen zu können, so würden sich mit der Zeit unübersichtliche Mehrgeleisigkeiten einschleichen. Eine Aktualisierung des Datenbestandes wird immer schwieriger, weil länderspezifische Informationen hier und dort und allüberall verstreut vorkommen. Die Entscheidung über die Gruppierung der Segmente, der Assoziationen und Wertebereiche sowie die Vergabe von Schlüsseln erfolgt bereits in der Entwurfsphase der Datenbank. Sie muß sich am Rahmen der Anwendererfordernisse orientieren und hat dementsprechend weitreichende Konsequenzen. Die Festlegung daß Punkte wahlweise über ihre Punktnummern oder über Koordinaten gesucht werden können, ist ein Beispiel dafür (siehe auch Kap. 8). Nachträgliche Änderungen der Gruppierung von Segmenten sind möglich, jedoch bewirken einige Änderungen – wie etwa die Änderung des Primärschlüssels – eine Neukonfiguration der gesamten Datenbank.

Die Schlüssel ebnen uns also den Zugang zu den Daten einer Datenbank. Damit ist aber noch nicht alles über die Effizienz des Zugriffes gesagt. Wenn wir auf Punkte über ihre Nummer zugreifen, so ist es einleuchtend, daß die Suche beschleunigt wird, wenn die Punkte nach Nummern geordnet vorliegen; wir können dann etwa durch *binäres Suchen* eine beträchtliche Zeitersparnis erreichen. (Die Daten des Telefonbuches sind nach Namen sortiert; deshalb wissen wir, daß der Buchstabe D in der vorderen Hälfte liegt; diese Halbierung können wir beliebig oft wiederholen und so recht rasch zum Ziel gelangen.) Diese Ordnung der Elemente kann natürlich physisch verstanden werden; die Punkte sind in einer Tabelle nach Punktnummern aufsteigend sortiert, und die Tabelle ist in dieser Form als Ganzes abgespeichert:

PUNKTNUMMER	LAGE	HÖHE	...
...	...	...	...
P-128	...	...	...
P-129	...	...	...
P-130	...	...	...
...	...	...	...

Die Ordnung kann aber auch durch das Anlegen eines *Index* herbeigeführt werden:

PUNKTNUMMER	INDEX	INDEX	LAGE	HÖHE	...
...	...	I1	...	...	...
P-128	I2	I2	...	...	...
P-129	I1	I3	...	...	...
P-130	I5	I4	...	...	...
...	...	I5	...	...	...

Dies hat den Vorteil, daß beim Verändern der Punktedatei nicht ständig die Speicherplätze umbesetzt werden müssen. So müßte etwa im oberen Beispiel eine Löschung des Punktes P-129 ein Nachrücken aller nachfolgenden Eintragungen nach sich ziehen. Im unteren Fall muß nur die Verkettung der Indizes nachgeführt werden. Dies ist im allgemeinen mit viel weniger Aufwand verbunden als die Reorganisation der Daten selber. Indizes müssen grundsätzlich beim Entwurf der Datenbank angelegt werden. Sie richten sich stark nach den Anwendererfordernissen und legen fest, welche Segmente hinsichtlich des Zugriffes bevorzugt behandelt werden sollen. Die nachträgliche Einführung eines Index für ein bestimmtes Segment ist möglich, jedoch ist zu beachten, daß jeder zusätzliche Index das Zeitverhalten der Datenbank belastet. Der Index hat nicht immer eine solch einfache Gestalt wie im obigen Beispiel. So läßt sich etwa eine raumbezogene Speicherung der Punkte durch Einführung eines zweidimensionalen Index bewerkstelligen. Der gesamte Bereich der zu bearbeitenden Punkte wird in Rechtecke zerlegt. Jedes dieser Rechtecke entspricht einem zusammenhängenden Speicherbereich und enthält im allgemeinen mehrere Punkte. So kann man rasch in die Nähe des gewünschten Punktes kommen und lokal im jeweiligen Rechteck detailliert suchen. Natürlich muß diese Methode noch in vieler Hinsicht verfeinert werden, um praxisgerechten Anforderungen zu genügen. Eine entsprechend detaillierte Schilderung ist in Kapitel 8 zu finden.

9.3   Einfache Datenbankorganisationsformen

Die ersten Datenbanken entstanden in den 70er Jahren und wurden nach dem damaligen Standard als CODASYL-Datenbanken bezeichnet (siehe [160]). Sie gestatteten es erstmalig, komplexe Zusammenhänge zwischen Entitätsklassen zu modellieren. Dies gab Anlaß für die Bezeichnung *Netzwerkdatenbank*. In den 80er Jahren traten dann *relationale Datenbanken* (RDB) ihren Siegeszug an. Dieses Konzept nach E.F.Codd wurde auf vielen Plattformen implementiert. Mit SQL und seinen diversen Spielarten entstanden mächtige Werkzeuge der Abfrage und Bearbeitung. Die heute zur Verfügung stehenden Datenbanken bauen vielfach darauf auf. Sie haben jedoch in unterschiedlichem Maß objektorientierte Konzepte und auch Erweiterungen hinsichtlich raumbezogener Daten integriert. Man spricht daher auch von *objektrelationalen Datenbanken* (ORDB). Der Typus der *objektorientierten Datenbanken* (OODB) geht noch einen Schritt weiter in Richtung einer Integration der Datenverwaltung mit Anwendungen unter dem objektorientierten Paradigma. Um eine Übersicht zu gewinnen, werden wir zunächst die zwei Grundtypen der relationalen Datenbank und der Netzwerkdatenbank vergleichen, obzwar sie in GI-Anwendungen in dieser Reinheit nicht mehr vorkommen. Diese Grundtypen unterscheiden sich in der Art und Weise, wie die Assoziationen zwischen einzelnen Entitäten realisiert werden. Darauf können wir dann Überlegungen aufbauen, wie wir den Schwachstellen in diesen Konzepten durch die Verwendung objektrelationaler oder objektorientierter Ansätze begegnen können.

9.3.1   Relationale Datenbanken

Die meisten heute in Verwendung befindlichen Datenbanken gehören der relationalen Organisationsform an oder bauen zumindest auf dieser auf. Relationale Datenbanken (RDB) sind besonders einfach vom Konzept wie auch von der Handhabung her. (Kritiker sagen, daß sie zu einfach sind; ein Ziel des vorliegenden Kapitels ist es, dem Leser die diesbezügliche Beurteilung zu erleichtern.) Für eine übersichtsweise Darstellung relationaler Datenbanken sei auf [80] verwiesen. In relationalen Datenbanken werden alle Daten in Tabellenform gespeichert, so wie wir dies bereits in einigen der oben angeführten Beispiele (zwar nicht explizit, aber doch sinngemäß) angenommen haben. Für jeden Entitätstyp wird eine Tabelle angelegt. So könnte dies etwa für Städte und Länder gemacht werden:

STADT-ID	STADT-NAME	STADT-GEOMETRIE
SBG	Salzburg	...
MUC	München	...
GRZ	Graz	...
ZRH	Zürich	...
...	...	...

LAND-ID	LAND-NAME	LAND-GEOMETRIE
GER	Deutschland	...
AUT	Österreich	...
SUI	Schweiz	...
...	...	...

Die Spalten einer Tabelle werden *Domänen* genannt, die Zeilen werden als *Tupel* bezeichnet. Natürlich werden in der Praxis weit mehr Domänen auftreten als wir in diesem Beispiel anführen. Gerade der Reichtum an Attributen ist ja eines der Kennzeichen einer Geodatenbank. Charakteristisch für das relationale Konzept ist es, wie zwei Entitäten unterschiedlichen Typs miteinander verbunden werden. Städte und Länder stehen in Beziehung zueinander. Jede

Stadt liegt in einem bestimmten Land. Dieser Umstand könnte einerseits implizit räumlich-geometrisch modelliert werden, indem wir die STADT-GEOMETRIE durch Punkte, die LAND-GEOMETRIE durch Polygone definieren und sodann für jedes Paar einen Punkt-in-Polygon-Test durchführen, oder indem wir – im Sinne einer relationalen Datenbank – diese Beziehung (Relation) auch wieder durch eine Tabelle modellieren:

STADT-ID	LAND-ID
MUC	GER
GRZ	AUT
SBG	AUT
ZRH	SUI
...	...

Dabei fallen uns einige Besonderheiten auf, die typisch für relationale Datenbanken sind:

• Es kommt überhaupt nicht auf die Art der Anordnung in der Tabelle an. Sowohl die Anordnung der Spalten (Domänen) wie auch die Anordnung der Zeilen (Tupel) ist willkürlich.

• In der obigen Verknüpfungstabelle wird das Land Österreich zweimal angesprochen, und zwar über den *Wert* eines seiner Segmente – der LAND-ID. *Wo* (also in welcher Zeile der Tabelle) dies gemacht wird, ist unwesentlich.

• Wir stellen die Verknüpfung über die Werte der Segmente STADT-ID (einer STADT-Entität) und LAND-ID (einer LAND-Entität) her. Es sind dies Primärschlüssel. Natürlich hätten wir dafür auch andere Kandidaten für Primärschlüssel heranziehen können. Der Stadtname käme in Frage, so lange man nicht zwei Städte mit demselben Namen in derselben Tabelle speichert. (Es gibt sowohl in Österreich wie auch in der Schweiz eine Stadt mit Namen Baden; für diese würde man eine unterschiedliche STADT-ID vergeben. An anderer Stelle haben wir für diese eindeutige Identifikation die Bezeichnung *Surrogat* gewählt.)

Diese Konstruktion hat entscheidende Vorteile:

• Die interne Organisation einer Tabelle ist von den anderen Tabellen gänzlich unabhängig. So kann man etwa die STADT-Tabelle beliebig sortieren, ohne daß dadurch in der LAND-Tabelle Änderungen nötig wären.

• In der Anwendung formuliert man eine Anfrage und muß keine Kenntnis davon haben, wie diese Anfrage intern behandelt wird. Das heißt, der Anwender entscheidet über das *WAS?*, während der Datenbank die Entscheidung über das *WIE?* zukommt. Diese Art der Kommunikation wird als *nichtprozedural* bezeichnet. Die Anwendung ist frei von den Problemen des *Navigierens* entlang von vordefinierten Datenpfaden, was wiederum entscheidende Vorteile bringt. In hierarchischen und Netzwerkansätzen hingegen muß das Anwenderprogramm sehr wohl über die möglichen internen Pfade informiert sein.

• Tabellen entsprechen am ehesten der Art, wie wir normalerweise Zusammenhänge darstellen. Auch im alltäglichen Leben legen wir vieles in Tabellenform an: den Einkaufszettel, die Abrechnung des Haushaltsbudgets, den Terminkalender u.v.m.

• Tabellen können einfach kombiniert, verändert und abgefragt werden. Für diese Operationen gibt es einen eigenen *Kalkül*, also eine mathematisch präzise Beschreibung, die den Regeln der Prädikatenlogik entspricht. Aufbauend auf diesem Kalkül gibt es verschiedene *Zugriffssprachen*, die alle Grunderfordernisse bei der Handhabung der Tabellen abdecken. Sie kommen dabei mit einigen wenigen Sprachelementen aus und sind daher leicht erlernbar. Wir werden auf diese Sprachen später in diesem Kapitel eingehen.

• Tabellen lassen sich im nachhinein leichter erweitern als andere Datenstrukturen. So läßt eine relationale Datenbank das Hinzufügen neuer Spalten (Domänen) zu.

• Tabellen erlauben es, benutzerspezifische Ansichten *(views)* der Daten herzustellen, so wie wir dies eingangs von einem externen Datenbankschema gefordert hatten.

• Es gibt einfache Regeln, die bei der Erstellung der Tabellen für eine minimale – d.h. möglichst redundanzfreie – Speicherung der Daten sorgen und die auch eine stabile Datenstruktur begünstigen. Diese Regeln (Normalformen) werden wir später noch eingehend untersuchen.

9.3.2   Netzwerkdatenbanken

Netzwerkdatenbanken waren die ersten Datenbanken, die praktisch eingesetzt wurden. Sie werden auch als CODASYL-Datenbanken bezeichnet. Dies ist eine Abkürzung für *COnference on DAta SYstems Languages* und geht auf Bemühungen in den 70er Jahren zurück, Standards für Datenbanken zu entwerfen. Netzwerkdatenbanken haben in ihrer reinen Form kaum mehr eine Bedeutung. Dort jedoch, wo relationale Datenbanken Schwachstellen aufweisen – und das ist gerade bei Geodaten der Fall – haben Netzwerkdatenbanken einige wichtige Impulse geliefert, um das relationale Datenbankkonzept entsprechend zu erweitern. Deshalb wollen wir hier kurz darauf eingehen.

Ein einfaches, wenn auch sehr spezielles Beispiel für eine Netzwerkorganisation stellt das *hierarchische Datenbankmodell* dar. Es bietet sich für Daten an, die immer nur durch 1:m-Assoziationen verknüpft sind und bei denen sich diese Verknüpfung über mehrere Ebenen hinweg fortpflanzt. Querverbindungen sind in einem strengen hierarchischen Modell unmöglich. Als Beispiel führen wir die Assoziation zwischen Verwaltungseinheiten STAAT – LAND – BEZIRK – GEMEINDE an. Diese hierarchische Assoziation zwischen den Entitätstypen entspricht einer Baumstruktur der jeweiligen Instanzen: Österreich besteht aus den Ländern Burgenland, Kärnten, Niederösterreich, Oberösterreich, Salzburg,

Steiermark, Tirol, Vorarlberg und Wien. Das Land Vorarlberg besteht aus den
Bezirken Bregenz, Dornbirn, Feldkirch und Bludenz; Bezirke bestehen aus Gemeinden, und dieses Einteilen geht weiter bis hinunter zur Grundstücksebene.

Zu jeder Instanz gibt es genau eine unmittelbare Vorgängerinstanz. Damit äquivalent ist die Forderung, daß zwischen zwei beliebigen Instanzen in der Baumstruktur nur eine einzige Verbindung hergestellt werden kann; wenn man den
Baum der Instanzen als Graphen betrachtet, so darf es in diesem Baum keine
Zyklen geben. (Zyklen sind Wege, die von einem Knoten ausgehen und auf einem nichttrivialen Weg wieder in den Anfangsknoten zurückkehren.) Für die
Beziehung zwischen dem Staat und der Gemeinde gibt es daher keine Mehrdeutigkeiten hinsichtlich der Zugehörigkeit zu dazwischenliegenden Verwaltungseinheiten.

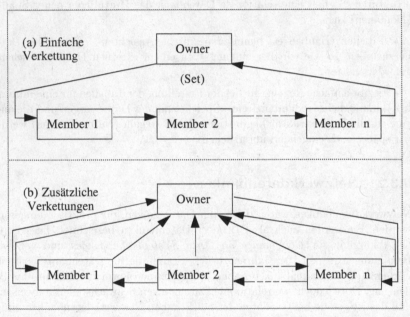

Abbildung 9.2: CODASYL-Struktur: Owner, set und members

Ein solcher hierarchischer Aufbau läßt sich sehr gut durch eine CODASYL-
Struktur beschreiben. In dieser verfügt ein *Eigner (owner)* über einen *Satz
(set)* von Elementen, die als *Glieder (members)* bezeichnet werden. Dies wird
in Abbildung 9.2a dargestellt (siehe auch [124]). Jeder Eigner ist mit einem
der Glieder verknüpft, dieses mit einem weiteren Glied usw. bis zum letzten
Glied, das wieder zum Eigner zeigt. Ein Staat zeigt also auf ein (erstes) Land,
dieses zeigt zum nächsten Land und so fort bis zum letzten Land, das selbst
wieder zum Staat zurück zeigt. Auf der nächsten Hierarchieebene beobachten

wir wieder so einen Kreislauf. Von einem Land folgen wir dem Zeiger zu dessen
erstem Bezirk, von diesem zum nächsten Bezirk und so fort, bis wir den letzten Bezirk dieses Landes erreicht haben, von dem es wieder zurück zum Land
selbst geht. In einer CODASYL-Struktur ist also der *Zeiger (pointer)* von einem
Element zum nächsten ein wesentliches Kennzeichen. Meist wird auch in die
umgekehrte Richtung gezeigt, um nicht auf der Suche nach dem unmittelbaren Vorgänger immer den gesamten Kreislauf durchmachen zu müssen (siehe
Abb. 9.2b). Gesonderte Zeiger jeweils zurück zum Eigner verfolgen denselben
Zweck. Allerdings müssen wir uns darüber im klaren sein, daß diese zusätzlichen
Zeiger nicht unbedingt notwendig sind und somit eine Redundanz darstellen.
Bei näherer Betrachtung fällt einiges auf, das für CODASYL-Strukturen typisch
ist und manchmal als Vorteil, öfter aber als Nachteil empfunden wird:

• Man kann den Zeigern rasch folgen, vor allem, wenn sie auf Speicher-
adressen basieren. Ist eine Verkettung erst aufgebaut, so beeinflußt sie das
Zeitverhalten positiv.

• Die Reihenfolge wird quasi frei Haus geliefert; die Reihenfolge der Länder
in einem Staat ist zwar nicht wesentlich, die Reihenfolge der Punkte eines
Polygones, der Kreuzungen entlang einer Straße, der Schächte entlang einer
Leitungstrasse jedoch schon. Umgekehrt wird durch die CODASYL-Struktur
dort, wo es gar nicht nötig ist, eine künstliche Reihenfolge induziert, die bei
der Verwaltung von dynamischen Datenbeständen Nachteile mit sich bringt.

• Die Struktur ist viel starrer als bei relationalen Strategien; daher kann
sie besser auf eine spezifische Situation, weniger gut jedoch auf ein sich ständig
änderndes Anforderungsprofil reagieren. Sie ist aus demselben Grund aber auch
platzsparender.

• Sie entspricht oft einem gängigen Denkmuster und mag dadurch einfach erscheinen. In gewissen Situationen ist sie jedoch sogar komplizierter, Das erste
und das letzte Glied in der Kette muß sich anders verhalten als ein mittle-
res Glied; der Änderungsdienst muß daher jeweils unterschiedlich abgewickelt
werden.

Nur selten werden Anwendungsdaten in ein streng hierarchisches Schema passen. Meist wird jede Entität in mehrere Kreisläufe einer Owner-set-member-
Beziehung eingebaut sein. Anstatt einer strengen Hierarchie zu gehorchen,
können Zeiger (pointer) kreuz und quer durch die Datenlandschaft gezogen
werden. Aus einer rein hierarchischen Struktur entsteht somit ein *Netzwerk*
von Assoziationen. Solange das Geflecht der Fäden nicht zu dicht und damit
unentwirrbar wird, stellt der CODASYL-Zugang eine Alternative zur relationalen Strategie dar, die in manchen Bereichen sogar vorteilhafter sein kann;
dann nämlich, wenn wir eine weitgehend *statische* Datenmenge und/oder sehr
viele *geometrisch-topologische* Operationen zu bewältigen haben. Aber auch
ein hybrides Modell der beiden Strategien ist denkbar: Man kann aus einem
grundsätzlich relational strukturierten Modell durch den Aufbau von Indizes
eine Struktur entwickeln, die zumindest temporär den Charakter einer Netz-

werkstruktur annimmt, denn Indizes geben Reihenfolgen wieder. Man kann noch einen Schritt weiter gehen und die Richtlinien der Speicherorganisation beeinflussen, wie wir dies etwa in Kapitel 8 für den Raumbezug getan haben. Eine solcherart aufbereitete Struktur wird dann *schneller, aber auch starrer* auf Anforderungen reagieren. Ist der Zweck erfüllt, das Ergebnis berechnet, die Bearbeitung abgeschlossen, so geben wir die Daten wieder frei, d.h. wir lösen die Indizes wieder auf.

9.4   Vorzüge relationaler Datenbanken

9.4.1   Normalformen

In einer Datenbank werden Daten *strukturiert*; sie werden in Klassen gleichartiger Entitäten eingeteilt. Im relationalen Datenbankkonzept kann jede Entität durch eine *Relation* (Tabelle) realisiert werden. Grundsätzlich haben wir beim Anlegen dieser Tabellen einen großen Spielraum. Es ist jedoch ratsam, daß wir uns selbst im Interesse einer möglichst einfachen *Wartung* und *Konsistenzerhaltung* der Datenbestände gewisse Beschränkungen auferlegen. Wir streben eine *stabile Datenstruktur* an. Darunter versteht man eine Datenstruktur, die sich veränderten Gegebenheiten anpassen kann, ohne dadurch Inkonsistenzen heraufzubeschwören. Gerade für die Geoinformation ist der Rahmen der möglichen Anwendungen nicht immer vorhersehbar. Eine Langzeitspeicherung der Daten ist nur dann kostengünstig, wenn diese Daten in vielerlei Hinsicht kombinierbar sind, wenn sie leicht veränderbar sind und wenn diese Veränderungen nicht unerwünschte Nebeneffekte und Fernwirkungen nach sich ziehen. Redundant gespeicherte Daten verringern die Stabilität, weil die Gefahr besteht, daß bei einer Veränderung dieser Daten nicht alle Zusammenhänge beachtet werden und gewisse Beziehungen nicht konsistent mitgeführt werden. Man spricht in diesem Fall von *Anomalien* der Datenbank.

Eine stabile Datenstruktur soll auch unempfindlich gegenüber kleinen Störungen sein. Denken wir an die Definition des stabilen Gleichgewichtes; kleine Ursachen dürfen nicht große Wirkungen nach sich ziehen. Wir wollen verhindern, daß wir durch ein fehlerhaftes Anwenderprogramm große Teile der Daten beeinflussen. Die Datenbank soll großzügig auf unvollständige oder unrichtige Anfragen reagieren, indem sie uns ein Höchstmaß an Komfort anbietet und uns beim Lokalisieren und Eindämmen solcher Situationen unterstützt. Unser Ziel muß es sein, die Beziehungen in einer Datenbank in eine Form zu bringen, welche am ehesten eine Garantie für die Stabilität der Datenstruktur bietet. Sie wird auch als *Normalform* bezeichnet und kann verschieden stark ausgeprägt sein. Im relationalen Datenbankkonzept läßt sich die Einhaltung der Normalformen leichter überprüfen als in anderen Konzepten. Wir werden in der Folge die ersten drei Normalformen an Beispielen erläutern. Wenn wir die ersten drei ansprechen, wird damit auch schon klar, daß die Datenbankliteratur noch weitere

Normalformen nennt. Die ersten drei davon sind aber die wichtigsten. Auch sei erwähnt, dass viele relationale DBMS Prüfprogramme haben, welche eine vorgegebene Tabellenstruktur dahingehend durchforsten, ob sie den Normalformen genügen. Meist werden dann auch entsprechende Transformationsprogramme angeboten.

Von einer Datenstruktur in der *ersten Normalform* spricht man dann,

- wenn die Verknüpfung der Daten nicht über physische Adressen, sondern über logische Verweise erfolgt,

- wenn es für jeden Entitätstyp einen Primärschlüssel gibt

- und wenn jedes Segment innerhalb einer Entität einen eindeutigen Namen hat, der sich innerhalb derselben Entität nicht wiederholt.

Die erste Forderung ist bei relationalen Modellen natürlich von vornherein erfüllt. Die Forderung nach einem Primärschlüssel ist ebenso einleuchtend: Eine Tabelle, in der kein eindeutiger Zugriff möglich ist, bringt wenig Nutzen. Die letzte Forderung zwingt uns, in einer Tabellenzeile (einem Tupel) höchstens ein Vorkommen eines Segmentes der Entität zu erlauben. Daher können wir die 1:m-Assoziation zwischen LAND und GEMEINDE nicht so speichern, daß das Land als Primärschlüssel fungiert:

LAND: | LAND-NAME | HAUPTSTADT | GEMEINDE 1 | GEMEINDE 2 | ...

Wir würden eine variable Anzahl von Spalten zulassen müssen, und es ist klar, daß die resultierende Liste von Gemeinden viel schwieriger zu handhaben ist, als wenn man von einer fixen Zahl von Spalten ausgeht. Wir müssen daher die Bestandteile der Tabelle trennen. In einer LAND-Tabelle ist für jedes Land dessen Hauptstadt angegeben, in einer anderen GEMEINDE-Tabelle ist für jede Gemeinde das entsprechende Land angeführt:

LAND: | LAND | HAUPTSTADT   GEMEINDE: | GEMEINDE | LAND

Es scheint so, als würden wir auf diesem Wege eine Redundanz von Ländernamen erhalten, die wir als unerwünscht hingestellt haben. Das Segment LAND kommt ja in beiden Tabellen vor. Würde sich der Name eines Landes ändern, so bestünde die Gefahr, daß man die Änderung nur in einer Tabelle durchführt und sie in der anderen Tabelle vergißt. (Eine solche Änderung des Ländernamens wäre zum Beispiel bei der Übersetzung in eine andere Sprache notwendig: Aus Österreich wird Austria.) Dieser scheinbare Widerspruch entsteht durch eine kleine Nachlässigkeit, die man uns verzeihen möge, weil wir sie im Interesse der besseren Verständlichkeit begangen haben: in einer operationellen Umgebung verknüpfen wir meist nicht die *Namen* der Länder mit den Namen der Gemeinden, sondern die *Kennungen* der Länder in der LAND-Tabelle und die Kennungen der Gemeinden in der GEMEINDE-Tabelle. Es sind dies eindeutige, vom System vergebene Nummern (*Surrogate*):

LAND-ID	LAND-NAME
1	Steiermark
2	Burgenland
...	...

GEMEINDE-ID	GEMEINDE-NAME
1	Graz
2	Leoben
...	...

Nun wenden wir uns den Problemen einer m:n-Assoziation zu, wie sie etwa zwischen Eigentümern und Grundstücken besteht. Hier kann man weder das Grundstück noch den Eigentümer als Primärschlüssel verwenden. Der Fall wird auf klassische Weise so gelöst, daß ein weiteres Segment ANTEIL (Teil eines Grundstücks, der einer Person gehört) eingeführt wird und zwei Tabellen definiert werden:

AN-G: | ANTEIL | GRUNDSTÜCK | AN-E: | ANTEIL | EIGENTÜMER |

Somit liegen zwei 1:m-Assoziationen vor: Einerseits besteht jedes Grundstück aus mehreren Anteilen, und jeder Eigentümer kann mehrere Anteile besitzen - jedoch kann jeder Anteil nur für ein Grundstück und für einen Eigentümer geltend gemacht werden. (Hier denken wir nicht in geometrischen oder graphischen Kategorien; es ist also unwesentlich, an welcher Stelle im Raum sich der Grundanteil befindet.)

Von einer Datenstruktur in der *zweiten Normalform* spricht man dann,

- wenn die Datenstruktur bereits den Bedingungen der ersten Normalform genügt

- und wenn jedes Segment einer Entität *funktional voll* von einem Schlüssel abhängt – sofern es nicht selbst Teil eines Schlüssels ist.

Dies wird am besten an dem folgenden Beispiel erläutert. Im Rahmen einer Erhebung der Grundstückspreise einer Tourismusregion legen wir eine Tabelle von Grundstücken an. Jedes Grundstück ist innerhalb einer Gemeinde in eindeutiger Weise durch seine Grundstücksnummer gekennzeichnet; da sich unsere Erhebung jedoch auf mehrere Gemeinden erstreckt (in denen identische Grundstücksnummern vorkommen können), müssen wir einen zusammengesetzten Schlüssel GEMEINDE-NR + GRUNDSTÜCKS-NR anlegen:

GRUNDSTÜCKSPREIS: | GEMEINDE-NR | GRUNDSTÜCKS-NR | WERT |

Würden wir nun unsere Erhebung ausdehnen und alle Tourismusregionen eines Landes mit einbeziehen, so scheint es zunächst am einfachsten zu sein,
eine zusätzliche Spalte REGION einzuführen. Damit wäre jedoch die zweite
Normalform verletzt, denn während etwa die Spalte WERT vom gesamten (zusammengesetzten) Schlüssel abhängt, würde die Spalte REGION nur von einem
Teil dieses Schlüssels abhängen, nämlich von GEMEINDE-NR. Eine solche Anordnung widerspricht dem Prinzip einer möglichst redundanzfreien minimalen
Speicherungsstrategie; der Verweis zur Tourismusregion wäre so oft vorhanden,
wie es Grundstücke gibt; es genügt aber, die Tourismusregion in einer eigenen
Tabelle zu berücksichtigen, indem wir sie dort für jede Gemeinde angeben:

GEMEINDE-IN-REGION:	GEMEINDE-NR	REGION

Damit isolieren wir auch lokale und nur Grundstücke betreffende Angelegen-
heiten von jenen Aspekten, die Regionen betreffen: Ein wichtiger Beitrag zur
Stabilität. Wir sehen also, daß das vordergründig Einfache – in unserem Fall
das Erweitern einer Tabelle – nicht immer im Interesse einer Langzeitkonsistenz
ist. Wir kennen das Problem ja auch aus vielen anderen Bereichen: Bei der Soft-
wareerstellung bringen schnelle und vermeintlich einfache Erweiterungen und
Modifikationen ('quick and dirty') oft das gesamte Konzept ins Wanken.

Von einer Datenstruktur in der *dritten Normalform* spricht man dann,

- wenn die Datenstruktur bereits den Bedingungen der zweiten Normalform
  genügt

- und wenn es keine *transitive* Abhängigkeit eines Segmentes von einem
  Schlüssel gibt.

Wieder wird dies am besten anhand eines Beispieles erklärt. Erinnern wir uns
an die Assoziation GEMEINDE – LAND – HAUPTSTADT, wo wir zwei Tabellen
LAND–HAUPTSTADT bzw. GEMEINDE–LAND erstellten, um einer Forderung
der ersten Normalform Genüge zu tun – wir konnten die Zeilen der Tabelle nicht
nach Ländern anordnen, da ansonsten eine variable Anzahl von GEMEINDE-
Spalten entstanden wäre. Wollen wir nun zwar den Forderungen der ersten
Normalform nachkommen, aber die Einrichtung einer zweiten Tabelle vermeiden, so können wir dies in folgender Weise tun:

GEMEINDE-IN-LAND:	GEMEINDE	LAND	HAUPTSTADT

Dann wäre aber die Bedingung für die dritte Normalform verletzt, weil sich die
HAUPTSTADT bereits aus dem LAND ergibt und somit transitiv vom Schlüssel
GEMEINDE abhängt. Die Vermeidung einer zusätzlichen Tabelle ist hier nur
ein scheinbarer Gewinn, der einen vermehrten Speicherplatzbedarf auslöst und

unnötige Redundanzen mit sich bringt; die Tabelle LAND–HAUPTSTADT wird sehr kurz sein, während eine Spalte HAUPTSTADT in der GEMEINDE-IN-LAND-Tabelle sehr oft denselben Wert annehmen wird. Über kurz oder lang wird die Redundanz zum Problem, wenn etwa ein Land eine neue Hauptstadt bekommt (wie dies 1986 in Niederösterreich der Fall war); dann muß die gesamte GEMEINDE-IN-LAND-Tabelle durchforstet werden, während in einer stabilen Datenstruktur in der dritten Normalform nur eine Zeile zu ändern ist, nämlich die Eintragung des Landes in der kurzen Zusatztabelle. Das eben vorgebrachte Beispiel ist lehrreich, obzwar es dem Anwender trivial erscheint. Es ist zu bedenken, daß im konkreten Anwendungsfall sehr vielschichtige Beziehungen auftreten, deren Entflechtung nicht so leicht durchschaubar gemacht werden kann. Beim Entwurf einer solchen Datenbank muß daher die Datenbankentwicklungsgruppe gemeinsam mit den künftigen Anwendern eine präzise Darstellung der Beziehungen finden. Außerdem können dann (im Sinne eines *offenen* Systems) auch im nachhinein neue Beziehungen entstehen. Eine Geodatenbank kann kein statisches Gebilde sein; sie ist einem dynamischen Wachstums- und Transformationsprozeß unterworfen.

Liegt nun ein relationales Datenbankkonzept vor und genügen diese Daten den Normalformen, so kann man unter Beachtung einiger weniger einfacher Regeln aus diesen Daten neue, veränderte Datenstrukturen aufbauen, die ebenfalls der Normalform genügen. Dieser Vorgang wird *kanonische Synthese* genannt. Wir wollen hier betonen, daß man im Rahmen von Auswertungen zwar sehr oft zusammengesetzte Tabellen erzeugt, die eine oder mehrere dieser Bedingungen verletzen. Sie sind jedoch nur von kurzzeitigem Interesse, während die Tabellen in Normalform als langfristig bedeutsame Elementarbausteine einer stabilen Datenstruktur anzusehen sind. Einen weiteren Gesichtspunkt wollen wir festhalten: Es ist gelegentlich notwendig, Abstriche zu machen und von dem idealen Zustand der Normalformen abzurücken; gerade in der Geoinformatik ergeben sich solche Forderungen häufiger als anderswo. Objektrelationale Datenbanken sind das Ergebnis eines solchen Abrückens. Gegen Ende dieses Kapitels wollen wir zu diesen Ansätzen Stellung nehmen.

9.4.2   Relationale Algebra

Die Relationen sind Beschreibungen sowohl für unsere Daten wie auch für deren Beziehungen. Wir können – einfache – Relationen als Bausteine für die Zusammensetzung – komplexer – Relationen verwenden. Dazu ist es notwendig, eine Reihe von Operationen zu definieren, die wir auf Relationen anwenden wollen, und ebenso die Regeln, welche diese Operationen steuern sollen. Das Ergebnis jeder Operation ist wieder eine Relation. Dieses Konzept ist also dem Rechnen mit Zahlen ähnlich. Werden diese Zahlen den arithmetischen Operationen (Addition, Subtraktion usw.) unterworfen, so entstehen wieder Zahlen. Einen abgeschlossenen und konsistenten Satz von Regeln, der das Arbeiten mit Relationen ermöglicht, bezeichnen wir daher in Anlehnung an die Algebra der

numerischen Operationen als *relationale Algebra.* Ihre Elementaroperationen
sind die folgenden:

> die *Vereinigung* von Relationen
> die *Differenz* von Relationen
> . der *Durchschnitt* von Relationen
> die *Projektion*
> die *Selektion*
> das *kartesische Produkt* von Relationen

• Die *Vereinigung* entspricht dem mengentheoretischen Begriff der Vereinigung zweier Mengen, d.h. es werden alle Zeilen aus beiden Tabellen genommen,
wobei doppelt vorkommende Zeilen nur einmal gespeichert werden. Natürlich
müssen die beiden Ausgangstabellen gleichartig sein. So könnte man als Beispiel
die Verschmelzung der Daten zweier Projektbearbeitungen durch eine Vereinigung der entsprechenden Tabellen bewerkstelligen. Da sich die beiden Projekte
überschneiden können, wird es doppelt vorkommende Elemente geben; diese
dürfen im verschmolzenen Projekt nur einmal auftreten. Wir müssen natürlich
anmerken, daß wir hier der Einfachheit halber die Problematik der teilweisen
Übereinstimmung unberücksichtigt lassen. So müssen etwa Randanpassungen
zwischen verschiedenen Koordinatenpaaren durchgeführt werden, ja, diese Paare müssen zuerst als solche identifiziert werden.

• Die *Differenz* zweier Relationen A und B ergibt eine Relation C, die alle
Tupel der Relation A enthält, mit Ausnahme derjenigen Tupel, die auch in
B vorkommen. Natürlich müssen die Ausgangsrelationen auch hier kompatibel
sein, damit wir eine Differenzoperation anwenden können. Als Beispiel ziehen
wir eine Ausschnittsbildung aus einer Punktetabelle heran: Neben dieser Punktetabelle möge als Resultat einer Ausgleichung eine Tabelle von ausgeglichenen
Punktkoordinaten vorliegen. Die Differenz aus der ursprünglichen Tabelle und
dem Resultat des Ausgleiches ergibt genau jene Punkte, die noch nicht dem
Ausgleichungsprozeß unterworfen waren. Dieses Beispiel mag trivial erscheinen. Bedenken wir aber, wie einfach wir mit einer Formel $C = A - B$ einen
Vorgang beschreiben können, den wir mit herkömmlichen Programmiermetho-
den nur durch das Anlegen umständlicher Schleifen durchführen können. Zwar
muß der Such- und Vergleichvorgang intern trotzdem durchgeführt werden,
aber dies fällt in die Kompetenz der Datenbank bzw. Abfragesprache, und der
Anwendungsprogrammierer braucht sich darum nicht zu kümmern.

• Der *Durchschnitt* zweier Relationen A und B ergibt eine Relation C, die
alle jene Tupel enthält, die sowohl in A als auch in B auftreten. Denken wir uns
zum Beispiel die Relation A als jene Tabelle, die alle englischsprachigen Länder
enthält, und B sei die Tabelle der europäischen Länder. Dann ergibt sich als
Durchschnitt die Tabelle jener europäischen Länder, in denen Englisch die Lan-
dessprache ist. Auch hier sehen wir wieder den mächtigen mengenorientierten

Ansatz der relationalen Algebra, der in einem gewöhnlichen Algorithmus viel schwieriger nachzuvollziehen ist.

• Die *Projektion* ist eine Auswahl von Spalten einer Tabelle. So mag man etwa aus einer Punktetabelle neben der Punktnummer die Koordinaten extrahieren wollen. Das Ergebnis ist eine Tabelle, die als Projektion der ursprünglichen Tabelle verstanden werden kann. (Die Bezeichnung kommt daher, daß man sich die gesamte Entität des Typs PUNKT, die aus n Segmenten aufgebaut ist, als n-dimensionalen Raum vorstellen kann; greifen wir nur einen Teil davon heraus, so projizieren wir auf einen Teilraum.) In diesem Zusammenhang sei an das externe Schema einer Datenbank erinnert, das im Gegensatz zum konzeptionellen Schema eine eingeschränkte Sicht der Daten bietet (aus Gründen der Übersichtlichkeit oder des Datenschutzes). Die Projektion bietet die dazu nötigen – und höchst einfachen – Werkzeuge.

• Die *Selektion* ist eine der wichtigsten Elementaroperationen. Sie erzeugt aus einer Tabelle eine neue, wobei nur jene Tupel übernommen werden, welche eine bestimmte Bedingung erfüllen. Als Beispiel möge die Grundstückstabelle dienen:

GRUNDSTÜCKS-NR	FLÄCHE	WERT
271/2	1215 m^2	EUR 40.000.-
271/4	1149 m^2	EUR 28.000.-
271/3	1080 m^2	EUR 37.000.-

Nun könnte eine Selektion darin bestehen, daß man alle Grundstücke auswählt, die größer als $1100\ m^2$ sind, jedoch weniger als EUR 30.000.– kosten. Es ergibt sich eine neue Tabelle

GRUNDSTÜCKS-NR	FLÄCHE	WERT
271/4	1149 m^2	EUR 28.000.-

Hier ist anzumerken, daß in den meisten Fällen aus der resultierenden Tabelle nur einzelne Spalten interessieren, so daß bei der entsprechenden Abfrage auch gleich eine Projektion im Spiel ist. Deshalb verwendet man im Sprachgebrauch den Begriff *Selektion* oft auch für eine kombinierte Zeilen- und Spaltenauswahl. Die Bedingungen, welche das Ausmaß einer Selektion bestimmen, können sowohl numerische Vergleiche – wie im obigen Beispiel – sein, aber auch alphanumerische Abfragen (Beispiel: Alle Grundstücke, an denen N.N. einen Anteil hat). Die Mächtigkeit einer relationalen Abfragesprache hängt im wesentlichen von den Möglichkeiten ab, die sie der Selektion einräumt.

• Das *kartesische Produkt* zweier Relationen A und B erzeugt eine Tabelle, in der jede Zeile von A mit jeder Zeile von B in Verbindung gebracht wird. Ein einfaches Beispiel baut auf einer Tabelle von Flughäfen auf:

FLUGHAFEN-ID	NAME
MUC	München
ZRH	Zürich
VIE	Wien

Das kartesische Produkt dieser Tabelle mit sich selbst ergibt eine neue Tabelle, in dem jeder Flughafen mit jedem anderen in Verbindung gebracht wird. Diese Tabelle kann man dann weiter anpassen indem man jene Zeilen, in denen Flughäfen doppelt vorkommen, eliminiert und sodann weitere Spalten für Flugverbindungen, Zeiten, Auslastungen oder ähnliches hinzufügt:

FLUGHAFEN-ID$_{von}$	NAME$_{von}$	FLUGHAFEN-ID$_{nach}$	NAME$_{nach}$
MUC	München	MUC	München
MUC	München	ZRH	Zürich
MUC	München	VIE	Wien
ZRH	Zürich	MUC	München
ZRH	Zürich	ZRH	Zürich
ZRH	Zürich	VIE	Wien
VIE	Wien	MUC	München
VIE	Wien	ZRH	Zürich
VIE	Wien	VIE	Wien

• Der *Join* ist eine Sonderform des kartesischen Produktes. Dabei wird in jeder der beiden beteiligten Relationen eine Domäne (Spalte) genannt, über deren Werte die Verbindung hergestellt werden soll. Sodann werden aus allen mathematisch möglichen Kombinationen von Tupeln der beiden Relationen jene ausgewählt, bei denen die Werte in den betreffenden Domänen übereinstimmen. Wir wählen als Beispiel ein Join der oben angegebenen Flughafentabelle mit einer Tabelle von geocodierten (mit Koordinaten versehenen) Orten.

NAME	GEOMETRIE
München	xxx/yyy
Wien	xxx/yyy
Passau	xxx/yyy
Zürich	xxx/yyy

Die Spalte NAME der Flughafentabelle wird mit der Spalte NAME der Ortetabelle verbunden. Natürlich kann es in beiden Tabellen Eintragungen geben, die in der jeweils anderen nicht vorkommen: Die Ortetabelle enthält vielleicht nicht alle Flughäfen, aber dafür auch andere Orte. Außerdem ist anzumerken, daß die Reihenfolge – wie auch sonst in relationalen Datenbanken – irrelevant ist. Dieses Join macht aus den zunächst 'gewöhnlichen' Daten – den Flughafenbezeichnungen – Geodaten. Über diese Methode kann man also Daten *verorten*, und es ist dies die am häufigsten verwendete Methode, vorhandene 'digitale Datenbestände in ein GIS zu integrieren. Wenn wir etwa Zählsprengelgeometrien derart über ein Join mittels der Spalte der Zählsprengelnummern mit statistischen Daten verbinden, so haben wir die Datengrundlage für die Anwendung Geomarketing geschaffen. Wenn wir Einwohnermeldedaten, Eigentumsverhältnisse, Leitungsnetze und Verkehrserhebungen durch solche Joins über eine Adreßspalte mit Daten der Liegenschaftskarte verbinden, so entsteht ein kommunales Informationssystem.

Abschließend halten wir fest, daß die beschriebenen Operationen der relationalen Algebra praktisch immer in Kombination auftreten. So selektieren wir zunächst aus einer oder aus mehreren Eingangstabellen jene Tupel die uns interessieren, machen sodann ein Join und eliminieren schließlich mittels einer Projektion die im Join nicht interessierenden Domänen. Auf diese Art und Weise ergibt sich – ausgehend von einigen wenigen Basisoperationen der relationalen Algebra – eine große Zahl von Kombinationen in der Verarbeitung und Analyse von Daten. Dies unterstreicht die Mächtigkeit des relationalen Konzeptes und seiner Algebra. Die Algebra kann auf einfache Weise in eine Zugriffs- und Manipulationssprache abgebildet werden. Die Sprache SQL *(Structured Query Language)* ist ein Beispiel dafür.

9.4.3   SQL: Zugriff auf relationale Datenbanken

Im vorangegangenen Abschnitt wurde die relationale Algebra eingeführt. Sie stellt ein in sich konsistentes Gebäude von Operationen dar, die auf Tabellen, Tupel und Domänen angewendet werden können. Gehen wir wieder von den beiden dort als Beispiele dienenden Tabellen FLUGHAFEN und ORT aus und ergänzen wir sie noch durch weitere Domänen:

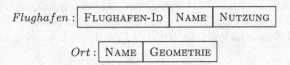

Flughafen : | FLUGHAFEN-ID | NAME | NUTZUNG |

Ort : | NAME | GEOMETRIE |

In der Flughafentabelle werden für jeden Flughafen die international übliche Identifikation, der Name im Klartext sowie eine Angabe über die Nutzung (zivil, miltärisch, kombiniert) geführt. In der Ortetabelle werden Orte mit ihrer Geometrie angegeben. In unserem Beispiel sei die Geometrie der Einfachheit halber mit einem Koordinatenpaar definiert. Dies genügt für kleinmaßstäbliche Anwendungen, die ein ganzes Land oder mehrere Länder beinhalten. In solchen Anwendungen schmelzen selbst Städte wie München zu einem Punkt zusammen.

Um diese Tabellen handhabbar zu machen, brauchen wir eine *Sprache*, in der wir dem Datenbankverwaltungssystem unsere Wünsche mitteilen können. Es muß eine formale Sprache sein, unmißverständlich und maschineninterpretierbar. Die mathematisch präzise Version einer solchen Sprache finden wir im *relationalen Kalkül*, der auf der *Prädikatenlogik* beruht. (Prädikate sind Bedingungen, die man den Daten auferlegt und die entweder WAHR oder FALSCH sind.)

Für eine anwendergerechte Formulierung muß der relationale Kalkül in eine einfach aufgebaute und leicht erlernbare Sprache eingebettet sein. Ein Beispiel für eine solche Sprache ist SQL *(Structured Query Language)*. SQL ist bereits seit einigen Jahren eingeführt und hat sich zu einem Standard entwickelt, den heute jeder Datenbankanbieter beherrscht. Die nachfolgende Übersicht erhebt keinen Anspruch auf Vollständigkeit, zumal sich die Sprache ständig weiterentwickelt und neue, vom Standpunkt der Wissenschaft her als wünschenswert bezeichnete Elemente aufnimmt. SQL+, GEOSQL, SQL2 oder SQL3 [144] sind solche Erweiterungen.

Ein wichtiger Befehl – vielleicht der für den Anwender wichtigste Befehl überhaupt – ist der SELECT-Befehl, der eine *Auswahl* aus dem Datenbestand aufgrund bestimmter vorgegebener Kriterien durchführt. Er besteht im wesentlichen aus den folgenden Teilen:

> SELECT (Spalten)
> FROM   (Tabellen)
> WHERE   (Bedingungen);

Ein Beispiel wäre die Auswahl aller Eintragungen aus der Tabelle FLUGHAFEN, deren Nutzungsart entweder den Wert ZIVIL oder KOMBI hat. Diese Bedingung (Prädikat) schließt also rein militärisch genutzte Flughäfen für unsere Anwendung aus. Sie wird nun für alle Flughäfen der Tabelle auf ihren Wahrheitsgehalt überprüft; jene Zeilen, wo das Prädikat den Wert WAHR annimmt, werden selektiert. Der entsprechende SQL-Befehl würde lauten:

> SELECT NAME
> FROM   FLUGHAFEN
> WHERE   NUTZUNG = 'ZIVIL' OR NUTZUNG = 'KOMBI';

Das Ergebnis dieser Auswahl bildet wieder eine Tabelle, die jedoch auf unseren Wunsch hin nur mehr die Namen der gewählten Flughäfen beinhaltet; somit haben wir der Selektion auch eine Projektion angeschlossen. Die Resultattabelle ist also eine Teilmenge der ursprünglichen Tabelle, nachdem wir sowohl Tupel (die ausschließlich militärisch genutzten Flughäfen) wie auch Domänen (die FLUGHAFEN-ID) eliminiert haben. Natürlich können mehrere Bedingungen herangezogen werden, die bei der Auswahl beachtet werden sollen. Die WHERE-Klausel kann dementsprechend eine Vielzahl logischer Vergleiche und Verknüpfungen beinhalten. Neben numerischen und alphanumerischen Vergleichen kann der Bedingungteil auch Bereichsangaben (BETWEEN) beinhalten, ebenso Angaben in Listenform (IN) und Angaben über Teile von Zeichenketten (LIKE). Schließlich kann man noch Reihenfolgen erzwingen (ORDER), Mehrfachresultate unterdrücken (DISTINCT) und vieles andere.

Eine besondere Form des SELECT-Befehls kann die Grundoperation des *Join* zweier Tabellen über gemeinsame Werte ausführen. Nehmen wir das im vorigen Abschnitt gebrachte Beispiel, wo wir die Join-Operation verwendeten um die Flughäfen geometrisch zu verorten. Dazu wurden die mit NAME bezeichneten Domänen aus den beiden Tabellen FLUGHAFEN und ORT miteinander verknüpft. Mittels des SELECT-Befehls können wir dies so erreichen:

```
SELECT   FLUGHAFEN.NAME, ORT.GEOMETRIE, FLUGHAFEN.NUTZUNG
FROM     FLUGHAFEN, ORT
WHERE    FLUGHAFEN.NAME = ORT.NAME;
```

Wir sehen, daß hier zwei Tabellen FLUGHAFEN und ORT verkettet wurden,
wobei wir die Zugehörigkeit einzelner Spalten zu Tabellen durch das Zeichen '.'
deklariert haben. Das Ergebnis ist wie immer eine Tabelle, die dem Fragenden
als Antwort auf seine Anfrage präsentiert wird. Möchten wir diese Verkettung
öfter nutzen, so können wir ein *view* anlegen:

```
CREATE VIEW   GEO-FLUGHAFEN
AS            SELECT        FLUGHAFEN.NAME,
                           ORT.GEOMETRIE,
                           FLUGHAFEN.NUTZUNG
              FROM         FLUGHAFEN, ORT
              WHERE        FLUGHAFEN.NAME = ORT.NAME;
```

Dies ist eine logische Verknüpfung, die – obzwar sie intern nicht explizit hergestellt wird – unter ihrem Namen (hier GEO-FLUGHAFEN) abrufbar ist und
fortan wie jede andere Tabelle verwendet werden kann. Die mit Koordinaten
versehenen Flughäfen sind also fortan unter diesem Titel ansprechbar. Damit
wird unsere Forderung nach einer nutzerspezifischen Sichtweise der Daten voll
erfüllt. Der Befehl CREATE VIEW wird nicht mit der Ausgabe einer Tabelle
quittiert, sondern mit der Mitteilung 'View created'. Natürlich können wir eine
spezielle Sicht der Daten auch wieder mittels DROP VIEW fallen lassen.

Bevor wir eine Tabelle abfragen können, müssen wir sie zuerst einmal anlegen
und dann mit Daten füllen. Dies kann für die Tabelle FLUGHAFEN etwa in
folgender Weise geschehen:

```
CREATE TABLE
    FLUGHAFEN  (FLUGHAFEN-ID  CHAR (3)    NOT NULL,
                NAME          CHAR (50)   NOT NULL,
                NUTZUNG       CHAR (5))
```

Dieser Befehl würde eine Tabelle mit drei Spalten anlegen, wobei in der ersten
Spalte eine dreistellige Flughafen-Id (alphanumerisch) steht; dann folgt eine
Spalte für die Namen (maximal 50 Zeichen) und schließlich eine Spalte für die
Nutzung (maximal 5 Zeichen). Die Anzahl der vorgesehenen Stellen muß nicht
immer ausgenutzt werden. Die Datenbank wird dann im allgemeinen den nicht
benötigten Platz einsparen. Hier legen wir auch fest, daß die ersten beiden
Eintragungen obligatorisch sind, während die Nutzungsangabe fakultativ ist.

Neben dem Datentyp CHARACTER (alphanumerische Zeichen) erlauben relationale Datenbanken zumindest noch die elementaren Datentypen DATE, TIME

und NUMBER. Es gibt jedoch noch viele Erweiterungen. So bietet etwa SQL2 unter anderem auch die Datentypen NATIONAL CHARACTER (z.B. kyrillische Zeichen), INTEGER, DECIMAL (z.B. exakt zwei Nachkommastellen), FLOAT, REAL, DOUBLE PRECISION, BIT und TIMESTAMP WITH TIME ZONE (z.B. '2000-02-04 10:50:00+01:00') an. Mittels CONSTRAINT und CHECK kann man bestimmte Integritätsbedingungen wie etwa das Beachten von Wertebereichen überprüfen. In unserem Beispiel kennen wir nur drei Arten der Nutzung eines Flughafens, und so können wir folgende Prüfung festlegen:

CHECK   NUTZUNG IN
('MILIT', 'ZIVIL', 'KOMBI')

Anmerkung: Die CREATE-Befehle und die eben erwähnten Bedingungen gehen über den Bereich einer reinen Zugriffssprache hinaus. Sie enthalten bereits Merkmale einer *Datenbeschreibungssprache*, wie wir sie am Ende von Kapitel 9 noch genauer besprechen werden.

Nachdem wir – an unser Beispiel anknüpfend – eine Tabelle angelegt haben, können wir zeilenweise Werte einfügen:

INSERT INTO
FLUGHAFEN
VALUES   ('VIE', 'Wien', 'KOMBI');

Diese Eingabe wird mit der Meldung '1 record created' quittiert. Wir können die eingetragenen Werte aber auch elementweise verändern. Soll etwa die Nutzung des Flughafens Wien von 'KOMBI' auf 'ZIVIL' geändert werden, so gelingt uns dies mit folgendem Befehl:

UPDATE   FLUGHAFEN
SET   NUTZUNG   = 'ZIVIL'
WHERE   FLUGHAFEN-ID = 'VIE';

Die WHERE-Klausel haben wir bereits im SELECT-Befehl kennengelernt. Sie tritt hier ebenso auf und kann in derselben Weise für komplexe Bedingungen ausgebaut werden. Wir sehen, wie schnell sich der Nutzer in dieser einfachen Sprache zurechtfindet. Wir sehen aber auch, wie mächtig diese Sprache – trotz ihrer Einfachheit – ist. Denken wir nur daran, wie umständlich ein solches Problem in vielen Programmiersprachen zu lösen ist. Unser Zugang ist nichtprozedural, wir können die umständlichen Schleifenzähler herkömmlicher Sprachen vergessen und den Kern des Problems damit treffender formulieren.

Schließlich bleibt noch zu klären, wie wir die Eintragungen in der Datenbank vor absichtlicher oder unbeabsichtigter Zerstörung schützen können. Mittels des GRANT-Befehles können wir bestimmten Nutzern den Zugang zu einer Tabelle gestatten.

GRANT   SELECT
ON   FLUGHAFEN
TO   NN;

Der Nutzer 'NN' darf nun SELECT-Abfragen an die Tabelle FLUGHAFEN richten. Natürlich kann man die Berechtigung auch auf INSERT-, UPDATE- und
andere Funktionen ausdehnen. Nicht nur für Tabellen ist diese Erteilung einer Zugriffsberechtigung möglich, auch für Views. Berechtigungen können mit
einem REVOKE-Befehl jederzeit rückgängig gemacht werden. Tabellenbereiche
werden mittels LOCK gesperrt; dies ist dann wichtig, wenn mehrere Anwender
gleichzeitig mit denselben Daten arbeiten und einander gegenseitig behindern
könnten.

Die Art, wie wir SQL-Aufrufe dargestellt haben, entspricht einer interaktiven
Nutzerumgebung, wo wir über Bildschirm und Tastatur mit der Datenbank
kommunizieren. Befehle werden eingetippt, Tabellen werden am Bildschirm angezeigt. Ist die Datenbank jedoch in ein Anwenderprogramm eingebunden, so
muß auch die Möglichkeit geschaffen werden, direkt im Anwenderprogramm die
Fähigkeiten der Datenbank ansprechen zu können. In den meisten gebräuchlichen Programmiersprachen fehlen die dazu nötigen Sprachelemente. Deshalb
wird dieses Problem durch einen *Vorcompiler* gelöst, der *vor* der sprachspezi-
fischen Übersetzung auf das Programm angewendet wird. Dieser Vorcompiler
übersetzt dann die SQL-Befehle in eine Form, die vom Standardcompiler der
jeweils verwendeten Programmiersprache verstanden wird.

Dem heutigen Stand der Informationstechnologie – vor allem auch dem immer
stärker werdenden Anteil der Web-Applikationen – angepaßt sind aber auch
Datenbankschnittstellen wie JDBC und ODBC. JDBC (Java Database Connectivity) ist ein in der Programmiersprache Java verfaßtes API (Application Program Interface, siehe Kap. 10), das in der Lage ist, SQL-Befehle an ein DBMS zu
senden und entsprechend auf die Antworten zu reagieren. Alle DBMS heutiger
Bauart – ob relational oder auch objektrelational – können so angesprochen
werden. JDBC basiert auf ODBC (Open Database Connectivity) von Microsoft,
ist aber wegen der Verwendung von Java unabhängiger.

9.5   Datenbanken für GI-Objekte

Relationale Datenbanken (RDB) so wie sie bis jetzt in diesem Kapitel dargestellt wurden, zeichnen sich durch die Einfachheit und Universalität der dabei verwendeten Konzepte aus. Nicht zuletzt deshalb stehen sie an der Basis der meisten heutzutage verwendeten Systeme. Gerade diese normalerweise
als Vorteile apostrophierten Eigenschaften können aber auch als Hauptkritik-
punkte bezeichnet werden; sie geben Anlaß zu Überlegungen, die zunächst zu

einigen geringfügigen Erweiterungen der relationalen Datenbankarchitektur in
Richtung strukturierter Attribute und eines verbesserten Raumbezuges führen.
Einen Schritt weiter gelangen wir zu *objektrelationalen Datenbanken* (ORDB)
und in letzter Konsequenz zu *objektorientierten Datenbanken* (OODB). Was
haben wir also konkret an relationalen Datenbanken, so wie wir sie bisher besprochen haben, auszusetzen?

- RDB bauen immer auf elementaren Bausteinen auf; sie erlauben deshalb
  auch nur atomare Attribute;

- selbst die Lage eines Punktes ist streng genommen kein atomares Attribut
  mehr; der Raumbezug wird daher nicht vollständig unterstützt;

- RDB orientieren sich zu wenig an Objekten der realen Welt; sie sind
  datensatzorientiert und damit 'zu nah am Computer'.

Eigentlich können alle eben erwähnten Anlässe für die Erweiterung eines
RDBMS auf zwei Ursachen zurückgeführt werden, die Eigenschaften von
Geodaten sind und uns zwingen, da und dort eine Abkehr von Standard-
Datenbanken zu wagen:

- die geringe *Separabilität* von Geodaten;

- der *intensionelle* Charakter von Geodaten.

Geodaten sind nicht so separabel wie andere Daten; dies bedeutet, daß sie sich
einer beliebig weit vorangetriebenen Atomisierung widersetzen. Typisch sind
große räumliche Konzentrationen von Daten, die stark miteinander korrelieren.
Der gesamte Problemkreis topologischer Nachbarschaften und raumbezogener
Suchstrategien gehört hier dazu. Denken wir uns etwa vor die Aufgabe gestellt, einen Stadtplan in kleinere Teile zerschneiden zu müssen. Egal wo wir
die Schnitte ansetzen würden, es bliebe unbefriedigend, weil Geodaten eben
stark miteinander verflochten sind. Andere Daten sind hingegen viel eher in
atomare Bestandteile zerlegbar und daher leichter in elementaren Tabellen unterzubringen. (Man denke an Daten aus dem Versicherungs- und Bankwesen
und an Daten der Verwaltung.)

Die Intensionalität von Geodaten wurde in Kapitel 2 erwähnt (siehe auch [124]).
Wir meinen damit die für Geodaten typischen Begleitvorstellungen, die fast
immer implizit mitschwingen; das, was wir unter einer Fläche verstehen; was
wir als 'glatt' ansehen; welche Operationen wir für bestimmte GI-Objekte als
sinnvoll, erlaubt bzw. gefährlich einstufen. All dies sind Aspekte, die uns darin
bestärken, uns gelegentlich anderen Datenbankformen als den standardmäßig
gegebenen zuzuwenden. In den nächsten Abschnitten werden wir die Tragweite
der einzelnen Erweiterungsmanahmen diskutieren.

9.5.1   Erweiterungen relationaler Datenbanken

Für relationale Datenbanken wurden in diesem Kapitel *Normalformen* definiert, die eine möglichst weitgehende Stabilität des Datenbestandes gewährleisten. Die erste, zweite und dritte Normalform zwingt uns, Daten in redundanz- und fernwirkungsfreier, überschaubarer und einheitlicher Weise zu strukturieren. Eine der Forderungen im Rahmen der Diskussion der Normalformen besagte, daß Attribute atomar sein müssen und sich nicht innerhalb einer Entität wiederholen dürfen. Wir erinnern uns an das Beispiel der Gemeinden eines Landes; dort erkannten wir, daß eine GEMEINDE-Tabelle mit einem Hinweis auf das jeweilige Land leichter konsistent zu halten ist als der umgekehrte Fall einer LAND-Tabelle mit variabel vielen Spalten für Gemeinden. Gerade hier haken Kritiker einer hundertprozentig relationalen Strategie ein.

Um die Argumentation zu unterstreichen, wählen wir die Datenstruktur eines Verkehrsnetzes in städtischen Ballungsräumen zum Beispiel, die eine Basis für die Ermittlung von optimalen Wegen, Versorgungszyklen sowie Standort- und Verteilungslösungen aufbauen. Neuralgische Punkte eines solchen Netzes sind die Kreuzungen. Dort nämlich staut sich der Verkehr, dort wird also am ehesten die Lösung beeinflußt, während entlang den Straßenzügen kaum Probleme auftreten, solange keine Aufgrabungen, Unfälle und dergleichen modelliert werden. (In anderen Maßstabsbereichen ist es genau umgekehrt: In einem Modell des Fernverkehrs entstehen Zeitverluste entlang den Routen, während Kreuzungen kaum ins Gewicht fallen.) Für eine solche Applikation ist ein punktförmiges Modell für Kreuzungen genügend genau, ebenso ein linienförmiges Modell für die Verbindungen zwischen Kreuzungen.

In einem streng relationalen Ansatz hätten wir zwei Tabellen, eine für Kreuzungen, eine andere für Verbindungsstrecken. In der Tabelle der Kreuzungen werden für jede Kreuzung die Lage (genähert; allenfalls ein Mittel aller an der Kreuzung erhobenen Punkte), die Höhe, der Name der Kreuzung, etwaige Eintragungen hinsichtlich der Vorrangregeln und der Ampelschaltung vermerkt:

NR	NAME	LAGE X,Y	HÖHE	VORRANG	AMPEL
1	Hauptplatz	2171.2, 1113.9	...	...	...
2	Domplatz	1070.0, 3220.8	...	...	...
...	...	...	...	...	...

Für Verbindungsstrecken wiederum müssen wir einen Hinweis zu den Kreuzungen am Beginn und am Ende der Strecke speichern, allenfalls einen Namen, die Geometrie etwaiger dazwischenliegender Punkte, die durchschnittliche Fahrzeit und das vorgeschriebene Tempolimit:

NR	VON	NACH	NAME	GEOMETRIE	FAHRZEIT	TEMPO
1	1	2	Steyrergasse	...	3 min	50 kmh
...	...	...	...	...	...	...

Die Art und Weise, wie wir die Spalten bezeichnet haben, läßt schon auf einen
Ansatz schließen, der über das relationale Konzept im strikten Sinn hinaus geht.
Die GEOMETRIE-Spalte der Verbindungsstrecken hat nämlich bereits einen
strukturierten Datentyp; sie ist eine *Liste* von Koordinatenpaaren; diese Liste kann variabel lang sein, allenfalls ist sie auch leer, wenn es sich nämlich
um eine geradlinige Verbindung handelt. Damit verletzen wir bereits die Forderungen der Normalform. Wollten wir hier streng nach den Vorschriften eines
relationalen Konzeptes – und seiner Normalformen – vorgehen, so müßten wir
eine eigene Tabelle mit Zwischenpunkten anlegen:

ZWISCHENPUNKT-NR	VERBINDUNGS-NR	REIHENFOLGE

Die Spalte REIHENFOLGE ist notwendig, weil relationale Tabellen nicht geordnet sein müssen; für das Auffädeln des ersten, zweiten, ..., n-ten Punktes ist
daher eine solche Domäne erforderlich. Soll nun etwa das Verbindungsstück
am Bildschirm gezeichnet werden, so nimmt diese Auffädelung relativ viel Zeit
in Anspruch; dasselbe gilt beim Rechnen, wo Tausende solcher Verbindungen
(und damit Millionen von Verbindungskombinationen) in Echtzeit miteinander
verglichen werden müssen.

Daher kann es sinnvoll erscheinen, ein Tauschgeschäft zu machen: Wir tauschen
die unzweifelhaften Vorteile der größeren Langzeitspeicherstabilität einer RDB
gegen die höhere Effizienz einer nicht streng nach RDB-Standards aufgebauten
Datenbank ein. Sie wird in der Literatur auch gelegentlich als *Nicht-Standard
Datenbank* bezeichnet. Die Liste von Zwischenpunkten wird in einer solchen
Datenbank als BLOB (*Binary Large Object*) bezeichnet. Es handelt sich um
einen vom DBMS nicht näher aufschlüsselbaren Datensatz der als Ganzes gele-
sen, geschrieben oder ausgetauscht wird und lediglich von der Anwendung her
interpretiert werden kann. Eigentlich nehmen wir hier eine Anleihe beim Konzept der Netzwerkdatenbanken, denn dieses BLOB ist nichts anderes als eine
fixe Folge von 'Members' in einem 'Owner-Set-Member'-Kreislauf.

In unserem Beispiel werden auch einige andere Dinge angedeutet, die in einer relationalen Datenbank nicht erlaubt wären. Die Fahrzeit und das vorgeschriebene Tempolimit sind auf dem betreffenden Straßenstück nicht konstant,
sondern hängen

- vom Fahrzeugtyp (PKW, LKW, BUS),
- von der Tageszeit, vom Wochentag, von der Jahreszeit,
- von der Person des Fahrers (ist er Anrainer?) ab.

Wir müssen also für dieses Attribut einen strukturierten Datentyp vorsehen,
der in einer relationalen Datenbank durch einen Verweis zu einer entsprechenden weiteren Tabelle ersetzt werden müßte. Das Verfolgen dieser Verweise ist
dann wieder zeitaufwendig. Ähnlich strukturiert müßten wir auch die Attribute
VORRANG und AMPEL aufbauen.

Wir sehen also, daß wir das relationale Konzept an bestimmten Stellen erweitern müssen. Viele relationale Datenbanken bieten auch bereits die eine oder

andere Erweiterung in dieser Hinsicht an. All dies geht natürlich in die Richtung objektorientierter oder zumindest objektrelationaler Datenbanken. Wir können das Verbindungsstück zweier Kreuzungen als Objekt ansehen, dem neben einer beliebig differenzierten Geometrie und den Fahrzeit- und Tempolimitinformationen noch eine Reihe weiterer Daten beigefügt werden kann, wie zum Beispiel alle Parkplätze, Ladezonen, sonstige Verkehrszeichen oder sogar Bilder, die einzelne Straßenabschnitte in einer Multi-Media-Umgebung zeigen.

Dem aufmerksamen Leser wird nicht entgangen sein, daß wir in den einleitenden Kapiteln immer zwischen Raster- und Vektorstrukturen unterschieden haben, während im jetzigen Kapitel nur mehr Vektorstrukturen besprochen werden. Der Grund liegt natürlich darin, daß Datenbanken ihrem Wesen nach Abbildungen vektorhafter Modelle sind; niemand käme auf die Idee, einzelne Pixel in die Datenbank einzutragen; der Speicherplatzbedarf wäre im Vergleich zum Nutzen ungerechtfertigt hoch. Für die Speicherung von Rasterstrukturen eignen sich jene Methoden besser, die bereits in Kapitel 4 vorgestellt wurden. Ein solches Bild (z.B. ein Orthophoto, ein Fernerkundungsbild) kann dann wohl als Ganzes mit Datenbankmethoden verwaltet werden; wird es benötigt, so baut man eine lokale Struktur auf; ansonsten wird es zweckmäßigerweise extern – auf Bändern oder dergleichen – abgelegt. In einer Erweiterung eines RDBMS kann ein solches Rasterbild demnach ebenfalls durch ein BLOB repräsentiert werden. Dabei ist es unwesentlich ob das gesamte Bild tatsächlich physisch an dieser Stelle der Datenbank gespeichert wird oder ob man lediglich eine externe Speicheradresse verwaltet.

Diese Methode wird mitunter auch sinngemäß bei Vektorstrukturen angewandt: Denken wir an Isolinien, Flußläufe und ähnliches. Dort spielen die Zwischenpunkte eine untergeordnete Rolle. Es sind dies jene Punkte, die keine Knoten im graphentheoretischen Sinne sind (siehe Kap. 3). Müssen wir sie interaktiv gelegentlich ansprechen, so können sie bei der Langzeitspeicherung in ihrer Gesamtheit als BLOB abgelegt werden.

9.5.2   Die Lage als Attribut; Peano-Tupel

Ein erklärtes Ziel von Geodatenbanken – im Gegensatz zu Datenbanken die andere Anwendungen bedienen – stellt die verbesserte Unterstützung des Raumbezugs dar. So hat die weitgehende Unabhängigkeit von der internen Datenorganisation und den dort implementierten Schutzmechanismen ihren Preis, der sich speziell im Zeitverhalten auswirkt. Vor allem beim interaktiven Arbeiten kommt es besonders auf einen schnellen Zugriff über die Lage (*raumbezogener Zugriff*, siehe Kap. 8) an. Die geometrische Komponente der Daten kommt zum Tragen; Anfragen, die nicht exakt formuliert werden können, sind besonders häufig. Wenn wir beispielsweise einen Punkt identifizieren möchten, so positionieren wir das Fadenkreuz (den Cursor, die Maus usw.) in dessen Nähe. Die Koordinaten müssen mit den gespeicherten Punktkoordinaten verglichen werden, und der nächstliegende Punkt wird ausgewählt. Wir können also keinen exakten Wert, sondern nur einen Näherungswert für den Schlüssel x, y angeben. Ähnlich verhält es sich, wenn wir ein Grundstück identifizieren und zu diesem Zweck in dessen Mitte hineinzeigen oder wenn wir alle Infrastruktureinrichtungen aufzeigen wollen, die in der Nähe eines bestimmten Ortes liegen. Es handelt sich hier um die Auswertung topologischer Beziehungen, die sehr schnell ablaufen muß, wenn das interaktive Arbeiten attraktiv sein soll. Dasselbe gilt für den Bildaufbau. Man gibt einen räumlichen Ausschnitt vor – etwa durch dessen südwestliche und nordöstliche Ecke – und will eine bestimmte Auswahl von Themen in diesem Ausschnitt darstellen. Unter Umständen soll die Darstellung sogar noch dynamisch entlang einem definierten Weg mitwandern: Dies erscheint bei der Einspiegelung eines Datenbestandes in ein photogrammetrisches Auswertegerät als wünschenswert. Es erweist sich demnach als günstig, in solchen Situationen die Daten – natürlich nur lokal und für eine beschränkte Zeit – so anzuordnen, daß diese Abfragen sehr schnell befriedigt werden können.

Durch das eben Gesagte soll nicht der Eindruck entstehen, daß relationale Datenbanken *grundsätzlich nicht* in der Lage sind, auf solche topologischen Abfragen zu reagieren. Dem ist nicht so: Es gibt Sprachelemente, die eine Bereichsangabe (von-bis) ermöglichen; zur Beschleunigung raumbezogener Abfragen kann man auch einen Index über den Schlüssel LAGE legen. Dennoch sind die Akzente bei einer Datenbank eindeutig auf eine möglichst vielseitig nutzbare Langzeitspeicherung und weniger auf rasche Bereitstellung ausgerichtet.

Geodaten sind vor allem durch ihren starken Raumbezug charakterisiert. Ihre Geometrie spielt eine wichtige Rolle; sieht man von Rasterdaten ab, so ist für diese Geometrie sehr häufig auch ihre Unregelmäßigkeit kennzeichnend. Geodaten sind Abbilder der Natur, und diese läßt sich nun einmal nicht in ein regelmäßiges Schema pressen. Auf der anderen Seite ist aber gerade der Zugang über den Raumbezug für uns ein sehr wichtiger. Viele Algorithmen setzen voraus, daß wir diesen Zugang finden. Algorithmen brauchen auch ein bestimmtes Maß an Regelmäßigkeit, um sinnvoll funktionieren zu können. Nun ist es gottlob nicht so, daß es keinen Ausweg aus diesem Dilemma gäbe. Das gesamte Kapitel 8 war ja darauf bedacht, verschiedene Auswege anzubieten und einander vergleichend gegenüberzustellen. Was uns noch fehlt, ist eine Anbindung der in Kapitel 8 entwickelten Ideen an die hier in diesem Kapitel diskutierte Datenbanktechnologie zu finden. Dies soll nun geschehen.

Wir können uns dem Kern des Problems nähern, indem wir die LAGE als ein Attribut, als ein Segment unter vielen Segmenten einer Entität, betrachten. Die Lage ist eine Zusammenziehung der x- und y-Koordinate (bzw. Ost- und Nord-Wert), solange wir die dritte Dimension außer acht lassen. Sie ist also ein Attribut wie die Punktnummer oder der Grundstückspreis. Wie wir bereits wissen, kann für jedes Attribut (jede Spalte einer Tabelle in einer RDB) ein Index angelegt werden, der eine Sortierung bewerkstelligt. Die Frage ist nur, nach welchen Kriterien sortiert werden soll. Eine Sortierung ist doch immer eine lineare Aneinanderreihung von Werten, und Koordinaten sind zumindest zweidimensional. Wir müssen also versuchen, so gut es geht, die Fläche in etwas Eindimensionales abzurollen.

Gerade für solche Zwecke bietet sich die *Peano-Ordnung* an. In Kapitel 8 wurde sie ausführlich besprochen. Dabei wurde auch klar, daß man mit ihr nur eine *grobe* Ordnungsstrategie verfolgt, die dann im allgemeinen noch einige wenige *Feinjustierungen* nach sich zieht. Wir teilen also gemäß unseren Überlegungen in Kapitel 8 die Ebene und/oder die Objekte in regelmäßige Maschen ein, deren Größe je nach der gewünschten Grobauflösung gewählt wird. Diese Maschen werden dann gemäß der Peano-Ordnung sortiert. Jede Masche erhält einen Index, der die Stellung innerhalb der Sortierungsreihenfolge ausdrückt. Wir nennen ihn *Peano-Code*.

Wir können somit einem Objekt die Peano-Codes aller Maschen zuordnen, die von diesem Objekt überdeckt werden. Je feiner die Aufteilung, desto mehr Codes werden es sein. Allerdings spielt die Peano-Ordnung hier ihren stärksten Trumpf aus: Sehr oft erhalten Maschen, die benachbart sind, auch Codes, die unmittelbar auf einander folgen, so daß wir sie zu Gruppen von Codes zusammenziehen können. Wir erhalten somit für das in Abbildung 8.19 abgebildete Objekt, das die Form des Buchstaben *H* hat, insgesamt 12 Peano-Codes, die wir in einer Tabelle (*Peano-Tupel*) speichern können; eine Spalte dieser Tabelle enthält die Peano-Codes, die andere das Objekt, das die entsprechende Masche überdeckt:

Peano-Code	Objekt-Nr	Peano-Code	Objekt-Nr
00000	n	00100101	n
00001101	n	00100111	n
00001111	n	00101	n
00010	n	00110000	n
00011000	n	00110010	n
00011010	n	00111	n

Es sei nochmals unterstrichen, daß dies lediglich eine *grobe* räumliche Approximation darstellt; es gibt also einige wenige *falsche Treffer*, die dann im nachfolgenden *Feintest* ausgemerzt werden müssen. Natürlich können mehrere Objekte im Duett mit denselben Peano-Codes auftreten; dies ist für eine Tabelle einer RDB ein Alltagsgeschäft und stellt weiter kein Problem dar. Neben dieser direkten Umsetzung der in Kapitel 8 entwickelten Konzepte zur Unterstützung des Raumbezugs in der Welt der relationalen Datenbanken gibt es eine Reihe von Varianten, die sich durch Kombination mit anderen in diesen Kapiteln vorgestellten Konzepten ergeben:

- In einer Erweiterung eines RDBMS (Nicht-Standard-Datenbank) könnten wir die Peano-Codes aller Maschen, die ein Objekt überdeckt, in einem strukturierten Attribut (einem sogenannten BLOB) unterbringen.

- Wir könnten Rechtecke einer EXCELL- oder GRIDFILE-Aufteilung nach Peano sortieren und die resultierenden Nummern den Objekten zuordnen.

- Es wäre aber auch denkbar, das DBMS in eine andere Richtung zu erweitern, indem wir eine *raumbezogene Schale* über die Datenbank legen; in dieser raumbezogenen Schale würden wir nach der GRIDFILE- oder EXCELL-Strategie *einteilen und suchen*, während die Daten selbst in einer RDB gespeichert sind. In den GRIDFILE- bzw. EXCELL-Dateien würden wir lediglich mit den Surrogaten der RDB hantieren.

Ein Weiterspinnen der zuletzt angeschnittenen Problematik würde geradewegs in eine Trennung von geometrischen Daten und anderen Daten eines GIS münden; in diesem Fall hätten wir also *zwei* Datenbanken zu bearbeiten: eine geometrische und eine nichtgeometrische. Der Vorteil einer solchen Strategie liegt sicherlich darin, daß man die jeweiligen Vorzüge und Schwächen besser berücksichtigen kann. Ein Nachteil ist es, daß Verweise zwischen den beiden Datenbanken angelegt und nachgeführt werden müssen. Eine solche Philosophie wurde in der Vergangenheit bei vielen GIS verfolgt. Man bezeichnet diese Spielart als *Hybrides (duales)* GEODBMS.

9.5.3   Objektorientierte Datenbanken

In den vorangegangenen Abschnitten wurden Entitäten aus Segmenten aufgebaut. Eine Entität des Typs PUNKT etwa ist zumindest durch ein Koordinatenpaar gekennzeichnet, ob dies nun (x, y), $(Ost, Nord)$ oder (φ, λ) heißt. Eine Koordinate allein sagt gar nichts über den Punkt aus, sodaß er erst durch das Verknüpfen beider Koordinaten sein wesentlichstes Merkmal erhält. Wenn wir ein Segment LAGE definieren, ist es eigentlich kein atomares Segment mehr. Damit wird der PUNKT zu einem komplexen Datentyp. Wir haben nun den Stein ins Rollen gebracht und sehen daß eine LINIE erst zu einer solchen wird, wenn wir zumindest zwei Punkte definieren, einen für den Anfang und einen für das Ende der Linie. Und schließlich wird ein POLYGON erst durch eine Folge von solchen Linien zu einem Flächenrand.

Für relationale Datenbanken stellt der Umstand, daß Polygone durch Linien definiert werden und ebenso der Umstand, daß eine Linie durch zumindest zwei Punkte definiert wird, eine unter vielen gleichberechtigten Möglichkeiten der Verknüpfung atomarer und grundsätzlich getrennt voneinander verwalteter Bestandteile dar. Wir können jedoch auch so argumentieren, daß etwa bei einer Linie das Aneinanderreihen zweier Punkte das Essentielle ist: das, was eine Linie eigentlich erst zu einer solchen macht. Und genauso ist das Auffädeln mehrerer Linien zu einem in sich geschlossenen Randpolygon das Wesentliche einer Flächendefinition. Die Fläche würde ihr wesentlichstes Kennzeichen verlieren, wenn wir alle bis auf eine oder zwei Linien aus dem Randpolygon entfernten, oder wenn wir topologische Regeln mißachteten. Vom Standpunkt der RDB her ist dies völlig in Ordnung; warum sollten wir auch nicht eine Tabelle verändern dürfen? Vom Standpunkt der Anwendung her allerdings sieht man die Sache in einem anderen Licht.

Nachdem wir also die Berechtigung des Wunsches erkannt haben, daß es auf verschiedenen Komplexitätsniveaus unverletzbare Einheiten *(Objekte)* geben sollte, wollen wir unsere Wunschliste sukzessive weiter ausbauen. Das Polygon muß natürlich bestimmten Regeln hinsichtlich seiner geometrischen Konfiguration gehorchen. Falls das Polygon eine Parzelle darstellt, ergeben sich aus dieser thematischen Bedeutung heraus weitere Regeln. Der Parzellenrand muß aus mindestens drei Punkten gebildet werden, er darf sich selbst nicht schneiden oder berühren; vielleicht wollen wir auch eine Mindestfläche vorschreiben oder auch extrem schmale, extrem lange Parzellen verbieten – weil ihre ungewöhnliche Form wahrscheinlich von Erfassungsfehlern herrührt. Nachdem wir also die Erfüllung aller dieser Eigenschaften gefordert und auch überprüft haben, wollen wir uns nicht weiter damit belasten; auf einer höheren Ebene wollen wir davon ausgehen, daß elementare Bedingungen *abstrahiert* werden können, nachdem sie ein für allemal überprüft wurden. Dies ist das Prinzip der *Kapselung*. Es schließt auch Methoden mit ein: Beispielsweise können Parzellen geteilt oder zusammengelegt werden, wobei wieder neue Parzellen entstehen. Die Bürde, die sich aus der Notwendigkeit der Detailkenntnis einer Objektstruktur ergibt, löst sich dabei nicht in Luft auf; sie wird lediglich auf die OODB verlagert. Es geht also darum, dem Anwender – bzw. dem Anwenderprogramm – ein wesentliches Stück Arbeit abzunehmen und in den Kompetenzbereich der Datenbank zu übertragen. Der Anwender wird so in den einzelnen Phasen seiner Arbeit von der Notwendigkeit des Wissens um Details entlastet.

Nun kommt der nächste Punkt auf den Wunschzettel: Wir erkennen, daß die Detailarbeit bei der Definition der Parzellengeometrie auch für Nutzungsabschnitte anwendbar wäre, für Wohngebiete, Bau- und Industriezonen. Es gibt also eine ganze *Klasse* gleichartiger Flächengeometrien. Die *Klassenbildung* – ebenso wie die Kapselung – soll sich über mehrere Komplexitätsebenen hinweg wiederholen dürfen. Als unmittelbare Konsequenz ergibt sich dann aber auch die Forderung nach der *Vererbbarkeit* von Attributen über Klassen bzw. Subklassen hinweg. Ebenso sollen für Attribute auch allgemeinere *Datentypen* als die von relationalen Datenbanken angebotenen (im wesentlichen integer, real, string) möglich sein. Strukturierte Datentypen (record, list, array, structure) sind also notwendig. Ein langer Wunschzettel also, den wir in der Folge kurz zusammenfassen. Objektorientierte Datenbanken (OODB) unterstützen

- die Objektbildung und die damit verbundene Objektidentität auf mehreren Komplexitätsniveaus,

- abstrakte und vom Anwender definierbare Datentypen,

- die Kapselung von Objekteigenschaften und von Methoden die auf das Objekt anzuwenden sind,

- den Polymorphismus (das Überladen), sodaß man auf verschiedene Objekte dieselben Methoden anwenden kann,

- die Klassenbildung, gekoppelt mit einer Vererbbarkeit von elementaren und strukturierten Attributen.

Objektorientierte Datenbanken (OODB) gehen Hand in Hand mit der Objektorientierten Programmierung. Die im Englischen gebräuchliche Bezeichnung für objektorientierte Datenbanken ist *Object Database* (siehe auch [41], [146]); da wir hier jedoch eine Unterscheidung zwischen den eigentlichen objektorientierten Datenbanken und den objektrelationalen Datenbanken machen wollen, verbleiben wir bei der ausführlicheren Bezeichnung. Der von der ODMG (Object Data Management Group) erarbeitete Standard für OODB wird in [41] bzw. in [264] näher beschrieben. Eine ausführliche Einführung in die Welt der objektorientierten Datenbanken und die entsprechenden Übergänge in die relationale Welt und auch in die web-basierenden Spielarten bietet [273].

Objekte werden unter Zuhilfenahme einer *Objektbeschreibungssprache (Object Definition Language,* ODL) definiert. Sie entspricht den in diesem Kapitel abgehandelten Datenbeschreibungssprachen, in diesem Fall natürlich speziell auf objektorientierte Konzepte abgestimmt. Sie ist keine Programmiersprache im herkömmlichen Sinn. Vielmehr dient sie der Definition der charakteristischen Eigenschaften von Objektklassen. Dazu gehören die Attribute von Objekten, die Arten von Beziehungen, die sie mit anderen Objekten eingehen können, und die Operationen (Methoden), die mit diesen Objekten verträglich sind. Eine ODL ist nicht direkt der Syntax einer Programmiersprache unterworfen. Sie ist vielmehr abstrakt und kann dann je nach Umgebung über eine objektorientierte Sprache wie etwa Java, C++ oder Smalltalk realisiert werden. Beim Entwurf eines objektorientierten Datenmodells spielt auch die Benutzerumgebung eine wichtige Rolle. Graphisch-interaktive Werkzeuge bei der Definition von Objektklassen und deren Eigenschaften und Methoden erleichtern es, komplexe Zusammenhänge im Datenmodell abzubilden. Ein Beispiel für eine solche Benutzerumgebung bietet das CASE-Tool von Smallworld.

Das Arbeiten mit Objekten der Datenbank, die Abfrage, Analyse und Bearbeitung, geschieht ebenfalls über eine formale Sprache. Die ODMG nennt sie OQL *(Object Query Language).* Sie ist an die relationale Abfragesprache SQL2 angelehnt und kann als eine objektorientierte Erweiterung derselben gesehen werden. Das folgende Beispiel zeigt klar, wie diese Erweiterung auf SQL aufsetzt. Angenommen, wir möchten für Zwecke des Geomarketings jene Firmen ermitteln, deren Firmensitz in der Haupstraße liegt und die mindestens zwei Geschäfte haben, welche nicht in derselben Stadt wie der Firmensitz selbst liegen. Die folgende OQL-Abfrage würde dies tun:

```
SELECT   S.ADRESSE
FROM     FIRMEN F,
         F.GESCHÄFTE G
WHERE    F.ADRESSE.STRASSE = 'Hauptstraße'
AND      COUNT (F.GESCHÄFTE) ≥ 2
AND      G.ADRESSE.STADT ≠ F.ADRESSE.STADT;
```

Ebenso wie die ODL kann auch die OQL in eine objektorientierte Sprache wie
etwa Java, C++ oder Smalltalk eingebettet werden, und somit können Anwendungen über eine geeignete Nutzeroberfläche komfortabel für alle Arten von
Anfragen aufbereitet werden. Bei der Benutzung der Datenbank kann man sich
somit derselben Werkzeuge bedienen wie in der Anwendung selbst. Die Datenbank und die Anwendung verschmelzen in Bezug auf die Objektbehandlung zu
einer Einheit. Hier zeigt sich eine der Stärken des objektorientierten Konzeptes. Als Beispiele für objektorientierte Datenbanken nennen wir Jasmine, JYD
Object Database, Titanium, Object Store, Objectivity/DB, Orient, Poet und
Versant (siehe dazu auch [264].

9.5.4   Objektrelationale Datenbanken

RDB (relationale Datenbanken) und OODB (objektorientierte Datenbanken)
sind aus der Sicht des Anwenders grundverschieden. Während sich RDB gut
für große Mengen von einfach strukturierten Daten eignen, sind OODB im Vorteil, wenn es sich um komplex strukturierte Information handelt. Die unüber-
troffenen Vorteile der RDB können dort genutzt werden, wo es relativ wenige
unterschiedliche Entitätstypen, dafür aber ein großes Datenvolumen gibt. Bank-
konten, Firmendatenbanken oder Literaturdatenbanken sind zwar umfangreich,
aber nicht sehr kompliziert in ihrer Struktur und können daher mit RDB optimal verwaltet werden. Die Einfachheit der Bearbeitung, die Stabilität und
die Standardisierbarkeit sind von großem Vorteil. Geoinformation ist jedoch
oft äußerst heterogen in ihrem Aufbau. Ein Bauwerk hat mit einem anderen
Bauwerk nicht viel gemein. Ein Wohnhaus, eine Garage oder eine Fabrikshalle
sind Bauwerke, aber sie unterscheiden sich grundlegend in ihren Attributen und
auch in den Methoden, die ihnen zugeordnet werden. Einem Fluß, einer Straße,
einer Leitung ordnet man einige ähnliche, aber auch sehr viele ganz unterschiedliche Attribute und Methoden zu. Das Bedürfnis, ein Objekt als Individuum
als Ganzes ansprechen zu können, ist hier stärker als anderswo. Daher ist in
der GI auch der Trend stärker, objektorientierte Ideen einzubringen.

Eine OODB bietet also ganz entscheidende Vorteile. Andererseits möchte man
aber auch die Vorteile einer RDB nicht missen, und so wurden in letzter Zeit
eine Reihe von Erweiterungen zu relationalen Datenbanken gemacht, die in
Richtung Objektorientiertheit gehen. Man nennt eine Datenbank die auf dieser
Zwischenstufe steht, eine *objektrelationale Datenbank* (ORDB).

In [133] wird der Versuch, Objekterweiterungen auf relationalen Datenbanken aufzupfropfen, mit der Ausstattung eines Pferdefuhrwerkes mit GPS und
einem Stereo-Autoradio verglichen. Dort heißt es, daß sich 'interessante Verbesserungen ergeben, aber es ist das falsche Vehikel', denn objektrelationale
Datenbanken basieren nach wie vor auf Tabellen. Viele interne Vorgänge in
einer ORDB laufen also nach wie vor relational ab. Nach außen hin jedoch bieten sie den Anwendern die Definition von *abstrakten Datentypen* (ADT), die

sich aus elementaren Datentypen zusammensetzen können. Einige dieser ADT sind zum Beispiel die in der Geoinformation gebräuchlichen Datentypen wie Punkt, Linie, Polygon, aber auch Bild, Textdokument, Audio und Video. Die Abfrage erfolgt über eine Erweiterung von SQL wie etwa SQL2 oder einem seiner Nachfolger. Dies bietet große Vorteile gegenüber der herkömmlichen rein relationalen Strategie und kann dort wo es möglich ist (bei vielen Attributdaten) trotzdem auf erprobte relationale Wege zurückgreifen. Natürlich wird das Prinzip der Kapselung, also der Integration und Abstraktion auch der Methoden zu jedem Datentyp, hier nicht voll unterstützt werden können. Auch die objektorientierten Konzepte der Identität und Vererbung, des Polymorphismus und der Definition persistenter Objektklassen, wie auch die Integration in eine objektorientierte Anwendung über Sprachen wie Java werden nur mit Einschränkungen unterstützt.

Trotzdem gewinnen in GI-Anwendungen objektrelationale Datenbanken an Gewicht. Es gibt eine Reihe von Erweiterungen herkömmlicher RDBMS und darauf aufbauender Abfragesprachen, welche den spezifischen Anforderungen der Geoinformation entgegenkommen. Dazu benötigen wir flexiblere, dem Raumbezug besser angepaßte Operatoren innerhalb des WHERE-Teiles einer SQL-Abfrage. Nehmen wir eine in GI-Anwendungen sehr häufige Fragestellung als Beispiel, den Punkt-in-Polygon-Test, etwa in der Form daß wir herausfinden wollen ob ein bestimmter Ort in einem vorgegebenen Land liegt. In Übersichtsmaßstäben sind Ortschaften durch Punkte, Länder durch Polygone gegeben. SQL erlaubt in seiner Standardversion die Angabe von Intervallen für Wertebereiche. Die Geometrie von Punkten kann somit mit Rechtecken $xmin$, $xmax$, $ymin$, $ymax$ verglichen werden. Speichern wir also zu jedem Land ein Rechteck, das dem Minimum bzw. dem Maximum seiner Randpunktkoordinaten entspricht (*Minimum Bounding Rectangle*, MBR), so können wir *grob* entscheiden, ob eine Ortschaft im jeweiligen Land liegt. Nehmen wie an, wir hätten dies in den beiden Tabellen (Relationen) ORT (NAME, X, Y) und LAND (NAME, XMIN, XMAX, YMIN, YMAX) verwirklicht, so würde die Abfrage so lauten:

```
SELECT   ORT.NAME
FROM     ORT, LAND
WHERE    ORT.X ≥ LAND.XMIN AND   ORT.X ≤ LAND.XMAX
AND      ORT.Y ≥ LAND.YMIN AND   ORT.Y ≤ LAND.YMAX;
```

Österreichische Orte liegen natürlich auch im MBR. Die Frage ist, ob diese Selektion nicht auch unzulässige Antworten liefert. Nürnberg liegt außerhalb des österreichischen MBR, also liegt es sicherlich auch außerhalb Österreichs. München hingegen liegt innerhalb des MBR; die erste Selektion ist also noch zu grob. Ein weiterer Test ist noch erforderlich. Ein Programm (nennen wir es INSIDE) liefert diesbezüglich Klarheit. Wenn wir eine relationale Datenbank und eine SQL-Version verwenden, die keine raumbezogenen Erweiterungen kennt, so muß das Programm in die Anwendung eingebaut werden. Diese Variante ermöglicht eine wesentlich ökonomischere Abfrage, weil nur ein Bruchteil der gespeicherten Daten wirklich algorithmisch behandelt werden muß. Vom Standpunkt des Abfragenden her ist es jedoch wünschenswert, diese Zweiteilung in grobe Strategien (über SQL) und feine Strategien (über spezielle Algorithmen) zu vermeiden. Ganz allgemein hat man das Problem, daß Datenbanken und Algorithmen quasi nebeneinander existieren; elementare Daten werden aus der schützenden Umgebung der Datenbank geholt, 'außerhalb' mit anderen Daten im Rahmen eines Berechnungsvorganges kombiniert, und die Ergebnisse werden wieder in die Datenbank eingetragen. Dieses Hin- und Herspringen zwischen *nicht-prozeduralen* Datenbanktechniken und *prozeduralen* Programmteilen ist zwar dem Problem angepaßt – und bis zum heutigen Tag oft die einzige praktikable Variante – es versteht sich jedoch von selbst, daß in puncto Flexibilität und Verallgemeinerungsfähigkeit Nachteile entstehen. Wir peilen also eine Abfragesprache an, die etwa folgendes erlaubt:

> SELECT   ORT.NAME
> FROM   ORT, LAND
> WHERE   ORT.LAGE INSIDE LAND.POLYGON;

Natürlich muß eine derartige Syntax mit einer entsprechend erweiterten Datenbankorganisation im Einklang stehen, denn sie erfordert das Vorhandensein strukturierter Datentypen LAGE und POLYGON. Ein solcher Zugang vereinigt Aspekte der Datendefinition (data definition language DDL), der Datenbearbeitung (data manipulation language DML) und der Abfrage (query language QL). Die Integration eines algorithmischen Programmteiles wie etwa INSIDE in eine Datenbankschale könnte wie folgt aussehen.

> DEFINE   type POINT
> CREATE   Locations (ID=integer, description = point)
> DEFINE   operator INSIDE (procedure = point-in-polygon)

Wenden wir uns nun einem zweiten Beispiel zu, dem die Bestandkarte eines Forsteinrichtungssystems zugrunde liegt (Abb. 9.3; siehe auch [124]). Aufgrund einer Klasseneinteilung je nach Wachstums- oder Produktionsphasen (Blöße, Jungwuchs, Dickung, Altholz etc.) ergeben sich *Bestandsflächen*, die wir in einer Tabelle (Relation) festhalten:

WALD: | BEST-ID | HOLZVORRAT |
|---------|------------|

Die Frage nach dem Holzvorrat in einzelnen Flächen oder auch zum Beispiel nach dem gesamten Holzvorrat in den Flächen 3 und 4 ist mittels Standard-SQL leicht zu formulieren:

SELECT   SUM (HOLZVORRAT)
FROM   WALD
WHERE   BEST-ID = 3
OR   BEST-ID = 4;

Wollen wir jedoch den Holzvorrat innerhalb eines beliebigen frei definierbaren Polygones ermitteln – etwa die Pufferzone längs eines Forstweges –, so bietet Standard-SQL keine Möglichkeit, dies zu ermitteln. Es ist nämlich sowohl eine Verschneidung als auch eine Interpolation notwendig. Die Pufferzone muß mit jeder Bestandsfläche verschnitten werden, und je nach dem Anteil, den der Pufferbereich an jeder Bestandsfläche hat, wir dann der Holzvorrat interpoliert, den diese Fläche beisteuert. Dabei nimmt man natürlich an, daß die einzelnen Bestandsflächen einen gleichmäßigen Bewuchs aufweisen. Sodann werden die einzelnen Zwischenergebnisse aufsummiert. Datenbankzugriffe verzahnen sich in diesem Beispiel mit Berechnungen, die innerhalb des Anwendungsprogrammes stattfinden. Eine Alternative dazu wäre ein Ausbau von SQL etwa in folgende Richtung (in semiformaler Schreibweise):

SELECT   INTERPOLATED SUM (HOLZVORRAT)
FROM   WALD
WHERE   BEST.POLYGON INTERSECTS QUERY.POLYGON

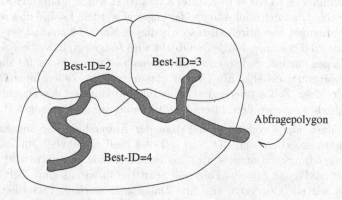

Abbildung 9.3: Beispiel zur Pufferzonenabfrage über SQL

So wie INSIDE, INTERPOLATED SUM und INTERSECTS gibt es natürlich noch eine Vielzahl von weiteren Sprachelementen, deren Einbau in SQL wünschenswert ist, wie etwa LÄNGE, ENTFERNUNG, FLÄCHE, ENTHÄLT, INNERHALB VON, BERÜHRT, BEGRENZT DURCH, IDENTISCH MIT, PARALLEL ZU, PUFFER FÜR ...

Wie können nun all diese Forderungen an objektrelationale Datenbanken gebündelt werden und gleichzeitig in kommerziell erhältlichen Produkten ihren Niederschlag finden? Nun, viele Datenbankhersteller haben in den neueren Versionen ihrer Software sowohl raumbezogene Datentypen wie auch entsprechende Abfragemöglichkeiten eingebaut. Sie unterstützen auch einen beschleunigten raumbezogenen Zugriff, so wie wir dies in Kapitel 8 gefordert haben, und sind daher gut dafür geeignet, große Mengen raumbezogener Daten effizient, sicher und schnell zu verwalten und auch die Anwendungen von all den Details raumbezogener Datenstrukturen und Abfragen zu entlasten. Stellvertretend für diese neuen 'Maschinen' sei das Produkt *Spatial Database Engine* (SDE) von ESRI genannt [257]. *Spatial Datablade* von Informix und *Spatial Database Option* (SDO) (jetzt auch als *Oracle Spatial Option* von Oracle9*i* bekannt) gehen ähnliche Wege. Sie werden beide für den Einsatz in *Location-Based Services* (LBS) bzw. für Location-Based Data angepriesen.

SDE baut auf dem *Client-Server-Prinzip* auf und ermöglicht so den gleichzeitigen Zugriff vieler Anwender auf die Datenbank. Es ist auch mit einem Anwendungsprogramminterface (application programming interface, API) ausgestattet, sodaß man die SDE-Funktionalität etwa über Visual Basic oder Visual C++ in die Anwendung einbinden kann. Es unterstützt raumbezogene Datentypen wie PUNKT, LINIE, POLYGON und verschiedene Varianten davon. So wird etwa auch ein DONUT – ein Polygon mit Aussparungen – angeboten. Kilometrierungsangaben, Beschriftungen und eine Vielzahl von Bezugssystemvarianten ergänzen das Spektrum von SDE.

Der Raumbezug, so wie er in Kapitel 8 diskutiert wurde, findet bei SDE seinen Niederschlag dadurch, daß *Adreßfelder* angelegt werden. Es sind dies regelmäßige Anordnungen von Adreßzellen so wie dies in Kapitel 8 anhand der EXCELL-Methode erklärt wurde. Für jedes Objekt wird festgelegt, in welcher Adreßzelle es zu liegen kommt, und so entsteht ein *raumbezogener Index* für die Geodaten in dieser Datenbank. Ein Objekt, das in mehrere Zellen hineinfällt, wird in jeder dieser Zellen referenziert. Um Inhomogenitäten des Datenbestandes auszugleichen, werden drei unterschiedlich feine Adreßfelder angelegt.

Wie können nun Geodaten von Seiten der Anwendung her aus einer SDE-Datenbank selektiert werden? Nun, all dies läuft gewöhnlich im Rahmen eines Anwendungsprogrammes ab. Das entsprechende Interface wird über ein API zur Verfügung gestellt. Folgende Schritte führen uns zum Ziel: Zunächst müssen wir ein CONNECT zur SDE-Datenbank machen. Das Client-Server-Prinzip ermöglicht dabei eine ganze Palette von Variationen. Die Anfrage über Internet ist hier auch inkludiert. Falls man auf beiden Seiten der Client-Server-Verbindung die entsprechende Softwareunterstützung hat, können auch die Verantwortlichkeiten für bestimmte Agenden aufgeteilt werden. In einem nächsten Schritt wird die Abfrage definiert. Es handelt sich hier um eine entsprechende Erweiterung von SQL. Sodann wird die Abfrage ausgeführt. Datensätze die der Abfrage entsprechen werden selektiert und bereitgestellt. Schließlich werden aus den bereitgestellten Datensätzen die eigentlichen Daten entnommen und der für die Anwendung verfügbar gemacht. Der Vorgang wird gegebenenfalls wiederholt. Zuletzt wird die Verbindung zur SDE-Datenbank beendet.

9.6   Datenbeschreibungssprachen

9.6.1   Übersicht

Die formale Beschreibung des Datenschemas spielt eine zentrale Rolle bei der Modellierung von Geoinformation. Geodatenbanken verwalten komplexe Objektstrukturen und daher kommt der formalen Datenbeschreibung hier eine große Bedeutung zu. Aber auch die *Interoperabilität* (siehe Kap. 10) zwischen verschiedenen Systemen kann nur unter der Voraussetzung funktionieren daß Klarheit über das verwendete Datenschema herrscht. Datenbeschreibungssprachen erfüllen diesen Zweck. Wir können sie als qualitätssteigernde Maßnahmen ansehen, die sowohl von der Seite der Anbieter wie auch von der Seite der Anwender Klarheit über die Einsatzfähigkeit eines konkreten Datenbestandes für eine bestimmte Anwendung schaffen. Unterschiedliche Auffassungen und Erwartungen bezüglich der Semantik und Struktur von Geodaten können damit ans Tageslicht gebracht und auch harmonisiert werden. Dies gilt gleichermaßen für die Kommunikation zwischen Mensch und Maschine wie auch für die Interoperabilität. Da wir nun einmal davon ausgehen müssen, daß es unterschiedliche Anforderungen an Geodaten, Geoprozeduren und damit an GI–Anwendungen gibt, ist es wichtig, Übergänge zwischen verschiedenen Repräsentationsformen klar und eindeutig zu formulieren. Diese *öffentliche* – nach außen hin sichtbare und gut dokumentierte – Definition von Daten steht im Gegensatz zur konventionellen Methode, die bisweilen auch so aussah, daß sich Datenstrukturen ad hoc ergaben und die darauf anzuwendenden Regeln nur implizit in der Applikationssoftware auftauchten. Mit dem Entstehen relationaler Datenbanken zeigten sich erstmals Ansätze einer formalen Datenbeschreibung. Die CREATE TABLE- Befehle von SQL mit ihren Festlegungen hinsichtlich der Domänen einer Tabelle und deren Wertebereiche sowie allfälliger Bedingungen sind eigentlich schon Ansätze einer Datenbeschreibungssprache.

Eine formale Datenbeschreibung zwingt uns, unsere Gedanken zu ordnen und in eine klare Formulierung einmünden zu lassen; ein Aspekt, dessen Wichtigkeit niemand bestreiten wird, der jedoch trotzdem immer wieder zu kurz kommt. Die Verwendung einer formalen Datenbeschreibungssprache begünstigt auch einen kommerziell orientierten Zugang zur Geoinformation, der Geodaten als *Produkte* definiert. Anbieter und potentielle Nutzer treffen auf einem *Marktplatz der Geoinformation* zusammen und nehmen die Produktbeschreibung als Basis für Anfragen, Auskünfte, Lieferungen und Verrechnung. Das *Data Warehouse* ist eine andere Metapher für diesen Marktplatz.

Der Wert einer Datenbeschreibungssprache zeigt sich spätestens dann, wenn innerhalb eines bis dato einheitlichen Umfeldes – auf unserem Marktplatz –

neue Datentypen bewältigt werden müssen, die über das hinausgehen, was man bisher an Vielfalt in bezug auf Datentypen erlaubte. Natürlich geht mit einer Ausweitung der Datentypen eine Ausweitung der Zugriffsmöglichkeiten einher, so daß flexiblere Datenbeschreibungen auch mächtigere Zugriffssprachen bedingen. Eine Datenbeschreibungssprache muß eine Reihe von Kriterien erfüllen:

- *Konzeptionelle Kriterien:* Das konzeptionelle Modellieren soll unterstützt werden; man strebt also eine weitgehende Unabhängigkeit von Systemen und Implementierungen an, denn Daten 'leben' länger als Hardware- und Softwarekomponenten.

- *Formale Kriterien:* Eine formale Sprache ist im Gegensatz zu Umgangssprachen eindeutig und damit auch maschineninterpretierbar. Eine graphische Version ist wünschenswert.

- *Pragmatische Kriterien:* Eine gute Dokumentation, die Verankerung in der Normenwelt, eine hohe Akzeptanz und eine ausreichende Softwareunterstützung sind vorteilhaft.

Wenn wir Datenbeschreibungssprachen grob in Klassen einordnen, so reicht das Spektrum von einfacheren Sprachen, die *syntaxorientiert* sind oder sich an relationalen Datenbankkonzepten orientieren, über solche Sprachen, die *strukturorientiert (datenorientiert)* sind bis hin zu *verhaltensorientierten (prozeßorientierten)* Sprachen. Es ist schwierig, einzelne Sprachen genau einer dieser Kategorien zuzuordnen. Wir nennen daher einige in aufsteigender Reihenfolge, beginnend bei einfachen Sprachen (siehe auch Iso 19103):

- EDIFACT (Iso 9735)

- IDEF1X (Us Fips Bup 184)

- NIAM (Nijssen's Information Analysis Methodology)

- EXPRESS (siehe die folgenden Abschnitte)

- SPECTALK: Entwicklung im Rahmen des kanadischen Standards SAIF

- INTERLIS (siehe die folgenden Abschnitte)

- UML (siehe die folgenden Abschnitte)

- OMG IDL (Interfacebeschreibungen für CORBA)

- ODMG ODL (siehe die folgenden Abschnitte)

- SQL3: Weiterentwicklung von SQL2 (Iso/Iec 9075)

9.6.2   Beispiele für Datenbeschreibungssprachen

EXPRESS

Aus der Fülle von Datenbeschreibungssprachen greifen wir nun einige heraus und beginnen dabei mit EXPRESS. Es wurde im Zusammenhang mit STEP, einem Standard für den Austausch für Produktdaten, entwickelt. Es lag auch dem ersten vorläufigen Satz Europäischer Normen (ENV) für Geoinformation zugrunde, welcher in den Jahren 1993-1998 entstand [260]. EXPRESS wird in ISO 10303-11 folgendermaßen beschrieben:

> ... ein neutraler Mechanismus zur Beschreibung von Produktdaten während ihres gesamten Lebenszyklus in einer von spezifischen Systemen unabhängigen Weise. Damit eignet er sich nicht nur für den neutralen Datenaustausch, sondern auch als Basis für die Implementierung und Nutzung gemeinsamer Produktdatenbanken sowie für die Archivierung.

Dem im Jahre 1994 veröffentlichten Standard für EXPRESS folgten im Laufe der Jahre mehrere Erweiterungen, so der Standard ISO 10303-14 EXPRESS-X oder die technische Spezifikation ISO 10303-28 (eine Erweiterung in Richtung XML). EXPRESS stellt eine sehr umfassende und flexible Sprache dar. Wir wollen einige wenige, aber doch charakteristische Teile herausgreifen und damit zeigen, daß eine solche Sprache auch für Geodaten nutzbringend verwendet werden kann. Das folgende Beispiel eines Personenstandregisters möge zunächst einen ersten Eindruck von der Mächtigkeit der Sprache vermitteln. Es ist der Beschreibung der Norm ISO 10303-11 entnommen; einige vereinfachende Annahmen liegen ihm zugrunde, so etwa die Annahme, daß nur Frauen einen vom Nachnamen verschiedenen Geburtsnamen haben können. Diese an sich diskriminierende Annahme erhöht in unserem Fall den didaktischen Wert des Beispieles.

```
SCHEMA Beispiel;
ENTITY Person
    SUPERTYPE OF (ONEOF (Mann, Frau));
    Vorname     : STRING;
    Nachname    : STRING;
    Rufname     : OPTIONAL STRING;
    Geburtsdatum : Datum;
    Kinder      : SET [0:?] OF Person;
    Beruf       : Berufstyp;
DERIVE
    Alter : INTEGER := Jahre (Geburtsdatum);
INVERSE
    Eltern : SET [0:2] OF Person FOR Kinder;
END_ENTITY;
```

```
ENTITY Frau
    SUBTYPE OF (Person);
    Partner      : OPTIONAL Mann;
    Geburtsname  : OPTIONAL STRING;
WHERE
    w1:   (EXISTS (Geburtsname) AND EXISTS (Partner)) XOR
                NOT EXISTS (Geburtsname);
END_ENTITY;

ENTITY Mann
    SUBTYPE OF (Person);
    Partner      : OPTIONAL Frau;
END_ENTITY;

END_SCHEMA;
```

Dieses Schema beinhaltet einige wesentliche Aspekte, welche die Flexibilität und Mächtigkeit von EXPRESS ausmachen. So fällt zunächst auf, daß man auf einfachen Datentypen (z.B. INTEGER, STRING) *benannte*, vom Anwender deklarierbare Datentypen (ENTITY, TYPE) aufbauen kann, deren Attribute definiert werden können. Daneben gibt es *aggregierende* Datentypen (SET), *konstruierte* Datentypen (ENUMERATION) sowie weitere allgemeine Datentypen. Wir unterscheiden die folgenden *einfachen Datentypen*:

- NUMBER, REAL, INTEGER: NUMBER ist der allgemeinere Typ und kann zu einem REAL oder INTEGER verfeinert werden; für REAL kann die Anzahl signifikanter Stellen angegeben werden;

- LOGICAL, BOOLEAN: Für LOGICAL können die Werte TRUE und FALSE angenommen werden; für BOOLEAN gibt es zusätzlich noch den Wert UNKNOWN;

- STRING: Angabe der Länge (Anzahl der Zeichen) möglich;

- BINARY: Die Maximalzahl von Bits pro Instanz kann vereinbart werden;

Daten einfacher Typen können durch *aggregierende* Beziehungen zu Daten komplexen Typs zusammengefügt werden:

- ARRAY: Geordnete, indizierte Sammlung einer fixen Zahl von Elementen.

- LIST: Geordnete Sammlung von Elementen; je nach dem Typ der geordneten einfacheren Elemente mag es eine Beschränkung für die Anzahl geben oder auch nicht; dasselbe gilt für etwaige Duplikate.

- SET: Ungeordnete und duplikatfreie Sammlung (Menge) von Elementen; je nach dem Typ der einfacheren Elemente mag es eine Beschränkung für die Anzahl geben oder auch nicht.

- BAG: Ungeordnete Sammlung von Elementen mit etwaigen Duplikaten.

Sowohl einfache wie auch aggregierte Daten können *benannt* werden und rücken so ein Stück näher zur Begriffswelt des Anwenders. Sie tragen zur Klärung der Bedeutung der betrachteten Daten bei und erlauben eine abstrahierte und strukturierte Verwendung. Als Beispiel führen wir folgende Definitionen für die Benennung durch TYPE an, die zum obigen Schema gehören:

```
TYPE Datum = ARRAY [1:3] OF INTEGER;
END_TYPE;
```

```
TYPE Berufstyp = ENUMERATION OF
   (Angestellter, Arbeiter, Beamter, Freiberuf, Ruhestand, keine Angabe);
END_TYPE;
```

Ein weiterer wichtiger Vertreter benannter Datentypen ist ENTITY, dem wir ja bereits im obigen Beispiel begegneten. Auch der *konstruierte* Datentyp in Form des ENUMERATION kam dort vor. EXPRESS kennt darüber hinaus noch weitere Datentypen, deren genaue Aufzählung den Rahmen sprengen würde.

Attribute einer Entität können explizit angegeben werden, so wie wir dies für den Vor- und Nachnamen einer Person taten. Es gibt aber auch *abgeleitete (derived) Attribute*, die sich aufgrund einer funktionalen Vorschrift, meist einer Rechenvorschrift, ermitteln lassen. In unserem Beispiel ist es das Alter, das durch eine Funktion JAHRE mit dem Eingabeparameter GEBURTSDATUM errechnet wird. Ein analoges Beispiel wäre etwa die Definition eines Kreises durch zwei explizite Attribute, nämlich das Zentrum und den Radius, dem weitere abgeleitete Attribute folgen können:

```
ENTITY Punkt;
   x,y,z          : REAL;
END_ENTITY;
```

```
ENTITY Kreis;
   Zentrum        : Punkt;
   Radius         : REAL;
DERIVE
   Fläche         : REAL := PI * Radius **2;
   Umfang         : REAL := 2.0 * PI * Radius;
END_ENTITY;
```

Damit stoßen wir auch schon auf ein weiteres Charakteristikum von EXPRESS: die Möglichkeit, *Algorithmen* zu definieren, die bei Bedarf für konkrete Instanzen durchgearbeitet werden können. Wir überwinden dadurch eine Trennung, die sich seinerzeit durch die Einführung der Datenbanktechnologie ergab und die trotz aller Vorteile dieser Technologie immer wieder schmerzte. Nach dem Abwandern der Daten in den Hoheitsbereich der Datenbankverwaltungssysteme (DBMS) gab es nur mehr einige wenige Zugriffe auf diese Daten, die sich im wesentlichen auf Lese-, Schreib- und Löschvorgänge beschränkte. Daten konnten nur außerhalb der geschützten Welt der Datenbank durch Berechnung veredelt werden, wobei ein gewisses Maß an Zweigeleisigkeit unvermeidlich war. Mit der Möglichkeit, Funktionen im deklarativen Teil der Datenbank unterzubringen, fallen die Grenzen zwischen der Datenbankdefinition, dem Datenbankzugriff und den eigentlichen Programmiersprachen. So enthält EXPRESS alle Möglichkeiten einer modernen Programmiersprache; dies gilt für die Wertzuweisung, die IF-THEN-ELSE-Klauseln, für CASE, REPEAT UNTIL, WHILE und vieles mehr.

Kehren wir zurück zu den Möglichkeiten der Attributdefinition. Neben der expliziten Angabe und der Variante des durch eine Funktion abzuleitenden Attributwertes gibt es die Definition *inverser Attribute*. Im obigen Beispiel stellt KINDER ein explizites Attribut zur Entität PERSON dar. Es kann null, einen oder mehrere Werte annehmen und diese Werte aus derselben Entitätsmenge PERSON beziehen. (Dies ist, nebenbei bemerkt, ein weiteres positives Charakteristikum dieser Sprache; etwaige zyklische Fehler werden automatisch erkannt und ausgeschlossen.) Das inverse Attribut ELTERN erlaubt es, auf einfache Weise ein für allemal festzulegen, daß etwa bei einer Korrektur des expliziten KINDER-Attributes das inverse ELTERN-Attribut automatisch nachjustiert wird.

Die Palette der Werkzeuge für die Definition eines maßgeschneiderten Datenschemas wird durch die WHERE-Klausel entscheidend bereichert. Damit kann der Definitionsbereich von Datentypen genauer umrissen werden. Im Beispiel des Personenstandregisters wird durch die WHERE-Klausel ausgedrückt, daß die Angabe eines Geburtsnamens auch die Angabe des Partners bedingt. Ein anderes Beispiel für den sinnvollen Einsatz der WHERE-Klausel ist die Definition eines Einheitsvektors: Dazu gehört die Festlegung, daß die Quadratsumme der Komponenten den Wert 1 ergeben muß; dies wird durch die folgende Syntax ausgedrückt:

ENTITY Einheitsvektor;
    a,b,c : REAL;
WHERE
    Länge : a**2 + b**2 + c**2 = 1.0;
END_ENTITY;

Die WHERE-Klausel entspricht also der Definition einer *Regel*, die den gesamten Bereich des dreidimensionalen reellen Raumes auf die Oberfläche der Ein-

heitskugel einschränkt. Regeln treten auch in anderen Zusammenhängen auf,
wie etwa bei der Festlegung der Eindeutigkeit von Attributwerten. Instanzen
eines Entitätstyps, für den eines oder mehrere Attribute als UNIQUE deklariert
werden, dürfen für diese Attribute nicht denselben Wert mehrmals annehmen.
Solche UNIQUE-Attribute eignen sich gut für das rasche Auffinden einzelner
Entitäten. (Beispiele sind die Punktnummer eines Vermessungspunktes oder
die Grundstücksnummer einer Parzelle, die postalische Adresse usw.) Noch ein
weiteres Anwendungsfeld für Regeln wird sichtbar, wenn wir das zu Beginn
eingeführte Beispiel des Personenstandregisters weiter ausbauen. So dürfen Instanzen des Attributes PARTNER bei den Entitätstypen FRAU und MANN klarerweise nur paarweise auftreten. Auch diese Forderung läßt sich mit EXPRESS
formulieren. Wir entnehmen das folgende Beispiel der Norm ISO 10303-11 und
verzichten auf eine detaillierte Erklärung der dabei verwendeten Syntax:

```
RULE Paar FOR (Frau, Mann);
WHERE
     r1 :  SIZEOF (
              QUERY (Tf < * Frau | EXISTS (Tf.Partner) AND
                     (Tf.Partner.Partner   :<>:   Tf))
           ) = 0;
     r2 :  SIZEOF (
              QUERY (Tm < * Mann | EXISTS (Tm.Partner) AND
                     (Tm.Partner.Partner   :<>:   Tm))
           ) = 0;
END_RULE;
```

Die *Verallgemeinerung* und *Spezialisierung* von Datentypen sowie die *Vererbung* der entsprechenden Attribute wird über das Zusammenspiel von SUBTYPE
und SUPERTYPE geregelt. Der SUBTYPE erbt alle Charakteristika des SUPER-
TYPE, also dessen Attribute und Einschränkungen; natürlich kann er zusätzlich
noch weitere Attribute und Einschränkungen aufweisen. Die FRAU als Subtyp
einer PERSON erbt die entsprechenden Attribute, hat aber ein zusätzliches Attribut – den Geburtsnamen. Auch in unserem geometrischen Beispiel finden
wir eine Entsprechung: Ein Quadrat ist ein Rechteck und erbt daher dessen Eigenschaft von vier rechten Winkeln; es hat zusätzlich noch die Eigenschaft, daß
alle Seiten gleich lang sind. Oder, mehr GI-spezifisch: Gebäude sind n-Ecke
mit annähernd rechten Winkeln. Eine solche Annahme mag in vielen Fällen
gerechtfertigt sein; man denke nur, wie viel Programmcode mit einer solchen
einfachen, ein für allemal gemachten Deklaration eingespart werden kann.

Es ist möglich, daß ein SUPERTYPE mehrere SUBTYPES hat; auch der umgekehrte Fall ist erlaubt. Außerdem darf die Verallgemeinerung über mehrere
Ebenen hinweg erfolgen, so daß ein SUPERTYPE selbst wieder ein SUBTYPE
eines noch allgemeineren Datentyps ist. Attribute des SUPERTYPE können im
SUBTYPE schärfer definiert werden. So kann aus einem OPTIONAL ein explizites Attribut werden, aus einem allgemeineren NUMBER kann ein REAL oder
INTEGER werden usw.

Neben der Datenbeschreibung in textlicher Form gibt es EXPRESS-G, eine graphische Form der Datenbeschreibung. Datentypen, Attribute, Beziehungen und Einschränkungen werden durch eine entsprechende Wahl der Graphikparameter visualisiert. Das Beispiel des Personenstandregisters wird mit EXPRESS-G wie in Abbildung 9.4 dargestellt. Datentypen werden durch Boxen wiedergegeben. Die Linienart sagt aus, ob es sich um einfache oder andere Datentypen handelt. So wird etwa der benannte Datentyp (das Datum in unserem Beispiel) durch eine gestrichelte Umrandung der Box symbolisiert. Relationen werden durch Linien ausgedrückt. Dicke Linien beschreiben Vererbungsrelationen (Supertyp-Subtyp), gestrichelte Linien stehen für optionale Relationen. Sternchen deuten an, daß für die entsprechenden Entitäten Regeln gelten. EXPRESS-G wird durch Graphikeditoren unterstützt. Ein mit diesem Werkzeug generiertes graphisches Schema kann dann automatisch in die textliche Form überführt werden.

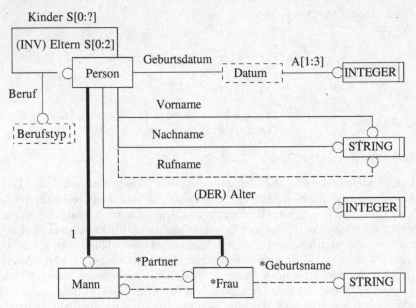

Abbildung 9.4: Formale graphische Datenbeschreibung mit EXPRESS-G

ODL

EXPRESS ist eine Datenbeschreibungssprache die viele Aspekte des objektorientierten Ansatzes übernommen hat. Sie hat noch dazu den Vorteil, als ISO-Norm anerkannt worden zu sein. Eine Sprache, die einen ähnlichen Weg geht, ist ODL, die *Object Definition Language* der ODMG (Object Data Management Group) [264]. Sie vervollständigt das Schema einer objektorientierten Datenbank wie es in diesem Kapitel bereits vorgestellt wurde und sie geht in ihren Fähigkeiten noch weiter als EXPRESS. Die eben erwähnte Literaturquelle beschreibt die verschiedenen Einbindungsvarianten von ODL in Umgebungen wie C++, Smalltalk oder Java. Bei der Besprechung von EXPRESS wählten wir das Beispiel eines Personenstandsregisters, um die Möglichkeiten dieser Sprache aufzuzeigen. Dies kann auch für ODL gemacht werden. Eine Person gehört zur Klasse der Personen und hat Attribute (Name, Adresse, Partner, Kinder, Eltern) sowie zugeordnete Methoden (Geburt, Heirat, Vorfahren, Übersiedlung). Eine Geburt fügt ein neues Kind zur Liste der Kinder einer Person-Instanz hinzu. Eine Heirat definiert einen Partner. Die Operation 'Vorfahren' ermittelt eine Menge von Person-Instanzen entsprechend der Kinder- und Eltern-Angaben und eine Übersiedlung ändert die Adresse einer Person-Instanz. Die Adresse ist ein strukturiertes Attribut, bestehend aus einem Straßennamen, einer Hausnummer und aus dem Namen einer Stadt. Diese wiederum hat neben dem Namen auch einen Code und Einwohner, die sich aus einer Menge von Instanzen des Typs Person zusammensetzen. ODL legt all dies in folgender Datenbeschreibung ab:

```
INTERFACE Person
(   EXTENT Personen)
{   ATTRIBUTE STRING Name;
    ATTRIBUTE STRUCT Adresse
        {STRING Straße, UNSIGNED SHORT Nummer, STRING Stadt_Name} ;
    RELATIONSHIP Person Partner INVERSE Person::Partner;
    RELATIONSHIP SET<Person> Kinder INVERSE Person::Eltern;
    RELATIONSHIP LIST<Person> Eltern INVERSE Person::Kinder;
    VOID Geburt (IN STRING Name);
    BOOLEAN Heirat (IN STRING Person_Name) RAISES (leer);
    UNSIGNED SHORT Vorfahren (OUT SET<Person> Vorfahren_alle) RAISES (leer);
    VOID Übersiedlung (IN STRING Adresse_neu);    } ;

INTERFACE Stadt
(   EXTENT Städte
    KEY Stadt_Code)
{   ATTRIBUTE UNSIGNED SHORT Stadt_Code;
    ATTRIBUTE STRING Name;
    ATTRIBUTE SET <Person> Einwohner;    } ;
```

UML

Die dritte Datenbeschreibungssprache die wir hier näher untersuchen, ist UML *(Unified Modeling Language)*. So wie EXPRESS in der ersten Fassung der europäischen GI-Normen [260] in den Jahren 1994-1998 als formales Werkzeug verwendet wurde, ist UML in der Folge zur Datenbeschreibungssprache für internationale GI-Normen [269] geworden. Es findet auch im Rahmen der Arbeiten von OGC *(Open Geospatial Consortium)* [266] Verwendung. Die Konzepte von UML sind mit jenen von ODL sehr ähnlich. Die Notation ist jedoch eher eine graphische als eine lexikalische. Jede Objektklasse wird in UML durch ein Kästchen beschrieben, das drei Unterteilungen aufweist, und zwar für den Namen der Objektklasse, die Attribute (inklusive der Geometrie- und Topologieattribute) und allfällige Operationen, die dieser Objektklasse zugeteilt sind. Die Beziehungen zwischen Objektklassen werden durch Verbindungslinien dargestellt, denen die jeweiligen Kardinalitäten zugeordnet sind.

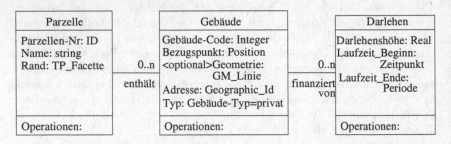

Abbildung 9.5: Parzellen, Gebäude und Darlehen in der UML-Darstellung

Im Beispiel das in Abb. 9.5 dargestellt ist, geht es um die drei Objektklassen 'Gebäude', 'Parzelle' und 'Darlehen'. Die Attribute von Parzellen sind deren Identifikation und deren Namen sowie auch ein Randpolygon (in Kapitel 3 wurde diese topologische Fläche als *Masche* bezeichnet). Gebäude sind ebenfalls durch einen Code gekennzeichnet, weiters durch einen Bezugspunkt (genäherte Lage), eine Postadresse und die Angabe der Gebäudeart. Optional kann neben dem Bezugspunkt auch eine ausführlichere Geometrie vorhanden sein. Es muß sich aber hier - im Gegensatz zur Parzelle – nicht um eine topologisch korrekte Flächenumrandung handeln, denn Gebäude werden oft auch nur an der Straßenseite geometrisch erfaßt. Die dritte Objektklasse der Darlehen weist an Attributen die Höhe des Darlehens, den Beginn und das Ende der Laufzeit an. Hier ist anzumerken daß das Beispiel auf zwei Zeit-Datentypen zurückgreift. Der Beginn ist natürlich ein Punkt auf der Zeitachse (ein Tag), während die Auslaufzeit des Darlehens aufgrund der Möglichkeit verfrühter Rückzahlungen eine Periode ist.

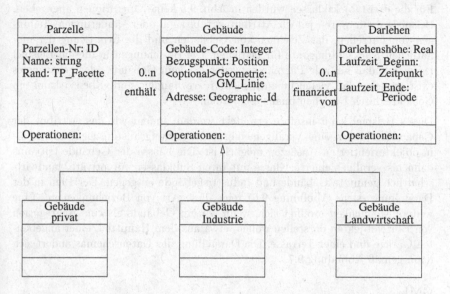

Abbildung 9.6: Gebäude und ihre Spezialisierungen in der UML-Darstellung

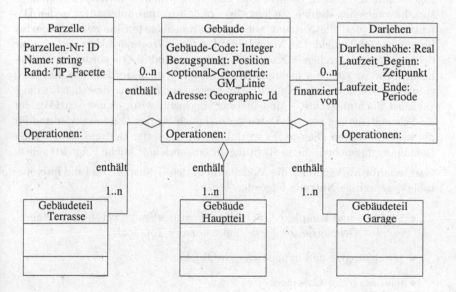

Abbildung 9.7: Gebäude und ihre Teilobjekte in der UML-Darstellung

Für die drei Objektklassen wurden in Abb. 9.5 keine Operationen angegeben. Beispiele dafür wären jedoch Attributwertabfragen oder –änderungen, Teilungen von Parzellen, das Zeichnen von Gebäuden und die Ermittlung der monatlichen Rückzahlungsrate für Darlehen. Die Beziehungen in diesem Beispiel legen fest, daß für jede Parzelle entweder gar kein Gebäude oder genau eines existiert oder daß vielleicht auch mehrere vorhanden sind. Ebenso kann ein Gebäude durch Darlehen finanziert werden.

Dieses Beispiel kann insofern erweitert werden, indem wir das Attribut der Gebäudeart gegen eine Verallgemeinerungsbeziehung austauschen, so wie sie in objektorientierten Ansätzen möglich ist. Die Klasse der Gebäude tritt uns dann als verallgemeinerte Klasse mit ihren Subklassen für private, landwirtschaftlich genutzte Gebäude und Industriegebäude entgegen. Der Pfeil in der Darstellung (siehe Abbildung 9.6) zeigt diese Art von Beziehungen an. Eine weitere Möglichkeit eröffnet sich, wenn wir ein Gebäude als eine Aggregation von Einzelobjekten darstellen wollen, etwa aus dem Hauptteil, einer angebauten Garage und einer Terrasse. Die Darstellung des Datenschemas ändert sich dann gemäß Abbildung 9.7.

GML

GML steht für *Geography Markup Language*. Es ist dies eine auf XML basierende Codierung von GI-Features mit deren raumbezogenen sowie anderen Eigenschaften. Es kann einerseits als eine konzeptionelle Datenbeschreibungssprache angesehen werden, andererseits ermöglicht und unterstützt es den Datentransport und die Nutzung von Informationsdiensten im web-basierenden interoperablen Umfeld. Die Norm ISO 19136 GI – *Geography Markup Language* definiert die entsprechende XML Schema-Syntax und die zugeordneten Mechanismen. Sie ist eine von mehreren Normen, die gemeinsam von ISO und OGC entwickelt wurden (siehe Kap. 10). Im Gegensatz zu UML, das eher für die – zunächst noch abstrakte – Modellierung eingesetzt wird, eignet sich GML für die Schematisierung von GeoDaten speziell auch für den Datentransfer und für die webbasierenden Dienste. Es wird daher als zentraler Bestandteil aler jener Bemühungen gesehen, die in Richtung *Interoperabilität* (siehe Kap. 10) gehen.

GML erlaubt ab Version 3 die Modellierung, den Transport und die interoperable gegenseitige Nutzung folgender Aspekte:

- Einfache und komplexe GI-Objekte (Features) mit zwei- und dreidimensionaler Geometrie sowie zweidimensionaler Topologie

- zeitabhängige und dynamische GI-Objekte

- feldbasierende Coverages

- Bezugssysteme (räumlich und zeitlich)

- einfache Default-Visualisierungen der eben erwähnten Klassen

Eine ausführliche Darstellung der GML-Syntax würde den Rahmen dieses Buches sprengen. Wir wollen lediglich einen Eindruck davon vermitteln, wie der Aufbau aussieht. Eine *Lokation* etwa, wie sie im Rahmen von Location-Based Services (LBS) auftritt, kann unterschiedlich dargestellt werden. In der folgenden Sequenz wird die Lokation auf drei verschiedene Arten realisiert. Zunächst geschieht dies über einen Punkt mit dem Namen point96 und den Koordinaten (-31.936,115.834). Dabei beziehen sich die Koordinaten auf ein spezifisches Bezugssystem (Coordinate Reference System CRS) der EPSG (European Petroleum Survey Group). Im Gegensatz dazu können indirekte Bezüge eingeführt werden, so wie sie in Kapitel 7 besprochen wurden, und somit kann die Lokation durch einen Namen dargestellt werden, der aus dem Register (Gazetteer) einer Behörde stammt. Und schließlich sind auch noch kognitionsbasierende Angaben möglich (siehe Kap. 2 und 7):

```
<gml:location>
   <gml:Point gml:id="point96" srsName="urn:EPSG:geographicCRS:62836405">
      <gml:pos>-31.936 115.834</gml:pos>
   </gml:Point>
</gml:location>

<gml:location>
   <gml:LocationKeyWord
      codeSpace="http://www.geo_amt.de/Ortsnamen/index.html">Berlin
   </gml:LocationKeyWord>
</gml:location>

<gml:location>
   <gml:LocationString> Uhrturm am Grazer Schloßberg</gml:LocationString>
</gml:location>
```

INTERLIS

Alle bisher genannten Sprachen sind nicht nur spezifisch für Geodaten, sondern allgemein verwendbar; daraus lassen sich sowohl Vor- als auch Nachteile ableiten. Vorteilhaft wirkt sich diese Allgemeinheit sicher auf das bereits mehrfach erwähnte Konzept eines Marktplätzes der Information aus, auf dem die Geoinformation eines von mehreren Produkten darstellt; eine allgemeingültige Datenbeschreibungstechnik wirkt daher effizienzsteigernd. Zum Nachteil wird sie dort, wo sich die Geoinformation wesentlich von anderen Informationen unterscheidet. Vor allem die Geometrie und das spezifische Anwendungsumfeld der Geoinformation wird in derlei Sprachen nicht immer so unterstützt wie wir es gerne wollen. Nicht von ungefähr kommen die Beispiele, die wir für EXPRESS und ODL fanden, aus einem Bereich der zwar auch raumbezogene Informationen beinhaltet wie etwa Postadressen und Stadtcodes, aber doch nicht solch explizite Geodatentypen wie Punkte, Linien oder Polygone.

Aus diesem Grund wollen wir in diesem Abschnitt noch kurz auf INTERLIS eingehen, das speziell für Geodaten im Spannungsfeld von Behörden, Universitäten und Softwarefirmen im Rahmen der Schweizer Reform der Amtlichen Vermessung (Av) entstanden ist. Es ist mehr als eine reine Datenbeschreibungssprache. Die Grundidee besteht darin, daß ein Austausch der Information nur möglich ist, wenn die beteiligten Stellen eine genaue und einheitliche Vorstellung über die Art und Einsatzmöglichkeit der auszutauschenden Daten haben. INTERLIS befaßt sich deshalb zunächst mit der Beschreibung des Datenmodells und in einem zweiten Schritt mit der Festlegung des Austauschformates.

Die Stärke von INTERLIS liegt in der Anpassungsfähigkeit der Sprache an konkrete Anwendungserfordernisse und in dem eben beschriebenen zweistufigen Prozeß. Wir sprechen in diesem Fall von einem *modellbasierten Ansatz* im ersten Schritt, der dann durch konkrete Festlegungen im zweiten Schritt unterstützt wird. Es tritt hier wieder eine Strategie zutage, die wir schon des öfteren erfolgreich verwendeten. In Kap. 2 gingen wir zunächst den Weg von der realen Welt zum Modell und von diesem dann zum Schema. INTERLIS macht diese beiden Schritte ebenfalls und mißt ihnen beiden eine Bedeutung zu. Es wird in der Schweiz und darüber hinaus intensiv verwendet und auch ständig weiterentwickelt. Die Version 2 unterstützt verstärkt objektorientierte Konzepte, Darstellungsaspekte und eine inkrementelle Nachführung (siehe dazu auch [106]). In letzter Zeit entstand im Zusammenhang mit INTERLIS-2 und mit der internationalen Normierung [269] eine breite Palette von Software-Werkzeugen, die auch die Anbindung an die Welt von UML, XML und GML bieten [263].

INTERLIS berücksichtigt geometrische Datentypen, wie sie in GI-Anwendungen gebraucht werden; so etwa

- Koordinaten (zwei- und dreidimensional)

- Länge, Flächenmaß und Winkel

- Bereich (von-bis) und Aufzählung

- Datum, Text und Textausrichtungen

- Linien, Flächen, Netze und Gebietsaufteilungen

Wertebereiche können für alle Datentypen vorgegeben werden. Die Syntax ist an moderne objektorientierte Programmiersprachen angelehnt. Aus [107] wurde folgendes Beispiel entnommen, das die Bodenbedeckung wiedergibt. Zunächst werden Bodenflächen näher beschrieben. Das Attribut ART ist vom Aufzählungstyp. Gebäude stellen also eine unter mehreren Möglichkeiten einer Bodenbedeckung dar. Das Attribut FORM enthält die Vorschrift, daß Bodenflächen von der Geometrie her durch Geraden- und Kreisbogenstücke begrenzt werden, die ihrerseits durch Koordinaten im Landessystem definiert sind. Bodenflächen dürfen einander nicht signifikant überlappen. Danach wird

der Datentyp GEBÄUDE definiert, der eine ASSEKURANZNUMMER besitzt, sich
darüber hinaus aber in die Riege der Bodenflächen einfügt.

```
TRANSFER Beispiel;
DOMAIN
    LKoord = COORD2        480000.00 160000.00
                          850000.00 320000.00;
MODEL Beispiel
    TOPIC Bodenbedeckung =

        TABLE BoFlächen =
            Art:              (Gebäude, befestigt, humusiert, Gewässer,
                              bestockt, vegetationslos);
            Form:             AREA WITH (STRAIGHTS, ARCS)
                              VERTEX LKoord
                              WITHOUT OVERLAPS > 0.10;
        NO IDENT;
        END BoFlächen;

        TABLE Gebäude =
            AssNr: TEXT6;
            Fläche: − > BoFlächen // Art = Gebäude //;
        IDENT
            AssNr;
            Fläche;
        END Gebäude;
    END Bodenbedeckung.
END Beispiel.
```

Kapitel 10

INTEROPERABILITÄT

Als Nutzer von Geoinformation erwarten wir, daß unsere Anwendungen optimal durch aktuelle qualitätsvolle Geodatenbestände unterstützt werden und daß wir auch bei der mit diesen Daten einhergehenden Funktionalität nicht immer das Rad neu erfinden müssen. Deshalb wollen wir uns immer weniger an ein bestimmtes System, ein bestimmtes Datenmodell, ein bestimmtes Softwarepaket binden. Anstatt alle Daten die wir benötigen, selbst zu erfassen, zu aktualisieren und zu veredeln, kaufen wir sie dort ein, wo sie immer am neuesten Stand sind. Wir wollen uns auch nicht immer mit allen Details für den Ablauf einer GI-Anwendung belasten. Daher erscheint es sinnvoll, nicht nur die geeigneten Daten, sondern sogar die entsprechende Applikation dort aufzurufen wo diese am besten abgewickelt werden kann. In diesem Kapitel werden wir die Idee eines Informationsmarktplatzes aufgreifen und die dafür erforderlichen Voraussetzungen beleuchten. Es sind dies Normen, Standards und internetfähige Systemkonfigurationen. Die Idee des Internet ist es, Daten und deren Applikationen dort zu belassen, wo sie 'zu Hause' sind, und sie nur in Ausnahmefällen in das eigene System zu laden – als Sicherungsmaßnahme oder zur Beschleunigung eines Analyseprozesses. Jedes Herunterladen bringt nämlich das Problem der Redundanz, Aktualisierung und Inkonsistenz sowohl von Daten als auch von Applikationen mit sich.

Client-Server-Architekturen berücksichtigen den Umstand, daß Daten und ihre Anwendungen grundsätzlich besser auf dem Server aufgehoben sind. Sie werden jedoch auf der Client-Seite gelegentlich durch Daten- und Software-Downloads unterstützt. Das Wort *Interoperabilität* beschreibt die Fähigkeit zweier oder mehrerer Systeme, in dieser Weise verzahnt zu arbeiten. In Iso 19118 wird der Begriff der Interoperabilität in folgender Weise definiert:

> Interoperabilität ist die Fähigkeit zur Kommunikation, zur Ausführung von Programmen und zum Austausch von Daten zwischen verschiedenen funktionalen Einheiten in einer Art und Weise, die von Anwendern wenige oder gar keine Kenntnisse über die Besonderheiten dieser Einheiten erfordert.

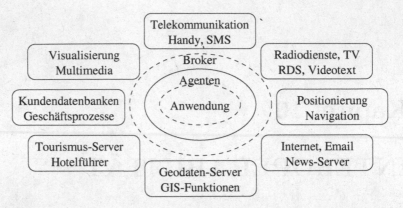

Abbildung 10.1: Interoperabilität zwischen verschiedenen Teilsystemen

Abbildung 10.1 veranschaulicht das Konzept der Interoperabilität. Wir knüpfen an Abb. 1.6 an, wo anhand des Beispieles eines Geschäftsreisenden ein Bedarf an Geodaten und an der Basisfunktionalität eines GIS festgestellt wurde, aber auch weit darüber hinaus Beiträge erforderlich sind, die von Seiten der Navigation und Positionierung, der Telekommunikationsdienste sowie der Internet- und E-mail-Dienste kommen. Zugriffe auf verschiedenartigste Datenbanken – seien es Kundendaten oder Tourismusinformationen, Wettermeldungen und Stauwarnungen – werden möglich.

Denken wir an die in den letzten Jahren so stürmische Entwicklung auf dem Telekommunikationssektor. Die GSM-Technologie mit ihrem das Internet nutzenden WAP *(wireless application protocol)* Standard, die Ausbaustufen GPRS *(General Packed Radio System)* und UMTS *(Universal Mobile Telecommunication System)* werden potentiellen Kunden schmackhaft gemacht. Der Schulterschluß mit Online-Diensten verspricht einen Mehrwert, und dies nicht nur für die Netzbetreiber sondern auch für die Kunden. Dieses Zusammenrücken verschiedener Technologien kommt uns in den *Location-Based Services (LBS, ortsbezogene Dienste)* entgegen. Solche Dienste werden auf mobilen Endgeräten (Handy, PDA) implementiert und liefern Informationen, die am konkreten Ort und zur konkreten Zeit der Abfrage für die Anwender interessant sind.

Ob damit ein Grundbedürfnis des Menschen erfüllt wird oder ob man für ihn neue Bedürfnisse erst schafft, diese Frage soll hier nicht beantwortet werden. Tatsache ist es, daß etwa das Handy viele Abläufe des Alltags gravierend beeinflußt hat – obzwar die Menschheit zu Zeiten des Festnetzes nicht unglücklicher war als heute. Diese philosophische Betrachtung kann man bei allen Neuerungen anstellen. Ist eine solche technische Neuerung erst einmal da, dann denkt man auch an ihren Ausbau – und ein solcher Ausbau wird sicherlich in Richtung *Ortsbezug* gehen. Der Mensch verbindet im Alltag seine Aktionen und Reaktionen, auch gelegentlich seine Pläne und Wünsche sehr stark mit dem jeweiligen Ort, der jeweiligen Zeit. Wenn das Handy klingelt, so lautet meist die erste Frage, die gestellt wird 'wo bist du jetzt?'. Die meisten weiteren Abmachungen oder Auskünfte richten sich nach der Antwort auf diese Frage nach dem *wo* (in Raum und Zeit). Man sucht die nächste Haltestelle, den nächsten Arzt, die nächste Pizzeria, das nächste Kino, Hotel oder den nächsten freien Parkplatz. Voraussetzung dafür ist, daß man diesem Dienst die aktuelle Position und Zeit, vielleicht sogar auch die aktuelle Situation, Stimmung usw. mitteilen kann. Ein solches Service wird dann auch am besten nicht nur eine Information liefern, welche der abgefragten Einrichtungen die nächste ist, sondern auch wo sie ist und wie man am besten dorthin gelangt. LBS müssen daher auch Positionierungs- und Navigationsaufgaben mit erledigen. GPS *(Global Positioning System)*, GALILEO (die neue europäische Weiterentwicklung von GPS) und GNSS *(Global Navigation Satellite System)* als internationaler Überbau für diverse Systeme wie GPS und GALILEO gehören also auch zu einem solchen System. *Zielführungsdienste* schließlich ermöglichen uns auf der Grundlage von GI-Daten und entsprechenden mathematischen Verfahren den besten, kürzesten, angenehmsten Weg zum Ziel zu finden.

Wir haben also bereits die verschiedenen Komponenten eines LBS identifiziert:

- GI-Dienste
- Telekommunikationsdienste
- Positionierungsdienste
- Navigationsdienste
- Zielführungsdienste

Die GI-Dienste interessieren uns hier natürlich in besonderem Maße. ISO 19132 GI – *Location-based Services – Reference Model:* nennt folgende GI-Services:

- Geoparser-Dienste: Aufbereiten einer Anwenderanfrage für einzeln ausführbare Teilschritte gemäß der Metapher von Agenten und Maklern

- Katalogdienste: Einbinden von Objekt- und Attributkatalogen

- Metadatendienste: Durchsuchen der Metadatenserver in Data Warehouses und Clearinghouses nach geeigneten Eintragungen

- Gazetteerdienste: Suchen von Eintragungen in amtlichen Verzeichnissen wie etwa Straßen einer Stadt oder Postleitzahlen eines Landes

- Web Map Services (WMS)

- Web Feature Services (WFS)

- Koordinatentransformationsdienste

- Datendienste: Bereitstellen der 'richtigen' Daten von den 'richtigen' Servern

- Geocodierungsdienste: Zuordnen von Koordinaten aufgrund von Adressen oder anderen Ortsangaben

Jedes (Teil-)System (jeder Dienst) übernimmt dabei die Agenden, für die es / er am besten geeignet ist. Als weitere Randbedingungen beachtet man dabei eine möglichst geringe Redundanz und eine Entlastung der Ressourcen durch Verminderung des Übertragungsvolumens. Ein umfassendes Nützen von Normen und Standards ist die unabdingbare Voraussetzung dafür, daß wir uns nicht in einem Gewirr von Einzellösungen verstricken, die nicht miteinander kompatibel sind und dadurch im Endeffekt exorbitante Kosten bei sehr geringem Wirkungsgrad verursachen.

10.1   Normung und Standardisierung

Die *Normung* ist in vielen Bereichen der Technik wie auch des täglichen Lebens eine selbstverständliche Voraussetzung; sie ist so selbstverständlich, daß uns die Sinnhaftigkeit von Normen erst dann bewußt wird, wenn diese fehlen. Der Netzstecker, der nicht in die Steckdose paßt; die verschiedenen Eisenbahnspurweiten, die zum Umsteigen zwingen; die Antenne, die nicht alle Signale dekodieren kann; Mobiltelefone und Bankomatkarten, die nicht in allen Ländern benützt werden können: Diese Abweichungen von der Norm strapazieren unsere Geduld, kosten Zeit und Geld.

> Normung und Standardisierung befreien uns von der Routinearbeit, die ein Mißbrauch des menschlichen Denkvermögens ist [158].

Am Computerarbeitsplatz sind wir genau so – wenn nicht mehr – mit Normungsproblemen konfrontiert wie im Alltag. Beim Bereinigen von Hardware-, Netz- und Softwareinkompatibilitäten, bei der Harmonisierung von Formaten und Schriftsätzen sowie beim Ausmerzen von Problemen aufgrund fehlender Graphikstandards wird ein nicht unwesentlicher Teil der Kräfte gebunden, die wir eigentlich lieber für andere, kreativere Dinge einsetzen würden.

Je jünger eine Sparte ist, desto geringer sind die Chancen, daß man bereits auf Normen zurückgreifen kann. Es ist daher nicht verwunderlich, daß man mit der Normung und Standardisierung der *Geoinformation* erst vor wenigen Jahren begonnen hat. Andererseits ist gerade hier der Bedarf besonders groß, denn das junge Fachgebiet der Geoinformatik wird von vielen traditionellen Wissenschaftsdisziplinen gespeist; von diesen hat jede ihre eigenen Vorstellungen zu Standardisierungsansätzen.

Der Begriff der *Norm* hat gelegentlich einen negativen Beigeschmack, verbindet man doch damit manchmal die Vorstellung von Zwang, Einengung und Gleichmacherei. In der Tat kann sich eine zu früh einsetzende Normungstätigkeit als Hemmschuh für die wissenschaftliche Neugier erweisen. Richtig plaziert jedoch wirkt sie fördernd, wie dies durch das folgende Zitat ausgedrückt wird:

Normen sind qualifizierte Empfehlungen, nicht Zwang. Ihre Anwendung ist freiwillig, jedoch Voraussetzung für die Lösung vieler technischer und wirtschaftlicher Aufgaben. Normen stellen den
Stand der Technik dar und sind für jedermann zugänglich. Somit
sind sie das Fundament, das eine sinnvolle Weiterentwicklung erst
möglich macht [158].

Der Nutzen der Normung wird an der Schnittstelle zwischen Systemen augenscheinlich. Es geht also weniger darum, Vorschriften für systeminterne Abläufe
zu erlassen, als vielmehr solche Schnittstellen zu standardisieren. Beim Begriff
System denken wir beim Lesen eines Buches wie diesem natürlich zuerst an
Geoinformationssysteme. Es gibt jedoch auch Beispiele aus dem Alltag, die
jedermann geläufig sind. Die sprachliche Verständigung zweier Personen etwa
läuft genau nach demselben Muster ab. So stellt die englische Sprache ein gutes
Beispiel für eine europaweit standardisierte Informationsübertragung zwischen
Personen dar. Zwei Systeme (in diesem Fall sind es Personen) tauschen *Information* aus, indem sie sich des Werkzeuges der *Sprache* – als eine von mehreren möglichen Schnittstellen – bedienen, um Inhalte in strukturierter Form
übertragen zu können. Dies bedeutet jedoch nicht, daß diese nach außen hin
praktizierte Gleichschaltung Konsequenzen für interne Abläufe nach sich ziehen
muß. Terminologen sprechen in diesem Zusammenhang von der *Begriffspyramide* (Abb. 10.2). An den vier Ecken dieser Pyramide stehen

- der *Begriff*,

- der *Term*,

- die *Definition*,

- die *Referenten*.

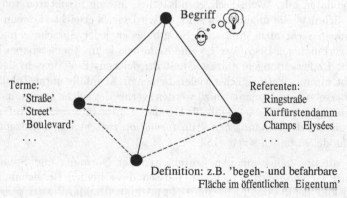

Abbildung 10.2: Begriffspyramide in der Welt der Terminologie

Sie alle sind durch die Kanten der Pyramide miteinander verbunden. Der *Begriff* ist hier mit dem gleichzusetzen, was wir als *Information* bezeichnen. Die Begriffswelt ist zunächst noch nicht mit Worten besetzt. Durch *Abstraktion* mehrerer *Referenten* (es sind dies typische Beispiele für den Begriff; wir würden dazu *Instanz* sagen) gewinnt der Begriff Konturen. Für den Begriff gibt es dann einen – oder mehrere – *Term(e)* und schließlich auch noch eine *Definition*. Ein Kind, das die Welt begreifen lernt, kommt zum Begriff des Baumes durch Abstraktion mehrerer Referenten, die es mit seinen Sinnen erfaßt. Erst dann benutzt es einen Term ('Baum', 'tree', 'arbre' usw.), und viel später kommt die Definition hinzu, die den Begriff beschreibt und ihn von anderen Begriffen innerhalb eines Begriffssystems unterscheidet (etwa von Blumen oder Sträuchern).

Die Terme und Definitionen können dabei als *Daten* angesehen werden. Sie sind durch Worte auszudrücken. Der Begriff selbst kann nicht übertragen werden, ebensowenig wie die Referenten. Daten sind ein Abbild der Information, notwendigerweise vereinfacht und weniger strukturiert. Der Unterschied zwischen Information und Daten war Gegenstand eingehender Untersuchungen in Kapitel 2. Person A hat Information in eine einfachere, transportable und sequentielle Form abgebildet, etwa in ein gesprochenes Wort 'Auto'. Person B rekonstruiert aus einfacheren Daten (dem eben Gehörten) wieder Information. Es ist klar, daß der Abbildungsprozeß Störungen unterworfen ist, nicht nur bei der Übertragung der Daten (Laute), sondern auch weil beide Personen unter Umständen unterschiedliche semantische Konzepte mit dem Begriff verbinden. Damit wird klar, daß demnach jeder Übertragung ein Informationsverlust in Kauf genommen werden muß (siehe Abb. 1.1). Der Datentransport ist auch nicht vollständig umkehrbar. Unser Ziel kann es daher nur sein, diesen Verlust so gering wie möglich zu halten.

Bleiben wir beim Beispiel der Sprache, um einen anderen Aspekt zu beleuchten, der bei Sprachübertragungen und gleichermaßen auch für den Transport von Geodaten gilt. Wenngleich grundsätzlich interne Strukturen von der externen Schnittstelle unabhängig sind, so wird vieles erleichtert, wenn die Abweichungen nicht allzu groß sind. So gibt es in jeder Sprache – und in der damit verbundenen Begriffswelt – eine Reihe von kaum übersetzbaren Bezeichnungen, Redewendungen, Phrasen und dergleichen. Ein Mensch, der darauf Bedacht nimmt, von möglichst vielen Personen, allenfalls unter Zuhilfenahme von Übersetzungen, verstanden zu werden, vermeidet solche extrem individuellen Bezeichnungen. Dasselbe gilt für Geodaten. Eine interessante Aufarbeitung des Problems der *semantischen Transformation* zwischen zwei konzeptionellen Datenmodellen finden wir in [153].

Bevor wir uns näher mit den Einzelheiten der Normung und Standardisierung der Geoinformation befassen, müssen diese beiden Bezeichnungen erst einmal klar definiert werden. Sind 'Norm' und 'Standard' zwei verschiedene Bezeichnungen für dasselbe Konzept, oder gibt es Unterschiede, vielleicht sogar Widersprüche? Wir kennen die österreichische ÖNORM oder ihr deutsches

Gegenstück, die DIN-Norm. Natürlich haben auch alle anderen Staaten ihre nationalen Normen. Daneben gibt es internationale Normen wie CEN (Europa; siehe [260]) und ISO (weltweit; siehe [269]). Und außerdem gibt es eine ganze Reihe von Produkten und Techniken, die Standards sind oder die so genannt werden. In Fachartikeln liest man von ISO-Standards, es gibt Standards bei Nutzeroberflächen auf PC's, man hört daß das eine oder andere Textverarbeitungsprogramm, der eine oder andere Internet-Browser heutzutage Standard ist, und speziell bei Geodaten verwendet man bis dato noch oft den weit verbreiteten DXF-'Standard'.

Nun, zunächst müssen wir zwischen Begriffen der englischsprachigen und der deutschsprachigen Welt unterscheiden. Denn einerseits werden Normen im Englischen als Standards bezeichnet (so ist ISO die Abkürzung für 'International Standards Organization'), während mit dem deutschen Wort 'Standard' doch andere, weniger bindende Vorstellungen als mit dem Wort 'Norm' verbunden werden. Man denke nur an einen Begriff wie Lebensstandard, mit dem man nicht 'etwas Bindendes', wohl aber 'etwas durchaus Übliches' verknüpft. Auch ist das europäische Normenwesen nicht unbedingt mit dem amerikanischen System vergleichbar. In der europäischen Normung ist das Zusammenwirken des privaten und staatlichen Sektors essentieller und integraler Bestandteil, während in den USA staatliche (nationale) und rein private (freiwillige, oft auf bestimmte Firmengruppen beschränkte) Standards einander gegenüber stehen [196]. Schwierig wird es daher wenn amerikanische nationale Standards über den Weg der ISO-Kooperation zu europäischen werden bzw. amerikanische private Standards über ihre europäischen Niederlassungen und deren Produkte die Konsumenten erreichen – und oft bei diesen zwangsläufig eine begriffliche und inhaltliche Verwirrung bezüglich der Konzepte und Prioritäten auslösen. In diesem Sinn sind ISO-Standards sehr wohl Normen im europäischen Sinn, während etwa die Ergebnisse von OGC (Open Geospatial Consortium; siehe [266]) auch im Deutschen Standards bleiben - so sie nicht durch ein *Double branding* Verfahren gleichzeitig auch den ISO-Stempel erhalten.

Die Normung des Datenaustausches wird erst dann sinnvoll und auch notwendig, wenn eine Reihe von Bedingungen gegeben sind:

• Der Interessentenkreis ist entsprechend groß.

• Das Netz der Beziehungen ist dicht (zu dicht für bilaterale Lösungen).

• Es gibt bindende Vorschriften (z.B. für Ausschreibungstexte).

Zwar sind bilaterale Festlegungen nützlich, weil sie auf die spezifische Beziehung zweier datenaustauschender Stellen eingehen. Und dieser Weg – also das Schaffen von Schnittstellen zwischen zwei Systemen oder gar die *Migration* eines gesamten Datenbestandes von System A nach System B wird oft eingeschlagen (siehe zum Beispiel [84] und [169]). Aber hier ist der Aufwand überschaubar.

Wenn aber 10 verschiedene Stellen untereinander Daten austauschen, so wären $(10 \times 9)/2 = 45$ bidirektionale Abmachungen nötig. Wenn es aber ein gemeinsames normatives Zentrum gibt, so braucht jede der beteiligten Stellen nur genau eine bidirektionelle Schnittstelle mit dem normativen Zentrum bilden und kann auf diesem Weg alle anderen Stellen erreichen. Die Reduktion von 45 auf 10 Schnittstellenprogramme zeigt daß Normung wirtschaftliche Vorteile bringt. Aus all diesen Bedingungen läßt sich folgern, daß es mehrere Arten von Normungsinitiativen gibt:

- Normung auf nationaler bzw. internationaler Ebene

- Produkt- und systemunabhängige Schnittstellen

- De-facto-Standards auf Firmen- bzw. Produktebene

Man ist natürlich geneigt, der ersten oder zweiten Variante den Vorzug zu geben, und in der Tat gibt es sehr viele offensichtliche Begründungen dafür. Die wichtigste davon ist zweifellos die Unabhängigkeit von Systemen, deren Bedeutung angesichts der Kurzlebigkeit der Hardware und der Systemkonstellationen unbestritten ist. Andererseits entwickelt sich die dritte Gruppe aufgrund von konkreten Marktbedürfnissen, zeitweise zugegebenermaßen im Wildwuchs. Es sind dies auch keine Standards im engeren Sinn, so daß man von *De-facto-Standards* spricht. Ein gängiges Beispiel ist etwa das weit verbreitete DXF-Format von AUTOCAD.

Der Vorteil von De-facto-Standards liegt darin, daß sie aufgrund der Koppelung mit gängigen Systemen einen großen Verbreitungs- und Bekanntheitsgrad aufweisen. Die Nachteile etwa von DXF liegen darin begründet, daß es eigentlich aus der CAD-Welt in die GI-Anwendungen eingesickert ist und daher kaum die dort notwendigen und üblichen Objektstrukturen in ihrer ganzen thematischen Vielfalt und Tiefe übermitteln kann. Trotzdem gibt es praktisch kein GIS ohne DXF-Schnittstelle. Man kommt also nicht daran vorbei und es lohnt sich, diese Entwicklungen genau zu beobachten und im Sinne einer Reißverschlußtaktik vorzugehen: Auf die praktische Erprobung firmenspezifischer Entwicklungen folgt eine Harmonisierungsphase, sozusagen ein Zurechtrücken im Sinne einer Normung oder einer größeren Unabhängigkeit. Die dabei erzeugten Standards sorgen dann wieder eine längere Zeitspanne hindurch für klare Verhältnisse; gegen Ende ihrer Lebenszeit wird es wieder neue firmenspezifische Initiativen geben, und das Spiel beginnt von neuem. Obwohl wir also die Bedeutung der De-facto-Standards würdigen, wollen wir uns im weiteren hauptsächlich dem systemunabhängigen Teil der Normungswelt zuwenden.

10.1.1   Geoinformation und Normung

Eine wichtige Voraussetzung für das Gelingen der Normungsarbeit bei Geo-
daten ist der breite Konsens zwischen Datenanbietern, Softwarehäusern und
Anwendergruppen, der auf dem aktuellen Wissensstand und den derzeitigen
Realisierungsmöglichkeiten aufbaut.

Schnittstellen, die am GIS-Markt häufig vertreten sind und daher auch von
vielen Anwendern – oft in Ermangelung von besseren Alternativen – verwendet
werden, sind *De-facto-Standards*. Ein typischer Repräsentant dieser Gruppe ist
das DXF-Format, das für Geodaten häufig verwendet wird, obzwar es sich nicht
gut dafür eignet – kommt es doch ursprünglich aus einer anderen Welt, nämlich
der CAD-Welt. Es ist zu wenig strukturiert und kann die Objektstruktur und
Semantik von Geodaten nur unzureichend abbilden. Gerade die Unzufrieden-
heit mit DXF läßt in vielen Anwendern den Wunsch nach einem Datenmodell
für den Datenaustausch stark werden, welche diese Mängel nicht aufweist. DXF
sendet im wesentlichen einfache Geometrien und Zusatzinformationen. Daraus
müssen dann erst die reich attributierten GI-Objekte aufbereitet werden, und
dies erfordert im Fall von Nachlieferungen und Updates von Datenbeständen
eine mühsame Wiederholungsarbeit.

Was fehlt einer solchen Schnittstelle nun wirklich in Bezug auf eine die An-
wenderwünsche voll befriedigende Nutzung von Geodaten über Systemgrenzen
hinweg? Nun, dies läßt sich gut an einem anderen Beispiel der IT-Welt erklären,
das für uns zur Selbstverständlichkeit geworden ist: die heute weitverbreitete
Windows-Umgebung. Sie entspricht in vielem der Wunschliste von Anwendern –
in den üblichen Desktop-Applikationen, und in Zukunft auch verstärkt für GI-
Anwendungen. Wir können Texte und Bilder problemlos exportieren und importieren und Dokumente flexibel aus beliebigen derartigen Bausteinen aufbau-
en. Beim Erstellen solcher Dokumente möchten wir nicht mit Details bezüglich
der Codierung von Buchstaben und Bildern, mit Datenübertragungsprotokollen
und dergleichen mehr belastet werden. Die Unterschiede zwischen Daten, die
vor Ort liegen und Daten, auf die man über das Netzwerk zugreift, sollen sich
nicht auf die Arbeitsweise der Anwender auswirken. Man importiert etwa ein
Bild aus dem Internet in ein Textdokument, das im Intranet-Server abgelegt ist,
und druckt das Ergebnis am lokalen Drucker aus – eine Selbstverständlichkeit,
die in zukünftigen Desktop-Umgebungen noch stärker hervortreten wird.

Was liegt nun näher als daß man auch Geometriedaten wie Punkte, Linien und
Flächen in derselben Art und Weise exportieren, importieren, integrieren will?
Und in der Tat schafft DXF oder eine vergleichbare Schnittstelle prinzipiell diese
Aufgabe – sogar zugeordnete Attribute können in begrenztem Umfang mitgege-
ben werden. Das Resultat sieht im Zielsystem gleich aus wie im Sendersystem.
Ja sogar die einzelnen Zeichnungsteile sind individuell ansprechbar, man kann
mit ihnen weiter konstruieren, man kann ihre Attribute abfragen. Mehr sollte
DXF nicht können, es kommt ja aus der CAD-Ecke, wo der Hauptzweck eben
beim Konstruieren und Darstellen liegt.

Mit Geodaten hat man jedoch mehr vor. Zum einen hat man es in GI-Anwendungen sehr oft mit komplexen Objekten zu tun, die weit über das hinaus gehen, was man zu einfachen Geometrien an zusätzlicher Information hinzuhängen kann. Man will in erster Linie wissen, wozu diese Daten gut sind, welche Anwendungen damit machbar sind, man will Qualitätsangaben machen und festhalten, wer / wann / an wen / welche Daten geliefert hat, mit welcher Genauigkeit, unter welchen Rahmenbedingungen der Datenerfassung dies geschehen ist und dergleichen mehr. In Zukunft müssen wir Daten wie Produkte im Supermarkt etikettieren, so daß die Nutzer wissen woran sie sind. Und das was auf dem Etikett steht muß sogar softwaretechnisch verarbeitet werden können. Erst wenn alle Daten ein derartiges Etikett haben, quasi ihre Lebensgeschichte, ihre Konsistenz, ihre Stärken und Schwächen, ja sogar ihr Ablaufdatum mit sich herumtragen, können sie in einem automatisierten Umfeld sinnvoll weiter verwendet werden. Solche Eintragungen auf dem Etikett bezeichnet man in der Fachsprache als *Metadaten*, also 'Daten über Daten' [57].

Des weiteren sind Geodatenbestände sehr heterogen – und sie beschreiben immer die Natur, sind daher zwangsweise ungenau, unregelmäßig, und widersetzen sich einem strengen geometrischen Korsett. Umso wichtiger ist es, die – nicht zu vermeidende – Ungenauigkeit, die einer gemessenen Punktlage anhaftet, auch unmißverständlich weiterzugeben. Demnach fehlt ein *Qualitätsmodell*. Und schließlich will man mittelfristig auch erreichen, daß der Datenbestand im Empfängersystem gleich behandelt werden kann wie im Anbietersystem. Läuft im System eines Energieversorgungsunternehmens eine Netzberechnung mit Linienverfolgung und Ermittlung von Netzteilen die bei bestimmten Störfällen betroffen sind, oder auch eine Kapazitätsberechnung, so soll dies ohne dramatischen Aufbereitungsaufwand nach der Übertragung in ein anderes System auch dort möglich sein. Kann in einem Planungssystem eine 3D-Visualisierung – ein 'virtuelles Stadtmodell' – aus Geodaten hochgezogen werden, so möchte man dies nach der Übertragung der Daten in ein kommunales Informationssystem auch dort tun können. Eine derartige *Kapselung* von Daten gemeinsam mit dem ihnen zugebilligten Verhalten ist das Um und Auf einer objektorientierten Vorgehensweise. Das reine Übertragen von geometrischen Elementen und zugehörigen Attributen genügt dafür nicht. Die Daten haben zwar nach der Übertragung das gleiche Aussehen – aber nicht mehr das gleiche Verhalten. Man kann sie darstellen, aber man kann nicht mehr dieselben Applikationen darauf anwenden, ohne vorher mühsam immer wieder die übertragenen Daten auf das Applikationsniveau anheben zu müssen. Oft verzichtet man schweren Herzens auf die Integration nachgeführter Daten von außen, weil das neuerliche Strukturieren im eigenen Haus zu mühsam, zu zeit- und kostenaufwendig ist.

Um wieder zu dem Beispiel am Desktop-Arbeitsplatz zurückzukehren: Dort ist man bereits so weit, daß man zu jedem Dokument auch tatsächlich das Verhalten mitliefert – damit meint man das, was man alles mit dem Dokument sinnvoll anstellen kann und was nicht. Wir klicken auf eine Datei und wenn

sie ein Textdokument ist, dann wird automatisch das geeignete Textverarbeitungsprogramm gestartet. Und so geschieht dies auch mit anderen Dateien.
Zusammengehörende Komponenten einer Folienpräsentation können im Stück
versandt werden und behalten ihre volle Funktionalität. Für jeden Dateityp
werden also die geeigneten Menüs und Verarbeitungsschritte quasi 'frei Haus'
mit geliefert. Warum sollte in Zukunft nicht auch beim Mausklick auf Geodaten, die als Grundlage für eine 3D-Visualisierung dienen, etwas Ähnliches
geschehen? Wir sehen also, daß herkömmliche Schnittstellen die Daten noch
viel zu stark atomisieren, also in kleine geometrische Schnipsel zerhacken, und
sie beim Transfer ihrer Mächtigkeit berauben, so daß die Empfänger diese immer wieder mühsam selbst herstellen müssen, indem sie die Daten den Anwendungserfordernissen entsprechend strukturieren. Obzwar der Grund für diese
Schlechterstellung von Geodaten gegenüber Textdaten klar ist – Geodaten sind
bei weitem komplexer als Texte – streben die Anwender auch hier denselben
Komfort an. Die herkömmliche Geodatenschnittstelle ist also viel zu tief unten
angesiedelt, um derartiges zu ermöglichen.

Wir brauchen also *Normen*, die mehr zuwege bringen als eine Übertragung von
Punkten und Strichen. Wie entstehen nun nationale und internationale Normen, wie sind sie miteinander verflochten, und was ist ihr Hauptziel? Jeder
Staat hat seine eigene Normungsorganisation. In Österreich ist dies das ON
(Österreichisches Normungsinstitut), in Deutschland DIN (Deutsches Institut
für Normung), in der Schweiz SNV (Schweizerische Normenvereinigung). Unter
dem Dach dieser – meist privatrechtlich organisierten, nicht gewinnorientierten – Dienstleistungsorganisationen entstehen nationale Normen durch neutrale und freiwillige Gemeinschaftsarbeit von Vertretern aus Behörden, der Wirtschaft und den Universitäten nach dem Konsens- und dem Publizitätsprinzip.
Der Abbau von Schranken administrativer, wirtschaftlicher aber auch nationaler Prägung ist mittel- und langfristiges Ziel, ebenso wie die Harmonisierung
im rechtlichen und auch technischen Bereich. Damit sind wir auch schon beim
Thema der Internationalisierung angelangt. Nationale Organisationen schlossen sich schon vor geraumer Zeit europaweit zu CEN (Comité Européen de
Normalisation) und weltweit zu ISO (International Standards Organisation)
zusammen. Für ein bestimmtes Normungsvorhaben stellt jedes Land Fachleute
zur Verfügung, die auf der Grundlage nationaler Erfahrungen und Prioritäten
internationale Normen (CEN- und ISO-Normen) erstellen. Diese internationalen
Normen werden dann im allgemeinen auch als nationale Normen (z.B. ÖNORM
oder DIN) übernommen, so wie dies etwa bei der Normenreihe ISO 9000 geschah. Für die Geoinformation sind derzeit sowohl bei CEN wie auch bei ISO
Normen in Ausarbeitung, die eine einheitliche Modellierung von Geodaten, speziell von deren Geometrie, von Qualitäts- und Metadaten ermöglichen und den
Geodatentransfer erleichtern.

So wird im Technical Committee ISO/TC 211 *Geographic Information / Geomatics* an einer ganzen Reihe von Normen für Geoinformation gearbeitet. Einige davon sind bereits fertiggestellt, andere wiederum sind in Ausarbeitung begriffen; und es kommen auch immer wieder neue Arbeitsschwerpunkte hinzu. Normungsarbeit ist also keineswegs langweilig, sondern sehr lebendig und gerade in der GI am Puls der aktuellen Entwicklung. Unter anderen nennen wir von den ISO-Normen (siehe [269]):

> Referenzmodell, Überblick, Terminologie und Definitionen
> Normkonformität und Tests, Profile
> Modelle für Geometrie, Zeit und Anwendungsthematik
> Datenkataloge, geodätische und nicht-koordinative Bezugssysteme
> Qualität und Qualitätsfeststellungsprozeduren, Metadaten
> Positionierung, Visualisierung, Codierung, GI-Dienste
> Rasterdaten, Bilder, Griddaten
> Location-Based Services
> Geodätische Codes und Parameter

Das europäische Normungskomitee CEN/TC 287 (siehe [260]) hat im wesentlichen vergleichbare Normen erstellt. In der Tat wurden die CEN-Normen etwas früher in Angriff genommen als die ISO-Normen und daher standen sie teilweise Pate für diese internationalen Normen. Als man dann in Europa sah, daß die ISO-Normen aufgrund ihrer späteren Geburt umfassender sein würden als dies für CEN möglich war, entschloss man sich, den Europäischen Normen den Status einer *vorläufigen Europäischen Norm* (ENV) zu geben und sie bis auf weiteres ruhend zu stellen. Derzeit jedoch bemüht man sich um ein Wiederaufleben auch der europäischen Normungsarbeit. Geplant ist, von den ISO-Normen ein *Profil* zu erstellen, das die typisch europäischen Belange abdeckt und auch mit diversen wichtigen Initiativen der EU wie etwa INSPIRE Hand in Hand geht. INSPIRE steht für *Infrastructure for Spatial Information in Europe* (siehe [281] und den Abschnitt zum Thema Marktplatz Geoinformation später in diesem Kapitel).

Die beiden KomiteesCEN/TC 287 und ISO/TC 211 verfolgen also weitgehend dieselben Ziele auf einer europäischen bzw. weltweiten Schiene. Es gibt auch andere solche Zwillingspaare von Normungskomitees, sogar im Umfeld von GI-Anwendungen. Die Komitees CEN/TC 278 und ISO/TC 204 mit dem Titel *Road Transport / Telematics* erstellen Normen für Straßendaten und zugeordnete Informationen, die im Umfeld der Fahrzeugpositionierung, der Routenplanung und Navigation, der Flottensteuerung und der Infrastrukturanalyse benötigt werden. Eine Reihe von Automobilkonzernen, Telekommunikations- und Softwarefirmen beteiligen sich an dieser Arbeit. Letztendlich strebt man ein *'Off-the-shelf'-Produkt* an, das man also quasi beim Softwarekaufmann um die Ecke erwerben und sofort einsetzen kann. Die zugrunde liegende Norm ist auch unter der Bezeichnung GDF (Geographic Data Files; siehe [256]) bekannt, wohl aus historischen Gründen, denn die Struktur der Objekte geht weit über einfache Dateien hinaus. So werden folgende Layers von Objektklassen unterstützt:

Straßen und Fähren	Eisenbahnen
Siedlungen	Wasserwege
administrative Flächen	Straßeneinrichtungen
Landnutzung	Dienste
Brücken und Tunnel	öffentlicher Verkehr

Innerhalb des Bereiches 'Straßen und Fähren' gibt es – so wie in jedem anderen Bereich – eine ganze Reihe von Objektklassen, die auch hinsichtlich ihrer Attribute und Relationen beschrieben werden. So etwa die Objektklasse STRASSEN-ABSCHNITT mit den Attributen NAME, FLIESSRICHTUNG, STRASSENKLASSE und HAUSNUMMERN. Auch Relationen werden – zunächst allgemein zwischen Objektklassen – definiert und können dann auf dem Instanz-Niveau etwa als Abbiegeverbot zwischen zwei konkreten Straßenabschnitten realisiert werden (siehe [180] und [129]).

Neben internationalen Normen gibt es bereits in jedem Land eine Reihe nationaler Normen für die Übertragung von Geodaten (siehe Abschn. 10.1.5). Daneben haben sich weitere system- und produktunabhängige Schnittstellen etabliert, die zumindest von einem Teil der Geodatennutzer als bindend angesehen werden. Sie sind oft im Umfeld von Behörden, Interessensgruppen und Universitäten entstanden und gelten jeweils in einem eingeschränkten Bereich. Ein Beispiel dafür ist ALK/ATKIS-EDBS als Austauschformat der Arbeitsgemeinschaft der Vermessungsverwaltungen Deutschlands u.a. für die Automatisierte Liegenschaftskarte und die Daten des Amtlichen Topographisch-Kartographischen Informationssystems der Bundesrepublik Deutschland ([252]).

10.1.2   Open GeoSpatial Standards

Die GIS-Softwarehersteller wissen um die Schwächen ihrer proprietären Schnittstellen. Man hat auch – spätestens – seit dem Anbruch des Internet-Zeitalters und dem damit verbundenen Aufweichen von starren Systemgrenzen – erkannt, daß man Anwender nur dann als Kunden gewinnen und halten kann, wenn man verteilte Systemressourcen und damit das Importieren und Exportieren von Daten unterstützt. So hat man auch in dieser Sparte in den letzten Jahren verstärkt Maßnahmen ergriffen, um diesen Schwächen wirkungsvoll entgegentreten zu können. Dabei will man auch nicht immer auf das Zustandekommen nationaler und internationaler Normen warten. So haben sich praktisch alle am GIS-Markt vertretenen Firmen, Datenbankanbieter, aber auch Nutzergruppen zu einem *Open Geospatial Consortium* (OGC, ursprünglich nannte man es *Open*GIS *Consortium*; siehe [266]) zusammengeschlossen, dessen Ziel das Herbeiführen von Interoperabilität in GI-Anwendungen ist.

Hinter diesem Schlagwort verbirgt sich die Idee, daß man nicht wie bisher Geodaten aus einem Anbietersystem extrahiert, konvertiert, über eine Schnittstelle auf eine Austauschdatei transferiert und im Zielsystem genau denselben Vorgang, nur umgekehrt, durchführt, sondern daß man vielmehr in einer Netzwerkumgebung (zum Beispiel Internet, Intranet) auf heterogene Geodaten und Geoprozesse (Dienste) zugreifen kann. Dies soll über verbindliche Spezifikationen für Daten und Protokolle erreicht werden, die von den am Konsortium beteiligten GIS-Firmen in Programmteile umgesetzt werden. Anstatt daß Daten wie bisher über Disketten oder Netzverbindungen hin und her geschaufelt werden, beläßt man sie dort wo sie am besten aufgehoben sind und greift transparent darauf zu. Dies ist die Idee, die auch im Internet erfolgreich ist. Ein Anwenderprogramm merkt sich lediglich die Adresse wo sich die entsprechenden Daten und dazu gehörenden Prozesse befinden und wird sie nur selten auf das eigene System herunterladen, zumindest nicht auf Dauer. So sind Daten weitgehend redundanzfrei gespeichert, und die Wartung und Konsistenthaltung wird einfacher.

Beispiele für Services dieser Art gibt es viele:

- *Web Map Service* WMS: In webbasierenden Umgebungen können georeferenzierte Visualisierungen (digitale Karten) von Layers aus verschiedenen Systemen dynamisch übereinander gelegt werden. Mittels GETCAPABILITIES fragt der Anwender (das Anwendungsprogramm) solche Metadaten dieser Layers ab, die notwendig sind um daraufhin erfolgreich ein GETMAP durchzuführen. GETFEATUREINFO (optional) kann Abfragen zu einzelnen GI-Objekten beantworten. Siehe dazu auch die im nächsten Abschnitt behandelte Norm ISO 19128 GI – *Web Map server interface*.

- *Web Feature Service* WFS: In Erweiterung des WMS-Konzeptes können auch einzelne Features bzw. GI-Objekte von den entsprechenden Servern geholt und am Empfängersystem gespeichert und in Applikationen integriert werden [53].

- *Coordinate Reference System Service* CRS: Ein web-basierender Dienst, der die Umrechnung der Geometrie von GI-Objekten zwischen beliebigen Bezugssystemen ermöglicht.

Die Spezifikationen von OGC sollen den Geo-Bezug in web-basierenden Applikationen zur Selbstverständlichkeit machen – und dies speziell in aktuellen Schwerpunkten wie Location-Based Services und drahtloser Kommunikation so wie generell in der Informationstechnologie. Das englischsprachige Motto lautet *geo-enabling the web*.

Wie wird nun bei OGC ein konkretes Thema behandelt? Der erste Schritt ist das Erkennen und Definieren eines Interoperabilitätsproblems.

- 'Wir können Daten zwischen diesen beiden Systemen nicht in einfacher Weise austauschen'.

- 'Wir können im Internet Visualisierungen von Geodaten nicht system-übergreifend nutzen'.

- 'Wir haben keine gemeinsame Sprache, um unsere Geodaten in unseren Diensten exakt beschreiben zu können'.

- 'Wir können nicht Daten von unseren Sensoren in dieses und jenes System integrieren'.

- ...

Danach gibt es mehrere Wege, um das Interoperabilitätsproblem einer Lösung zuzuführen. In einer *Interoperabilitätsprogramm-Initiative (IP)* kann eine Test-umgebung, ein *Testbed* bereitgestellt werden, wo einzelne Gruppen Prototypen erstellen, Entwürfe für eine Spezifikation und die dazu passenden Technologien liefern, diese selbst testen und auch von anderen an der Initiative teilnehmen-den Gruppen testen lassen. Ein zweiter Weg besteht darin, daß Teams, die sich für den konkreten Zweck finden, einen Vorschlag für eine Spezifikation erstellen und sodann einen Prozeß in die Wege leiten, den OGC als *Request for Comment* (RFC) bezeichnet. Ein dritter Weg schließlich wird geöffnet, indem OGC eine Arbeitsgruppe einsetzt. Beispiele für Arbeitsgruppen und deren Schwerpunkte sind etwa Web Map Services, Web Feature Services, Coordinate Reference Sy-stems, Geo-Digital Rights Management, Geography Markup Language, Image Exploitation Services, Location Services, Metadata, Query Languages, Natural Resources and Environment.

Der Weg über Arbeitsgruppen ist der formalste von den drei eben beschriebe-nen. Alle drei Wege münden jedoch schließlich in eine Spezifikation, die – nach-dem sie die Hürden der kritischen Prüfung und Auseinandersetzung innerhalb von OGC gemeistert hat – als solche öffentlich und kostenfrei auf der Webseite [266] zugänglich gemacht wird. Damit ist aber das Interoperabilitätsproblem noch nicht gelöst. Denn nun liegt der Ball bei den diversen Softwareherstellern, die diese Spezifikation in eine Implementierung ummünzen müssen.

Das Ziel ist natürlich auch hier sowohl eine bessere Bedienung der GI-Anwender als auch eine Verbesserung wirtschaftlicher Rahmenbedingungen für einzelne Systeme und die dahinter stehenden Firmen. Man hat erkannt, daß Insellösun-gen - und seien sie noch so gut vom Konzept und von der Durchführung her - am heutigen GIS-Markt nicht mehr bestehen können. Die Anwender sind mobiler, anspruchsvoller und selbstbewußter geworden und lassen sich keine Treue zu einem bestimmten System, einem bestimmten Datenmodell, einer be-stimmten Software aufzwingen. Und so liegt es auch im Interesse der Firmen, Kompatibilität für die Anwender sicherzustellen.

10.1.3   Die internationalen GI-Normen

In diesem Unterabschnitt wollen wir einen Überblick über die bei Iso/Tc 211 *Geographic Information / Geomatics* erstellten Normen für Geoinformation geben (siehe [269]). Es handelt sich um weit eine Vielzahl von Arbeitsschwerpunkten, die eng miteinander verflochten sind. In [269] wird die Zielsetzung dieser strukturierten Normensammlung damit beschrieben, daß sie die Methoden, Werkzeuge und Dienste der Verwaltung, Definition und Beschreibung von Geodaten bestmöglich unterstützt. Die Erfassung, Verarbeitung, Analyse, der Zugriff, die Darstellung und der Transfer solcher Daten zwischen verschiedenen Anwendern, Systemen und Orten wird dadurch vereinfacht. Nach außen hin wird eine größtmögliche Anpassung an allgemein gültige Normen der Informationstechnologie angestrebt. Man vermeidet die Definition und Festlegung spezieller GI-Anwendungen, sondern gibt vielmehr einen Rahmen vor, auf dem dann solche Anwendungen entwickelt werden können. Wir wollen nun die einzelnen Normen näher beschreiben, so wie sie sich von ihrem Umfang und Inhalt her zum Zeitpunkt der Drucklegung dieses Buches präsentieren:

- Iso 19101 Gi – *Reference model:* In jedem Normungsvorhaben gibt es ein Referenzmodell und so auch hier. Es handelt sich daher nicht um irgendwelche koordinative Bezugssysteme oder ähnliches, wie man in der Geoinformatik annehmen könnte. Vielmehr beschreibt es die Umgebung, in der die Normung angesiedelt ist, die Prinzipien die bei der Erstellung dieser Normenfamilie beachtet wurden, sowie die Einbettung in allgemeinere Normen und in verwandte Gebiete. Die Geoinformation hat zwar so wie jede andere Sparte der Information ihre Besonderheiten, aber es gibt doch auch viele Gemeinsamkeiten mit diesen anderen Informationsarten, die es auszunutzen gilt.

- Iso 19102 Gi – *Overview:* Dieser Überblick dient dazu, potenziellen Anwendern Klarheit darüber zu verschaffen, was von dieser Normenfamilie abgedeckt wird und wie die einzelnen Normen miteinander zusammenhängen. Es ist also ein erster Kontakt mit diesen Normen, der Auskunft darüber geben soll, ob und in welchem Ausmaß sie für eine bestimmte Anwendung in Frage kommen.

- Iso 19103 Gi – *Conceptual schema language:* Die Datenbeschreibung stellt eine wichtige Voraussetzung für den inneren Zusammenhalt und die Konsistenz einer Normenfamilie dar. Dies unterstreicht die Notwendigkeit einer einheitlichen Datenbeschreibungssprache (data definition language, Ddl). In diesem Fall wurde Uml (siehe Kap. 9) gewählt.

- Iso 19104 Gi – *Terminology:* Eine Liste von Begriffen samt ihren Definitionen, so wie sie in den einzelnen Normen der Familie vorkommen, erleichtert das Arbeiten mit den Normen und stellt eine wichtige Informationsquelle in der Lehre und Weiterbildung dar. Innerhalb des Kreises der GI-Anwender und GI-Softwareersteller werden dadurch GI-Konzepte besser und schärfer definiert. In anderen IT-Bereichen tritt der Stellenwert der Geoinformation und die Bedeutung der einzelnen Konzepte besser hervor.

- ISO 19105 GI – *Conformance and testing:* Entwickler von GI-Software erhalten mit dieser Norm ein Werkzeug zur Überprüfung der Kompatibilität ihrer Produkte mit den einzelnen Normen der Familie. Anwender können ihrerseits anhand dieser Konformitätstests Produkte miteinander vergleichen und damit evaluieren.

- ISO 19106 GI – *Profiles:* Die meisten GI-Anwendungen werden nicht sämtliche Normen benötigen, die in dieser Familie entwickelt werden, sondern vielmehr nur eine Teilmenge. So mag für eine bestimmte Anwendung nur ein Teil der Geometrieelemente, ein Teil der Bezugssysteme, ein Teil der Qualitätskriterien sinnvoll sein. Natürlich kann man nicht beliebige Teilmengen bilden. Es gilt bestimmte Kriterien zu beachten, damit die Teilmenge in sich abgerundet bleibt. Dies wird als *Profil* bezeichnet. Da theoretisch – je nach den Erfordernissen einer Anwendung – eine unbegrenzte Zahl von Profilen möglich ist, werden in dieser Norm nicht Profile an sich erstellt, sondern vielmehr der Weg aufgezeigt wie man zu einem solchen Profil kommt.

- ISO 19107 GI – *Spatial schema:* Die Geometrie ist der zentrale Teil einer jeden GI-Anwendung und steuert damit viel zu deren Identität bei. Diese Norm liefert die Grundlagen dafür, daß geometrisch-topologische Elemente und Konfigurationen, so wie sie in Kap. 3 vorgestellt wurden, interoperabel werden. Naturgemäß ist dies ein sehr umfangreiches Kompendium. Für einfache GI-Anwendungen ohne topologische Voraussetzungen genügt allerdings auch eine Teilmenge davon. Diese wird in ISO 19137 GI – *Core profile of the spatial schema* definiert. Wir verweisen auch auf ISO 19125 GI – *Simple feature access*, das als einfachere Variante dieser Norm angesehen werden kann und gemeinsam mit OGC speziell im Hinblick auf Interoperabilität entwickelt wurde.

- ISO 19108 GI – *Temporal schema:* GI-Anwendungen sind häufig nicht nur orts- sondern auch zeitbezogen. Einheitliche Grundlagen für die Repräsentation der Zeit in Geodaten und deren Anwendungen werden von dieser Norm bereitgestellt (siehe Kap. 7).

- ISO 19109 GI – *Rules for application schema:* Ein Anwendungsschema formalisiert die Objektklassen, Attribute, Beziehungen und Methoden innerhalb einer bestimmten GI-Anwendung wie etwa im Leitungskataster, in der Flächenwidmung und Raumplanung, in kommunalen Informationssystemen oder in navigationsgestützten Routensystemen. Da es theoretisch eine unbeschränkte Anzahl möglicher GI-Anwendungen gibt, werden in dieser Norm keine Objektklassen oder Anwendungsmodule, sondern lediglich die Regeln festgelegt, nach denen das Schema einer bestimmten Anwendung zu erstellen ist.

- ISO 19110 GI – *Feature cataloguing methodology:* Für jede GI-Anwendung ist ein Objektschlüsselkatalog erforderlich, in dem die einzelnen anwendungs-

spezifischen Objektklassen, deren Attribute und Beziehungen, vielleicht sogar
ihr Verhalten festgelegt werden. Es werden keine konkreten Kataloge erstellt;
vielmehr wird die Methodologie der Erstellung definiert. Als Anmerkung sei
erwähnt, daß Iso 19126 Gi – *Profile FACC data dictionary:* einige konkrete
Profile dieser Norm definiert. Diese Norm hängt eng mit der Norm Iso 19109
zusammen, denn die Regeln für die Erstellung eines Anwendungsschemas beeinflussen natürlich auch die Regeln für den Aufbau eines Objektschlüsselkata-
loges.

• Iso 19111 Gi – *Spatial referencing by coordinates:* Die räumliche Bezugnahme von Gi-Objekten über Koordinaten in all ihrer Vielfältigkeit (siehe Kap. 7)
wird definiert. Der Bezug auf die Erdoberfläche ist einer der Identitätsgeber für
Geoinformation und daher leistet diese Norm einen wesentlichen Beitrag zur
gesamten Normenfamilie.

• Iso 19112 Gi – *Spatial referencing by geographic identifiers:* Aus der Sicht
der Anwender wird der Raumbezug der Geoinformation nicht immer durch
Koordinaten, sondern oft auch durch andere Identifikatoren wie Postadressen,
Straßenkilometrierungen oder Zählnummern hergestellt. Gerade auf Grund der
Uneinheitlichkeit der hier verwendeten Konzepte ist es wichtig, eine Norm als
Grundlage bereitzustellen (siehe Kap. 7).

• Iso 19113 Gi – *Quality principles:* Die Qualität der Geoinformation kann
nicht von der Gi-Anwendung abgekoppelt werden, die sie einsetzt. Sie sagt aus
wie gut sich die jeweiligen Daten für den Zweck der Anwendung eignen. Eine
Aufstellung von Qualitätskriterien für Geodaten erleichtert somit die Evaluation von Gi und macht so erst die Interoperabilität möglich (siehe Kap. 7). Zu
dieser Norm und der im Anschluß erwähnten Norm Iso 19114 gibt es ergänzend
auch Iso 19138 Gi – *Data quality measures.*

• Iso 19114 Gi – *Quality evaluation procedures:* Diese Norm baut auf
Iso 19113 auf und stellt entsprechende Evaluationsmethoden zur Verfügung.
Sie erlauben es, einen konkreten Datenbestand dahingehend zu überprüfen, ob
er den Qualitätskriterien entspricht die dort aufgestellt wurden. Auch zu dieser
Norm sei die Ergänzung Iso 19138 Gi – *Data quality measures* erwähnt.

• Iso 19115 Gi – *Metadata:* In einem Marktplatzkonzept hat die Kennzeichnung von Daten hinsichtlich ihrer Herkunft, Struktur, Qualität, Verwendbar-
keit und Verfügbarkeit einen ganz besonderen Platz. Eine derartige Kennzeichnung erfolgt über Metadaten ('Daten über Daten'). Als Beispiel nennen wir
Internet-Suchmaschinen, die zunächst ja keine Daten, sondern deren Metadaten ausfindig machen. Aufgrund präziser Angaben in den Metadaten können
dann im Anschluß daran die eigentlichen Daten weit treffsicherer selektiert werden. Iso 19115 beschreibt den Aufbau eines Metadatenkataloges unabhängig
von einer konkreten Gi-Anwendung (siehe Kap. 7). In Iso 19139 Gi – *Metadata implementation specification* wird die Implementierung durch die Definition

eines entsprechenden XML-Schemas konkretisiert. Wir merken auch an, daß ISO 19131 GI – *Data product specifications* teilweise mit den Zielsetzungen der Metadatennorm vergleichbar ist.

- ISO 19116 GI – *Positioning services:* Viele GI-Anwendungen beinhalten Elemente der Navigation und Positionierung. GPS und GNSS sind zu wichtigen Datenerfassungsquellen für Geoinformation geworden, so daß eine Normierung der Schnittstellen zu GIS erforderlich wird.

- ISO 19117 GI – *Portrayal:* Computeranwendungen werden immer mehr von Graphik, Farbe, Animation und Multimedia geprägt. Diese Entwicklung macht auch vor GI-Anwendungen nicht halt. Geoinformation ist von ihrem Wesen her weit mehr als das, was man traditionell immer schon in Karten und Plänen visualisiert hat. In diesem Spannungsfeld ist es wichtig festzulegen wie man die Beziehung zwischen einem bestimmten GI-Objekt und seiner (karto-)graphischen Visualisierung definiert. Wiederum geht es hier um die Methodologie und nicht um die Festlegung konkreter Symbole und Signaturen.

- ISO 19118 GI – *Encoding:* Die Codierung von Geoinformation in Form von Datenpaketen stellt die Schnittstelle im engeren Sinn dar, die im Rahmen einer Datenübertragung benötigt wird.

- ISO 19119 GI – *Services:* Geoinformation wird letztendlich zu dem Zweck erfaßt, strukturiert und veredelt, daß man mit ihrer Unterstützung bestimmte Dienstleistungen anbieten kann. Die Palette möglicher Dienste kann von einfachen Auskünften bis hin zu einem Echtzeit-Monitoring reichen. Während gerade hier der interne Aufbau eines Softwarepaketes für eine bestimmte Dienstleistung Sache der Softwareindustrie ist, müssen die Schnittstellen normiert werden. Ebenso ist ganz besonders auf die Einbettung in generelle Trends und Usancen der IT-Welt zu achten.

- ISO 19120 GI – *Functional standards:* Im einführenden Abschnitt zum Thema Normung wurde dargelegt, warum Normen nie zur Gänze die existierenden Standards und systemunabhängigen Schnittstellen ersetzen werden können – denken wir hier etwa an militärische Standards wie DIGEST. Anstatt hier also Unmögliches zu fordern, ist es besser, Konzepte zu formulieren die eine weitestgehende Harmonisierung solcher Standards mit der gegenständlichen Normenfamilie unterstützen. Dieser Technische Bericht gibt einen Überblick.

- ISO 19121 GI – *Imagery and gridded data:* GI-Anwendungen bauen sehr oft auf Vektorstrukturen auf. Dies hat historische Gründe (Rasterdaten sprengten in der Vergangenheit die Speicherkapazitäten) und fachliche Gründe (Kataster, Leitungen, Verkehr und ähnliches bedürfen linienhafter Strukturen). Rasterdaten und Bilddaten (siehe Kap. 4) werden jedoch zunehmend wichtig, ebenso Griddaten wie zum Beispiel regelmäßig vermaschte Geländemodelle (siehe Kap. 5). Dies erfordert die Einbindung in die Konzepte der Geoinformation innerhalb der gegenständlichen Normenfamilie. Auch dies ist ein Technischer Bericht. Auf ihm baut eine ganze Reihe weiterer Arbeitsschwerpunkte in der Normung auf: Siehe Iso 19124, 19129 und 19130.

- Iso 19122 Gi – *Qualifications and Certification of Personnel:* Die Geoinformatik ist eine junge Wissenschaft und mit Gis und Gi-Anwendungen ist eine neue Technologie entstanden. Gi-Experten sind von ihrer Herkunft sehr heterogen. Von Land zu Land gibt es hier große Unterschiede, die meist von der historischen Entwicklung der einzelnen Fachgebiete herrühren, je nachdem, ob sich die Geodäsie und die technischen Wissenschaften, die Geographie und die anderen Geowissenschaften, oder auch die allgemeine Informationstechnologie der Geoinformatik angenommen haben. Aus diesem Grund soll dieser Technische Bericht das Ausbildungsprofil von Gi-Experten vereinheitlichen.

- Iso 19123 Gi – *Schema for coverage geometry and functions:* Die Norm Iso 19107 normiert die Geometrie von vektorbasierten Einzelobjekten. Diese werden jedes für sich 'isoliert' betrachtet, mit Ausnahme der topologischen Eigenschaften, die sich aneinandergrenzende Objekte teilen. In vielen Gi-Anwendungen baut man jedoch auf flächendeckenden Netzen auf, die auch eine globale Struktur aufweisen. In Kapitel 2 haben wir für solche Modellierungsansätze den Begriff *feldbasierendes Modell* geprägt. Es können dies Rasterstrukturen, unregelmäßige Netzwerke (z.B. Tins als eine Form von Geländemodellen), Punktverteilungen oder Gebietsaufteilungen durch Polygone sein. All dies wird mit dem Sammelbegriff 'Coverage' bezeichnet.

- Iso 19124 Gi – *Imagery and gridded data components:* In diesem Schwerpunkt wird eine Übersicht über die verschiedenen heute üblichen Bild- und Griddaten gegeben. Dabei werden die jeweils verwendeten Datenmodelle, die dafür notwendigen Metadaten, Codierungsregeln und dazugehörenden Dienste einander gegenübergestellt. Dies alles dient als Grundlage für weiterführende Normen wie etwa Iso 19129 Gi – *Imagery, gridded, and coverage data framework* und Iso 19130 Gi – *Sensor and data models for imagery and gridded data.*

- Iso 19125 Gi – *Simple feature access, part 1 (common architecture), part 2 (SQL option):* Diese beiden Teilnormen entstanden im Rahmen der Zusammenarbeit zwischen Iso und Ogc. Simple Features (Sfa) haben eine 'einfache' Geometrie (0-, 1- und 2-dimensional); die Topologie wird nicht berücksichtigt. Man kann dies als vereinfachten Spezialfall von Iso 19107 Gi – *Spatial Schema* ansehen.

- Iso 19126 Gi – *Profile FACC data dictionary:* FACC ist die Abkürzung für 'Feature and Attribute Coding Catalogue'. Es handelt sich um ein Profil von Iso 19110 Gi – *Feature cataloguing methodology* für einige gut eingeführte Kataloge von Feature-Klassen und Attributen, z.B. für die Digital Geographic Information Working Group der NATO (DGIWG), die International Hydrographic Organization (IHO) und das ISO/IEC Joint Technical Committee 1 Subcommittee 24 (JTC1 SC24).

• Iso 19127 GI – *Geodetic codes and parameters:* In dieser technischen Spezifikation wird festgelegt, wie ein Register strukturiert sein soll, das geodätische Codes und Parameter enthält, wie sie etwa bei Bezugssystemen oder Koordinatentransformationen auftreten.

• Iso 19128 GI – *Web Map server interface:* Dies entspricht dem im vorangegangenen Abschnitt besprochenen *Web Map Service* Wms von Ogc und es ist eine der Normen, die im Rahmen der Zusammenarbeit zwischen Iso und Ogc entstanden sind. Darin werden die Dienste definiert, die beim dynamischen Übereinanderlegen von georeferenzierten Visualisierungen In webbasierenden Umgebungen nötig sind.

• Iso 19129 GI – *Imagery, gridded, and coverage data framework:* Aufbauend auf das, was in den Berichten Iso 19121 und Iso 19124 über Bild- und Griddaten zusammengetragen wurde und ebenso auf das, was in Iso 19123 in Bezug auf Coverages und feldbasierende Modelle definiert wurde, schafft die vorliegende Norm einen Rahmen für die Integration all dieser Teilaspekte. ,

• Iso 19130 GI – *Sensor and data models for imagery and gridded data:* In der Reihe der Normen die sich mit Bild- und Griddaten auseinandersetzen (Iso 19121, Iso 19124, Iso 19129), ist dies die logische Fortsetzung in die Richtung, daß man Modelle für Sensoren definiert, die dann mit den entsprechenden Datenmodellen verknüpft werden. Fernerkundungssensoren kommen hier ebenso ins Spiel wie verschiedene Arten von Kameras und Scanner.

• Iso 19131 GI – *Data product specifications:* Hier werden konkrete Hilfestellungen dafür angeboten, wie ein gesamter Datensatz, der für bestimmte Applikationen eingesetzt werden kann und soll, beschrieben und bewertet werden kann. Die Zielrichtung ist ähnlich wie bei Metadaten (siehe Iso 19115). Der Unterschied liegt darin, daß Metadaten die tatsächlichen Gegebenheiten der Daten beschreiben, während Datenproduktspezifikationen eher den Sollzustand beschreiben. So könnte eine derartige Spezifikation am Beginn eines Datenerfassungsprozesses stehen, um die Anforderungen entsprechend zu definieren. Auch könnte ein Anwender so sein Anforderungsprofil definieren, auf das dann von Datenprovidern reagiert werden kann.

• Iso 19132 GI – *Location-based Services – Reference Model:* Lbs sind Dienste, die mobilen Anwendern mit Bezug auf ihren aktuellen Standort und auch auf die Standorte der aktuell interessanten Ziele angeboten werden. Mobile Endgeräte wie Handy oder Pda, ein Internet-Zugang mit Verbindung zu Gi Diensten, Positionierungs- und Navigationsdiensten und ein entsprechendes *Human-Computer-Interface* (Hci) sind die technisch-konzeptionellen Voraussetzungen. Lbs stehen an der Schnittstelle zwischen Geoinformation, Telekom-

munikation, Positionierung und Navigation. Der Rahmen für die Einbettung
von Lbs in diese Technologien wird hier abgesteckt.

- Iso 19133 Gi – *Location-based Services – Tracking and Navigation:* Auf der
Grundlage von Iso 19132 adressiert diese Norm speziell solche web-basierende
Dienste, wo individuelle Fahrzeuge oder auch Fahrzeugflotten (Lkw, Taxi, Ein-
satzdienste) geortet werden bzw. selbst Navigationshilfen abrufen können.

- Iso 19134 Gi – *Location-based Services – Multimodal Routing and Navigation:* Diese Norm erweitert das in Iso 19133 definierte Spektrum in Richtung
multimodaler Verkehr und Transport, wie er am typischen Beispiel von Pend-
lern erklärt werden kann, die zunächst mit dem eigenen Auto zum nächsten
Park-and-Ride-Stützpunkt fahren, von dort mit der S-Bahn in die Stadt, wo
sie in die U-Bahn und/oder den Bus umsteigen und die letzte Wegstrecke zum
Büro zu Fuß zurücklegen. Dabei gibt es eine Vielzahl von Variations- und Kom-
binationsmöglichkeiten, je nach der aktuellen Situation. Routendienste und
Zielführungsdienste (Routing and Guidance) sind entsprechend komplex.

- Iso 19135 Gi – *Procedures for registration of Gi items:* Ein Register ist laut
Iso/Iec Jtc 1 eine Sammlung von Dateien, die zu den einzelnen Einträgen
jeweils Identifikatoren und Beschreibungen enthält. Im Zusammenhang mit Gi
wären etwa das Straßenverzeichnis einer Stadt oder das Postleitzahlverzeichnis
eines Landes Beispiele für Register. Diese Norm regelt, wie ein solches Register
aufgebaut sein soll und wie es initiiert und administriert wird.

- Iso 19136 Gi – *Geography Markup Language:* Gml ist eine auf Xml
basierende Codierung von Gi-Features mit deren raumbezogenen und anderen
Eigenschaften. Es kann einerseits als eine konzeptionelle Datenbeschreibungssprache angesehen werden, andererseits ermöglicht und unterstützt es den Datentransport und die Nutzung von Informationsdiensten im web-basierenden
interoperablen Umfeld. Diese Norm definiert die entsprechende Xml Schema-
Syntax und die zugeordneten Mechanismen. Sie ist eine von mehreren Normen,
die gemeinsam von Iso und Ogc entwickelt wurden.

- Iso 19137 Gi – *Core profile of the spatial schema:* Während Iso 19107 Gi –
Spatial schema eine umfassende Übersicht der geometrischen und topologischen
Eigenschaften von Gi-Features bietet, ist es die Zielrichtung von Iso 19137, eine
minimale Teilmenge der geometrischen Eigenschaften zu definieren, mit denen
viele einfache Gi-Applikationen das Auslangen finden.

- Iso 19138 Gi – *Data quality measures:* Die in Iso 19113 Gi – *Quality
principles* definierten Qualitätsprinzipien werden in dieser Norm durch Maße
konkretisiert, denn erst dann können Anwendungen sinnvoll damit umgehen.
Außerdem wird in diesem Technischen Bericht ein Register für Datenqualitäts-
maße definiert (siehe dazu auch Iso 19135 und Kap. 7)).

- Iso 19139 Gi – *Metadata implementation specification:* In Iso 19115 Gi –

Metadata wurde das konzeptionelle Modell für Metadaten definiert. Dieses wird hier auch von der Implementierung her konkretisiert, indem das entsprechende XML-Schema festgelegt wird.

- Iso 19141 Gi – *Schema for moving features:* Dieser Schwerpunkt behandelt GI-Features, die sich im dreidimensionalen Raum bewegen. Das können Fahrzeuge auf vorgegebenen Bahnen (Straße, Schiene) sein, aber auch Fußgeher, Flugzeuge etc. Um das Umfeld, das diese Norm beschreibt, überschaubar zu halten, schließt man Formänderungen und andere komplexe Aspekte eines *Dynamischen Verhaltens* (siehe Kap. 7) von GI-Features aus.

10.1.4   GI-Anwendungen nach ISO 19109

Wir knüpfen an das was zu Beginn des Kapitels 7 gesagt wurde und speziell an Abb. 7.1, die eine Zusammenschau der verschiedenen Komponenten in einem funktionierenden Umfeld einer GI-Anwendung bot. Diese thront dort über allen anderen Packages. Sie stellt das umfassende Konzept dar – denn wir betreiben Geoinformatik nicht als Selbstzweck, sondern um eine bestimmte Anwendung durchführen zu können, die Geoinformation mit anderen Arten von Information kombiniert und zur Analyse freigibt. In der Familie von Iso-Normen für die Geoinformation setzen sich die beiden Teilnormen Iso 19109 *Rules for Application Schema* und Iso 19110 *Feature Cataloguing Methodology* mit der Thematik von GI-Anwendungen auseinander. Die englische Bezeichnung 'Application Schema' steht für das gesamte Modell einer Anwendung. Deren zentraler Begriff ist das GI-*Objekt* (engl. *feature*). Ein Objekt wird klassifiziert und attributiert, es wird mit geeigneten Funktionen ausgestattet und es steht mit anderen Objekten in Beziehung. Beispiele für Anwendungddaten zeigt etwa die Abbildung 6.1. Im linken Teil werden Liegenschaften visualisiert; die darunter verborgene GI-Anwendung könnte Banken und Versicherungen ansprechen. Im rechten Teil werden Leitungsnetze und Hausanschlüsse visualisiert; diese Anwendung könnte ein Teil eines kommunalen Informationssystems sein.

Anwendungen sind von ihrem Wesen her heterogen und auf eine bestimmte Umgebung, eine Situation, ein Anwenderprofil bezogen. Daher würde es wenig Sinn ergeben, ja gar nicht gelingen, ein Anwendungsschema zu normieren. Aus diesem Grund beschränkt man sich in der vorliegenden Norm auf das Festsetzen von *Regeln* für die Definition eines solchen Anwendungsschemas. Damit wird es möglich, einzelne Anwendungen zu bewerten, miteinander zu vergleichen und natürlich auch Daten auszutauschen bzw. im Sinne der *Interoperabilität* systemübergreifend zu verwenden. Im ersten Fall wird ein gesamter Datensatz aus dem Anwendungsschema des Anbieters in ein 'neutrales' Schema und von dort in das Schema des Anwenders abgebildet; es ist dies der übliche und herkömmliche *Datentransfer* zwischen Systemen (Abb. 10.3). Im zweiten Fall 'bestellt' der Anwender Daten aus dem Anbietersystem, wobei er auch hier die Methoden

der Datendefinition benötigt, um seine Bestellung entsprechend formulieren zu
können. Wir sprechen in diesem Fall von einer *Transaktion* (Abb. 10.4).

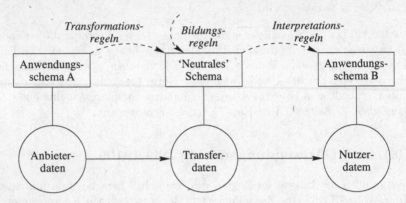

Abbildung 10.3: Datenaustausch über Transfer

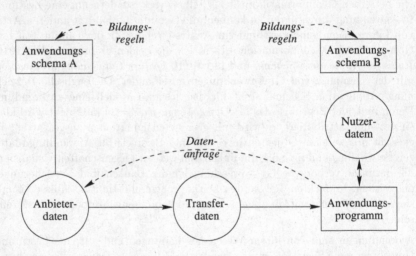

Abbildung 10.4: Datenaustausch über Transaktion

Anknüpfend an das, was aus diesen Abbildungen ersichtlich wird, definiert die
Norm Regeln für den Aufbau eines Anwendungsschemas, für den Übergang von
einem Schema zu einem anderen sowie für die Interpretation der Daten eines
Schemas für die Zwecke eines anderen Schemas. Es geht dabei darum,

- wie Geometrien und Zeit in einem Anwendungsschema intern repräsentiert werden;

- wie anwendungsspezifische Objektklassen, ihre Attribute, ihr Verhalten und ihre Beziehungen definiert werden;

- wie koordinative und nicht-koordinative Bezugssysteme in der Anwendung verwendet werden können;

- wie Qualitätsprinzipien und Qualitätsevaluierungsmethoden einfließen und wie geeignete Metadatendefinitionen gemacht werden können;

- wie die Anwendungsdaten visualisiert werden sollen.

Wenn wir vor der Aufgabe stehen, ein konkretes Anwendungsschema zu entwerfen und dafür diese Schritte in einer zeitlichen Reihenfolge anzuordnen, so sind zunächst die Anforderungen abzuklären. Sodann sind die geeigneten Objektklassen samt ihren Attributen, Funktionen und Beziehungen zu definieren. In diesem wie auch den weiteren Schritten sind klare und einheitliche Definitionen durch Verwendung einer geeigneten Datenbeschreibungssprache (hier ist es UML) erforderlich. Für Beispiele der Objektklassendefinition mittels UML verweisen wir auf Kapitel 9 und im speziellen auf die Abbildungen 9.5, 9.6 und 9.7. Schließlich ist das Anwendungsschema mit anderen normierten Schemata wie etwa der Geometrie, der Qualität, der Bezugssysteme und der Metadaten in Einklang zu bringen. Iso 19109 ermöglicht Metadatenangaben für einen gesamten Datensatz, erlaubt dies aber auch auf dem *Instanz-Niveau*. Dies bedeutet etwa, daß die Herkunft eines GI-Objektes mittels eines Attributes *lineage* festgehalten wird. Qualitätsangaben können sich ebenfalls auf ganze Datensätze, Teile davon oder auch einzelne Instanzen beziehen. Das Einbeziehen des Geometrieschemas ist sicher der umfangreichste Teil der Norm. So können etwa die Objektklassen einer STRASSE und einer BRÜCKE, die sich beide geometrisch aus zusammengesetzten Kurven aufbauen und auch eine teilweise gemeinsame Geometrie haben, mittels UML modelliert werden (siehe Abb. 10.5).

10.1.5   Nationale Normen

Jeder Staat in Europa und auch die meisten anderen Länder haben ihr eigenes Normenwesen und ein eigenes Normungsinstitut. In Österreich ist es das Österreichische Normungsinstitut (ON). In Deutschland übernimmt das Deutsche Institut für Normung (DIN) diese Aufgabe, in der Schweiz ist es die Schweizerische Normenvereinigung (SNV). Nationale Normungsorganisationen haben sich einerseits innerhalb Europas zusammengeschlossen und bilden so in ihrer Gesamtheit das Comité Européen de Normalisation (CEN). Andererseits gehören die meisten europäischen Länder auch der International Standards Organisation (ISO) an. Experten von nationalen Gremien werden in die internationalen Gremien entsandt und arbeiten dort gemeinsam Normen aus, die dann in Abstimmungsprozessen europaweit (bzw. weltweit) akkordiert werden. Nationale

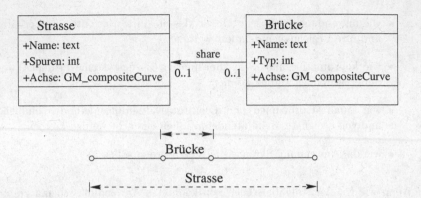

Abbildung 10.5: Beispiel für ein Anwendungsschema: Objekte mit Geometrie

und internationale Normen werden also gleichzeitig erstellt. Man sucht Doppel-geleisigkeiten durch eine Reihe von begleitenden Maßnahmen zu verhindern.

Folgende Beispiele für die deutschsprachigen Länder Deutschland, Öster-reich und die Schweiz seien hier angeführt, ohne daß wir den Anspruch auf Vollständigkeit erheben. Normen – ob sie nun national erstellt oder von Iso bzw. CEN übernommen wurden, werden im allgemeinen kommerziell angeboten und verkauft. Die entsprechenden Web-Seiten der jeweiligen Normungsinstitute geben über Details Auskunft.

- In Österreich [265] sind von den nationalen GI-Normen jene hervorzuhe-ben, welche eine Objektklassifikation (einen Objektschlüsselkatalog) für konkrete Anwendungsbereiche bieten. So nennen wir etwa die Normen ÖNORM A2261-1 (Allgemeine Richtlinien), ÖNORM A2261-2 (Naturbe-stand), ÖNORM A2261-3 (Übergeordneter Leitungskataster), ÖNORM A2261-5 (Grundstückskataster) und ÖNORM A2261-8 (Lokationsanga-ben bzw. Adressen).

- Im deutschen Normungsinstitut werden die GI-Normen im Normenaus-schuß Bauwesen (NABau [255]) in dessen Fachbereich 03 'Vermessungs-wesen, Geoinformation' betreut. Deutschland lehnt sich eng an die inter-nationalen Normen an und so findet man auf den Web-Seiten von DIN die entsprechenden Normen. Sie heißen dann je nach Herkunft etwa EN DIN xxxxx oder Iso DIN yyyyy oder eben auch Iso EN DIN zzzzz.

- In der Schweiz [267] sind die Normen zu nennen, die sich mit der konzep-tionellen Modellierungssprache INTERLIS [263] auseinandersetzen, zum Beispiel SN 612031 (INTERLIS 2 Modellicrungssprache und Datentrans-fermethode). Des weiteren SN 612040 (Gebäudeadressen – Struktur, Geo-referenzierung, Darstellung und Datentransfer) und als Profil der entsprechenden Metadaten-Norm von Iso die Norm Sn 612050 (Schweizer Metadatenmodell für Geodaten).

10.1.6 Normungs- und Standardisierungstrends

Normen machen aufgrund ihrer Zielsetzung und ihrer Prioritäten einen vergleichsweise lang dauernden Entstehungsprozeß durch. Das Einhalten der Prinzipien von Konsens, Publizität und Unabhängigkeit bedingt oft ein mühsames, teilweise iteratives Vorgehen. Die Freiwilligkeit der Mitarbeit in Normungsgremien ist ebenfalls ein Verzögerungsfaktor. Dies alles gilt für nationale Normen, und viel mehr noch für internationale Normen. Gerade diese Nachteile schlagen aber auch in Vorteile um, denn Normen sind nach einer oftmals schwierigen Geburt doch sehr allgemeingültige und dauerhafte Konzepte, auf die man bauen kann. Sie widersetzen sich allzu raschen Änderungen und sind oft gerade deshalb Garanten für Stabilität. Marktspezifische Standards hingegen haben wohl als ihr größtes Plus die Implementierungsgarantie. Allerdings können sich Märkte auch ändern, Firmen verschwinden oder modifizieren ihre Marktstrategien, so daß man als Nutzer doch in ein starkes Abhängigkeitsverhältnis kommt. So bleiben im wesentlichen die folgenden (natürlich teilweise stark vereinfachenden) Unterscheidungsmerkmale übrig:

	GI-Normen	OpenGis-Standards
Ersteller	Unabhängige Normungsgremien	Firmen, Firmenkonsortien
Treibende Kraft	Anwender, Experten, Behörden und Firmen	Gesetze des Marktes, Technologien
Mitspracherecht	Für alle Interessensgruppen gleich	finanzielles Engagement ist Voraussetzung
Prioritäten	Konzepte und Richtlinien im Konsens *top-down*	Funktionierende Implementierung *bottom-up*
Plus/Minus	Allgemeingültigkeit garantiert – deshalb langwierige Erstellung	Machbarkeit garantiert – deshalb Bindung an Systeme erforderlich

Wir sehen also, daß es eine Fülle von Initiativen gibt, die darauf hinaus laufen, den GI-Anwendern das Leben leichter zu machen, indem man ihnen mühselige Detailarbeiten und Überlegungen abnimmt und durch möglichst einheitliche allgemein akzeptierte Modelle für Daten und Verarbeitungsschritte ersetzt. Trotzdem – oder wahrscheinlich gerade deswegen – sind (tatsächliche oder auch potentielle) Anwender gelegentlich bezüglich der Wahl des richtigen Konzeptes verunsichert. Es gibt doch mehrere Mitspieler:

- die nationalen GI-Normen (herausgegeben von Din, On, Snv, ...)

- die europäischen GI-Normen (CEN/TC 287) und die weltweiten internationalen GI-Normen (ISO/TC 211)

- die Standards der kommerziellen GIS-Welt (Open Geospatial Standards)

Zwischen CEN und ISO gibt es das sogenannte *Vienna Agreement*, und zwar nicht nur zwischen den jeweiligen Komitees für Geoinformation, sondern global für alle Normungsvorhaben. Es sieht einen sparsamen und gezielten Einsatz von Ressourcen vor, um letzten Endes das Ziel zu erreichen, daß möglichst viel von den Resultaten sowohl den 'Stempel' von CEN wie auch von ISO erhält. Natürlich wird es spezifisch europäische Nischen geben, denn sonst könnte man ja eine der beiden Organisationen einsparen – aber darüber hinaus möchte man wenn möglich Gleichklang erzielen. Und auch nationale Normen werden derzeit bereits mit Blick auf die in einigen Jahren zu erwartenden europäischen und internationalen Normen erstellt, so daß auch hier die Anwender auf zusammenpassende Komponenten und glatte Übergänge vertrauen können.

So bleiben also nur mehr zwei Spieler übrig: die Normen auf der einen Seite und die Standards von Open Geospatial auf der anderen Seite. Bisweilen hört man, daß die Ankunft von Open Geospatial den Einsatz nationaler und internationaler Normen überflüssig machen wird – und das ist zweifellos die Frage, die derzeit in jenen Anwenderkreisen die an der Interoperabilität von Geodaten interessiert sind, am häufigsten gestellt wird – würde doch eine Fehlentscheidung hier gewaltige Kosten verursachen. Nun, es ist sowohl in den Normungsgremien wie auch im Open Geospatial Konsortium unumstritten, daß man in Zukunft beide Konzepte braucht. Beide Mitspieler haben ein gleich großes Interesse an dieser Harmonisierung. So will man auch hier 'doppelt gestempelte' Zertifikate anstreben. Dieses 'Double branding' wird den Anwendern die Zusicherung geben, daß beide Gruppen zum Wohle der Anwender (und natürlich auch um ihre Produkte sicher am Marktplatz der Geoinformation plazieren zu können) zusammenarbeiten.

10.2   Marktplatz Geoinformation

10.2.1   Geodateninfrastruktur und Geodatenpolitik

Die Metapher des Marktplatzes baut auf der Idee auf, daß Geoinformation ein *Produkt* ist, das angeboten, gesucht, bestellt, geliefert und verrechnet wird, so wie jedes andere Produkt auch, das einer informationsorientierten Gesellschaft nutzt und somit einen entsprechenden Marktwert hat. Die Meinungen darüber, ob diese Sicht der Dinge in allen ihren Konsequenzen gerechtfertigt ist, gehen weit auseinander. So führen die Gegner der Marktplatzidee nicht ganz zu Unrecht das Argument ins Treffen, daß die Möglichkeit der Wahl zwischen gleichartigen konkurrierenden Datenangeboten für ein und dieselbe Applikation wohl noch lange auf sich warten lassen wird. Für das Ziel dieses Kapitels jedoch – nämlich die Interoperabilität – bringt eine solche Sichtweise einige höchst bedeutsame Erkenntnisse.

So sind die Bemühungen in die Richtung einer möglichst weit gehenden Interoperabilität erst dann gerechtfertigt, wenn es einen genügend großen *Markt* gibt, der geeignete Daten und auch Funktionalitäten anbieten kann. Die Idee wird auch erst dann praktisch akzeptiert werden, wenn der Druck der zu ihrer Anwendung drängt genügend groß ist, wenn also eine Firma bzw. Organisation darin finanzielle und organisatorische Vorteile erblickt, ihre Produkte interoperabel zu machen.

Wir können die Marktplatzidee aus der Sicht eines Datenanbieters und seiner Konsumenten betrachten. (In einem darauffolgenden Schritt werden wir den Markt in seiner Gesamtheit betrachten; das Stichwort dazu lautet *Geodatenpolitik*.) Aus der Sicht des Datenanbieters heraus entsteht zum Beispiel ein *Portal*, ähnlich wie das Geschäftsportal eines Handelshauses in der Innenstadt, wo wir vorbei gehen, vielleicht in den Schaufenstern nach günstigen Angeboten suchen und dann das Haus betreten. Gleich am Eingang befindet sich eine Tafel, quasi eine Inhaltsangabe der einzelnen Waren und Dienstleistungen und wo im Haus sie zu finden sind. Dasselbe Konzept steckt hinter den Portalen, die wir im Internet kennen. Im Fall der GI interessiert uns natürlich ein *Geo-Portal* besonders.

Das GeoPortal München (siehe [182] und [276]) ist ein vom Bayerischen Staatsministerium für Finanzen / Vermessungsverwaltung finanziertes Forschungsprojekt, das in den Jahren 2000-2004 die interoperable Nutzung verteilter heterogener Geodatenbestände untersuchte. In Österreich wurde eine Machbarkeitsstudie für die Errichtung eines Internetportals für die österreichische GI-Infrastruktur (Metadaten- und Dienstleistungsserver AGEO-IS) in Auftrag gegeben [1]. Das Ergebnis kann von [251] heruntergeladen werden. Wie in anderen Ländern gibt es auch in Österreich Initiativen zum Umsetzen der ISO-19115 Metadaten-Norm in einem spezifisch österreichischen Profil [148].

Andere Geoportale entstehen wiederum bei kommunalen Verwaltungen. Beim Geoportal der Schweizer Kantone St.Gallen und Appenzell Außerrhoden [277] findet man für jede Gemeinde eine Reihe von Darstellungen für Basiskarten und Bestandspläne, Land- und Forstwirtschaft, Natur und Umwelt, Raumplanung, Straßen und Verkehr sowie für Ver- und Entsorgung.

Beim Geoportal Berlin [278] gibt es neben den Geobasisdaten und Katasterauskünften noch ein Straßenverzeichnis, eine Beschreibung von Festpunkten der Vermessung, Bebauungspläne, Grundstückswerte und dergleichen mehr. Darüberhinaus bietet man Dienste an, so etwa SAPOS. Es ist dies ein Satellitenpositionierungsdienst der deutschen Landesvermessung, der eine landesweit flächendeckende und einheitliche Raumbezugsgrundlage für jedermann bereitstellt. Für uns ist in diesem Zusammenhang interessant, daß Geoportale also nicht nur Daten, sondern auch Dienste anbieten, die rund um solche Daten angesiedelt sind – so wie ja auch ein Kaufhaus herkömmlicher Art nicht nur Waren, sondern auch zum Teil Dienstleistungen verkauft.

Die Datendrehscheibe Berner Oberland [279] bietet in ihrem GeoData Shop eine Fülle von Geodaten, die auch Gemeindegrenzen überschreiten können. Suchmöglichkeiten bestehen nach Grundstücksnummer, Adressen, Nomenklatur und Gemeinden. Daten werden über das INTERLIS Format oder auch über DXF bzw. SHAPE übermittelt. Gerade in diesem Fall sehen wir deutlich, daß es nicht nur um das web-basierende Bereitstellungen von Visualisierungen von Geodaten geht – dies wäre im Sinne vorangegangener Überlegungen ein Web Map Service – sondern auch um einzelne GI-Features, also ein Web Feature Service.

Während ein GeoPortal eine Konkretisierung der Marktplatzidee aus der Sicht eines Datenanbieters und seiner Konsumenten ist, können wir diese Idee auch aus der Sicht einer nationalen oder internationalen *Geodatenpolitik* (siehe [74]) und der damit verbundenen Infrastruktur betrachten. In diesem Zusammenhang fallen Schlagworte wie 'nationale, europäische, globale Geodaten-Infrastruktur' (siehe [76]) oder deren englische Übersetzung National Spatial Data Infrastructure NSDI, European Spatial Data Infrastructure ESDI, Global Spatial Data Infrastructure GSDI. Immer geht es darum, daß man den Wert, den Geoinformation gesamtwirtschaftlich darstellt, nicht nur in den eigentlichen Fachanwendungen sieht, sondern daß sich durch die Verfügbarkeit dieser Infrastruktur sehr viele neue Wertschöpfungen ergeben. Wenn etwa durch lokationsbezogene GI-Dienste (Location-Based Services, LBS) wie Navigation, Tracking und Multimodales Routing insgesamt und gesamtstaatlich gesehen viel Zeit und Energie eingespart werden kann, weil viele Fahrzeuge bessere, kürzere, sparsamere, schonendere Wege nehmen, so ist dies ein positiver Effekt, der weit über den eigentlichen Anwendungsrahmen hinausgeht. Wenn im Rahmen des Katastrophenschutzes, der Vorsorge und auch des Krisenmanagements durch das Einbinden aller verfügbaren Geodaten in einer web-basierenden interoperablen Umgebung Einsatzmaßnahmen besser koordiniert werden können und dadurch Menschenleben gerettet und Ressourcen geschont werden, so sind das ebenfalls Erfolge, die nicht nur der speziellen GI-Anwendung zugute kommen, sondern uns allen.

Die Verfügbarkeit einer von ihrer Qualität her verläßlichen Geodatengrundlage ist also ohne weiteres vergleichbar mit einem gut ausgebauten Straßennetz, mit dem Vorhandensein von Telekommunikationseinrichtungen, mit einem Geflecht von Bildungs-, Gesundheits-, Einkaufs- und Rekreationsmöglichkeiten, und so ist auch der Ausdruck *Infrastruktur* gerechtfertigt. Dies betrifft also das Gemeinwohl – und so sind auch öffentliche Stellen dazu aufgerufen, diese Geodatenpolitik voranzutreiben. In Österreich etwa hat sich bei der ÖROK (Österreichische Raumordnungskonferenz der Bundesländer) ein Unterausschuß 'Geodatenpolitik' konstituiert, dem auch die Koordinierungsstelle für Geoinformation des Bundes sowie die Kommunen, die Wirtschafts- und Sozialpartner angehören. Dabei sind Fragen zu lösen, die rechtliche Grundlagen betreffen; die Preise und Nutzungsbedingungen sind zu konkretisieren; und schließlich ist jede an diesem Vorhaben beteiligte Stelle aufgerufen, ihre eigenen Datenführungsmodelle offenzulegen – zumindest was den Zugriff von außen anlangt.

In anderen Ländern verfolgt man ähnliche Ziele. In der Schweiz gibt es das Impulsprogramm e-geo.ch im Rahmen der nationalen Geodateninfrastruktur [76]. Es ist dies eine Initiative von KOGIS, dem interdepartementalen Koordinationsorgan für Geoinformation und geografische Informationssysteme des Bundes ([268], [282]). Als langfristige Vision wurde die Charta e-geo.ch initiiert. Die Unterzeichner verpflichten sich, aktiv geeignete interne und externe Maßnahmen zu ergreifen oder zu unterstützen, mit denen der vernetzte Einsatz von Geoinformation gefördert und deren großes volkswirtschaftliches Potential ausgeschöpft werden kann [219]). Insbesondere geht es dabei um Aktivitäten und Maßnahmen innerhalb der eGovernment-Projekte des Bundes zur Schaffung von Voraussetzungen für die nationale Geodateninfrastruktur: Nachhaltiges Erheben, Nachführen und Dokumentieren von Geobasisdaten, Einsatz von allgemein anerkannten Standards im Bereich der Geodaten, gemeinsame Tarifierungs- und Vertriebsstrategie und Abbau von Hemmnissen für die Mehrfachnutzung von Geoinformation. Des weiteren strebt man die Verbesserung der elektronischen Zusammenarbeit und die Optimierung der Dienste an sowie die Förderung der nutzerorientierten Vernetzung zwischen Verwaltungsstellen, das Bekenntnis zur Zusammenarbeit zwischen Bund, Kantonen und Gemeinden und eine Vereinfachung des Datenaustausches zwischen den Amtsstellen.

In Deutschland werden die Anliegen einer nationalen Geodatenpolitik und Geodateninfrastruktur von IMAGI (Interministerieller Ausschuß für Geoinformationswesen [284] wahrgenommen. Kernbestandteil der Geodateninfrastruktur Deutschland GDI-DE ist die Nationale Geodatenbasis NGDB, die aus Geobasisdaten (GBD), Geofachdaten (GFD) und deren Metadaten (MD) besteht. Mit Hilfe der Geodatenbasis, eines GI-Netzwerkes sowie von Diensten und Standards schafft die GDI-DE die Voraussetzungen für die Gewinnung, Auswertung und Anwendung von Geoinformation. Diese findet Verwendung bei Nutzern und Anbietern in den öffentlichen Verwaltungen, im kommerziellen und nichtkommerziellen Sektor, in der Wissenschaft und für die Bürger. Der Aufbau der GDI-DE soll in einem dreistufigen, vom IMAGI koordinierten Prozeß, erfolgen. In einer ersten Stufe wird ein Metainformationssystem GeoMIS.Bund zur Recherche über Geodaten des Bundes erstellt. In der zweiten Stufe werden Geodatenbestände harmonisiert und Verfahren zur Datenintegration angewandt. Der europäische und internationale Kontext wird dabei berücksichtigt, nicht zuletzt auch bei der Erstellung eines ressortübergreifenden Objektartenkatalogs, der auf dem ISO-konformen ALKIS/ATKIS-Datenmodell aufbauen soll. In einer dritten Stufe schließlich wird dann die NGDB schrittweise implementiert [284].

Entscheidenden Einfluß auf Teilbereiche der Arbeit in den drei erwähnten Ländern und auch in allen anderen europäischen Staaten hat sicherlich die

Richtlinie der EU über die Weiterverwendung von Informationen des öffentlichen Sektors (Directive on the re-use of public sector information), nach dem englischen Titel auch PSI-Richtlinie [280] genannt. Sie muß – wie jede EU-Richtlinie – in nationales Recht umgesetzt werden. Auch die EU-Initiative INSPIRE (Infrastructure for Spatial Information in Europe [281]) soll relevante, aufeinander abgestimmte und qualitativ hochwertige Geoinformation für die Erstellung, Umsetzung, Überwachung und Bewertung gemeinschaftspolitischer Maßnahmen der EU zur Verfügung stellen [283].

Kehren wir nun nach dieser Erkundung des 'Marktes' für Geoinformation zu den zentralen Fragen der Interoperabilität zurück [18]. Auf den Punkt gebracht werden können kommerzielle Vorteile einer weitgehenden Interoperabilität folgendermaßen:

• Ressourcen werden besser ausgenutzt. Firmen können sich auf ihre Stärken konzentrieren.

• Für Anwender wird die Problemlösung einfacher und rascher.

• Sind Produkte erst einmal auf dem Markt etabliert, haben sie höhere Überlebenschancen.

• Der gesamtwirtschaftliche positive Effekt einer interoperablen GI-Welt, die sich auf eine durchlässige GI-Infrastruktur stützt, übersteigt bei weitem die direkt in einer einzelnen Anwendung sichtbaren positiven Ergebnisse.

Andererseits darf dies alles nicht zu tief in interne Abläufe und Eigenheiten der einzelnen Systeme und Organisationsformen eingreifen – dies würde ja sogar der Definition von Interoperabilität wiedersprechen. Deshalb ist es wichtig, in einem ersten Schritt jene Bereiche zu kennzeichnen, die sich überhaupt dafür eignen. Das Hauptaugenmerk muß auf jenen Techniken liegen, die einen möglichst verlustfreien Informationsaustausch zwischen Systemen unterstützen. Für GI-Anwendungen sind folgende Punkte in erster Linie erwähnenswert:

• Datenbeschreibungstechniken, die als Grundlage aller weiteren Aspekte der Kommunikation dienen.

• Struktur und Semantik von Daten mit besonderer Berücksichtigung geometrisch/topologischer Aspekte. Es genügt also nicht, wenn Daten im Anbietersystem atomisiert und auf einem niedrigen Niveau ausgetauscht werden; das Nutzersystem ist dann nämlich kaum in der Lage, aus dem Gesendeten wieder ohne signifikanten Informationsverlust hochwertiges Material zu rekonstruieren.

• das Verhalten von GI-Objekten, Methoden der Verwaltung und Abfrage, der Analyse und Weiterverarbeitung.

• Qualität, Herkunft, Zeit- und Versionenverwaltung von Geodaten.

• Metadaten; sie beschreiben Daten auf einer höheren Stufe und tragen so
  zu einer übersichtlicheren und weniger fehleranfälligen Informationsvermittlung bei.

Die Standardisierung aller dieser Aspekte ist eine wesentliche Voraussetzung
für interoperable Systeme. Vieles im Umfeld eines GIS bleibt jedoch davon
weitgehend unberührt, wie etwa der interne Aufbau der am Informationsaustausch partizipierenden Systeme oder Details der Applikationsfunktionen. Zu
unterschiedlich sind GIS aufgrund ihrer Umgebung, ihres Einsatzbereiches, der
zu erwartenden Resultate. Individuelle Stärken einzelner Systeme sollen also
nach wie vor ausgenutzt werden können, und mehr noch: Durch ein mächtige-
res, Mißverständnisse und Mängel reduzierendes Marktplatzkonzept – das ja
das Ziel der Interoperabilitätsbestrebungen ist – können dann andere Systeme
besser an die Vorzüge solcher individueller Stärken heran. Gerade die Identifikation von Teilen, die in ihrer Gesamtheit ein sinnvolles Ganzes ergeben,
macht es erst möglich, einen Überblick über die gesamte Vielfalt der heutzutage von Geoinformationssystemen und Geodatenbanken bereits angebotenen
Daten- und Funktionalitätsdienste zu gewinnen und solche Dienste für die eigene Applikationsumgebung sinnvoll zu nutzen.

Die Abkoppelung zwischen Schnittstellenfragen und jenen der internen Datenmodellierung und -haltung ist natürlich keine vollkommene. Eine Normung
nach außen hin kann nicht gänzlich ohne innere Folgen für die einzelnen Systeme bleiben. Das Beispiel eines Vortragenden, für den es nötig ist, bestimmte
vernetzte Wissensinhalte in eine sequentielle und auf den jeweiligen Zuhörer-
kreis abgestimmte Form zu bringen, und der dabei seine eigenen Gedanken
besser ordnet, sei hier angeführt.

10.2.2   Data Warehouses, Clearinghouses, Repositories

Die Idee eines Data Warehouse ist es, einem breiten Anwenderkreis Datenbestände zugänglich zu machen [195], und wie in einem Warenhaus der All-
tagswelt müssen auch in einem Warenhaus für Daten die Wünsche der Kunden
zunächst einmal präzisiert, zielgerichtet, vielleicht sogar erst geweckt werden.
Zu den wesentlichen Funktionalitäten eines Data Warehouse zählt es daher
auch, die Suche nach Information durch geeignete Suchmaschinen *(Browser)*
zu unterstützen und sie anwendungsgerecht aufzubereiten. Suchmaschinen wie
etwa GOOGLE ermöglichten erst die weitverbreitete und sinnvolle Nutzung der
im Internet gespeicherten Daten, und so wird auch die GI in Zukunft durch solche fachspezifischen Suchdienste mehr ins Rampenlicht gerückt werden [108].
Maklerdienste *(Broker)* regeln das Anbieten, Bestellen, Liefern und Verrechnen.
Vieles davon läuft über Internet ab. Von der daraus resultierenden verbesserten

Publizität, Vergleichbarkeit und Nutzbarkeit von Daten profitieren Datenanbieter, Dienstleister und Anwender. Das Internet als ideales Medium für die Zusammenschau vieler heterogener und auch räumlich dislozierter Ressourcen kann zur Bündelung von zielgerichteter Information für Anwender verwendet werden. Es geht um die Beantwortung von Fragen der Art

> Wer kann in Gebiet X Geodaten von Typ Y liefern?
> Welches Datenmodell ist in welcher Qualität vorhanden?
> Welche Applikationsunterstützung wird geboten?

In einem Warenhaus muß es neben den eigentlichen Waren (in unserem Fall sind es Daten) auch Verzeichnisse geben, die Informationen über die angebotenen Waren beinhalten. Ein solches Verzeichnis heißt *Data Dictionary* – es enthält die Metadaten für einen konkreten Datenbestand (siehe Abb. 10.6).

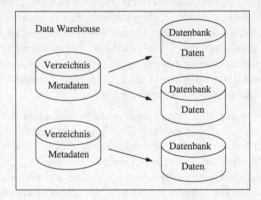

Abbildung 10.6: Aufbau eines Data Warehouse

Etwas allgemeiner als 'Data Warehouse' ist der Begriff *Clearinghouse*, für den es keine geeignete deutschsprachige Übersetzung gibt. Ursprünglich bezeichnete er ein Lokal in der Londoner Lombard Street, wo sich die Bankiers jeden Nachmittag nach Abschluß ihrer Geschäfte trafen, um die jeweiligen Aktiva und Passiva gegeneinander abzugleichen und somit eine allgemeine Balance zu schaffen. Wörtlich können wir daher diesen Begriff nicht nehmen. Allerdings erwarten wir in einem interoperablen GI-Umfeld, daß Daten über Systemgrenzen hinweg genutzt werden und daß hier auch alle Richtungen gleichberechtigt sind. Es gibt also keinen Geldfluß, wohl aber einen Datenfluß in alle Richtungen. So lässt sich am ehesten eine sprachliche Einbettung des Begriffes in unserem Umfeld erreichen. Gelegentlich wird er auch als Synonym für ein Data Warehouse verwendet. Er ist aber doch etwas allgemeiner. Während ein Warenhaus meist Produkte eines Hauses anbietet (etwa Geoinformation und entsprechende Dienste einer Firma oder eines Amtes [270], [285]), bündelt ein Clearinghouse verschiedenste Daten und Dienste und stellt für sie ein einheitliches Such- und Abfragesystem zur Verfügung. Das wohl berühmteste Clearinghouse, das auch Vorbild für viele weitere ähnliche Einrichtungen wurde, ist das Clearinghouse von FGDC, dem U.S. Federal Geographic Data Committee [286]. Dort findet man auch eine Definition für den Begriff: 'ein verteiltes web-basierendes System von Servern, welche einheitlich strukturierte Metadaten für GI enthalten und damit die Abfrage, Suche und das Laden erleichtern'.

Wir gehen wir der Frage nach, wie ein Anwender die geeigneten Informationen aus einem Data Warehouse bzw. Clearinghouse ermitteln kann. Nun, so wie die Daten selbst sind auch die Metadaten der Directories in Datenbanken abgelegt, und daher stehen die Möglichkeiten des Zugriffes über formale Datenzugriffssprachen bereit. Dies kann man – und wird man – durch folgende flankierende Maßnahmen ergänzen:

- *Data Mining:* Man bezeichnet damit im Gegensatz zur normalen Datenabfrage das 'Schürfen' nach tieferen Zusammenhängen in Daten, also das Auffinden und Ausnützen von Korrelationen, Mustern und Trends in den Daten.

- *Online Analytische Prozesse* (OLAP): Flexible Online-Analyse, indem man auf Anwenderseite bestimmte auf die auszugebenden Daten aufbauende Rechenoperationen bereitstellt.

- *Agenten-Technologie:* Im täglichen Leben ist eine Agentur eine Institution, die man mit der Lösung einer Aufgabe beauftragen kann und die man dafür mit einigen zweckdienlichen Informationen ausstattet. In unserem Umfeld ist es ein Stück Software das mit ähnlichen Zielvorstellungen eingesetzt wird und ein bestimmtes Benutzerprofil beinhaltet.

Ein Beispiel veranschaulicht an einem durchaus realistischen Szenario die Sinnhaftigkeit des Einsatzes von Data Warehouses und von Broker-und Agententechnologien und unterstreicht die Notwendigkeit von Standards. Ein Handlungsreisender, ein Berufskraftfahrer, ein Tourist ist unterwegs und stellt fest, daß das Benzin zur Neige geht, daß er eine Rastpause einlegen möchte oder daß er vielleicht sogar nach einer Übernachtungsmöglichkeit Ausschau halten sollte. Er benötigt also eine Vielzahl von Informationen, von denen einige als Geoinformation bezeichnet werden können. Neben der GIS-Technologie sind aber auch die Ortung und Navigation von Bedeutung, ebenso die Telekommunikation sowie verschiedenste Datenbankdienste kommerzieller Art. Da dem Anwender in diesem Fall nicht zugemutet werden kann, im Detail zu wissen, wo jene Daten liegen, die er gerade braucht, schaltet sich ein Broker ein und bietet seine Maklerdienste an um zunächst die geeigneten Data Warehouses zu ermitteln. Zu diesem Zweck müssen die Datenverzeichnisse (Data Directories) aller in Frage kommender Data Warehouses dahin gehend durchforstet werden, ob sie geeignete Daten enthalten. Auf der Seite des Anwenders kann ein *Agent* einge-setzt werden. Der Agent unseres Handlungsreisenden speichert etwa bestimmte Präferenzen bezüglich der Übernachtung, des Essens, der Benzinmarken, der zumutbaren Entfernungen. Jeder Anwender hat also seinen eigenen Agenten, der mit den Maklern auf der Server-Seite 'verhandelt' und so zu einem Ergebnis kommt. Dieses Ergebnis bedeutet in unserem Fall, daß jene Server identifiziert wurden, welche die geeigneten Daten bereitstellen können. Nun muß daraus eine Auswahl und Entscheidung getroffen werden und sodann kann der eigent-liche Datentransfer stattfinden (siehe auch Kapitel 1 und Abbildung 1.6). An diesem Beispiel werden folgende Schlußfolgerungen deutlich:

- Die Geoinformation muß in einen größeren Kontext eingebunden werden, denn jede Anwendung benötigt darüber hinaus noch viele weitere Infor-mationen, die nach Möglichkeit alle über dieselbe Schiene aufgerufen und bereitgestellt werden sollen. Dies erfordert geeignete Konzepte für Data Warehouses und es setzt auch Standardisierungsmaßnahmen voraus.

- Anwender benötigen Hilfestellungen bei der Suche nach den für sie geeig-neten Informationen. Broker und Agenten stellen dafür geeignete Tech-nologien dar.

- eine gewissenhafte Führung von Metadaten in Data Dictionaries ist von großer Bedeutung. Erst dadurch wird die Mehrfachnutzung von Geodaten im großen Stil ermöglicht – ein wichtiger Beitrag zu einer erhöhten Wirt-schaftlichkeit von Gi-Anwendungen.

Nun wollen wir uns einem weiteren Konzept zuwenden, nämlich dem *Repo-sitory*. Mitschang [147] bezeichnet den Ausdruck als Modewort der Industrie für Metadaten-Management und definiert es als offen zugängliche Datenbank mit Information über die Software, Daten, Dokumente, Karten und Produk-te die ein Unternehmen produziert oder verwendet. Ein Data Warehouse oder ein Clearinghouse kann als Spezialfall eines Repository angesehen werden: Es beschränkt sich auf Daten – in unserem Fall auf Geodaten. Das Konzept ei-nes Repository ist jedoch nicht auf die Geoinformation und ihre Anwendun-gen beschränkt. So bietet etwa das *Business Information Warehouse* von SAP, dem großen Hersteller von Software mit betriebswirtschaflicher Ausrichtung, Informationen auf mehreren Detaillierungsstufen und zu vielen Geschäftspro-zessen, angefangen von der Materialwirtschaft, der Produktionsplanung, dem Qualitätsmanagement bis hin zum Personal- und Finanzwesen und zum Ver-trieb. Ein Repository ist somit ein Informationssystem auf einer höheren Ebe-ne. All das, was uns in Kapitel 9 auf der Datenebene in Sachen Datenbanken beschäftigt hat, kommt also hier erneut zum Tragen, wie etwa Fragen zur Da-tenhaltung, Verteilung, Versionierung, zu Transaktionen, Abfragesprachen und Mehrbenutzersystemen. Ein *Repository Management System* (RMS) ist also

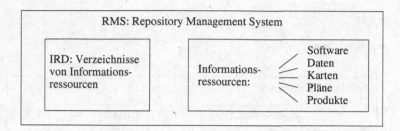

Abbildung 10.7: Aufbau eines Repository

formal nichts anderes als die Spezialform eines Datenbankverwaltungssystems (DBMS). Siehe dazu auch Abb. 10.7.

Natürlich bedarf auch die Repository-Technologie einer Normierung. Eine solche Norm ist IRDS *(Information Resource Dictionary System)*. Es dient zur Steuerung und Dokumentation der Informationsressourcen eines Unternehmens, einer Firma, einer Behörde (ISO/IEC 10027). Ein IRD ist ein Teil eines solchen Systems. Demnach kann es als ein offen zugängliches Ablagefach für die Definition aller Informationsressourcen angesehen werden, die für eine bestimmte Anwendergruppe wichtig sind. Dazu gehört die Information über

- Daten im engeren Sinn;

- die Prozesse, die zur Verwaltung dieser Daten notwendig sind;

- die Hardwarebedingungen, unter denen solche Daten verwaltet und dargestellt werden können;

- die möglichen Anwendergruppen;

- die Urheber bzw. Verantwortlichen für diese Daten.

Ein IRDS ist ein Informationssystem, das einzelne IRDs und deren Definition verwaltet und zugänglich macht; wie wir bereits gesehen haben, handelt es sich um ein Informationssystem auf höherer Stufe, ein *Metainformationssystem*. Während ein gewöhnliches Informationssystem (etwa ein GIS) Objekte verwaltet, werden in einem IRDS Objektklassen, Dateien, Programme und Subsysteme verwaltet. Es kann somit auch an der Basis für die Entwicklung von Datenkatalogen eingesetzt werden. Die Daten eines IRDS werden auf vier verschiedenen Niveaus angeboten (siehe dazu auch Abb. 10.8):

- IRD Definitionsschema

- IRD-Definition

- IRD

- Applikation

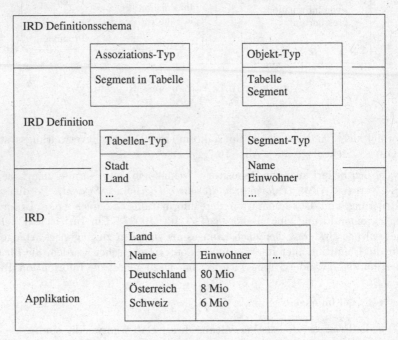

Abbildung 10.8: IRDS-Niveaus (siehe ISO/IEC 10027)

Auf dem untersten Niveau, dem Applikationsniveau, liegen jene Daten (Werte), die für den Anwender interessant sind. Auf dem darüberliegenden Niveau werden IRDs abgelegt. Diese geben an, welche Datentypen es grundsätzlich auf dem zugeordneten Applikationsniveau gibt und·welche Prozesse, Programme, Systeme damit verknüpfbar sind. So wird im Beispiel der Abbildung 10.8 auf dem IRD-Niveau festgelegt, daß ein LAND die Attribute LAND-NAME, LAND-EINWOHNER usw. aufweist. Auf dem (untersten) Applikationsniveau finden wir Werte 'Deutschland', 'Österreich', 'Schweiz' usw., die dem Attribut LAND-NAME entsprechen.

Dieses paarweise Auftreten von *Typ* und *Instanz* ist uns nichts Neues; es zieht sich durch alle vorangegangenen Kapitel. Ein Verdienst von IRDS ist es jedoch, dieses Konzept konsequent nach oben hin durchzuziehen. Für die vier Niveaus eines IRDS gibt es somit drei Typ-Instanz-Paare. Dem Paar auf der nächsthöheren Stufe (zwischen IRD und IRD-Definition) ist zu entnehmen, daß LAND ein besonderer Typ einer Tabelle ist, ebenso wie STADT. LAND-NAME und LAND-EINWOHNER sind hingegen Spezialfälle eines Segment-Typs. Auf der letzten Stufe schließlich wird erst festgelegt, daß sowohl Tabellen wie auch Segmente Spezialfälle eines allgemeinen Typs 'Objekt' sind und daß die Relation 'Segment-in-Tabelle' eine unter mehreren möglichen Assoziationen ist.

10.3 Konfigurationen

10.3.1 Clients, Server, Dienste

Ein Gegengewicht zu dem eher statischen Aspekt der Beschreibung von Daten auf mehreren Abstraktionsniveaus, wie ihn IRDS und in diesem Zusammenhang Data Warehouses bieten, stellt die Beschreibung des dynamischen Verhaltens von Daten dar: die Art und Weise, wie Daten zwischen einzelnen Komponenten ausgetauscht werden, wie sie angeboten und auch angefordert werden. All dies wird mit dem Begriff *Dienste (services)* bezeichnet. Den Diensten liegt das *Client-Server-Prinzip* zugrunde. Sie werden an *Schnittstellen* von *Prozessoren* zur Verfügung gestellt bzw. konsumiert. Dabei dient der Begriff des Prozessors als gedankliches Konstrukt ('abstrakter Prozessor') und weniger als Synonym für eine Hardwarekomponente. Jeder abstrakte Prozessor kann als Server auftreten, der Clients bedient. (Natürlich kann ein Client selbst auch wieder als Server für andere Clients auftreten.) So basiert das Internet von der Architektur her auf diesem Client-Server-Prinzip. In diesem Fall ist jeder Anwender mit seinem Browser ein Client, der über das weltweite Netz auf einen Server zugreift.

Ein Datendienst besteht aus einem oder mehreren *Primitiven*, die der Client aufrufen kann. Jedes Primitiv hat einen Namen und etwaige Parameter. Ein Datentransfer ist als *Transaktion* zwischen zwei Parteien zu verstehen und besteht aus einem oder mehreren Datendiensten. Das Gebäude von Regeln, nach denen eine solche Transaktion stattfindet, nennt man *Protokoll*. Ein geläufiges Protokoll ist etwa das *HyperText Transfer Protocol*, das uns in seiner Abkürzung HTTP in vielen Internet-Adressen entgegen tritt. Es kann mehrere alternative Protokolle für einen Datendienst geben. In Abbildung 10.9 werden Datendienste, wie sie bei Datenbanktransaktionen anfallen, dargestellt.

Abbildung 10.9: Datenbankdienste (Client-Server)

Den Ausgangspunkt der Diskussionen im gegenwärtigen Kapitel stellt die Interoperabilität von Geoinformation dar. Vor diesem Hintergrund benötigt man zumindest zwei Prozessoren: den Prozessor auf der Seite des Datennutzers und

jenen auf der Seite des Datenanbieters. So kann etwa eine GI-Anwendung die
auf einem an das weltweite Netz angeschlossenen Rechner läuft, als Client Prozessor angesehen werden. Sie benötigt Daten, die von einem Server Prozessor
aus einer Datenbank extrahiert werden und dem Client zur Verfügung gestellt
werden. Client und Server kommunizieren nach einem festgelegten Protokoll.
Der Prozessor auf der Seite des Nutzers ist für folgende Dienste zuständig:

- Verbindung mit dem Prozessor auf Anbieterseite;
- Abfragen von Daten aus dem Anbietersystem;
- Anstoß zum Update von Daten im Anbietersystem;
- Übersetzen von Daten aus dem/in das Transferschema;

Für den Prozessor auf Anbieterseite sind folgende Dienste charakteristisch:

- Verbindung mit der Anbieter-Datenbank;
- Liefern von Daten aus der Anbieter-Datenbank;
- Durchführen des Update von Daten in der Anbieter-Datenbank;
- Übersetzen von Daten aus dem/in das Transferschema;

Das oben angesprochene Beispiel der Kommunikation über Internet ist nur
eines von vielen. So richten sich die angebotenen Dienste danach, ob es sich
lediglich um das Beschreiben einer Datei handelt, die anschließend (auf Dis-
kette, per Post) zum Nutzer gesandt wird (*Offline-Dienst*), oder im anderen
Extremfall um einen *Dialog* im engeren Sinn bzw. um eine Zwischenstufe. Vom
technischen Standpunkt her unterscheiden wir also vier Kategorien, aufsteigend
vom einfachsten Dienst bis zum eigentlichen Dialog:

- *Offline-Dienste*
- *Datei-Transfer-Dienste* (asynchron)
- *Store-and-forward-Dienste* (synchron)
- *Dialog-Dienste*.

Von den Anforderungen der GI-Anwendungen her unterscheiden wir hingegen
folgende Varianten:

- *Geodaten-Server*
- *Map-Server*
- *Online-Auskunftssysteme*
- *Online*-GIS
- GI-*Funktions-Server*

Ein Geodaten-Server entspricht aus der Sicht der Dienste dem Konzept eines
Data Warehouse. Er stellt Geodaten im engeren Sinn zur Verfügung. Ein Map-
Server liegt auf der gleichen Ebene, nur die Art der Daten ist eine andere: es

sind Karten und Pläne. Bei beiden Arten wird das Hauptaugenmerk auf das Auswählen und den Transfer der entsprechenden Geodatenbestände, Karten und Pläne gelegt. Wir merken an, daß diese allgemeinen Bezeichnungen mit den bei Ogc und Iso entwickelten Web Feature Services bzw. Web Map Services harmonieren (siehe dazu auch [119]). Ein Online-Auskunftssystem hat eine andere Zielrichtung, denn es erlaubt die Formulierung einer Anfrage, die nicht unbedingt als Resultat eine bestimmte Menge von Gi-Objekten, Karten oder Plänen mit sich bringt, sondern vielmehr bestimmte Werte abfragt – den Namen einer Stadt etwa, die angeklickt wird, oder die Anzahl aller Städte, die eine bestimmte Einwohnerzahl überschreiten, oder auch die Größe eines Grundstückes, die Länge einer Straße, den Zustand einer Leitung [52]. Der Übergang zum Online-Gis ist ein fließender. Man kippt von einer Variante in die andere, wenn man beginnt, Berechnungs- und Analysevorgänge mit reinen Attributwertabfragen zu koppeln. Von der Nutzeroberfläche her könnten die ersten drei der oben angegebenen Konfigurationen über allgemeine Browser wie Netscape oder Microsoft Internet Explorer angesprochen werden. Ein Online-Gis bedarf jedoch schon eines Java Applets, eines Plug-Ins oder eines ActiveX Control auf der Seite des Client. Ein Gi-Funktionsserver schließlich erweitert die Idee der Datenserver und damit des Zukaufs von Daten von dort, wo sie 'zu Hause' sind, zur Idee des Outsourcing von Funktionalität. Man kauft also auch Funktionalität wo anders ein, vor allem wenn es sich nur um gelegentliche Anwendungen handelt.

10.3.2 GIS im Internet

Die meisten Anbieter von Geoinformationssystemen ermöglichen bereits den Zugang zu ihren Produkten über Intranet und sogar Internet. Beispiele sind etwa Smallworld Web, Geomedia WebMap (Intergraph), Map Guide (Autodesk), Internet Map Server (Esri) und Map Objects (Esri). Wir wollen uns daher in diesem Abschnitt die Frage stellen, was es an zusätzlichen Maßnahmen bedarf, um eine derartige Erweiterung der bisherigen Arbeitsweise zu unterstützen. Eine wesentliche Voraussetzung konzeptioneller Art wurde ja bereits in den vergangenen Abschnitten eingehend diskutiert, nämlich das Vorhandensein einer entsprechenden Geodateninfrastruktur und standardisierte Wege, um Daten und Funktionen interoperabel nützen zu können, sei es über modellbasierte Ansätze beim Datenaustausch oder über Web Map Services bzw. Web Feature Services (siehe [183] und [77]). Nun wollen wir aber auch einige weitere Fragen im Hinblick auf das Internet-Gis aufwerfen und mögliche Antworten aufzeigen.

Intranet und Internet unterscheiden sich nicht in der Technologie, sondern lediglich von den Zugangsberechtigungen her. Der typische Intranet-Anwender ist in ein lokales Netzwerk einer Behörde oder Firma eingebunden und kann im allgemeinen auf den gesamten Datenbestand zugreifen, während typische Internet-Anwender 'von außen' kommen und oft Privatpersonen sind. Ihnen

wird aus Gründen des Datenschutzes wie auch aus verkaufspolitischen und ur-
heberrechtlichen Gründen nur eine sehr eingeschränkte Sicht auf die Daten
zugestanden. Außerdem ergeben sich große Unterschiede in der Komplexität
von Anforderungen die man stellt. Während der Intranet-Anwender in vielen
Fällen fachlich versiert ist, greifen über Internet Laien auf das System zu, denen keine fachspezifischen Kenntnisse zugemutet werden können. Aus diesem
Grund wird man auch die Nutzeroberfläche ändern wenn man vom Intranet
ins Internet übergeht. Ein drittes Unterscheidungskriterium ist die Anzahl der
Nutzer die gleichzeitig zugreifen. Während diese Zahl im Intranet überschaubar
bleibt – die Firma hat nun einmal eine bestimmte Größe – kann sie im Internet
fast unbeschränkt wachsen.

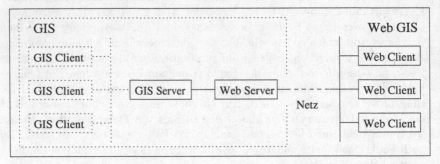

Abbildung 10.10: Client-Server Architektur von GIS und Web-GIS

Trotz all dieser Kriterien jedoch ist vom technischen Standpunkt her ein intra-
netfähiges System auch grundsätzlich im Internet einsetzbar. Web-Lösungen
von GIS sind meist abgemagerte und auf bestimmte Anwendungen zugeschnit-
tene Teile der Vollversionen. Im vorangegangenen Abschnitt wurde bereits eine
Einteilung je nach Art der angesprochenen Server getroffen, angefangen vom
Download von Daten aus einem Geodatenserver bis zu einem echten Online-
GIS oder einem GI-Funktionsserver. Es ist dies eine Einteilung nach Art der
Anforderung, die wir von seiten der Anwendung stellen.

Nun ist es interessant zu fragen, wie sich die Architektur eines Systems darstellt,
das physisch gleichsam auf mehrere Computer aufgeteilt wird und trotzdem wie
eine logische Einheit behandelt wird. In Abbildung 10.10 wird die Client-Server-
Konfiguration eines GIS in eine Weblösung eingebunden. Der Web Server ist
nichts anderes als eine spezielle Form eines lokalen Client zum GIS Server. Ein
Internet-Anwender sitzt zu Hause an seinem PC und ist über das Netz mit
einem GIS verbunden, das irgendwo auf dieser Welt auf einem oder mehreren
Servern läuft und seinerseits auf verschiedenste Datenbanken zugreift. Wie viel
von diesem GIS muß 'vor Ort' auf diesem PC vorhanden sein, damit die üblichen
GI-Funktionen aufgerufen werden können?

Wir gehen zunächst von der Minimallösung aus. Diese ist ein netzfähiger Browser wie etwa Netscape oder Microsoft Internet Explorer der bei jedem Anschluß an das weltweite Netz vorhanden ist. Wir wissen, daß es damit problemlos möglich ist, Karten und andere bildhafte Darstellungen herunterzuladen. Oft kann sogar ein begrenztes Maß an Interaktivität hergestellt werden, indem wir auf eine derartige Karte klicken um dadurch eine weitere Aktion anzustoßen. So können wir etwa auf einem Tourismus-Server beginnend bei einer Österreich-Darstellung durch Anklicken sukzessive auf größere Maßstäbe übergehen. Die geklickte Position ist das Zentrum einer neuen vergrößerten Darstellung. Wir nennen eine solche kartenähnliche Visualisierung, die auf die Position des Cursors reagiert, *anklickbar (clickable)*. Dies ist mit jedem kommerziell verfügbaren Browser problemlos möglich indem durch das Anklicken einer bestimmten Position die entsprechenden Bildschirmkoordinaten an den Server übermittelt werden und dieser über eine geeignete Koordinatentransformation die Wünsche des Anwenders rekonstruieren kann. Eine derartige Zoomfunktion ist also ein sehr einfaches Beispiel einer GI-Funktionalität. Das Auswählen von Themen für eine Darstellung läuft nach einem ähnlichen Muster ab. Eine Tabelle von Themen wird angezeigt, das entsprechende Feld wird anklickbar gemacht, der Anwender zeigt auf ein bestimmtes Thema und teilt diesen Wunsch durch die Betätigung der Sendefunktion dem Server mit. Er kann auch mehrere Themen gleichzeitig durch Markieren von Kästchen ein- oder ausschalten.

Der nächste Schritt jedoch, das Zoomen durch die Definition eines neuen Fensters über die Angabe zweier Punkte (etwa links unten und rechts oben) geht bereits über die Fähigkeiten eines normalen Browsers hinaus. In diesem Fall müssen dem Server *zwei* beliebige Positionen auf dem anklickbaren Bereich übergeben werden. Noch dazu sind hier bestimmte Einschränkungen zu beachten, denn man darf nicht zwei identische Positionen übergeben und es ist auch der Sonderfall auszuschließen, daß sie senkrecht übereinander oder waagrecht nebeneinander gewählt werden, denn dann degeneriert das Rechteck zu einer Linie. In diesem Fall muß also auf der Client-Seite ein – wenn auch noch so kleines und einfaches – Stück einer GIS-Software vorhanden sein. Dies kann durch folgende Maßnahmen erreicht werden:

- Plug-Ins

- Java Applets

- ActiveX Controls

- Scripts

Bei all diesen Varianten handelt es sich jeweils um ausführbare Programme die vom Internet heruntergeladen werden können und die Funktionalität des Browsers unterstützen. Mit ihnen kann man Vektorgraphiken darstellen und sie auch klickbar machen, Multimediaeffekte wie Video und Ton einbauen sowie Menüs und andere Interaktivitätshilfen anwendungsgerecht gestalten. Während

Plug-Ins auf bestimmte Plattformen zugeschnitten sind, haben Java Applets den Vorteil, daß sie plattformunabhängig sind. Java ist eine objektorientierte Programmiersprache, eine vereinfachte und reduzierte Form von C++. Der systemunabhängige Bytecode wird wie ein Maschinencode interpretiert. Die Sprache gilt als robust und sicher und wird universell eingesetzt.

Die ActiveX Technologie wurde von Microsoft entwickelt und hat daher den Nachteil, nicht für alle Browser verfügbar zu sein. An ihrem Anfang standen DDE (Dynamic Data Exchange), OLE (Object Linking and Embedding) sowie COM (Component Object Model). All dies sind Technologien die in Microsoftprodukten global – nicht nur bei Internet-Anwendungen – eingesetzt werden, erlauben sie doch die Zusammenschau verschiedenartigster Objekte in einem Dokument, wie etwa die Integration von Tabellen, Bildern, Ton etc. in einem Textdokument. ActiveX Controls sind auf diesen Technologien basierende kleine gekapselte mit Methoden ausgestattete Programme. Als Beispiel nennen wir zwei ActiveX Controls die in Smallworld Web verwendet werden: das Smallworld Map Control und das Smallworld Table Control für die Darstellung und Bearbeitung der Graphik einerseits und der Tabellen andererseits. Andere Controls auf der Smallworld Web Oberfläche erlauben das Navigieren, die Auswahl von Themen und die Abfrage (siehe Abb. 10.11 und [104]).

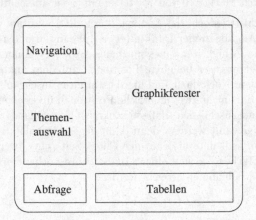

Abbildung 10.11: Beispiele für ActiveX Controls

ActiveX Controls und Java Applets sind Bausteine, die durch *Scriptsprachen* zu größeren Einheiten und komplexen Funktionen zusammengefügt werden können. Mit Sprachen wie etwa JavaScript oder VBScript gelingt es nicht nur, elementare Bausteine zu kombinieren, sondern auch die GI-Anfragen an den Browser und die Antworten, die vom Server gegeben werden, nahtlos in die Anwendung zu integrieren. Für weiterführende Erläuterungen zum Einsatz von Scriptsprachen verweisen wir auf [120].

Das Herunterladen und Installieren von Programmcodes aus dem Internet ist

mit Risken verbunden. Computerviren werden eingeschleppt, Hacker erhalten
leichteren Zugang und die Sicherheit der eigenen Programme und Daten wird
zum Thema. Firewalls bieten nur bedingt Schutz. Alle gängigen Browser gehen
auf diese Problematik ein und erlauben es den Nutzern, zwischen unterschiedlichen Sicherheitsstufen zu wählen. Probleme der Signierung und Zertifizierung
von Web-Sites und deren Lösung über geeignete Verschlüsselungstechniken werden in [4] vorgestellt.

Nachdem wir also das umrissen haben, was auf der Client-Seite geschehen muß,
um eine Internetverbindung GI-tauglich zu machen, wenden wir uns der Server-
Seite zu. Im allgemeinen wird auf der Seite des Servers nicht das GIS selbst
die Anfragen aus dem Internet übernehmen und die Antworten zurück senden.
Diese Aufgabe übernimmt vielmehr eine für das Ausführen solcher Dienste
besser geeignete Server-Software. Sie tritt dann ihrerseits mit dem GIS oder der
Geodatenbank über ein *Common Gateway Interface* (CGI) oder ein *Application
Program Interface* (API) in Kontakt. Der Unterschied zwischen diesen beiden
Varianten besteht darin, daß ein CGI allgemeiner angelegt ist, während sich ein
API stärker an der Plattform des Servers orientiert und die Programmierung
von *Dynamic Link Libraries* (DLL) erlaubt. Hierfür können wieder die oben
angeführten Sprachen eingesetzt werden. Abbildung 10.12 zeigt das Prinzip
des Einbaues von CGI in eine HTML-Kommunikation zwischen Client, Server
und der darunter liegenden Applikation über Internet.

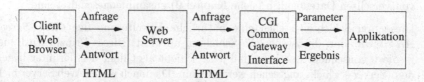

Abbildung 10.12: Verbindung zwischen Server und Applikation über CGI

Von der Systemarchitektur her haben wir nun also die drei Säulen identifiziert,
auf denen die Internetlösung einer GI-Anwendung beruht. Man bezeichnet diese Architektur als *Drei-Schichten-Architektur (three tier architecture)* Die drei
Säulen sind die folgenden (siehe Abbildung 10.13):

- *Client:* Computer mit Standardausstattung und Netzzugang; erweiterte
  Browser-Funktionalität in Richtung von GI-Anwendungen durch Plug-
  Ins, ActiveX Controls, Java Applets und Scripts

- *Web Server:* übernimmt Anfragen vom Client aus dem Netz, formuliert
  geeignete Anfragen und Aufträge an den Datenserver, bereitet dessen
  Antworten wieder internetgerecht auf und sendet sie an den Client

- *Datenserver:* enthält die Geodatenbank als Kern des GIS

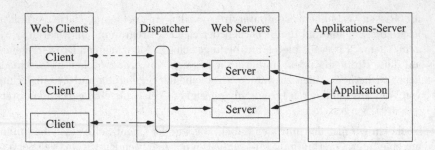

Abbildung 10.13: Drei-Schichten-Architektur eines Internet GIS

In einer Internetlösung wird es natürlich Clients in großer Zahl geben. Denken wir nur an Anfragen, die an ein kommunales GIS einer größeren Stadt gestellt werden. Die Computer aller Privatpersonen, die an dieses GIS über Internet herantreten, sind als Clients anzusehen. Es leuchtet ein, daß ein einziger Web Server hier gänzlich überlastet wäre und daher sind in einer solchen Konfiguration auch mehrere Web Server sinnvoll. Ein Dispatcher regelt für jeden Client den Zugang zu einem 'freien' Web Server, so wie man bei einem Telefondienst zur nächsten freien Auskunftstimme weitergeleitet wird. Und letztlich sind auch – je nach Datenvolumen – mehrere Datenserver denkbar, die im Sinne von verteilten Datenbanken (siehe Kapitel 9) zusammengeschaltet sind.

Diese drei Schichten stellen eine natürliche Erweiterung der *Client-Server-Architektur* dar, die zwei solche Schichten aufweist. Dieses Prinzip wird auch insofern konsequent beachtet, daß jede Schicht als Client der darunter liegenden (Server-)Schicht angesehen werden kann. Demnach ist der Web Server nicht nur – wie sein Name besagt – ein Server für die Clients, die über Internet auf ihn zugreifen. Er ist auch selbst so etwas wie ein Client für einen anderen Server: den Datenserver.

Als Resumee dieses Abschnittes erkennen wir eine Reihe von Vorteilen einer Internetlösung für GI-Anwendungen. Es sind dies zugleich auch Argumente die dafür sprechen daß wir uns in Zukunft noch stärker um Fragen der Interoperabilität kümmern.

- GI-Anwendungen werden für uns alle nutzbar. Die traditionellen technischen, wissenschaftlichen und administrativen Anwendungen werden weiterbestehen. Daneben wird sich aber auch ein Markt für Privatnutzer von Geoinformation etablieren.

- Zeit und Ort des Geschehens sind vom Anwender unabhängig von Büroöffnungszeiten, Sprechstunden und Feiertagen wählbar. Wartezeiten in den Amtsstuben erübrigen sich.

- GI-Anwendungen werden weitgehend plattformunabhängig und auf einer breiten Palette üblicher Produkte lauffähig sein.

- Multimedia- und Netzwerkfähigkeiten bringen Synergieeffekte durch die Nutzung vielfältiger mit GI integrierter Informationsdienste.

Wo Licht ist, ist auch Schatten. So harren die folgenden Punkte noch einer befriedigenden Lösung:

Sicherheitsprobleme und Copyrightfragen
Verfügbarkeit und Geschwindigkeit des Internetzugangs
Harmonisierung der Nutzeroberflächen

10.4   Grenzen der Interoperabilität

Solange die in den Abschnitten dieses Kapitels vorgestellten Konzepte noch nicht greifen – und einige von ihnen befinden sich erst in der Phase der realen Erprobung, andere harren gar noch einer gedanklichen Abrundung – müssen wir *pragmatisch* vorgehen: Soll die Nutzung von Geodaten und der ihnen zugewiesenenen Methoden über Systemgrenzen hinweg funktionieren, so muß eine Reihe von flankierenden Vereinbarungen und Maßnahmen vorausgesetzt werden; dies aus folgenden Gründen:

Information und *Daten* sind nicht auf derselben Stufe anzusiedeln. Eine Schnittstelle kann nur Daten übertragen, und diese sind bereits vereinfachte maschineninterpretierbare Abbilder der Information. Wenn zwei Menschen miteinander sprechen, so dient die Sprache als Übertragungsmedium; die Laute, Worte und Sätze entsprechen den Daten; sie können die Information, die im Kopf des Sprechenden existiert, nur bruchstückhaft, vereinfachend und sequentiell wiedergeben. Der Zuhörer rekonstruiert aus den Daten wieder die Information. Es liegt auf der Hand, daß es zu Informationsverlusten kommen kann, ja sogar *muß*. Wenn der Zuhörer aber den Sprechenden und dessen Umfeld kennt, wird der Informationsverlust geringer ausfallen. So überleben auch Aspekte, die zwar nicht explizit ausgesprochen wurden, vom Zuhörer aber aufgrund seiner Kenntnis stillschweigend zum Informationsgebäude hinzugefügt werden.

Beim Umgang mit Unklarheiten bei den Konzepten und Schematisierungen kann man unterschiedliche Strategien einschlagen. Das eine Extrem – das schlichte Ignorieren – ist nicht ratsam; das andere Extrem – die Beseitigung derselben durch explizite Festlegungen bis ins letzte Detail – ist nicht machbar. Wir gehen also einen Mittelweg; er erlaubt es in begrenztem Ausmaß, formale Beschreibungen für jene Eigenschaften zu übermitteln, die typisch für Geodaten sind. So gibt es die Möglichkeit, topologische Beziehungen zu definieren. Objektstrukturen, Attributzuordnungen und die Koppelung von Objektschlüsseln mit den ihnen zugeordneten Methoden können mitgeteilt werden, und Daten können gemäß ihrer Herkunft und ihrer Qualität klassifiziert werden.

Es bleiben einige Aspekte übrig, die sich einer Formalisierung widersetzen. In vielen Fällen wird es jedoch ausreichend sein, zwischen Anbieter und Nutzer einmalig ein Einvernehmen herzustellen, das sich dann in einer entsprechend parametrisierten Schnittstellensoftware niederschlägt, und auf welches sich konkrete Geodatenübertragungen oder -zugriffe bis auf Widerruf gründen. Dieser pragmatische Zugang, daß man erst gar nicht den Anspruch auf eine allumfassende Formalisierbarkeit erhebt, hat aber auch grundsätzliche Vorteile. So erreichen wir damit, daß künftige Anforderungserweiterungen – man denke beispielsweise an neue Möglichkeiten der Darstellung, wie Graphik, Multi-Media, Video, Audio – besser eingebunden werden können.

Für Systeme zur Verwaltung von Geoinformation läßt sich keine typische *Strukturierungstiefe* angeben. So kann man davon ausgehen, daß ein Gebäude für viele Teilnehmer am Datenaustausch hinreichend genau durch einen geschlossenen Linienzug modelliert wird. Andere wiederum benötigen differenziertere Angaben, etwa ob der Linienzug den Schnitt des Gebäudes mit dem Gelände oder die Dachtraufenlinie beschreibt. Wiederum andere weisen Erker, Balkone, Toreinfahrten und dergleichen gesondert aus. Wenn nun ein besonders 'einfaches' System mit einem 'komplizierten' System Daten austauscht oder gemeinsam nutzt, so läßt sich eine Automatisierung nur in der einen Richtung und auch hier nur bedingt erreichen. So sollte ein Austauschmechanismus die Möglichkeit bieten, Verallgemeinerungen und Spezialisierungen auf dem Typ-Niveau mitzuteilen. Damit können beispielsweise eine LANDSTRASSE und eine BUNDESSTRASSE als Spezialfälle einer STRASSE deklariert werden. (Hier ist anzumerken, daß Zusammenhänge, die uns Menschen beim Lesen dieser Zeilen völlig klar sind, für Schnittstellenprogramme nicht erkennbar sind, und daß gerade solche scheinbaren Selbstverständlichkeiten bzw. das dann unvermeidliche 'falsche' Reagieren der Software Kopfzerbrechen bereiten.)

Die Art der Objektzusammenfassung bleibt im Ermessensspielraum der Teilnehmer am Szenario der Interoperabilität, an der gemeinsamen Nutzung von Daten. So ist es für ein System auf Dauer günstiger, Daten in überschaubaren Einheiten getrennt zu verwalten. Dies vor allem dann, wenn öfter Änderungen und Korrekturen in Teilbereichen zu erwarten sind und ähnliche räumliche wie auch thematische Ausschnitte wiederholt ausgetauscht werden. Beim Wiederauffinden von Daten innerhalb eines solchen *Änderungsdienstes* wie auch bei der Verknüpfung mit anderen Datenbanken spielen *Identifikationsmechanismen* eine wichtige Rolle. Als Beispiel sei ein Vermessungspunkt genannt, der im Nahbereich des Vermessungswesens eindeutig durch seine Punktnummer, die Geschäftszahl und die Angabe des Urhebers identifiziert wird. Bei allgemeineren Objekten jedoch fehlt derzeit eine global akzeptierte Vorgehensweise für die Vergabe solcher Identifikatoren. Beim Datenaustausch kann daher das Wissen um diesbezügliche Besonderheiten genutzt werden.

LITERATUR

[1] AGEO (Österreichischer Dachverband für Geographische Information): Errichtung eines Internetportals für die österreichische Geoinformations-Infrastruktur - Metadaten- und Dienstleistungsserver AGEO-IS. Machbarkeitsstudie - Endbericht. www.ageo.at, Juni 2003.

[2] Akima H.: A new method of interpolation and smooth curve fitting based on local procedures. Journal of the Association for Computing Machinery, vol.17, no.4, Oktober 1970.

[3] Appelrath H.J.: Von Datenbanken zu Expertensystemen. Informatik-Fachberichte 102, Springer Verlag 1985.

[4] Appleman D.: Developing ActiveX components with Visual Basic 5.0. A guide to the perplexed. Ziff-Davis Press, Emeryville, Calif. 1997.

[5] Asch K.: GIS in Geowissenschaften und Umwelt. Springer Verlag 1999.

[6] Aumann G.: Aufbau qualitativ hochwertiger Geländemodelle aus Höhenlinien. DGK, Reihe C, Heft Nr. 411/1994.

[7] Aumann G.: OMNIGIS: Prototypische Umsetzung einer Geo-Data-Warehouse-Lösung. Internes Papier, TU München, Fachgebiet Geoinformationssysteme, Stand 1999.

[8] Bähr H.P., Vögtle T.: Digitale Bildverarbeitung. Anwendung in Photogrammetrie, Kartographie und Fernerkundung. 2. Auflage. Herbert Wichmann Verlag, Heidelberg 1991.

[9] Barnsley M.F., Sloan A.D.: Chaotic compression. Computer Graphics World, November 1987.

[10] Bartelme N.: GIS-Technologie. Geoinformationssysteme, Landinformationssysteme und ihre Grundlagen. Springer Verlag 1989.

[11] Bartelme N (Hrsg): Grazer Geoinformatiktage '95: GIS in Transport und Verkehr. Folge 80 der Mitteilungen der geodätischen Institute der TU Graz, 1995.

[12] Bartelme N.: Data Structures and Data Models in GIS. In: Mussio L.,
      Forlani G., Crosilla F. (Hrsg): Data acquisition and analysis for multi-
      media GIS. Springer Verlag 1996.

[13] Bartelme N.: GIS – vom Werkzeug für Experten zum Auskunftsmedi-
      um. Tagungsband zur 4. Arbeitstagung des Bereiches Umwelt 'Erdwis-
      senschaftliche Aspekte des Umweltschutzes', Österreichisches Forschungs-
      und Prüfzentrum Arsenal, Wien 1998.

[14] Bartelme N.: Marktplatz Geoinformation. Connex, Österreichische Fach-
      zeitschrift für die nationale, europäische und internationale Normung,
      Nr.70, Oktober 1999.

[15] Bartelme N.: Normung und OpenGIS. VGI, Österreichische Zeitschrift
      für Vermessung und Geoinformation, 1/99.

[16] Bartelme N.: Academic Qualification for Geo-Information Science and
      Technology in Austria. In: ISO Technical Report 19122 'Geographic in-
      formation - Qualification and certification of personnel', ISO 2001.

[17] Bartelme N., Legat K.C., Ringert J., Wieser M.: LBS in Teaching. Ortung
      und Navigation 1/2002, Bonn 2002.

[18] Bartelme N.: Normung und Interoperabilität: Aktuelle Entwicklungen.
      AGEO Aktuell, Österreichischer Dachverband für Geographische Infor-
      mation, Nr.15.2/04, Juni 2004.

[19] Basden A.: On the application of expert systems. In: Coombs M.J.
      (Hrsg.): Developments in expert systems. Academic Press 1984.

[20] Beckel L. (Hrsg): Österreich - Satelliten-Bild-Atlas. Geospace Austria,
      Salzburg 2004.

[21] Beckel L. (Hrsg): Satellitenbilder im Unterricht. Geospace Satellitenbild-
      daten GmbH, Bonn und Bad Ischl 1989.

[22] Behr F.J.: Strategisches GIS-Management. Herbert Wichmann Verlag
      2000.

[23] Belada P.: The multi-purpose digital map of Vienna. In: Hodgson S.,
      Rumor M., Harts J.J. (Hrsg): Geographical Information 97, IOS Press
      1997.

[24] Bernhardsen T.: Geographic Information Systems: An introduction. John
      Wiley & Sons, New York 1999.

[25] Bertin J.: Graphische Semiologie. Diagramme, Netze, Karten. Verlag De
      Gruyter, Berlin 1983.

[26] BEV: Festschrift '70 Jahre Bundesamt für Eich- und Vermessungswesen'. Bundesamt für Eich- und Vermessungswesen, Wien 1993.

[27] Bill R.: Grundlagen der Geo-Informationssysteme. Band 1: Hardware, Software & Daten. Herbert Wichmann Verlag, Heidelberg 1999.

[28] Bill R.: Grundlagen der Geo-Informationssysteme. Band 2: Analysen, Anwendungen und neue Entwicklungen. Herbert Wichmann Verlag, Heidelberg 1999.

[29] Brandstätter H., Vieider G.: Die kriminalpolizeiliche Fahndung als GIS-Anwendung. Analyse-Machbarkeitsstudie und Prototyp für PDA. Diplomarbeit Universität Linz 2004.

[30] Brassel K., Heller M., Jones P.: The construction of bisector skeletons for polygonal networks. In: Proceedings of the international symposium on spatial data handling, Geographisches Institut der Universität Zürich-Irchel, Zürich 1984.

[31] Brauer W., Wahlster W. (Hrsg): Wissensbasierte Systeme. Informatik-Fachberichte 155, Springer Verlag 1987.

[32] Buchroithner M.F.: Möglichkeiten 'echter' 3D-Visualisierungen von Geo-Daten. In: Strobl J., Blaschke T. (Hrsg): Angewandte Geographische Informationsverarbeitung XI, AGIT Symposium Salzburg 1999, Herbert Wichmann Verlag, Heidelberg 1999.

[33] Buhmann E., Wiesel J.: GIS Report 2002 - Software, Daten, Firmen, Bernhard Harzer Verlag, Karlsruhe 2002.

[34] Burrough P.A.: Principles of Geographical Information Systems for land resources assessment. Clarendon Press 1979.

[35] Burrough P.A., McDonnell R.: Principles of Geographical Information Systems. Oxford University Press 1998.

[36] Buttenfield B.P., Mackaness W.A.: Visualization. In: Maguire D.J., Goodchild M., Rhind D. (Hrsg.): Geographical Information Systems. Longman Scientific & Technical, 1991.

[37] Car A., Frank A.U.: General principles of hierarchical spatial reasoning - the case of wayfinding. In: Waugh T., Healey R. (Hrsg.): Proceedings of Spatial Data Handling 94, Edinburgh. Taylor & Francis 1994.

[00] Caruslo A.: Moderne Methoden der Parameterschätzung in der Praxis. Robuste Ausgleichung. XIII. Internationaler Kurs für Ingenieurvermessung, Kursunterlagen, TU München 2000.

[39] Carosio A., Gnägi H.R.: Swiss Object Oriented Modeling for GIS inter-operability. Department of Civil, Environmental and Geomatics Enginee-ring, Annual Report 2000, ETH Zürich, May 2001.

[40] Caspary W., Joos G.: Statistical Quality Control of Geodata. In: Shi W., Fisher P., Goodchild M. (Hrsg.): Spatial Data Quality, Verlag Taylor & Francis, London, New York 2002.

[41] Cattell R.G.G., Barry D. (Hrsg.): The Object Data Standard ODMG 3.0. Morgan Kaufmann Publishers Inc. 1998. (siehe auch [264])

[42] Chrisman N.: Exploring Geographic Information Systems. John Wiley & Sons, New York 1996.

[43] Clarke K.C.: Getting started with Geographic Information Systems. Prentice Hall 1998.

[44] Cohen P.R.: The control of reasoning under uncertainty; a discussion of some programs. The Knowledge Engineering Review, Cambridge Univer-sity Press, vol. 2, no. 1/1987.

[45] Conzett R.: Landinformationssysteme. Vermessung, Photogrammetrie, Kulturtechnik, Heft 5/1983.

[46] Coppock J.T., Rhind D.W.: The history of GIS. In: Maguire D.J., Good-child M., Rhind D. (Hrsg.): Geographical Information Systems. Longman Scientific & Technical, 1991.

[47] Cowen D.J.: GIS versus CAD versus DBMS: what are the differences? Photogrammetric Engineering and Remote Sensing 54, 1988.

[48] Damerow P., Englund R., Nissen H.: Die ersten Zahldarstellungen und die Entwicklung des Zahlbegriffs. Spektrum der Wissenschaft, Heft 3/1988.

[49] Decker B.L.: World Geodetic System 1984. In: Proceedings of the fourth International Geodetic Symposium on Satellite Positioning, Aus-tin/Texas 1986.

[50] Delaunay B.: Sur la sphere vide. Bulletin der Akademie der Wissenschaf-ten der UdSSR, Classe Sci. Mat. Nat., S.793-800, 1934.

[51] Demers M.N.: Fundamentals of Geographic Information Systems. John Wiley & Sons, New York 1999.

[52] Donaubauer A., Schilcher M.: Online-Leitungsauskunft bei verteilten Sy-stemen. In GeoBit, Heft 8/2004, abcverlag, Heidelberg 2004.

[53] Donaubauer A.: OGC Web Feature Service – Geodienst für den Zugriff auf objektstrukturierte Geodaten. In: Bernard L., Fitzke J., Wagner R. (Hrsg.): Geodateninfrastruktur, Herbert Wichmann Verlag, Heidelberg 2004.

[54] Douglas D.H., Peucker T.K.: Algorithms for the reduction of the number of points required to represent a line or its caricature. The Canadian Cartographer 10(2), 1973.

[55] Dueker K.J.: Land resource information systems: a review of fifteen years of experience. Geo-Processing 1, 1979.

[56] Ebner H.: Zwei neue Interpolationsverfahren und Beispiele für ihre Anwendung. Bildmessung und Luftbildwesen, Nr. 47/1979.

[57] Edler A.: Entwurf und Umsetzung einer Metadatenbank für das Stadtvermessungsamt Graz. Diplomarbeit TU Graz 2003.

[58] Egenhofer M.J., Clementini E., di Felice P.: Topological relations between regions with holes. Int. J. Geographical Information Systems, vol.8, no.2/1994.

[59] Egenhofer M.J., Clementini E., di Felice P.: Evaluating inconsistencies among multiple representations. In: T. Waugh, R. Healey (Hrsg): Advances in GIS research, vol.1/2. Taylor & Francis 1994.

[60] Egenhofer M., Golledge R. (Hrsg.): Spatial and temporal reasoning in Geographic Information Systems. Oxford University Press1998.

[61] Eidg. Vermessungsdirektion: Dokumente, Artikel und Referenzen zur amtlichen Vermessung in der Schweiz und zu INTERLIS. Kompetenzzentrum INTERLIS, Bern.

[62] Frank A.U., Campari I.A., Formentini U. (Hrsg.): Theories and methods of spatial-temporal reasoning in geographic space. Springer Verlag 1992.

[63] Frank A.U., Campari I.A. (Hrsg.): Spatial information theory – a theoretical basis for GIS. European Conference on spatial information theory, Marciana Marina, Elba, Sept.1993. Lecture Notes in Computer Science, vol. 716. Springer Verlag 1993.

[64] Frank A.U., Mark D.M.: Language issues for GIS. In: Maguire D.J., Goodchild M., Rhind D. (Hrsg.): Geographical Information Systems. Longman Scientific & Technical, 1991.

[65] Frank A.: Datenstrukturen für Landinformationssysteme - semantische, topologische und räumliche Beziehungen in Daten der Geo-Wissenschaften. Mitteilung Nr. 34 des Institutes für Geodäsie und Photogrammetrie an der ETH Zürich, 1983.

[66] Frank A.U.: Beyond query languages for geographic databases: Data cubes and maps. In: Gambosi G., Scholl M., Six H.W. (Hrsg.): Geographic Database Management Systems. Workshop Proceedings. Springer Verlag 1991.

[67] Frank A.U.: Qualitative temporal reasoning in GIS. In: Waugh T., Healey R. (Hrsg.): Advances in GIS research, vol.1/2, Taylor & Francis 1994.

[68] Franzen M., Kohlhofer G., Jansa J., Sindhuber A.: Ergänzung und Fortführung des Digitalen Landschaftsmodelles des BEV mit Fernerkundung. Österreichische Zeitschrift für Vermessung und Geoinformation (VGI), 86. Jahrgang, Heft 3/1998.

[69] Fritsch D., Anders K.H.: Objektorientierte Konzepte in Geo-Informationssystemen. GIS Jahrgang 9, S.2-14, 1996.

[70] Fuchsberger M.: Web-basiertes 3D-visualisiertes Facility Management System. Magisterarbeit TU Graz 2004.

[71] Fürst J.: GIS in Hydrologie und Wasserwirtschaft. Herbert Wichmann Verlag, Heidelberg 2004.

[72] Fussi M.: GDF als Datenmodell für die digitale Straßenkarte Graz. Diplomarbeit, TU Graz 1998.

[73] Gallaun H., Schardt M., Granica K.: Biotopkartierung im alpinen Raum mit Methoden der Fernerkundung. Österreichische Zeitschrift für Vermessung und Geoinformation (VGI), 86. Jahrgang, Heft 3/1998.

[74] Gissing R.: Definierte Geodatenpolitik - eine volkswirtschaftliche Notwendigkeit. Österreichische Zeitschrift für Vermessung und Geoinformation (VGI), 89. Jahrgang, Heft 4/2001.

[75] Glemser M., Klein U.: Hybride Modellierung und Analyse von unsicheren Daten. In: Sester M., Krumm F. (Hrsg): GIS-Forschung im Studiengang Geodäsie und Geoinformatik. Schriftenreihe der Institute des Fachbereichs Vermessungswesen der Universität Stuttgart, Nr. 1/1999.

[76] Gnägi H.R.: Start der Nationalen Geodaten Infrastruktur Schweiz mit dem e-geo.ch. Kickoff-Meeting 10.9.03, Bern, Gurten. Meeting der internationalen GIS Kooperation, Graz, 26.9.03, TU Graz 2003.

[77] Gnägi H.R., Plabst S.: Zwei Wege zur Geodateninfrastruktur: Modellbasierter Datenaustausch und Geo Web Services im Internet. In: Tagungsband 9. Münchner Fortbildungsseminar Geoinformationssysteme, TU München 2004.

[78] Göpfert W.: Raumbezogene Informationssysteme. Herbert Wichmann Verlag, Heidelberg 1991.

[79] Gotthardt E.: Einführung in die Ausgleichungsrechnung. 2.Aufl. Überarbeitet und erwweitert von G. Schmitt. Herbert Wichmann Verlag, Heidelberg 1978.

[80] Grill E.: Relationale Datenbanken. Ziele, Methoden, Lösungen. CW-Publikationen, München, 1982.

[81] Gross R., Wilmersdorf E.: New GIS gateways for the citizen: Multi-media and internet services. In: Hodgson S., Rumor M., Harts J.J. (Hrsg.): Geographical Information 97, IOS Press 1997.

[82] Grossmann W.: Geodätische Rechnungen und Abbildungen in der Landesvermessung. Konrad Wittwer Verlag, Stuttgart 1976.

[83] Gruber M., Wilmersdorf E.: Towards a hypermedia 3D urban data base. In: Hodgson S., Rumor M., Harts J.J. (Hrsg.): Geographical Information 97, IOS Press 1997.

[84] Gstaltmaier J.: Lösungen zur Datenmigration und -integritätsprüfung am Beispiel der EDU im ESTAG-Konzern. Diplomarbeit TU Graz 2003.

[85] Günther O., Riekert W.F. (Hrsg): Wissensbasierte Methoden zur Fernerkundung der Umwelt. Herbert Wichmann Verlag, Heidelberg 1992.

[86] Habel C. (Hrsg): Künstliche Intelligenz: Repräsentation von Wissen und natürlichsprachliche Systeme. Informatik-Fachberichte 93, Springer Verlag 1984.

[87] Hake G., Grünreich D.: Kartographie. 7. Auflage. Verlag Walter de Gruyter 1994.

[88] Hake G., Grünreich D., Meng L.: Kartographie. Visualisierung raumzeitlicher Informationen. 8. vollständig neu bearbeitete und erweiterte Auflage. Verlag Walter de Gruyter 2002.

[89] Haywood P.: The differing requirements of producers and users of data and the design of topographic / cartographic databases. Nachrichten aus dem Karten- und Vermessungswesen, Reihe II, Heft 44/1986.

[90] Helpenstein H.J. (Hrsg.): CAD geometry data exchange using STEP. Springer Verlag 1993.

[91] Heywood I., Cornelius S., Carver S.: An introduction to Geographical Information Systems. Addison Wesley Publishing Company 1998.

[92] Hinrichs K., Nievergelt J.. The grid file: A data structure designed to support proximity queries on spatial objects. Institut für Informatik, ETH Zürich, Juli 1983.

[93] Höllriegl H.P.: Ein Beitrag zum Begriff 'Information'. Mitteilungen der geodätischen Institute der TU Graz, Folge 70/1991.

[94] Hofmann-Wellenhof B., Lichtenegger H., Collins J.: Global Positioning System. Theory and practice. 5. Auflage, Springer Verlag 2001.

[95] Hofmann-Wellenhof B., Legat K.C., Wieser M.: Navigation - Principles of Positioning and Guidance. Springer Verlag 2003.

[96] Hofmann-Wellenhof B., Moritz H.: Introduction to Spectral Analysis. In: H. Sünkel (Hrsg): Mathematical and numerical techniques in Physical Geodesy. Lecture Notes in Earth Sciences, vol. 7, Springer Verlag 1986.

[97] Hofstadter D.W.: Metamagicum. Fragen nach der Essenz von Geist und Struktur. Klett-Cotta Verlag 1988.

[98] Internationale Kartographische Vereinigung: Mehrsprachiges Wörterbuch kartographischer Fachbegriffe. Wiesbaden 1973.

[99] Istituto Geografico Militare: Dall'Italia Immaginata all'Immagine dell'-Italia. Dokument einer Ausstellung. Florenz 1986.

[100] Jäger E.: AdV-Konzept für die integrierte Modellierung von ALKIS und ATKIS. Zeitschrift für Vermessungswesen 6/1998.

[101] Joos G.: Modellierung von Unschärfe in GIS. In: First International Symposium on Robust Statistics and Fuzzy Techniques in Geodesy and GIS. IGP - Bericht Nr. 295, ETH Zürich 2001.

[102] Jüptner B., Zill V.: Die Österreichische Karte 1:50 000 im neuen kartographischen Umfeld. Österreichische Zeitschrift für Vermessung und Geoinformation (VGI), 87. Jahrgang, Heft 1/1999.

[103] Kahmen H.: Vermessungskunde. Verlag Walter de Gruyter 1993.

[104] Kals M.: AISWeb: Der neue Weg sich über Internet in Graz zurechtzufinden. Diplomarbeit, TU Graz 2000.

[105] Kazmierczak H. (Hrsg): Erfassung und maschinelle Bearbeitung von Bilddaten. Springer Verlag 1980.

[106] Keller S.: 1999 - das Jahr der offenen Systeme und Geodaten. Vermessung, Photogrammetrie, Kulturtechnik 1/1999.

[107] Keller S. (Hrsg): Dokumentation, Beispiele und Fachartikel. Kompetenzzentrum INTERLIS, Bern.

[108] Keller S.: Geometa.info - Prototyp eines fachspezifischen Suchdienstes. Angewandte Geographische Informationsverarbeitung XVI, AGIT Symposium Salzburg 2004, Herbert Wichmann Verlag, Heidelberg 2004.

[109] Kienegger E.: PhotoStation: An operational system for data capture and updating of geographic databases using aerial photography. GIS, Jahrgang 5, Heft 4/1992.

[110] Kienegger E.: Integration of aerial photographs with Geographic Information Systems. Dissertation an der TU Graz, 1992.

[111] Kilpeläinen T.: Multiple representation and generalization of geo-databases for topographic maps. Veröffentlichungen des Finnischen Geodätischen Institutes, Nr. 124, 1997.

[112] Knuth D.E.: The art of computer programming. Addison-Wesley 1972.

[113] Knöpfli R.: Was ist eine Karte? Betrachtungen zum Informationsgehalt und zur Generalisierung. Vermessung, Photogrammetrie, Kulturtechnik 9/1989.

[114] Konecny G.: Digital terrain models and orthophotography. An overview. Paper presented at the Symposium on Digital Elevation Models and Orthophoto Technology, Dept. of Surveying, Queensland, Australia, 1981.

[115] Kraus K., Mikhail E.M.: Linear least-squares interpolation. Paper presented at 12th Congress of the International Society of Photogrammetry, Ottawa, Canada, 1972.

[116] Kraus K., Schneider W.: Fernerkundung. Band 1 und 2. Verlag Ferdinand Dümmler 1990.

[117] Kropatsch W.: Dreiecksapproximationen für Flächen. DIBAG Bericht Nr. 8, Institut für digitale Bildverarbeitung und Graphik, Graz 1983.

[118] Kuhn W.: Was ein GIS lernen muß, um seine Benützer zu bedienen. Mitteilungen der geodätischen Institute der TU Graz, Folge 76/1993.

[119] Kunkel T., Teege G., Seuß R.: Interoperabilität auf der Basis von Open-GIS Web Services. Projektbericht Runder Tisch GIS e.V., , Universität der Bundeswehr München, 2003.

[120] Laird C., Soraiz K.: Get a grip on scripts. Byte, S. 89-96, Juni 1998.

[121] Lambird B., Lavine D.: Distributed architecture and parallel non-directional search for knowledge-based cartographic feature extraction systems. In: M. J. Coombs (Hrsg.): Developments in expert systems. Academic Press 1984.

[122] Lang L.: Transportation GIS. ESRI Environmental Systems Research 1999.

[123] Lange, N. de: Geoinformatik in Theorie und Praxis. Springer Verlag 2002.

[124] Laurini R., Thompson D.: Fundamentals of spatial information systems. Academic Press 1992.

[125] Laurini R.: Spatio-temporal databases: from moving to active geographic objects. In: Mussio L., Forlani G., Crosilla F. (Hrsg): Data acquisition and analysis for multimedia GIS. Springer Verlag 1996.

[126] Lay G., Weber W.: Waldgeneralisierung durch digitale Rasterdatenverarbeitung. Nachrichten aus dem Karten- und Vermessungswesen, Reihe I, Heft 92/1983.

[127] Legat K.C.: Pedestrian Navigation. Dissertation TU Graz 2002.

[128] Lee D.: Making databases intelligent for generalisation. GIM, Dezember 1997.

[129] Leitner D.: AIS Graz: Kartographische Modellierung von GDF-Daten in Smallworld GIS. Diplomarbeit TU Graz 2001.

[130] Leung Y., Leung K.S.: An intelligent expert system shell for knowledge-based Geographical Information Systems. Part 1: Tools; Part 2: Some Applications. Int. J. Geographical Information Systems, vol.7, no.3/1993.

[131] Lin W.: Ein Beitrag zur kartographischen Mustererkennung mittels Methoden der Künstlichen Intelligenz. DGK München, Reihe C, Nr. 419/1994.

[132] Longley P., Goodchild M., Maguire D., Rhind D.: Geographic information systems and science, John Wiley & Sons 2001.

[133] McClure S.: Object database vs. object-relational databases. IDC Bulletin no. 14821E, August 1997.

[134] McDonnell R., Kemp K.A.: International GIS dictionary. John Wiley & Sons, New York 1996.

[135] McMaster R.B.: Automated line generaliziation. Cartographica, vol. 24, no. 2/1987.

[136] Maguire D.J., Dangermond J.: The functionality of GIS. In: Maguire D.J., Goodchild M., Rhind D. (Hrsg.): Geographical Information Systems. Longman Scientific & Technical, 1991.

[137] Maguire D.J., Goodchild M., Rhind D. (Hrsg.): Geographical Information Systems. Longman Scientific & Technical, 1991.

[138] Mandelbrot B.: The fractal geometry of nature. Freeman and Company 1983.

[139] Maurer R., Grim A., Fessl C.: Der Einsatz von modernen WWW-Systemen als multimediale Datenspeicher. Österreichische Zeitschrift für Vermessung und Geoinformation (VGI), 85. Jahrgang, Heft 3/1997.

[140] Mayer F. (Hrsg): Kartographie im multimedialen Umfeld. Tagungsband. Wiener Schriften zur Geographie und Kartographie, Band 8. Institut für Geographie, Studienzweig Kartographie, Universität Wien, 1994.

[141] Mayer H.: Automatisierte Extraktion von semantischer Information aus gescannten Karten. DGK München, Reihe C, Nr. 417/1994.

[142] Meier A.: Methoden der grafischen und geometrischen Datenverarbeitung. Teubner Verlag 1986.

[143] Meissl P.: Least squares adjustment – a modern approach. Mitteilungen der geodätischen Institute der TU Graz, Folge 43/1982.

[144] Melton J., Simon A.R.: Understanding the new SQL: a complete guide. Morgan Kaufmann Publishers Inc. 1993.

[145] Metzler B.: Interaktive und dynamische Visualisierung von Deformationsgrößen. Diplomarbeit TU Graz 2002.

[146] Milne P., Milton S., Smith J.L.: Geographic object-oriented databases - a case study. Int. J. Geographical Information Systems, vol.7, no.1/1993.

[147] Mitschang B.: Repository- und Data-Warehouse-Technologien. Tagungsband '3. Münchner Fortbildungsseminar Geoinformationssysteme', TU München 1998.

[148] Mittlböck M., Schreilechner P.: Metadaten - ISO-konformes Profil als Schritt in die Praxis in Österreich. Angewandte Geographische Informationsverarbeitung XVI, AGIT Symposium Salzburg 2004, Herbert Wichmann Verlag, Heidelberg 2004.

[149] Molenaar M.: Data models and data structures in GIS. In: Crosilla F., Mussio L. (Hrsg): I sistemi informativi territoriali: fondamenti e applicazioni. International Centre for Mechanical Sciences, Udine, 1992.

[150] Molenaar M., Fritsch D.: Combined data structures for vector and raster representations in Geographic Information Systems. GIS, Jahrgang 4, Heft 3/1991.

[151] Molenaar M., de Hoop S. (Hrsg.): Advanced geographic data modelling - spatial data modelling and query languages for 2D and 3D applications. Netherlands Geodetic Commission, No.40, 1994.

[152] Monmonier M.S.: Computer-assisted cartography. Principles and prospects. Prentice Hall 1982.

[153] Morf A., Staub P.: Semantic Transformation by Means of Conceptual Modelling Techniques. AGILE 2004 7th Conference on Geographic Information Science. Heraklion, Griechenland 2004.

[154] Muller J.C.: The concept of error in cartography. Cartographica, vol. 24, no. 2/1987.

[155] Nebiker S.: Spatial raster data management for Geo-Information Systems. A database perspective. Mitteilung Nr. 63 des Institutes für Geodäsie und Photogrammetrie an der ETH Zürich, 1997.

[156] Niese D., Weber W:: Vektorisierte Rasteralgorithmen zur Verarbeitung von Höhenschichten. Nachrichten aus dem Karten- und Vermessungswesen. Reihe I, Nr. 99/1987.

[157] Nilsson N.J.: Principles of Artificial Intelligence. Springer 1982.

[158] Österreichisches Normungsinstitut (ON): Informationsbroschüre.

[159] Okabe A., Boots B., Sugihara K.: Nearest neighbourhood operations with generalized Voronoi diagrams: A review. Int. J. Geographical Information Systems, vol.8, no.1/1994.

[160] Olle T.W.: Das Codasyl-Datenbankmodell. Springer 1981.

[161] Papoulis A.: Probability, random variables and stochastic processes. McGraw-Hill 1965.

[162] Partridge D.: Human decision making & the symbolic search space paradigm in AI. AI & Society, vol. 1/1987, pp.93-101.

[163] Paul G.: Aufbau eines digitalen Landschaftsmodells von Österreich. Österreichische Zeitschrift für Vermessung und Geoinformation (VGI), 85. Jahrgang, Heft 4/1997.

[164] Pavlidis T.: Graphics and image processing. Springer Verlag 1982.

[165] Peano G.: Sur une courbe qui remplit toute une aire plane. Mathematische Annalen 36(A):157-160, 1890.

[166] Peuquet D.J.: Data structures for a knowledge-based GIS. In: Proceedings of the International Symposium on spatial data handling, Geographisches Institut der Universität Zürich-Irchel Zürich 1984.

[167] Pock A.: Bodenkundliches Informationssystem. Aufbau und Anwendung am Beispiel der Erstellung einer Nitrat-Austrags-Gefährdungs-Karte. Diplomarbeit, TU Graz, 1991.

[168] Preparata F., Shamos M.: Computational geometry. Springer Verlag 1985.

[169] Primas E.: Machbarkeitsstudie zur Datenkonvertierung des 3.0 Flächen-widmungsplanes der Landeshauptstadt Graz. Diplomarbeit TU Graz 2002.

[170] Ranzinger M.: Move-X: Ein Videomontage-System. Mitteilungen der geodätischen Institute der TU Graz, Folge 70/1991.

[171] Ranzinger M., Lorber G.: 3D-Stadtmodell Graz – Überlegungen für eine operationelle Umsetzung. Österreichische Zeitschrift für Vermessung und Geoinformation (VGI), 81. Jahrgang, Heft 3, 1995.

[172] Reeve D.E., Petch J.R.: GIS, organisations and people: A socio-technical approach. Taylor & Francis 1999.

[173] Reinhardt W., Sayda F., Wittmann E.: Location Based Services für Berg-steiger und Bergwanderer - erste Erfahrungen mit VISPA. In: Geowissen-schaftliche Mitteilungen Heft Nr. 58, Schriftenreihe der Studienrichtung Vermessungswesen und Geoinformation TU Wien 2002.

[174] Richardson L.F.: The problem of contiguity: an appendix of statistics of deadly quarrels. General Systems Yearbook 6/1961.

[175] Ringert J.: Location-Based Services und ISO 19100-Normen. Diplomar-beit TU Graz 2001.

[176] Rosenfeld A., Kak A.C.: Digital picture processing. Academic Press 1976.

[177] Saurer H., Behr F.J.: Geographische Informationssysteme – eine Einfüh-rung. Wissensch. Buchgesellschaft Darmstadt 1997.

[178] Schardt M., Gallaun H.: Ein GIS-gestütztes regelbasiertes Klassifizie-rungsverfahren zur Erfassung alpiner Biotoptypen. In: Strobl J., Blasch-ke T. (Hrsg): Angewandte Geographische Informationsverarbeitung XI, AGIT Symposium Salzburg 1999, Herbert Wichmann Verlag, Heidelberg 1999.

[179] Schardt M., Ziegler M., Wimmer A., Wack R., Hyyppä J.: Assessment of Forest Parameters by Means of Laser Scanning. Proceedings of the ISPRS Commission III Symposium: Photogrammetric Computer Vision (peer reviewed paper), Graz, September 9-13, 2002.

[180] Scheuer U.: Adreßgenaue Routen und Touren im AIS Web. Diplomarbeit TU Graz 2000.

[181] Schifferl P,: Hydrologie und GIS. Untersuchungen zur Berechnung von Hochwasser-Szenarien mit state-of-the-art-Software und Aufbereitung der Ergebnisse für ein GIS. Diplomarbeit TU Graz 2004.

[182] Schilcher M., Aumann G., Donaubauer A., Matheus A.: High-Tech-Offensive Projekt GeoPortal. Projektabschlussbericht, TU München 2004.

[183] Schilcher M., Teege, G., Seuß R., Kunkel T.: OpenGIS-Web-Services im Test. In GeoBit, Heft 4/2004, abcverlag, Heidelberg 2004.

[184] Schmidt-Falkenberg H.: Begriff, Einteilung und Stellung der Kartographie in heutiger Sicht. Kartographische Nachrichten 1964.

[185] Schnupp P., Leibrandt U.: Expertensysteme, nicht nur für Informatiker. Springer Verlag 1986.

[186] Schrotter G.: Konzept eines 'Walk-Through' durch eine virtuelle Stadt. Diplomarbeit TU Graz 2002.

[187] Schuh W.-D.: Homogenisierung: Verwendung räumlicher Information zur Verbesserung der Dateninhalte. Mitteilungen der geodätischen Institute der TU Graz, Folge 70/1991.

[188] Schweinfurth G.: Höhenliniengeneralisierung mit Methoden der digitalen Bildverarbeitung. DGK München, Reihe C, Nr. 291/1984.

[189] Seeberger S.: Einführung in Geodatenbanken. Tagungsband '3. Münchner Fortbildungsseminar Geoinformationssysteme', TU München 1998.

[190] Sinding-Larsen H.: Information technology and the management of knowledge. AI & Society, vol. 1/1987.

[191] Späth H.: Eindimensionale Spline-Interpolations-Algorithmen. Oldenbourg 1990.

[192] Späth H.: Zweidimensionale Spline-Interpolations-Algorithmen. Oldenbourg 1991.

[193] Srinivasan A.: Analysis of GIS spatial data using knowledge-based methods. Int. J. Geographical Information Systems, vol.7, no.6/1993.

[194] Stanek H.: Datenqualität - Modellierung in GIS. Österreichische Zeitschrift für Vermessung und Geoinformation (VGI), 82. Jahrgang, Heft 1 und 2, 1994.

[195] Stanek H.: Neue Entwicklungen der GIS-Industrie aus der Sicht eines neutralen Beobachters. Tagungsband '3. Münchner Fortbildungsseminar Geoinformationssysteme', TU München 1998.

[196] Stampfl-Blaha E.: Normen oder Standards? US versus EU. Aviso, Mitarbeiterbrief ON (Österreichisches Normungsinstitut), Nr. 2, 1998.

[197] Stelzl H.: Der multimediale digitale Wanderführer auf Basis von Fernerkundungsdaten. Diplomarbeit TU Graz 2001.

[198] Stengele R.E.: Kartographische Mustererkennung. Rasterorientierte Verfahren zur Erkennung von Geo-Informationen. Mitteilung Nr. 54 des Institutes für Geodäsie und Photogrammetrie an der ETH Zürich, 1995.

[199] Strobl J., Blaschke T. (Hrsg): Angewandte Geographische Informationsverarbeitung XI, AGIT Symposium Salzburg 1999, Herbert Wichmann Verlag, Heidelberg 1999.

[200] Strobl J., Blaschke T., Griesebner G.: Angewandte Geographische Informationsverarbeitung XVI, AGIT Symposium Salzburg 2004, Herbert Wichmann Verlag, Heidelberg 2004.

[201] Stücklberger A.: Optimierungs- und Generalisierungsstrategien in digitalen Straßendatenbanken. Diplomarbeit an der TU Graz, 1993.

[202] Sünkel H.: GSPP – a general surface representation module designed for geodesy. Bull. Geod. 55/1981.

[203] Sünkel H.: Das Schwerefeld in Österreich. Österreichische Beiträge zur Meteorologie und Geophysik, Heft 2, S.5-38. Publ.Nr.332 der Zentralanstalt für Meteorologie und Geodynamik, Wien 1989.

[204] Tamminen M.: The EXCELL method for efficient geometric access to data. Acta Polytechnica Scandinavica, Mathematics and Computer Science Series No. 34, Helsinki 1981.

[205] Tomlin C.D.: Geographic information systems and cartographic modeling. Prentice Hall 1990.

[206] Tour-X: Spezifikation eines Routen- und Tourendispositionssystems. Grintec Ges.m.b.H., Graz 1994.

[207] Trappl R. (Hrsg.): Impacts of artificial intelligence. Elsevier, Amsterdam 1986.

[208] Tsai J.V.D.: Delaunay triangulations in TIN creation: an overview and a linear-time algorithm. Int. J. Geographical Information Systems, vol.7, no.6/1993.

[209] Vallant J.: Animation in der Digitalkartographie. Diplomarbeit TU Graz 2002.

[210] Wadsworth R., Treweek J.: GIS for ecology: An introduction. Addison-Wesley Publishing Company 1998.

[211] Wagner K.: Graphentheorie. BI, Mannheim 1970.

[212] Wang F.: Towards a natural language user interface: an approach of fuzzy query. Int. J. Geographical Information Systems, vol.8, no.2/1994.

[213] Waugh T., Healey R. (Hrsg): Advances in GIS research, vol. 1/2. Taylor & Francis, 1994.

[214] Weber R., Walter G., Klotz S.: GPS-relevante Koordinatensysteme und deren Bezug zum österreichischen Festpunktfeld. VGI, Österreichische Zeitschrift für Vermessung und Geoinformation 4/1995.

[215] Weber R., Klotz S.: Das GPS-Grundnetz AREF-1. Auswertestrategie, Modellbildung und Kombination. VGI, Österreichische Zeitschrift für Vermessung und Geoinformation 4/1998.

[216] Weber W.: Automationsgestützte Generalisierung. Nachrichten aus dem Karten- und Vermessungswesen. Reihe I, Nr. 88/1982.

[217] Weber W.: Raster-Datenverarbeitung in der Kartographie. Nachrichten aus dem Karten- und Vermessungswesen. Reihe I, Nr. 88/1982.

[218] Webster's New World Dictionary of the American language. William Collins + World Publishing Co., Inc.

[219] Wessely R.: Geoinformation – Fundament der Wirtschaft. Österreichische Zeitschrift für Vermessung und Geoinformation (VGI), 92. Jahrgang, Heft 1/2004.

[220] Wieser M.: Das Automobilinformationssystem Graz; vom Navigations-zum Geoinformationssystem. In: Mandl P., Wastl-Walter D. (Hrsg): Theorie und Praxis graphischer Informationssysteme in Geographie und Raumplanung. AMR Info, Jahrgang 20, Heft 4-6, 1990.

[221] Wieser M.: Graphentheoretische Aspekte der Routenoptimierung. In: Dollinger F., Strobl J. (Hrsg): Angewandte Geographische Informationstechnologie IV, Salzburger Geographische Materialien, Heft 18, pp.55-61, 1992.

[222] Wieser M.: Digital road maps and path optimization applied to vehicle navigation systems. In: Mussio L., Forlani G., Crosilla F. (Hrsg): Data acquisition and analysis for multimedia GIS. Springer Verlag 1996.

[223] Wieser M., Bartelme N.: Theory and practice of road databases from the geodetic point of view with respect to Austria. Proceedings 'Geodesy for Geotechnical and Structural Engineering', S.418-423. Institut für Landesvermessung und Ingenieurgeodäsie, TU Wien 1998.

[224] Wieser M.: Theoretical Concepts of Routing and Guidance Applied to Navigation Systems. Habilitationsschrift TU Graz 2002.

[225] Wilmersdorf E.: Anforderungen an ein kommunales Geoinformationsmanagement. Österreichische Zeitschrift für Vermessung und Geoinformation (VGI), 82. Jahrgang, Heft 1+2/1994.

[226] Wilmersdorf E.: Current commitments of public administration: Providing an integrated GIS service as part of a modern infrastructure for utility companies. In: Hodgson S., Rumor M., Harts J.J. (Hrsg.): Geographical Information 97, IOS Press 1997.

[227] Winter S.: Unsichere topologische Beziehungen zwischen ungenauen Flächen. Dissertation. DGK, Reihe C, Heft 465, München 1996.

[228] Wipfler H.: Routing-Anwendung in einem kommerziellen Geoinformationssystem mit GDF Straßendaten. Diplomarbeit TU Graz 1998.

[229] Witt W.: Thematische Kartographie. Jänecke 1970.

[230] Wolf, H.: Ausgleichsrechnung. Dümmler 1978.

[231] Zagel B. (Hrsg): GIS in Verkehr und Transport. Herbert Wichmann Verlag, Heidelberg 2000.

[232] Zanini M..: Dreidimensionale synthetische Landschaften. Wissensbasierte dreidimensionale Rekonstruktion und Visualisierung raumbezogener Informationen. Mitteilung Nr. 66 des Institutes für Geodäsie und Photogrammetrie an der ETH Zürich, 1998.

[233] Zehnder C.A.: Informationssysteme und Datenbanken. Teubner 1989.

[234] Zhao Y.: Vehicle location and navigation systems. Artech House 1997.

[235] Zimmermann E.: Die Bedeutung der Kommunikation im Geoinformationswesen. Österreichische Zeitschrift für Vermessung und Geoinformation (VGI), 82. Jahrgang, Heft 1+2/1994.

[251] http://www.ageo.at
Österreichischer Dachverband für Geographische Information (AGEO)

[252] http://www.atkis.de
Amtliches Topographisches Kartographisches Informationssystem der
Länder der Bundesrepublik Deutschland (ATKIS)

[253] http://www.bev.gv
Österreichisches Bundesamt für Eich- und Vermessungswesen (BEV)

[254] http://www.ddgi.de
Deutscher Dachverband für Geoinformation (DDGI)

[255] http://www.din.de
Deutsches Institut für Normung e.V. (DIN)

[256] http://www.ertico.com/links/gdf/gdf.htm
Geographic Data Files (GDF)

[257] http://www.esri.com/software/sde
Spatial Database Engine von ESRI (SDE)

[258] http://www.eurogi.org
European Umbrella Organization for Geographical Information (EURO-
GI)

[259] http://www.geowebforum.ch
Schweizerisches Forum zu Geoinformationen

[260] http://forum.afnor.fr/afnor/WORK/AFNOR/GPN2/Z13C
CEN/TC 287 'Geoinformation'

[261] http://www.giac.ca/site/geomatics
Geomatics Industry Association of Canada (GIAC)

[262] http://www.gipsie.uni-muenster.de
GIPSIE Project Europe

[263] http://www.interlis.ch
Schweizerische Homepage zu Interlis, the Geo-Language

[264] http://www.odmg.org
Object Data Management Group (ODMG)

[265] http://www.on-norm.at
Österreichisches Normungsinstitut (ON)

[266] http://www.opengeospatial.org
Open Geospatial Consortium (OGC)

[267] http://www.snv.ch
      Schweizerischer Dachverband für Normung und Harmonisierung (SNV)

[268] http://www.sogi.ch
      Schweizerische Organisation für Geo-Information (SOGI)

[269] http://www.isotc211.org
      ISO/TC 211 'Geographic Information / Geomatics'

[270] http://www.gis.steiermark.at
      GIS Steiermark

[271] http://www.swisstopo.ch
      Bundesamt für Landestopographie, Schweiz

[272] http://www.zgis.at
      Zentrum für Geographische Informationsverarbeitung Salzburg (ZGIS)

[273] http://www.service-architecture.com/object-oriented-databases
      Object-oriented database articles and products (Barry Associates)

[274] http://www.geodaten.bayern.de
      UTM-Abbildung und Koordinaten. Bayerisches Landesvermessungsamt,
      München

[275] http://www.statistik.at
      Statistik Austria

[276] http://www.rtg.bv.tum.de
      Runder Tisch GIS e.V., München

[277] http://www.geoportal.ch
      GeoPortal der Kantone St.Gallen, Appenzell A.Rh. und der beteiligten
      Gemeinden

[278] http://www.geoportal-berlin.de
      GeoPortal Berlin

[279] www.be-geo.ch
      Datendrehscheibe Berner Oberland

[280] http://europa.eu.int/information_society/policy/psi/directive
      Directive on the re-use of public sector information (PSI-Richtlinie)

[281] http://inspire.jrc.it
      Infrastructure for spatial information in Europe

[282] http://www.e-geo.ch
      Geoinformation in der e-Government Initiative der Schweiz

[283] http://www.ec-gis.org
GIS-Portal der Europäischen Kommission

[284] http://www.imagi.de
IMAGI - Interministerieller Ausschuß für Geoinformationswesen (Deutschland)

[285] http://www.bkg.bund.de
Deutsches Bundesamt für Kartographie und Geodäsie

[286] http://www.fgdc.gov/clearinghouse
U.S. Federal Geographic Data Committee

[287] http://www.geoinformatik.uni-rostock.de
Geoinformatik-Service der Universität Rostock

[288] http://www.gis-news.de
gis-news.de

[289] http://www.agit.at
Angewandte Geographische Informationsverarbeitung: jährlich stattfindendes Symposium an der Universität Salzburg

[290] http://de.wikipedia.org/wiki/Kartographie
Wikipedia freie Internet-Enzyklopädie: Kartographie

Abkürzungen

Anmerkung: Es sind dies jene Abkürzungen, die in diesem Buch mehrfach vorkommen.

ALB	Automatisiertes Liegenschaftsbuch
ALK	Automatisierte Liegenschaftskarte
ALKIS	Amtliches Liegenschaftskataster-Informationssystem
AP	Application Protocol
API	Anwendungsprogramm-Interface
ATKIS	Amtliches Topographisch-Kartographisches Informationssystem
AV	Amtliche Vermessung (Schweiz)
BIIF	Basic Image Interchange Format
BLOB	Binary Large Object
C++	eine objektorientierte Programmiersprache
CAD	Computer Aided Design
CEN	Comité Européen de Normalisation
CGI	Common Gateway Interface
CODASYL	Conference on Data Systems Languages
COM	Component Object Model
CORBA	Common Object Request Broker Architecture
CRS	Coordinate Reference System
DB	Datenbank
DBMS	Datenbank-Managementsystem
DDL	Data Description Language
DEM	Digital Elevation Model
DGM	Digitales Geländemodell
DHM	Digitales Höhenmodell
DIGEST	Digital Geographic Information Exchange Standard
DIME	Dual Independent Map Encoding
DIN	Deutsches Institut für Normung

DKM	Digitale Katastralmappe (Österreich)
	Digitales Kartographisches Modell (Deutschland)
DLL	Dynamic Link Library
DLM	Digitales Landschaftsmodell (Deutschland)
DML	Data Manipulation Language
DTM	Digital Terrain Model
DXF	Data Exchange Format
EAR	Entität-Attribut-Relation
EDBS	Einheitliche Datenbankschnittstelle (Deutschland)
EN	Europäische Norm
ENV	Vorläufige Europäische Norm
EPSG	European Petroleum Survey Group
ER	Entität-(Attribut-)Relation
ESDI	European Spatial Data Infrastructure
ETDB	European Territorial Database
EVU	Energieversorgungsunternehmen
EU	Europäische Union
FACC	Feature and Attribute Coding Catalog
FGDC	Federal Geographic Data Committee
FIS	Fachinformationssystem
FM	Facility Management
GDB	Grundstücksdatenbank (Österreich)
GDF	Geographic Datafile
GDI-DE	Geodateninfrastruktur Deutschland
GI	Geoinformation, Geoinformations-
GIF	Graphic Interchange Format
GIS	Geoinformationssystem
GML	Geography Markup Language
GNSS	Global Navigation Satellite System
GPRS	General Packed Radio System
GPS	Global Positioning System
GSDI	Global Spatial Data Infrastructure
HCI	Human-Computer-Interface
HTML	Hypertext Markup Language
HTTP	Hypertext Transfer Protocol
I4, I9	Intersection Schema (nach Egenhofer)
ID	Identifikator
IDL	Interface Definition Language
IEC	International Electrotechnical Commission
INSPIRE	Infrastructure for Spatial Information in Europe

IRDS	Information Resource Dictionary System
IEC	International Electrotechnical Commission
IS	Informationssystem
ISO	International Standards Organisation
IT	Informationstechnologie

| JPEG | Joint Photographic Experts Group |
| JDBC | Java Database Connectivity |

KBGIS	Knowledge-Based GIS
KBS	Knowledge-Based System
KD	Spezielle Baumstruktur (siehe Kap. 8)
KM	Kartographisches Modell
KOGIS	Koordination der GI und der GIS (Schweiz)

LBS	Location-Based Service
LIS	Landinformationssystem
LM	Landschaftsmodell

| MBR | Minimum Bounding Rectangle |
| MZK | Mehrzweckkarte, Mehrzweckkataster |

N-	raumbezogenes Ordnungsschema (siehe Kap. 8)
NSDI	National Spatial Data Infrastructure
NTF	National Transfer Format (UK)
NUTS	Nomenclature of Territorial Units for Statistics

ODB	Objektdatenbank
ODBC	Open Database Connectivity
ODBMS	Objektdatenbank-Managementsystem
ODL	Object Definition Language
ODMG	Object Data Management Group
OGC	Open GIS Consortium
OLAP	Online Analytical Processing
OLE	Object Linking and Embedding
ON	Österreichisches Normungsinstitut
OODB	objektorientierte Datenbank
OODBMS	objektorientiertes Datenbank-Managementsystem
ORDB	objektrelationale Datenbank
ORDBMS	objektrelationales Datenbank-Managementsystem
ÖROK	Österreichische Raumordungskonferenz
OSE	Open Systems Environment
OSI	Open Systems Interchange

PDA   Personal Data Assistant
POSIX   Portable Operating Systems Interface
PSI   Public Sector Information

QL   Query Language

RDB   relationale Datenbank
RDBMS   relationales Datenbank-Managementsystem
RIS   raumbezogenes Informationssystem
RM-ODP   Reference Model for Open Distributed Processing

SAIF   Spatial Archive and Interchange Format
SAP   führender Hersteller betriebswirtschaftlicher Software
SAPOS   Satellitenpositionierungsdienst
SDC   Spatial Database Cartridge (Oracle)
SDE   Spatial Database Engine (Esri)
SDO   Spatial Database Option (Oracle)
SFA   Simple Feature Access
SNV   Schweizerische Normenvereinigung
SQL   Structured Query Language
SRP   Spatial Resource Planning
STEP   Standard for the Exchange of Product Data

TC   Technical Committee
TIFF   Tag Image File Format
TIN   Triangulated Irregular Network
TM   Topographisches Modell
TR   Technical Report

UIS   Umweltinformationssystem
UML   Unified Modelling Language
UMTS   Universal Mobile Telecommunication System
UOD   Universe of Discourse
UTC   Universal Time Coordinated
UTM   Universal Transverse Mercator (Abbildung)

WAP   Wireless Application Protocol
WFS   Web Feature Service
WGS   World Geodetic System
WMS   Web Map Service
WWW   World Wide Web

XML   Extensible Markup Language

Z-   raumbezogenes Ordnungsschema (siehe Kap. 8)

Abbildungsverzeichnis

SACHVERZEICHNIS

Printed in the United States
By Bookmasters

Printed in the United States
By Bookmasters